"十二五"普通高等教育本科国家级规划教材

功能高分子材料

第二版

赵文元　王亦军　编著

U0235134

化学工业出版社

·北京·

全书共十一章，在阐述功能高分子材料结构与性能的关系、研究方法的基础上，对反应型功能高分子材料、导电高分子材料、电活性高分子材料、高分子液晶材料、高分子功能膜材料、光敏高分子材料、吸附性高分子材料、医用高分子材料、高分子纳米复合材料以及其他功能高分子材料进行了详细论述，并阐述其结构与性能、制备方法和应用领域。每章后的本章小结和思考练习题，有利于读者系统掌握相关知识和培养提出、分析以及解决问题的能力。

本书可作为高等院校高分子材料与工程、材料学等相关专业本科生或研究生的专业课参考教材，也可供相关专业的工程技术人员参阅。

图书在版编目（CIP）数据

功能高分子材料/赵文元，王亦军编著. —2 版.
北京：化学工业出版社，2013.8（2025.3重印）
"十二五"普通高等教育本科国家级规划教材
ISBN 978-7-122-17936-4

Ⅰ.①功… Ⅱ.①赵…②王… Ⅲ.①功能材料-
高分子材料-高等学校-教材　Ⅳ.①TB324

中国版本图书馆 CIP 数据核字（2013）第 156466 号

责任编辑：郝英华　白艳云
责任校对：蒋　宇　　　　　　　　　　装帧设计：关　飞

出版发行：化学工业出版社（北京市东城区青年湖南街 13 号　邮政编码 100011）
印　　装：河北延风印务有限公司
787mm×1092mm　1/16　印张 25¾　字数 672 千字　2025 年 3 月北京第 2 版第 14 次印刷

购书咨询：010-64518888　　　　　　售后服务：010-64518899
网　　址：http://www.cip.com.cn
凡购买本书，如有缺损质量问题，本社销售中心负责调换。

定　　价：52.00 元

再版前言

本书作为普通高等教育"十一五"国家级规划教材自 2008 年出版以来转眼已经 5 年。承蒙厚爱，被国内多所高等学校选作相关专业研究生和本科生的教材使用并获得了好评，在此表示感谢。5 年来由于本学科的高速发展，出现了一些新技术、新理论和新型功能高分子材料。在教学实践中也发现一些不能很好适应教学要求的内容。今年本书再次有幸被选中作为"十二五"国家级规划教材，借此机会对原书进行修订再版。

相对于第一版内容，本次修订主要在三个方面进行了较大改动：首先是根据学科发展补充了新的理论、技术和范例，对原有不恰当的概念和描述进行了修改，对其他错漏也进行了修改，以反映本学科最新进展情况，其次是对每章后面的小结和思考题进行了充实和调整，提高教学实践的适应性。调整后小结部分更加全面和完整，可以作为教学后的总结和复习资料；思考题部分更加强调了学生运用所学知识，分析问题和解决问题的能力培养，以理论和实践结合的方式培养学生的创新能力。这部分内容难度可能偏大，教学过程中可以根据学生的实际接受能力和专业要求进行适当取舍。第三个方面是大幅度减少了参考文献和细节描述，以节省篇幅，突出重点和难点，使其更加适应教学需求。在修订过程中听取了同行专家和教师的意见，并广泛吸收学生的反馈意见。采用本教材在课堂教学中将"提出问题、分析问题和解决问题"作为贯穿始终的主线，通过学习，使学生真正达到不仅"知其然"，更要"知其所以然"，切实提高教学水平。

为方便教学，本书配套的英文电子教案可免费提供给采用本书作为教材的相关院校使用。如有需要，请发电子邮件至 cipedu@163.com.

由于功能高分子材料是一个崭新的学科，不同学校和专业对其知识内容有不同要求，培养目标也各不相同，教学实践中可以根据实际需要进行灵活组合和取舍。在此感谢各位同行专家学者的批评和指正，诚恳欢迎继续提出宝贵意见。

赵文元，王亦军
中国海洋大学
2013 年 7 月

前 言

本教材的前身为化学工业出版社在2003年出版的《功能高分子材料化学》（第二版），出版以来先后被多所大学选作教材使用，并有幸被选入"十一五"规划教材出版计划。在此对支持并提供宝贵建议的各高校同行表示诚挚谢意！并对化学工业出版社的大力支持表示感谢！

本书主要定位为高等学校高分子材料与工程、材料学等相关专业本科生或研究生的专业课参考教材。全书共分十一章，分别为功能高分子材料总论、反应型功能高分子材料、导电高分子材料、电活性高分子材料、高分子液晶材料、高分子功能膜材料、光敏高分子材料、吸附性高分子材料、医用高分子材料、高分子纳米复合材料和其他功能高分子材料。为了遵循教学规律和适应课堂教学要求，在内容安排和表述方式方面做了较大调整。与《功能高分子材料化学》一书相比，本书主要做了以下修改和补充。

（1）根据相关专业课程设置和有关专家的建议，将教材名称改为《功能高分子材料》，并对化学知识部分进行了适度删减和调整，以适应材料科学相关专业的需要。

（2）在每一章后增加了"本章小结"部分，针对其知识点、难点，对全章内容进行归纳总结，以利于学生系统掌握该章的相关知识。

（3）在每一章后增加了"思考练习题"部分，这些思考练习题多数都是根据笔者在教学实践中学生反映出来的难点的归纳，这些题目主要用来进行课堂和课后辅导讨论，对培养学生提出问题、分析问题、解决问题的能力有很大帮助。

（4）对各章的内容进行了梳理和删减，以更好地与相关专业前期课程紧密衔接，减少与其他课程内容的重复，同时对原书中出现的错漏进行了修改。

本书的内容较多，而目前大部分学校都在对专业课程课时进行精简，普遍反映课时不够用。针对这一问题，本书尽可能将每一章的内容都能够相对独立，有利于授课单位根据专业特点进行适当筛选。建议根据课时安排，将第一章功能高分子材料总论与后面十章中的若干章节进行任意组合，适应专业要求。

功能高分子材料科学是一个新兴科学，学科之间的交叉性大、知识结构的变动快，加上本人学识有限，本书难免存在不足之处，恳请各位专家和同行给予批评指正。

赵文元

中国海洋大学

2007年10月

前言

目　录

第七章　光敏高分子材料 …………………………………………………………………… 228

第八章　吸附性高分子材料 …………………………………………………………………… 275

第一章　功能高分子材料总论

功能高分子材料科学是研究功能高分子材料规律的科学，是高分子材料科学领域发展最为迅速，与其他科学领域交叉度最高的一个研究领域。它是建立在高分子化学、高分子物理等相关学科的基础之上，并与物理学、医学甚至生物学密切联系的一门学科。发展历史短，涵盖学科多是其主要特征，因此目前给人的感觉是资料零散，规律性不强。但是任何一门科学总有其自身的发展规律，随着功能高分子材料科学研究的深入，有关信息的日趋丰富，为功能高分子材料学科摸清自身发展规律以及完善其理论提供了有利条件。设立本章的主要目的就是对来自于功能高分子材料科学研究前沿的丰富而散在的大量相关文献资料进行科学归纳、分类、总结，从中找出功能高分子材料学科中的一般发展规律，给出功能高分子材料性能与结构的一般关系，制备功能高分子材料的总体策略和功能高分子材料的研究方法等内容，使读者对功能高分子材料科学有一个概括性的认识，为后面功能高分子材料各章节的学习提供一定的理论基础。

第一节　功能高分子材料概述

一、功能高分子材料的研究内容

首先需要解决的问题是何谓功能高分子材料？根据全国科学技术名词审定委员会给出的定义，功能高分子材料是"具有光、电、磁、生物活性、吸水性等特殊功能的聚合物材料"。其一级学科属于材料科学与技术，二级学科属于高分子材料。很显然，功能高分子材料的研究对象属于高分子材料科学，应该具有高分子材料的基本属性和规律。众所周知，高分子科学，也称聚合物科学，是一门主要以人工合成的高分子材料为研究对象，对其组成、结构、物理和化学性质等进行研究的科学。聚合物是主要的人工合成高分子材料。聚合物的定义是：分子量很大（一般超过20000），而且没有一个特定值，只有一个分子量分布范围，分子内有重复性化学结构（称结构单元）的化合物。根据常规聚合物的性质和用途，可以将其分成以下最常见的五个大类，即合成纤维、合成橡胶、塑料、涂料、高分子黏合剂，合称常规高分子材料。常规高分子材料由于其分子量巨大，分子内缺少活性官能团，因此通常表现为难以形成完整晶体，难溶于常规溶剂，没有明显熔点，不导电，并呈化学惰性等共同特性。高分子材料的这些物理化学性质已经为大多数人所熟悉和认可。然而随着人们在生产和生活方面对具有新型功能的聚合材料的需求，以及科技水平的进步，近年来人们开发出了众多的有着不同于以上特征，带有特殊物理化学性质和功能的高分子材料，其性能和特征都大大超出了常规高分子材料的范畴，即在常规高分子基本特性基础之上，还表现出具有光、电、磁、生物活性、吸水性等特殊功能。与那些常规高分子材料相比，在原有性能的基础上通常还可以具有化学反应活性、光敏性、导电性、催化性、生物相容性、药理性、选择分离性、能量转换性、磁性等功能。性能、结构和应用方面的显著差异，在科学研究中人们要求将其划分为单独科学领域，即将这些具有特殊物理化学性质的高分子及其复合材料称为功能高分子材料并独立形成学科。在教学和科研过程中，人们已经很自然地将这部分研究对象单独对待，作为功能材料中非常重要的一类。以功能高分子材料为研究对象，研究其结构组成、构效关系、制备方法，以及开发应用的科学称为功能高分子材料科学。

本书主要以上述定义中的特殊功能高分子材料为主要介绍对象，讨论相关的科学理论与实验生产方法。由于功能高分子材料表现出的性质特殊，学科跨度大，应用范围广，在讨论过程中不免要涉及其他学科相关的理论和概念，这些学科包括物理学中的电学、光学、磁学等，化学中的热力学和动力学，生物医学中的医学和药学等。在研究其构效关系时还会涉及大量的跨学科的知识和理论，因此学科的交叉性是功能高分子材料科学最鲜明的特点。功能高分子材料科学的主要研究目标和内容包括：新的制备方法研究、物理化学性能表征、结构与性能关系研究、应用开发研究等四个主要方面。其中开发新的功能高分子材料，或者提供新的制备技术是制备方法研究的目标；对功能高分子材料的功能、性能测定提供科学方法和设备是物理化学性能表征的研究内容；结构与性能关系研究建立起聚合物结构与功能之间的关系理论，以此理论可指导开发功能更强的，或具有全新功能的高分子材料。目前功能高分子材料仍处在快速发展阶段，其多数功能还有待于认识和开发。应用开发研究的主要目标就是充分利用和开发其特殊功能，在生产和实践中转化成具有实用意义的新型材料和器件，因此，也是功能高分子材料科学的重要研究领域。总之，功能高分子材料是高分子材料科学领域中发展最快、最具理论和应用意义的新领域。功能高分子材料以其独特的电学、光学、磁学以及其他物理化学性质已经引起科学研究和工业生产等领域的广泛注意。

二、功能高分子材料的发展历程

功能高分子材料的发展可以追溯到很久以前，如光敏高分子材料和离子交换树脂都有很长的研究和发展历史。但是作为一门独立学科，功能高分子材料则是一门全新的科学。功能高分子材料科学作为一个完整学科是从 20 世纪 80 年代中后期开始的。其中从 19 世纪末发展而来的光敏高分子科学，在光聚合、光交联、光降解、荧光以及光导机理的研究方面都取得了重大突破，并在工业上得到广泛应用。比如光敏涂料、光致抗蚀剂、光稳定剂、光可降解材料、光刻胶、感光性树脂以及光致发光和光致变色高分子材料都已经工业化。近年来高分子非线性光学材料也取得了突破性进展[1]。

反应型高分子材料是在有机合成和生物化学领域的重要成果，已经开发出众多新型高分子试剂和高分子催化剂，并广泛应用到科研和生产过程中，在提高合成反应的选择性、简化合成工艺过程以及化工过程的绿色化方面做出了贡献。更重要的是由此发展而来的固相合成方法和固化酶技术开创了有机合成机械化、自动化、有机反应定向化的新时代，在分子生物学研究方面起到了关键性作用[2]。

电活性高分子材料的发展导致了导电聚合物，聚合物电解质，聚合物电极的出现。此外超导、电致发光、电致变色聚合物也是近年来的重要研究成果，其中以电致发光材料制作的彩色显示器已经被日本、韩国等多家公司研制开发成功并应用于手机显示屏等多种应用电子装置上。此外众多化学敏感器和分子电子器件的发明也得益于电活性聚合物和修饰电极技术的发展[3]。

高分子分离膜材料与分离技术的发展在复杂体系的分离技术发展方面独辟蹊径，开辟了气体分离、苦咸水脱盐和海水淡化、液体去杂消毒等快速、简便、低耗的新型分离替代技术，也为电化学工业和医药工业提供了新型选择性透过和缓释材料。高分子化的 LB 膜和 SA 膜在新型光电子器件研究方面也显示出巨大的应用前景。目前高分子分离膜在海水淡化方面已经成为主角，已经拥有制备 18 万吨/日淡水设备的能力[4]。

医药用功能高分子是目前发展非常迅速的一个领域，高分子药物、高分子人工组织器官、高分子医用材料在定向给药、器官替代、整形外科和拓展治疗范围方面做出了相当大的贡献。同时功能高分子化学还是一门涉及范围广泛，与众多学科相关的新兴边缘学科，涉及内容包括有机化学、无机化学、光学、电学、结构化学、生物化学、电子学、甚至医学等众多学科，是目前国内外异常活跃的一个研究领域。每年都有大量的有关文献报道涌现。

三、功能高分子材料的分类方法

功能高分子材料这门学科始终将聚合材料的特殊物理化学功能作为研究的中心任务，开发具有特殊功能的新型高分子功能材料也就成了研究的主要着眼点。很自然，人们对功能高分子材料的次级划分普遍采用了按其性质、功能或实际用途划分的方法。按照性质和功能划分，可以将其大致划分为以下 8 种类型。

① 化学活性高分子材料，包括高分子试剂和高分子催化剂，特别是高分子固相合成试剂和固化酶试剂等。其应用范围还包括化学敏感器和自动合成仪等。

② 光活性高分子材料，包括各种光稳定剂、光敏涂料、光刻胶、感光材料、非线性光学材料、光导材料和光致变色材料等。

③ 电活性高分子材料，包括导电聚合物、高分子电解质、高分子驻极体、高分子介电材料、能量转换用聚合物、电致发光和电致变色材料等。

④ 膜型高分子材料，从结构上分包括各种孔径的多孔分离膜、密度膜、LB 和 SA 膜，这些膜广泛作为气体分离膜、液体分离膜、水净化膜和缓释膜等。

⑤ 吸附型高分子材料，指对某些种类物质具有选择性相互作用的高分子材料，包括高分子吸附性树脂、离子交换树脂、高分子螯合剂、高分子絮凝剂和吸水性高分子吸附剂等。

⑥ 高分子液晶材料，主要指这些材料在发生液固和固液转换时能够形成即保留固体有序性，又展现液体流动性的亚稳态，这些高分子材料广泛应用于高性能塑料、纤维、薄膜和机械部件的制备，在电子和高技术领域发挥着重要作用。

⑦ 生物活性高分子材料，这些材料由于其特殊分子结构，多能表现出某些生物相容性、生物降解性、药物活性等，广泛应用在医学、药学和生物学等领域。

⑧ 高分子智能材料，这些材料能够对周围环境和自身变化作出特定反应并以某种显性方式给出，包括高分子形状记忆材料、信息存储材料和光、电、磁、pH、压力感应材料等。

如果按照实际用途划分，可划分的类别将更多，比如医药用高分子材料、分离用高分子材料、高分子化学反应试剂、高分子染料、农用高分子材料、高分子阻燃材料等。这两种划分方法都获得了普遍采用，一般来说按照前面的形式编排有利于对材料组成和机理分析，而按照后者分类则符合人们已经形成的习惯，并能与实际应用相联系。在本书中将最近发展非常快速的高分子纳米复合材料自成一章，经过各种复合工艺构成的高分子纳米材料经常会表现出特殊的应用性能，如优异的力学性能、杀菌性能、催化性能、光电性能等，因此从严格意义上来讲也属于功能高分子材料。

第二节 功能高分子材料的结构与性能的关系

功能高分子材料研究的主要研究目的之一是为现有材料的利用和新型功能材料的开发提供理论依据。众所周知，功能材料之所以具有特殊的性能与功能，本质是这些材料具有特殊的结构，其结构与功能之间的相互关系是功能高分子材料研究的核心内容。那么研究材料的性能与其结构的关系，即材料的构效关系就显得格外重要。与其他材料一样，一般来说功能高分子材料的性能与其化学组成、分子结构和宏观形态存在密切关系，这些相互关系称为构效关系。比如，电子导电型聚合物的导电能力依赖大分子中的线性共轭结构；高分子化学试剂的反应能力和选择性不仅与分子中的反应性官能团有关，而且与其相连接的高分子骨架相关；光敏高分子材料的光吸收和能量转移性质也都与其内部官能团的结构和聚合物骨架存在对应关系；而高分子功能膜材料的性能不仅与材料微观组成和结构相关，而且与其超分子结构和宏观结构相关。功能高分子的构效关系研究的基本目的之一就是研究高分子骨架、功能化基团、分子组成和材料宏观结构形态与材料功能之间的关系问题。只有了解了构效关系，才有可能为已有功能材料的改进和新型功能材料的研制提供设计方法。

一、功能高分子材料的结构层次

作为构效关系研究的基础，功能高分子材料的结构可以分成以下几个层次。

1. 构成材料分子的元素组成

元素是构成任何物质的基础，不同元素间电子结构和核结构的不同造成其性质的不同，如金属性、氧化还原性等，也是形成不同化学键的主要因素。因此，元素组成是影响材料性能最基本的因素之一。比如，高分子材料的阻燃性能与材料分子中是否含有磷、硫和溴等阻燃元素以及它们的相对含量有关；高分子螯合剂的性能则直接与其分子结构中所含有的配位元素的种类和状态有关。因此，调整材料的元素组成是改变材料性能最基本，也是最有效的研究方法之一。

2. 材料分子中的官能团结构

在有机材料中其组成元素的种类有限，变化不多。然而，数量巨大的有机化合物以及其千变万化的复杂性质，更多地取决于材料分子中的官能团结构。在有机化学中官能团是指那些主要确定分子物理和化学性质的特殊结构片段，如羟基、羰基、羧基、氨基等。官能团是由分子中有限的元素种类，通过共价键组合成的特殊结构。多数情况下官能团结构决定了分子大部分化学性质，如氧化还原性质、酸碱性质、亲电与亲核性质和配位性质等，因此材料的许多物理化学性质也与官能团密切相关。比如材料的亲油和亲水性、溶解性、磁性和导电性等都在一定程度上与其所具有的官能团的结构有关。

3. 聚合物的链段结构

作为聚合物大分子，分子结构中的一个重要部分是骨架的链段结构，聚合物一般都是由结构相同或相似的结构片段连接而成，这种结构片段称为链段。链段结构包括化学结构、链接方式、几何异构、立体异构、链段支化结构、端基结构和交联结构等，如均聚物中有直链结构、分支结构等，在共聚物中还包括嵌段结构、无规共聚结构等。这些结构主要影响材料的物理化学性质。一般来说无支链结构的结晶性能好，分子间力大，溶解性差；相反，有分支结构的分子间力小，结晶度低，溶解性能好。比如元素和官能团组成相似的淀粉和纤维素，只是由于链段结构中有无分支而形成性能完全不同的物质。有交联的聚合物无法形成分子分散的真溶液，只能被溶剂溶胀而不能被溶解。上述性质直接影响材料的机械性能和热性能。同时，聚合物的链段结构对于反应性高分子的立体选择性也非常重要。

4. 高分子的微观构象结构

高分子材料的构象结构是指具有相同分子结构的高分子，其分子骨架和官能团相互位置和排列指向，如分子在空间上是呈棒状、球状、片状，还是呈螺旋状或无定形状等。高分子的微观构象结构主要取决于材料的分子间力，如范德华力、氢键力和静电力等，也与材料分子的周围环境有关。微观构象结构直接影响材料的渗透性、机械强度、结晶度、溶液黏度等性能。

5. 材料的超分子结构和聚集态

指聚合物分子相互排列堆砌的状态，通常为热力学非平衡态，包括分子的排列方式和晶态结构等。如蛋白质等的空间二次结构、高分子液晶的液晶态结构、纤维的高取向结构等。广义上讲也包括分子的微结构（尺度在几百纳米以内），包括晶胞结构、微孔结构、取向度等。该结构层次直接影响材料的某些物理性质。如吸附性、渗透性、透光性、机械强度等。高分子液晶的性能在相当大程度上取决于分子的超分子结构和聚集态结构。

6. 材料的宏观结构

宏观结构包括材料的立体形状、宏观尺寸、组合形式、复合结构等。如高分子吸附剂的多孔结构、分离膜的膜形结构、管形结构和中空纤维结构，以及层状结构、包覆结构，微胶囊结构等。高分子分离膜的分离属性，许多由功能高分子材料制备的各种光电子器件、功能器件的功能，都与其宏观结构密切相关。

功能高分子材料的构效关系就是由上述结构的变化产生性能变化之间的因果关系。所有人们期待的特殊功能都与其上述结构相关联。因此，分析研究上述功能高分子层次结构是功能高分子材料研究的基础部分。

二、功能高分子材料构效关系分析

功能高分子材料之所以能够在应用中表现出许多独特的性质，主要与其上述结构有关。不同的功能高分子材料，因为所需功能不同，依据的结构层次也有所不同。关于化学结构与其性能的分析在许多有机化学、高分子化学、高分子物理和小分子功能材料书籍中已经有详细的介绍，这里着重讲述功能高分子与功能型小分子、普通聚合物之间相比较，产生的特殊构效关系的一般规律。

1. 官能团的性质与聚合物功能之间的关系

一个化合物表现出来的物理化学性质往往主要取决于分子中的官能团的种类和性质，如乙醇中的羟基（—OH），羧酸中的羧基（—COOH），氨基酸中的氨基和羧基等就是决定上述三类化合物基本性质的主要结构因素。在功能高分子材料中官能团一般起以下几种作用。

（1）功能高分子材料的性质主要取决于所含官能团的种类和性质　制备这类功能高分子材料主要是将功能型小分子通过高分子化方式获得，其性质主要依赖于结构中的官能团的性质。这时高分子骨架仅仅起支撑、分隔、固定和降低溶解度等辅助作用。比如高分子氧化剂的氧化性能产生于其所含的过氧羧基等氧化性官能团；柔性聚合物链上连接刚性侧链，可以形成高分子液晶；含有季氨基和磺酸基的高分子材料具有离子交换功能等就属于这一类型。在这一类功能高分子材料的研究开发中都是围绕着如何发挥官能团的作用而展开的，这一类功能高分子材料一般都是从小分子功能出发，通过聚合、接枝、共混等高分子化过程制备得到。高分子化过程往往使功能小分子的性能得以保留，同时赋予材料更多高分子材料的性能。

（2）功能高分子材料的性质取决于聚合物骨架与所含官能团的协同作用　这类高分子材料所期望的性质需要分子中所含的官能团与高分子骨架的作用相互结合才能实现。其中固相合成用高分子试剂是比较有代表性的例子。固相合成试剂是带有化学反应活性基团的高分子，固相合成过程即采用在反应体系中不会溶解的固相试剂作为载体，固相试剂与小分子试剂进行单步或多步高分子反应，并与固相试剂之间形成化学键，过量的试剂和副产物通过简单的过滤方法除去，得到的合成产物通过固化键的水解从载体上脱下。用于固相合成的高分子载体比较常见的为聚对氯甲基苯乙烯，在合成中甲基氯与小分子试剂（如氨基酸）反应，生成芳香酯，通过酯键将小分子试剂固化到聚合物载体上成为进一步反应的起点，使以后所有的反应步骤都成为非均相的高分子化学反应。很显然，固相合成的功能是氯甲基官能团与聚合物的结合实现的，没有聚合物骨架的参与，就没有固相合成，有的只是小分子酯化反应；而没有氯甲基官能团，聚合物中就没有反应活性点，固相反应也无从发生。再比如，人们经常利用电活性高分子材料对电极表面进行修饰制备化学敏感器，测定某些活性物质。此时可以利用在聚合物中引入第二种基团来控制敏感器的作用，利用氧化还原基团控制修饰层的离子交换能力等都是这种例证的典型代表（见图1-1）。

图1-1中 Y^+ 表示被测定阳离子，R 表示离子交换基团邻位的氧化还原基团，负号表示阴离子型离子交换基团。修饰在电极表面的电活性聚合物在相邻位置同时接有离子交换基团（如磺酸基）和氧化还原基团（如二茂铁）。当二茂铁基团处在还原态时，该基团呈电中性，对相邻的离子交换基团没有影响，被测阳离子 Y^+ 可以通过离子交换过程进入聚合物修饰层与

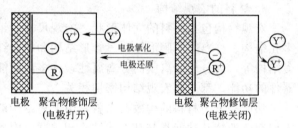

图1-1 利用氧化还原基团控制修饰电极
对被测定离子的测定

电极反应；而当二茂铁被氧化后带有正电荷，与相邻的离子交换基团作用生成离子对，使其失去离子交换能力，被测阳离子不能进入聚合物修饰层与电极反应，电极被关闭。由此可以看出，电活性聚合物修饰层的控制作用是由离子交换基团和氧化还原基团通过聚合物骨架的固定作用而产生邻位效应实现的，没有聚合物骨架的邻位固定作用，上述控制作用将不能完成。

（3）官能团与聚合物骨架不能区分　在这种情况下官能团与聚合物骨架在形态上不能区分，也就是说官能团是聚合物骨架的一部分，或者说聚合物骨架本身起着官能团的作用。这方面的例子包括主链型聚合物液晶和电子导电聚合物。主链型高分子液晶其在形成液晶时起主要作用的刚性结构处在聚合物主链上，如具有极好机械强度的梯形聚内酰胺等；电子导电型聚合物是由具有线型共轭结构的大分子构成，如聚乙炔、聚芳香烃以及芳香杂环聚合物。线性共轭结构在提供导电能力的同时，也是高分子骨架的一部分。离子导电聚合物是由对离子有较强的溶剂化能力，同时黏弹性较好，允许离子在其中做相对扩散运动的聚合物组成，如聚环氧乙烷等；对离子导电起主要作用的醚氧结构构成聚合物的主链。

（4）官能团在功能高分子材料中仅起辅助作用　除了上面三种情况以外，也有以聚合物骨架为完成功能的主体，而所谓官能团仅仅起辅助效应。如利用引入官能团改善溶解性能，降低玻璃化转变温度，改变润湿性和提高机械强度等作用。如在主链型液晶聚合物的芳香环上引入一定体积的取代基可以降低其玻璃化转变温度，从而降低使用温度。在高分子膜材料中引入极性基团可以改变润湿性。在这种情况下，这类官能团对功能的实现一般贡献较小，是次要结构。

2. 功能高分子材料中聚合物骨架的作用

具有高分子骨架是功能高分子材料区分功能小分子的主要标志。通过比较可以发现带有同样功能基团的高分子化合物的化学和物理性质不同于其小分子类似物。这种由于引入高分子骨架后产生的性能差别被定义为高分子效应。高分子效应在许多方面有所表现，有物理性质方面的，如高分子化之后其挥发性、溶解性和结晶度一般会下降；也有化学性质方面的，如形成的高分子骨架在反应型高分子化学反应中会产生无限稀释作用、高度浓缩作用和模板

作用等。由于相当一部分新型功能高分子材料都是以功能小分子为基本结构，通过高分子化过程开发出来的；因此从聚合物的结构、性能以及理论上分析研究高分子效应，对于深入研究已有功能高分子的构效关系，开发新型功能高分子材料具有重要意义。在功能高分子材料中表现较为突出的有以下几种高分子效应。

（1）溶解度下降效应　高分子骨架的引入，由于聚合物分子量的增大，分子间力大大增强，最直接的作用是使其溶解性大大下降，特别是引入交联型聚合物，使其在溶剂中只能溶胀，而不能溶解。在反应型功能高分子中，溶解度的降低可以使常见的均相反应转变成多相反应。其优点是反应体系中呈固相的高分子试剂易于与呈液相的其他组分分离，使高分子试剂容易回收再生，并使固相合成成为现实。将某些性能优异的络合剂、萃取剂等通过高分子化过程，可以制成用途广泛的络合树脂和吸附性树脂等重要功能材料，而作为高分子催化剂也可以改变反应工艺，简化工艺过程，提高合成效率。高分子试剂利用其不溶性质在水处理、环境保护、化学分析等方面得到广泛应用，使用范围大大扩展。

（2）高分子骨架的机械支撑作用　由于大部分功能高分子材料中的功能基团是连接到高分子骨架上的，因此起支撑作用的高分子骨架对功能基团的性质和功能产生许多重要影响。比如，在相对刚性的聚合物骨架上"稀疏"地连接功能基团，制成的高分子试剂具有类似合成反应中的"无限稀释"作用，骨架上各功能基团之间没有相互作用和干扰。在用固相法合成时就需要这种"无限稀释"作用，以获得纯度高的产物。同样在聚合物骨架上相对"密集"地连接功能基团，可以得到由相邻官能团相互作用而产生的所谓"高度浓缩"状态，产生明显邻位效应，即相邻基团参与反应，以促进反应的进行。例如，可烯醇化和不能烯醇化的两种羧酸以酯键的形式连接在同一高分子骨架的相邻位置上，由于邻位效应，很容易发生酯缩合反应，产率要比相应的小分子反应高得多。比如，采用这种高分子酯缩合反应制备的对氯苯基苯乙基酮（$ClC_6H_4COCH_2CH_2C_6H_5$），产率可达到 85%，而相同条件下的小分子酯缩合反应产率只有 20% 左右[5]。

（3）高分子骨架的模板效应　模板效应是指利用高分子试剂中高分子骨架的空间结构，包括构型和构象结构，在其周围建立起特殊的局部空间环境，在有机合成和其他应用场合提供一个类似于工业上浇铸过程中使用的模板的作用，这种作用与酶催化反应有相近的效应，可以大大提升化学反应的选择性。由于聚合物骨架的空间限制，特别有利于立体选择性合成，甚至光学异构体的合成。最近自主成型大分子研究的进展为开发和利用高分子试剂的模板效应提供了非常有利的条件。

（4）高分子骨架的稳定作用　由于引入高分子骨架之后分子的熔点和沸点均会大大提高，其挥发性大大减小，扩散速率随之降低，这样可以大大提高某些敏感性小分子试剂的稳定性。如某些易燃易爆的化学试剂，经过高分子化后稳定性得到大大增强，同时也有利于消除某些小分子的不良气味和毒性。相对来说，由于高分子化后分子间力的提高，材料的机械强度也会得到提高，方便使用。

（5）高分子骨架在功能高分子材料中的其他作用　高分子骨架在功能高分子材料中除了起到以上介绍的那些比较常见的作用之外，由于某些高分子骨架本身结构的特殊性，还可以产生一些比较少见的特殊功能。比如，由于大多数高分子骨架在体内的不可吸收性，可以将有些曾经对人体有害的食品添加剂，如色素、甜味素等高分子化，利用其不被人体吸收的特性消除其有害性。另外，在高分子液晶中聚合物链直接参与液晶态的形成，对形成的液晶态有稳定和支撑作用。将有机染料高分子化不仅可以利用其固定作用降低其有害性，还能够减少染料的迁移性，提高着色牢度。

毫无疑问，无论哪一种功能高分子材料，聚合物的结构包括微观结构和宏观结构、聚合物的化学组成以及聚合物的物理化学性质都会对其功能的实现产生巨大影响。比如，反应型功能高分子要求聚合物要有一定溶胀性能，或者一定空隙度和孔径范围，以满足反应物质在其中进行扩散运动的需要；高分子功能膜材料要求聚合物要有微孔结构，或者扩散功能，满足被分离物质在膜中的选择性透过功能；其他功能高分子材料对聚合物化学的、机械的和热稳定性均有一定要求。

3. 聚合物骨架的种类和形态的影响

作为一种高聚物，功能高分子材料的性能必然也受到聚合物骨架的种类和形态的影响。根据形成高分子骨架的聚合物的类型，目前在功能高分子材料中主要有以下几种类型骨架得到应用：①以聚乙烯、聚苯乙烯、聚醚等为代表的饱和碳链型聚合物，其特点是链的柔性好；②以聚酯、聚酰胺骨架为代表的聚合物，特点是强度较高；③以多糖和肽链为代表的大分子，多数是天然高分子或经过改造修饰的天然高分子，常见的如改性纤维素和甲壳质衍生物，特点是生物相容性较好；④以聚吡咯、聚乙炔、聚苯等为主链的，带有线型共轭结构的聚合物，这类聚合物的骨架具有电子传导性质；⑤以聚芳香内酰胺为主链的所谓梯形聚合物，一般具有超常的力学性能，可以制备主链型高分子液晶。

根据聚合物骨架的形态，可以将聚合物骨架分成三种：第一种是线型聚合物，即聚合物有一条较长的主链，没有或较少分支，这类聚合物的结晶度较高；第二种是分支型聚合物，即聚合物没有明显的主链或者主链上带有较多分支，这类聚合物容易形成非晶态结构；第三种是交联聚合物，是线型聚合物通过交联反应生成的网状大分子，这类聚合物不能形成分子分散溶液。在化学组成相同的情况下，这三种聚合物具有明显不同的物理化学性质。作为功能高分子材料的骨架，上述不同骨架形态的聚合物具有各自的优缺点，其使用范围不同。

线型聚合物分子其分子呈现线状，根据链的结构和链的柔性，构象种类多样，聚合物可以成为非晶态或者不同程度的结晶态。线型聚合物在适宜的溶剂中可以形成分子分散态溶液，在多数溶液中分子链成随机卷曲态。在良性溶剂中分子呈伸展态，而在不良溶剂中分子趋向于卷曲。与交联聚合物相比，线型聚合物的溶解性能比较好，在聚合物制备和加工过程中溶剂选取比较容易。此外，线型聚合物的玻璃化温度一般较低，黏弹性比较好，小分子和离子在其中比较容易进行扩散运动。这些性质对于作为反应型功能高分子材料和聚合物电解质都是非常重要的考虑因素。当然，线型聚合物的易溶解性也降低了机械强度和稳定性。作为反应型功能高分子，溶解的高分子对产物的污染和高分子试剂的回收都会造成一定困难。

交联聚合物由于各分子链间相互交联，形成网状，因此在溶剂中不能充分溶解，不能形成分子分散型真溶液，在严格热力学意义上认为是不溶解的。一般交联聚合物在适当的溶剂中可以溶胀，溶胀后聚合物的体积大大增加。增加的程度根据交联度的不同而呈现较大差别。比如，适度交联的某些吸附树脂具有高吸水性，可以吸收数百倍于自身重量的水。同时交联度还直接影响聚合物的机械强度、物理和化学稳定性以及其他与材料功能发挥相关的性质。交联聚合物的不溶性克服了线型聚合物对产物的污染和高分子试剂回收困难等问题，机械强度同时得到提高。高分子骨架交联造成小分子或离子在聚合物中扩散困难的问题可以通过减小交联度，或者提高聚合物空隙度的办法来解决。但是交联聚合物的不溶性造成的不易加工处理和不易对其进行结构和组成分析是其难以克服的缺点。目前反应型和吸附型树脂都是具有一定交联度的高分子。为了增加比其表面积，以利于材料功效的提高，这些树脂多制成多孔状和微粒，或者在溶胀状态下使用。

目前常用的交联聚合物主要有以下几类。

（1）微孔型或溶胶型树脂　微孔型树脂一般是由悬浮聚合法制备的，由于在干燥状态下空隙率很低，孔径很小，因此称为微孔型树脂。这种树脂在使用前需要经过适当溶剂溶胀，在溶胀后的凝胶中产生大量被溶剂填充的孔洞，使聚合物的表面积大大增加，因此也称这种树脂为溶胶型树脂。其溶胀程度、孔径、空隙率可以通过控制交联度加以改变。

（2）大孔树脂　大孔树脂也是通过悬浮聚合法制备的，不同的是在聚合过程中加入较多的交联剂，并且在反应体系中加入一定量的惰性溶剂作为稀释剂，这样产生的树脂在干燥状态也具有较高的空隙率和较大的孔径，因此称为大孔树脂。这种树脂不仅可以如同微孔型树脂一样在良性溶剂中溶胀使用，而且在不良溶剂中，处在非溶胀状态下同样能够保持在多孔的使用状态，因为其孔洞是永久性的。这类树脂的特点是在不同溶剂中其体积变化很小，也可以在一定压力下使用。但是在干燥状态下表现出的脆性，容易破裂是其主要缺点。

（3）米花状树脂　米花状树脂是在不存在任何引发剂和溶剂的条件下，对乙烯型单体和少量交联剂（0.1%～0.5%）进行加热聚合得到的白色米花状颗粒。这类高分子材料具有不溶解性、多孔性和较低的密度，在大多数溶剂中不溶胀，但是在使用状态下允许小分子穿过其中形成的微孔。

（4）大网状聚合物　大网状聚合物是三维交联的网状聚合物，是在线型聚合物的基础上，加入交联剂进行交联反应制备的。这种聚合物的组成和结构比较清晰，但是机械强度较低。

三、高分子材料与功能相关的其他性质

1. 聚合物的溶胀和溶解性质

与相应小分子化合物比较，聚合物的溶解过程是一个相当复杂过程。首先，当溶剂分子通过扩散进入聚合物时，需要与聚合物分子间作用力相互竞争。当聚合物分子与溶剂分子间力大于聚合物分子间力时，聚合物分子通过溶剂化被溶剂分子所包围，聚合物溶解形成分子型溶液，否则溶解过程不能顺利完成。根据溶剂分子与聚合物分子相互作用力从大到小排列，经常用于聚合物溶液制备的溶剂可以分成三类，分别称为良性溶剂、溶胀剂和非溶剂。在溶解过程中上述溶剂分别起着截然不同的作用。在良性溶剂中聚合物链趋向于伸展状态，在非溶剂中聚合物链趋向于收缩状态。此外，聚合物的溶解过程不仅与溶剂的种类有关，还与聚合物的结晶度、环境温度和聚合物骨架的组成与性质有关。

交联型聚合物不能形成分子型溶液，当溶剂分子扩散进入聚合物内部后与聚合物分子相互作用产生溶剂化效应。溶剂化效应使分子链伸展，聚合物体积增大，产生溶胀现象，形成聚合物凝胶。交联聚合物的溶胀度与交联度成反比，与溶剂对聚合物的亲和能力成正比。聚合物的溶胀度可以通过改变交联度和通过共聚反应改变聚合物链的组成和结构来调节。溶胀度的计算公式如下：

$$B = \frac{\rho_{ap}}{\rho} + (w-1)\frac{\rho_{ap}}{\rho_{sol}}$$

其中，ρ_{ap}、ρ、ρ_{sol} 分别表示聚合物的表观密度、骨架密度和溶剂的密度；w 为溶胀后聚合物的质量除以聚合物干重。溶胀性对于高吸水性树脂、高分子吸附剂和高分子试剂是非常重要的性质。

2. 聚合物的多孔性

因为吸附、离子交换或者多相反应过程都是扩散控制过程，反应只发生在功能高分子材

料的表面，相对大的比表面积有利于上述过程。因此，对于高分子吸附剂、高分子试剂、高分子催化剂等功能高分子材料，其比表面积的大小对于它们的使用性能影响很大。增加比表面积有两种方法，减小材料的粒度或者增加材料的孔隙率。在反应型功能高分子中，表面积增大有利于提高高分子催化剂和高分子试剂的反应效率。较高的空隙率有利于小分子在聚合物中的流动，对反应的动力学过程有利。对于高分子吸附剂，比表面积决定吸附面的大小。干燥的多孔性聚合物的空隙率通常用比表面积、孔体积和平均孔径等参数表示，溶胀后的交联聚合物也可以用类似的方法表示：

$$P = n\pi r^2 l, \quad S = 2n\pi rl$$

式中，P 表示聚合物中孔占据的总体积；S 表示聚合物的总表面积；r 表示孔的平均直径；n 为孔的数量；l 为孔的平均长度。表面积的测定通常采用氮气的恒温吸附-脱附方法，孔体积采用测定聚合物吸附适当溶剂的体积来完成。聚合物的百分空隙率由下式计算：

$$P\% = \left(1 - \frac{\rho_{ap}}{\rho}\right) \times 100\%$$

值得指出，对于被溶剂溶胀的聚合物，其空隙率和孔径大小是所用溶剂的函数，采用不同的溶剂测定得到的结果有较大差距。

3. 聚合物的渗透性

聚合物的渗透性是衡量其性能的另外一个重要指标。特别是对于高分子分离膜材料，聚合物的渗透性则是至关重要的，直接决定分离膜的选择性和分离效率。聚合物的渗透性一般通过气体或液体在一定条件下的渗透量来测定，主要用渗透系数来表示。渗透系数是指在单位时间、单位膜面积通过的被测物与单位膜厚度所施加的驱动力的比值。物质透过分离膜有两种不同过程。一种主要通过聚合物材料中的微孔和毛细管到达膜的另一侧，在这种情况下，聚合物中微孔的直径和数量与透过物质的黏度是影响透过率的主要因素，透过量可以用 Poiseuille's 公式计算：

$$q = \frac{\pi r^4 \Delta p}{8\eta \Delta x}$$

式中，q 为透过物质在单位时间穿过聚合物中半径为 r、长度为 Δx 的毛细管的体积，η 为透过物质的黏度，Δp 为毛细管两端的压力差。由此可以导出渗透系数关系式：

$$P = \frac{\Phi \beta r^2}{8\eta}$$

式中，β 为毛细管曲折系数；Φ 为毛细管在聚合物中的体积分数。

另外一种渗透过程发生在没有微孔和毛细管的聚合物中，透过物质需要首先溶解在聚合物中，并通过在聚合物中的扩散运动到达膜的另一侧，因为溶解在聚合物中的物质朝着化学势低的方向（如浓度低的方向）扩散。在这一过程中透过物质的溶解和扩散起着重要作用。如果在膜两侧的边界条件保持不变，在聚合物中任何一点的透过物质流量可以用 Fick's 关系式表示：

$$Q_i = -D_i \frac{dc_i}{dx_i}$$

式中，Q_i 为透过物质的质量通量；D_i 为测定点透过物质的扩散系数；c_i 为透过物质局部浓度；x_i 为扩散的垂直距离。

在这一过程中，透过率的测定可以采用转移量测定法或者吸附—脱附法。前者采用固定实验条件，测定指定条件下测定物的透过量来计算。后者是通过被测聚合物在指定气氛或液体中吸附和脱附速率来计算溶解度和透过率。

4. 功能高分子材料的稳定性

聚合物的稳定性包括化学稳定性和机械稳定性两种。在高分子分离膜和聚合物液晶等应用场合，机械稳定性，即机械强度和尺寸稳定是非常关键的参数。影响功能高分子材料机械稳定性的主要因素是聚合物主链的种类、交联度和结晶度等。而在其他应用场合，如作为反应性高分子试剂和高分子催化剂的骨架，化学稳定性将上升为第一位影响因素。造成化学不稳定的因素主要有氧化、降解等，光、热和水汽会加速上述反应。增加交联度可以增加机械稳定性，选择合适的高分子骨架材料是提高化学稳定性的关键。

第三节 功能高分子材料的制备策略

从实践经验来看，虽然相当数量功能高分子材料的发现和制备是偶然发生的，比如具有线型共轭结构的导电高分子材料是在苯胺的电解过程中产生黑色物质，偶然发现其具有导电性能；但是，随着功能高分子材料发展中经验的不断积累，相关理论的提出，特别是科学技术水平的提高，人类目前已经能够根据前人的经验和理论，在一定程度上有意识地设计出具有指定功能的高分子材料。这也是功能高分子材料科学从经验跨入理论的重大进步。因此，良好功能与性质的高分子材料的制备成功与否，在很大程度上取决于设计方法和制备路线的制定，这就是所谓功能高分子材料的制备策略。

从结构方面分析考虑，功能高分子材料的基本制备策略是按照材料的功能设计要求，通过化学或者物理的方法将发挥功能的官能团与高分子骨架相结合，从而实现预定功能。从方法学的角度来讲，虽然功能高分子材料的制备方法千变万化，但是归纳起来主要有以下三种类型的制备策略，即通过功能型小分子材料的高分子化、已有高分子材料的功能化和多功能材料的复合三种制备策略。上述各种制备策略已经被广泛应用并显示出各自的特点。下面根据这种分类方式，讨论几种有代表性的功能高分子材料设计的基本思路和方法。

一、功能型小分子材料的高分子化策略

许多重要的功能高分子材料是从相应的小分子功能化合物发展而来的。这些已知功能的小分子化合物一般已经具备了我们所需要的部分主要功能，但是从实际使用角度来讲，还存在许多不足，无法满足使用要求。对这些功能型小分子主要通过一个称为高分子化的过程，赋予其高分子的功能特点，将其"材料化"，即有可能开发出新的功能高分子材料。比如，小分子过氧酸是常用的强氧化剂，在有机合成中是重要的试剂。但是，这种小分子过氧酸的主要缺点在于稳定性不好，使用过程中容易发生爆炸，而且不便于储存。反应后产生的羧酸也不容易除掉，经常影响产品的纯度。将其引入高分子骨架后形成的高分子过氧酸由于其挥发性和溶解性下降，稳定性提高方便应用。小分子液晶是早已经发现并得到广泛使用的小分子功能材料；但是流动性强，不易加工处理的弱点限制了在某些领域中的使用。利用高分子链将其连接起来，成为高分子液晶，在很大程度上可以克服上述不足。此外，某些小分子氧化还原物质，如 N,N'—二甲基联吡啶，人们早就知道其在不同氧化还原态具有不同颜色，经常作为显色剂在溶液中使用。经过高分子化后，将其修饰固化到电极表面，便可以使其成

为固体显色剂和新型电显示装置。

所谓的高分子化方法是利用某些特定物理或化学方法赋予功能型小分子化合物某些高分子特性的过程，使制备得到的功能材料同时具有聚合物和小分子的共同性质。功能型小分子与聚合物骨架的连接，有通过化学键连接的化学方法，如共聚、均聚等聚合反应；也可以通过物理作用力连接，比如共混、吸附、包埋等作用。功能型小分子材料的高分子化主要可以分成以下两种类型。

1. 通过功能型可聚合单体的聚合法

这种制备方法主要包括下述两个步骤：首先是通过引入可聚合基团合成功能型小分子单体化合物，然后通过均聚或共聚反应生成功能高分子材料。合成可聚合功能型单体的目的是在小分子功能化合物上引入可聚合基团，这类基团包括乙烯基、吡咯基、噻吩和氯硅烷等基团。

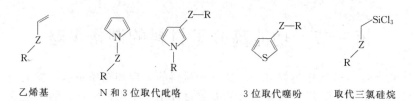

乙烯基　　　　N 和 3 位取代吡咯　　　3 位取代噻吩　　　取代三氯硅烷

其中，R 表示功能小分子，Z 表示功能型小分子与可聚合基团的过渡结构。由于吡咯在氧化聚合反应中发生 2，5 位连接，因此功能基的取代位置只能是 N 位或 3 位；同样噻吩也只能是 3 位取代。带有三氯硅烷基团的单体可以和玻璃等具有羟基的固体载体生成硅氧键而固化。一般来说，从合成化学的角度分析，乙烯基的形成可以通过相应卤代烃或醇的碱性消除反应制备，吡咯和噻吩基团的引入可以通过格氏反应完成。功能型小分子与可聚合基团之间的过渡结构 Z 应根据引入基团的体积和使用要求加以选择。由于邻近大体积的功能基对聚合反应有一定不利影响，Z 的长度一般选择 2～10 个碳之间。含有端基双键的单体可以通过加成聚合反应，打开双键生成聚乙烯型聚合物骨架。聚合物骨架的化学组成与聚合前的单体相同。

加成聚合反应有明显的三个反应阶段，即引发、链增长和链终止阶段。可以采用化学引发剂引发聚合反应。这类引发剂常为过氧化物或者偶氮化物，经过分解成自由基引发聚合反应，称为自由基聚合。也可以是辐照引发，称为光引发自由基聚合。这时需要加入光敏物质。光引发的自由基聚合在功能高分子制备中较为常用，可以得到较为纯净的聚合物。如果分解成高能态的阴、阳离子引发聚合反应，则称为离子聚合反应。根据聚合反应体系和采用介质不同，加成聚合反应还分成本体聚合、溶液聚合、悬浮聚合、乳液聚合四种。本体聚合反应直接在单体中进行，没有溶剂参与，因此得到的聚合物比较纯净，分子量较高（链转移较少）。溶液聚合是在反应体系中加入较多的惰性溶剂用于稀释，降低单体浓度，同时吸收聚合反应放出的热量，使反应易于控制。缺点是溶剂的存在，容易引起链转移反应并污染产物，得到的聚合物纯度较低，分子量较小。悬浮聚合是采用一种与单体不溶的溶剂体系，将单体分散悬浮在溶液中进行聚合反应。溶剂在反应中起分散作用和吸收反应放出的热量。在此类聚合反应中采用在溶剂中溶解的引发剂，可以减小对生成聚合物的污染。悬浮聚合生成粒状或球状的产物，通过过滤方式与溶剂和引发剂等杂质分离。这种方法特别适合于交联型聚合物的制备。乳液型聚合的反应体系中一般包括单体、分散剂、乳化剂和水溶性引发剂。对于疏水性单体，分散剂常用去离子水。借助于乳化剂的作用，各种成分被分散在分散剂中，形成水包油型乳液。

聚合反应在包含单体的液滴中进行。乳液聚合是唯一一种在不降低反应速率的情况下能提高聚合物分子量的聚合方法。除了以上介绍的聚合方法之外，电化学聚合也是一种新型功能高分子材料的制备方法。对于含有端基双键的单体可以用诱导还原电化学聚合；对于含有吡咯或者噻吩的芳香杂环单体，电化学氧化聚合是比较适宜的方法。电化学聚合方法已经被大量用于电导型聚合物的合成和聚合物电极表面修饰过程。

带有以上结构的单体，聚合反应后功能基均处在聚合物侧链上。如果要在聚合物主链中引入功能基，一般需要采用缩聚反应制备。此时用于缩聚反应的功能型单体的制备是在功能型小分子两侧引入双功能基，比如双羟基、双氨基、双羧基或者分别含有两种以上上述基团。缩聚反应是通过酯化、酰胺化等反应，脱去一个小分子形成酯键或酰胺键构成长链大分子。

$$HO^{\diagdown}R^{\diagdown}Z^{\diagdown}OH \qquad H_2N^{\diagdown}Z^{\diagdown}R^{\diagdown}Z^{\diagdown}NH_2 \qquad HOOC^{\diagdown}Z^{\diagdown}R^{\diagdown}Z^{\diagdown}COOH$$

双羟基取代单体　　　　双氨基取代单体　　　　双羧基取代单体

其中 R 和 Z 的意义与上述单体相同。缩聚是双官能团化合物（有时加入多官能团化合物作为交联剂）的聚合反应，通过脱去小分子副产物产生长链聚合物。此时得到的聚合物其化学组成已经与原来的单体的化学组成不同。根据功能性小分子中可聚合基团与功能基团的相对位置，缩聚反应生成的功能高分子其功能基可以在聚合物主链上，也可以在侧链上。当双官能团分别处在功能基团的两侧时，得到主链型功能高分子；而当双官能团处在功能基团的同一侧时，得到侧链型功能高分子。

缩合反应最明显的特征是反应的逐步性和可逆性，反应速率较慢。控制反应条件可以使缩合反应停止在某一阶段，也可以在任何时候恢复缩合反应。水解等降解反应是缩聚的逆反应，可以使聚合物的分子量降低。由缩聚产生的聚合物分子间力比较大，一般机械性能好于聚乙烯型高分子。

除了单纯的加成聚合和缩合聚合之外，采用多种单体进行共聚反应也是一种常见的制备功能高分子方法；特别是当需要控制所含功能基团在生成聚合物内分布的密度时，或者需要调节生成聚合物的物理化学性质时，共聚可能是唯一可行的解决办法。根据单体结构不同，共聚物可以通过加成聚合或者缩聚反应制备。在共聚反应中借助于改变单体的种类和两种单体的相对量可以得到多种不同性质的聚合物。因为在前面提到的均聚反应中生成的功能聚合物中每一个结构单元都含有一个功能基团，而共聚反应可以将两种以上的单体以不同结构单元的形式结合到一条聚合物主链上。根据不同结构单元在聚合物链中排布不同，可以将共聚反应生成的聚合物分成交替共聚物、无规共聚物和嵌段共聚物，分别表示两种结构单元在聚合物链中交替连接、随机连接和成段连接。

2. 聚合包埋法

本方法是利用生成高聚物分子的束缚作用将功能型小分子包埋固定来制备功能高分子材料。制备方法是在聚合反应之前向单体溶液中加入小分子功能化合物，在聚合过程中功能小分子被生成的聚合物所包埋构成一体。此时得到的功能高分子材料聚合物骨架与小分子功能化合物之间没有化学键连接，固化作用通过聚合物的包络作用来完成。这种方法制备的功能高分子类似于用共混方法制备的高分子材料，但是均匀性更好。此方法的优点是方法简便，功能小分子的性质不受聚合物性质的影响，因此特别适宜对酶这种敏感材料的固化。缺点是在使用过程中包络的小分子功能化合物容易逐步失去，特别是在溶胀条件下使用将加快功能高分子的失活过程。

通过高分子化方法制备功能高分子材料的主要优点在于可以使生成的功能高分子功能基分布均匀，生成的聚合物结构可以通过小分子分析和聚合机理加以测定，产物的稳定性较好，因此获得了较为广泛的应用。这种方法的不利之处主要包括：在功能型小分子中需要引入可聚合单体，而这种引入常常需要复杂的合成反应；要求在反应中不破坏原有分子结构和功能；当需要引入的功能基稳定性不好时需要加以保护；引入功能基后对单体聚合活性的影响也常是需要考虑的因素。因此根据已知功能的小分子为基础设计功能高分子材料要注意以下几点：首先引入高分子骨架后应有利于小分子原有功能的发挥，并能弥补其不足，两者功能不要互相影响；其次，高分子化过程要尽量不破坏小分子功能材料的作用部分，如主要官能团；最后，小分子功能材料能否发展成为功能高分子材料，还取决于小分子结构特征和选取的高分子骨架的结构类型是否匹配。

二、普通高分子材料的功能化策略

功能高分子材料的第二种制备策略是通过化学或物理方法对已有普通聚合物进行功能化处理，赋予这些常见的高分子材料特定功能，成为功能高分子材料。这种制备方法的好处是可以利用大量的商品化聚合物，通过对高分子材料的选择，得到的功能高分子材料力学性能比较有保障。通过普通高分子材料的功能化制备功能高分子材料，包括化学改性和物理共混两种方法，下面分别进行讨论。

1. 高分子材料的化学改性功能化

这种方法主要是利用接枝反应在聚合物骨架上引入特定活性功能基，从而改变聚合物的物理化学性质，赋予其新的功能。能够用于这种接枝反应的聚合材料有很多都是可以买到的商品。适合进行接枝反应的常见品种包括聚苯乙烯、聚乙烯醇、聚丙烯酸衍生物、聚丙烯酰胺、聚乙烯亚胺、纤维素等，其中使用最多的是聚苯乙烯。这是因为苯环上适合引入不同种类的取代基，而且单体苯乙烯可由石油化工大量制备，原料价格低廉。加入二乙烯苯作为交连剂共聚可以得到不同交连度的共聚物。但是以上商业上可以得到的聚合物相对来说都是化学惰性的，一般无法直接与小分子功能化试剂进行接枝反应引入功能化基团，往往需要对其进行一定结构改造引入活性基团。聚合物结构改造的方法主要有以下几类。

(1) 聚苯乙烯的功能化反应　聚苯乙烯中的苯环比较活泼，可以进行一系列的芳香取代反应。比如，苯环依次经硝化和还原反应，可以得到对氨基取代聚苯乙烯；苯环经碘化后再与丁基锂反应，可以得到含锂的金属有机聚苯乙烯；苯环与氯甲醚反应可以直接得到聚氯甲基乙烯等活性聚合物。引入了这些活性基团后，聚合物的活性得到增强，在活化位置可以与许多小分子功能化合物进行反应，引入各种功能基。比如，得到的聚氯甲基苯乙烯可以同带有苯环的化合物发生芳香取代反应，在苄基位置与芳环连接，可以将氢醌、水杨酸、8—羟基喹啉等类型的功能基团引入聚苯乙烯；也可以同带有羧基的功能小分子反应生成苄基酯键，引入各种带有羧基的功能型基团。聚合物中的氯甲基还可以同带有疏基的化合物反应生成硫醚键，或者与各种有机胺反应生成碳氮键与功能基连接。以这些反应为基础，还可以进行更多种类的反应，引入众多类型的功能基团。得到的氨基聚苯乙烯在氨基上可以与带有羧基、酰氯、酸酐、活性酯等官能团的化合物反应，生成酰胺键而引入功能基团。氨基聚苯乙烯也可以通过与带有卤代芳烃结构的化合物发生氨基取代反应，在氨基上引入芳香取代功能基团；重氮化后的氨基聚苯乙烯活性更强，还可以与多种芳香烃直接发生取代反应引入功能基团。由聚苯乙烯经结构改造得到的聚苯乙烯锂反应性非常强，可以与带有卤代烃、环氧、醛酮、酰氯、腈基结构的化合物反应生成碳碳键；也可以与芳香杂环反应，在苯环上直接引入芳香性功能基。同时，与二氧化碳反应生成的芳香羧酸还可以作为进一步反应的活性官能团。通过对聚苯乙烯结构改造得到的其他类型的活性聚合物还有许多，在表 1-1 中给出了制备这些活性聚合物的部分合成反应[6]。

表 1-1　可以用于在聚苯乙烯骨架上引入活性基团的化学反应

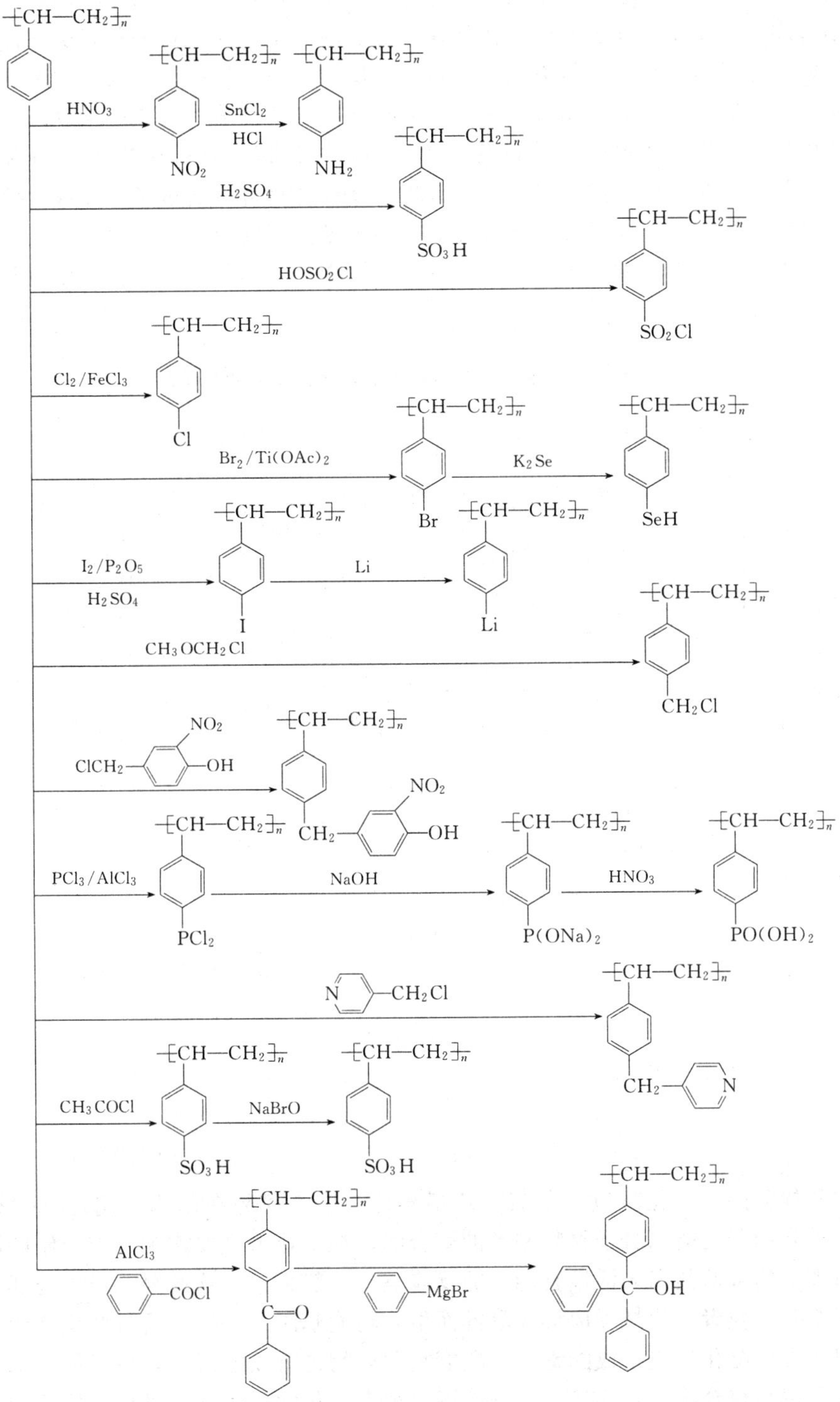

聚苯乙烯型功能高分子的特点是这种聚合物与多种常见的溶剂相容性比较好，对制成的

功能高分子的使用范围限制较小。通过二乙烯苯的加入量比较容易控制交连度，可以得到不同孔径度的聚合树脂。改变制备条件，可以得到凝胶型、大孔型、大网型、米花型树脂。机械和化学稳定性比较好是聚苯乙烯的另外一个优点。

（2）聚氯乙烯的功能化反应　除了聚苯乙烯外，聚氯乙烯也是一种常见、价廉、有一定反应活性的聚合物。经过一定高分子化学反应进行结构改造，可以作为很好的高分子功能化的底材。结构改造主要发生在氯原子取代位置，通过高分子反应在这一位置引入活性较强的官能团。比如，可以与带有苯等芳香结构的化合物反应，引入反应活性较高的芳香基团；可以与二苯基磷锂反应，引入制备高分子催化剂的官能团二苯基磷；与硫醇钠反应，生成带有碳硫键的衍生物；与带有丁基锂结构的化合物反应，可以以生成碳碳键方式引入活性官能团。聚氯乙烯脱去氯化氢则生成带双键的聚合物，该聚合物可以通过各种加成反应引入各种功能基团；聚氯乙烯也可以通过叠氮化反应引入叠氮键提高反应活性后再引入活性基团。总体来说，聚氯乙烯的反应活性较小，需要反应活性较高的试剂和比较激烈的反应条件。其中部分合成反应在表 1-2 中列出[7]。

表 1-2　可用于在聚氯乙烯结构中引入活性基团的化学反应

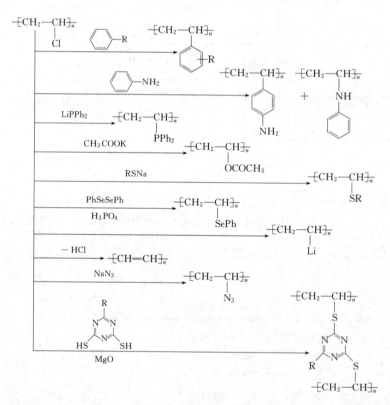

（3）聚乙烯醇的功能化反应　与聚氯乙烯相比，聚乙烯醇在结构上用羟基代替了氯原子，也是一种常用于功能高分子材料制备的聚合物，在工业上主要作为合成维纶的原料。其中聚合物骨架上的羟基是引入活性官能团的反应点。一般来说，这些羟基可以与邻位具有活性基团的不饱和烃或者卤代烃反应形成醚键而引入功能基团；也可以通过与反应活性较强的酰卤和酸酐等发生酯化反应生成酯键；与醛酮类化合物进行缩醛反应，可以使被引入基团通过两个相邻醚键与聚合物骨架连接，双醚键可以增强其化学稳定性。可用于聚乙烯醇结构改造的一些合成反应列于表 1-3 中。

表 1-3 可用于在聚乙烯醇结构中引入活性基团的反应

$$
\begin{aligned}
&\text{—[CH}_2\text{—CH]}_n\quad\\
&\qquad\ |\quad\ \text{CH}_2\text{=CH—R} \rightarrow \text{—[CH}_2\text{—CH]}_n\\
&\qquad \text{OH}\qquad\qquad\qquad\qquad\ |\\
&\qquad\qquad\qquad\qquad\qquad\ \text{OCH}_2\text{CH}_2\text{R}
\end{aligned}
$$

$\text{ClCH}_2\text{COOH} \rightarrow \text{—[CH}_2\text{—CH]}_n\text{—}\ |\ \text{OCH}_2\text{COOH}$

$(\text{RCO})_2\text{O} \rightarrow \text{—[CH}_2\text{—CH]}_n\ |\ \text{OCOR}$

$\text{RCOCl} \rightarrow \text{—[CH}_2\text{—CH]}_n\text{—}\ |\ \text{OCOR}$

$\text{P}_2\text{O}_5,\text{H}_3\text{PO}_4 \rightarrow$ （磷酸酯结构）

$\text{RCHO} \rightarrow$ （缩醛环结构，取代基 R）

（4）聚环氧氯丙烷的功能化反应　聚环氧氯丙烷或者环氧氯丙烷与环氧乙烷的共聚物是可用来制备功能高分子的另外一类常见原料，可以通过相应的环氧化合物通过开环聚合反应获得。从结构上分析，该聚合物链上的氯甲基与醚氧原子相邻，具有类似聚甲基苯乙烯的反应活性，可以在非质子型极性溶剂中与多种亲核试剂反应。比如与 NaN_3 反应生成活性叠氮结构，或者与苯甲酸钠生成酯键、与硫酚钠反应生成碳硫键等结构，进一步增强反应活性。这一类反应在表 1-4 中给出。

表 1-4 可用于聚环氧氯丙烷结构改造的合成反应

$$
\begin{aligned}
&\text{—[CH}_2\text{—CH—O]}_n\\
&\qquad\ |\\
&\qquad \text{CH}_2\text{Cl}
\end{aligned}
$$

$\text{NaN}_3 \rightarrow \text{—[CH}_2\text{—CH—O]}_n\ |\ \text{N}_3$

$\text{PhCOONa} \rightarrow \text{—[CH}_2\text{—CH—O]}_n\ |\ \text{CH}_2\text{OCOPh}$

$\text{PhSNa} \rightarrow \text{—[CH}_2\text{—CH—O]}_n\ |\ \text{CH}_2\text{SPh}$

（5）缩合型聚合物的功能化方法　缩合型聚合物在力学性能上具有很多优点，主要作为工程塑料和化学纤维材料，比较典型的如聚酰胺、聚酯和聚内酰胺等。聚环氧化合物，原则上也属于这一类。但是作为聚合物功能化底材，缩合型聚合物在功能高分子材料制备方面应用较少。主要原因是多数缩合型聚合物化学稳定性稍差，在酸性或碱性条件下容易发生降解反应。由于缩聚产物的端基是非封闭的，可以利用与活性端基反应引入功能基团；比如，当端基为羟基或氨基时，可以采用带有羧基及羧基衍生物的功能小分子与其进行酯化或酰胺化反应，从而实现功能化。也可以在功能小分子中引入双官能团，并与有活性端基的缩聚物进行嵌段共聚反应，将功能小分子引入聚合物主链。此外使用较多的缩合型聚合物还有稳定性较好的聚苯醚。但是为了增强反应活性，也必须在聚合物中引入活性官能团。在这类缩聚物中，芳香环处在聚合物主链上，能够发生芳香亲电取代反应，比如，在氯化锡存在下与氯甲基乙醚反应，可以在苯环上引入活性较强的氯甲基：

$$\left[\!\!\left[\begin{array}{c} \text{苯环} \end{array}\!-\!O\right]\!\!\right]_n \xrightarrow{\text{ClCH}_2\text{OCH}_2\text{CH}_3,\text{SnCl}_4} \left[\!\!\left[\begin{array}{c} \text{苯环} \\ \text{CH}_2\text{Cl} \end{array}\!-\!O\right]\!\!\right]_n$$

如果苯环上含有取代甲基，通过与丁基锂试剂反应可以引入活性很强的烷基锂官能团：

$$\left[\!\!\left[\begin{array}{c} \end{array}\!-\!O\right]\!\!\right]_n \xrightarrow{n\text{-BuLi}} \left[\!\!\left[\begin{array}{c} \\ \text{CH}_2\text{Li} \end{array}\!-\!O\right]\!\!\right]_n$$

上述两种引入的官能团可以进行多种化学反应，均可用于聚苯醚的功能化反应。

除了上面给出的有机聚合物可以作为功能化聚合物外，有些无机聚合物通过功能化也可以作为功能高分子材料的载体。如硅胶和多孔玻璃珠等都是可以作为载体的无机高分子，因为硅胶和玻璃珠表面具有大量的硅羟基，这些羟基可以通过与带有功能结构的三氯硅烷等试剂反应形成共价键直接引入功能基，或者引入活性更强的官能团，为进一步功能化反应作准备。这类经功能化的无机聚合物广泛作为高分子吸附剂，用于各种色谱分析的固定相。经引入各种官能团的玻璃和硅胶载体也可以作为高分子试剂和催化剂使用。无机高分子载体的优点在于机械强度高，可以耐受较高压力。

2. 聚合物功能化的物理方法

虽然聚合物的功能化采用化学方法拥有许多优点，如得到的功能高分子材料稳定性较好，因为通过化学键使功能基成为聚合物骨架的一部分；但是实践中仍然有一部分功能高分子材料是通过对聚合物采用物理功能化的方法制备的。究其原因，首先是物理方法比较简便、快速，多数情况下不受场地和设备的限制。特别是不受聚合物和功能型小分子官能团反应活性的限制，适用范围宽，有更多的聚合物和功能小分子化合物可供选择。其次是功能性小分子没有与高分子骨架形成新的化学键，不影响其功能的发挥。当与具有特殊活性的金属和无机非金属材料结合构成功能材料时，采用物理化功能化法更有优势。得到的功能化聚合物其功能基的分布也比较均匀。

聚合物的物理功能化方法主要是通过小分子功能化合物与聚合物的共混和复合来实现。共混方法主要有熔融态共混和溶液共混；熔融态共混与两种高分子共混相似，是将聚合物熔融，在熔融态下加入功能型小分子，搅拌均匀并冷却后就可以得到带有特殊功能的聚合物。此时，功能小分子如果能够在聚合物中溶解，将形成分子分散相，获得均相共混体；否则功能小分子将以微粒状态存在，得到的是多相共混体。因此，功能小分子在聚合物中的溶解性能直接影响得到的共混型功能高分子材料的相态结构。溶液共混是将聚合物溶解在一定溶剂中，同时，功能型小分子或者溶解在聚合物溶液中，成分子分散相；或者悬浮在溶液中成混悬体。溶剂蒸发后得到共混聚合物。在第一种条件下得到的是均相共混体，在第二种条件下得到的是多相共混体。无论是均相共混，还是多相共混，其结果都是功能型小分子通过聚合物的包络作用得到固化，聚合物本身由于功能型小分子的加入，在使用中发挥相应作用而被功能化。这类功能高分子材料最典型的是导电橡胶和磁性橡胶，它们都是在特定条件下，导电材料或磁性材料粉末与橡胶高分子通过共混处理制备的。

聚合物的这种功能化方法可以用于当聚合物或者功能型小分子缺乏反应活性，不能或者不易采用化学接枝反应进行功能化，以及被引入功能型物质对化学反应过于敏感，不能承受化学反应条件的情况下对其进行功能化。比如，某些酶的固化、某些金属和金属氧化物的固化等。这种功能化方法也常用于对电极表面进行功能聚合物修饰的过程。与化学法相比，聚合物共混修饰法的主要缺点是共混体不够稳定，在使用条件下（如溶胀、成膜等）功能聚合物容易由于功能型小分子的流失，而逐步失去活性。

三、功能高分子材料的其他制备策略

虽然小分子功能材料的高分子化和普通高分子材料的功能化方法可以完成大部分功能高分子材料的制备研究，但是功能高分子材料表现出的功能通常是多种多样的，有的甚至拥有相当复杂的功能，仅仅用上述制备策略表述难免过于简单。在功能高分子研究中我们经常会碰到这种情况，只用一种高分子功能材料难以满足某种特定需要，比如，单向导电聚合物的制备，必须要采用两种以上的功能材料加以复合才能实现。再比如，聚合物型光电池中光电转换材料不仅需要光吸收和光电子激发功能，为了形成电池电势，还要具有电荷分离功能。这时也必须要有多种功能材料复合才能完成。在另外一些情况下，有时为了满足某种需求，需要在同一分子中引入两种以上的功能基。比如同时在聚合物中引入电子给予体和电子接受体，使光电子转移过程在分子内完成。此外，某些功能聚合物的功能单一，作用程度不够，也需要对其用化学的或者物理的方法进行二次加工。我们将两种以上功能高分子材料的复合，在功能高分子材料中引入第二种功能基和扩大已有功能高分子材料功能的过程归类于功能高分子材料的多功能复合与功能扩大，作为功能高分子材料的第三种制备策略。总之，目前功能高分子材料的制备技术也已经相当复杂多样，并不能仅仅用上述两种策略加以概括，下面简短介绍一些功能高分子材料的其他制备策略。

1. 功能高分子材料的多功能复合

将两种以上的功能高分子材料以某种方式结合，有可能产生新的性质，即具有任何单一功能高分子均不具备的性能，这样将形成全新的功能材料。这一结合过程被称为功能高分子材料的多功能复合过程。在这方面最典型的例子是单向导电聚合物的制备。我们知道，带有可逆氧化还原基团的导电聚合物，其导电方式是没有方向性的；但是，如果将带有不同氧化还原电位的两种聚合物复合在一起，放在两电极之间，我们将发现导电是单方向性的。这是因为只有还原电位高的处在氧化态的聚合物能够还原另一种还原电位低的处在还原态的聚合物，将电子传递给它，而无论还原电位低的导电聚合物处在何种氧化态，均不能还原处在氧化态的高还原电位聚合物。这样，在两个电极上交替施加不同方向的电压，将只有一个方向电路导通，呈现单向导电[8]（见图 1-2）。同样道理，采用选择性不同的修

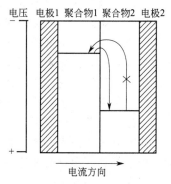

图 1-2 由双层导电氧化还原聚合物复合构成单向导电装置

饰材料对电极表面进行多层修饰，也可以制成具有多重选择性电极。许多感光性材料也是由多种功能材料复合而成。采用类似的复合方法将能够制备出多种多样的新型功能材料。

2. 在同一分子中引入多种功能基

在同一种功能材料中，甚至在同一个分子中引入两种以上的功能基团也是制备新型功能聚合物的一种方法。以这种方法制备的聚合物，或者集多种功能于一身，或者两种功能协同，创造出新的功能。比如在离子交换树脂中，离子取代基邻位引入氧化还原基团，如二茂铁基团，以该法制成的功能材料对电极表面进行修饰，修饰后的电极对测定离子的选择能力受电极电势的控制。当电极电势升到二茂铁氧化电位以上时，二茂铁被氧化，带有正电荷，吸引带有负电荷的离子交换基团，构成稳定的正负离子对，使其失去离子交换能力，被测阳离子不能进入修饰层，而不能被测定，也就是说此时阳离子被屏蔽，不给出测定信号。

在高分子试剂中引入两个不同基团，并固定在相邻位置。可以实现所谓的邻位协同作用。这时高分子试剂中的一个功能基以静电引力或者其他性质的亲核力吸引住底物的一端，将底物固定，同时相邻的另一个功能基就近攻击底物的另一端，即反应中心，进行化学反

应。在这种化学反应中，由于高分子试剂中存在着邻位协同作用，因而反应速度大大加快，选择性提高。

这里值得指出的是任何科学研究不可能有一个一成不变的研究方法，以上给出的功能高分子的设计仅仅是前人走过道路的一小部分，不仅不能概括以前采用的设计思想的全部，更不能限制今后的研究思路。这些功能高分子的制备策略仅是实际被采用方法的一部分，对今后在新型功能高分子材料的研究和制备中仅能作为参考。随着人们对现有功能高分子材料性质认识的不断深入，将会有更多特性功能被开发出来。开阔思路，拓展视野，勇于创新是功能高分子化学研究永远必须遵循的方针。

第四节 功能高分子材料的研究内容与研究方法

由于功能高分子材料结构与性质的特殊性，与其他材料领域相比，功能高分子材料的研究内容与方法自然也具有一定特殊性。了解功能高分子材料研究方法的特殊性，对于那些现在和将来可能参与功能高分子材料生产和研究的科学工作者都具有一定意义。功能高分子材料科学的主要研究内容一般包括四个方面，即功能高分子材料的制备方法研究，功能高分子材料的结构、组成与构效关系研究，功能高分子材料及其器件的性能测定与表征研究，功能高分子材料的应用研究。这些研究内容和方法对于不同种类的功能高分子材料之间同样存在很大不同，因此在本章中所谈的研究内容和方法只能是从总体角度给出的最一般的方法。了解这些一般研究方法以及规律，对于系统掌握功能高分子材料科学也非常重要。

由于功能高分子材料科学其理论基础主要是由高分子化学、高分子物理、有机化学、材料力学等学科演化而来，因此它继承了这些学科的一些研究方法，即这些研究方法也适合于功能高分子材料研究。如研究单体制备的合成法研究、聚合工艺和设备研究、聚合物的化学性质测定研究、聚合物的物理性质测定研究等。在上述学科中采用的多数方法，如化学成分分析方法，化学结构分析方法，表面分析技术、力学分析技术等仍然是功能高分子材料中重要的研究方法与技术。然而由于功能高分子材料科学还普遍涉及电学、光学、医学、生物学、药学等其他学科的理论和规律，因此这些领域已有的研究方法也被应用于功能高分子材料的研究。这些方法的相互结合，为研究功能高分子材料中结构与功能之间的关系，开发寻找功能更强，或具有其他特殊功能的高分子材料提供了方法和途径。下面给出的是在功能高分子材料化学研究中具有重要意义的制备、性能表征和分析方法。

一、制备方法研究

毫无疑问，功能高分子材料制备方法的研究，无论是在理论上还是在应用方面，都具有重要意义。功能高分子材料的制备策略在前面部分已经做了一定介绍，主要包括单体制备、聚合反应等高分子化工艺、聚合物的功能化及材料微观结构和宏观结构成型等几个方面。下面着重从制备方法本身的研究为重点，介绍如何选择和开发功能高分子材料的制备方法。

1. 单体制备方法研究

单体的制备是任何种类聚合物制备的第一项工作。对于从功能型小分子制备功能高分子材料策略考虑，单体制备需要解决的主要问题是可聚合基团的引入和与功能型基团的结合。可聚合基团的选择要根据在高分子化过程中使用的聚合方法与工艺为基础进行选择。采用加成聚合反应需要引入端基双键；而在单体分子中，端基双键可以由脂肪醇或卤代烃通过消除反应，在碱性条件下脱去水或卤化氢小分子制备。对于采用芳香烃的氧化聚合工艺，则往往需要亲电取代反应，通过适当长度的碳链在芳香环上引入功能化基团。对于采用缩聚反应工艺，除了可以通过氧化反应制备环氧基团，用于制备聚乙烯醚类聚合物之外，其他缩合聚合单体都需要引入两个以上的官能团。这类官能团包括氨基、羟基、酰卤、羧基、活性酯等。选择何种可聚合基团还要根据功能性小分子的结构特点、生成功能聚合物的使用条件和所需要的性能要求等多种因素综合考虑。因为可聚合基团一经选定，聚合物骨架的结构和性质也就无法进行大的改变。在单体中引入功能基是单体制备中的另一项重要内容。在单体中引入功能基的方法比较多，也比较复杂，没有统一的规律，需要根据实际功能基的结构特点和反应活性分别加以设计。需要考虑的因素包括可聚合基团与功能化基团之间的互相干扰，在必要时应对其中某些敏感基团加以保护。这时可聚合基团与功能基之间的过渡结构常常是单体制备过程中需要考虑的重要因素；这种过渡结构的长短和大小经常会对功能聚合物的功能发挥产生重要影响。

2. 高分子化方法研究

将带有可聚合基团的单体转变成高分子材料，需要通过聚合反应或者接枝反应实现。根据可聚合基团的种类，目前常用的聚合方法主要有加成聚合、氧化聚合和缩合聚合。根据参与聚合的单体种类数目，又可以分成均聚和共聚反应。其中加成聚合根据反应特征又可分为自由基聚合、离子聚合、配位聚合。根据反应体系不同，有本体聚合、溶液聚合、悬浮聚合和乳液聚合。有关聚合反应条件的研究与设计，在高分子化学课程中已经有详细介绍。在功能高分子材料制备中选用那一种聚合方式和聚合条件，除了要根据单体特征之外，还需要根据功能高分子材料对机械性质，材料外形特征，物理和化学性质等的具体要求而定。在功能高分子材料制备中，设计聚合反应条件一般需要注意以下几点。

① 要充分考虑单体中功能基的保护问题，防止功能基团在聚合反应过程中遭到破坏。

② 在研究聚合条件时应考虑到功能基对聚合反应的影响，分析功能基团对聚合速度、聚合方向的促进或阻碍作用。

③ 应当注意避免在聚合过程中引入的引发剂、溶剂、分散剂残留对生成聚合物功能的影响。

④ 要考虑形成的聚合物的交联度、空隙率、孔径等对功能材料使用的影响。

⑤ 要考虑生成的聚合物的机械和化学稳定性对实际应用的影响。

采用物理共混方式进行高分子化，则需要考虑共混材料之间的相容性、溶解性、熔点和热稳定性等条件。

3. 聚合物的功能化、聚合物微观结构和宏观结构成型

聚合物的功能化是通过物理或化学方法将功能型小分子与高分子结合的过程，包括小分子与高分子聚合物发生接枝反应和共混过程。通过放电极化、磁场取向、多种材料复合等过程实现高分子材料的功能化也属于这一范畴。其中接枝反应是一类高分子化学反应，在功能小分子和聚合物骨架之间形成共价键而结合。接枝反应需要在高分子骨架上和功能小分子上都具有足够活性的基团，并且在高分子溶胀或溶解的情况下进行。与此相反，高分子共混过程，功能小分子和高分子骨架之间并没有生成共价键，而是以混合态存在，包括分子分散的均相态和聚集态形式存在的多相态。根据共混工艺差别，有熔融共混和溶液共混。得到混合度好的共混体需要功能小分子和高分子材料之间的相容性要好。改进相容性可以加入对两种分子均有亲和性的第三种物质，或者对高分子材料进行修饰改性。

高分子微观和宏观结构成型也是功能高分子材料制备中非常重要的步骤，特别是对于高分子反应试剂、高分子催化剂、高分子分离膜、高分子吸附剂等功能高分子材料，特定微观结构和宏观结构成型工艺是非常重要的。改变聚合工艺可以得到体积、形态和孔隙率不同的颗粒状高分子材料，孔隙率越高、颗粒的体积越小，材料的比表面积越大。制备对多种物质有选择性透过能力的高分子分离膜需要制备多孔膜，多孔结构是通过高分子溶解—相转变—

固化过程完成的，具体工艺手段包括热法、干法、湿法、聚合物辅助法等。中空纤维成型工艺也是膜制备方法研究中的重要问题。这些制备工艺都需要利用到高分子材料的特殊物理化学性质。

对于那些需要进行复杂组装、匹配和复合工艺制备的功能高分子器件，需要更多独特的制备工艺技术；如电致发光和电致变色器件，高分子驻极体，生物医学材料等，往往还必须使用特殊技术才能实现。

二、功能高分子材料的结构与组成研究方法

任何材料的性能或功能都是与其化学和物理结构紧密相关的。因此，分析与研究功能高分子材料的化学组成和分子结构，以及聚合物的次级结构自然就成为功能高分子材料构效关系研究的基础，因为只有清晰了解了材料的结构才能进行构效分析。这方面研究的主要内容包括化学成分分析、化学结构分析、聚合物晶态结构分析、聚合物聚集态结构分析和宏观结构分析等。其属于分析化学和高分子物理范畴。

1. 功能高分子材料的化学成分分析

功能高分子材料的化学成分分析包括元素组成分析和化学组成分析。前者是研究材料的元素级组成，后者是研究材料是由那些分子组成。与其他材料的分析一样，完成上述任务可以采用化学分析法、元素分析法、质谱法和色谱法。不同点在于，由于分析对象是聚合物大分子，往往要借助于热裂解法，将聚合物在无氧条件下进行加热分解，然后用各种物理化学方法对分解产物进行分析。通过化学分析和元素分析法可以得到聚合物化学组成信息；质谱法除了可以得到元素组成信息之外，根据被电子轰击造成的碎片离子的质量和丰度数据，可以提供聚合物分子结构信息。色谱法既可以对裂解碎片进行分离分析，并可以将其收集纯化，作进一步结构研究之用，是热裂解分析中最常用的分析方法。色谱法也可以对聚合物中的小分子进行分离鉴定。聚合物的分子量采用质谱测定比较困难，一般多采用端基分析法、渗透压法、黏度法和凝胶渗透色谱法进行测定，得到的是聚合物的平均分子量。但是用不同方法得到的分子量具有不同的含义。其中凝胶渗透色谱法在有标准样品时可以得到绝对分子量，准确度最高，分析速度也比较快。采用其他方法得到的一般都是相对分子量。

2. 功能高分子材料的化学结构分析

化学结构分析是了解分子中各种元素的结合顺序和空间排布情况的重要手段，而这种结构顺序和空间排布是决定材料千变万化性质的主要因素之一。过去聚合物的结构分析常用化学分析法（官能团分析）和合成模拟法。随着一些近代仪器分析方法的出现和完善，仪器分析法目前已经作为主要的结构分析工具。常见的红外光谱法、紫外光谱法、核磁共振谱法和质谱法被称为近代化学结构分析的四大光谱方法。在功能高分子结构分析中，红外光谱主要提供分子中各种官能团的信息，核磁共振谱和质谱主要提供分子内元素连接次序和空间分布信息，紫外光谱可以提供分子内发色团、不饱和键和共轭结构信息。光电子能谱对于测定有机和无机离子，以及元素的价态也是非常好的工具。聚合物的不易溶解特性，多种材料的复合性使功能高分子结构分析变得更复杂，在分析时应加以注意。

3. 功能高分子晶态结构分析

聚合物的晶态结构直接影响到材料的物理和化学性质，特别是对于聚合物液晶、高分子分离膜和导电聚合物等功能材料，其晶态结构在其功能的发挥方面往往起着重要作用。功能高分子晶相分析的主要方法包括 X 射线衍射法、小角度 X 光散射法、电子显微镜法等。这些方法都可以从不同角度给聚合物的晶态结构分析提供信息。其中 X 射线法是通过衍射图形分析测定晶体结构参数最有力的工具。核磁共振法中通过观察相邻质子耦合常数和化学位移的变化来判断聚合物的结晶度和分子在晶体中的排列情况。高分子的晶态结构不同于小分

子晶体，晶体的完整性比较差，因此得到的晶体衍射图形不如小分子晶体的图形清晰，晶胞常数的准确计算也比较困难。

4. 功能高分子聚集态结构分析

功能高分子材料的聚集态结构包括聚合物的结晶态、取向态结构、液晶态结构和共混体系的织态结构等结构类型。高分子聚集态结构分析最有力的工具是电子透射显微镜和电子扫描电镜。借助于电子透射显微镜和扫描电镜的高分辨率，可以观察到分子几个纳米以下的结构，可以提供大量可靠的聚集态结构信息。除了电子显微镜外，X射线衍射、小角度X散射、热分析法等也可以为聚集态结构分析提供补充信息。

5. 功能高分子材料的热性质分析

测定功能聚合物的热性质不仅可以了解其性能与温度之间的关系，还可以直接或间接得到许多有关聚合物晶态结构、聚集态结构、相态转变以及化学稳定性质的相关数据。热分析方法主要包括差热分析法（DAT）、示差扫描量热分析法（DSC）、热失重分析法（TGA）等。其中DAT可以测定试样在程序升温时释放和吸收热量的变化；任何物质当发生相变、晶态变化、化学变化都会伴有热量的变化；因此从DAT分析得到的热量与温度曲线，可以得到聚合物各种物理化学变化发生的温度和程度信息。根据DSC对聚合物各种物理化学变化产生的热量进行定量分析，可以得出这些变化与反应性质和程度的定量数据。TGA测定的是被测物受热后样品重量发生的变化；根据TGA分析，可以得到被测物温度与重量的关系曲线和加热时间与重量的关系；当聚合物受热后发生的物理和化学变化伴有重量变化时，比如分解、挥发等过程，从TGA分析可以得到准确的热力学信息。聚合物的热性质也可以通过色谱法测定，比如相转变、结晶等热力学数据测定。聚合物的扩散系数等也可以通过色谱法测定。

6. 功能高分子材料宏观结构分析

功能高分子材料的宏观结构是指建立在聚合物化学结构、晶体结构和聚集态结构之上的相对大尺寸结构。对于高分子膜材料的膜厚、孔形和孔径，高分子吸附材料的空隙率、孔径，复合材料的相关尺寸等属于这一范畴。这些性质对于依靠表面特征发挥功能作用的那些功能高分子材料来说有着特殊的重要意义。比如用于化学反应的高分子试剂和高分子催化剂；用于分析、分离、收集痕量化学物质用的高分子吸附剂；用于气体和液体分离的高分子膜材料等都属于这一类。聚合物的表面结构可以用电子显微镜或者光学显微镜测定，空隙率和比表面积可以用吸附或吸收法测定，孔径可以用鼓泡法测定，粒度可以用激光粒度仪测定。对于多功能复合法得到的功能高分子材料的宏观结构，比如电极表面多层修饰制备的各种装置，除了用上述方法分析外，还可以通过电分析、光分析等手段间接测定。

三、功能高分子材料的构效关系研究方法

功能高分子材料的构效关系，即性能和作用机理研究是功能高分子材料研究最重要的内容之一，是材料评价、性能改进、完善理论、拓展应用领域的基础。但是功能高分子材料的性能测定和机理研究，由于其应用领域广，涉及学科多，影响因素复杂，是功能高分子材料中最难进行系统归纳的内容。下面仅给出分析研究的基本原则，详细内容将在以后各章中介绍。

1. 功能高分子性能测定

一般来说，功能高分子性能测定要依赖于材料所应用领域的科学研究成果和分析测定手段。比如，导电高分子要采用电导测定方法测定其导电能力，高分子功能膜材料要用真空渗透等方法测定透过能力，光敏高分子材料要用光学和化学方法测定其对光的敏感度和光化学反应程度，高分子药物和医用高分子材料要用生物学和医学方法检验其临床效果，高分子催

化剂和高分子试剂要用各种反应动力学和化学热力学测定方法分析其反应活性和催化能力。功能材料的性能测定涉及化学、光学、电磁学、生物学、医学等领域的最新研究成果，与相关领域的特殊研究方法紧密相关。同时，功能高分子材料的应用性能测定往往还必须考虑高分子材料自身的特点，对分析测定方法进行必要调整。鉴于其特殊性，在本章不再赘述。

2. 功能高分子材料作用机理研究

功能高分子材料的作用机理研究是功能高分子材料科学研究的最高层次，是本研究领域最活跃的前沿领域，自然难度是相当大的；不仅要求研究手段要先进，而且会碰到许多以现有理论难以解释的现象。作用机理研究一般要将性能研究与上面给出的化学与物理结构分析结合，才能给出作用机制模型。功能高分子表现出的所谓功能都是分子内各功能基团、聚合物骨架、材料的形态结构等因素综合作用的结果，而表现出的性能则是其结构的外在表现形式。一般来说，材料的结构性质包括元素决定的基本性质、化学基团和结构决定的化学性质、分子间力表现出的机械和力学性质、分子有序排列产生的光学和磁学性质、材料表面和界面性质等直接产生的性质。一般来说，这种材料结构与其性能特性有直接相关性的构效关系研究相对比较简单，只要确定其材料结构并准确测定其功能性质后容易得到合理的构效关系。但是各种材料经过复杂组合产生的综合性质，往往需要复杂的分析过程，甚至需要进行理论的创新。由于功能高分子材料性质研究具有多学科性，需要在了解其化学性质和结构的基础上，进行应用性质研究，常常需要能够借鉴和移植其它学科的成果和技术，善于利用逆向思维等思考方式。有关功能高分子作用机理研究方面的详细内容将在各章中阐述。

四、功能高分子材料的应用研究

所谓的功能高分子材料的应用研究是利用其特殊功能解决具体实践问题，即如何将知识转变成生产力，造福于人类的问题，自然是功能高分子材料科学研究的重要领域。功能高分子材料的应用研究一般都是跨学科的研究，需要具备跨学科的知识。在现实生产和科研实践中需要功能材料解决的问题主要有以下几个类型。

1. 作为新型替代材料

所谓新型替代材料主要是指对该种材料功能目前已经有需求，并且已经有一些材料可以承担该项功能，但是采用新的功能高分子材料可以提高其使用性能或降低成本，替代后可以提高应用效果和降低应用成本。比如，在激光打印和静电复印机中广泛采用的核心材料——光导电材料，最早使用无机非金属光导电材料；而采用高分子光导电材料替代后可以提高性能并降低了成本，从而在工业生产中获得大规模采用。与此类似的还有高分子压电材料替代无机压电材料，在机械能与电能转换装置（如微型麦克风）中获得广泛应用。在此类研究中最重要的关注点在于功能的提升、制作加工工艺的改进、成本的降低和耐用性几个方面。这种应用研究相对比较简单。

2. 作为全新功能材料

当人们发现功能材料具备某些以前尚未发现或应用的新功能，而此类功能可以解决在生产实践中的特殊问题时，就有可能发展成为新型功能材料，在一定领域获得应用。比如，人们发现本征电子导电高分子材料在掺杂和去掺杂过程中其吸收光谱可以发生显著变化，而掺杂和去掺杂过程可以用简单方法控制，这些材料就可以发展成为电致变色材料，应用到显示装置和化学敏感器制备领域。同样，电子导电高分子材料在掺杂后导电能力的大幅度提升性质，使其有可能成为新型分子电子器件的制备材料。氧化型掺杂和还原型掺杂产生的氧化还原性质也可以使其成为新型电极材料。相对于上述应用研究，其研究难度也比较高。

在功能高分子的应用研究中首先要考虑实际应用的需要和应用环境的限制，使研究的结果具有实际应用意义；也要考虑高分子的特点，充分发挥其特长。比如，虽然目前得到的多数聚合物电解质的导电能力还赶不上常用液体电解质，但是聚合物的良好力学性能，使其能够制作成面积大、厚度薄、结构系数大的薄膜型固体电解质，电导的绝对值达到甚至超过液体电解质。显然单纯比较两者电导率是不合适的。再比如在固相合成中使用的高分子试剂，与小分子试剂相比，反应速率和收率可能不如后者，但是，前者易于分离纯化和可以使用大大过量试剂的特点，不仅可以弥补上述缺点，而且带来其他良好性质。此外，应用研究需要面对比实验室复杂得多的环境条件，需要考虑的问题也要多得多。不仅要考虑科学和技术问题，还要考虑经济和社会问题。

本 章 小 结

1. 功能高分子材料是指那些既具有普通高分子功能特性，同时又表现出特殊物理化学性质的高分子材料，是重要的现代功能材料之一。

2. 功能高分子材料科学与技术包括材料制备技术，材料结构与性能的分析与表征技术，构效关系研究和材料的应用研究等，是当前高分子材料科学发展的前沿领域。功能高分子材料的应用领域非常广泛，并且发展极为迅速。

3. 功能高分子材料可以根据其具备的功能特征进行分类，这些功能包括化学反应功能、电学功能、光学功能、生物学功能等。也可以根据其具体的应用领域进行划分，如农用功能高分子材料、医用和药用高分子材料等。

4. 功能高分子材料通常可以通过小分子功能材料的高分子化、普通高分子材料的功能化或者材料功能与结构的复合等途径实现。其高分子化和功能化方法包括物理和化学方法。

5. 影响材料性能的结构层次包括元素组成、化学结构、超分子结构、宏观结构等几个层次，每个结构层次对性能的影响各不相同。

6. 由于小分子功能材料高分子化产生的特殊效应称为高分子效应。高分子效应的产生与高分子骨架结构、分子量的大小、分子间相互作用力和功能团的分布等因素紧密相关。高分子效应是指导功能高分子材料开发的重要依据。

思考练习题

1. 与常规高分子材料相比，功能高分子材料具有哪些明显特征？与其他类型功能材料相比，功能高分子材料表现出哪些特殊性质？

2. 功能高分子材料可以分成反应型高分子材料、电活性高分子 材料、光活性高分子材料、吸附型高分子材料、生物活性高分子材料等几种类型，讨论上述根据材料功能给出的各类功能高分子材料表现出哪些特性？

3. 功能高分子材料也可以划分成医用高分子材料、药用高分子材料、高分子液晶材料、高分子染料、光固化涂料等类型，讨论上述根据用途划分的功能高分子材料在应用方面各具有哪些鲜明特点？

4. 功能高分子材料的特殊功能与其结构有紧密关系，讨论功能高分子材料都有哪些结构层次，这些结构层次对于材料的性能变化分别起哪些作用？

5. 通常功能高分子材料可以通过大量存在的已知小分子功能材料的"高分子化"来制备，这里所指"高分子化"的具体含义是什么？都包含哪几种方法？举例说明其在开发新型功能高分子材料方面的作用。

6. 功能高分子材料也可以通过对常规高分子的"功能化"来制备，这里所指的"功能化"的具体含义是什么？都包含哪几种技术路线？

7. 小分子功能材料通过"高分子化"后获得新功能的特征称为高分子效应，讨论常见的高分子效应有哪些？其中高分子骨架与官能团分别起哪些作用？高分子效应都有哪些实际应用意义？

8. 高分子化学反应，如均聚、共聚、接枝、交联等反应在功能高分子材料的制备研究中都具有哪些重要作用？

9. 共混、吸附、包埋等物理方法也常应用到功能高分子材料的制备研究中，这时高分子骨架和功能单元各起哪些作用？讨论其相互作用方式并给出这些功能化方法在功能高分子材料制备研究中的主要特点。

10. 功能高分子材料科学研究包括制备方法研究、构效关系研究、性质与应用领域拓展研究和分析表征研究等几个方面，讨论上述领域的特点和作用。

参考文献

[1] （a）D Chemla and J Zyss. Nonlinear Optical Properties of Organic Molecules and Crystals：Vol. 1 and 2. Academic Press Inc，1987.

（b）郝红，梁国正，范小东. 非线性光学聚合物材料的研究进展. 高分子材料科学与工程，2003，（3）：35-39.

[2] 李伟章，恽榴红，固相有机合成研究进展. 有机化学，1998，（5）：403-413.

[3] 赵文元，赵文明，王亦军. 聚合物材料的电学性能及其应用. 北京：化学工业出版社，2006.

[4] 冯厚军，谢春刚. 中国海水淡化技术研究现状与展望. 化学工业与工程，2010，（2）：103-109.

[5] M A Kraus and A Patchornik. *J Am Chem Soc*，1971，**93**：7325.

[6] 陈义镛. 功能高分子. 上海：上海科学技术出版社，1988.

[7] A Akelah and A Moet. Functionalized Polymers and Their Applications. Chapman and Hall，1990.

[8] Zhao Wenyuan，Marfurt Judith，Walder Lorenz. *Helv Chim Acta*，1994，77（1）：351-371.

第二章　反应型高分子材料

第一节　反应型高分子材料概述

反应型功能高分子材料是指具有化学反应活性并可以应用的功能高分子材料，包括高分子试剂和高分子催化剂两大类。与小分子试剂相同，高分子试剂和高分子催化剂其结构上也都含有反应性官能团，能够参与或促进化学反应的进行，同时由于高分子化后产生的高分子效应，还具有小分子同类物质所不具备的特殊性质。反应型功能高分子材料主要用于化学合成和化学反应，有时也利用其反应活性制备化学敏感器和生物敏感器。与小分子化学反应试剂和催化剂相比，高分子化的试剂和催化剂具备的许多优良性质，能够解决许多小分子试剂难以解决的合成问题，并更加符合 21 世纪绿色化学的要求。众所周知，化学反应试剂和催化剂是有机合成反应中的两种最重要的物质。从某种程度上讲，在合成反应中化学反应试剂和催化剂对反应的成功与否常起着决定性的作用。同样在化学工业中化学试剂和催化剂的功能常决定着产品产量的多少和质量的高低。随着化学工业的发展和合成反应研究的深入，对新的化学反应试剂和催化剂提出了越来越高的要求；不仅要求有高的收率和反应活性，而且要具有高选择性，甚至专一性；同时绿色化学概念的普及，要求简化反应过程，提高材料的使用效率，减少废物排放甚至零排放也对化学试剂和催化剂提出了新的要求。开发具有特殊功能和性质的高分子试剂和催化剂并大量投入使用，大大推动了合成反应的研究和化学工业的绿色化进程。

一、反应型高分子材料的结构特点与分类

反应型高分子材料的性能特征是具有较强的化学反应活性，这一点与常规高分子材料表现出的化学惰性截然不同。在分子结构层面分析，反应型高分子材料一般都具有化学反应官能团或者能促进化学反应的官能团存在；在宏观结构层面分析，由于反应型功能高分子多不溶于反应介质，进行的是发生在界面的固相反应，需要有较大的比表面积，因此多为颗粒状多孔结构。作为化学敏感器制备材料时还有特定的结构要求。

反应型高分子材料的分类主要依据其在化学反应过程中所起的作用，主要包括高分子化学试剂和高分子催化剂两大类。化学反应试剂是一类自身的化学反应性很强，能和特定的化学物质发生特定化学反应的化学物质。它直接参与合成反应，并在反应中消耗掉自身。比如，常见的能形成碳碳键的烷基化试剂——格氏试剂、能与化合物中羟基和氨基反应形成酯和酰胺的酰基化试剂等就属于化学试剂。小分子试剂经过高分子化或者在聚合物骨架上引入反应活性基团，得到的具有化学试剂功能的高分子化合物被称为高分子化学反应试剂。利用高分子化学试剂在反应体系中的不溶性、立体选择性和良好的稳定性等所谓的高分子效应，可以在多种化学反应中获得特殊应用。其中部分高分子试剂也可以作为化学反应载体，用于固相合成反应，称为固相合成试剂。其中常见的高分子化学试剂根据所具有的化学活性有高分子氧化还原试剂、高分子磷试剂、高分子卤代试剂、高分子烷基化试剂、高分子酰基化试剂等。除此之外，用于多肽和多糖等合成的固相合成试剂也是重要的一类高分子试剂。催化剂是一类特殊物质，它虽然参与化学反应，但是其自身在反应前后并没有发生变化（虽然在反应过程中有变化发生）。它的功能在于能几十倍、几百倍地增加化学反应速度；在化学反

应中起促进反应进行的作用。催化剂的作用机理多为通过提供低能态反应通道、形成低能态过渡态来降低化学反应的活化能来加快化学反应的进行。常用催化剂多为酸或碱性物质（用于酸碱催化），或者为金属或金属络合物。通过聚合、接枝、共混等方法将小分子催化剂高分子化，使具有催化活性的化学结构与高分子骨架相结合，得到的具有催化活性的高分子材料称为高分子化学反应催化剂。同高分子化学反应试剂一样，高分子催化剂可以用于多相催化反应；同时具有许多同类小分子催化剂所不具备的性质。常见高分子催化剂包括酸碱催化用的离子交换树脂、聚合物氢化和脱羧基催化剂、聚合物相转移催化剂、聚合物过渡金属络合物催化剂等。作为一种特殊催化剂，酶通过固化过程可以得到固化酶，成为一类专一性多相催化剂。作为高分子功能材料，高分子试剂和高分子催化剂也可以利用其高分子材料的固有属性将其固化在电极表面，构成化学传感器用于检测和分析用途。

二、反应型高分子材料的应用特点

日常使用的化学反应试剂和催化剂的大多数为分子量不大的小分子化合物。由于其溶解度较好，小分子试剂和催化剂进行的反应也多为均相反应。在化学反应中如果原料、试剂、催化剂相互间互溶，在反应体系中处在同一相态中（相互混溶或溶解），称此反应为均相化学反应；其中催化剂与反应体系成一相的催化反应称均相催化反应。在均相反应中，物料充分接触，反应速度较快，反应装置简单。但是反应过后的均相体系给产物的分离、纯化等造成一定困难。有时小分子试剂和催化剂在选择性和环境保护等方面也无法满足科研和生产对试剂的特殊要求。针对某些小分子试剂和催化剂的缺点和某些特殊化学反应对化学试剂的特别要求，发展新型高分子化的化学试剂已经成为科研和生产的迫切需要。最初，高分子化学反应试剂和高分子催化剂的研究和发展是在小分子化学反应试剂和催化剂的基础上，通过高分子化过程，使其分子量增加、溶解度减小，从而获得聚合物的某些优良性质。在高分子化过程后，人们希望得到的高分子化学反应试剂和催化剂能够保持或基本保持其小分子试剂的反应性能或催化性能，但是赋予这些试剂和催化剂一些高分子材料属性。其最初的基本目的是利用高分子材料的不溶性将某些均相反应转化成多相反应，或者借此提高试剂的稳定性和易处理性。在化学反应中，如果原料、试剂和催化剂中至少有一种在反应体系中不溶解或不混溶，因而反应体系不能处在同一相态中，这种类型的化学反应称为多相化学反应，其中催化剂独立成相的称为多相催化反应。多相化学反应中，反应过后的产物分离、纯化、催化剂回收等过程比较简单、快速。但是化学反应只能在两相的界面进行，因而反应速度受物料的扩散速度控制，一般反应速度较慢。今天，随着人们对多相反应和高分子反应机理认识的深入，目前高分子试剂和高分子催化剂的研制，已经不满足于仅仅追求上述目的。在化学反应中高分子骨架和邻近基团的参与，使有些高分子反应试剂和催化剂表现出许多在高分子化之前没有的反应性能或催化活性；表现出所谓的无限稀释效应、立体选择效应、邻位协同效应等由于高分子骨架的参与而产生的特殊性能，在化学合成反应研究中开辟一个全新领域。

反应型高分子试剂的不溶性、多孔性、高选择性和化学稳定性等性质，大大改进了化学反应的工艺过程；高分子试剂和高分子催化剂的可回收再用性质也符合绿色化学的宗旨，使其获得了迅速发展和应用。在高分子试剂和高分子催化剂研制基础上发展起来的固相合成法和固化酶技术是反应型功能高分子材料研究的重要突破，对有机合成方法等基础性研究和改进化学工业工艺流程作出了巨大贡献。随着研究的不断深入，每年都有大量新型高分子试剂和高分子催化剂出现。而报道更多的是高分子试剂和高分子催化剂的应用研究，其领域不断被拓宽，新的合成方法的不断出现。

三、发展高分子化学试剂和高分子催化剂的目的和意义

研究开发高分子试剂和高分子催化剂的目的和意义主要从以下几个角度考虑：能够改进

化学反应工艺过程、提高生产效率和经济效益、发展高选择性合成方法、消除或减少对环境的污染和探索新的合成路线等。将已有的小分子化学试剂和催化剂经过高分子化后至少可以带来以下显而易见的优点。

① 简化操作过程　一般来说，经高分子化后得到的高分子反应试剂和催化剂在反应体系中仅能溶胀，而不能溶解；这样在化学反应完成之后，可以借助简单的过滤方法使之与小分子原料和产物相互分离；从而简化操作过程，提高产品纯度。同时高分子催化剂的使用可以使均相反应转变成多相反应，可以将间断合成工艺转变成连续合成工艺，这样都会简化工艺流程。

② 有利于贵重试剂和催化剂的回收和再生　高分子反应试剂和催化剂的可回收性和可再生性，可以将某些贵重的催化剂和反应试剂高分子化后在多相反应中使用，回收再用后可以达到降低成本和减少环境污染的目的。这一高分子化技术对广泛使用贵金属络合催化剂和催化专一性极强的酶催化剂（固化酶），以及消除化学试剂对环境产生的污染具有特别重大意义。

③ 可以提高试剂的稳定性和安全性　由于高分子骨架的引入可以减小其挥发性和安定性，能够增加某些不易处理和储存试剂的安全性和储存期。如小分子过氧酸经高分子化后稳定性大大增加，使用更加安全。高分子试剂的分子量增加后，其挥发性的减小，也在一定程度上增大易燃易爆试剂的安全性。挥发性减小还可以消除某些试剂的不良气味，净化工作环境。

④ 固相合成工艺可以提高化学反应的机械化和自动化程度　采用不溶性高分子试剂作为反应载体连接多官能团反应试剂（如氨基酸）的一端，可以使反应只在试剂的另一端进行，这样可以实现定向连续合成。反应产物连接在固体载体上不仅使之易于分离和纯化，由于该类化学反应的可操控性大大提高，有利于实现化学反应的机械化和自动化。

⑤ 可以提高化学反应的选择性　利用高分子载体的空间立体效应，可以实现所谓的"模板反应（template reaction）"。这种具有独特空间结构的高分子试剂，是利用了它的高分子效应和微环境效应，可以实现立体选择合成。在高分子骨架上引入特定手性结构，可以完成某些光学异构体的合成和拆分，使合成反应的选择性提高、副产物减少、原料利用率提升，符合绿色化学要求。

⑥ 可以提供在均相反应条件下难以达到的反应环境　将某些反应活性结构有一定间隔地连接在刚性高分子骨架上，使其相互之间难于接触，可以实现常规有机反应中难于达到的所谓"无限稀释"条件。这种利用高分子反应试剂中官能团相互间的难接近性和反应活性中心之间的隔离性，可以避免在化学反应中的试剂"自反应"现象，从而避免或减少副反应的发生。同时，将反应活性中心置于高分子骨架上特定官能团附近，可以利用其产生的邻位协同效应，加快反应速度、提高产物收率和反应的选择性。

⑦ 可以拓展化学试剂和催化剂的应用范围　比如，利用化学试剂和催化剂的化学活性，可以制作各类化学敏感器用于化学分析。高分子化后的高分子试剂和高分子催化剂稳定性提升，力学性能增强，非常适合这类化学敏感器的制作。化学敏感器的大量使用为分析化学向微型化、原位化和即时化分析方向发展提供有利条件。

当然，多数化学试剂和催化剂在引入高分子骨架以后，在带来上述优点的同时，也会带来下列不利之处。

① 增加试剂生产的成本　在试剂生产中高分子骨架的引入和高分子化过程都会使高分子化学试剂和催化剂的生产成本提高。比较复杂的制备工艺和物料消耗的增加是成本增加的因素之一。

② **降低化学反应速度** 由于高分子骨架的立体阻碍和多相反应的特点,与相应的小分子试剂相比,由高分子化学试剂进行的化学反应,其反应速度一般比较慢,对于大规模工业化合成是不利因素。

第二节 高分子化学反应试剂

一、高分子化学反应试剂概述

如前所述,化学反应试剂是反应体系中的重要一员,在化学反应中试剂与起始物进行反应,试剂本身在反应中起促进化学反应朝着预定方向进行的作用。在反应过程中试剂本身也发生化学变化,成为副产物或产品的组成部分。高分子试剂主要通过小分子化学试剂的功能化方法来制备,经过高分子化的化学反应试剂,除了必须保持原有试剂的反应性能,不因高分子化而改变其反应能力之外,同时还应具有一些我们所期待的新的性能。高分子试剂也可以通过接枝反应引入反应性官能团来制备。在多数情况下有高分子试剂参与的化学反应是多相反应,高分子试剂作为固相参与反应体系。反应过后生成的副产物由于也不溶解于反应体系,非常容易与其他组分分离。通常回收后的高分子副产物还可以通过相应的高分子化学反应恢复反应性官能团得到再生。常见的高分子试剂参与的化学反应路线如图 2-1 所示。

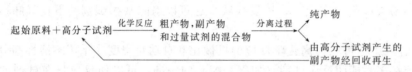

图 2-1 有高分子试剂参与的化学反应

从图 2-1 中可以看出,有高分子试剂参与的化学反应,其反应过程与一般化学反应基本相同。但是与常规试剂参与的化学反应相比,高分子反应试剂最重要的特征有两点:一是可以简化分离过程(一般经简单过滤即可);二是高分子试剂可以回收,经再生重新使用。

和常规小分子试剂一样,根据所带反应性官能团的不同,高分子化学试剂也可以根据其化学功能不同划分成不同类型。下面以常见的高分子氧化还原型试剂、高分子卤代试剂、高分子酰基化试剂为例,介绍其合成方法、结构特点和实际应用。

二、高分子氧化还原试剂

在化学反应中反应物之间有电子转移过程发生从而改变其氧化状态,这种反应前后反应物中氧化态发生变化的反应称氧化和还原反应。其中主反应物失去电子的反应称氧化反应,主反应物得到电子的反应称还原反应。相应地,能促使并参与氧化反应发生的试剂称氧化试剂(在反应中自身被还原),能促使还原反应发生的试剂称还原试剂(在反应中自身被氧化)。还有一些试剂在不同的场合既可以作为氧化反应试剂,也可以作为还原反应试剂,具体反应依反应对象不同,电子的转移方向也不同;这种既可以进行氧化反应,也可以进行还原反应的试剂称为氧化还原试剂。经高分子化的这三类试剂分别构成高分子氧化试剂、高分子还原试剂和高分子氧化还原型试剂。

1. **氧化还原型高分子试剂**

如上所述,这是一类既有氧化作用,还有还原功能,自身具有可逆氧化还原特性的一类高分子化学反应试剂。特点是能够在不同情况下表现出不同反应活性。经过氧化或还原反应后,该类试剂易于根据其氧化还原反应的可逆性将高分子试剂再生。根据这一类高分子反应试剂分子结构中活性中心的结构特征,最常见的该类高分子氧化还原试剂可以分成以下五种结构类型,即含醌式结构的高分子试剂、含硫醇结构高分子试剂、含吡啶结构高分子试剂、含二茂铁结构高分子试剂和含多核杂环芳烃结构高分子试剂。图 2-2 中给出了上述五种高分子试剂的母核结构类型和典型的氧化还原反应。

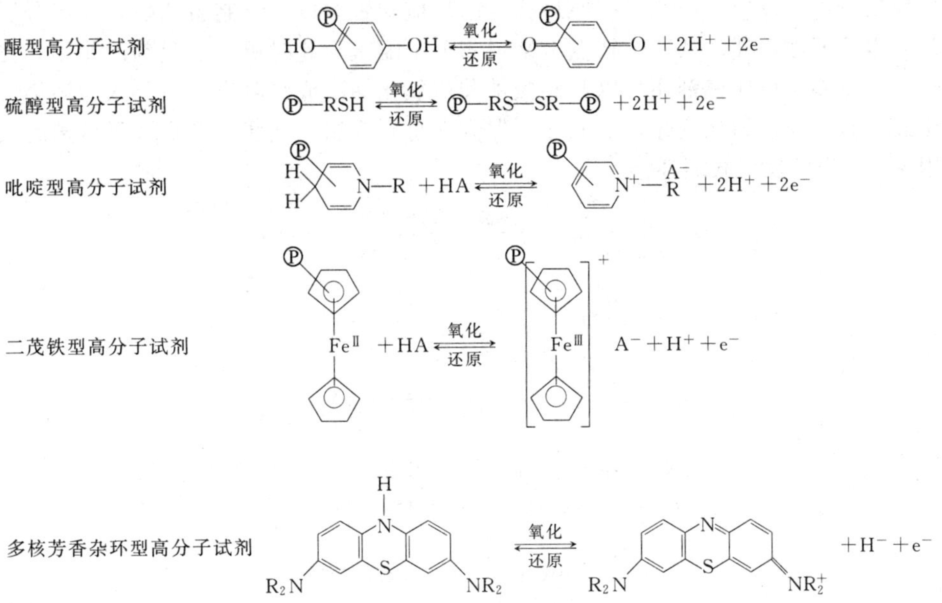

醌型高分子试剂　$HO-\text{①}-OH \underset{\text{还原}}{\overset{\text{氧化}}{\rightleftharpoons}} O=\text{①}=O + 2H^+ + 2e^-$

硫醇型高分子试剂　$\text{①}-RSH \underset{\text{还原}}{\overset{\text{氧化}}{\rightleftharpoons}} \text{①}-RS-SR-\text{①} + 2H^+ + 2e^-$

吡啶型高分子试剂　$\text{①} \cdots N-R + HA \underset{\text{还原}}{\overset{\text{氧化}}{\rightleftharpoons}} \text{①} N^+-R + 2H^+ + 2e^-$

二茂铁型高分子试剂　$\text{①}\ Fe^{II} + HA \underset{\text{还原}}{\overset{\text{氧化}}{\rightleftharpoons}} [\text{①}\ Fe^{III}]^+ \ A^- + H^+ + e^-$

多核芳香杂环型高分子试剂　$R_2N-\text{(结构)}-NR_2 \underset{\text{还原}}{\overset{\text{氧化}}{\rightleftharpoons}} R_2N-\text{(结构)}=NR_2^+ + H^- + e^-$

图 2-2　典型高分子氧化还原试剂及其反应

图 2-2 中带 P 字母的圆圈代表经过高分子化后形成的高分子骨架，高分子骨架与氧化还原结构之间的连接位置根据原料和化学反应不同而变化，对试剂的化学性能影响不大。在化学反应中氧化还原活性中心与起始物发生反应，是试剂的主要活性部分，而聚合物骨架在试剂中一般只起对活性中心的担载作用。这五类高分子试剂在结构上都有多个可逆氧化还原中心与高分子骨架相连，都是比较温和的氧化还原试剂，常用于有机化学反应中的选择性氧化反应或还原反应。

（1）氧化还原型高分子反应试剂的制备方法　高分子氧化还原试剂的制备路线基本可以分成两大类：一是从合成具有氧化还原活性的单体出发，首先制备含有氧化还原反应活性中心结构、同时具有可聚合基团的活性单体，再利用聚合反应将单体制备成高分子反应试剂；二是以某种商品聚合物为载体，利用特定高分子化学反应，将具有氧化还原反应活性中心结构的小分子试剂接枝到聚合物骨架上，构成具有同样氧化还原反应活性的高分子反应试剂。用这两种方法得到的高分子氧化还原试剂在结构上有所不同。前一种方法得到的试剂其氧化还原活性中心在整个聚合物中分布均匀，活性中心的密度较大；但是形成的高分子试剂的机械强度受聚合单体的影响较大，难以得到保障。用后一种方法得到的高分子试剂其氧化还原活性中心一般主要分布在聚合物表面和浅层，活性点担载量较小，试剂的使用寿命受到一定限制；但是其机械强度受活性中心的影响不大。将高分子载体溶胀后进行接枝反应可以引入更多的活性中心，提高活性点担载量。

（2）高分子氧化还原型试剂的应用　高分子氧化还原试剂的应用涉及的范围非常广泛，而且目前仍以非常快的速度发展。其原因是这种高分子试剂的应用不仅应用于有机合成反应，而且超越了化学合成的范畴，进入到环境保护领域。

通常带有醌型高分子氧化还原试剂具有选择性氧化作用，在不同条件下可以使不同有机化合物氧化脱氢，生成不饱和键。例如使均二苯肼氧化脱氢生成偶氮苯染料中间体，也可以使 α-氨基酸发生氧化型 Strecker 降解反应，生成小分子醛，氨和二氧化碳气体[1]。醌型高分子试剂在工业上更重要的应用是与二氯化钯催化剂组成一个反应体系，以廉价石油工业产品乙烯连续制取在化工上具有重要意义的乙醛。反应过后的醌试剂在氧气参与下，通过氧化反应再生从新投入反应。由此反应原理构成的反应装置可以连续制备乙醛，而高分子试剂和催化剂基本上不被消耗，从这个特点上来说高分子醌试剂此时更像催化剂的作用。类似的醌型高分子氧化还原反应试剂还可以与碳酸钠和氢氧化钠配成水溶液，将导入的污染气体硫化氢氧化成固体硫磺，消除气味，从而在环保方面得到应用。这些醌型高分子试剂的反应过程可以用图 2-3 中的反应式表述。

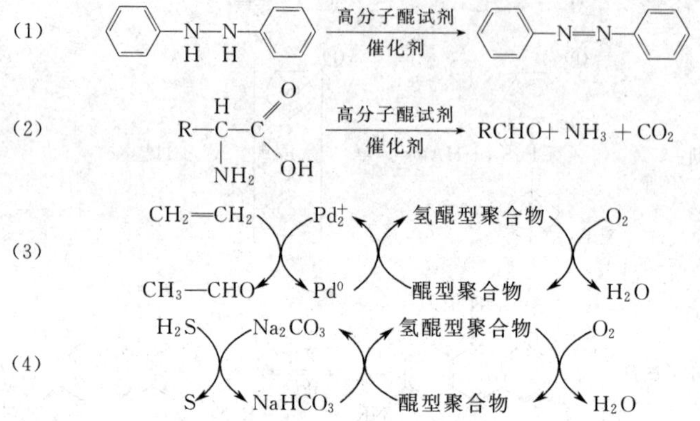

图 2-3 醌型高分子化学反应试剂的一些应用

醌型氧化还原高分子反应试剂还有其他一些用途，如作为厌氧细菌培养时的氧气吸收剂，化学品储存和化学反应中的阻聚剂，彩色照相中使用的还原剂，以及制作氧化还原试纸等。

烟酰胺是乙醇脱氢酶（ADH）辅酶（NDA）的活性结构中心，其在生命过程中的氧化还原反应中起着重要作用，其活性结构属于吡啶衍生物。其氧化还原反应是二电子型的，反应机理如下式所示。

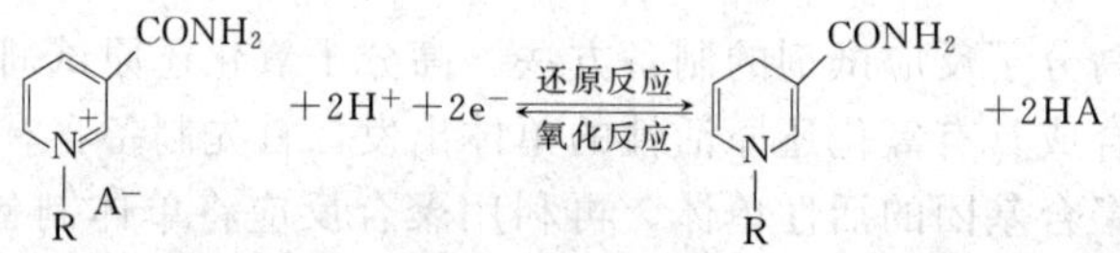

以烟酰胺结构的高分子试剂为材料制备的聚合物修饰电极可以应用到生物化学研究领域。此外，具有烟酰胺和联吡啶结构的高分子试剂也都是重要的电子转移催化剂（electron transfer catalyst），或称为聚合物电子载体（polymeric electron carrier），在研究某些反应动力学和反应机理方面有重要用途。

二茂铁高分子试剂可以与四价砷，对苯醌和稀硝酸等发生反应，可逆地被氧化成三价的二茂铁离子。这种铁离子可以再被三价钛或抗坏血酸所还原，伴随着氧化还原反应的进行，高分子试剂的颜色也随之发生变化，可以应用于生化试剂的制备。

2. 高分子氧化试剂

氧化剂是有机合成中的常用试剂，其氧化性能取决于分子结构内的氧化性官能团。根据其试剂的化学结构可以分成有机氧化试剂和无机氧化试剂。其中有机氧化剂根据其在化学反应中的氧化能力还可以进一步分成强氧化剂和弱氧化剂。与氧化还原型试剂不同，氧化试剂通常是不可逆试剂，只能用于氧化反应。由于氧化剂的自身特点，多数氧化剂的化学性质不稳定，易爆、易燃、易分解失效。因此造成储存、运输和使用上的困难。有些低分子氧化试剂的沸点较低，在常温下有比较难闻的气味，恶化工作环境。而这些低分子氧化试剂经过高分子化之后在一定程度上可以消除或削弱这些缺点。制备高分子氧化试剂的主要目的是在保持试剂氧化活性的前提下，通过高分子化提高分子量，减低试剂的挥发性和敏感度，增加其物理和化学稳定性。下面以两种常用的高分子氧化反应试剂，高分子过氧酸试剂和高分子硒试剂为例，介绍它们的制备方法和应用特点。

高分子过氧酸最常见的是以聚苯乙烯为骨架的聚苯乙烯过氧酸，其制备过程是以聚合好的聚苯乙烯树脂为原料，与乙酰氯试剂发生芳香亲电取代反应生成聚乙酰苯乙烯；然后在酸性条件下经与无机氧化剂（高锰酸钾或铬酸）反应，乙酰基上的羰基被氧化得到苯环带有羧基的聚苯乙烯氧化剂中间体。最后在甲基磺酸的参与下，与70%双氧水反应生成过氧键，得到聚苯乙烯型高分子氧化试剂[2]，属于常规高分子材料的功能化制备策略。

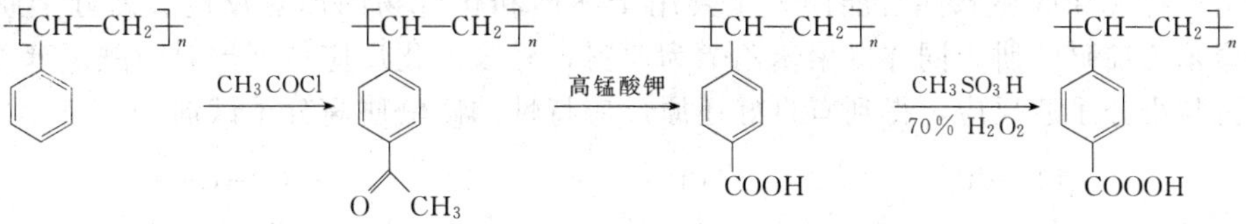

与此相反，聚对氯苯乙烯型高分子硒试剂是以对氯苯乙烯单体为原料，依次与革氏试剂和硒反应，经酸性水解生成含硒的苯乙烯单体，再经聚合反应得到还原型高分子有机硒试剂。此试剂再经氧化过程即可得到选择性很好的高分子硒氧化试剂。这种高分子试剂也可以以聚对溴苯乙烯为原料，与苯基硒化钠反应，经氧化后得到[3]。这两种制备方法都包含了高分子化和功能化过程。

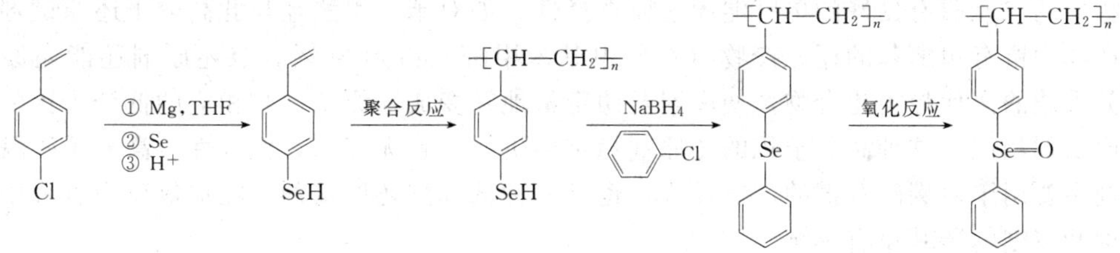

过氧酸与常规羧酸相比，羧基中多含一个氧原子构成过氧键。过氧基团不稳定，易与其他化合物发生氧化反应失掉一个氧原子，自身转变成普通羧酸。低分子过氧酸极不稳定，在使用和储存的过程中容易发生爆炸或燃烧。而高分子化的过氧酸则克服了上述缺点。如用上法合成的高分子过氧酸，稳定性好，不会爆炸，在20℃下可以保存70天，−20℃时可以保持7个月无显著变化。高分子过氧酸可以使烯烃氧化成环氧化合物（采用芳香骨架型过氧酸）或邻二羟基化合物（采用脂肪族骨架过氧酸），而这些都是重要的化工中间体。这一反应过程在有机合成，精细化工和石油化工生产中是一个重要的合成手段。

高分子硒试剂是一类最新发展起来的高分子氧化试剂，它不仅消除了低分子有机硒化合物令人讨厌的毒性和气味，而且还具有良好的选择氧化性。这种高分子氧化试剂可以选择性地将烯烃氧化成为邻二羟基化合物，或者将环外甲基氧化成醛。特别是后者，要使氧化反应既不停止在醇的阶段，又不继续氧化成酸，而是以氧化性和还原性都很强的醛为主产物，是有机合成中致力解决的难题之一。

3. 高分子还原试剂

与高分子氧化剂类似，高分子还原反应试剂是一类主要以小分子还原剂（包括无机试剂和有机试剂），经高分子化之后得到的仍保持还原特性的高分子试剂。如同前两种高分子反应试剂一样，这种高分子也具有同类型低分子试剂所不具备的诸如稳定性好、选择性高、可再生性等一些优点。这种试剂在有机合成和化学工业中很有发展前途。

常见的高分子还原试剂主要是在高分子骨架上引入还原性金属有机化合物，如有机锡；或者还原性基团，如肼类基团。高分子锡还原试剂的合成方法是以聚苯乙烯为原料，经与锂试剂（正丁基锂）反应，生成聚苯乙烯的金属锂化合物；再经革氏化反应，将丁基二氯化锡基团接于苯环，最后与氢化铝锂还原剂反应，得到高分子化的有机锡还原试剂，赋予聚苯乙烯树脂以还原性质[4]。

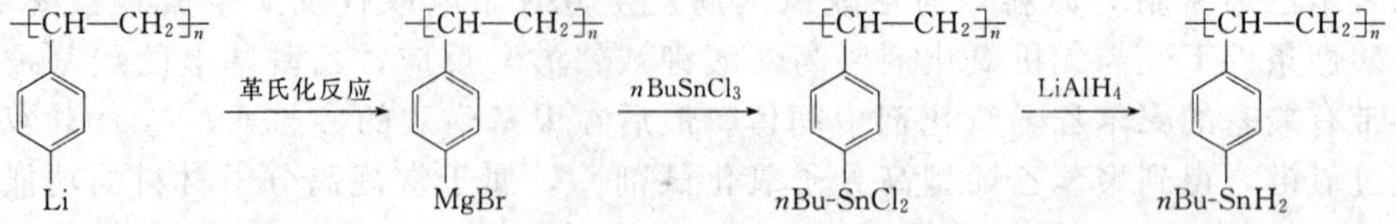

肼是一种温和的还原性官能团，主要用于不饱和化合物的加氢反应。高分子肼还原试剂，如聚苯乙烯磺酰肼，同样以聚苯乙烯为原料，经磺酰化反应得到聚对磺酰氯苯乙烯中间产物；再与小分子肼反应，得到有良好还原反应特性的磺酰肼高分子试剂[5]。

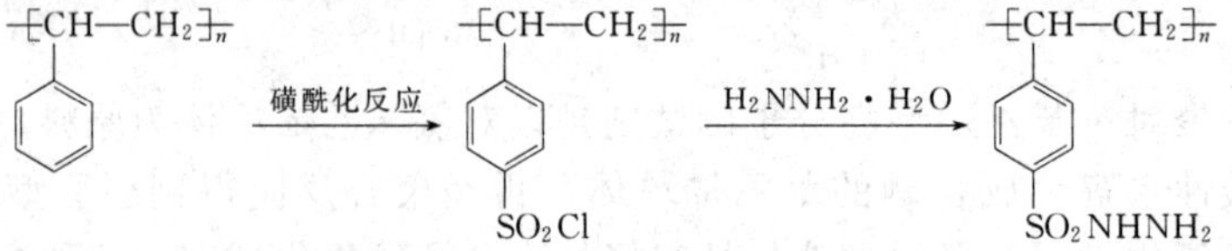

高分子锡还原试剂可以将苯甲醛、苯甲酮和叔丁基甲酮等邻位具有能稳定正碳离子基团的含羰基化合物还原成相应的醇类化合物，并具有良好的反应收率和选择性。特别是对此类化合物中的二元醛有良好的单官能团还原选择性。如对苯二甲醛经与此高分子还原试剂反应后，产物中留有单醛基的还原产物（对羟甲基苯甲醛）占到 86%。该还原剂还能还原脂肪族或芳香族的卤代烃类化合物，使卤素基团定量地转变成氢原子。与相应的低分子锡的氢化物还原试剂相比，这种高分子化的还原剂稳定性更好，且无气味，低毒性。高分子磺酰肼反应试剂主要用于对碳碳双键的加氢反应，也是一种选择型还原试剂。在加氢反应过程中对同为不饱和双键的羰基没有影响。

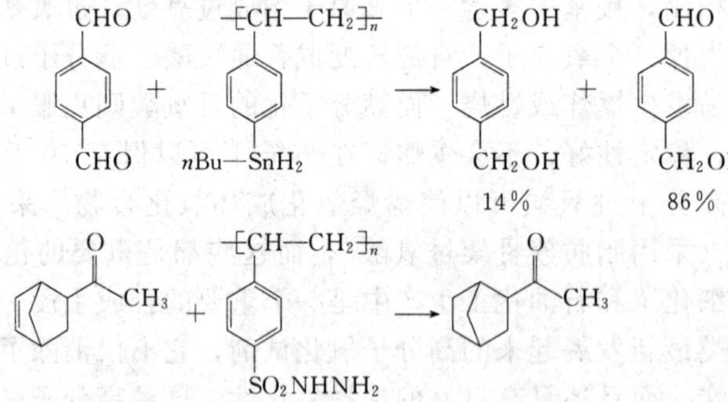

除了上述列举的高分子试剂以外，已经投入使用的其他类型的高分子氧化和还原试剂还有数十种之多。其制备的基本过程都是将原有小分子氧化和还原试剂通过所谓高分子化过程形成大分子化合物，从而消除或者降低小分子试剂的某些不利于化学反应的缺点。在表 2-1 中列出部分高分子氧化和还原试剂的结构类型和主要用途。

在高分子化过程中，小分子氧化和还原试剂除了以共价键形式与聚合物骨架相连之外，还可以以其他方式实现高分子化。这些方法包括小分子试剂通过离子键或者配位键与聚合物作用，将其与聚合物结合在一起。比如聚乙烯吡啶树脂可以与 BH₃ 络合形成高分子还原剂，用于将活性苯甲醛和二苯酮等还原成相应的醇。强碱型离子交换树脂与硼氢化钠作用，利用离子交换过程，可以制备具有硼氢化季铵盐结构的高分子还原试剂。除此之外，弱碱性阴离子交换树脂与 $H_3PO_2^-$、SO_2^{2-}、$S_2O_3^{2-}$、$S_2O_4^{2-}$ 等还原性阴离子作用，可以生成具有不同还原能力的高分子试剂。采用强酸型阳离子交换树脂与各种氧化还原型阳离子反应，可以生成具有不同氧化还原能力的高分子试剂。相对来说，这种高分子化方法制备得到的高分子试剂虽然在稳定性方面稍差一些，但是制备方法相对简单，回收和再生容易，因此也具有良好发展前途。

表 2-1 高分子氧化和还原试剂

高分子试剂结构	试剂主要用途	高分子试剂结构	试剂主要用途
$\text{P}-CH_2-N^+-Me_3\,BH_4^-$	将羰基化合物还原成醇	$\text{P}-\text{吡啶}-N^+-HIO_4^-$	氧化各种芳香和饱和多元醇
$\text{P}-(CH_2)_n S(Me) \rightarrow BH_3$	还原酮	$\text{P}-(CH_2)_n CO-NClR$	氧化醇
$\text{P}-\text{吡啶}-N \rightarrow BH_3$	还原羰基化合物	$-[CO-R-CO-NCl-(CH_2)_5 NCl]_n$	氧化醇和硫醚
$\text{P}-Sn(n\text{-}Bu)H_2$	还原羰基化合物，选择性还原二醛	$\text{P}-Sn(n\text{-}Bu)H_2$	还原酮
$\text{P}-\text{二氧戊环}-OAlH_4 / OAlH_4$	还原酮	$\text{P}-CH_2-N^+(Me)_2-O^-$	氧化卤代烃和甲苯磺酸酯成羰基化合物
$\text{P}-COO(CH_2)_n-\text{喹喔啉并嘧啶二酮}$	扁桃酸酯脱氢	$\text{P}-CH_2-\text{蒽二酚}-OH/OH$	醌还原成对二羟基苯
$[\text{P}-CH_2N-(CH_2)_3-N=CH-\text{水杨醛},\ Co^{2+}]_2$	氧化 2,6-二甲基苯酚	$\text{P}-\text{CH}(PPh_2)(PPh_2)-Cu(H)(H)BH_2$	还原酰卤成醛

三、高分子卤代试剂

卤化反应是有机合成和石油化工中常见反应之一，包括卤原素的取代反应和加成反应，用于该类反应的化学试剂称为卤代试剂。在这类反应中，要求卤代试剂能够将卤素原子按照一定要求有选择性地转递给反应物的特定部位。其重要的反应产物为卤代烃，是重要的化工原料和反应中间体。常用的卤化试剂挥发性和腐蚀性较强，容易恶化工作环境并腐蚀设备。卤代试剂高分子化后克服上述缺点，还可以简化反应过程和分离步骤。卤代试剂中高分子骨架的空间和立体效应也使其具有更好的反应选择性。目前常见高分子卤代试剂主要有二卤化磷型、N-卤代酰亚胺型、三价碘型三种。

有三苯基化磷结构的化合物经常作为化学试剂或催化剂的母体，其中含有三苯基二氯化磷结构的高分子可以作为卤代试剂。这种卤代试剂的合成有两条路线可供选择，一种是以对溴苯乙烯为起始物，经聚合反应生成带有溴苯结构的聚苯乙烯聚合物；在与正丁基锂的作用下，在溴原子取代位置与二苯基氯化磷发生取代反应，生成高分子卤化试剂的前体——三苯基磷聚合物。三苯基磷聚合物再与过氧酸反应，生成的含有羰基的五价磷化合物与光气反应，即可得到高分子氯代试剂——三苯基二氯化磷聚合物[6]。也可以聚苯乙烯为原料，在乙酸钛催化下与溴水反应制备聚对溴苯乙烯，再用以上介绍的同样方法合成高分子氯代试剂。

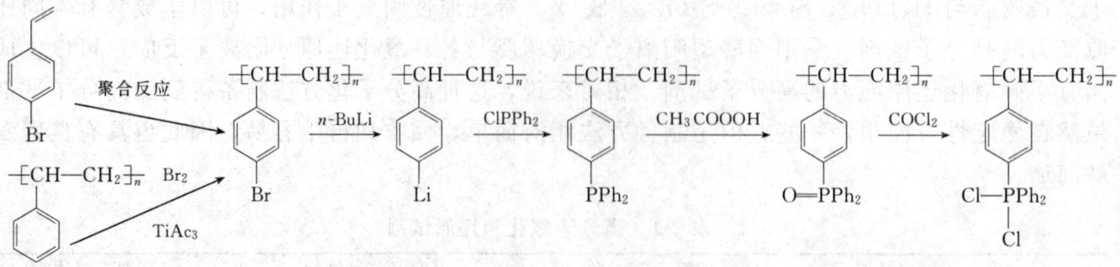

N-卤代酰亚胺是优良的卤代试剂，在溴代和碘代反应中应用较多。*N*-卤代酰亚胺的高分子化过程比较简单，带有双键的五元环酰亚胺本身有聚合能力，为了利于聚合反应的进行和提高高分子试剂的整体性能，通常采用酰亚胺与苯乙烯共聚来实现该试剂的高分子化。得到的共聚物再与溴水在碱性条件下反应，使溴原子取代酰亚胺氮原子上的氢原子，使其成为具有溴代反应能力的高分子试剂。也可以由具有聚合能力的丁烯内二酸酐构成的五元环与苯乙烯共聚，生成的聚合物与羟胺反应，将五元环中的氧原子由氮原子替换，得到高分子卤代试剂的中间体——聚酰亚胺，*N* 基卤代后成为高分子卤代试剂[7]。

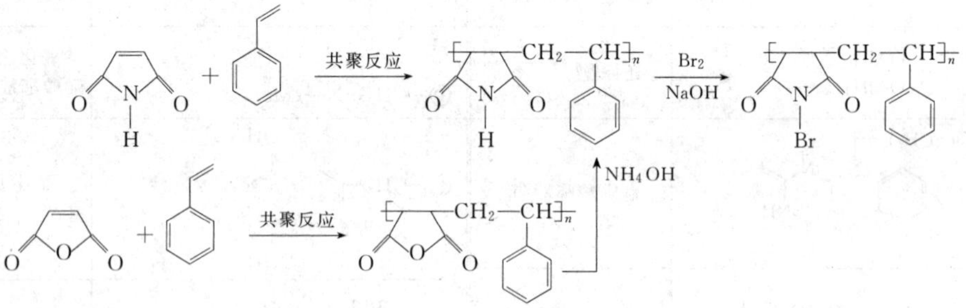

氯和氟等体积比较小的卤族元素的卤代反应用上述试剂常常得不到理想结果，需要用到另外一种卤代试剂——三价碘高分子卤代试剂。这种试剂的合成也可以直接从聚苯乙烯开始，在碘酸、硫酸、硝基苯的共同作用下，在聚苯乙烯中的苯环上发生碘代反应；此后苯环上生成的碘原子与氯或氟化合物进行氧化取代反应得到碘原子上带有氯或氟的三价碘高分子试剂[8]。

卤代反应在有机合成方法中占有重要地位。很多卤代产物是重要的化工产品，在制药工业和精细化工工业中使用广泛。这方面的例子很多，如高级醇中的羟基不很活泼，从醇制备胺常常要先制备反应活性较强的卤代烃，由卤素原子代替羟基，然后再与胺反应，可以比较容易地得到产物。二氯化磷型的高分子氯化试剂的主要用途之一是用于从羧酸制取酰氯和将醇转化为氯代烃。其优点是反应条件温和，收率较高，试剂回收后经再生可以反复使用。

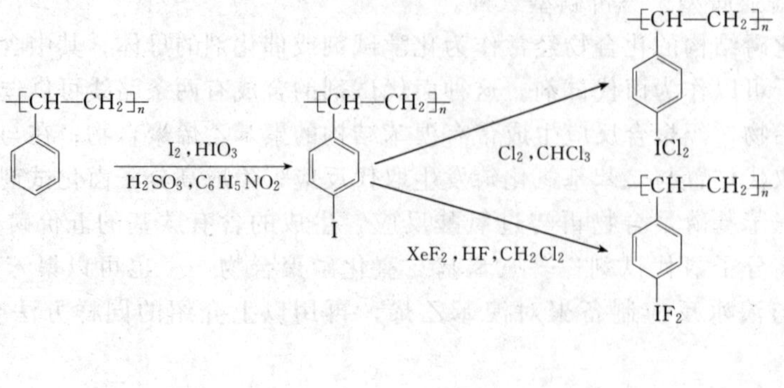

在溴元素的取代或加成反应中经常用到 N-溴代酰亚胺（NBS）反应试剂，该试剂与其他卤代试剂不同，在反应过程中不产生卤化氢气体，因而保护了环境；反应后溶液的酸度亦不发生变化，反应易于进行到底。高分子化的 NBS 不仅可以对羟基等基团进行溴代反应，而且对其他活泼氢也可以进行溴代反应。对不饱和烃的加成反应是高分子 N-卤代酰亚胺试剂的另一种应用，产物为饱和双取代卤代烃。总体来讲，与小分子同类试剂相比，经过高分子化的 NBS 试剂的转化率有所降低，原因可能是高分子骨架对小分子试剂有屏蔽作用。但是经过高分子化后 NBS 试剂的选择性有所提高。三价碘型高分子卤代试剂主要用于氟代和氯代反应，也用于上述两种元素的加成反应。应当指出，当采用三价碘高分子氟化剂进行氟的双键加成反应时，常常伴有重排反应发生，得到的产物常为谐二氟化合物，应当给予注意。除了上面给出常见的三种卤代试剂之外，其他种类的高分子卤代试剂还有很多，这些试剂的化学结构和用途列于表 2-2 中。

表 2-2 高分子卤代试剂

高分子卤代试剂的结构	高分子卤代试剂的用途	高分子卤代试剂的结构	高分子卤代试剂的用途
P—（吡啶）N$^+$—RX$^-$ R=H,Me;X=Br$_3^-$	酮和烯烃溴化	P—CH$_2$—NR$_2$（PCl$_5$，PBr$_3$）	将酸转化成酰卤，将醇转化成卤代烃
P—（吡啶）N$^+$—X$_2$ X=Br,Cl,I	烷基苯卤代和烯烃加成	P—（苯并二氧杂环）PCl$_3$	将酸转化成酰氯，将乙酮转化成 α 氯代苯乙烯
P—CH$_2$—N$^\pm$（Me）$_3$X$_3^-$ X=Br	羰基化合物的 α 溴代和不饱和烃加成	P—（苯并三氮唑）N—Cl	用于芳香化合物的氯代反应
P—CPh=N—Br	烯丙基溴化	P—CONRCl	氯代试剂

四、高分子酰基化试剂

酰基化反应是有机反应中的另一种重要反应类型，主要指对有机化合物中氨基、羧基和羟基的酰化反应，分别生成酰胺、酸酐和酯类化合物。酰基化反应广泛用于有机合成中的活泼官能团的保护；在肽的合成，药物合成方面都是极重要的反应步骤。此外，通过酯化反应，可以改变化合物的极性，增加其脂溶性和挥发性；因此常用于天然产物中有效成分的分离分析过程中的衍生化反应，特别是极性产物经过上述衍生化后可以用于气相色谱分析。由于这一类反应是可逆的，为了使反应进行完全，往往要求加入的试剂过量；这样反应过后过量的试剂和反应产物的分离就成了合成反应中比较耗时的步骤。经过高分子化的酰基化试剂由于其在反应体系中的难溶性，使其在反应后的分离过程中相对容易处理。从节约成本上考虑，高分子反应试剂的可再生性也给有机化学家以更广阔的试剂选择范围，因为可以考虑使用更加昂贵，但更加有效的反应试剂。

目前应用较多的高分子酰基化试剂有高分子活性酯和高分子酸酐。高分子活性酯试剂在结构上可以清楚地分成两部分：高分子骨架和与之相连的酯基。在高分子活性酯中酰基是通过共价键以活性酯的形式与聚合物中的活泼羟基相连接，生成的高分子活性酯有很高的反应活性，可以与有亲核特性的化合物发生酰基化反应，将酰基转递给反应物。高分子活性酯的合成可以从单体合成开始，在苯环上引入双键。然后将得到的对甲氧基苯乙烯与二乙烯苯（交联剂）共聚。共聚反应产生的交联型聚合物经三溴化硼脱保护，将甲基醚转变成活性酚羟基；再经硝酸硝化以增强酚羟基的活性，即可得到制备高分子活性酯的前体——间硝基对羟基聚苯乙烯。该化合物与酰卤反应，即产生有很强酰基化能力的高分子活性酯反应试剂[9]。

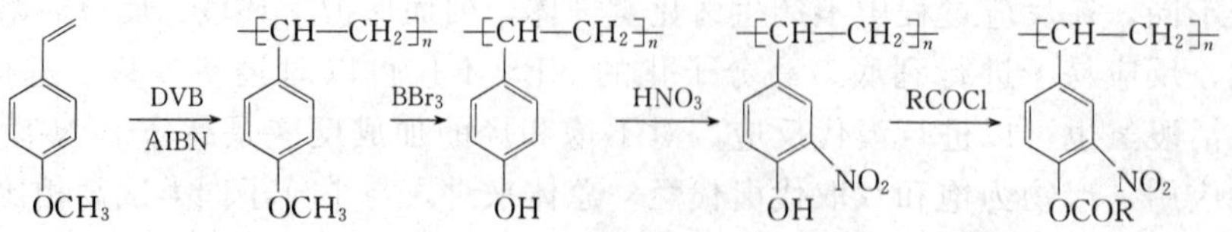

酯键通过苯环与聚苯乙烯骨架相连的高分子活性酯，其合成方法采用聚苯乙烯和对氯甲基邻硝基苯酚为原料，在三氯化铝催化下反应得到高分子活性酯前体。其活性中心与聚苯乙烯骨架之间通过柔性亚甲基相连，可以降低聚合物骨架对活性点的干扰[10]。

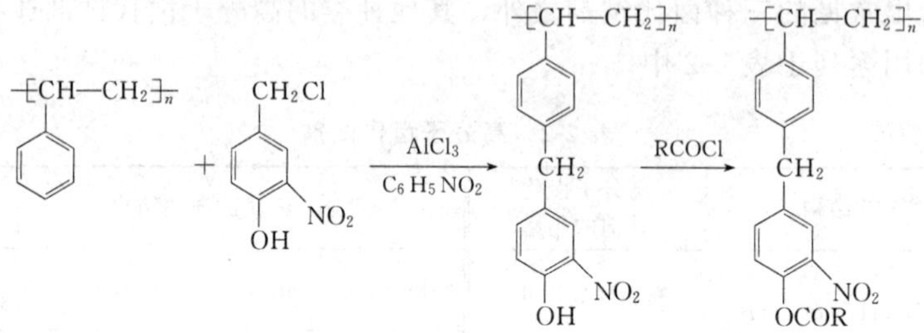

除了活性酯以外，高分子化的酸酐也是一种很强的酰基化试剂，酸酐型的高分子酰基化试剂的合成也可以采用聚对羟甲基苯乙烯为原料与光气反应生成反应性很强的碳酰氯；再与适当的羧酸反应得到预期的高分子酸酐型酰基化试剂。或者首先合成对乙烯基苯甲酸，经聚合反应生成的聚合物再与乙二酰氯反应制备聚合型酰氯；然后与苯甲酸反应得到高分子酸酐[11]。

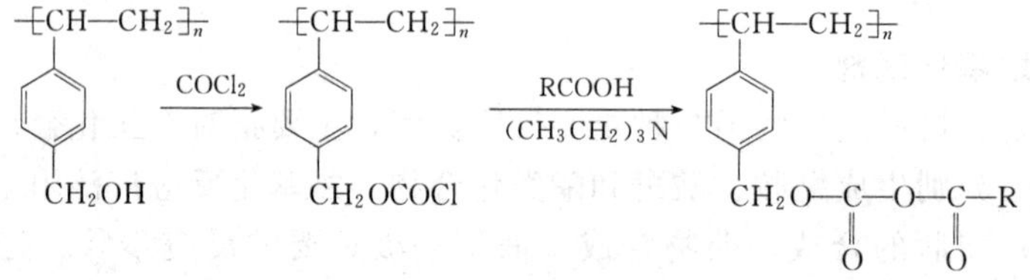

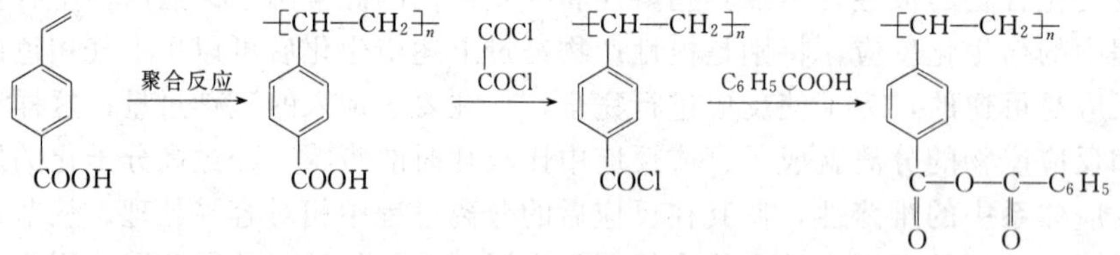

高分子活性酯酰基化试剂主要用于肽的合成。高分子化的活性酯可以将溶液合成转变为固相合成，从而大大提高合成的效率。为了提高收率，活性酯的用量是大大过量的，反应过后多余的高分子试剂用比较简单的过滤方法即可分离，试剂的回收再生容易，可重复使用，反应选择性好。含有酸酐结构的高分子酰基化试剂可以使含有硫和氮原子的杂环化合物上的氨基酰基化，而对化合物结构中的其它部分没有影响。这种试剂在药物合成中已经得到应用。如经酰基化后对头孢菌素中的氨基进行保护，可以得到长效型抗菌药物。除了以上介绍的两种高分子酰基化试剂之外，还有其他种类的高分子酰基化试剂在实践中获得应用。在表 2-3 中列出了这些高分子试剂的结构类型和主要用途。

表 2-3 高分子酰基化试剂

高分子酰基化试剂的结构	高分子酰基化试剂的主要用途	高分子酰基化试剂的结构	高分子酰基化试剂的主要用途
Ⓟ—CH₂OCO—O—CO—R	将胺转换成酰胺,醇转换成酯	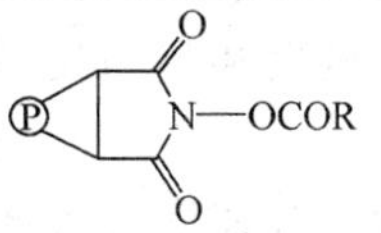 ⓅN—OCOR	用于肽的合成
Ⓟ—CH₂OCO—O—CO—R	将胺转换成酰胺,酸转换成酸酐		
Ⓟ—N=N—NHR	将酸转换成酯	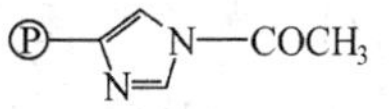 Ⓟ—N—COCH₃	胺和醇的酰化
Ⓟ—SO₂OCOCH₃	醇或酚的酰化	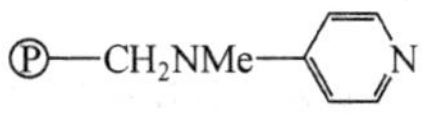 Ⓟ—CH₂NMe	醇的酰化
 Ⓟ—CH₂NHCO(CH₂)₄ SR SR	胺的酰化	Ⓟ—CONH—O—COR	用于肽的合成
Ⓟ—CONHCH₂CH₂SCOR	胺的酰化	Ⓟ—COOCH₂CHOHCH₂O—Z—R	用于肽的合成(Z=CO,NH)

　　除了以上介绍的高分子试剂以外,其他类型的高分子试剂还包括高分子烷基化试剂、高分子亲核试剂、高分子缩合试剂、高分子磷试剂、高分子基团保护试剂和高分子偶氮转递试剂。它们的制备方法与前面介绍的方法有相类似的规律;其应用范围也呈日趋扩大之势。高分子化学反应试剂的应用范围几乎涉及有机化学反应的所有类型,目前高分子化学反应试剂仍以非常快的速度发展。每年都有大量的文献报道,商品化的高分子试剂也以空前的速度不断涌现,限于篇幅不能一一介绍。有兴趣者可以参考有关专著和文献。

第三节 在高分子载体上的固相合成

一、固相合成法概述

　　固相合成属于固相反应,指所有包含固相物质参与的化学反应,包括固-固反应、固-气反应和固-液反应。固相合成通常是指利用连接在固相载体上的活性官能团与溶解在有机溶剂中的不同试剂进行连续多步反应,得到的合成产物最终与固相载体之间通过水解分离的合成方法。其主要特点是简化了多步骤的合成,可通过快速的抽滤、洗涤进行反应的后处理,避免了液相合成中复杂的分离纯化步骤。通过使用大大过量液体反应试剂,可以提高反应产率。

　　目前使用的固相合成法是从多肽合成研究发展而来。很久以来,生命的基础——蛋白质的子结构——肽的合成一直是最具挑战性的合成课题。1963 年,Merrifield 报道了在高分子载体上利用高分子反应合成肽的固相合成法(solid phase synthesis)[12],从而为有机合成史揭开了新的一页。当时采用常规的液相合成法合成一种叫做舒缓激肽的有生物活性的九肽化合物,一般需要整整一年时间才能完成,而 Merrifield 用他发明的固相合成法合成同样的化合物仅仅用了 8 天的时间。因此固相合成法以其特有的快速、简便、收率高而引起人们的极大兴趣和关注,因此获得了飞速发展。目前这种固相合成方法已经广泛应用于多肽、寡核苷酸、寡糖等生物活性大分子的合成研究。某些难以用普通方法合成的大环化合物,以及光学异构体的定向合成等也通过固相合成方法得到解决或改善,极大地推动了合成化学研究的进展。有机固相合成法还是组合化学中的重要基石之一[13]。

　　固相合成法及其基于固相合成的自动合成技术已成为化学、药学、免疫学、生物学和生理学等领域不可缺少的工具和方法。用电子计算机控制的固相自动合成仪的问世首次实现了合成反应的自动化。利用这种电脑控制的合成仪，人们已经合成出了 124 肽（即含有 124 个氨基酸序列）——核糖核酸酶 A（Ribonneclease A）。这一合成过程包括 369 次化学反应，11931 次操作步骤。如果采用常规方法，完成这样的合成任务是难以想象的。这种不同于常规的合成方法给合成工作的机械化和自动化打下了坚实的基础，在有机合成研究领域具有划时代意义。

从广义讲，固相合成是指那些在固体表面发生的合成反应。固相合成包括无机固相合成和有机固相合成两种类型。无机固相合成反应利用固相间反应制取固态化合物或固溶体粉料。利用无机固相合成法可以合成具有特定晶型的无机晶体[14]，以及利用固相模板合成制备锂离子电池电极材料[15]等。

狭义上的固相合成一般指有机固相合成法。有机固相合成是指在合成过程中采用在反应体系中不溶的有机高分子试剂作为载体进行的合成反应，整个反应过程自始至终在高分子骨架上进行；在整个多步合成反应过程中，中间产物始终与高分子载体相连接。在固相合成中，含有双功能团或多功能团的低分子有机化合物试剂首先通过与高分子试剂反应，以共价键的形式与高分子骨架相结合。这种一端与高分子骨架相接，另一端的功能团处在游离状态的中间产物能与其他小分子试剂在高分子骨架上进行单步或多步反应。反应过程中过量使用的小分子试剂和低分子副产物用简单的过滤法除去，再进行下一步反应，直到预定的产物在高分子载体上完全形成。最后将合成好的化合物从载体上脱下即完成固相合成任务。在图 2-4 中给出最简单的固相合成示意图。

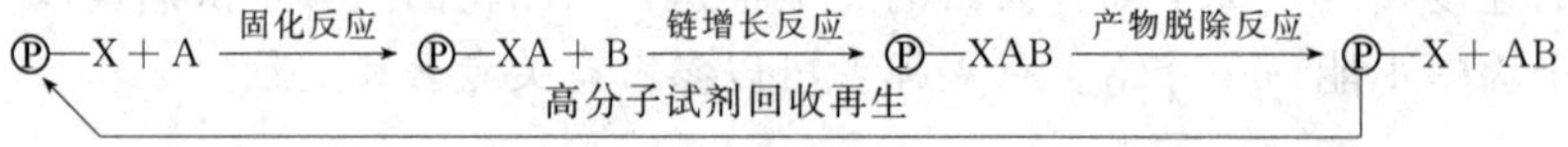

图 2-4　固相反应

图 2-4 中 Ⓟ—X 表示高分子固相合成试剂，X 表示连接官能团。

根据上述介绍我们可以看出，固相合成用的高分子试剂必须具备以下两种结构：对有机合成反应起担载作用、在反应体系中不溶解的载体以及起连接反应性小分子和高分子载体作用并能够用适当化学方法断键的连接官能团两部分。根据固相合成的特点，对这两部分结构有以下特殊要求。

1. 载体

（1）要求载体在反应体系中（包括溶剂和试剂）不溶解，保证合成反应在固相上进行，因为只有在固相中进行的反应才可以简化合成过程。因此好的载体一般都具有一定交联结构。

（2）要求载体具有高比表面积或者在溶剂中有一定溶胀性。前者要求固体的粒度要小，或者为多孔性；后者要求构成载体的骨架有一定亲溶剂性质，并需要适度交联。这样能够保证固相反应可以拥有适当的反应速度。

（3）要求载体能高度功能化，其功能基在载体中的分布尽可能均匀；因此在载体的骨架上应该具有一定反应活性的官能团，以利于反应性小分子的固化和合成反应效率的提高。

（4）要求载体可以用相对简单的方法再生重复使用。为了降低合成反应成本，提高材料的利用率，载体的重复使用是必要的，也是绿色化学的要求。

固相有机合成用的载体多数采用聚苯乙烯及二乙烯基苯和苯乙烯的共聚物，以及它们的衍生物，如氯甲基树脂、Pam 树脂、Waq 树脂和氨基树脂等。最近采用聚酯等其他类型聚合物作为载体也呈现增长趋势。提高载体的稳定性、增加功能团活性和扩大适用化学反应范围是新型载体开发的重点。从基本原理上来讲，前面章节中介绍过的高分子化方法也适用于固相合成中高分子载体的制备过程；因此在这一节中不再专门介绍高分子载体的合成方法。

2. 连接结构

连接结构的主要功能首先是要有一定反应活性，能够与参与反应的小分子发生化学反应，并在两者间生成具有一定稳定性要求的化学键，并要保证在随后的合成反应中该键不断裂，在整个合成过程中十分稳定。其次，生成的连接键又要有一定的化学活性，能够采用特定的方法使其断裂，而不破坏反应产物的结构，保证固相合成反应后可以定量地切割下反应产物。连接结构需要根据固相合成的对象进行选择，即应该根据合成对象中需要固化官能团的种类选择连接官能团的种类。由于目前固相合成主要用于多肽、寡核苷酸和寡糖的合成，因此连接用官能团主要为活性酯、酸酐、酰卤、羟基、氨基、氯甲基苯等。此外用于其他有机合成反应的连接分子还有一些双官能团化合物。含有的官能团有氨基、羟基、巯基、溴、羧基、醛基等。双功能团连接分子通常可以分为对称的和不对称两种。常用的对称双官能团化合物有 1,10-癸二醇、1,8-辛二胺、邻或对苯二甲醛、癸二酸及钾盐或其酰氯、对苯二酚和对苯二胺等；不对称的双官能团化合物有溴乙酰溴、溴乙酸、甘氨酸及其他氨基酸等。某些多官能团化合物如甘油等也曾被用作连接分子。连接结构中除了官能团起比较重要作用之外，其长短和链结构也对固相合成有一定影响。特别是对反应速度和反应的选择性影响较大。一般来说，链比较长有利于反应的进行。当连接官能团附近具有特定官能团时常会发生邻位效应。

二、多肽的固相合成

固相合成的最早应用是用来合成天然大分子多肽。肽是由多种氨基酸相互之间进行缩合反应形成酰胺键（肽键）构成的。多肽合成的重要性在于蛋白质以及核酸是两类决定生命现象的主要物质。而蛋白质是由以氨基酸为基本单元，按照一定次序连接而成的各种肽组合构成的，因此人工合成蛋白质必须以肽的合成为起点。肽合成的难度在于构成肽的结构单元——氨基酸同时有两个活性官能团，即氨基和羧基；在肽合成中二者相互反应，形成酰胺键（肽键）。在正常反应条件下同一分子中的两个官能团都有参与反应的能力，形成不同结构的酰胺产物，使合成反应变得异常复杂。处理不好，合成反应不能按照预定的方向进行，在得到的产物结构中氨基酸的预定序列也就无法保证。也就是说，在反应中两个氨基酸头尾连接方向难以控制。因此在合成肽的每一步反应过程中，对氨基酸不希望参与反应的一端都要进行适当保护，使反应只在另一端的官能团上进行。这样保护、反应、脱保护，不断重复上述反应以加长肽链。用常规的液相合成法合成肽，虽然有中间产物易分离，因而产品的纯度比较高，适合进行结构测定的优点；但是随着肽链的增长，肽的溶解度逐渐降低。一方面造成肽链上羧基和氨基反应活性的降低，使收率显著下降。另一方面，产物的分离和纯化同样变得越来越困难。Merrifield 创立的固相合成法在很大程度上解决了上面提到的难题。固相合成肽由于简化了分离过程（过滤），并可以使用大大过量的小分子试剂，合成过程大幅度简化，合成产率相应提高。

在肽的固相合成中最常用的载体是氯甲基苯乙烯和二乙烯基苯的共聚物，以及它们的衍生物。具有良好的机械性能和理想的活性基团是它的主要优点。在此高分子载体上用固相法合成肽的基本步骤如下。

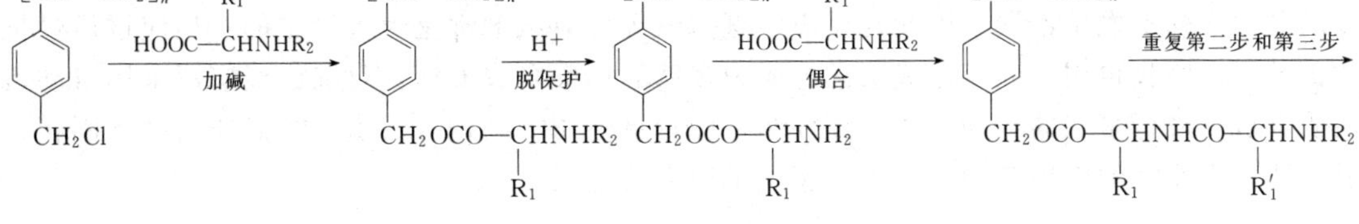

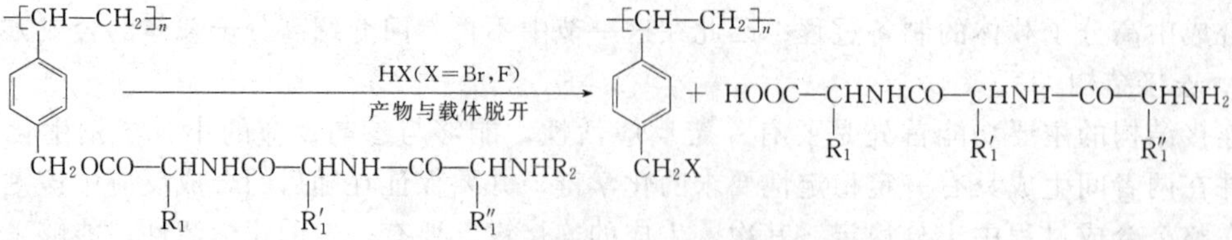

首先氨基得到保护的氨基酸与高分子载体（高分子氯甲基苯试剂）反应，分子间脱氯化氢。产物以酯键的形式与载体相连接，在载体上构成一个反应增长点。然后在保证生成的酯键不断裂的条件下进行脱氨基保护反应，一般是条件温和的酸性水解反应。脱保护的氨基作为进一步反应的官能团。第三步是取另外一个氨基受到保护的氨基酸与载体上的氨基发生酰化反应，或者通过与活性酯的酯交换反应形成酰胺键。反复重复第二和第三步反应，直到所需要序列的肽链逐步完成。最后用适宜的酸（氢溴酸和醋酸的混合液，或者用三氟醋酸及氢氟酸）水解解除端基保护，并使载体和肽之间的酯键断裂制得预期序列的多肽。

除了上面提到的对氯甲基共聚物载体之外，还有其他一些带有类似活性基团的聚合物也可以作为固相合成载体。下面给出部分常用固相合成载体，其中括号中大写字母 P 代表聚合物骨架（见表 2-4）。

表 2-4　常见的用于肽合成的固相合成载体

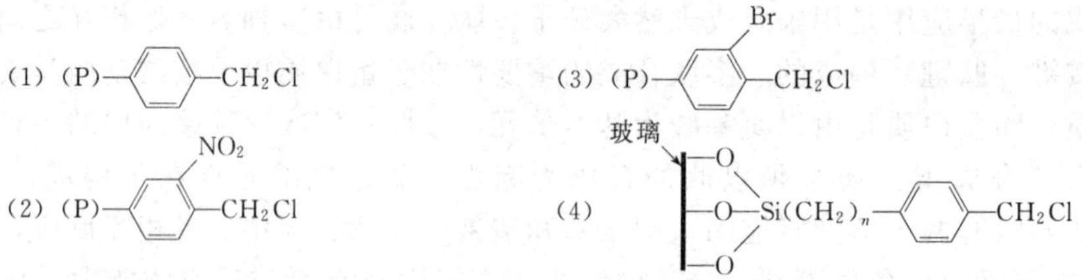

在苯环的邻位引入吸电性取代基可以提高氯甲基的反应活性。这些载体与第一个氨基酸反应形成的固化键（该氨基酸从此在反应体系中不溶，直到从载体上脱下为止，因此称固化键）都是苄酯键。而形成苄酯键时用以作为催化剂和中和所生成盐酸的试剂一般都用有机碱，这样可以保证不发生重排等副反应。完成肽链增长后，用脱除试剂将产物肽与高分子载体分离。在多肽的固相合成中需要使用两种脱除试剂：一种是氨基酸保护基团的脱除试剂，用于脱除氨基酸中氨基或羧基的脱保护反应，基本要求是该试剂对保护基团的脱除要完全，同时又不能造成已经形成的肽键和固化键的断裂；第二种脱除试剂用于断开固化键。同样，在断开固化键的同时不能影响形成的肽键的稳定。对以上所述载体合成多肽，固化键（苄酯键）断开采用的试剂都可以用氢溴酸和醋酸的混合溶液。氨基酸中氨基的保护基常用叔丁氧基羧基，脱除时采用盐酸和醋酸混合物，在此反应条件下不影响形成的肽键和苄酯键。用固相合成法合成多肽时，由于是在最后一步反应时才把合成好的肽从载体上脱下来，在此之前的反应中间环节，只需将不溶解的载体及其固化的反应物滤出洗净即可达到纯化的目的，因此在合成的全过程中不需要再精制和提纯。但是为了使每一步反应都能定量进行，以保证生成的肽的序列不发生错误。因此在反应中氨基酸等反应试剂都是大大过量的；反应过后过量的试剂可以回收再用。固相合成法已经成为多肽的标准合成方法，目前已经广泛采用自动蛋白质合成仪进行多肽的自动合成。此外对多肽和蛋白质的结构分析也往往需要借助于固相合成方法，目前它的应用范围已经大大超出了原来的范围。

三、寡核苷酸的固相合成

核酸存在于一切生物体中，是生命和遗传的基础。核酸对于遗传信息的存储，蛋白质的生物合成起着决定性的作用。与蛋白质一样，核酸也是由少数小分子连接构成的长链高分子化合物，相对分子量可以达到数百万以上。天然核酸主要有两类，含有脲嘧啶和核糖结构的称为核糖核酸（RNA）；含有胸腺嘧啶和脱氧核糖结构的称为脱氧核糖核酸（DNA）。组成核酸的单体是核苷酸。核苷酸一般由三部分性质不同的结构组成，分别为磷酸基、戊糖基和碱基。后两者结合在一起也称为核苷。通常核酸经过充分水解后可以得到磷酸与核苷，或者磷酸、核糖（脱氧核糖）和杂环碱。所有核酸都是由上述三种物质，即磷酸、戊糖（核糖、脱氧核糖）、碱基（腺嘌呤、鸟嘌呤、胞嘧啶、脲嘧啶和胸腺嘧啶）构成，其相应结构见图2-5。

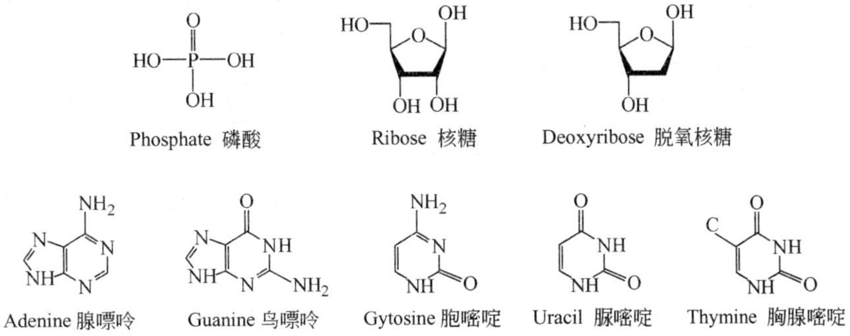

图 2-5　构成核酸的子结构

核苷酸一般由碱基杂环内的饱和氮原子与核糖1位上的羟基反应脱水相连接，磷酸与核糖5位上的羟基反应脱水形成酯键。核苷酸之间则通过磷酸与另一个核苷酸糖上3位羟基反应形成二酯键连接。当多个核苷酸以一定顺序连接构成短链核酸，则一般称为寡核苷酸。

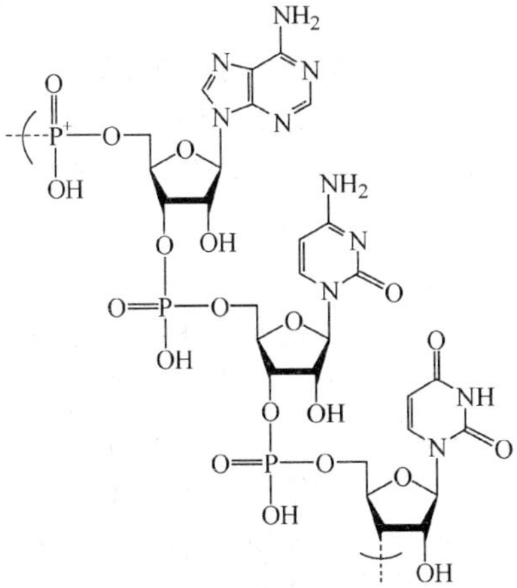

1. 寡核苷酸固相合成过程

寡核苷酸的合成在研究生命过程和医药开发方面具有重要意义。与多肽的合成一样，核酸的化学合成也是一个多活泼官能团单体的多步连续缩合反应。但是由于组成核酸的小分子的多样性，其合成难度一般也比多肽合成的难度大，需要考虑的因素也大大增加。核苷酸单体由碱基、核糖和磷酸三部分组成。碱基上的氨基、糖环上的羟基和磷酸部分中的磷氧键都是亲核进攻的目标。为了反应能够按照预定方向进行，需要对上述部位进行选择性保护。寡核苷酸的合成也有常规液相合成法和在高分子载体上进行的固相合成法两种。其中固相合成法由于具有方便、快速的优点，逐步成为寡核苷酸的主要合成方法。

寡核苷酸的固相合成过程是将部分官能团受保护的上述单体顺序地通过固相反应链接到与固相载体相连接的首个核苷酸链上，液相中过量的反应试剂及副产物则通过冲洗和过滤即可方便除去达到纯化目的，大大提高了合成效率。以去氧核糖核酸为例，寡核苷酸固相合成的典型过程如下：首先将处在寡核苷酸端点位置的核苷（5 位羟基和碱基氮加保护）通过糖的 3 位与固相载体连接形成反应起始点，然后在酸性条件下脱羟基保护。经过活化处理的核苷酸单体与糖基 5-羟基发生偶联反应，形成二聚体。然后经过碘氧化将亚磷酸三酯转换成稳定的磷酸三酯，完成一个核苷酸的连接。不断重复上述步骤即可在固相载体上获得预定次序的脱氧寡核苷酸。最后用羟胺在室温下处理 90min 即可将合成得到的寡核苷酸与载体分离。而寡核苷酸碱基的脱保护，在同样试剂条件下需要 24h。具体反应过程见下式。

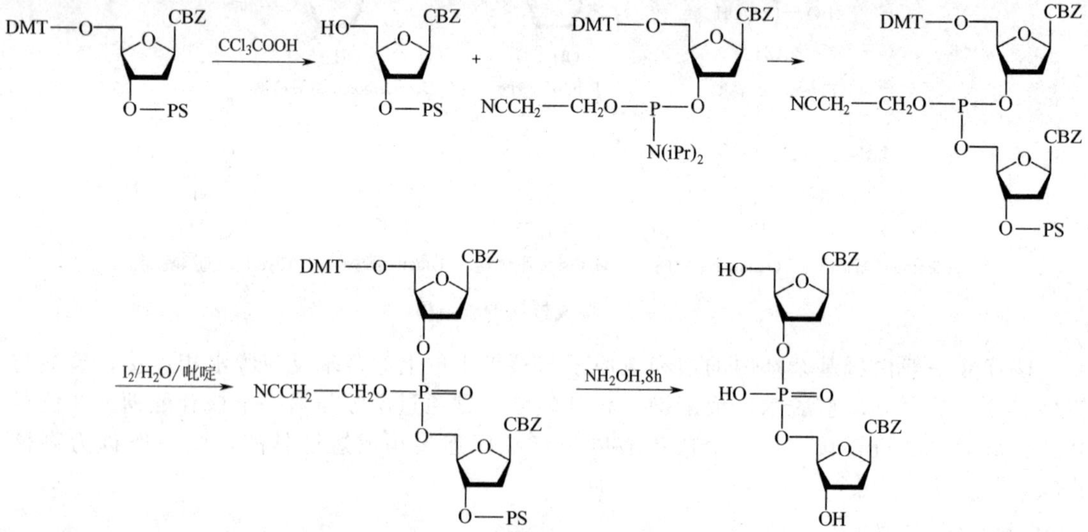

反应式中 CBZ 表示苯甲酰基保护的碱基结构，DMT 表示二甲氧基三苯甲烷羟基保护基结构，PS 表示高分子固相载体。在真实的寡核苷酸合成过程中，为了消除未反应 5-羟基对产物纯度的影响，在反应步骤中一般还需要一个称为 5-羟基屏蔽反应步骤。一般是用乙酸酐将 5-羟基酰化封闭。

2. 用于寡核苷酸固相合成的载体

寡核苷酸的固相合成中最关键的部分也是固相合成载体、保护基团和剪切试剂。其中固相合成载体属于功能高分子范畴。目前，在寡核苷酸固相合成中应用最广泛的载体是可控孔径玻璃珠（controlling pore glass，CPG）和聚苯乙烯（polystyrene，PS）两类。前者是利用多孔玻璃珠表面的硅羟基与连接体相连，机械强度好，形状规则。CPG 的制备方法是将硼硅玻璃制成规则的颗粒，然后加热溶解除去硼化物，留下孔径一致的多孔性氧化硅玻璃载体。CPG 除了用于固相合成之外，还在色谱分析、酶反应器等场合广泛作为固定相和载体。寡核苷酸合成用 CPG 载体分为专用载体和通用型载体两种。专用载体是载体上已经连接有特定核苷酸单体作为寡核苷酸合成的起点，因此只能用于特定端基的寡核苷酸。通用型载体一般是用无碱基的缩水糖环（二羟基吡喃）作为连接体预先与 CPG 载体连接，然后在连接体上再进行寡核苷酸的固相合成，因此适用于多种寡核苷酸的合成。常见的 CPG 载体见表 2-5。

表 2-5 用于寡核苷酸固相合成的常见 CPG 型载体

结构	名称
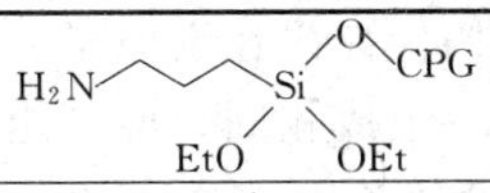	Aminopropyl-CPG
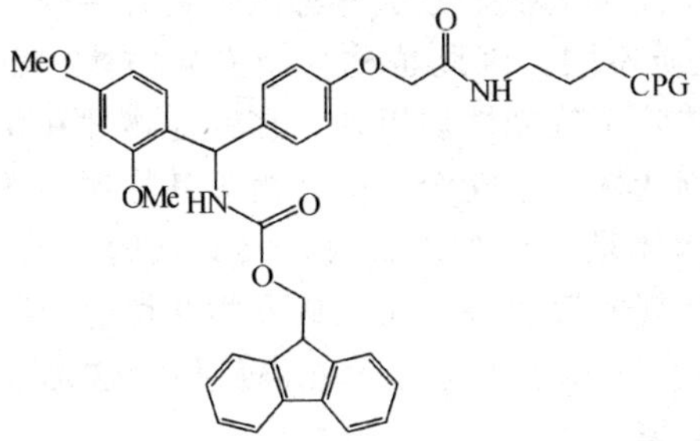	Fmoc-LinkerAm-CPG

常用 PS 型固相合成载体见表 2-6，是与多肽合成用固相载体相类似的载体，技术成熟，适用的范围广。在合成时，按照标准程序，先脱除接头部分的保护基，释放出活性 5′-羟基作为合成的起始位点，随后顺序添加所需碱基。这种连接方法在核酸合成条件下很稳定。合成结束后可以用浓氨水切割，实现与载体分离。由于连接体保留在 3′-羟基位置，需要用 LiCl 溶液将其从寡核苷酸链上切除，生成羟基游离的目标寡核苷酸和一个环状的磷酸二酯。

表 2-6 用于寡核苷酸固相合成的常见聚苯乙烯型载体

载 体 结 构	适用范围	载 体 结 构	适用范围
 PS-Aryl-Br	适用于多种连接体	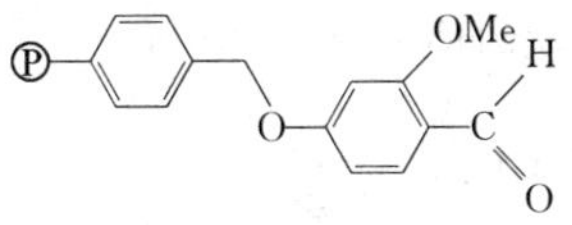 PS-MB-CHO	连接胺、酰胺、磺酰胺、脲、杂环类
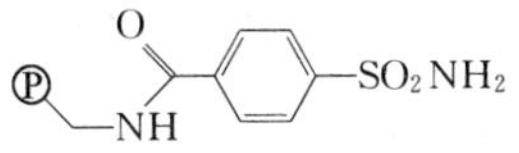 PS-AS-SO₂NH₂	与酸连接	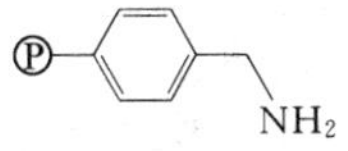 PS-NH₂	连接酰氯、磺酰氯、异氰酸等
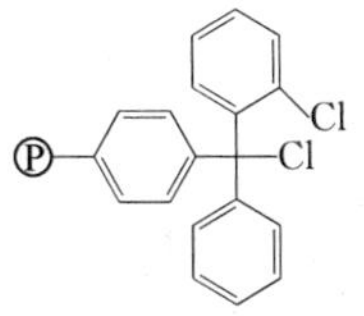 PS-Chlorotrityl-Cl	与羧酸、胺、醇、咪唑和酚类连接	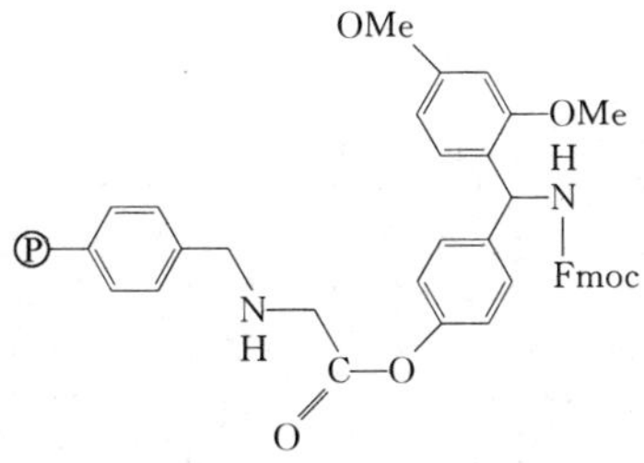 PS-Rink-NH-Fmoc	连接酸、醛、磺酰氯等
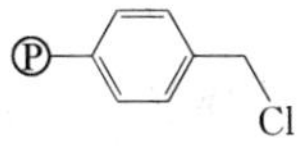 PS-Cl	连接酸和仲胺	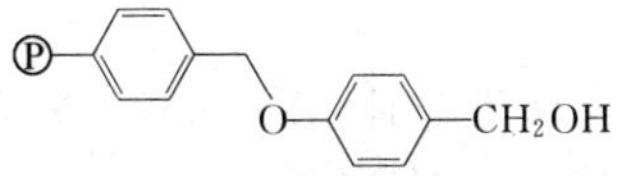 PS-Wang	连接酸、胺和酚类
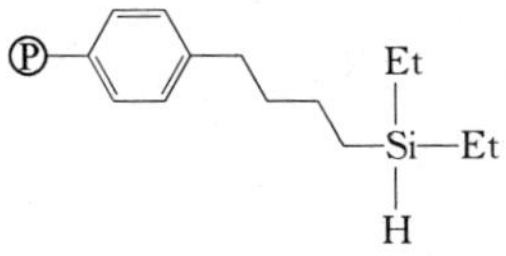 PS-DES	连接醇，羧酸和芳香化合物	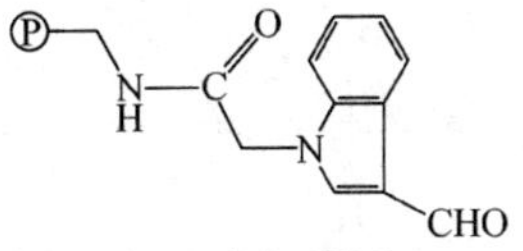 PS-Indole-CHO	连接胺类

四、固相合成法在不对称合成中的应用

由于在有机分子结构中碳原子的四个键呈正四面体结构，如果在碳原子上连接的四个基团各不相同，将依据其空间结构的差异形成两种外观一样，组成相同，但不能完全重合的分子结构。具有这种特征的分子结构称其为具有手征性（从整个分子考虑能否具有手征性还要考虑其他条件）。有这种特征的分子对，其旋光性质不同，因此也称为旋光异构体。由于其结构、组成、基团完全相同，因此这种旋光异构体除了旋光性质以外，在其他物理和化学性质上完全不可区分，但是在生物体内表现出的生物活性常常完全不同。由于其物理化学性质上的极端相似性，因此合成和分离指定的光学异构体是一个难于解决，又必须解决的任务，是有机合成领域一个具有挑战性的研究领域。用常规的液相合成法合成光学活性化合物总是得到两种光学异构体的1:1混合物，此时由于旋光度等于零，称为外消旋体；这是因为在常规液相反应中，化学试剂无法区分两种光学异构体。

所谓的不对称合成是指在一定反应条件下，反应环境和体系对光学异构体的生成有区分作用，得到的产物中两种光学异构体的比例不等于1:1，这样可以得到某一种光学异构体占优的化学产品。利用高分子骨架的立体效应，在骨架上连接前手性反应物，进行固相不对称合成是有机合成领域的重要研究课题之一。这种方法是利用含有手征性的载体，或者利用高分子骨架在前手性试剂的特定方向形成立体阻碍而产生立体选择性。如利用含有手征性糖的交联聚合物为载体合成光学异构体——R-苯基乳酸，方法是用三苯甲醇的聚苯乙烯树脂与只有一个游离羟基的戊糖结合，构成一个有光学不对称结构的聚合物载体。利用载体上的游离羟基和手征性结构，通过两步合成即可得到 R 型光学异构体占多数的苯基乳酸，其光学产率（即 R 构型异构体）大于 58%[16]。

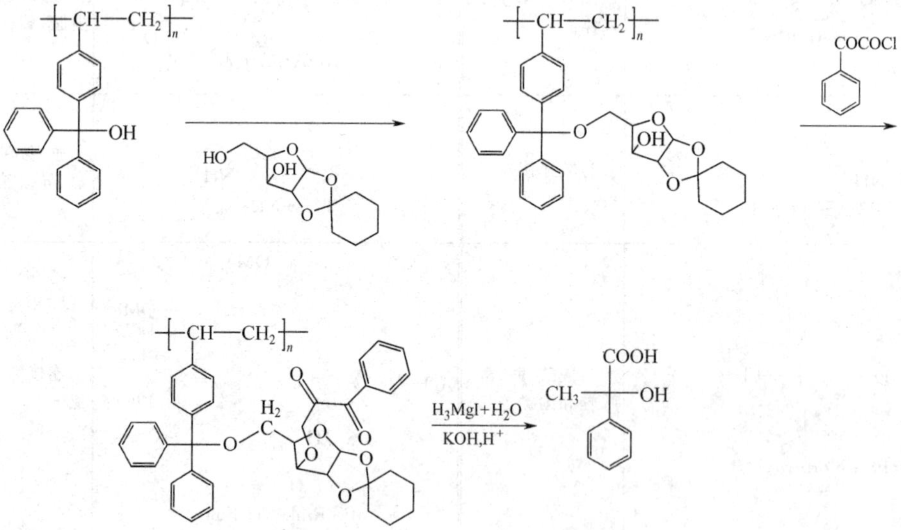

另外一个利用光活性载体进行固相不对称合成的例子是 2-烷基取代环己酮手性异构体的合成，其反应过程如下图所示[17]。

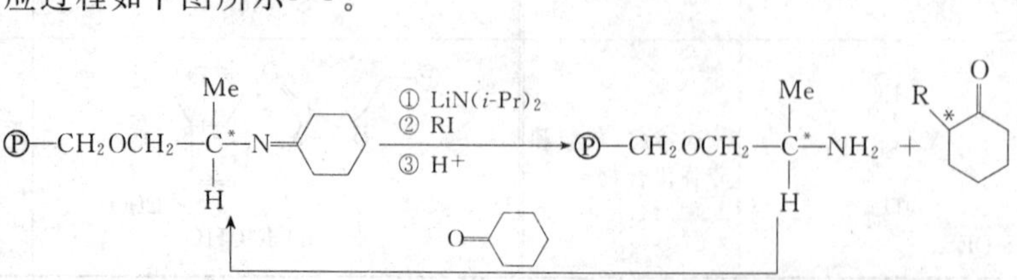

作为固相合成的一个发展趋势，采用光活性催化剂固化到高分子骨架上作为固相不对称合成试剂也有报道，其中最常用的是一些有手性特征的过渡金属络合物；比如有如下结构的固相合成试剂可以氢化制备具有光学活性的烃类化合物[18]。聚合物手性相转移催化剂是另外一种发展很快的不对称固相合成试剂，已经在许多亲核取代反应中获得成功。

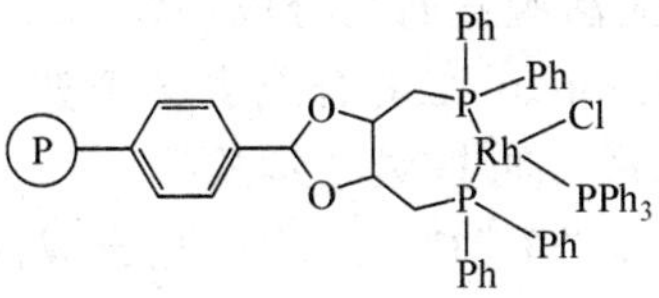

虽然以目前的技术水平，光学不对称固相合成的选择性还不高，但是近年来以固相不对称合成解决光学产物制备问题的报道有增加的趋势。其他类型的聚合物不对称试剂和它们的主要用途列于表 2-7 中。

表 2-7 常用的固相不对称试剂及主要用途

高分子手性试剂	主要用途	高分子手性试剂	主要用途
	2-烷基环己酮光学异构体合成	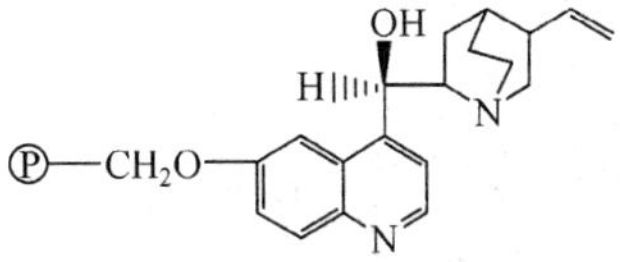	不对称 Michael 反应
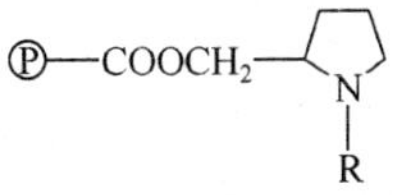	烯酮的甲醇不对称还原	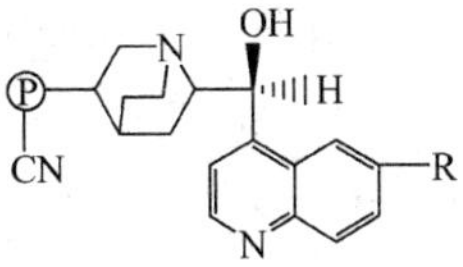	不对称加成反应
	烯酮的甲醇不对称还原	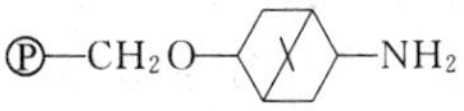	2-烷基环己酮不对称合成
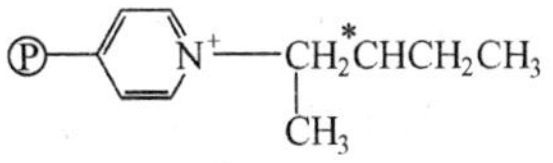	苯乙腈的不对称乙酰化	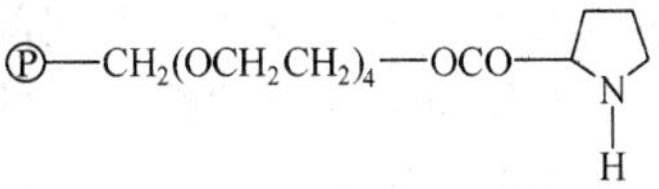	酮的不对称还原
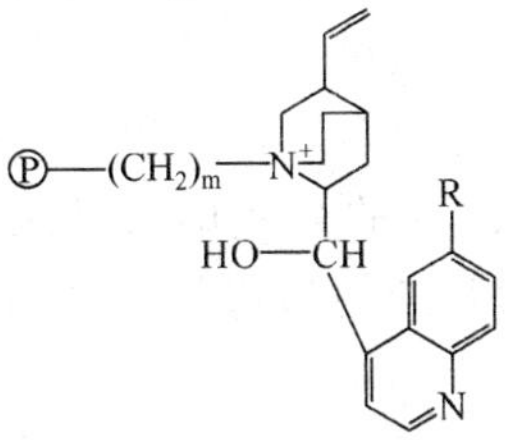	查耳酮(苯丙烯酰苯)的不对称环氧化反应	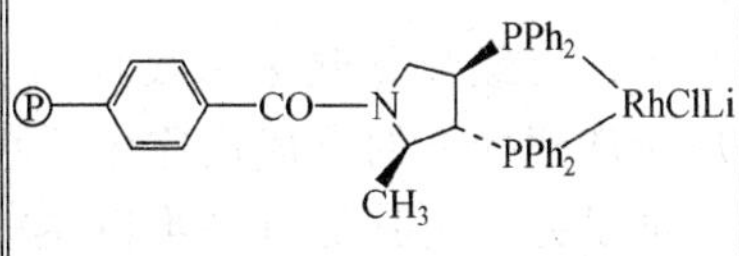	α,β 不饱和衍生物的不对称氢化

五、固相合成法在其他特殊有机合成中的应用

除了合成肽、寡核苷酸、寡糖以及某些光学异构体外，固相合成法在其他有机化合物的合成中也得到了一定程度的应用，解决了一些采用常规合成方法不能或者很难解决的合成问题。特别是对一类在化学和数学上都有重要意义的称为 hooplanes 的化合物，固相合成法的贡献更大。hooplanes 也有人称其为轮烷（rotaxanes），是一种结构很特殊的物质，通常为两个或多个分子，或者分子本身相套结在一起，形成非常特殊的轮形结构。从拓扑学的观点，这种化合物的合成是非常困难的，甚至只拿到仅供分析用的微量产品都非常难。利用固相合成法分离纯化相对容易、反应试剂可以大大过量、反应可以多次重复、试剂可以回收等优点，是解决上述合成困难的有效方法之一。下面介绍的是其中的一种，名称为 hooplanel

化合物的固相合成法。

hooplane1 的结构由两部分组成。一是由一个 10 个碳原子组成的饱和碳链构成的"轴"，"轴"两端通过醚键与大体积的三苯基甲基相连接，与轮子部分锁定在一起。另一部分由一个 30 个碳原子构成的大环构成，大环如同"车轮"一样套在"轴"上。由于"轴"两端大体积三苯甲基的存在，两个分子无法脱开而结合成一体[19]。

要组成如此结构的化合物，hooplane1 的合成也必须如同车轮的装配一样，首先要在大环中插入"车轴"——1,10-癸二醇，再拧紧"螺栓"——三苯甲基。其中难度最大的是在分子级水平下，在"车轮"中插入"车轴"。采用固相合成法合成该化合物可以通过以下反应实现。

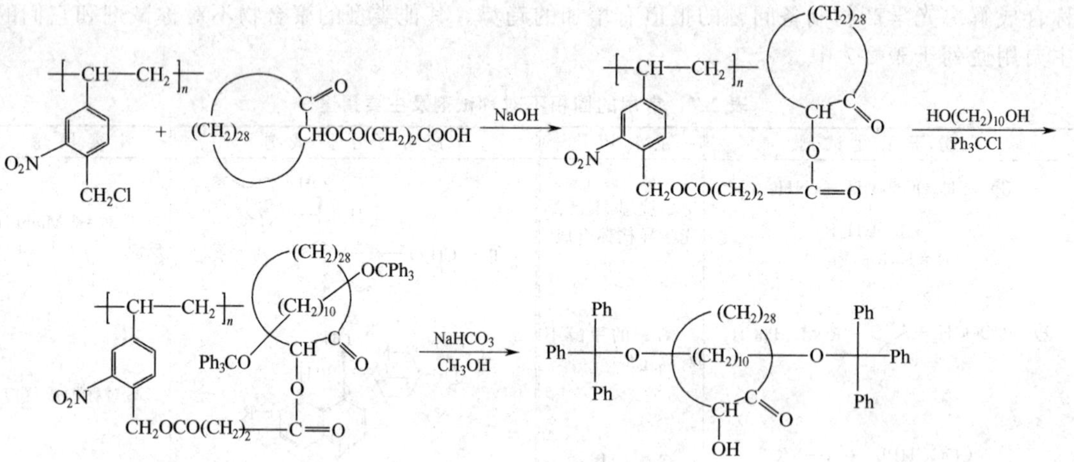

hooplane1 合成过程首先以常规合成方法合成 hooplane1 中的大环结构部分，然后将此大环结构通过酯键临时固定到高分子载体上。将此带有大环的高分子载体在适宜的反应条件下与癸二醇（"车轴"）和三苯甲基氯（"螺栓"）一起进行固相反应，按几率推算至少应有小部分癸二醇分子能够插入大环中，并在插入期间与三苯甲基氯反应而"拧紧螺栓"，得到预期产物。大量没有插入大环而又套上"螺栓"的癸二醇反应副产物以及过量的试剂通过过滤和清洗除去，高分子载体上只留下套在一起的产品和仍在"守株待兔"的固化大环。反复重复以上反应过程（＞70 次），理论上即可产生一定量的固化在载体上的产物。经水解反应将产物与聚合物载体分离；再经纯化除去未反应的大环化合物，hooplane1 的合成即告结束。由此可见，在单元反应产率很低的合成反应中采用固相合成法，利用其产物易与其他试剂和副产物分离的特点，可以完成用其他方法难以奏效的合成任务。

固相合成试剂在反应机理研究中也可以发挥作用，比如，固相合成试剂可以用来检测和捕捉化学反应中产生的短寿命中间体，为反应机理研究提供证据。

第四节　高分子催化剂

一个有机化学反应在实际有机合成中是否可以被应用主要取决于两个因素，即热力学因素和动力学因素。前者主要考虑热焓、自由能和熵变等热力学参数；后者考虑的是活化自由能、分子碰撞几率等影响反应速率的动力学因素。在现实中某些热力学允许的化学反应，当考虑动力学因素该反应可能无法应用。其最主要的原因是反应的活化能太高，而导致反应速率太低，在有限的反应时间内反应无法进行到底。很久以前科学家就发现，有些物质可以大大加快某些化学反应的速度，而自身在反应前后却并不发生变化，这些物质就是我们常说的催化剂。在化学反应中催化剂不能改变反应的趋势，而是通过降低反应的活化能提供一条快速反应通道。有催化剂参与的化学反应称为催化反应。催化反应可以按照反应体系的外观特征划分为两大类。

① 均相催化反应　催化剂完全溶解在反应介质中，反应体系成为均匀的单相。在均相反应中反应物分子可以相互充分接触，有利于反应的快速进行。但是反应完成之后一般需要较复杂的分离纯化等后处理步骤，以便将产品与催化剂等物质分开。而在处理过程中常常会造成催化剂失活或损失。

② 多相催化反应　与均相催化反应相反，在多相催化中催化剂不与反应介质混溶而自成一相，反应过后通过简单过滤即可将催化剂与其他物质分离回收，但是反应速度受到固体表面积和介质扩散系数的影响较大。这种催化剂最初大多由在溶剂中不溶解的过渡金属和它们的氧化物组成。

由于多相反应的后处理过程简单，催化剂与反应体系分离容易（简单过滤），回收的催化剂可以反复多次使用，因此近年来受到普遍关注和欢迎。特别是对于那些制造困难，价格昂贵，又没有理想替代物的催化剂，如稀有金属络合物等，实现多相催化工艺是非常有吸引力的，对工业化大生产更是如此。为此人们开始研究如何将均相催化转变成多相催化反应；其主要手段之一就是将可溶性催化剂高分子化，使其在反应体系中的溶解度降低，而催化活性又得到保持的方法。在这方面最成功的例证是用于酸碱催化反应的离子交换树脂催化剂、聚合物相转移催化剂和用于加氢和氧化等催化反应的高分子过渡金属络合物催化剂。生物催化剂——固化酶从原理上讲也属于这一类。

一、高分子酸碱催化剂

有很大一部分有机反应可以被酸或碱所催化，如常见的水解反应、酯化反应等都可以由酸或碱作为催化剂促进其反应。这一类小分子酸碱催化剂多半可以由阳离子或阴离子交换树脂所替代，原因是阳离子交换树脂可以提供质子，其作用与酸性催化剂相同；阴离子交换树脂可以提供氢氧根离子，其作用与碱性催化剂相同。同时，由于离子交换树脂的不溶性，可使原来的均相反应转变成多相反应。目前已经有多种商品化的具有不同酸碱强度的离子交换树脂作为酸碱催化剂使用；其中最常用的是强酸和强碱型离子交换树脂。其中常见可作为酸碱催化剂使用的聚苯乙烯型酸、碱树脂其分子结构如下：

酸催化用树脂　　　　　　　　　　碱催化用树脂

酸性或碱性离子交换树脂作为酸、碱催化剂适用的常见反应类型包括以下几种：酯化反应、醇醛缩合反应、烷基化反应、脱水反应、环氧化反应、水解反应、环合反应、加成反应、分子重排反应以及某些聚合反应等。采用高分子催化剂进行酸碱催化反应由于其多相反应的特点，可以有多种反应工艺方式供选择；既可以像普通反应一样将催化剂与其他反应试剂混在一起加以搅拌在反应釜内进行，反应后得到的反应混合物经过过滤等简单纯化分离过程与催化剂分离；也可以将催化剂固定在反应床上进行反应，反应物作为流体通过反应床，产物随流出物与催化剂分离。在中小规模合成反应中也可以采用第三种合成工艺方法，即将反应器制成空心柱状（实验室中常常用色谱分离柱代替），催化剂作为填料填入反应柱中，反应时如同柱色谱分离过程一样将反应物和反应试剂从柱顶端加入，在一定溶剂冲洗下通过填有催化剂的反应柱；当产品与溶剂混合物从柱中流出后反应即已完成。这种反应装置可以连续进行反应，在工业上可以提高产量，降低成本，简化工艺。

高分子酸、碱催化剂的制备多数是以苯乙烯为主要原料，二乙烯苯作为交联剂，通过乳液等聚合方法形成多孔性交联聚苯乙烯颗粒。通过控制交联剂的使用量和反应条件达到控制孔径和比表面积的目的。得到的交联树脂在溶剂中一般只能溶胀，不能溶解。然后再通过不同高分子反应，在苯环上引入强酸性基团——磺酸基，或者强碱性基团——季氨基，分别构成高分子酸性催化剂和高分子碱性催化剂。商品化离子交换树脂也具有相同结构，可以作为高分子酸碱催化剂直接使用。需要注意，由于多数商品阳离子离子交换树脂为钠离子型、阴离子交换树脂为盐酸型，在作为酸碱催化剂使用前需要使用浓盐酸或浓氢氧化钠进行处理成为质子型和氢氧根型。这类离子交换树脂的详细制备方法将在吸附性高分子材料一章中进一步介绍。

二、高分子金属络合物催化剂

许多金属、金属氧化物、金属络合物在有机合成和化学工业中均可作为催化剂。金属和金属氧化物在多数溶剂中不溶解，一般为天然多相催化剂。而金属络合物催化剂由于其易溶性常常与反应体系成为均相，多数只能作为均相反应的催化剂。金属络合物催化剂经过高分子化后溶解度会大大下降，可以改造成为多相催化剂。

由于众所周知的优越性，目前使用高分子金属络合催化剂越来越普遍。制备高分子金属络合物催化剂最关键的两个步骤是在高分子骨架上引入配位基团和在金属中心离子之间进行络合反应。最常见的引入方法是通过共价键使金属络合物中的配位体与高分子骨架相连接，构成的高分子配位体再与金属离子进行络合反应形成高分子金属络合物。根据分子轨道理论和配位化学规则，作为金属络合物的配位体，在分子中应具有以下两类结构之一：一类是分子结构中含有 P、S、O、N 等可以提供未成键电子的所谓配位原子，含有这类结构的有机官能团种类繁多，比较常见的如羟基、羰基、硫醇、胺类、醚类及杂环类等；另一类是分子结构中具有离域性强的 π 电子体系，如芳香族化合物和环戊二烯等均是常见配位体。配位体的作用是提供电子与中心金属离子提供的空轨道形成配位化学键。

1. 高分子金属络合物催化剂的制备方法

高分子配位体的合成方法主要分成以下两类：①利用聚合物的接枝反应，将配位体直接键合到聚合物载体上，得到高分子化配位体；②首先合成含配位体单体（功能性单体），然后通过均聚或共聚反应得到高分子配位体。上述合成得到的高分子化配位体再与目标金属离子进行络合反应，得到具有催化活性的高分子络合催化剂。当然，合成得到的配位体单体也可以先与金属离子络合，生成络合物型单体后再进行聚合反应，完成高分子化过程。一般这种方法较少使用，因为形成的络合单体常会影响聚合反应，甚至发生严重副反应，使聚合过程失败。此外，某些无机材料，如硅胶，也可以作为固化催化剂的载体。

作为多相催化剂，高分子化的金属络合物催化剂可用于烯烃的加氢、氧化、环氧化、不对称加成、异构化、羰基化、烷基化、聚合等反应中。下面给出几种主要高分子催化剂的制备过程和实际应用。

（1）聚苯乙烯型三苯基磷铑络合催化剂的制备　烯烃、芳香烃、硝基化合物、醛酮等带有不饱和键的化合物都可以在某些金属络合物催化剂存在下进行加氢反应。其中铑的高分子络合物是经常采用的催化剂之一。这一催化剂可以由下述方法制备[20]：以聚对氯甲基苯乙烯为高分子骨架原料，经与二苯基磷锂反应得到有络合能力的二苯基磷型高分子配合物；再与 $RhCl(PPh_3)_3$ 反应，磷与铑离子络合即得到有催化活性的铑离子高分子络合物。

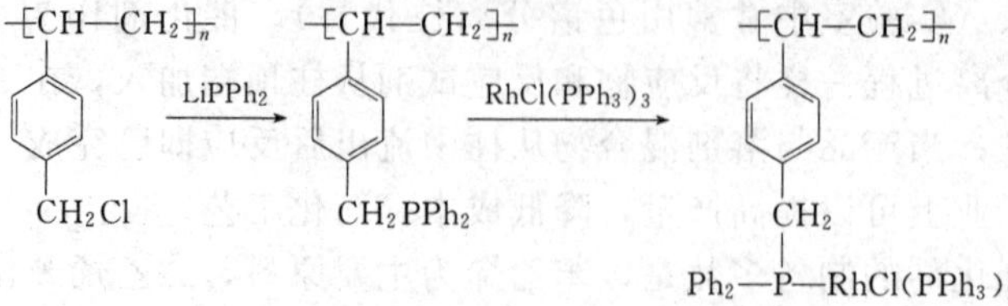

烯烃在室温下经此催化剂催化，氢气压力只有一兆帕的温和条件下即可进行加氢反应。与相应的低分子催化剂相比降低了氧敏感性和腐蚀性，反应物可以在空气中储存和处理。由于有高分子效应的存在，加氢反应有明显的选择性。此外，用类似方法制备的钯的高分子络合物也是一种性能优良的加氢催化剂。

（2）聚苯乙烯型高分子二茂钛催化剂制备　加氢催化剂高分子二茂钛络合物的制备过程如下[21]：

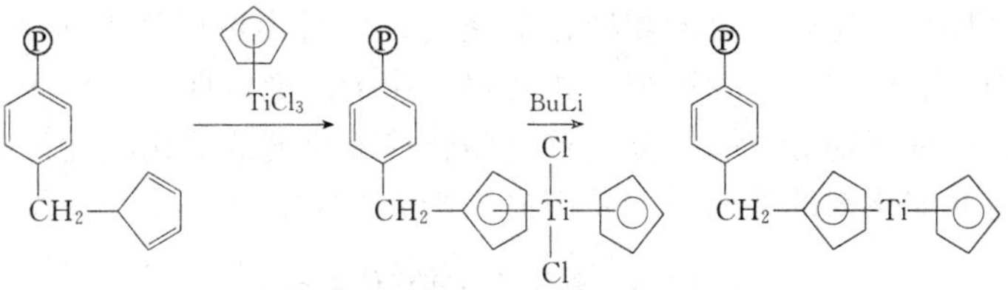

高分子化后的二茂钛络合物从可溶性均相加氢催化剂转变成不溶性多相加氢催化剂，性能有较大改进；不仅使催化剂的回收和产品的纯化变得容易，而且由于聚合物刚性骨架的分隔作用，克服了均相催化剂易生成二聚物而失效的弊病。

2. 高分子金属络合物催化剂在太阳能利用领域的应用

高分子金属络合物催化剂能够使某些小分子发生异构化反应，以热能的方式释放在光化学反应中获得的化学能。在太阳能利用方面显露出新的应用前景。例如降冰片二烯（nor-bornadiene）在阳光照射下吸收光能发生光异构化反应产生高能态的四环烷（quadricyclane），能够将太阳能以化学能的方式储存下来。在室温下四环烷是稳定的，但是在一些过渡金属络合物催化剂作用下四环烷重新异构化为低能态的降冰片二烯，同时放出大量热能（$1.15 \times 10^3 \, kJ/L$）。再生后的降冰片二烯受太阳光照后仍可异构化为四环烷，因此可以反复使用。如果将这种具有异构化催化作用的催化剂高分子化后，其多相催化性质使能量转换过程将更加容易控制，使用更方便[22]。带有这种装置的太阳能热水器可以克服常见热水器在日照丰沛时，水箱开锅，热能白白浪费；而阴天时经常发生无热水可用的弊病，相信这种高分子催化剂的发展将会推动太阳能利用研究。

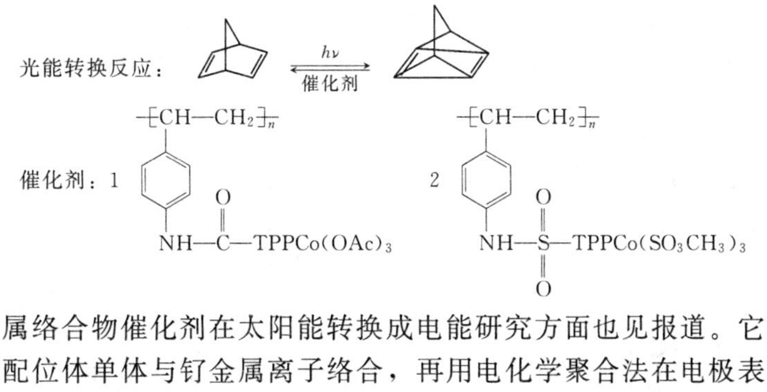

高分子化的金属络合物催化剂在太阳能转换成电能研究方面也见报道。它是利用带有吡咯基的联吡啶作为配位体单体与钌金属离子络合，再用电化学聚合法在电极表面形成光敏感催化层。当电极表面由不同氧化还原电位的聚合物形成多层修饰时，如果结构安排得当，可以在电极之间得到光电流构成有机光电池[23]。

三、高分子相转移催化剂

有些化学反应反应物之间的溶解度差别很大，无法在单一溶剂中溶解。如通常离子性化合物只在水中溶解，而非极性分子则只在有机溶剂中溶解，两者发生化学反应时需要用到两相反应体系，即包含不互溶的水相和有机相。由于两种反应物分别处于两个相态中，反应过程中反应物需要从一相向另外一相转移与另一反应物质发生化学反应，因此分子碰撞几率减少，反应速度通常很慢。能够加速反应物从一相向另一相转移过程，进而提升反应速度的化学物质被称为相转移催化剂，这类化学反应称为相转移催化反应。相转移催化剂一般是指在反应中能与阴离子形成离子对或者与阳离子形成络合物，从而增加这些离子型化合物向有机相的迁移并提升在有机相的溶解度的物质。这类物质主要包括亲脂性有机离子化合物（季铵盐和磷鎓盐）和非离子型的冠醚类化合物，在催化反应过程中承担反应物在两相之间的传递作用。

与小分子相转移催化剂相比，高分子相转移催化剂不污染反应物和产物，催化剂的回收比较容易，因此可以采用比较昂贵的相转移催化剂；同时还可以降低小分子催化剂的毒性，减少对环境的污染。总体来讲，磷鎓离子相转移催化剂的稳定性和催化活性都要比相应季铵盐型催化剂要好，而聚合物键合的高分子冠醚相转移催化剂的催化活性最高。比较有代表性的各种高分子相转移催化剂的结构和主要用途列于表 2-8 中。

表 2-8　高分子相转移催化剂

高分子相转移催化剂	主要应用 RX＋Y $\longrightarrow$ RZ
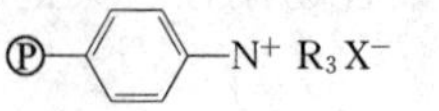 ⓅⱯ—N⁺ R₃X⁻　　X=Cl⁻,Br⁻,F⁻,I⁻	Y=Cl⁻,Br⁻,F⁻,I⁻
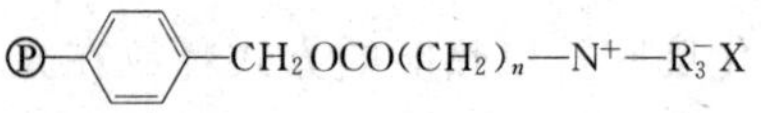 Ⓟ—◯—CH₂OCO(CH₂)$_n$—N⁺—R₃⁻X　X=卤素负离子	Y=CN⁻,I⁻
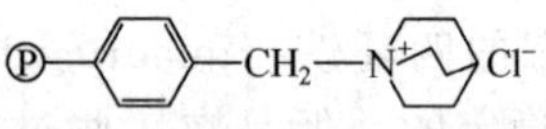 Ⓟ—◯—CH₂—N⊕Cl⁻	Y=Ph—CH⁻—CN
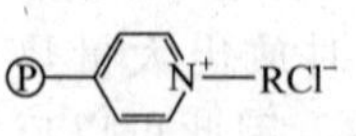 Ⓟ—N⁺—RCl⁻　　R=H,n-Bu,PhCH₂,CH₂CHMeEt	Y=PhO⁻
◎—O—Si(OMe)₂$($CH₂$)_3$ N⁺ Bu₃Cl⁻　　C=纤维素	Y=I⁻,CN⁻,还原
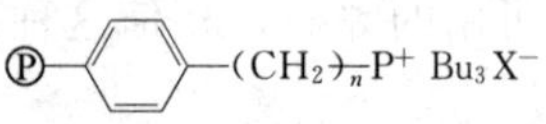 Ⓟ—◯—(CH₂)$_n$P⁺ Bu₃X⁻	Y = CN⁻, ArO⁻, Cl⁻, I⁻, AcO⁻, ArS⁻, ArCH⁻COMe⁻, N₃⁻, SCN⁻
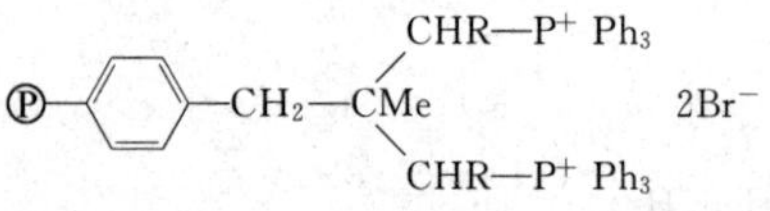 Ⓟ—◯—CH₂—CMe(CHR—P⁺Ph₃)(CHR—P⁺Ph₃)　　2Br⁻	Y=PhS⁻,PhO⁻
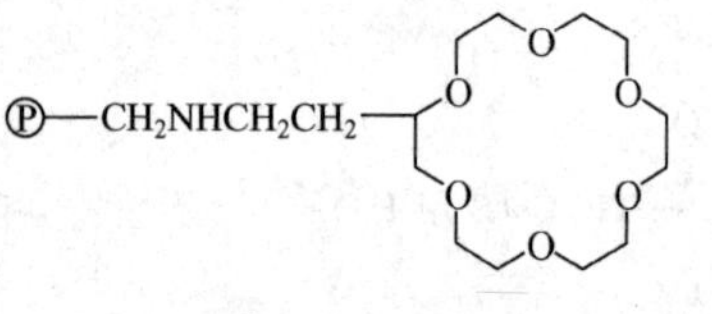 Ⓟ—CH₂NHCH₂CH₂— (冠醚)	Y=CN⁻
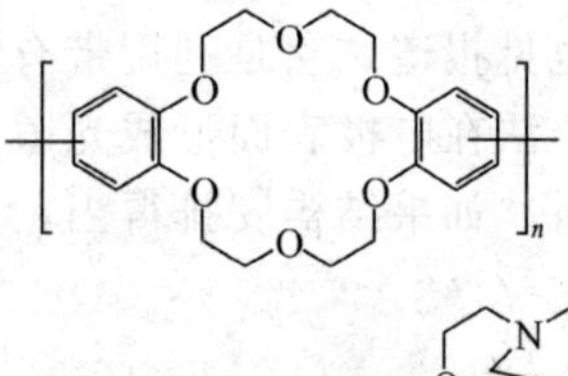 (聚合物冠醚)	Y=I⁻,CN⁻,PhO⁻
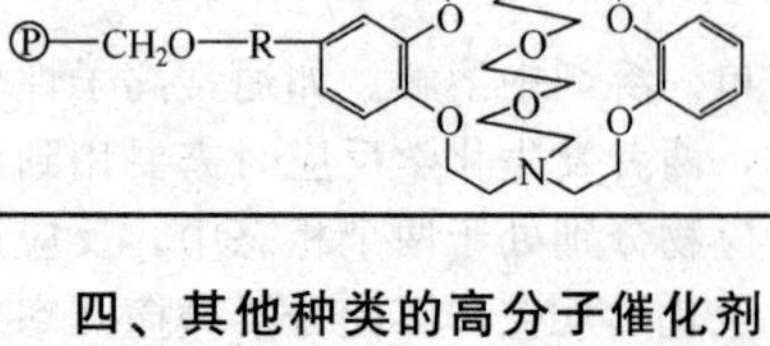 Ⓟ—CH₂O—R— (穴醚)	

四、其他种类的高分子催化剂

除了上述三种高分子催化剂之外下面再介绍几种常见高分子催化剂。

1. 高分子刘易斯酸和过酸催化剂

能够得到电子的化合物称为刘易斯酸，是一种常见类型的催化剂。将小分子刘易斯酸接入高分子骨架即构成高分子刘易斯酸。与小分子同类物相比，高分子刘易斯酸作为催化剂稳定性较好，不易被水解破坏。原因是憎水性高分子骨架降低了水的攻击力；采用高分子刘易斯酸催化剂还可以降低竞争性副反应。高分子化三氯化铝是代表性的高分子刘易斯酸催化剂，可以有效地催化成醚、酯和醛的合成反应。当在含有强酸性基团的阳离子交换树脂中再引入刘易斯酸时，树脂的给质子功能将大大增强，成为高分子过酸。例如，三氯化铝与磺酸基离子交换树脂反应，即可得到酸性很强的高分子过酸。这种过酸甚至可以使中性石蜡油质子化。但是这种高分子的过酸稳定性还比较差。一种更稳定、酸性更强的高分子过酸是由一种全氟化的磺酸基树脂与三氯化铝反应制备的。其结构如下。

$$\begin{array}{c} -\!\!\left[(CF_2CF_2\!\!\xrightarrow{}_{m}\!CF\!-\!CF_2\right]_{n}\!\!\!\! \\[2pt] \quad\quad\quad | \\ (OCF_2CF\!\!\xrightarrow{}_{z}\!OCF_2CF_2SO_3H \\ \quad\quad | \\ \quad\quad CF_3 \end{array}$$

$m=5\sim13,\ n=1000,$
$z=1,\ 2,\ 3,\ \cdots$

2. 聚合物脱氢和脱羧基催化剂

组氨酸的嘧啶基是多种脱氢酶的活性点，因此含有类似结构的聚合物也可以作为脱氢高分子模拟酶催化剂用于催化酯和酰胺的氢化反应。有些高分子表面活性剂（聚皂）能够催化脱羧基反应。这类催化剂包括季铵化的聚乙胺、聚合型冠醚、聚乙二醇和聚乙烯基吡咯酮等，均是有效的高分子脱羧基试剂。

3. 聚合物型 pH 指示剂和聚合型引发剂

将偶氮类结构连接到高分子骨架上，当遇到酸或碱性物质时发生反应而产生颜色变化，因此可以制成聚合物型 pH 指示剂。这种指示剂具有稳定性好、寿命长、不怕微生物攻击和不污染被测溶液的特点。典型结构如下。

$$\text{\textcircled{P}}-COO-\!\!\langle\bigcirc\rangle\!\!-N\!=\!N-N\!\!\begin{array}{c}CH_3\\ \\CH_3\end{array} \qquad \text{\textcircled{P}}-(CH_2)_3NHCO-\!\!\langle\bigcirc\rangle\!\!-N\!=\!N-R$$

同样，将过氧或者偶氮等具有引发聚合反应功能的分子结构高分子化，可以得到聚合型引发剂。这类引发剂可用来催化聚合物的接枝反应。过渡金属卤化物高分子化后得到的聚合物引发剂可以引发含有端双键的单体聚合，生成接枝或者嵌段聚合物。

第五节　酶的固化及其生物化学传感器

酶是指由生物活体细胞产生的，具有催化生物化学反应作用的一类蛋白质，其分子量一般在 1 万～100 万之间。酶根据其催化的反应类型可以分成氧化还原酶、转移酶、水解酶、裂解酶、连接酶和异构化酶等。酶的制剂在医疗领域广泛用于疾病的诊治，在工业上用于合成催化剂和发酵行业，在分析化学和临床检验中制作生物化学传感器。用酶作为催化剂的化学反应称为酶促反应。酶是一种蛋白质，通常具有四级结构，即构成肽链的氨基酸结构、肽链连接结构、肽链相互之间由氢键构成的三维结构和构象结构。其中的肽也是由各种氨基酸按不同次序连接而成的高分子化合物。酶在生命过程起着非常重要的作用，作为天然催化剂，在生物体内进行的化学反应，几乎全部是由酶催化的。与常规催化剂相比，酶作为催化剂最大的特点是催化效率高，选择性极好，大多数情况下是专一性催化。许多在工业上需要高温高压才能进行的反应，在生物体内由酶催化只需常温常压条件即可进行。酶催化剂的缺点在于酶的稳定性不好，很容易变性失活。此外大多数酶是水溶性的，在水性介质中为均相催化剂，反应后的分离、纯化和回收有一定困难。酶的这一性质大大限制了它在工业和其他领域的直接应用，因为在酶促反应之后要在不使酶变性的条件下回收酶是相当困难和复杂的任务。

酶的这种不易分离性质在应用时不仅浪费了贵重的酶，而且还增加了污染产品的机会。这一缺点不能不说对酶催化剂的推广应用形成一大阻碍。从 20 世纪 50 年代起，人们开始研究用各种各样方法在不减少或少减少酶的活性的前提下使酶成为不溶于水的所谓"固化酶"（immobilized enzyme），并且已经取得了很大成功，大大拓展了酶在有机合成等各个领域里的应用范围。这一技术的出现首先是解决了反应后酶的回收和防止酶污染产品的问题；其次酶的固化在一定程度上提高了酶的稳定性，适应反应条件的能力提高，可以在更广的领域加以应用。酶的固化简化了反应步骤，使酶促反应可以实现连续化、自动化，为制造所谓"生物反应器"（bioreactor）打下基础。由于酶的固化也采用了一些功能化和高分子化方法，因此也属于功能高分子材料范畴。经过半个多世纪的发展，酶的固化技术已经得到了充分研究和发展[24]，下面主要介绍与这一技术有关的酶固化方法和在工业上的应用例证。

一、固化酶的制备方法

酶的固化其主要目的是改变其水溶性。可用的固化方法有许多种，这是由于酶自身的特点和应用目的所决定的。从一般化学应用来说，酶的固化方法主要应满足以下几点要求。

① 固化后酶催化剂不应溶于水或化学反应中使用的其他反应介质，以保证酶催化剂的分离和回收工艺的简单性。增大分子量、进行适度交联可以降低固化酶的溶解性。这是酶固化过程的基本目的和要求。

② 固化过程应不影响或少影响酶的活性。因此在固化过程中所有会使蛋白质变性或影响酶活性的方法均不宜采用。例如，任何高温、高压或者有强酸、强碱参与的化学反应都应避免。

③ 固化方法的选择应考虑到酶自身的特点和结构，不要引入多余化学结构而影响酶的性质，应尽可能利用酶结构中各种非催化活性官能团进行固化反应。

④ 作为酶固化的载体应有一定的机械强度和化学稳定性，以适应反应工艺要求和有一定的使用寿命。

从以上这些要求考虑，我们前面曾经讨论的多数高分子化方法均不能满足酶在固化过程中的苛刻条件。只有少数在温和条件下可以进行的固化方法可以满足基本要求而能被采用。根据目前的研究成果，从酶固化方法的原理划分，酶的固化方法可以分成化学法和物理法两种。其中化学法如同制备高分子反应试剂一样是通过化学反应生成新的化学键，将酶连接到一定载体上；或者采用交联剂通过与酶表面的特定基团发生交联反应将酶交联起来，构成分子量更大的蛋白分子使其溶解性降低，成为不溶性的固化酶。物理法包括包埋法和微胶囊法等。这两种方法是使酶被高分子包埋或用微胶囊包裹起来，使其不能在溶剂中自由扩散。但是被催化的小分子反应物和产物应可以自由通过包埋物或胶囊外层，使之与酶催化剂接触反应。

1. 化学键合酶固化方法

通过化学键将酶键合到高分子载体上是酶固化的一种方法。可供选用的聚合物载体可以是人工合成的或是天然的有机高分子化合物，有些情况下也可以用无机高分子材料。对载体的要求除了不溶于反应溶剂等基本条件外，还要求载体分子结构中含有一定的亲水性基团，以保证有一定的润湿性。由于酶促反应多数在水相中进行，好的润湿性可以保证反应物与酶的良好接触。同时高分子载体的存在不能影响酶的活性。对键合反应的要求是反应条件必须温和，不能使用强酸、强碱和某些有机溶剂，反应的温度也有一定限制。因而要求高分子载体应带有活性较强的反应基团，如重氮盐、酰氯、醛、活性酯等高活性基团，以保证后续的键合反应能在温和的反应条件下进行。

最常用的用于酶固化的聚合物载体骨架仍为聚苯乙烯树脂，采用接枝反应在苯环上引入高活性重氮盐基团后，利用重氮盐基团与酶蛋白质中存在的酪氨酸中的苯酚羟基或者与组氨酸的咪唑基中的饱和氮原子进行偶联反应，即可达到酶蛋白的键合固化。采用这种技术路线可以在高分子载体上联结淀粉糖化酶、胃蛋白酶和核糖核酸酶等形成固化酶催化剂[25]。一般来说，采用这种固化方法得到的固化酶稳定性比较好，催化活性不易丢失。

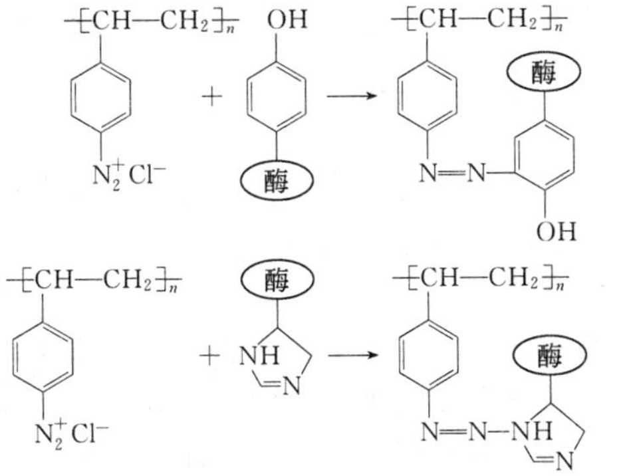

含有缩醛结构的聚合物可以与蛋白质中广泛存在的氨基发生缩合反应，在载体与酶之间生成碳氮双键；因此可以通过键合法固化大多数酶。如果在聚合物骨架中引入内酸酐基团与酶蛋白质中的氨基反应，则形成稳定的内酰胺键而实现酶的固化。两种固化反应的反应过程如下。

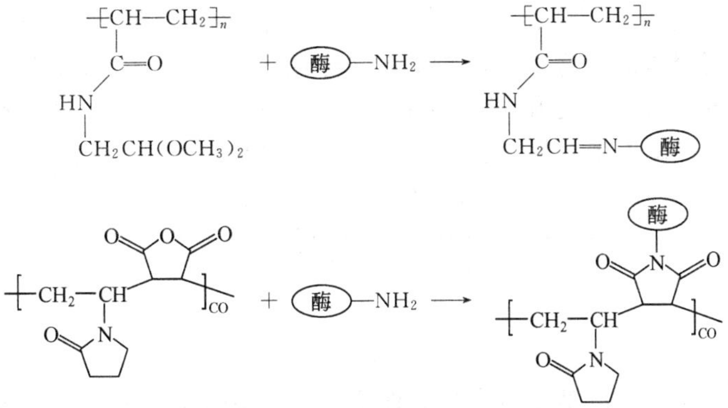

除此之外，一些聚酰胺或多肽高分子化合物经过活化预处理后也可以作为载体与酶结合形成不溶性的固定化酶。例如尼龙经过酸处理后，在其表面出现羧基，经其他方法处理形成亚胺酸酯基，这些活性基团均可与酶中的游离氨基直接结合，使酶在这些聚合物上得到固定化。

除了有机高分子可以作为酶固化的载体之外，一些无机材料也可以作为固化酶载体材料，它们多为多孔性玻璃或硅胶，表面具有活性羟基。但是这些羟基的活性不够，很难用来直接固化酶，需要借这些羟基引入活性更强的基团。也有人用离子交换树脂作为固化酶的载体。其中阳离子交换树脂可与酶中的氨基相结合，阴离子交换树脂与酶中的羧基相结合而实现酶的固化。此方法操作简单，反应条件温和，对酶活性影响不大。缺点是离子交换树脂与酶的结合力较弱，且易受反应溶液中酸碱度的影响，因此形成的固化酶的稳定性较差。

2. 化学交联酶固化法

这种方法是利用一些带有双端基官能团的化学交联剂，通过与酶蛋白中固有的活性基团进行化学反应，生成新的共价键将各个单体酶连接起来，形成不溶性链状或网状结构，从而将酶固化。从理论上讲任何具有能与酶中活性基团反应，实现交联的双功能基团低分子量化合物都可以作为交联剂。实际操作上由于保持酶活性对反应条件的限制，可以采用的交联剂并不多。下面给出一些常用的可用于酶交联固化的交联剂和它们的使用情况。

$$X \text{---} (CH_2)_n X \qquad X= \text{---}CHO, \text{---}NCO, \text{---}NCS, \text{---}N_2^+ Cl^-, \text{---}NHCOCH_2I,$$

酶交联剂

$$\boxed{酶} \text{---}NH_2 + OHC\text{---}(CH_2)_n CHO \longrightarrow \boxed{酶} \text{---}N=CH\text{---}(CH_2)_3 CH=N\text{---}\boxed{酶}$$

酶的交联反应

3. 酶的物理固化法

酶固化的物理方法是使用具有对酶促反应中反应物和生成物有选择性透过性能的材料将酶大分子固定，而使那些参与反应的小分子透过的酶固定方法。物理固化方法主要有两种，一种是包埋法，另一种为微胶囊法。

（1）包埋法　包埋法的制备过程是将酶溶解在含有合成载体的单体溶液中。在此均相体系中进行合成载体的聚合反应，聚合反应进行过程中溶液中的酶被包埋在反应形成的聚合物网络之中，不能自由扩散，从而达到酶固化的目的。此法要求形成的聚合物网络在溶胀条件下要允许反应物和生成物小分子通过。例如以苯酚类（如对苯二酚）和甲醛经缩聚而成的新一类凝胶状树脂（phenolicformaldehyde resins，PF 凝胶）即属于此类高分子材料。此类凝胶价廉并易于制备，疏松多孔、无毒、不溶于水，而且具有极强的亲水性，不溶于有机溶剂，有较好的机械强度，非常适合用于包埋法酶的固化。作为固化载体它能简单、快速、有效地对多种酶和蛋白质加以固定，对多种蛋白质有很高的结合量，在实践中获得了广泛应用。例如，当这种凝胶与淀粉酶等结合并将其固化时，得到的固化酶可用于淀粉等多糖的酶解反应，制备葡萄糖。这类固定化酶应用于酶解淀粉时，具有很高的转化率和稳定性[26]。当加入一定量的间苯二酚参加缩聚反应后，还可以得到改性的 PF 凝胶，作为酶的固化载体其性能有所提高。PF 凝胶的分子结构如下所示。

（2）微胶囊法　微胶囊法是用有半通透性能的聚合物膜将酶包裹在中间，构成酶藏在微囊中的固化酶。在酶催化反应中反应物小分子可以通过半透膜与酶接触进行酶促反应，生成物可以通过半透膜逸出囊外，而酶则由于体积较大被留在膜内。其性质与包埋法的工作原理相似。其工作原理如图 2-6 所示。

物理酶固化法的有利之处在于在制备过程中酶没有参与化学反应，因而其整体结构保持不变，催化活性亦保持不变。但是由于包埋物或半透膜有一定立体阻碍作用，对所进行酶促反应的动力学过程不利。

二、固化酶的特点和应用

制作固化酶的目的是利用酶催化剂的高活性和高选择性。酶的高活性可以使酶促反应在

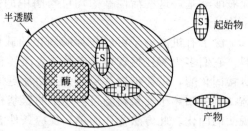

图 2-6　酶微胶囊固化法

相对温和的反应条件下进行，使制备工艺得到简化，设备要求降低，并且提高生产效率。酶

的高选择性则可以提高原料的利用率，减少副反应产物，更加符合绿色化学的要求。此外，以酶为催化剂常常可以制备用常规方法难以或不能合成的有机化学产品。固化酶则大大扩大了酶这种生物催化剂的应用领域。

在酶的固化研究中人们最关心的有两方面：一是酶经过固化后能否继续保持高活性和高选择性；二是通过酶的固化能否使其扩大使用范围，达到简化操作、提高效率、降低成本的目的。固定化后酶的活性取决于酶本身原有的活性和固化时采用的方式方法以及所用载体的化学结构和物理形态。应该说多数酶经过固化后其活性或多或少都有所降低，这是由于酶在固化过程中，活性酶中一部分氨基酸的氨基或羧基参与固化而使酶的结构在一定程度上受到破坏所致。此外，在固化过程中酶蛋白的高次结构往往也会有所变化，酶固化后形成的高分子效应对酶的选择性也会有一定程度的影响。这也是固化酶在工业上的应用仍受到许多限制的原因之一。

1. 光学纯氨基酸的合成

众所周知，光学异构体的合成是有机合成研究中的最具挑战性的课题，主要难点在于缺少专一性催化剂，而利用酶催化的专一性是一条解决光学异构体合成问题的有效途径。比如 L-蛋氨酸的合成，采用常规合成方法仅能获得外消旋体产物，而采用从 Aspergillus aryzae 菌中提取的酰化氨基酸水解酶（amino Acylase）作为催化剂，将此酶用物理吸附的方法固化在 N,N-二乙基胺乙基葡聚糖（DEAE－Sephadex）树脂上，再将这种固化有酶催化剂的树脂装入反应柱中，以 N-乙酰基-D,L-蛋氨酸外消旋体为原料通过反应柱进行脱乙酰基反应，在柱的出口处将得到光学纯的 L-蛋氨酸[27]。而且该反应柱可以连续反复使用。

2. 6-氨基青霉素酸的合成

6-氨基青霉素酸是生产多种青霉素系列药品的主要原料，有多种制备方法。其中固化酶法是将青霉素酰胺酶（penicilline amidase）接枝到经过活化处理的 N,N-二乙基胺乙基纤维素上，以此为固相催化剂分解原料苄基青霉素，产物即为 6-氨基青霉素酸[28]。由于固化后酶的稳定性增加，由此固化酶装填的反应柱连续使用 11 周未见活性降低。而且比传统的微生物法生产的产品纯度更高，质量更好，这是用常规方法所不能比拟的。此外，抗病毒感染的干扰素诱导剂（interferoninducer）也可以由固化酶催化方法生产。

青霉素 G → 6-氨基青霉素

3. 固化酶在分析化学和化学敏感器制作方面的应用

固化酶在临床医学和化学分析方面也有广泛应用，酶电极就是其中一种。将活性酶用特殊方法固化到电极表面就构成了酶电极，也有人称其为酶修饰电极。用酶电极可以测定极微量的某些特定物质，不仅灵敏度高，而且选择性好。它的最大优势在于酶电极可以做得非常小，甚至小到可以插入某些细胞内测定细胞液的组成。因此在生物学研究和临床医学研究方面意义重大。电极表面的酶修饰方法多种多样，包埋法是其中比较简便的一种。比如，将葡萄糖氧化酶用交联聚丙烯酰胺包埋在高灵敏度氧选择电极表面，形成厚度仅为微米数量级的表面修饰层。该酶修饰电极可以定量测定体液中的葡萄糖含量。固化酶与生物传感技术结合制成的乳酸盐分析仪则具有快速、准确、自动化、微量取血等四大优点[29]。方法是乳酸电极表面覆盖一片含三层固化酶的膜，外层为聚碳酸膜，内层为醋酸纤维素膜，中层为乳酸盐氧化酶经表面处理技术被均匀地固定在两片不同的薄膜之间，起保护电极，限制扩散通路的作用。血中乳酸盐在渗透过外层膜后即被氧化为过氧化氢，透过内层由铂金电极检定其含量。讯号经微机处理为乳酸盐浓度，直接出现在荧光屏上或打印在纸上或输送到电脑中作一步分析。此外，固定化酶还可以与安培检流计配合，应用于啤酒中亚硫酸盐和磷酸盐的检测[30]。乙酰胆碱酯固化酶还被用于蔬菜中农药残留的分析测定。

当然，固化酶法也有其不足之处，除了前面提到的几点之外，制备技术要求高，制备成本昂贵也限制了固化酶法在工业上的大规模应用。寻找廉价的载体，研究更简单的固化方法，将是下一步研究的主要目标。

本 章 小 结

1. 反应型功能高分子是指那些具有特殊化学功能，比如化学反应或催化功能的高分子材料，作为高分子化学反应试剂和高分子催化剂在有机合成和生物化学等领域广泛应用。高分子试剂和高分子催化剂的制备路线主要有两条：一条是从小分子试剂和催化剂出发，通过高分子化过程，得到带有高分子骨架的高分子试剂和催化剂；另外一条是从常规高分子材料出发，通过高分子材料的功能化方法得到结合有化学试剂和催化剂的高分子材料。

2. 反应型功能高分子与常规化学试剂和催化剂相比具有某些特殊性质，这些性质包括不溶性、立体选择性（模板效应）、非挥发性、无限稀释效应等。由于引入了高分子骨架而带来的这些特殊性质被称为高分子效应。应用高分子试剂和高分子催化剂可以简化合成反应的后处理过程，得到纯度更高的产物；可以提高试剂的稳定性，消除某些试剂的易燃、易爆特性；此外高分子化的固相合成试剂还可以使合成化学过程实现机械化和自动化。

3. 高分子固相合成试剂是一种特殊的高分子化学试剂，主要用于蛋白质、多糖、核酸以及某些特殊化合物的合成反应。其特征是合成过程中的一系列反应步骤都在固相合成试剂上依次进行，最后通过特殊水解反应将产物与固相合成试剂分离。固相合成最突出的特点是所有反应都是多相反应，反应过程可以大大简化；反应过程和反应方向易于控制，可以实现机械化和自动化。此外，固相合成可以采用大大过量的反应试剂（试剂可以回收再用），显著提高合成的相对收率，可以应用于那些产率非常低的化学反应。

4. 酶是一种生物大分子催化剂，具有特别高的催化活性和选择性，是非常理想的催化剂。但是酶的水溶性和不稳定性大大影响了酶在化学工业中的应用。通过物理和化学方法对酶进行固化处理，可以得到不溶解的固化酶而方便使用。化学法是通过键合法或交联法将酶连接到高分子载体上，或者将单体酶相互连接在一起，降低其溶解性。物理法是通过多孔性树脂或者半透性膜对酶进行包埋或者包裹进行固化，使反应物和产物小分子可以透过包埋物，而酶大分子则不能扩散。固化酶是一种特殊的高分子催化剂，可以大大降低合成设备要求，简化工艺，提高生产效率，是化学工业的重要发展方向之一。同时，固定化酶和高分子催化剂特别适合制作小巧灵敏的化学传感器，用于分析化学和临床检验。

思考练习题

1. 反应型功能高分子材料具有的主要性质有哪些？这些性质都可以在哪些应用领域获得应用？
2. 与相应的小分子反应试剂和催化剂相比，反应型功能高分子具有哪些特点？产生的原因是什么？
3. 根据本章中列举的高分子试剂的制备方法，分析讨论各种制备方法的特点并提出自己的改进意见。
4. 对比分别采用相同功能的小分子试剂和高分子试剂进行的化学反应，讨论在反应工艺、分离纯化工艺和对环境影响等方面可能产生的差异。
5. 作为固相合成使用的高分子试剂具有哪些结构特征？为什么固相合成可以使用大大过量的反应试剂？固相合成给有机合成研究带来的直接意义是什么？

6. 固相合成工艺适应于那些类型化合物的合成？举例说明这些化合物合成的基本原理和特点。对比多肽的固相合成与常规液相合成工艺的主要差别有哪些？

7. 常见的催化剂有哪些种类？其中哪些种类的催化剂适合进行高分子化？与小分子同种催化剂相比，高分子催化剂的特点有哪些？

8. 消除酶的水溶性，保持酶的催化活性和选择性是酶固化过程的基本要求，讨论如何才能做到上述两点？

9. 列举出酶固化的主要方法，这些方法的固化依据和固化效果如何？固化酶的意义是什么？为什么说经过固化后酶的应用领域可以扩大？

10. 讨论采用高分子试剂、高分子催化剂、固定化酶，尝试设计制备各种类型的化学传感器，并分析这些化学传感器可以在哪些领域应用。

参考文献

[1] (a) T Tomono, E Hasegawaand, E Tsuchide. *J Polymer Sci，Polymer Chem Ed*，1974，**12**：953.
   (b) G Maneckeetal. *Angew Makromol Chem*，1969，**6**：89.

[2] C R Harrison and P Hodge, *Chem Comm*，1974，1009.

[3] R Michels, M Katoand, W Heitz. *Makromol Chem*，1976，**177**：2311.

[4] N M Weinshenker, G A Crosbyand, J Y Wong. *J Org Chem*，1974，**40**：1966.

[5] D W Emersonetal. *J Org Chem*，1979，**44**：4634.

[6] (a) W Heitzand, R Michels. *Angew Chem Int Ed*，1972，**11**：298.
   (b) M J Farrall and J M J Frechet. *J Org Chem*，1976，**41**：3877.

[7] 柳沢靖浩，秋山雅安，大河原信．工業誌，1969，**72**：1399.

[8] M Zupan, *Collect Czech Chem Comm*，1977，**42**：266.

[9] M Fridkin, A Patchornik and E Katchalski. *J Am Chem Soc*，1968，**90**：2953.

[10] A Patchornik and M A Kraus. *Pure Appl Chem*，1975，**43**：503.

[11] (a) G E Martin etal. *J Org Chem*，1978，**43**：4571.
   (b) M B Shambhu and G A Digenis. *Tetrahedron Lett*，1973，1627.

[12] R B Merrifield. *J Am Chem Soc*，1963，**85**：2149.

[13] 卢毅，邱咏梅．海峡药，2002，5：1.

[14] (a) 胡瑞生，付冬，王克冰，沈岳年．石油化工，2001，**30**（4）：266.
   (b) 赵吉寿，颜莉，沂新泉．无机化学学报，2000，**16**（5），800.

[15] (a) 宋桂明，周玉，周文元．无机材料学报，2001，**16**（3）：487.
   (b) 宋桂明，王玉金，郭英奎，周玉，周文元．稀有金属材料与工程，2001，30（4）：299.

[16] (a) M Kawana and S Emoto. *Tetrahedron Lett*，1972，4855.
   (b) M Kawana and S Emoto. *Bull Chem Soc Jpn*，1974，**47**：160.

[17] P M Worster, C R McArthur and C C Leznoff. *Angew. Chem Int Ed Engl*，1979，**18**：221.

[18] W Dumont, J C Poulin, T P Dang and H B Kagan. *J Am Chem Soc*，1973，**95**：8295.

[19] I T Harrison and S harrison. *J Am Chem Soc*，1967，**89**：5723.

[20] (a) R H Grubbs etal. *J Am Chem Soc*，1971，**93**：3062.
   (b) R H Grubbs etal. *J Macromol Sci Chem*，1973，**A7**：1047.

[21] (a) R H Grubbs etal. *J Am Chem Soc*，1973，**95**：2373.
   (b) R H Grubbs etal. *J Am Chem Soc*，1975，**97**：2128.
   (c) R H Grubbs etal. *J Organometal Chem*，1976，**120**：49.

[22] (a) W Grot. *Chem Ing Tech*，1975，**47**：617.
   (b) G A Olah, P S Lyer and G K S Prakash. *Synthesis*，1986，513.

[23] Judith, Marfurt, Wenyuan Zhao and Lorenz Walder. J Chem Soc, Chem. Commun，1979，635.

[24] 张蕾蕾，王固宁，朱遂一，霍明昕．现代生物医学进展，2011，（22）：4386.

[25] (a) N Grubhofer and L Schleith. *Naturwiss*．1953，**40**：508.
   (b) N Grubhofer and L Schleith. *Z Phy Chem*，1954，**297**：108.

[26] 李源勋，叶庆玲．生物化学与生物物理进展，1994，21（6）：523.

[27] L Chibata. *Applied Biochemistry and Bioengineering*（L. B. Wingard, E. Katchalski-Katzir and L. Goldstein，编辑），Academic，NewYork：332.

[28] D A Selfetal. *Biotechnol Bioeng*，1969，**11**：337.

[29] 彭崇谦，陈华琼，张渝美，陈贻骥，周有碧．重庆医科大学学报，1996，21（1）：43.

[30] Toshio Yao 等．江苏食品与发酵，1997，（2）：35.

[31] 黄永春，刘红梅，裴瑞瑞，傅学起．环境科学，2006，27（7）：1469.

第三章　导电高分子材料

第一节　导电高分子材料概述

导电性能是包括聚合物在内所有材料的重要物理性质之一。材料的导电性能主要取决于其化学结构，其次还与材料的组成和所处环境有关。在各类聚合物中，导电性能是跨度最大的性能指标，从绝缘性能最好的聚四氟乙烯，其电导率与绝缘材料石英相当，到导电性能最好的本征导电聚合物聚乙炔，其电导率接近良导体金属铜；其跨度达到 20 余个数量级。在图 3-1 给出的是各类常见材料与不同聚合物导电性能对比示意图[1]，根据其导电性能的差异，大体上可以分成导体、半导体和绝缘体三部分。因此，聚合物既可以大量作为绝缘材料使用，也作为导电材料使用。随着高分子科学的发展，有相当一部分功能聚合物还可以作为半导体材料使用。导电聚合物已经成为功能高分子材料中的重要一员。

一、导电的基本概念

材料的导电性能通常是指材料在电场作用下传导载流子的能力。导电能力的评价采用电导（用西门 S 表示）或者阻抗（在纯电阻情况下用欧姆 R 表示）为物理量纲进行表述。其测定方法通常借助于在材料两端施加一定电压 V，测量材料中定向流过的电流 I，然后根据流过材料电流的大小根据欧姆定律获得材料的导电性能指标。当材料为纯欧姆性质时，在一定范围内 R 值与施加的电压无关，即电流与电压成正比关系，电阻是其比例系数。根据欧姆定律有：

$$R = \frac{V}{I}$$

其中，R 表示材料在一定电压下流过定向电流的能力，称为电阻，用单位欧姆表示。当电压一定时，流过的电流越小，R 值越大，表示材料的导电能力越差。欧姆定律是各种测量材料导电性质方法的基本原理。但是测量实验得到的 R 值除了与材料的结构相关外，还与被测材料的长度 l 和截面积 A 有关。实验证明，R 值与材料的长度成正比，与材料的截面积成反比。因此，电阻值 R 还可以用下式表示：

$$R = \rho \frac{l}{A}$$

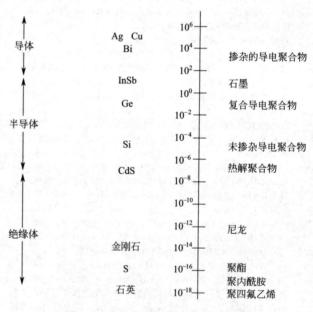

图 3-1　常见高分子材料的导电性质
及其与其他材料对比

式中的比例系数 ρ 是一个与材料几何尺寸无关，只决定于材料固有属性的参量，被称为电阻率。其量纲为单位长度（m）和单位截面积（m^2）材料的电阻值，单位为欧姆·米（Ω·m）。有时人们还用电导率 σ 来标定材料的导电性能，电导率规定为电阻率的倒数，即：

$$\sigma = \frac{1}{\rho}$$

σ 单位为西门/米（S/m）。与电阻率相反，电导率数值越大，则表明材料的导电性能越好。根据其电导率的大小，常常把材料人为划分成导体、半导体和绝缘体。一般认为 σ 值大于 10^2 S/m 时通常被认为是导体；σ 值介于 $10^{-8} \sim 10^2$ S/m，可以认为是半导体；当 σ 值小于 10^{-8} S/m 时被称为绝缘体。上述规定只有相对意义，并不是绝对的。

二、聚合物的导电类型

从导电的定义可知，当材料两端施加电压后，在电场作用下，材料内部产生程度不等的定向迁移电流，即产生导电现象。其中承载定向迁移电流的物质我们称为载流子。载流子可以是电子、空穴、阴离子或者阳离子中的任何一种。当载流子主要为电子或者空穴时，称为电子导电体；金属材料是典型的电子导电材料。同样，当载流子主要为阴离子或者阳离子时，称为离子导电体。

众所周知，人们认识材料的导电性质是从金属材料开始的，相继提出了经典自由电子导电理论、量子自由电子导电理论和能带导电理论。认为金属晶格之间存在的大量自由电子是金属导电过程中的主要载流子。上述理论比较好地揭示了金属材料的导电本质，但是对于以陶瓷和玻璃等为代表的无机非金属材料和有机聚合物材料的导电行为无法进行合理解释，因此必须寻找新的理论。因为与金属材料不同，聚合物是分子型材料，原子与原子之间通过共享价电子形成共价键而构成分子。而共价键属于定域键，价电子只能在分子内的一定范围内迁移，一般情况下不能形成载流子。缺少可以长距离迁移的自由电子，因此人们日常见到的聚合物一般都是绝缘性的，成为绝缘材料的主要组成部分之一。聚合物的这一性质已经在实践中得到了广泛应用。但是自从两位美国科学家 A. F. Heeger 和 A. G. Macdiarmid 和一位日本科学家 H. Shirakawa 发现聚乙炔（polyacetylene）有明显导电性质以后，有机聚合物不能作为导电材料这一观念被彻底改变了[2]。上述三位科学家也因此获得了 2000 年诺贝尔化学奖[3]。

导电高分子材料也称导电聚合物，是指那些具有明显聚合物特征，如果在材料两端加上一定电压，在材料中有明显电流流过，即具有导体性质的高分子材料。虽然同为导电体，导电聚合物与常规的金属导电体不同；首先它属于分子导电物质，而后者是金属晶体导电物质，因此其结构和导电方式也就不同。聚合物的导电性能与其化学组成、分子结构、组织成分等密切相关。导电高分子材料根据材料的组成可以分成复合型导电高分子材料（composite conductive polymers）和本征型导电高分子材料（intrinsic conductive polymers）两大类，后者也被称为结构导电高分子材料（structure conductive polymes）。其中复合型导电高分子材料是由普通高分子结构材料与金属或碳等导电材料，通过分散、层合、梯度、表面镀层等方式复合构成。其导电作用主要通过其中的导电材料来完成，高分子连续相主要起支撑作用。本征导电高分子材料内部不含其他导电性物质，完全由导电性高分子本身构成。由于其高分子本身具备传输电荷的能力，导电性能和支撑作用均由高分子材料本身承担，因此被称为结构型导电高分子材料。这种导电聚合物如果按其结构特征和导电机理还可以进一步分成以下三类：载流子为自由电子的电子导电聚合物，载流子为能在聚合物分子间迁移的正、负离子的离子导电聚合物，以氧化还原反应为电子转移机理的氧化还原型导电聚合物。

由于不同导电聚合物的导电机理不同，因此各自的结构也有较大差别。聚合物通过与其他导电材料，如导电粉体或导电纤维复合制备的复合型聚合物材料具有很好的导电能力，其导电机理是分散相在基体材料中构成导电通路实现的，导电能力主要与导电材料的性质、粒度、化学稳定性、宏观形状等相关。这种复合导电聚合物包括导电塑料、导电橡胶、导电涂料和导电黏合剂等。这种复合型导电聚合物还具有正温度系数特性，作为加热器件时具有自控温特点，是理想的低温加热材料和廉价的电路保护材料。由于其加工制作相对简单，成本较低，这类导电高分子材料已经在众多领域获得广泛应用。电子导电型聚合物的载流子是自由电子或者空穴。聚合物中的自由电子通常由价电子解离产生，电子解离后留下空穴。在分子型化合物中电子解离需要很高的能量，在常规条件下较少发生，因此多数聚合物的电导率很低，表现为绝缘体。目前开发的高导电聚合物的共同结构特征是分子内有大的线性共轭 π 电子体系，π 电子有相当的离域性，可以作为载流子给材料提供导电性质。聚合物中的这些载流子主要是可以在线性共轭 π 电子体系中自由移动的价电子，经过掺杂后能带差降低，迁移活化能减小，导电能力提升，其电阻率接近常规金属材料。电子导电聚合物除了具有良好导电性能并在特殊领域获得应用之外，还具有电致发光和电致变色性质，是重要的功能聚合物。此外，由于掺杂过程具有控制其导电性质的作用，因此本征导电高分子还是具有重大潜力的有机半导体材料。离子导电型聚合物中的载流子是独立存在的正、负离子。在通常情况下，正、负离子相互吸引会结合成电中性的盐或者离子对，不受电场力作用，因此不能形成载流子，材料的电绝缘的。只有当聚合物本身对离子型化合物具有一定溶剂化作用时，才能产生带电荷的正、负离子构成载流子。相对于电子来说，离子的体积要大得多。在电场作用下大体积的离子迁移必须依靠聚合物材料的良好黏弹性。只有满足上述条件的高分子材料才能作为离子导电聚合物使用，也称为高分子电解质。离子导电型聚合物的分子通常具有亲水性、柔性好，在一定温度条件下有类似液体的性质，允许体积相对较大的正、负离子在电场作用下在聚合物中迁移而导电。这是一种重要的固体电解质材料，也称为聚合物离子导体。与常规液态电解质材料相比，由于具有加工容易、使用寿命长、占用体积小、不会发生泄漏等特点，因此在很多电化学器件制备中获得应用。而氧化还原型导电聚合物必须在聚合物骨架上带有可进行可逆氧化还原反应的活性中心。

在施加电压的情况下，不同的导电材料可以表现出不同的导电性质，其主要性质有以下几类。

① 电压与电流关系。当施加的电压与产生的电流关系符合欧姆定律，即电流与电压成线性正比关系时，称其为电阻型导电材料。复合型导电高分子材料和具有线性共轭结构的本征导电高分子材料在一定范围内基本符合上述规律。而氧化还原型导电高分子材料没有上述规律，它们的导电能力只发生在特定的电压范围内。

② 温度与电导之间的关系。当升高材料温度，导电能力升高，电阻值随之下降，具备这种性质的高分子材料称为负温度系数（negative temperature coefficient，NTC）导电材料。具有线性共轭结构的本征导电高分子材料和半导体材料具有这类性质。当温度升高，电导能力下降，即电阻值升高，具备这种性质的材料称为正温度系数（positive temperature coefficient，PTC）导电材料[4]，金属和复合型高分子导电材料具有这种性质。

③ 电压与材料颜色之间的关系。当施加特定电压后，材料分子内部结构发生变化，因而造成材料对光吸收波长的变化，表现为材料本身颜色发生变化，这种性质称为电致变色（electrochromism）。许多具有线性共轭结构的本征导电高分子材料具有这种性质[5]。这种材料可以应用到制作智能窗（smart window）等领域。

④ 电压与材料的辐射性质之间的关系。当对材料施加一定电压，材料本身会发出红外、可见或紫外光时称其具有电致发光特性（electroluminecent）（区别于电热发光），某些具有线性共轭结构的本征导电高分子材料具备上述性质。其发出的光与材料和器件的结构有关，还受到施加的外界条件影响。可以用来研究制备发光器件和图像显示装置[6]。

⑤ 导电性质与材料掺杂状态的关系。具有线性共轭结构的本征导电高分子材料在本征态（即中性态）时基本处在绝缘状态，是不导电的；但是当采用氧化试剂或还原试剂进行化学掺杂，或者采用电化学或光化学掺杂后，通常其电导率能够增加 5～10 个数量级，立刻进入导体范围。利用上述性质可以制备有机开关器件。

第二节　复合导电高分子材料

一、复合导电高分子材料的结构与导电机理

复合型导电高分子材料是指以结构型高分子材料与各种导电性物质（如碳系材料、金属、金属氧化物、结构型导电高分子等），通过分散复合、层积复合、表面复合或梯度复合等方法构成的具有导电能力的材料。其中分散复合方法是将导电材料粉末通过混合的方法均匀分布在聚合物基体中，导电粉末粒子之间构成导电通路实现导电性能。层积复合方法是将导电材料独立构成连续层，同时与聚合物基体复合成一体，导电性能的实现仅由导电层来完成，聚合物在复合材料中实现结构性能。表面复合多是采用蒸镀的方法将导电材料复合到聚合物基体表面，构成导电通路。梯度复合则是采用导电相与聚合物相互相逐渐过渡方式复合在一起的一种新型复合材料。在上述四种方式中，分散复合方法最为常用，可以制备常见的导电塑料、导电橡胶、导电涂料和导电黏合剂等。

1. 复合导电高分子材料的结构

（1）分散复合结构　分散复合型导电高分子通常选用物理性能适宜的高分子材料作为基体材料（连续相），导电性粉末、纤维等材料采用化学或物理方法均匀分散在基体材料中作为分散相构成高分子复合材料。当复合材料中分散相浓度达到一定数值后，导电粒子或纤维之间相互接近构成导电通路，形成导电能力。当材料两端施加电压时，作为载流子的电子在导电通路中定向运动构成电流。这种导电高分子材料其导电性能与导电添加材料的性质、粒度、分散情况，以及聚合物基体的状态有关。在一般情况下复合导电高分子材料的电导率会随着导电材料的填充量的增加，随着导电粒子粒度的减小，以及分散度的增加而增加。此外，材料的导电性能还与导电材料的形状有关；比如，采用导电纤维作为填充料，由于其具有较大的长径比和接触面积，因此在同样的填充量下更容易形成导电通路，因此导电能力更强。分散复合的导电高分子材料一般情况下是非各向异性的，即导电率在各个取向上基本一致。

（2）层状复合结构　在这种复合体中导电层独立存在并与同样独立存在的聚合物基体层复合。其中导电层可以是金属箔或金属网，两面覆盖聚合物基体材料。在这种复合导电材料中其导电介质层直接构成导电通路，因此其导电性能不受聚合物基体材料性质的影响。但是这种材料的导电性能具有各向异性，即仅在特定取向上具有导电性能，通常作为电磁屏蔽材料使用。

（3）表面复合结构　表面复合材料通常指一种物质附着在另外一种物质表面构成的。对于表面复合导电高分子材料，广义上的表面复合既可以将高分子材料复合到导电体的表面，也可以将导电材料复合在高分子材料表面，其导电能力仅与导电层的性质有关。由于使用方

面的要求，表面复合导电高分子材料仅指后者，即将导电材料复合到高分子材料表面。使用的方法包括金属熔射、塑料电镀、真空蒸镀、金属箔贴面等，通常作为静电屏蔽、表面修饰和装饰等应用。

（4）梯度复合结构　指两种材料，如金属和高分子材料各自构成连续相，两个连续相之间有一个浓度渐变的过渡层，通常可以通过电解和电渗透共同作用来制备。这是一种特殊的复合导电材料，其导电性质通常仅取决于导电相的组成和结构。这种导电复合材料没有明显的相界面，具有某些特殊的物理化学和力学性能。

在图 3-2 中给出四种复合导电高分子材料的示意图，其中深颜色代表导电相。

2. 复合导电高分子材料的组成

复合导电高分子材料主要由高分子基体材料、导电填充材料和助剂等构成，其中前两项是主要部分。

（1）高分子基体材料　高分子基体材料作为复合导电材料的连续相和黏结体起两方面的作用：发挥基体材料的物理化学性质和固定导电分散材料。一般来说绝大多数的常见高分子材料都能作为复合型导电材料的基体材料。高分子材料与导电材料的相容性和目标复合材料的使用性能是选择基体材料经常考虑的主要因素。如聚乙烯

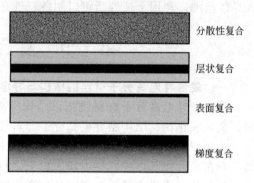

分散性复合

层状复合

表面复合

梯度复合

图 3-2　不同复合结构的导电高分子材料

等塑性材料可以作为导电塑料的基材，环氧树脂等可以作为导电涂料和导电黏合剂的基材，氯丁橡胶、硅橡胶等可以作为导电橡胶的基材。这些都是分别利用了这些材料的热塑性、黏结性和弹性等性质。此外，高分子材料的结晶度、聚合度、交联度等性质也对导电性能或者加工性能产生影响。一般认为，高分子基体材料的结晶度高有利于复合材料电导率提高，提高交联度有利于增加导电稳定性。基体材料的热学性能则影响复合型导电高分子材料的某些特殊性能，如温度敏感和压力敏感性质。

（2）导电填充材料　目前常用的导电填充材料主要有碳系材料、金属材料、金属氧化物材料、结构型导电高分子四种。其中碳系材料包括炭黑、石墨、碳纤维等。炭黑是目前分散复合法制备导电材料中最常用的导电填料，在赋予复合材料导电性能的同时还有补强作用。石墨呈片状晶体结构，密度较大，由于常含有杂质，使用前需要进行处理。碳纤维不仅导电性能好，而且机械强度高，在同等添加量时，导电性能提高显著。由于自身的聚集效应，提高碳系填充材料在聚合物中的分散性是经常需要考虑的工艺问题。常用金属系填充材料包括银、金、镍、铜、不锈钢等。除了比较导电能力之外，对于那些易氧化的金属，从稳定性考虑不宜采用。上述金属中银和金的电导率高，性能最稳定，从导电性能上分析是最理想的导电填料，但是价格高，密度大是其明显的缺点。目前有人将其包覆在其他金属表面构成颗粒状复合型填料，可以在不影响导电和稳定性的同时，降低成本和比重。镍的导电率和稳定性居中，铜的电导率高，但是容易氧化影响其稳定性和使用寿命。不锈钢纤维作为导电填料目前正处在实验阶段。金属氧化物作为导电填充物目前常用的主要有氧化锡、氧化钛、氧化钒、氧化锌等。这类填料颜色浅，稳定性较好。某些金属氧化物在可见光区还是透明的；但是要解决其导电率低的问题。结构型导电高分子是自身具有导电能力的一种聚合物，采用共混方法与其他常规聚合物复合制备导电高分子材料是最近开始研究的课题。比重轻，相容性好可能是其主要优点。常见的导电添加材料及其性能列于表 3-1 中。

表 3-1　常用复合型导电高分子材料的导电添加材料

项　　目	填充物种类	复合物电阻率/$\Omega \cdot cm$	性 质 特 点
碳系填料	炭黑	$10^0 \sim 10^2$	成本低、密度小、呈黑色、影响产品外观颜色
	处理石墨	$10^2 \sim 10^4$	成本低、但杂质多、电阻率高、呈黑色
	碳纤维	$\geqslant 10^{-2}$	高强、高模、抗腐蚀、添加量小
金属填料	金	10^{-4}	耐腐蚀、导电性好、但成本昂贵、密度大
	银	10^{-5}	耐腐蚀、导电性优异、但成本高、密度大
	镍	10^{-3}	稳定性、成本和导电性能居中、密度较大
	铜	10^{-4}	导电性能较好、成本较低、但易氧化
	不锈钢	$10^{-2} \sim 10^2$	主要使用不锈钢丝、导电能力一般、成本较低
金属氧化物	氧化锌	10	稳定性好、颜色浅、电阻率较高
	氧化锡	10	稳定性好、颜色浅、电阻率较高
导电聚合物	聚吡咯	$1 \sim 10$	密度轻、相容性好、电阻率较高
	聚噻吩	$1 \sim 10$	密度轻、相容性好、电阻率较高

3. 复合导电高分子材料的导电机理

复合导电高分子材料的开发较早，其发展历史可以追溯到 20 世纪中叶。自从复合型导电高分子材料出现后，人们对其导电机理进行了广泛的研究。目前比较流行的有两类理论：一是宏观的渗流理论，即导电通道学说；另一种是量子力学的隧道效应和场致发射效应学说。目前这两种理论都能够解释一些实验现象。

(1) 渗流理论（导电通道机理）　渗流理论也称为导电通道理论，认为添加并分散到绝缘高分子基体材料中的导电分散相相互接触连接构成了导电通路而导电。证明渗流理论的实践基础是复合型导电高分子材料其导电分散相的添加浓度必须达到一定数值后才表现出导体性质。因为导电分散相在连续相中形成导电通路必然需要一定浓度和分散度，只有在这个浓度以上时复合材料的导电能力会急剧升高，因此这个浓度也称为临界浓度。在此浓度以上，导电材料粒子作为分散相在连续相高分子材料中才能相互接触构成导电通路。该理论认为这种在复合材料体系中形成的导电通路是复合材料导电的主要原因。根据上述理论，导电通路能否形成自然要取决于导电颗粒在连续相中的浓度、分散度和粒度等项参数。此外，形成复合导电材料的导电能力还与导电添加材料的体电阻率、相面间的接触电阻、导电通路的结构等相关。

目前根据渗流理论推导出的各种数学关系式主要用来解释复合导电材料电阻率-导电填料浓度的关系，是从宏观角度来解释复合导电高分子材料的导电现象，寻找出与电流—电压曲线相符合的经验公式。它们的指导意义是借用实验数据找出一些合适的常数，使经验公式用于制备工艺研究。

如果将导电分散相颗粒假定为球形，可以借助于 Flory 凝胶化理论公式推导出能够解释复合导电高分子材料电阻率的 Bueche 公式[6]：

$$p/p_m = [1 - V - VW_f(p_m/p_p)]^{-1}$$

其中，p 表示复合导电材料的电阻率；V 表示导电颗粒的体积分数；p_m 和 p_p 分别表示聚合物基体与构成导电粒子材料的电阻率；W_f 由下面的关系式确定：

$$W_f = 1 - (1-a)^2 y/[(1-y)^2 a]$$

$$a(1-a)^{f-2} y = y(1-y)^{f-2} a$$

式中，常数 f 表示一个导电粒子可以和 f 个导电粒子连接，与粒子的空间参数和形状有关；a 表示粒子间连接几率。由于该公式的推导进行了部分假设，在实践中只能适合于部分导电复合材料。

Bruggeman 应用有效介质理论推导出的计算导电复合物电导率的公式：

$$\sigma_m = [y + (r^2 + 8\sigma_1\sigma_2)^{1/2}]/4$$

$$r = (3V_1 - 1)\sigma_1 + (3V_2 - 1)\sigma_2$$

其中，σ_m 是复合物的电导率；σ_1 和 σ_2 分别为两种参与复合材料的电阻率；它们相应的体积百分含量分别用 V_1 和 V_2 表示。应用本计算公式的极限浓度比不能超过 1/3。此外，对于炭黑/高分子复合体系不适用。类似的经验计算公式还有一些，目前对于实际应用都还有一定差距。

（2）隧道导电理论　虽然导电通道理论能够解释部分实验现象，但是人们在实验中发现，在导电分散相的浓度还不足以形成导电网络的情况下，复合导电高分子材料也具有一定导电性能，或者说在临界浓度时导电分散相颗粒浓度还不足以形成完整导电通路。Polley 等在研究炭黑/橡胶构成的导电复合材料时，在电子显微镜下观察发现，在炭黑还没有形成导电通路时，复合材料已经具有一定导电能力[7]，这些实验现象无法用渗流理论进行解释。因此，除了渗流理论理论之外，导电现象一定还有其他非接触原因。解释这种非接触导电现象的理论主要有电子转移隧道效应和电场发射理论。前者认为，当导电粒子接近到一定距离时，在分子热振动时电子可以在电场作用下通过相邻导电粒子之间形成的某种隧道实现定向迁移，完成导电过程。后者则认为这种非接触导电是由于两个相邻导电粒子之间存在电位差，在电场作用下发生电子发射过程，实现电子的定向流动而导电。但是在后者情况下复合材料的电阻应该是非欧姆性的。根据隧道导电理论可以给出如下计算公式：

$$j(e) = j_0 \exp[-\pi x w(|e|/e_0 - 1)^2/2] \qquad |e| < e_0$$

式中，$j(e)$ 是间隙电压为 e、间隙电导率为 j_0 时产生的隧道电流；w 是粒子间隙宽度，$x = (4\pi m V_0/h^2)^{1/2}$（其中 m 是电子质量，V_0 为势垒，h 为普朗克常量）；$e_0 = 4V_0/em$。

虽然上面这些理论能够解释一些实验现象，但是其定量的导电机理由于其复杂性，到目前为止某些实验现象还不能完全阐释。总体上来说复合型导电高分子材料的导电能力主要由接触性导电（导电通道）和隧道导电两种方式实现，其中普遍认为前一种导电方式的贡献更大，特别是在高导电状态时。

4. 复合导电高分子材料的热效应

复合导电高分子材料属于温度敏感型材料，即在环境温度发生变化时材料自身的导电能力会发生很大变化，具有正温度系数效应（PTC），因此也称为高分子 PTC 材料。所谓的 PTC 效应（positive temperature coefficient），即正温度系数效应是指材料的电阻率随着环境温度的升高而升高的现象。当温度升高一度，电阻值增加的幅度称为 PTC 强度，用以衡量材料的温度敏感效应。PTC 效应是材料的一种重要属性。由于在恒定电压情况下，电流或电热功率随着电阻率的升高而下降，因此在作为电加热器件时具有自控温特性，作为限流器件可以迅速切断电流供应，防止电路过流而损坏；作为过热保护元件可以避免电器的过热损坏，因此 PTC 材料是一种非常重要的功能材料。具有 PTC 效应的材料种类很多。例如，对于金属导电材料而言，PTC 效应具有普遍性，但是其强度并不显著，而且敏感范围处在高温区域。常见的具有高 PTC 效应的材料主要指一些热敏陶瓷和复合导电高分子材料。其中复合导电高分子材料则具有价格低、加工容易、PTC 效应强的基本特征，发展最为迅速。大多数复合型导电高分子材料在一定温度区域内具有 PTC 效应，即其 PTC 效应仅发生在特定温度范围内，这个温度范围称为温度敏感区域。与陶瓷 PTC 材料相比，高分子 PTC 材料的温度敏感范围比较低，多数在 200℃ 以下，且与基体材料的种类相关。经过研究发现，复合导电高分子材料表现出的 PTC 效应，只有在其玻璃化转变温度和融化点之间的温度区域最明显，在这个温度区间内一般电阻可以提高 4～5 个数量级以上；而当材料温度达到熔点以上时将逐步反转为负温度系数效应（NTC）[8]。温度与复合材料电阻率之间的关系见图 3-3。因此，其温度和电阻之间并不成线性关系，电阻是温度的复杂函数。同时，复合材料的

PTC 效应还与材料中导电填加材料的相对含量、形态、粒度和外观形状等因素有关。特别是导电填加剂的浓度非常重要，仅表现在一定浓度区域内具有 PTC 效应（见图 3-4）[8]。关于 PTC 效应的产生主要有以下几种理论解释。

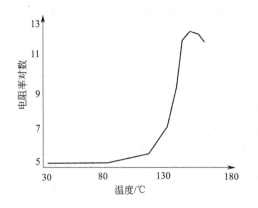

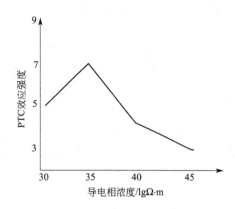

图 3-3　复合导电高分子材料 PTC 效应　　　图 3-4　PTC 效应与填料关系

① **热膨胀理论**　认为当复合材料温度升高时材料会发生热膨胀，由于基体材料与导电材料的热膨胀率不同（通常连续相大于导电相），造成原来由导电颗粒形成的导电通路逐步受到破坏，因此根据导电通道理论电阻率升高。其次，根据隧道导电理论，复合材料的电阻率与导电粒子之间的距离 ω 成指数关系，热膨胀将造成 ω 的增大，会引起电阻率迅速升高。由于高分子材料在不同温度下热膨胀性质不同，因此，PTC 效应在不同的温度范围内是不同的，并且呈现非线性特征。其计算公式如下[9]：

$$\rho = \rho_0 \exp[-T_1/(T_0 + T)]$$

其中，$T_0 = 2^{1/2}h\phi^{2/3}A/\pi^3 e^2 k m^{1/2}\omega^2$，$\rho_0 = \pi h^2/6e^2(2m\phi)^{1/2}$，$T_1 = 2\phi^2 A/\pi e^2 k\omega$；$\rho$ 为复合材料温度为 T 时的电阻率，$\Omega \cdot cm$；ρ_0 为材料初始电阻率，$\Omega \cdot cm$；T 为热力学温度，K；h 为普朗克常量，$J \cdot s$；A 为导电颗粒间聚合物的截面积，m^2；k 为玻尔兹曼常数，J/K；ϕ 为隧道势垒高度，m；ω 为间隙宽度，m；m 为电子质量，kg。由于间隙宽度处在指数项上，因此由于热膨胀引起的间隙增大对电阻率的影响最为明显。

② **晶区破坏理论**　这一理论的基础建立在填加的分散相仅分布在高分子复合材料的非晶区范围，即当聚合物存在部分结晶状态时，导电粒子只分散在非结晶区。这样高分子材料的结晶度越大，非晶区比例越小，导电粒子在其中的浓度就越大，就更容易形成完整导电通路，在同样浓度下电导率较高。当温度升高能够引起晶区减小时，非晶区比例将随之增加，导致导电颗粒在非晶区的相对浓度下降，电阻率会随之上升，呈现出正温度效应。一般认为，当温度接近或超过高分子材料软化点温度时，其晶区开始受到破坏，晶区变小，造成电阻率迅速上升。这一现象可以解释为什么高分子 PTC 材料的温度敏感范围处在玻璃化转变温度以上的原因。但是，当材料的温度超过其熔融温度后，由于导电颗粒流动性增强，发生导电颗粒的聚集作用，分布不再均匀，导致形成大量新的导电通路，电阻率会掉头向下发生负温度效应（NTC）。这样也就解释了在熔融温度之上发生 NTC 效应的机理。高分子复合导电材料的 PTC 效应还与基体材料的性质、种类，以及分散相的结构特征有关。实验结果显示，结晶度较高的基体材料，如高密度聚乙烯作为基体材料时比低密度聚乙烯的 PTC 效应高；具有高次结构的炭黑作为分散相能获得比石墨高的 PTC 效应，具有较大颗粒度的分散相获得的 PTC 效应也更为明显[10]。这些现象基本上都可以通过上述两个理论在一定程度上得到解释。

二、复合型导电高分子材料的制备方法

制定复合型导电高分子材料的制备工艺主要目的是将连续相聚合物与分散相导电填加材料均匀分散结合在一起，构成既有常规材料的使用性能，又有适当导电性能的复合材料。在制备方法研究方面主要有以下内容：高分子基体材料和导电填充材料的选择与处理，复合方法与工艺研究，复合材料的成型与加工研究等。

1. 导电填料的选择

目前可供选择的导电填加材料主要有金属材料、碳系材料、金属氧化物和本征型导电聚合物四类。从导电性能提升角度考虑，采用金属导电填料对于提高高分子复合材料的导电性能是有利的，特别是采用银或者金超细粉体时可以获得电阻率仅为 $10^{-4}\Omega \cdot cm$ 的高导电复合材料。高密度、高价格是其不利因素。铜虽然也具有低电阻率，但由于易于氧化等原因使用的不多。其次，采用金属填加材料的导电复合材料其导电临界浓度比较高，一般在 50% 左右，因此需要量比较大，往往对形成的复合材料的力学性能产生不利影响，并增加制成材料的密度。金属填加材料与高分子材料的相容性较差，密度的差距也比较大，作为涂料和黏合剂使用时对稳定性影响很大。此外，采用银和金等贵金属作为导电填加物时对产品的成本有较大增加。克服上述缺点的主要方法目前主要采用填加金属纤维替代金属粉料，这样更容易在较低浓度下在连续相中形成导电网络，降低临界浓度，降低金属用量。或者在其他低密度和低价值材料颗粒表面涂覆金属，构成薄壳型导电填加剂，同样可以在保证较低电阻率的情况下减少金属用量。常用的金属纤维除了金和银之外，还有不锈钢纤维、黄铜纤维。导电纤维添加型复合材料不仅可以获得良好的导电性能，对材料的力学性能也大大改善，但是加工难度提高，因此仅限于使用导电性短纤维。

在自然界中碳系材料是除了金属材料之外导电性能最好的无机材料，主要包括石墨、炭黑、碳纤维三种。其中炭黑是有机物经过碳化后获得的不定型多孔粉体，密度小，比表面积大，目前是复合型导电聚合物制备过程中使用最多的填加材料，主要原因是炭黑的密度低，导电性能适中，而且价格低廉、规格品种多、化学稳定性好、加工工艺简单。制成的聚合物/炭黑复合体系的电阻率稍低于金属/聚合物复合体系，一般可以达到 $10\Omega \cdot cm$ 左右。其他主要缺点是产品颜色受到炭黑材料本色的影响，不能制备浅色产品。炭黑的种类很多，用途多种多样；作为导电复合材料的填加材料，主要使用导电炭黑粉体，粉体的粒度越小，比表面积越大，分散越容易，形成导电网络的能力越强，从而导电能力越高。超细炭黑粉体的导电性能最好，被称为超导炭黑。炭黑表面的化学结构对其导电性能影响较大，表面碳原子与氧作用，会生成多种含氧官能团，增大接触电阻，降低其导电能力。因此，在混合前需要对其进行适当处理，其中保护气氛下的高温处理是常用方法之一。石墨是一种天然碳元素结晶矿物，为完整层状结构。在石墨晶体中，同层的碳原子以 sp2 杂化形成共价键，每一个碳原子以三个共价键与另外三个原子相连，另外一个 p 电子与其他平面内碳原子中的 p 电子相互重叠构成离域性很强的大 π 键。其中的 π 电子相当于金属中的自由电子，所以石墨能导热和导电。石墨矿体由于含有杂质，电导率相对较低，而且密度比炭黑大，直接作为导电复合物填料的情况比较少见，一般需要经过加工处理之后使用。但是最近的研究表明，石墨粉体与高密度聚乙烯复合可以得到具有良好导电性能，且具有非常高正温度系数效应的温度敏感功能材料[8]。碳纤维通常是由有机纤维经过高温碳化处理之后，形成石墨化纤维结构后得到的一维碳材料，同样具有导电能力，也是一种常用的碳系导电填料，特点是填加量小，同时可以对形成的复合材料有机械增强作用。

多种金属氧化物都具有一定导电能力，因此也是一种理想的导电填充材料，如氧化钒、氧化锌和氧化钛等。硼酸铝晶须也有作为导电填料的。金属氧化物的突出特点是无色或浅

色，能够制备无色透明或者浅色导电复合材料。以氧化物晶须作为导电填料还可以大大减少填料的用量，降低成本。电阻率相对较高是金属氧化物填加材料的主要缺点。

本征型导电高分子材料是近20年来迅速发展起来的新型导电高分子材料，高分子本身具有导电性质。本征导电高分子材料的具体内容将在下一节中讲述。采用本征导电聚合物作为导电填料是目前一个新的研究趋势，例如，导电聚吡咯与聚丙烯酸复合物的制备，导电聚吡咯与聚丙烯复合物的制备和导电聚苯胺复合物的制备等都属于该范畴[11]。

2. 聚合物基体材料的选择

在导电复合材料中，聚合物基体作为连续相和黏结体起作用。聚合物基体材料的选择主要依靠导电材料的用途进行，考虑的因素包括机械强度、物理性能、化学稳定性、温度稳定性和溶解性能等。比如，制备导电弹性体可以选择天然橡胶、丁腈橡胶、硅橡胶等作为连续相；制备导电塑料可以选择聚乙烯和聚丙烯作为基体材料；选择聚酯或聚酰胺等工程塑料作为基体材料可以增强材料的力学性能；导电黏合剂的制备需要选择环氧树脂、丙烯酸树脂、酚醛树脂类高分子材料；导电涂料的制备常选择环氧树脂、有机硅树脂、醇酸树脂、聚氨酯树脂等；采用聚酰胺、聚酯和腈纶等可以制备复合型导电纤维。除了聚合物的种类选择之外，聚合物的分子量、结晶度、分支度和交联度都对复合材料的机械和电学性质产生影响。由于导电填料只分散在聚合物的非结晶相中，因此选择结晶度高的聚合物有利于导电网络的形成，降低临界浓度，节约导电填料的使用量。聚合物基体的热学性质直接影响复合材料的使用温度；同时复合材料的PTC效应、压敏效应等均与复合材料的玻璃化转变温度相关。

3. 导电聚合物的混合工艺

将导电填料、聚合物基体和其他助剂经过成型加工工艺组合成具有实际应用价值的材料和器件是复合型导电聚合物研究的重要方面。从混合型导电复合材料的制备工艺而言，目前主要有三种加工方法获得应用：即反应法、混合法和压片法。

① 反应法是将导电填料预先均匀分散在聚合单体或者预聚物溶液体系中，通过加入引发剂进行原位聚合反应，生成的聚合物分子将导电填料包裹，直接产生与导电填料混合均匀的高分子复合材料。根据引发聚合的方式不同可以采用光化学聚合或热化学聚合工艺。采用反应法制备得到的高分子导电复合材料中导电填料的分散情况比较好，其原因是单体溶液的黏度小，混合过程比较容易进行。此外，对于那些不易加工成型的聚合物，反应法工艺可以将聚合过程与材料混合成型工艺一步完成，简化了工艺流程，克服成型困难。

② 混合法是目前使用最广的高分子复合导电材料制备工艺，其基本工艺过程是利用各种高分子的混合工艺，将导电填料粉体与处在熔融或溶解状态的聚合物本体混合均匀，然后用注射、流延、拉伸等方法成型。即可以采用熔融共混，也可以采用溶液共混。前者需要热加工设备，后者要选择适当的溶剂。混合法工艺路线直接采用大工业化高分子产品直接作为原料使用，成本低、机械和物理性质确定是该方法的主要优势。

③ 压片法工艺是制作小型高分子复合导电材料常用方法，具体过程是将高分子基体材料的粉料与导电填料粉料充分混合后，通过在模具内加温、加压成型制备具有一定形状的复合导电器件。这种方法特别适合制作温敏和压敏等小型器件。

三、复合导电高分子材料的性质与应用

1. 导电塑料

复合型导电塑料是指经过物理改性后具有导电性的塑性高分子材料。一般是以各种热塑性或热固性聚合物为基体，加入各种导电填料和改性添加剂等复合而成。从材料结构上划分，包括填加型、共混型和表面涂覆型导电塑料。根据用途不同，复合导电塑料可以制成薄膜、板材、管材和结构复杂的构件。复合型导电塑料较传统的金属导体有重量轻、总成本

低、可以在较宽范围内调节导电性等优点。复合导电塑料经常作为电磁屏蔽材料用来防止计算机、通信设备的电磁干扰，或者作为抗静电材料用于电子器件的外包装和防火、防爆场合。其加工工艺简便，应用较为广泛。

复合型导电塑料的基体材料可以采用热塑性或热固性聚合物，其中热塑性塑料还可以划分为无定形和结晶形两类。高分子基体材料的选择几乎可以涵盖所有塑料品种。比较常用的基体材料是聚烯烃类、聚酰胺类和聚碳酸酯类热塑性材料。聚酯类（PBT、PET）、工程塑料类（PPS、PEEK）等也经常在特殊场合用到。尼龙的特征是韧性高、强度大、热变形温度高、摩擦性低。聚乙烯和聚丙烯树脂的力学性能较低，但是密度小、化学稳定性好、尺寸稳定性高、价格低、易于加工是其主要优点，适合注塑、挤出和吹塑等加工工艺。可以作为基体材料的热固性聚合物包括酚醛树脂、环氧树脂等。力学性能好是其主要优点。

复合型导电塑料主要有添加型导电塑料、共混型导电塑料、表面涂覆型导电塑料和导电性泡沫塑料四大类。

（1）添加型导电塑料 添加型导电塑料的导电添加剂主要包括金属添加剂、炭黑添加剂和金属氧化物添加剂等。在工业上为了提高效率，降低成本，多先制成导电性母粒，再通过成型工艺制成所需要的部件。实验室中可以直接将塑料母粒与添加剂在高温下混合并加工成型。导电添加剂可以是粉体，也可以是纤维；其中纤维型添加剂不仅可以提高材料的导电性能，还可以提高材料的力学性能。得到的导电性母粒其导电性能主要受到导电添加剂的形状、粒度、表面性质、自身电阻率、填加量和混合均匀性等因素影响。根据前面分析的复合导电机理可知，一般导电性添加剂的含量都有一个临界值，含量小于临界值时，随填加量的增加电阻率减小不明显；而当高于临界值后，导电性能提高迅速，然后趋于平缓，最后达到一个稳定值；其稳定值的电阻率仅取决于导电添加剂的导电性能。以重量百分比表示的临界值取决于导电添加剂的密度、形态、粒度和表面性质，也与基体材料的种类和结构有关。得到的导电性母粒可以采用注射成型、压延成型或者吹塑成型等加工工艺制成需要形状的导电材料，加工条件基本上与基体塑料的成型工艺类似，但是要根据流动情况适当调整成型温度和注塑压力等。此外，还有少量导电复合塑料采用离子型表面活性剂作为添加剂，得到的产品电阻率较高，主要用于抗静电方面。

（2）导电性泡沫塑料 导电性泡沫塑料是用于电子产品抗静电包装材料的主要品种，加工成型方法有所区别。其成型方法可以归纳为以下几种：①预先将导电填料如炭黑等掺入聚氨酯泡沫塑料的原料中，然后按发泡工艺条件进行发泡，得到导电聚氨酯泡沫塑料；②在发泡性油墨中添加炭黑，混合均匀使之成为导电性发泡油墨，再将该种油墨印刷或涂覆在塑料发泡片表面，再加热即可制成导电泡沫塑料；③将粉末状导电颗粒置于泡沫塑料表面并涂上一定的粘接材料，通过压碾使导电粒子进入泡沫塑料孔隙内而制成；④把导电填料分散在黏合剂溶液中制成导电胶液，再将聚氨酯泡沫塑料在导电胶液中浸透，然后挤压烘干。

（3）共混型复合导电塑料 这种导电塑料是将本征导电性聚合物与作为基体的普通树脂进行共混成型，得到具有一定导电性能的塑料产品。其制备工艺是将基体聚合物与本征型导电聚合物或亲水性聚合物通过物理或化学方法复合而成。共混型导电塑料不仅具有较好的导电和永久抗静电性能，而且其力学性能也得到明显改善。熔融或溶液共混是制备这类导电塑料的常用方法。将导电聚合物与基体聚合物同时放入共混装置，然后在一定条件下进行适当混合，可以制成具有多相结构特征的复合型导电塑料，如将导电性聚吡咯（PPY）或者聚苯胺（PAN）与聚乙烯（PE）或者聚苯乙烯（PS）共混，一般当导电聚合物的含量为 2%～3% 之间时，得到的复合材料体积电阻率约为 $10^7 \sim 10^9 \Omega \cdot cm$，可以作为抗静电材料使用。若将导电聚合物和基体聚合物在微观尺度内共混，可以制得具有互穿或部分互穿网络结构复合型导电塑料。共混型导电塑料的密度小，相容性好，可以用于隐身材料和器件的制备。

（4）表面涂覆型导电塑料　表面涂覆型导电塑料是通过不同工艺设备在基体塑料部件表面形成一层导电层，导电层的存在使其具有良好的电磁屏蔽和抗静电性能。该类导电型塑料制品还具有装饰功能，能够将普通塑料件装饰成仿金属部件，但是化学稳定性更高，成本更低。表面涂覆型导电塑料的加工成型工艺技术的核心是通过离子电镀、真空蒸镀、火焰喷镀、喷涂、化学电镀或者粘贴等方法将塑料部件表面形成一层导电层。离子电镀采用高速离子对金属靶的轰击溅射，在构件表面形成一个金属导电层。这种方法可以适应复杂形状的制品，形成很薄的一层或多层导电膜。真空蒸镀是利用在高真空条件下使金属加热升华，并沉积在处于冷区的构件表面上形成导电层，适合于平面材料的表面导电化处理。火焰喷镀是用直流电弧把金属熔融并通过压缩空气雾化，通过喷射把金属粒子带到材料表面上形成连续的金属层。导电屏蔽涂料是用导电粒子（银、镍、铝、铜或石墨粉）分散在介质中制成导电涂料喷涂在材料表面形成导电层。化学电镀是利用化学还原法在碱性水溶液中将金属还原并沉积在材料表面的方法。表面涂覆型导电塑料通常用于电磁屏蔽等场合。

2. 导电橡胶

复合型导电橡胶部件主要用于同时需要弹性和导电性的场合，是以普通橡胶为基体，添加导电性添加剂混合而成。广泛使用的导电添加剂为炭黑、石墨、金属粉末和金属纤维等。导电橡胶的开发始于19世纪末，自1930年左右开发了用乙炔炭黑和导电炭黑作为添加剂的导电橡胶。导电橡胶广泛用于外科手术橡胶制品，与可燃性粉体、气体、燃料和有机溶剂接触使用的胶管、胶带、胶辊和胶布等，以防止产生静电火花，并将其用于抗高压电缆电晕放电的电线护套。此外，导电橡胶还用于消除音响部件的杂音和表面生热材料、静电印刷胶辊的橡胶部件。近年随着电子工业的发展，导电橡胶材料还广泛用于制作橡胶开关、接点橡胶、压力传感器和电磁波屏蔽材料等，成为支撑高科技产品开发的重要功能材料。

在导电橡胶中使用的导电添加剂大致分为碳系类和金属类。碳系添加剂又分为粉体炭黑和碳纤维。其中粉体炭黑不仅可赋予材料导电性，而且还具有提高硫化胶的机械强度、抗疲劳性和耐老化性能等作用，稳定性好且价格便宜。主要品种有乙炔炭黑、超导电炉炭黑和超耐磨炭黑等。聚丙烯酯类和沥青类碳纤维也可用于特种导电橡胶。金属类导电添加剂可使用金、白金、银、铜、镍等的粉末和片状、箔状或纤维状金属。金、白金和银贵金属虽然稳定性和导电性能优异，但价格高，仅限于特种用途。铜和镍类填充剂虽然价格较低，但存在因氧化而降低导电性能的缺点。作为改善这一缺点的方法，在廉价的金属粒子、玻璃珠、纤维等的表面上涂覆贵金属是一种解决办法。炭黑类添加剂仅限于黑色导电橡胶制品，市场要求既有鲜明色彩且具有导电功能的橡胶制品需要使用上述金属类和无机金属盐类添加剂。在基体材料选择方面，选用丁腈橡胶、氯丁橡胶等分子内含极性基团的聚合物有利于提高与添加材料的相容性，从而获得高电导率。但是，对于导电橡胶制品，除了要求它具有电性能外，还要求它具有耐热、耐候、耐寒、耐油、耐化学品、耐磨耗等基本使用性能，因此，天然橡胶等仍是最广泛使用的基体材料。硅橡胶由于其耐久性和弹性好，多用于制作开关、传感器等电器装置中的弹性触点。导电橡胶生产工艺包括胶料配方、混炼、热成型、硫化加工等步骤。用导电炭黑制造导电橡胶时，混炼条件、胶料熟成、成型条件和硫化条件等对其导电性能有显著影响。

3. 导电涂料

导电涂料形成的涂层具有一定导电性，是伴随现代科学技术而迅速发展起来的特种功能涂料，至今约有半个世纪的发展历史。导电涂料具有导电和排除积累静电荷的能力，近几十年来，导电涂料已在电子、电器、航空、化工、印刷、军工与民用等多种工业领域中得到应用。导电涂料是由成膜物质（黏结剂）、颜色填料、助剂及溶剂等组成。其中至少有一种组分具有导电性能。根据成膜物质是否具有导电性，导电涂料可分为添加型导电涂料与非添加型导电涂料。前者成膜物本身是绝缘体，由于填料或助剂使涂层具有导电性。后者成膜物本身具有导电性，不需添加导电性组分。根据应用特性，可将导电涂料归纳为4大类：①作为导电体使用的涂料，包括混合式集成电路、印刷线路板、键盘开关、冬季取暖和汽车玻璃防霜的加热漆、船舶防污导电涂料等；②辐射屏蔽涂料，主要用于需要防止电磁辐射干扰和泄漏的部件表面；③抗静电涂料，主要用于将其积累的静电荷释放掉，防止静电放电的部件表面，其对导电性能较低；④其他类型的导电涂料还用于一些特殊场合，如形成电致变色涂层，光电导涂层等。

对于添加型导电涂料，其基体材料通常采用热固型树脂，常见的有环氧树脂类、聚氨酯类和醇酸类树脂。通过按照一定配方，将导电性添加剂、二氧化钛和颜料等固体物质混合，加入热固性树脂，稀释性溶剂，并调节涂料的黏度等工艺步骤完成。导电填料可以分为下列类别：金属类、碳类、金属氧化物类、无机盐类、导电高分子类、复合导电填料以及作为抗静电剂使用的表面活性剂类。金属类导电填料按形状可分为粉状、薄片状和微细纤维等。银是最早使用的导电填料。银的优点是电阻率低，导热性好，氧化速率慢。使用银作为导电填料主要有两个问题：其一是价格昂贵，其二是银的迁移现象带来的弊端。铜是容易被氧化的金属，其氧化物是绝缘体。因此，若不做特殊处理，涂层的电导率会随着时间的延长，氧化程度的增加而逐步下降。目前的防氧化技术主要有表面镀惰性金属、加入还原剂将铜粉表面的氧化铜还原为铜、有机磷化物处理、聚合物稀溶液处理等。镍粉价格适中，稳定性介于银粉与铜粉之间。除此之外，近年来有很多金属合金粉作为导电填料的研究和应用报道。碳类导电填料主要包括炭黑和石墨，导电性略低和颜色过深是其主要缺点。通常碳类导电填料的电阻率约是银的1000倍以上。多孔状的炭黑颗粒具有较高的电导率，通常每单位重量炭黑的表面积和孔隙率越大，单位重量炭黑得到的复合材料的导电性越好。导电高分子也可以作为填料加入到绝缘性成膜物中制成添加型导电涂料。为了降低导电填料成本，提高导电性能，常采用复合导电填料。例如，将云母、玻璃珠或价廉的金属粉外部包覆银粉、铜粉等作为导电填料使用。金属包覆型复合粉大体上分为三种类型：金属/金属、金属/非金属、金属/陶瓷。复合纤维有多种，如尼龙、玻璃丝、碳纤维镀覆金属或金属氧化物等。表面活性剂也可以作为导电涂料的添加剂，但是其导电性能有限，仅能作为抗静电型导电涂料添加剂使用。

添加型导电涂料在电子、电器工业中有广泛应用，如把导电涂料直接在底板上描制线路的方法能更经济地制作大块线路板。作为线路使用的主要是银和铜类涂料，作为电阻器使用的主要是碳类涂料。导电涂料用于开关和键盘可以制成薄膜开关，从而使仪器的薄型化成为可能。近年来，导电涂料用于海洋防腐、防污的研究报导逐渐增多，认为防腐蚀机理主要是对金属表面的钝化作用，国外已在中小型船舶上试用。利用涂层的导电性还可以将电能转化为热能，用于多种需要加热的场合，如建筑物取暖、建筑物、车辆、飞机、船舶的窗玻璃或反射镜的防结冰、防霜、防雾等。在仪器表面涂覆导电涂料是电磁屏蔽的方法之一。在塑料表面涂覆导电涂料可以有效防止表面静电累积，防止材料表面吸附灰尘，产生火花放电，应用在防火、防爆场合。

4. 导电黏合剂

导电黏合剂使用的范围很广，可粘接引线、导电元件等。在电磁屏蔽领域可填充狭缝、永久性凹槽、粘接屏蔽窗、波导等。可粘接的材料各式各样，如金属、陶瓷、塑料等凡是能用树脂黏着的材料几乎都能适合。导电性黏合剂一般由导电性填料、胶黏剂、溶剂、添加剂构成。其中常用的导电性填料包括金、银、铜、镍等金属粉、碳、石墨以及它们的混合粉等。填充银粉的环氧导电黏合剂具有优良的综合性能，包括导电性、力学性能、耐环境性等。此外，炭黑具有密度小，价格便宜的优势，也是常用的导电添加剂。随着电子工业的发展，导电黏合剂目前已得到广泛的应用。胶黏剂是在与被黏物黏着的同时，使导电性填料呈现链状连接形成导电性并使导电胶膜具有稳定的物理和化学性能的材料，可根据使用目的和所要求的特性选用合适的胶黏剂，常用的有丙烯酸树脂、环氧树脂、酚醛树脂等。在众多黏合剂中尤以环氧树脂黏附性能好、内聚强度高、低收缩、耐高低温和耐化学腐蚀性好、掺和性好，可用多种固化剂固化。溶剂是为改善黏合剂的操作性时使用的，如在引线粘接等场合可以使用，但在面黏合的情况下最好不用溶剂。添加剂包括分散剂、补强剂等，是为辅助改进黏合剂的特性而添加的，一旦加多了就影响导电性，需限定在最低度。

　　导电性黏合剂按干燥及固化条件可分为常温干燥型、常温固化型、热固化型、UV 固化型等。常温固化型在室温下干燥固化，使用丙烯酸酯等热塑性树脂，通常含有溶剂，靠溶剂挥发而固化，不发生交联。这类黏合剂黏着强度不高，通常用于引线的粘接及铆接等导电补强场合。热固化型在 100～300℃ 温度范围内反应而固化，使用环氧酚醛等热固性树脂；又分为单组分型和双组分型、溶剂型和非溶剂型。这种黏合剂在高温下与固化剂发生交联反应，转化为不溶、不熔的体型结构。UV 固化型使用紫外线照射使胶膜固化，通常采用环氧等树脂和光反应引发剂。

四、复合导电高分子材料的其他性质与应用

　　复合导电高分子材料的基本性质是具有导电能力。除此之外，由于其结构的特殊性，它们还具有一些其他性质，这些性质在生产、生活和科学研究领域也获得了广泛应用。

　　1. 复合导电高分子材料 PTC 效应的应用

　　所谓的 PTC 效应是指材料的电阻率能够随着温度的升高而升高的现象。当温度升高 1℃，电阻值增加的幅度称为 PTC 强度，用以衡量材料的温度敏感效应。因此，PTC 效应属于温度敏感性质，是材料的一种重要属性。能够表现出 PTC 效应的材料种类很多。对于金属导电材料而言，PTC 效应具有普遍性，但是其强度并不显著，而且敏感范围处在高温区域。作为功能材料使用的具有高 PTC 效应的材料主要指一些热敏陶瓷和复合导电高分子材料。其中复合导电高分子材料具有价格低、加工容易、PTC 效应强、温度敏感范围适中的基本特征，发展最为迅速。具有高 PTC 效应的高分子复合导电材料制作的电加热器件，在温度敏感范围内，在恒定电压情况下，电阻率随着温度的升高而迅速提高，造成通过的电流或产生的电热功率迅速下降；因此，作为电加热材料具有温控限流和自控温特性；作为限流器件可以迅速切断电流供应，防止电路过流而损坏；作为过热保护元件可以避免电器的过热损坏。因此，PTC 材料是一种非常重要的电功能材料。

　　复合型导电高分子材料其 PTC 效应仅发生在特定温度敏感范围内，通常在材料的玻璃化转变温度与融化点之间的温度区域；在此区间材料电阻一般可以提高 4～5 个数量级以上。同时，复合材料的 PTC 效应还与材料中导电填加材料的相对含量、形态、粒度和外观形状等因素有关。特别是导电添加剂的浓度非常重要，仅在一定浓度区域内具有 PTC 效应。一般来说，导电分散相浓度处在临界浓度附近时 PTC 效应达到最大。高分子复合导电材料的 PTC 效应还与基体材料的性质、种类以及分散相的结构特征有关。实验结果显示，结晶度较高的基体材料，如高密度聚乙烯作为基体材料时比低密度聚乙烯的 PTC 效应高；具有高次结构的炭黑作为分散相能获得比石墨高的 PTC 效应，具有较大颗粒度的分散相获得的 PTC 效应也更为明显。

　　复合导电高分子材料的 PTC 效应在实践中有很多应用，如作为自控温电加热器件，在恒定电压加热情况下，随着器件自身温度和环境温度的提高，材料的电阻率会提高，通过其中的电流下降，导致加热功率下降，使温度能够恒定在一定范围，不受外界环境温度的影响，因此可以实现自控温加热。这种自控温加热材料目前已经广泛用于各种液体输送管道的加热带、汽车座椅的电加热、室外需要保温部件的自动保温装置的制备等，大大提升加热的可靠性、安全性并符合绿色环保要求。此外，接入电路中的PTC器件，当线路短路或者其他原因造成电流急剧升高时，PTC材料的温度也会因为电热效应升高，而PTC效应会使其电阻迅速升高，切断电路，从而达到保护电路和电路内电器装置的目的，因此可以作为限流器使用。当电路恢复正常后，随着器件温度的降低，电阻率自动恢复正常，所以这种限流器具有自恢复功能。基于同样原理，PTC材料还可以用于过热保护器件的制作，在电动机、热水器等领域获得一定应用。与陶瓷PTC器件相比，高分子PTC器件具有成本低、可加工性能好、使用温度低的特点。

2. 复合导电高分子材料的压敏性质及其应用

压敏效应是指材料受到外力作用发生形变时，材料的电学性能发生明显变化的现象。对于复合型导电高分子材料而言，主要是电阻发生明显变化。一般复合导电高分子材料具有负压力敏感特征，即压力增大，电阻减小。从复合导电材料的导电机理分析我们知道，其导电作用主要依靠导电填料在连续相中形成导电网络来完成，如果外力的施加能够导致材料发生形变或密度发生变化，必然会造成导电网络的变化，从而引起电阻率的变化。从易于发生形变的角度考虑，用高分子导电复合材料制作压敏器件，采用形变能力大的橡胶类高分子材料作为连续相是有利的。利用复合型导电聚合物的压敏特性可以制备各种压力传感器和自动控制装置。

除了上述应用领域以外，复合导电高分子材料还具有吸收电磁波，将波能耗散的特性，目前在隐形材料方面的研究开发也取得了一定成果[12]。

第三节　电子导电型聚合物

高分子材料本身具有导电能力的被称为本征导电高分子材料，根据载流子的属性和导电形式划分，包括电子导电高分子材料、离子导电高分子材料和氧化还原导电高分子材料。电子导电型聚合物是三种本征导电聚合物中种类最多，研究最早的一类导电材料。关于这一类导电材料的导电机理和结构特征已经有了比较成熟的理论和深入的研究[13]。但是有机材料的复杂性和有机电子导电材料的巨大应用前景，仍促使众多科学家潜心于这一领域的理论和应用研究。随着分析和检测仪器和手段的发展，也使这一领域的理论仍在不断得到修改和完善。

一、导电机理与结构特征

根据定义，在电子导电聚合物的导电过程中载流子是聚合物中的自由电子或空穴，载流子在电场作用下在聚合物内做定向迁移形成电流。因此，具有定向迁移能力的自由电子或空穴是聚合物导电的关键。众所周知，在有机化合物中电子以下面四种形式存在。

① 内层电子　这种电子一般处在紧靠原子核的原子内层，受到原子核的强力束缚，一般不参与化学反应，在正常电场作用下也没有移动能力。

② σ 价电子　能够参与化学反应，并在化学键形成中起关键作用的是外层电子，包括价电子和非成键电子。在分子中 σ 电子是价电子，一般处在两个成键原子中间，构成 σ 键。σ 键能较高，电子离域性很小，被称为定域电子，在施加的电压不高时对材料的导电性能贡献很小。高分子材料中这类价电子占据多数。

③ n 电子 这种电子被称为非成键外层电子，通常与杂原子（O、N、S、P 等）结合在一起，在化学反应中具有重要意义。当孤立存在时 n 电子也没有离域性，对导电能力贡献也很小。

④ π 价电子 两个成键原子中 p 电子相互重叠后产生 π 键，构成 π 键的电子称为 π 价电子。当 π 电子孤立存在时这种电子具有有限离域性，电子在两个原子之间以较大范围内移动。当两个 π 键通过一个 σ 键连接时，π 电子可以在两个 π 键之间移动，这种分子结构称为共轭 π 键。具有共轭结构的 π 电子的移动性将大大增强，在电场作用下 π 电子可以在局部做定向移动。随着 π 电子共轭体系的增大，电子的离域性会显著增加。

与金属导电体不同，有机材料（包括聚合物）是以分子形态存在的。由上面分析可以看出，多数聚合物分子主要以定域电子或者有限离域电子构成的共价键连接各种原子而构成。其中，σ 键和独立 π 键价电子是典型的定域电子或者有限离域电子；根据目前已有的研究成果，虽然有机化合物中的 π 键可以提供有限离域性，但是在通常情况下 π 电子仍不是导电的自由电子，不能进行定向迁移。在上述分析中我们可以注意到，当有机化合物中具有共轭结构时，π 电子体系增大，电子的离域性增强，可移动范围扩大。共轭体系越大，离域性也越大。当共轭结构达到足够大时，化合物即可提供自由电子。因此说有机高分子成为导体的必要条件是应有能使其内部某些电子或空穴具有跨键离域移动能力的大共轭结构。在天然高分子导电体中石墨是最典型的平面型共轭体系，其中的 π 电子成为石墨导电的主要载流子。事实上，所有已知的电子导电型高分子材料的共同结构特征为分子内具有非常大的共轭 π 电子体系，具有跨键移动能力的 π 价电子成为这一类导电高分子材料的唯一载流子。目前已知的电子导电高分子材料，除了早期发现的聚乙炔外，大多为芳香单环、多环以及杂环的线性共聚或均聚物，结构单元之间形成共轭型连接。图 3-5 中给出部分常见的电子导电高分子材料的分子结构。

应当指出，严格来讲根据其电导率仅具有上述结构的高分子材料还不能称其为导电体，而只能称为半导体材料。因为其导电能力与通常所指的导电材料还有很大差距。其原因在于纯净的或未予"掺杂"的上述高分子中各 π 键分子轨道，导带和价带之间还存在着较大的能级差；而在电场力作用下，电子在聚合物内部迁移必须跨越这一能级差，这一能级差的存在造成 π 价电子还不能在共轭聚合物中像金属材料中自由电子那样完全自由跨键移动。因而其导电能力受到影响，导电率不高。按其导电能力通常应属于半导体范畴。大多数未经"掺杂"的电子导电高分子材料，其导电能力与典型的无机半导体材料锗、硅等相当。那么为什么在线型共轭体系中会存在这种能级差？如果这种能级差是线型共轭体系的固有特征，那么有没有办法消除或减小这种能级差以提高导电聚合物的导电性能？

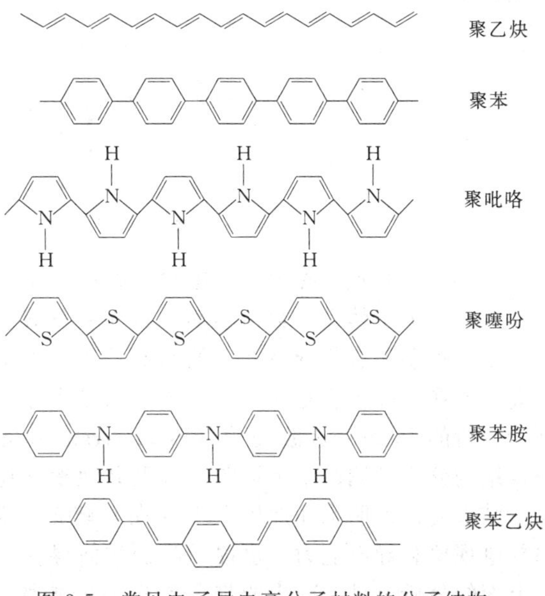

聚乙炔

聚苯

聚吡咯

聚噻吩

聚苯胺

聚苯乙炔

图 3-5 常见电子导电高分子材料的分子结构

根据分子轨道理论和能带理论对上面给出的导电聚合物分子结构进行分析，我们不难发现，线型共轭电子体系为其共同结构特征。以聚乙炔为例，在其链状结构中，每一结构单元（—CH—）中的碳原子外层有四个价电子，其中有三个电子构成三个 sp^3 杂化轨道，分别与一个氢原子和两个相邻的碳原子形成 σ 键。余下的 p 电子轨道在空间分布上与三个 σ 轨道构成的平面相垂直。在聚乙炔分子中相邻碳原子之间的 p 电子在平面外相互重叠构成 π 键。由分子电子结构分析，聚乙炔结构除了写成图 3-5 中给出的形式外，还可以写成以下用自由基表示的形式：

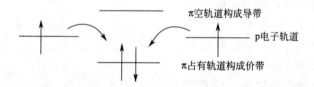

图中碳原子右上角的符号·表示未参与形成 σ 键的 p 电子。上述聚乙炔结构可以看成由众多享有一个未成对电子的 CH 自由基组成的长链，当所有碳原子处在一个平面内时，其未成对电子云在空间取向为相互平行，并互相重叠构成共轭 π 键。根据固态物理理论，这种结构应是一个理想的一维金属结构，π 电子应能在一维方向上自由移动，这是分子材料导电的理论基础。但是如果考虑到每个 CH 自由基结构单元 p 电子轨道中只有一个电子，而根据分子轨道理论，一个分子轨道中只有填充两个自旋方向相反的电子才能处于稳定态。每个 P 电子占据一个 π 轨道构成上图所述线性共轭 π 电子体系，应是一个半充满能带，是非稳定态；它趋向于组成双原子对使电子成对占据其中一个分子轨道，而另一个成为空轨道。由于空轨道和占有轨道的能级不同，使原有 p 电子形成的能带分裂成两个亚带，一个为全充满能带，构成价带；另一个为空带，构成导带。根据前线轨道理论，前者也称为最高占有轨道（HOMO），后者称为最低空轨道（LUMO），如图 3-6 所示，两个能带在能量上存在着一个差值。而导电状态下 P 电子离域运动必须越过这个能级差。这就是我们在线型共轭体系中碰到的阻碍电子运动，因而影响其电导率的基本因素。

图 3-6 分子共轭体系中能级分裂

我们已经知道，在电子导电聚合物中电子的相对迁移是构成导电性能的基础。电子如若要在共轭 π 电子体系中自由移动，首先要克服价带与导带之间的能级差。这一能级差的大小决定了共轭型聚合物导电能力的高低。正是由于这一能级差的存在决定了我们得到的线型共轭高分子在中性态不是一个良导体，而是半导体。上述分析就是应用于电子导电高分子材料理论分析的 Peierls 过渡理论（Peierlstransition）[14]。目前这一理论已经得到了实践证实。现代结构分析和测试结果证明，线型共轭聚合物中相邻的两个键的键长和键能是有差别的。这一结果间接证明了在此体系中存在着能带分裂。Peierls 理论不仅解释了线型共轭聚合物的导电现象和导电能力，也提示我们如何寻找、提高电子导电高分子材料导电能力的方法。由上面的分析可见，减少能带分裂造成的能级差是提高共轭型导电聚合物电导率的主要途径。实现这一目标的首要手段之一就是用所谓的"掺杂"法来改变能带中电子的占有状况，压制 Peierls 过程，减小能级差。这里所指的"掺杂"过程实际上是采用氧化还原反应改变导带或价带中电子的占有情况，使其能级发生变化，从而减小能带差。

电子导电高分子材料的导电机理还有另外一种解释，称为孤子导电理论[15]。所谓的孤子（soliton）是指在分子共轭体系中单双键的交替排列是不均匀一致的，在某些位置会发生单个 p 电子不能配对成键的情况，这种类似于自由基的电子被称为孤子。也可以认为在具有成对电子的 π 电子轨道中一个电子被清除后形成的半充满分子轨道中的独立电子。它们在分子中的位置可以在电场的作用下定向移动，构成载流子导电。孤子的形成相当于掺杂过程中在导带（LUMO）中注入一个电子（还原过程），或者在价带（HOMO）中拉出一个电子（氧化过程），分别形成只有一个电子的半充满分子轨道构成孤子，而这种分子轨道的能级处在导带和价带能级之间。因此，从本质上说，两种理论是一致的。其他类似的载流子还有极化子（polaron）和双极化子（bipolaron），他们也可以在光激发、电场诱导、化学掺杂等过程中产生，构成载流子。

二、电子导电聚合物的性质

1. 掺杂过程、掺杂剂及掺杂量与电导率之间的关系

"掺杂"（dopping）一词来源于半导体化学，指在纯净的无机半导体材料（锗、硅或者镓等）中通过渗透扩散等手段加入少量具有不同价态的第二种物质，以改变半导体材料中空穴和自由电子的分布状态和密度。如在四价硅材料中加入三价元素将形成一个硅电子不能成键的多电状态，称为 n-型掺杂；当加入五价元素将形成缺电状态，称为 p-型掺杂。在制备导电高分子材料时，为了增强材料的电导率也可以进行类似的"掺杂"操作，目的是增加材料中作为载流子的孤子浓度。对电子导电聚合物进行掺杂常用的有两种方式：一是同半导体材料的掺杂一样，通过加入第二种具有不同氧化态的物质进行所谓的"物质掺杂"；二是通过聚合物材料在电极表面进行电化学氧化或还原反应直接改变其荷电状态的"非物质掺杂"。此外，在特殊情况下还有如下三种掺杂方法可供选择：其一是酸碱化学掺杂，主要是对聚苯胺型导电高分子材料而言，在与质子酸反应后聚苯胺中的氨基发生质子化，引起分子内电子转移，改变分子轨道荷电状态，产生载流子；其二是光掺杂，当导电高分子材料吸收光能之后价电子跃迁到导带（最低空轨道），分子进入激发态，然后解离产生正负离子对（电子-空穴对），正负离子分开构成载流子；其三是电荷注入掺杂，是利用各种电子注入方法直接将电子注入导电高分子材料，改变其分子轨道荷电状态。所有上述方法其目的都是为了在材料中的空轨道中加入电子，或从占有轨道中拉出电子，进而改变现有 π 电子能带的能级，出现能量居中的半充满能带，减小能带间的能量差，在产生大量载流子的同时使自由电子或空穴迁移时的阻碍减小。

根据掺杂方法不同，导电高分子材料的掺杂也可以分成 p-型掺杂和 n-型掺杂两种。其中 p-型掺杂是在高分子材料中加入氧化剂，在其价带中除掉一个电子形成半充满能带（产生空穴）。由于与氧化反应过程类似，也称为氧化型掺杂。n-型掺杂是在高分子材料中加入还原剂，在其导带中加入一个电子形成半充满能带（产生自由电子），过程与还原反应过程类似，称为还原型掺杂。在化学掺杂过程中，比较典型的 p-型掺杂剂有碘、溴、三氯化铁和五氟化砷等，作为氧化剂在掺杂反应中作为电子接受体（acceptor）。n-型掺杂剂都是还原剂，通常为碱金属，作为电子给予体（donor）。在掺杂过程中掺杂剂分子插入聚合物分子链间，通过两者之间氧化还原反应完成电子转移过程，使聚合物分子轨道电子占有情况发生变化。根据共轭聚合物分子结构分析，当进行 p 型掺杂时，掺杂剂从聚合物的 π 成键轨道中拉走一个电子，使其呈现半充满状态，该分子轨道能量升高，更接近导带能量。而当进行 n 型掺杂时，掺杂剂将电子加入聚合物的 π 空轨道中，同样形成半充满状态，与 LUMO 相比，其分子轨道能量下降，向价带能量靠近。这些处在半充满状态的电子构成孤子作为导电过程中的载流子，与此同时聚合物能带结构本身也发生变化，出现了能量在价带和导带之间的亚能带。其结果是能带间的能量差减小，电子的移动阻力降低，使线型共轭导电聚合物的导电

性能从半导体进入类金属导电范围。

在非物质型的电化学掺杂过程是通过电极完成对聚合物掺杂的。通过电极上所加电压的作用，将 π 占有轨道（HOMO）中的电子拉出（电极施加正电压）；或者将电子加入 π 空轨道（LUMO）之中（电极施加负电压），均产生半充满轨道并形成孤子作为载流子。半充满分子轨道的形成使其能量状态发生变化，减小了导带与价带间的能带差。该掺杂过程除了没有实际掺杂物参与之外，其作用实质与上述氧化还原掺杂过程没有差别。根据孤子理论，掺杂的结果是增加了聚合物体系中作为载流子的孤子的数量，因而大大提高其导电能力。掺杂对于电子导电高分子材料导电能力的改变具有非常重要意义。经过掺杂，共轭型聚合物的导电性能往往会增加几个数量级，甚至 10 个数量级以上。部分电子导电聚合物掺杂前和掺杂后的电导值在表 3-2 中给出。

表 3-2 各种掺杂聚乙炔的导电性能

掺 杂 方 法	掺 杂 方 式	电导值/(S/cm)
未掺杂型	顺式聚乙炔	1.7×10^{-9}
	反式聚乙炔	4.4×10^{-5}
p-掺杂型（氧化型）	碘蒸气掺杂$[(CH^{0.07+})(I_3^-)_{0.07}]_x$①	5.5×10^2
	五氟化二砷蒸气掺杂$[(CH^{0.1+})(AsF_6^-)_{0.1}]_x$	1.2×10^3
	高氯酸蒸气或液相掺杂$[(CH(OH)_{0.08})^{0.12+}(ClO_4)_{0.12}]_x$	5×10^1
	电化学掺杂$[(CH^{0.1+})(ClO_4^-)_{0.1}]_x$	1×10^3
n-掺杂型（还原型）	萘基锂掺杂$[Li_{0.2}^+(CH^{0.2-})]$	2×10^2
	萘基钠掺杂$[Na_{0.2}^+(CH^{0.2-})]$	$10^1 \sim 10^2$

① CH 为聚乙炔的结构单元。

表 3-2 中的数据表明，反式聚乙炔的导电能力大大高于顺式聚乙炔。不论是哪一种掺杂的结果都是使聚乙炔的电导率增加了几个数量级，导电能力已经接近金属范围。由此可以证明，通过掺杂确实可以减小能级差，大大提高电导率。

归纳上述分析说明导电聚合物的掺杂是一个氧化还原反应过程；对于 p-型掺杂，以掺碘为例，其反应式为：

$$(CH)_x + xy/2I_2 \longrightarrow (CH^{y+})_x + (xy)I^-$$
$$(xy)I^- + (xy)I_2 \longrightarrow (xy)I_3^-$$
$$(CH^{y+})_x + (xy)I_3^- \longrightarrow [(CH^{y+})(I_3^-)_y]_x$$

对于 n-型掺杂，以萘基金属掺杂为例，其反应为：

$$(CH)_x + (xy)Nphth^- \longrightarrow [(CH^{y-})]_x + (xy)Nphth$$
$$[(CH^{y-})]_x + (xy)Na^+ \longrightarrow (Na_{y-}^+)_x$$

反应式中 Nphth 表示萘基。

既然掺杂剂与导电聚合物的电导率有着极密切的关系，那么掺杂剂的使用量与导电聚合物电导率究竟有怎样的相互关系？仍以聚乙炔为例，碘为掺杂剂，实验结果显示聚乙炔的电导率与碘的掺杂程度（以加入掺杂剂与饱和掺杂量之比表示）有图 3-7 中给出的关系[16]。

图 3-7 中 σ 表示聚乙炔的电导率（S/cm），Y 为掺杂剂碘的掺杂量，下标 sat 表示掺杂剂在聚合物中饱和时测得值。图中曲线显示，在掺杂剂相对量小时，电导率随着掺杂量的增加而迅速增加；但是随着

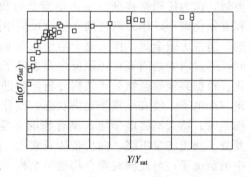

图 3-7 聚乙炔掺碘量与电导率的关系

掺杂剂量的继续加大，电导率增加的速度逐步减慢；当达到一定值时电导率不再随着掺杂量的增加而增加。此时的掺杂量称为饱和掺杂量（Y_{sat}）。从本质上分析，掺杂剂量的增加，伴随的氧化还原反应量增加。根据孤子理论，将造成载流子孤子数目的增加，材料的电导率提高；但是当孤子的数目达到一定数目时，载流子数目将不是制约电导率提高的主要因素，或者说氧化还原反应将达到平衡。由于化学结构的不同，不同的导电高分子材料其饱和掺杂量有所不同。这一关系基本上可以用下面的数学表达式表达：

$$\sigma = \sigma_{sat} \exp[-Y/Y_{sat}]^{-0.5}$$

根据这一数学关系式或关系图，在制备导电聚合物时可以确定最佳掺杂量。

2. 温度与电子导电聚合物电导率之间的关系

与复合型导电聚合物类似，电子导电高分子材料的电导率也是温度的函数，随着温度的变化而变化。金属材料和复合导电型聚合物的温度系数是正值，即温度越高，电导率越低，电阻率增大，属于正温度系数效应。而以聚乙炔为代表的电子导电聚合物其电阻率随着温度的升高而下降，属于负温度系数效应。在图 3-8 中给出了掺碘聚乙炔的电导率-温度关系图[17]。从给出的关系图可以看出，与金属材料的特性不同，电子导电高分子材料显示负温度系数效应；即随着温度的升高，电阻率减小，电导率增加。

分析图 3-8 中给出的实验曲线，可以看出其不仅与金属的电导率-温度的关系不同，而且与典型的半导体材料的电导率与温度的关系也不尽相同。尽管两者都有正的温度系数，但是无机半导体材料的电导值与温度呈指数关系；而电子导电高分子材料的电导率与温度的关系需要用下面的数学式来表达：

$$\sigma = \sigma_{sat} \exp[-(T/T_0)^{-\gamma}]$$

或者

$$\ln\sigma/\sigma_{sat} = -(T/T_0)^{-\gamma}$$

式中，σ_{sat}、T_0 和 γ 均为常数，具体数值取决于材料本身的性质和掺杂的程度，γ 取值一般在 0.25~0.50。

这一现象可以从下面的分析中得到解释：首先，对于常规金属晶体，温度升高引起的晶格振动会阻碍电子在晶体中的自由运动；因而随着温度的升高，电阻增大，电导率下降。而在电子导电高分子材料中阻碍电子移动的主要因素来自于 π 电子能带间的能级差。从统计热力学来看，电子从分子的热振动中获得能量，显然温度提高有利于电子从能量较低的价带向能量较高的导带迁移，从而较容易完成其导电过程。然而，随着掺杂度的提高，π 电子能带间的能级差越来越小，已不是构成阻碍电子移动的主要因素。因此在上图中给出的结果表明，随着导电聚合物掺杂程度的提高，电导率与温度曲线的斜率变

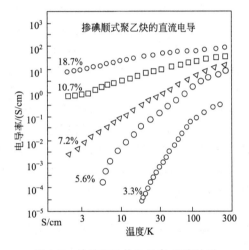

图 3-8　掺碘聚乙炔电导率-温度关系

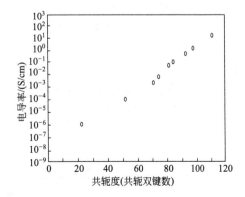

图 3-9　聚乙炔的电导率与分子
共轭链长度的关系

小。即电导率受温度的影响越来越小，温度特性逐渐向金属导体过渡。

3. 聚合物电导率与分子中共轭链长度之间的关系

电子导电高分子材料的导电性能来源于其分子内的线性共轭结构，自然可以想象其电导率一定会受到聚合物分子中共轭链长度的影响。在图3-9中给出聚乙炔的电导率与分子共轭链长度的关系。从图中可以看出，线型共轭导电聚合物的电导率随着其共轭链长度的增加而呈指数快速增加。证明提高共轭链的长度是提高导电高分子材料导电性能的重要手段之一。这一结论对所有类型的电子导电高分子材料都适用。值得指出的是，这里所指的是分子链的共轭长度，而不是聚合物分子长度，虽然共轭长度与聚合度有一定关系，但是概念不完全相同。

从微观的角度分析，作为载流子的 π 电子更倾向于沿着线型共轭的分子内部移动，分子的共轭体系越大，电子的离域性越强，导电能力越好。因为描述分子内 π 电子运动的波函数不是球形对称的，在沿着分子链方向有较大的电子云密度。而且，随着共轭链长度的增加，π 电子波函数的这种趋势越明显；从而有利于电子沿着分子共轭链移动，导致聚合物的电导率增加。

除了上面提到的影响因素之外。电子导电高分子材料的电导率还与掺杂剂的种类、制备及使用时的环境气氛、压力和是否有光照等因素有直接或间接的关系。根据已有的资料，对聚乙炔型导电聚合物的制备，碘由于有升华特性，是最有效的化学掺杂剂。而采用电极对导电聚合物进行直接的氧化或还原反应则是更有效，更方便的"掺杂"方法。一般来讲，提高压力或增加光照，导电性能也会相应有所提高，但是不如前面讨论的影响因素作用明显。聚合物的结晶程度和分子中不同分子轨道所占比例值与聚合物的电导率有一定关系，但是其作用机理还没有了解清楚。此外，聚合物中共轭结构的立体构形对其电导率有较大影响。例如，在非掺杂状态下，顺式聚乙炔的电导率为 $10^{-9}\,\text{S/cm}$，而反式聚乙炔的电导率则可达 $10^{-5}\,\text{S/cm}$，相差四个数量级。这与顺式结构影响分子的共平面，从而导致分子共轭程度降低有一定关系。但是聚乙炔经高温处理后，所有顺式结构均变成反式结构，导电性能会有所改善。在线性聚合物中引入取代基也会对电导值产生影响。其影响因素包括取代基的电负性和立体效应，由于这些性质直接影响聚合物的电子分布和共平面。

三、电子导电聚合物的制备方法

电子导电聚合物是由线性大共轭结构组成的，因此导电高分子材料的制备研究就是围绕着如何通过化学反应形成这种共轭结构开展。从制备方法上来划分，可以将制备方法分成化学聚合和电化学聚合两大类。化学聚合法还可以进一步分成直接法和间接法两类。直接法是直接以单体为原料，一步合成大共轭结构。而间接法在通过聚合反应后得到的聚合物并不包含线型共轭结构，需要一个或多个转化步骤，在聚合物链上生成共轭结构。在图3-10中给出了上述几种共轭聚合物的可能合成路线。

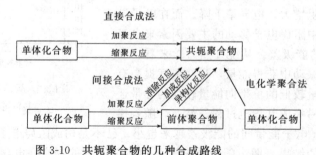

图 3-10　共轭聚合物的几种合成路线

1. 直接合成法

直接法是将高度不饱和单体通过聚合反应直接一步生成具有线型共轭结构的聚合物。目前具有电子导电能力的线型共轭结构聚合物主要有聚乙炔型、聚芳香烃和聚芳香杂环三类。某些单体直接通过聚合反应即可生成具有线型共轭结构的高分子，这种制备方式称为直接合成法。采用直接法的好处显而易见，可以直接得到目标产物。但是需要首先制备特定结构单体和需要使用特定化学反应条件。对于聚乙炔型结构的导电高分子可以通过乙炔单体的加成聚合反应制备，聚合反应直接生成骨架中的线型共轭结构。方法为采用乙炔及其衍生物为原料进行无氧催化气相聚合，反应由 Ziegler-Natta 催化剂 $\{Al(CH_2CH_3)_3 + Ti(OC_4H_9)_9\}$ 催化。反应产物的收率和产物构型与催化剂组成和反应温度等因素有关。反应温度在 150℃ 以上时，主要得到反式构型产物，电导率较高。在低温时主要得到顺式产物，电导率较低。以带有取代基的乙炔衍生物为单体，可以得到取代型聚乙炔，根据取代基不同，可以增加在相应溶剂中的溶解能力，但是取代效应的存在使其电导率大大下降。乙炔衍生物生成产物的电导率其排列顺序为：非取代＞单取代＞双取代聚乙炔。

利用共轭环状化合物的开环聚合也可以形成主链带有线型共轭的高分子骨架。多数苯等芳香性化合物的稳定性较高，不易发生开环反应，在实际应用上没有意义。四元双烯和八元四烯等非芳香性环状共轭化合物是比较有前途的候选单体。某些芳香杂环的开环率较高，可以通过开环聚合生成具有杂原子主链的线型共轭聚合物。比如已经有文献报道以 1,3,5-三嗪为单体进行开环聚合，得到含有氮原子的聚乙炔型共轭聚合物[18]。

$$\underset{\text{250℃, 2h}}{\overset{\text{ZnCl}_2 \text{ 或 SnCl}_4 \text{ 或 TiCl}_4}{\longrightarrow}}$$

双炔类化合物作为单体，在 Ziegler 型催化剂存在下，两个炔基可以发生关环聚合反应，生成主链带有共轭结构的导电聚合物，其中最容易形成带有 6 元环（环己烯）的线型共轭聚合物。如 1,6-庚二炔经 ziegler 催化剂催化聚合，生成链中带有六元环烯的共轭聚合物。由于环状结构的存在，主要产生反式结构聚合物。具有类似结构的丙炔酸酐也可以发生同样的成环聚合[19]。

$$\overset{\text{Ziegler 催化剂}}{\longrightarrow}$$

$$\overset{\text{Ziegler 催化剂}}{\longrightarrow}$$

而对于那些短链二炔化合物，在聚合反应中两个炔基会先后发生聚合形成梯形共轭线性骨架结构聚合物，在骨架内形成共轭性更强（共平面好），稳定性更高（两条共轭链）的化学结构。例如采用丁二炔作为单体，其蒸气态时与聚四氟乙烯惰性塑料接触时会发生自发聚合，室温下反应五周可以看到塑料表面有一层有色物质形成。当对其加热后颜色加深，经结构分析证明发生成环聚合反应，可能发生了如下化学反应。生成的梯形聚合物具有明显电导性[20]

$$HC\equiv C—C\equiv CH \longrightarrow$$

聚芳香族和杂环聚合物是目前研究最广泛的导电聚合物，前者早期多采用氧化偶联聚合法制备，以二取代苯为原料，脱除取代基偶联成聚芳香烃。一般来讲，所有的 Friedel-Crafts 催化剂和常见的脱氢反应试剂都能用于此反应；如 $AlCl_3$ 和 Pd^{II}，也可以采用碱金属。从原理上分析这类聚合反应属于缩聚反应，在聚合过程中脱去小分子，生成聚合物。由

于芳香环具有 π 电子结构，形成的聚合物 π 电子体系联通构成线型共轭结构。比如，在强碱作用下，通过 Wurtz-Fittig 偶联反应，可以从对二氯苯或者对二溴苯制备导电聚合物聚苯。在铜催化下，由 4,4'-碘代联苯通过 Ullman 偶联反应得到同样产物。以苯为原料直接偶联氧化聚合也可以得到聚苯。其他类型反应还有革氏和重氮化偶联反应。

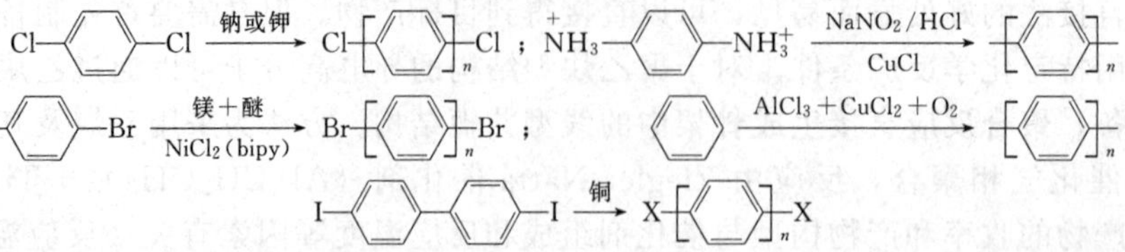

其他类型的聚芳香烃和聚苯胺类导电聚合物原则上均可以采用这种方法制备。缩聚法同样可以应用到芳香杂环的聚合上。最常见的是吡咯和噻吩的氧化聚合，生成的聚合物导电性能好，稳定性高，从使用角度看比聚乙炔更有应用前景。采用直接聚合法虽然比较简便，但是由于生成的聚合物溶解度差，在反应过程中生成的低分子量聚合物多以沉淀的方式退出聚合反应，因此难以得到高分子量的聚合物，自然其共轭链的长度也不理想，造成聚合产物的导电能力有限。另外，生成聚合物不溶不熔，难以成型加工也是实际应用中的难题。

2. 间接合成法

间接法是先聚合再通过后续反应形成线性共轭分子结构的制备工艺。采用直接聚合法虽然比较简便，但是由于生成的聚合物溶解度差，在反应过程中多以沉淀的方式退出聚合反应，因此难以得到高分子量的聚合物。另外，生成产物难以成型加工也是难题。间接合成法一般先通过聚合反应生成可溶性聚合物，再通过一步或多步化学反应形成线型共轭结构。常见的间接合成法首先合成溶解和加工性能较好的共轭聚合物前体聚合物，然后再利用消除反应在聚合物主链上生成共轭结构。在工业上最具重要意义的这种导电聚合物是以聚丙烯腈为聚合前体，通过控制热脱氢反应制备具有梯形共轭结构的导电聚合物。生成的脱氢产物不仅导电性能好，而且强度高，在工业上获得广泛应用。这类聚丙烯腈纤维经过进一步高温脱氢后可用于碳纤维的制备。

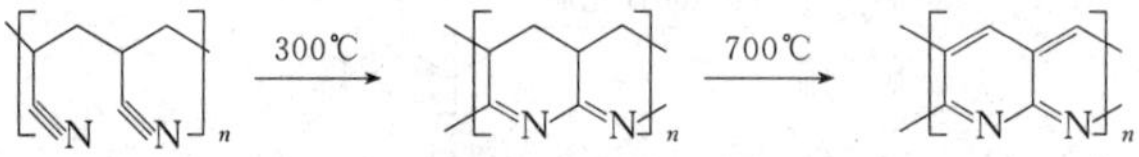

根据有机合成反应规律，共轭双键的制备在化学上有多种方法可供利用，如通过聚炔烃的加氢反应、卤代烃和醇类的消除反应、羰基化合物的脱氧缩合反应，以及其他一些非常见反应等（见图 3-11），都可以用于共轭双键的形成[3]。

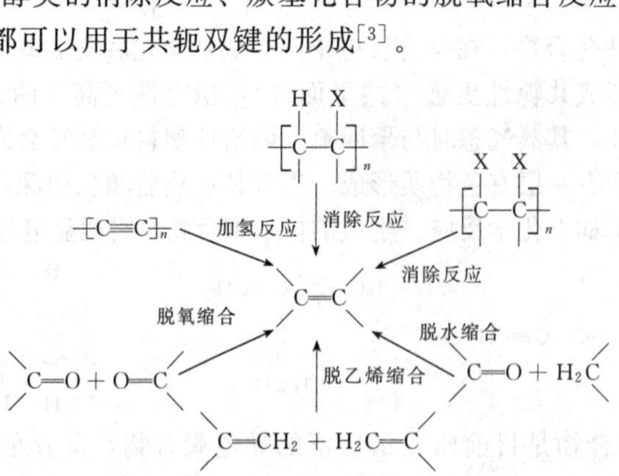

图 3-11　几种可用于形成双键的化学反应

最早研究的对象是聚氯乙烯的热消除反应，脱除氯化氢生成线型共轭聚合物[21]，这种消除反应可以在加热的条件下自发进行。人们发现采用间接合成方法制成的聚合物虽然分子量很高，但是导电率也不高，究其原因是在脱氯化氢过程中有部分交联反应发生，导致共轭链中出现缺陷，共轭链缩短。另外一个可能原因是生成的共轭链构型多样，同样影响共轭程度而降低导电能力的提高。

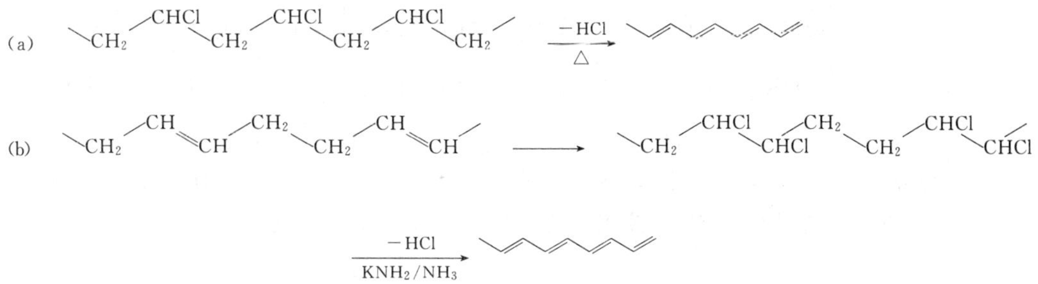

如果采用环状结构抑制构型的变化上述问题有可能获得解决。而以聚丁二烯为原料，先进行氯代反应生成饱和聚氯代烃，再通过脱氯化氢反应形成共轭双键制备聚乙炔型导电聚合物，消除反应在强碱性条件下进行。由于氯代反应后形成的聚合物更加规整，消除反应后得到的共轭结构更加整齐一致，导电能力提高[22]。聚苯等芳香聚合物也可以由间接合成法制备，如分别以苯或者环己二烯为起始物，经聚合脱氢等步骤可以得到聚苯。

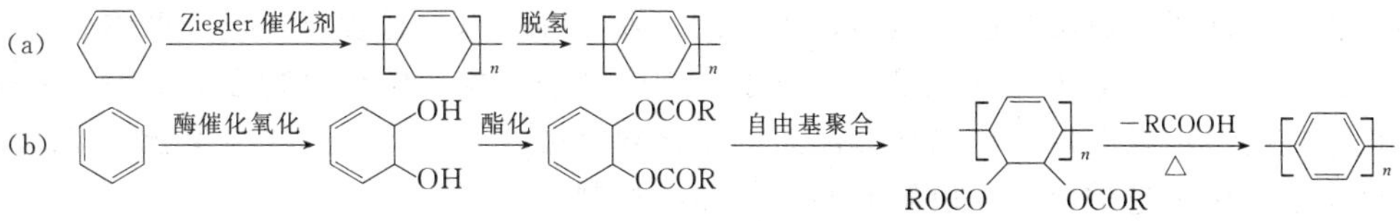

电子导电聚合物的化学合成方法还有许多种，因篇幅限制不能一一介绍。

3. 电化学聚合法

电化学聚合法是采用电极电位作为聚合反应的引发和反应驱动力，在电极表面进行聚合反应并直接生成导电聚合物膜。反应完成后，生成的导电聚合物膜已经被反应时采用的电极电位所氧化，即同时完成了掺杂过程；这里所指的掺杂过程只是使导电聚合物的荷电情况发生了变化，改变了分子轨道的占有情况，而并没有加入第二种物质。当然，为了保持材料的电中性，在掺杂的过程中反离子将扩散到生成的聚合物中。下面对这种电化学聚合法制备导电聚合物的过程和机理做以介绍。

早在 1862 年 Letheby 就曾经报道[23]，在苯胺的稀硫酸溶液中用阳极氧化法电解，在铂电极表面得到了一种蓝黑色的粉末状物质。很可惜在当时没有注意到这种物质是否具有导电性。直到 100 年后的 1968 年 Dall'Olio 等报道了一个非常类似的实验结果——在吡咯的稀硫酸溶液中进行阳极氧化，在铂电极表面得到一种黑色膜状聚合物，经测定其电导率为 8S/cm，这可以称作是电化学法制备导电聚合物的第一个例证[24]。1979 年，Diaz 等人第一次在有机溶液乙腈中，通过阳极氧化反应，在铂电极表面得到一种柔性的，性能稳定的聚吡咯薄膜[25]，其电导率高达 100S/cm。而在当时用其他方法只能得到粉末状的低电导聚合物。至此，电化学法制备导电聚合物开始得到了广泛关注并得到深入研究。随后又由电化学法制备成功了多种以芳香和芳香杂环为主链的导电聚合物。目前电化学合成法已经成为制备各种导电聚合物的主要方法之一。

电化学法制备导电聚合物的化学反应机理并不很复杂，从反应机理上来讲，电化学聚合反应属于氧化偶合反应。一般认为，反应的第一步是电极从芳香族单体上夺取一个电子，使其氧化成为阳离子自由基；生成的阳离子自由基之间发生加成性偶合反应，再脱去两个质子，成为比单体更易于氧化的二聚物。留在阳极附近的二聚物继续被电极氧化继续其链式偶合反应，直到生成长链的聚吡咯并沉积在阳极表面。以上反应过程可以归纳写成一个总的反应式。

$$RH_2 \xrightarrow{-e} RH_2^+ \cdot$$

$$RH_2^+ \cdot + RH_2 \xrightarrow{-e} [H_2R-RH_2]^{2+} \xrightarrow{-2H^+} HR-RH$$

$$HR-RH \xrightarrow{-e} [HR-RH]^+ \cdot \xrightarrow[-e]{RH_2} [HR-RH-RH_2]^{2+} \cdot \xrightarrow{-2H^+} [HR-R-RH]$$

$$(x+2)RH_2 \longrightarrow HR-(R)_x-RH+(2x+2)H^+ + (2x+2)(-e)$$

以聚吡咯的电化学聚合过程为例，吡咯的氧化电位相对于饱和甘汞电极（SCE）是1.2V，而它的二聚物只有0.6V，按照上述分析应有如下反应历程。

在聚吡咯的制备过程中，当电极电位保持在1.2V以上时（相对于SCE参考电极），电极附近溶液中的吡咯分子在α位失去一个电子，成为阳离子自由基。自由基之间发生偶合反应，再脱去两个质子形成吡咯的二聚体；生成的二聚体继续以上过程，形成三聚体。随着聚合反应的进行，聚合物分子链逐步延长，分子量不断增加，生成的聚合物在溶液中的溶解度不断降低，最终沉积在电极表面形成非晶态的膜状导电聚合物。生成的导电聚合物膜的厚度可以借助于电极中流过的电流和电解时间定量加以控制。

分析上述反应机理可以看出，要完成吡咯的电化学聚合反应过程，保持工作电压在1.2V以上是必要的。实验中发现，当电压维持在0.6~1.2V之间时，在电极表面没有导电聚合物生成。从而证明聚合反应的第二步是阳离子自由基之间的偶合反应，而不是像通常自由基引发聚合反应那样，由阳离子自由基与单体之间简单的链增长反应。否则经过最初的激发之后，只要保持0.6V（吡咯二聚体的标准电极电位）以上的电压即可连续生成二聚物或低聚物阳离子自由基，就应足以维持链增长反应。显然，事实并非如此。此外，实验数据表明，反应中生成聚合物的量与通过电极消耗的电量成正比，这一现象可以从上面给出的反应式得到解释：聚合度为n时，即n个单体聚合成一个大分子，需要放出$2n-2$个电子和同样数目的质子，即生成的聚合物的总量与消耗的电量有定量关系。在实际制备过程中消耗的电量要比计算给出的数值要大一些，因为与其同时发生的掺杂过程（聚合物氧化过程）需要大约$0.25~0.40n$个电子的消耗，其他副反应也要消耗一些电子。反应后溶液的酸度增加，证明了有脱质子反应发生，间接证明了上述反应机理。上述反应机理已有众多实验和分析结果验证支持；目前已经得到了广泛认可。

用电化学聚合方法生成的电子导电高分子材料在分子结构上有一定的规律性。根据计算机的量子化学计算结果，对于以噻吩、吡咯等五元杂环为母体的单体，α位的电子密度最高，为最易失去电子生成阳离子自由基的活性点。因而也是氧化偶合反应的活性点。实际分析测定的结果也证明，生成的导电高分子材料以α-α连接为主；α-β和β-β连接所占份额很小。当单体中α位已经有取代基存在时，聚合反应不能发生；这一论点已有实验结果证明，因此可以得出α位是唯一反应活性点的结论。而当其他位置有取代基时聚合反应可以进行，但是对聚合反应速度和生成的导电聚合膜的导电性能有一定影响（见表3-3）。

表 3-3　取代基对导电聚合物导电性能的影响

单体化合物	反离子	电导率/(S/cm)	单体化合物	反离子	电导率/(S/cm)
噻吩	四氟硼酸根 高氯酸根 四氟硼酸根	0.02[聚合膜] 10～20[压成聚合物] 10～20[压成聚合物]	2,2′-联噻吩 吡咯 N-甲基吡咯	硫酸根	0.1[聚合膜] 100[聚合膜] 0.001[聚合膜]
3-甲基噻吩	高氯酸根 高氯酸根	100[聚合膜] 10～30[压成聚合物]	N-乙基吡咯 N-丙基吡咯		0.001[聚合膜] 0.001[聚合膜]
3,4-二甲基噻吩	三氟甲基硫酸根	10～50[压成聚合物] 0.001[聚合膜]	N-丁基吡咯 N-异丁基吡咯		0.0001[聚合膜] 0.00001[聚合膜]

如同其他合成反应一样，反应条件的选择对电化学聚合反应的成功非常重要。比较重要的反应条件包括使用的溶剂、电解质、反应温度、压力以及电极材料等。一般认为在聚合反应中受电极激发产生的阳离子自由基有三条反应渠道：其一是通过以上介绍的偶合反应生成导电聚合物；其二是生成的阳离子自由基通过扩散过程离开电极进入溶液；其三是阳离子自由基与溶液或电解质发生反应生成副产物（见图 3-12）。显然只有第一种情况是我们所希望的。生成的阳离子自由基稳定性太高，寿命太长，或者单体浓度太低，生成聚合物的速率太慢，将有利于第二种情况发生，产生可溶性短链物质。而阳离子自由基的活性太高或溶剂和电解质的化学惰性不好，将发生第三种情况。

图 3-12　电化学氧化聚合过程中阳离子自由基的三条反应途径

根据以上综合考虑，在电化学聚合反应中，水、乙腈和二甲基甲酰胺等极性溶剂常被选做电聚合溶剂，一些季铵的高氯酸、六氟化磷和四氟化硼盐为常用电解质。工作电极的电压选择应稍高于单体氧化电位。在此条件下，用电化学聚合法生成的聚合物的聚合度约为100～1000，相当于分子量 10000～100000。目前用电化学法生产导电聚合物的工艺已有多种，采用的电解系统有单池三电极系统（工作电极、参考电极、反电极）或者用两电极系统（没有参考电极）；生成的产物多为膜状。图 3-13 中给出的是由德国 BASF 公司创立的导电聚合物部分工业化制备方法示意图，可以小批量生产聚吡咯导电聚合膜[26]。

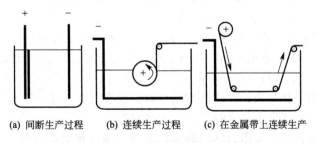

(a) 间断生产过程　　(b) 连续生产过程　　(c) 在金属带上连续生产

图 3-13　电化学法制备导电聚合物膜工艺

四、电子导电聚合物的性质与应用

1. 电子导电聚合物的导电性能与应用

具有线型共轭结构的聚合物属于本征导电高分子材料，其导电能力在非掺杂状态下处在半导体范围，经过掺杂后其导电能力可以超过炭黑，接近金属导电范围。而其密度与其他塑料产品相当，仅为金属材料的几分之一。其导电特征是电子作为载流子，属电阻型导体。导电聚合物的低电导率性质使人首先想到作为导体使用，例如代替铜、铝等金属作为电力输送材料。由于目前开发出的电子导电聚合物仍有一些缺陷，在综合性能方面与现有金属导电材料相比还有较大差距。首先多数导电聚合物在非掺杂状态电导率相对较低，而在掺杂状态下其化学稳定性较差，在空气中使用将很快失去导电性能。其次导电聚合物不溶不熔是其固有特征，用常规聚合物加工方法加工存在一定难度，限制了作为电力输送材料的大规模应用。由于作为抗静电材料和电磁屏蔽材料不需要很高的导电能力，非掺杂状态的导电聚合物有一定竞争力。但是与复合型导电高分子材料相比，目前在价格方面也缺乏竞争力。作为导电性能的应用，电子导电聚合物作为二次电池电极材料和微波吸波材料具有重要意义。

电极在电化学过程中起着导电体和半电池反应物的双重作用，经过掺杂处理的电子导电聚合物在导电性能和氧化还原特性方面都有很强的替代作用。以往的电池电极都是由无机金属材料制成的。首先与无机金属电极材料相比，在电容量一定时，由电子导电聚合物作为电极材料构成的电池重量要轻得多，电压特性也好。这一优势对于以航空航天以及微电子设备驱动为应用对象的特种可充电电池（二次电池）来说意义十分明显。导电聚合物可以进行n-型掺杂而具有还原性质，可以作为电池的负极材料；也可以进行p-型掺杂而具有氧化性质，可以作为电池的正极材料。这样电池的正负电极都可以被电子导电聚合物所替代。用高分子材料制备电池电极其原料来源广泛，重量轻，不污染环境。目前以导电聚合物为电极材料的二次电池主要有三种结构类型：①以导电聚合物作为电池的负极材料；②作为正极材料；③电池中的正极和负极都由不同氧化态的导电聚合材料构成。作为正极材料，导电聚合物应首先进行 p-型掺杂（氧化）；被 n-型掺杂的导电聚合物则作为电池负极。

作为电极材料聚乙炔没有得到广泛应用。最主要原因仍然是化学稳定性较差，特别是经掺杂的稳定性更差。实验数据表明，聚乙炔在真空中 300℃ 时发生分解，而在常温下可与空气发生缓慢反应而失去导电性。因此以聚乙炔为电极材料的电池应做成气密型的。研究还表明，聚乙炔在电池中与溶剂或电解质之间的亲核反应是造成不稳定的主要原因。以聚吡咯为材料制作的电极可以在很大程度上克服聚乙炔的上述缺点。聚吡咯作为正极与锂电极配对制成的电池，其电池的开环电压是 3.5V，有效能量密度在 $40\sim60W\cdot h/kg$。聚噻吩虽然有与聚吡咯相近的环境稳定性和电化学性质，但是它的自放电速率相当高，影响了该类电池的储藏性能。除此之外，聚苯胺、聚苯、聚咔唑、聚喹啉等也可以作为电极材料。特别是聚苯胺，它既适合于在有机电解质溶液中使用，也可以用于水性电解质溶液，同时有较高的库仑效率和稳定性。既可以作为阳极使用，也可以作为阴极材料。其电池组成为：聚苯胺/$ZnSO_4(H_2O)/Zn$ 或 $PbO_2SO_4(H_2O)/$聚苯胺。该电池的能量密度可达 $111W\cdot h/kg$，充放电 2000 次，库仑效率没有发生明显变化。最近电子导电聚合物还在微生物电池电极的修饰方面获得突破[27]。电子导电聚合物在染料敏化太阳电池中还作为新型对电极材料进行了研究[28]。电子导电高分子材料与离子导电高分子材料相结合，后者作为电池中的电解质，可以彻底消除电池中的液体物质，做成所谓的全塑料固态电池。这一技术将使电池的结构发生根本性的变化。有关离子导电聚合物将在下一节讨论。

随着军事科技的进步，军事目标的隐身技术受到前所未有的重视。寻找具有高吸收率、频带宽、密度小、耐高温及化学结构稳定的新型吸波材料是隐形技术研究的重要内容之一。导电高分子材料是新一代隐形吸波材料研究的重要对象之一。首先电子导电高分子的导电性可以在相当宽的范围内调节，在不同的电导率下材料会呈现不同的吸波性能。其次导电高分子材料的密度小，可使隐身物体重量减轻，在飞机等装备上使用意义重大。研究表明，导电高分子吸波材料对微波能有较好的吸收。其最大衰减和介电常数随电导率的增加而增加。导电高聚物的吸波原理为电损耗型，在一定的电导率范围内，其最小反射率随电导率的增加而减小。比如将聚乙炔作为吸波材料，2mm 厚的薄膜对频率为 35GHz 的微波吸收达 90%。聚吡咯、聚苯胺、聚噻吩在 0～20GHz 频率范围均有较好的吸波性能。单一导电高分子材料的吸波频率较窄，提高材料的吸收率和带宽是隐身吸波材料的发展目标之一。通常，在导电高分子材料中添加少量的无机磁损耗物质有利于磁损耗的提高。目前电子导电高分子材料用于隐身技术已经获得广泛认可[29]。

2. 电致变色性能及其应用

电致变色（electrochromism）现象是指材料的光吸收特性在施加的电场作用下发生可逆改变，即当施加电场时材料的光吸收波长发生变化；去掉电场时又能够完全恢复的性质。在外观性能上则表现为颜色的变化。电致变色材料研究已经有几十年的历史。在 20 世纪 60 年代主要开发研究无机电致变色材料，80 年代后有机电致变色研究成为热点。导电聚合物在掺杂和非掺杂状态其分子内的能级结构会发生变化，因此光吸收特性也会发生变化。导电高分子材料电致变色的依据是在电场的作用下聚合物本身发生电化学反应，使它的氧化态发生变化，在氧化还原反应的同时，材料的颜色在可见光区发生明显改变。由此建立电压和颜色的对应关系，以电压来控制导电高分子材料的颜色[30]。从原理分析，利用导电高分子材料的电致变色性质可以制备无视角限制的显示器件。

作为可以应用的电致变色材料必须要满足两个要求：首先其吸收光谱要在可见光区，即波长在 350～820nm 之间，同时吸收光谱变化的范围要足够大（颜色改变明显），光吸收系数要高（颜色深）；其次，不同吸收光谱状态要能够与施加的电压相对应，即可以用电极电压控制颜色。由于导电聚合物的 π 电子能级与可见光谱能量重叠，并且共轭型分子的光吸收系数都比较大，其掺杂状态可以通过电化学方法控制，因此许多导电聚合物都有这种电致变色功能。聚吡咯、聚噻吩和聚苯胺是显色性和稳定性均较好的电致变色材料。中性的聚吡咯显示黄颜色，在紫外区和蓝色区有较强吸收。当被氧化后在可见区的吸收有较大幅度的增加，外观显示深棕色。当吡咯环上有取代基时作用类似，但是氧化态的吸收光谱略有差别。中性的聚噻吩、聚 2,2'-联噻吩和聚三甲基噻吩等噻吩衍生物在 480nm（蓝区）附近有较强吸收。氧化后其最大吸收带转移到红区（最大吸收在 700nm 附近）。当 3-位带有苯取代基时，氧化态吸收峰向长波方向移动（最大吸收峰在 560nm）。使用的电解质和溶液不同对吸收光谱略有影响。常见可用于电显示装置的导电聚合物以及它们在不同氧化态的颜色和氧化还原电位列于表 3-4。

表 3-4　一些导电聚合物的电光性质

导电聚合物	颜色变化 氧化态/还原态	电压变化范围 （与甘汞电极比较）	导电聚合物	颜色变化 氧化态/还原态	电压变化范围 （与甘汞电极比较）
聚吡咯	棕色/黄色	0～0.7V	聚（3,4-二甲基噻吩）	深蓝色/蓝色	+0.5～1.5V
聚（3-乙酰基吡咯）	黄棕色/棕黄色	0～1.1V	聚（3-苯基噻吩）	蓝绿色/黄色	0～1.5V
聚（3,4-二甲基吡咯）	红紫色/绿色	−0.5～0.5V	聚（3,4-二苯基噻吩）	蓝灰色/黄色	+1.5～1.5V
聚（N-甲基吡咯）	棕红色/橘黄色	0～0.8V	聚（2,2'-联噻吩）	蓝灰色/红色	0～1.3V
聚（3-甲基噻吩）	蓝色/红色	0～1.1V			

有些导电聚合物还是多色电致变色材料，即在电场控制下能够显示两种以上的颜色。比如在导电玻璃电极表面制备一层由聚苯胺构成的导电聚合物，在 0～1.5V 电压范围内其颜色可以发生连续变化。聚合物经由电极氧化，颜色先后从黄色经绿、蓝、紫转变到棕色。完成颜色转换时间小于 100ms，最大显示次数可达 100000。这种显示装置的缺点在于当驱动电压撤除后往往表现有记忆效应。它们的应用前景还有赖于在技术上能否提高聚合物的使用

寿命和缩短显示转换时间。导电聚合物制备的显示装置其色密度与在电极表面形成的膜厚度和膜材料的种类有关，对于给定膜材料和膜厚度时，色密度还与注入的电荷量成正比。装置的稳定性受空气中氧气的影响，不存在氧气的环境中颜色显示循环 10 万次后各项指标没有明显变化。虽然在电极表面形成导电聚合物膜有多种方法可以采用，如蒸发、喷涂、升华等，由于多数导电聚合物溶解性能较低，实际上制备电致变色聚合物膜主要仍采用电化学聚合法。目前电致变色聚合物主要应用到智能窗（smart window）的制作。

将发色团接枝于导电聚合物骨架，则构成另一类电致变色高分子材料。在这类材料中其电致变色的是连接在聚合物骨架的发色团，而导电性的聚合物骨架主要起在发色团与电极之间传递电子的作用。这类发色团中最常见的为 1,1′-二取代的 4,4′-联吡啶盐结构单元。其中的联吡啶盐可以通过电极还原。处于基态时它是带有两个正电荷的双阳离子，可以被可逆地还原成一价阳离子自由基或进一步还原成中性产物。其中生成的一价自由基有极强的颜色反应。例如将 2,2′-和 4,4′-联吡啶通过碳链与吡咯的氮原子相连构成单体，用电化学法在导电玻璃（二氧化锡）电极上形成导电聚合物膜，该聚合物膜则表现出非常好的电致变色性能。联吡啶盐在 10^{-6} 浓度就有很强的颜色反应。

3. 电致发光性能及其应用

电致发光（electroluminescent）也称为电致荧光现象是指材料在电场作用下可以发出可见光的性质。在电场作用下注入的电子和空穴在电致发光材料内部复合成高能态的激子，而处在高能态的激子回到低能态时又能够将获得的能量以光能形式发出。电致发光材料本身既要有高的量子效率，又要有高的光转换效率。电子导电高分子材料的电致发光性质是在 1990 年被发现的[31]。电子导电高分子材料其导带与价带之间的能量差在可见光的能量范围内，光摩尔吸收系数非常高，因此是理想的电致发光材料。其他有机电致发光材料还包括金属络合物、带有大共轭结构的芳香化合物。在能量耗散过程中，如果有一个电极是透明的，将可以看到有可见光从材料中发出。目前电致发光装置主要有单层结构和多层结构两种形式，单层结构是正极/电致发光材料/负极，其中正极材料一般为氧化铟-氧化锡透光玻璃电极（indium-tin-oxide，ITO），担负空穴注入任务，要求具有较高的功函；负极常使用铝、镁或其合金等低功函材料，担负在导带中注入电子的任务。多层电致发光器件是在电极与发光材料之间加入电子或空穴传输层，以提高发光效率。与无机电致发光材料相比，有机电致发光材料具有成本低廉、可加工性能好、有良好的机械稳定性、操作电压低和品种多样的优点。关于聚合物的电致发光性能将在后面章节中详细论述。

电子导电高分子材料作为电致发光器件制备原料，目前使用最多的聚合物有以下几种：聚对亚苯基乙烯（PPV）及其衍生物、聚烷基噻吩及其衍生物。其中 PPV 及其衍生物是目前国际上研究和使用最多、效果最好的一类聚合物。为了提高发光效率和改变发光颜色，可以在高分子材料中填加小分子染料，从而在发光颜色的选择上具有较大灵活性。

4. 化学催化性质及其应用

由于被 p-型掺杂的电子导电高分子材料具有电子接受体功能，n-型掺杂的电子导电高分子材料具有电子给予体的功能，因此导电高分子材料还具有氧化还原催化功能，该性能在分析化学、催化和化学敏感器的制作方面得到了应用。例如，将导电聚合物固化到电极表面可以制成表面修饰电极，在电化学反应中可以作为电催化材料和作为化学敏感器应用于分析化学和自动控制。此外导电高分子材料的光化学特性使其在光化学催化方面也有应用报道[32]。

5. 开关性能和在有机电子器件制备方面的应用

正如本章上节所述，电子导电高分子材料在掺杂态和非掺杂态其电导率有 7 个数量级以上的差别，而掺杂态可以通过电极很容易地加以控制。利用电子导电高分子材料的这一特性可以制备有机分子开关器件。这种有机分子开关具有无触点特征，安全、高速，适合在精密控制电路中使用。同时，将上述有机电子开关结构进行适当组合，还可以构成更为复杂的分子电子器件。这方面的研究已经取得了一定进展。例如，M. S. Wrighton 等利用导电聚合物在不同氧化态下的截然不同的导电性能，由电压控制加在两电极之间的导电聚合物的氧化态，进而控制其导电性能，已经制成了分子开关三极管模型装置[33]（见图 3-14）。

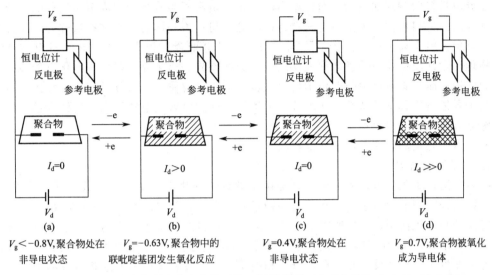

图 3-14　由导电聚合物制成的电化学开关三极管模型（参考电极为 $Ag^+/AgCl$ 电极）

采用 3 位被吡啶取代的聚噻吩衍生物作为电极材料时，当参考电极电压（即门电压 V_g）小于 $-0.8V$ 时，该电子导电聚合物处在非掺杂态，是不导电的，漏电流接近为零。提高门电压到 $-0.63V$，聚合物上的联吡啶基团被氧化，发生电子转移，在电路里有小量电流通过。电压再度提高时，三极管再度处于截止状态。当门电压高于 0.7V 时，导电聚合物被氧化，导电性大大提高，电路导通，漏电流 $I_d \gg 0$，三极管处在导通状态。用不同导电性能的电子导电高分子材料在微型电极表面进行多层复合，是制作有机分子二极管、三极管以及简单的逻辑电路的另外一种思路，将会成为分子电子材料研究的一个重要方向。

6. 电子导电高分子材料在超级电容器方面的应用

由于电子导电高分子材料进行电化学掺杂时，材料可以接受大量注入电荷；例如，聚乙炔可以接受自身结构单元数目 0.25 倍的电子（n-型掺杂）或者空穴（p-型掺杂），掺杂后的材料分别具有还原性或氧化性，即给出电子或者接受电子能力；在接入外电路后，则表现为充电和放电过程，非常类似于电容器的性质。但是电子导电高分子的充电容量要大大高于普通电容器，接近常见的化学电池。由电子导电高分子材料构成的这种电能存储与转换装置被称为超级电容器。这种电容器与常规二次电池相比，具有充电速度快数倍，放电电流大的优点。与常规电容器相比具有电容量大得多，电压-时间曲线好的优势。当超级电容器与常规二次电池组合，可以克服其固有缺点，获得较好的综合效果。特别是用于电动或者双动力汽车的场合，可以缩短充电时间（将刹车动能迅速存储），大电流放电（起步加速快）的效果，是当前能量存储领域的一个研究热点[34]。

7. 电子导电聚合物的腐蚀防护功能

最近这些年人们发现电子导电聚合物膜对于金属材料还有一定腐蚀防护功能[35]；例如采用电化学聚合法形成的聚苯胺膜对于金属表面有钝化作用，大大提高其腐蚀防护能力。其原理可能是具有较高氧化还原电位的聚苯胺与金属表面发生反应生成钝化层，从而延缓腐蚀过程。导电聚合物层主要起类似阳极保护作用。此外，导电聚合物层还能起到一定屏蔽作用延缓腐蚀。目前导电聚合物已经广泛应用到防腐涂料领域。

第四节　离子导电型高分子材料

在导电材料两侧施加电场，而材料内部由正、负离子为载流子构成定向迁移的电流，具有这种性质的材料被称为离子导电材料；以高分子材料为基体的这类材料被称为离子导电型高分子材料。由于离子型载流子的不同，与电子导电聚合物相比，离子导电材料在结构组成、物理化学性质以及应用场合都表现出相当大的差异。离子导电材料在电化学领域有非常广泛的应用，属必不可少的电化学材料，也被称为电解质。而高分子的离子导体具有诸多常见离子导体所不具备的特性，在电池、电解池、电解电容、电致发光和电致变色装置、化学传感器等领域占有重要地位。

一、离子导电的特点与离子导电材料

1. 离子导电特点

顾名思义，离子导电过程是通过外加电场驱动力作用下，由一种负载电荷的微粒-离子的定向移动来实现的导电过程。离子是一种带有电荷的化学物质，根据其化学结构，可以分成有机离子和无机离子；根据所带电荷的不同，可以分成正离子和负离子；根据单个离子所带电荷的数量，还可以分成单电荷离子和多电荷离子。离子也是一种化学性质非常活泼的微粒，可以发生多种化学反应和物理效应。和电子一样，在物体内部的这些荷电离子可以感受到外加电场的作用力；其中正离子有向负极方向迁移趋势，负离子有向正极方向迁移趋势。当物质结构具有允许这些离子迁移条件时我们称其为离子导电体。

作为离子导电体必须同时具备两个条件：首先是具有独立存在的正、负离子，而不是离子对或者正负离子结合形成的盐，只有独立存在的正负离子才能受到电场力的作用；其次是这些离子具备迁移能力。满足第一个条件要求材料本身必须与离子有较强的相互作用力，才能使正、负离子独立存在。因为在大多数情况下正离子和负离子会因为静电引力结合在一起成盐或离子对，表现为电中性而不能受到电场力的作用；能够与离子生成离子键、配位键或者具有强极性结构的材料往往能够满足上述要求。满足第二个条件要求材料具备允许离子的扩散移动条件。与电子导电过程相比，离子导电的最大不同在于离子的体积比电子要大得多，这种载流子通常不能在固体的晶格间自由移动，因此体积因素常常是影响离子导电能力的主要因素之一。而大体积离子在液态材料中比较容易扩散，这也是我们日常见到的大多数离子导电介质具有液态性质的主要原因，因为液体的流动性决定了其中的荷电微粒可以进行扩散运动。与电子的种类单一不同，各种离子的体积、化学性质各不相同，表现出的物理化学性能也千差万别。正是由于离子的特殊性，人们需要采用不同的理论和方法分析处理它们。

2. 离子导电材料

具有离子导电能力的材料根据其组成可以分成无机离子导体和有机离子导体。根据材料的物理状态可以分为液体离子导体、胶体离子导体和固体离子导体。

最常见的离子导体是液体，由极性溶剂和溶解并解离的盐组成。其中的载流子——正、负离子通常是由离子型化合物解离后形成的，因此离子导电液体也称为液体电解质。由极性分子构成的溶剂，其分子可以自由运动和旋转，能够使分子带有较多与离子相反电荷的一端朝向离子，同电荷一端朝外，构成所谓的溶剂合离子。溶剂合离子是阻止正、负离子由于静电引力而复合成离子对或生成化合物的重要条件。其中水是最常用的极性溶剂，以水为溶剂的溶剂化离子称为水合离子。也可以采用有机溶剂和有机盐类代替水和无机盐。满足上述条件的都可以称其为液体离子导电材料。

某些固体材料也具有离子导电性，被称为固体电解质或者固体离子导电材料，包括离子导电高分子材料和无机固体离子导电材料。其中某些无机晶体其晶格结构允许一些小体积离子迁移，称为无机固体离子导电材料；某些非晶态的高分子材料具有溶剂化能力和较好的黏弹性，离子导电性质明显，被称为高分子电解质。

由于液体电解质的流动性和挥发性给使用带来的不便，可以使用经适度交联的高分子材料用液体电解质溶胀后构成胶体作为固体离子导电体，称为胶体电解质。这种胶体电解质可以消除液体的流动性带来的泄漏缺陷和降低液体挥发性带来的功能失效风险。

3. 电化学过程和离子导电材料的作用

一般称有电参量参与的化学过程为电化学过程。电化学过程可以根据其能量转换过程的不同基本分成两大类：即在电化学过程中参与其中的物质将化学能转变成电能；或者由外界加入电能，通过电化学反应由电能产生化学能。前者的主要例证为各种各样的电池，如原电池（galvanic cell）或一次电池（primary battery）。电池在使用中将储存的化学能转变为电能输出，电活性物质由高能态转变成低能态。后者常被称为电解过程，消耗电能生产一些高能态的电化工产品。如低能态的氯化钠水溶液被电解后生成高能态的氯气和氢氧化钠。使用的反应装置称为电解池（electrolytic cell），如常见的电镀、电合成装置，是化学物质的生产装置。二次电池（secondary battery）的充电过程也属于此类电化学过程，充电过程是将低能态的电活性物质，吸收外加电能后转变为高能态物质。典型的电化学装置通常都包括电极、电解质和电活性物质。电极属于电活性物质，在电化学过程中表面能态发生变化，同时电极的作用还包括通过与外电路连接为电化学反应提供电能或将电能引到外电路使用，是电化学过程的直接参与者。在电极表面，电活性物质与电极发生氧化或还原反应，该化学反应被称为电化学反应。发生氧化反应的电极称阳极，如铜失去电子氧化成阳离子。发生还原反应的电极称为阴极，比如铜离子得到一个电子，还原成铜。在阳极附近生成的阳离子，在电场作用下依靠扩散运动通过两电极间的电解质（离子导电材料）移向阴极；而在阴极附近生成的阴离子则通过同样方式移向阳极，以保证电极附近溶液的电中性。在电化学过程中电子和离子都参与电荷转移过程。电子通过电化学装置中的电极和外部电路进行传递，在电化学装置的内部——即两个电极之间，离子的传输则由电解质来完成。因此可以说没有电解质的参与，任何电化学过程都不能发生。除了上述列举的电化学装置之外，包括各种化学敏感器、电化学分析仪器等。

二、固态离子导电机理

离子导电材料的主要用途是作为电解质用于工业和科研工作中的各种电化学过程以及需要化学能与电能转换场合中的离子导电介质，在电化学工业中和其他应用场合起着非常重要的作用。虽然液体电解质的离子导电能力强，能满足多种不同需要，但是液体离子导电材料也有一些难以克服的缺点，如使用过程中容易发生泄漏和挥发，从而缩短其装置的使用寿命或腐蚀其他器件；在生产过程中无法成型加工或制成薄膜使用。此外，液态电解质的体积和重量一般都比较大，制成电池的能量密度较低，不适合于需要小体积、轻重量、高能量密度、长寿命的使用场合，因此人们迫切需要发展一种能克服上述缺点的固态离子导电材料。最早采用的办法是加入惰性固体粉末使其半固态化，如日常使用的"干电池"中电解液与固体填充物混合成膏状作为半固态电解质使用以减小其流动性。填充材料可以是各种惰性粉末或者由各种纤维组成的毡状物质替代，但是泄漏和挥发仍无法完全避免。近年来趋向于由电解液与溶胀的高分子材料结合构成凝胶状的胶体电解质，消除液体的流动性。溶胀的高分子材料仅作为支撑骨架起作用，离子导电功能仍由吸收其中的液体电解质承担。上述两种电解质都是准固体电解质，是以消除液体电解质的流动性为目的，提高电解质的使用性能，制成的免维护电池已经广泛使用。但是这种电解质还不是真正意义上的固态电解质，因为电解质在填充物中仍然是以液态形式构成连续相，液体的挥发性仍在，在某种程度上还存在着液体的对流现象。真正的固态电解质应该是不含任何液体的真正的固体。比如，由单晶或多晶体构成的薄片，由粉末制成的压片或者由离子导体制成的薄膜等。

1. 固体电解质的种类

目前已有的真正固态电解质主要分成两类：一类是以某些无机盐为代表的晶体型或半晶体型固体电解质；另外一类就是以玻璃态或高弹态存在的高分子电解质。前者通常以压片型使用，后者多制成薄膜使用。由于离子导电高分子材料具有材料来源广泛、成本低廉、容易加工成型的特点，是目前固体电解质发展的主要方向。离子导电物质的形态和组成不同，适用的离子导电机理也不同。目前主要有下列三种固体离子导电理论：缺陷导电（defect conduction）理论、无扰亚晶格离子迁移导电（highly disordered sub-lattice motion）理论和非晶区传导导电（amorphors region transport）理论。分别适用于固体晶体材料、由小阳离子和大阴离子构成的晶体材料、非晶态的高分子材料。

2. 缺陷导电理论

缺陷导电是基于某些无机盐晶体中存在着晶格的不完整性，即缺陷，如空格（未被占据的晶格）和填隙子（离子占据了两晶格之间的位置）。这些缺陷可以由晶体本身在热的作用下形成，也可以由事先设计的或偶然的掺杂过程形成。这些缺陷是晶体中的薄弱环节。在一般情况下，处在晶体缺陷处的离子是稳定不动的，被称为处在势能阱（potential energy wells）内，不能作为载流子。但在足够大的电场力作用下该离子可以借助跳转（hopping）作用克服势能阱的势垒阻碍，在相邻的缺陷中迁移，构成离子导电。由于温度提升可以提高离子的能量，因此缺陷导电晶体的离子电导率随着温度的提高而迅速提高。在这一类晶体中，阴离子和阳离子都可以参与缺陷导电。由于势能井的势垒一般较高，由缺陷产生的离子电导的绝对值都很小，没有很大应用价值。碱金属的氯化物盐有很弱的离子电导能力，可能就属于缺陷离子导电。掺杂的金属氧化物，如 ZrO_2/Y_2O_3 和卤素的某些盐类，如 CaF_2 和 $SrCl_2$ 等是目前比较好的缺陷导电离子导体。

3. 无扰亚晶格离子迁移导电理论

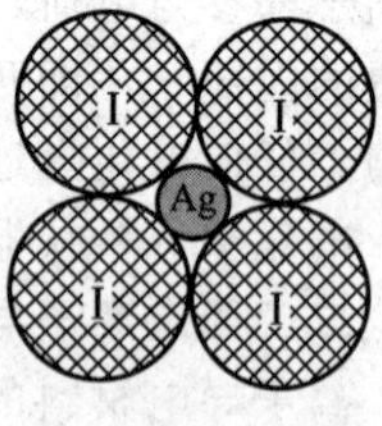

亚晶格导电存在于某些特殊晶形的晶体材料中；在实践中人们发现某些物质，如碘化银或碘化铜，在常温下如同其他盐类一样离子电导性很小；但是当它们被加热到一定温度，晶体结构会发生变化，即所谓的 $\beta\text{-}\alpha$ 一级相变过程，晶型发生变化的同时离子导电性能也随之提高几个数量级。其 α 相的导电率非常高，接近于 0.1mol 浓度的氯化钠水溶液的电导率。其中碘化银在 146℃ 下转变为 α 相，此时碘化

图 3-15　碘化银的无扰亚晶格导电示意图

银晶体呈体心立方晶系。在晶胞中碘离子处在立方体的四个角上，银离子则处在立方体的中心。在这样的晶格体系中，在电场作用下体积较小的银离子在相邻晶胞体心之间的移动一般不会破坏整个体系的结构（disordered），因而移动所受到的阻力较小（见图 3-15），这种导电过程被称其为亚晶格离子迁移导电。这类离子导电晶体材料的共同特点是大体积阴离子与小体积阳离子组合成盐，并且构成的晶体结构允许小体积阳离子迁移。

亚晶格导电在某种程度上有些类似于离子处在溶胶型电解质中，离子在高分子骨架网络之间扩散时的情形。事实上碘化银在 $\beta\text{-}\alpha$ 一级相变过程中的热熔值也大致等于其在 555℃ 时熔化过程中的热熔值，说明处在这种晶体状态的碘化银的能态已经相当高。

近年来发现，在碘化银或碘化铜中加入相当比例的某些有机或无机离子，可以大大增强它们在室温下的离子电导能力。这类固态电解质包括 Ag_2HgI_4、Ag_4RbI_5、$Ag_7[NMe_4]I_8$ 等。目前这种材料的详细晶格数据和导电机理还不清楚。

4. 非晶区传导离子导电理论

以上两种离子导电方式主要发生在无机晶体材料中。而离子导电聚合物的导电方式主要属于第三种类型，即非晶区传输过程。这是因为高分子材料多是非晶态或不完全结晶物质，在非晶区呈现较大的塑性。由于链段的热运动，内部离子具有一定可迁移性质，依据这种性质发生的离子导电过程被称为非晶区传导离子导电。这种离子导电过程可以通过聚合物的自由体积理论模型加以分析。对大多数聚合物来说，无论是线型、分支型、还是网状结构，完整的晶体结构是不存在的，基本属于非晶态或者半晶态。通常离子导电聚合物都是由解离性盐和玻璃化转变温度较低的聚合物组成的复合体系构成。自由体积理论（free volume theory），在一定温度下聚合物分子要发生一定幅度的振动，其振动能量足以抗衡来自周围的静压力，在分子周围建立起一个小的空间来满足分子振动的需要。这个来源于每个聚合物分子热振动形成的小空间被称为自由体积 V_f，或者用聚合物分子所占体积的平均变化值 $\overline{V}_f$ 来表示。其体积的大小是时间的函数，随时间的变化而变化。当振动能量足够大，自由体积可能会超过离子本身体积 V；这种情况下，夹在聚合物分子中的离子可能发生位置互换而发生移动。如果施加电场力，离子的运动将是定向的。一般认为，利用自由体积进行扩散运动，产生的自由体积需要超过离子自身的有效体积才能完成。根据统计计算，自由体积超过离子体积的概率 P，可以由下式表示：

$$P = \exp(-V/\overline{V}_f)$$

这个表达式与计算化学反应中克服活化能势垒概率的 Arrhenius 公式 $[\exp(-E_A/kT)]$ 类似。是解释聚合物在玻璃化转变温度以上时黏弹性和流动性发生变化的重要理论依据。

自由体积理论揭示了聚合物在玻璃化转变温度以上时聚合物分子的热振动可以在聚合物内创造一些小的空间，使聚合物内部的传质过程得以有发生的可能，也就是这个不断随时间变化的小空间使在聚合物大分子间存在的小体积物质（分子、离子或原子）的扩散运动成为可能。在电场力的作用下，聚合物中包含的离子受到一个定向力，在此定向力的作用下离子通过分子热振动产生的自由体积而定向迁移。自由体积越大，越有利于离子的扩散运动，从而增加离子电导能力。由于聚合物的自由体积与温度成正比，自由体积理论成功地解释了聚合物中离子导电的机理以及导电能力与温度的关系。但是仍然有许多实验现象无法得到圆满解释。不过自由体积理论应用于定量研究聚合物的离子导电现象，应对某些参数进行一些修改。相对于聚合物分子，离子的体积一般都比较小，离子在聚合物内扩散运动所需活化体积，没有必要等同于聚合物分子链发生构象改变时需要的活化体积。无论如何基于自由体积理论的非晶区传输理论仍是目前能够解释聚合物离子导电现象的主要理论之一。

5. 聚合物离子导电理论的一些补充

除了上述理论被用来解释聚合物的离子导电性能之外，聚合物络合理论的提出使人们又提出了在离子导电聚合物中存在亚晶格离子传输机理的论点。1966 年人们发现聚环氧丙烷（PPO）可以溶解高氯酸锂盐类，溶解盐后聚合物的玻璃化转变温度有近 70℃ 的变化，而最大的变化在于盐的溶解使聚合物的体积发生明显收缩。这说明在聚合物中溶解的盐与聚合物分子中的醚氧原子有较强的相互作用[36]。这种现象被解释为溶解的盐（其实是盐解离后形成的阳离子）与聚合物醚氧原子形成了配位络合物。在其他类型的聚醚中也发现了同样的现象。重要的是经过加盐的聚醚都表现出很好的离子导电性能。聚醚的这一性质使人们将其与四氢呋喃等溶剂对盐类的特殊溶解性相联系。而后者良好的溶解性并不是因为它有很高的介电常数，而是醚氧原子与阳离子的配位络合作用。同样可以推理，聚醚对盐有较高的溶解性也应归于聚合物中给电基团与盐中阳离子强烈的配位络合作用使然。

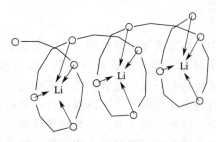

图 3-16　聚环氧乙烷与锂盐形成聚合络合物

虽然聚醚对盐的高溶解性和溶剂化能力通过配位络合原理得到了解决，这样溶解的盐类产生大量独立存在的离子型载流子。但是为什么聚醚中的离子具有很高迁移性质而导致高离子导电性质还没有得到完全解释。为此有人为聚环氧乙烷与典型的锂阳离子形成的络合物建立了如下模型[37]（见图 3-16）。

图中聚环氧乙烷分子链形成螺旋状，由锂盐解离成的锂阳离子处在螺旋体的中心并与周围的氧原子形成配位键。当有电场力作用时，锂离子可以沿着螺旋体轴向移动，而不破坏络合物结构的完整性。很显然，这样一种安排使前面提到的无扰亚晶格离子迁移导电过程可以发生。当然，在离子导电高分子材料中是否存在这种螺旋结构尚不得而知；但是这类高分子材料的高离子导电性质却是事实。此外，材料中是否含有螺旋结构并不影响配位键的形成；甚至在非晶态时（符合大多数聚合物形态）也没有困难，这种络合结构非常有助于离子对的解离，毕竟聚合物具有较强的溶剂合能力对于提高盐的解离程度是十分必要的。考虑到上述因素，对于聚合物的离子电导能力的计算公式经过适当修正可以用下式表达：

$$P = \exp(-V/\bar{V}_f - E_A/kT - W/kT)$$

其中，$-V/\bar{V}_f$ 项与自由体积和玻璃化转变温度有关，E_A/kT 项与离子转移时的活化能有关，W/kT 项与盐在聚合物中的解离度有关。

三、离子导电聚合物的结构特征和性质与离子导电能力之间的关系

1. 聚合物玻璃化转变温度的影响

从以上的理论分析可知，体积较大的离子在聚合物中迁移需要聚合物分子热振动产生的自由体积，而自由体积的产生和大小与材料的物理状态和温度相关。其中决定聚合物能否发生离子导电的一个重要因素是聚合物的玻璃化转变温度。在玻璃化转变温度以下，聚合物链段处在冻结状态，不能产生自由体积，离子则不能通过分子链段的热运动进行扩散迁移，不构成载流子，聚合物没有离子导电能力。在玻璃花转变温度以上，温度提升则自由体积增大，离子导电能力提高。通常聚合物的玻璃化转变温度是作为高分子电解质使用的下限使用温度。要取得理想的离子导电能力并有合理的使用温度，降低离子导电高分子材料的玻璃化转变温度是关键。聚合物科学的研究结果表明，影响聚合物玻璃化转变温度的主要因素是聚合物的分子结构和晶体化程度。分子间力小的聚合物分子，有利于分子的热运动，会降低其玻璃化转变温度。因此，降低分子间力是降低聚合物玻璃化转变温度的有效方法之一。研究结果表明，提高聚合物中饱和键比例可以在很大程度上降低玻璃化转变温度。由于分子内碳碳单键两边的基团可以绕 σ 键旋转，因此分子中含有的 σ 键越多，分子的柔顺性就越好，玻璃化转变温度就越低。反之，如果分子内含有的 π 键越多，环形分子结构成分越多，由于分子失去内旋转能力，分子的刚性就越强，玻璃化温度就越高。此外，通过嵌段共聚、无规共聚等方法也可以得到结构不规整的高分子材料，达到降低分子间力的作用。上述方法不仅能够有效降低高分子材料的玻璃化转变温度，而且还能降低聚合物的结晶度，扩大非晶区比例，有利于离子的迁移。如果聚合物中碳链之间发生交联形成网状结构，将会影响聚合物分子内的旋转作用，玻璃化转变温度也会升高。但是，玻璃化转变温度不是唯一影响因素，过

低的玻璃化温度将降低材料的力学性能。

2. 聚合物溶剂化能力的影响

聚合物对离子的溶剂化能力决定正、负离子能否解离，并独立存在，是影响其离子导电能力的重要因素之一。对离子的溶剂化能力过低，无法使盐解离成正、负离子。因此设法提高聚合物的溶剂化能力是制备高性能离子导电高分子材料的重要内容。对于有机化合物的溶剂化能力一般可以用介电常数衡量，即介电常数大的聚合物溶剂化能力强。而增加聚合物分子中的极性键的数量和强度或者增加极性取代基的比例，可以增大其介电常数，有利于提高聚合物的溶剂化能力。此外，当分子内含有能与阳离子形成配位键的给电子基团或者配位原子时，聚合物与阳离子之间的相互作用力将因为生成配位键而大大增强，有利于盐解离成离子。这时聚合物分子的介电常数反而只起次要作用。目前发现的性能最好的离子导电聚合物分子结构中大多含有聚醚结构，其中的氧原子与阳离子形成配位键是最主要的原因。

3. 聚合物其他因素的影响

除了上述两种影响因素之外，聚合物分子量的大小，分子的聚合程度等内在因素；温度和压力等外在因素也会对离子导电聚合物的力学性能产生一定影响。其中温度的影响比较显著，是影响聚合物离子导电性能的重要环境因素。当离子导电高分子材料处在其玻璃化转变温度以下时，没有离子导电能力，聚合物不能作为电解质使用。在此温度以上，离子导电能力随着温度的提高而增大。这是因为温度提高，分子的热振动加剧，可以使自由体积增大，给离子的定向运动提供了更大的活动空间。而随着温度的提高，聚合物的力学性能也随之下降，会降低其实用性，两者必须兼顾。实践表明作为固态电解质使用，使用温度应高于该聚合物玻璃化转变温度100℃为宜。

四、离子导电聚合物的制备

按照聚合物的化学结构分类，离子导电聚合物主要有以下三类：即聚醚、聚酯和聚亚胺。它们的结构、名称、作用基团以及可溶解的盐类列于表3-5中。

表 3-5　常见离子导电聚合物及使用范围

名　称	缩写符号	作用基团	可溶解盐类
聚环氧乙烷	PEO	醚基	几乎所有阳离子和一价阴离子
聚环氧丙烷	PPO	醚基	几乎所有阳离子和一价阴离子
聚丁二酸乙二醇酯	PEsuccinate	酯基	$LiBF_4$
聚癸二酸乙二醇	PEadipate	酯基	$LiCF_3SO_3$
聚乙二醇亚胺	PEimine	氨基	NaI

1. 离子导电聚合物的合成方法

从表3-5中数据可以看出，聚环氧类聚合物是性能最好、最常用的聚醚型离子导电聚合物。该类化合物的制备方法比较简单，主要以环氧乙烷和环氧丙烷为单体原料，通过开环聚合得到。因为这些单体均是三元环醚，键角偏离正常值较大，在分子内有很大的张力存在，很容易发生开环聚合反应，生成聚醚类聚合物。某些阳离子、阴离子或者配合物都可以作为引发剂引发此类开环聚合反应。由于离子导电高分子材料的性能要求最好有较大的分子量，以提供较高的力学性能，而阳离子聚合反应中容易发生链转移等副反应，会使得到的聚合物分子量降低，因此在离子导电高分子材料的制备中使用较少。目前主要采用阴离子聚合工艺。在环氧乙烷的阴离子聚合反应中，金属的氢氧化物、烷氧基化合物等均可以作为引发剂进行阴离子开环聚合。环氧化合物的阴离子聚合反应带有逐步聚合的性质，生成的聚合物的分子量随着转化率的提高而逐步提高。其平均聚合度与产物和起始物的浓度有如下关系：

$$X_n = \frac{[C_2H_4O]_0[C_2H_4O]_t}{[CH_3O^-Na^+]}$$

式中，下标 0 和 t 分别代表起始时和 t 时间的单体浓度。关系式表明，提高单体的初始浓度和降低碱的浓度有利于获得高分子量的聚合物。

在环氧化合物开环聚合过程中，由于起始试剂的酸性和引发剂的活性不同，引发、链增长、交换（导致短链产物）反应的相对速率不同，对聚合速率，合成产品分子量的分布造成比较复杂影响。比如，环氧丙烷的阴离子聚合反应存在着向单体链转移现象，导致生成的聚合物分子量下降。采用阴离子配位聚合反应制备聚环丙烷相对较好。引发剂可以使用 $ZnEt_2$ 与甲醇体系。此类聚合反应的机理比较复杂，这里不再赘述，有兴趣的读者可以参阅有关专著。下面给出了两种主要环氧聚合物的反应式和生成的产物结构。

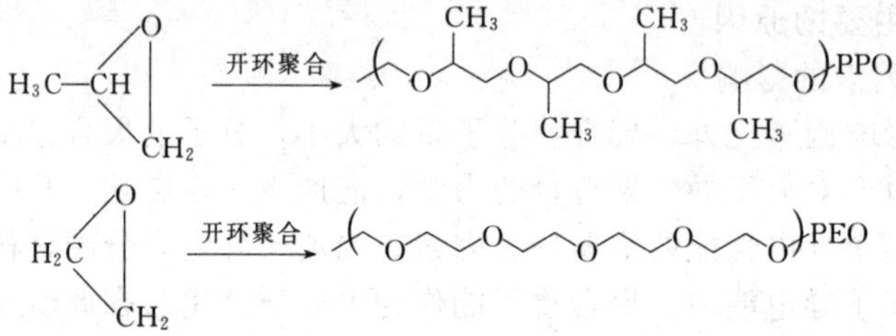

聚酯和聚酰胺是除了聚醚之外的常见离子导电聚合物，其中乙二醇生成的聚酯性能比较好，一般由缩聚反应制备。采用二元酸和二元醇进行聚合得到的是线型聚合物，生成的聚合物柔性较大，玻璃化温度较低，具有较好的离子导电性能。同样，二元酸衍生物与二元胺反应得到的聚酰胺也有类似的性质。这两类聚合物的聚合反应式如下。

$$HO-CH_2CH_2-OH + R'OOCR''COOR' \longrightarrow HO(CH_2CH_2OOCR''CO)_n-OR' + R'OH$$
$$H_2NRNH_2 + ClOCR'COCl \longrightarrow H(NHRNHOCR'CO)_n-H + HCl$$

除了上面提到的几种类型的离子导电聚合物之外，最近还有报道聚磷嗪型聚合物（polyphosphazenes）也有良好的离子导电性能。这种材料的合成主要有两种方法[38]：一种是以氯代磷嗪三聚体为原料，通过开环聚合得到；另外一种是以 N-二氯磷酰-P-三氯单磷嗪或者 N-二氯磷基-P-三氯单磷嗪为原料，通过缩聚反应制备。其反应式如下：

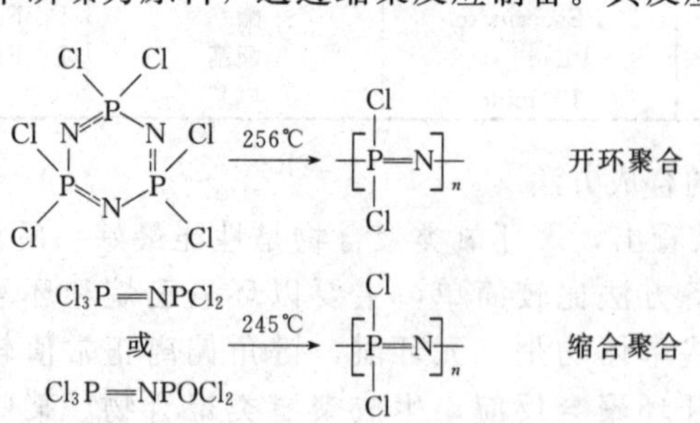

2. 导电聚合物的性能改进方法

为了提高离子导电高分子材料的使用性能，在制备方法改进研究方面已经取得了较大进展。目前采用的主要改进方法有以下几种。

（1）采用与其他类型单体共聚的方法降低材料的玻璃化转变温度和结晶性能。包括无规共聚、嵌段共聚和接枝共聚，使分子的规整度下降，用以减少分子间作用力。通过非极性单体和极性单体的共聚反应还可以得到双相聚合物，达到既提高其离子导电性能，又不减少其力学性能的目的。

（2）对线型聚合物分子采用适度交联方法降低材料的结晶性。由于交联作用抑制了离子导电聚合物的结晶性并且提高材料的力学性能；但是交联作用也会提高材料的玻璃化转变温度和抑制离子的自由迁移，因此适度交联是关键。

（3）采用共混方法制备混相材料，降低玻璃花转变温度，提高导电性能。采用两种性质差别很大的聚合物进行共混后可以起到共聚方法相类似的作用。

（4）采用增塑方法降低材料的玻璃化转变温度和结晶度。同时加入介电常数大的增塑剂可以加大盐的解离，增加有效载流子的数目。在离子导电聚合物制备过程中使用较多的增塑剂有碳酸乙烯酯和碳酸丙烯酯等。

对于有实际应用意义的高分子固体电解质，除要求有良好的离子导电性能之外，根据具体使用环境，还需要满足下列要求。

（1）在使用温度下应有良好的机械强度。

（2）应有良好的化学稳定性，在固态电池中应不与锂和氧化性阳极等发生反应。

（3）有良好的可加工性，特别是容易加工成薄膜使用。

但是，增加聚合物的离子电导性能需要聚合物有较低的玻璃化温度，而聚合物玻璃化温度低又不利于保证聚合物有足够的机械强度，因此这是一对应平衡考虑的矛盾。提高机械强度的办法包括在聚合物中添加填充物，或者加入适量的交联剂。经这样处理后，虽然机械强度明显提高，但是玻璃化温度也会相应提高，影响到离子导电材料的使用温度和电导率。对于玻璃化温度很低，但是对离子的溶剂化能力也低，因而导电性能不高的离子导电高分子材料，用接枝反应在聚合物骨架上引入有较强溶剂化能力的基团，有助于离子导电能力的提高。采用共混的方法将溶剂化能力强的离子型聚合物与其他聚合物混合成型是一个提高固体电解质性能的方法。最近的研究表明，采用在聚合物中加入溶解度较高的有机离子或者采用复合离子盐，对提高聚合物的离子电导率有促进作用。

五、离子导电聚合物的应用

离子导电聚合物最主要的应用领域是作为固体电解质在各种电化学器件中替代液体或半固体电解质使用。虽然目前生产的多数高分子固体电解质的电导率还达不到液体电解质的水平，但是由于聚合电解质的机械强度较好，可以制成厚度小，面积很大的薄膜；因此由这种材料制成的电化学装置的结构常数可以达到很大数值，使两电极间的绝对电导值可以与液体电解质相近，完全可以满足实际需要。比如，按照目前的研制水平，聚合电解质薄膜的厚度一般为$10\sim100\mu m$（液体电解质至少要在毫米量级以上），其电导率可以达到 100 S/m。目前固体电解质主要在以下领域获得应用[39]。

1. 在全固态和全塑电池中的应用

全固态电池是指其正负电极、电解质等全部部件均由固体材料制成的电池，全塑电池是指其上述全部主要构件都由高分子材料组成，是高性能电池的发展方向。全固态电池由于彻底消除了腐蚀性液体电解质，因此其质量轻、体积小、寿命长的特点得以体现。全塑电池是将电池的阴极、阳极、电解质和外封装材料全部塑料化（高分子化），大大减少重量和对环境的污染。在上述两类电池中，都可以利用高分子导电材料的良好力学性能和易于加工性质，将电极和电解质全部加工成膜状，然后一次叠合组装成目标形状。膜状的聚合物电解质具有电导高（厚度小）、承载电流大（面积大）、单位能量体积小（用量小）等诸多优点。还可以很容易地制备成诸如超薄、超小电池。目前离子导电聚合物已经在锂离子电池等高容量、小体积电池制造中获得应用[40]。

2. 在高性能电解电容器中的应用

电解电容器是大容量、小体积的电子器件，其中介电材料采用电解质材料。将其中的液体电解质换成高分子电解质，可以大大提高器件的使用寿命（没有挥发性物质）和增大电容容量（可以大大缩小电极间距离）。此外，还可以提高器件的稳定性，从而达到提高整个电子设备稳定性的目的。

3. 在化学敏感器研究方面的应用

很多化学敏感器的工作原理是电化学反应，在这类器件制备过程中，采用聚合物电解质替代液体电解质有利于器件的微型化和可靠性的提高。采用离子导电聚合物作为固体电解质已经在二氧化碳、湿度等敏感器制备中获得应用[41]。

4. 在新型电显示器件方面的应用

高分子电致变色和电致发光材料是当前开发研究的新一代显示材料，以这些材料制成的显示装置有一个共同的特点是依靠电化学过程。由于聚合物电解质本身的一系列特点，特别适合在上述领域中使用。目前聚合物电解质已经在电致变色智能窗[42]，聚合物电致发光电池[43]等场合获得应用。

与其他类型的电解质相比较，由这些离子导电聚合物作为固态电解质构成的电化学装置归纳起来有下列优点。

① 容易加工成型，力学性能好，坚固耐用。

② 防漏、防溅、对其他器件无腐蚀之忧。

③ 电解质无挥发性，构成的器件使用寿命长。

④ 容易制成结构常数大，因而能量密度高的电化学器件。

由固态电解质制成的电池特别适用于植入式心脏起波器、计算机存储器支持电源、自供电大规模集成电路等应用场合。

当然目前已经开发出的离子导电聚合物作为电解质使用也有其不利的一面。主要表现如下。

（1）在固体电解质中几乎没有对流作用，因此物质传导作用很差，不适用于电解和电化学合成等需要传质的电化学装置。

（2）如何解决固体电解质与电极良好接触问题要比液态电解质困难得多。由于电极和电解质两固体之间表面的不平整性，导致实际接触面积通常仅有电极表面积的 1% 左右。给使用和研究带来不便。特别是当电极或者电解质在充放电过程中有体积变化时，问题更加严重，经常会导致电解质与电极之间的接触失效。

（3）目前开发的固态电解质其常温离子导电能力一般相对比较低，并要求在较高的使用温度下使用。还需要开发低温聚合固体电解质满足实际需求。

第四节　氧化还原型导电聚合物简介

根据本章前面给出的在材料两端施加电压，材料内部载流子定向迁移产生电流的导电定义，除了电子和离子型导电聚合物比较常见外，还有一种称为氧化还原型导电聚合物存在。从载流子类别来看其属于电子导电，发生定向迁移的是电子或者空穴；从导电特征上来看不具备常规电子导体的欧姆特征，即产生的电流与施加的电压并不成线性关系；从结构上看，这类聚合物的侧链上常带有可以进行可逆氧化还原反应的活性基团，有时聚合物骨架本身也具有可逆氧化还原能力。对于氧化还原型导电聚合物，当聚合物的两端通过正负电极施加某一数值的直流电压后，在电极电势的作用下，聚合物内的电活性基团发生可逆的氧化还原反应，在反应过程中伴随着电子定向转移过程发生。如果电极之间电压促使电子转移的方向一致，聚合物中将有电流通过，即产生导电现象。这种导电材料的导电机理如图 3-17 所示。

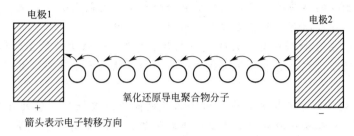

图 3-17　氧化还原型导电聚合物的导电机理

氧化还原型聚合物的导电机理应该用氧化还原反应机理解释：当电极电位达到聚合物中电活性基团的还原电位（或氧化电位）时，靠近电极的活性基团首先被还原（或氧化），从电极得到（或失去）一个电子，生成的还原态（或氧化态）基团可以通过同样的还原反应（氧化反应）将得到的电子再传给相邻的基团，自己则等待下一次还原（或氧化）反应。如此重复，直至将电子传送到另一侧电极，完成电子的定向转移。从上面分析可以看出，具备良好导电能力的氧化还原聚合物其含有的化学官能团应该具有氧化还原反应的可逆性。

严格来讲，氧化还原型导电聚合物不应算作导电体，因为该聚合物并不遵循导体的导电法则。因为，它们的电压-电流曲线是非线性的，除了在氧化还原基团特定的电位范围内聚合物有导电现象以外，在其他情况下都是绝缘体。

氧化还原型导电聚合物的主要用途是作为各种用途的电极材料，特别是作为一些有特殊用途的电极修饰材料。由此得到的表面修饰电极广泛用于分析化学、合成反应和催化过程，以及太阳能利用、分子微电子器件、有机光电显示器件的制备等方面。

本 章 小 结

1. 导电高分子材料是一种具有高分子结构特征的分子型导电材料。根据其组成和结构划分成复合导电高分子材料和本征导电高分子材料。根据导电过程中载流子的不同，本征型导电高分子材料还可以分成电子导电高分子材料、离子导电高分子材料和氧化还原型导电高分子材料。

2. 复合导电高分子材料通常由高分子连续相和导电分散相构成，其中导电分散相包括金属系、金属氧化物系、碳系和本征导电高分子材料等四种类型。分散相的形态包括粉体和纤维两种，复合方式包括分散复合、表面复合和层合等几种类型。导电分散相的种类和性质决定导电材料的电导率。

3. 根据材料的性质和使用领域，常见的复合导电高分子材料包括导电塑料、导电涂料、导电黏合剂、导电橡胶等。除了导电性能之外，上述导电材料的使用性能通常取决于集体材料的性质。

4. 复合导电高分子材料的导电机理有导电通路理论和隧道导电两种理论。前者的主要证据是存在临界浓度，在临界浓度之上导电分散相相互接触构成导电通路；而后者的主要证据来源于显微结构分析，在临界浓度以下也表现出一定导电能力。

5. 某些复合导电高分子材料具有明显的温敏和压敏性质，在特定温度范围表现出明显的正温度系数效应，其原理可以用热膨胀理论和晶区破坏理论解释。前者认为基体材料与导电分散相的热膨胀系数不同，温度升高导致导电通路破坏而电阻增大。后者的基础是导电分散相只分散在聚合物的非晶区，认为在接近复合材料熔点时晶区融化扩大，导电性扩散进入新形成的非晶区，导致原有导电通路破坏，引起电阻上升。

6. 电子导电高分子材料由具有大的线型或面型共轭分子结构的聚合物构成，离域性的 π 电子是潜在的载流子，在电场力作用下载流子在共轭结构内定向迁移，分子之间的迁移通过跳转作用实现。

7. 未经掺杂处理的电子导电高分子材料的导电能力比较低，一般处在半导体的导电范围，经过掺杂后，电导率一般可以提高若干个数量级，进入金属导电范围。掺杂和去掺杂过程通常是可逆的，因此可以通过掺杂过程控制材料的导电性质。

8. 掺杂过程的实质是使导电高分子材料本身发生了氧化或还原反应，在 π 键的 HOMO 拉出一个电子（p-型掺杂）或者在 π 键的 LUMO 加入一个电子（n-型掺杂），构成能量居中的半充满分子轨道（孤子）。掺杂的结果是大大降低了电子迁移的活化能。

9. 掺杂过程可以通过化学掺杂（加入氧化剂或者还原剂）、电化学掺杂（利用电极反应完成氧化或还原反应）、光掺杂（光引发氧化或还原反应）等几种类型。

10. 电子导电高分子材料通常还具有电致变色、电致发光和光导电性质。电子导电材料在电磁波吸收（隐身）和金属材料防腐方面也获得应用。

11. 离子导电高分子材料由含有可移动离子的非晶态柔性高分子构成，具有对正负离子的溶剂化能力和允许体积相对较大的离子迁移的结构是构成离子导电高分子材料的必要条件。离子导电高分子材料的导电机理主要用非晶区离子传输理论解释，高分子与阳离子的配位作用解释其溶剂化能力。

12. 常见的离子导电高分子材料主要有聚醚、聚酯、聚酰胺和聚磷嗪等。离子导电高分子材料在全固态电池、高性能电容器、化学敏感装置和新型电显示装置研究方面具有应用潜力。

13. 氧化还原型导电高分子材料是指材料内部具有可逆氧化还原基团，氧化还原基团之间在电场作用下依次发生氧化还原反应，反应过程中电子发生定向转移而导电。氧化还原型导电高分子材料其导电能力与施加的电场强度相关，即只发生在氧化还原基团的特定电极电位附近，而且其电流与电压关系不呈线性。这类导电高分子材料在化学敏感装置制备方面具有重要应用价值。

思考练习题

1. 根据导电聚合物的不同划分方式，聚噻吩、聚苯胺、含有炭黑的导电橡胶、含有炭黑和环氧树脂的导电黏合剂、侧链带有 n-甲基吡啶盐的聚乙烯、含有氯化锂盐的聚环氧丙烷分别属于什么类型的导电高分子材料？

2. 在复合导电高分子材料中，高分子连续相和炭黑或金属粉体分散相分别承担哪些作用？需要条件导电性能和黏结性能，需要调节哪些成分？

3. 由炭黑/聚合物构成的复合导电高分子材料具有明显的正温度系数，根据其产生机理分析，对于减小或者提高该材料的正温度系数可以从哪些方面入手？

4. 具有正温度系数的复合导电高分子材料是温度敏感材料，可以用于用于过热保护装置，假如目前被保护的对象是燃气热水器，分析温度敏感材料在被保护体温度升高后如何发挥作用？

5. 从化学结构分析聚吡咯作为高分子导体的结构依据是什么？

6. 从分子轨道理论分析，为什么对导电高分子材料进行化学掺杂、电化学掺杂和光掺杂能够大大提高其导电能力？尝试提出一种设计方案利用上述效应分别作为化学敏感器、导电开关和光导电器件。

7. 很多电子导电高分子材料在经过电化学掺杂后，颜色会发生明显变化，即表现出电致变色效应，从分子轨道理论出发，分析其电致变色机理。

8. 氯化钠是一种离子型化合物，但却不是离子导电体，根据离子导电理论分析为什么？

9. 在离子导电高分子材料中，结晶度对其导电能力有很大影响，请问为什么？如何才能控制高分子材料的结晶性？

10. 从分子结构考虑，聚环氧乙烷并不是一个极性化合物，但是对离子型物质却表现出很强的溶剂化能力，给出可能的理论解释？如果将其中的氧原子更换成氮原子，其导电性能会发生哪些变化？

11. 氧化还原型导电聚合物是依靠氧化还原反应过程中电子的定向转移实现导电过程的，要实现上述过程，材料中具有可逆氧化还原基团是必要条件，请分析为什么？

12. 对于大多数氧化还原型导电聚合物来说，在导电过程中表现出的电流-电压关系曲线有哪些特征？为什么？

参考文献

[1] Seanor D A. Electrical Properties of Polymers. London：Academic Press Inc，1982：2.

[2] (a) Shirakawa H，Louis E J，MacDiarmid A G，Chiangand C K，Heeger A F，J Chem Soc，Chem Commun，1977，578.

(b) Chiang C K，Park Y W，Heeger A J etal. J. Chem Phys，1978，69：5098.

[3] 裴坚. 大学化学，2001，16（20）：15.

[4] 汤浩，陈欣方，罗云霞. 高分子材料科学与工程，1996，12（3）：6.

[5] 张征林，王怡红等. 电子元件与材料，1999，18（1）：32.

[6] 汤浩，陈欣方，罗云霞. 高分子材料科学与工程，1996，12（2）：1.

[7] Polley M T et al. Rubber Chem Technol，1957，30：170.

[8] 李斌，赵文元. 高分子材料科学与工程，2006，1：158.

[9] Sheng P et al. Phys Rev，1978，B81：5712.

[10] 郑桂成，赵文元，化学工业与工程，2012，3：15.

[11] Wessling. B，Synthetic Metal，1998，93：143.

[12] (a) 李俊燕，陈平. 纤维复合材料，2012，2：11.

(b) 赵宏杰，李勃，周济，黎维彬. 功能材料，2012，23：3190.

[13] Skotheim T A. Handbook Conducting Polymers. New York：Marcel Dekker Inc，1986.

[14] Peierls R E. Quantum Theory of Solids. Oxford University Press，1955.

[15] Su W P，Schrieffer J R，Heeger A J. Phys Rev Lett，1979，42：1698.

[16] Roth S et al. Conducting Polymer. Klauwer，Dordrecht.

[17] Mott N F，Davis E A. Electronic Processes in Non-Crystalline Materials. Oxford：Clarendon Press，1979.

[18] Wohrle D. Macromol Chem，1974，175：1751.

[19] Gibsonetal H W，J Phys Paris，Colloque，1983，C3，C3：651.

[20] Snow A W. Nature，1981，40：292.

[21] Marvel C S，Sample J H and Roy M F，*J Am Chem Soc*，1969，61：3241.

[22] Drefahl G，Horhold H H and Hesse E. East German Patent，1966，50：954；CA66，86117r.

[23] Letheby H J Chem Soc，1962，15：161.

[24] Dall'Olio A，Dascola Y，Varacca V and Bocchi V. *C R Hebd Seances Acad Sci Ser*，1968，C267，433.

[25] Diaz A F，Kanazawa K K and Gardini G P，*J Chem Soc Chem Commun.*，1979，635.

[26] Naarmann H. *Adv Mater*，1990，2（8）：345.

[27] Li C，Ding L-l，Cui H，Zhang L-b，Xu K，Ren H-q. *Bioresource Technology*，2012，116：459.

[28] 韩丽娟，方晓明，张正国. 材料导报，2013，1：13.

[29] 秦秀兰，黄英，杜朝锋. 磁性材料及器件，2007，4：15.

[30] Laurent Olmedo. Adv Mater，1993，5：373.

[31] Burroughs J H et al. Nature，1990，347：539.

[32] Soga K and Ikeda S. Handbook of Conducting Polymers. New York：Marcel Dekker Inc，661.

[33] Shu C F，Wrighton M S，Electrochemical Surface Science. ACR-Symp Ser，1988，408.

[34] (a) 卢海，张治安，赖延清，李晶. 电池，2007，37（4）：309.

(b) 刘东，应用化工，2007，36（8）：819.

[35] 陈世刚，赵文元，孙长志. 功能材料，2007，38：2598.

[36] Mocanin J and Cuddihy E F. *J. Polymer Sci C*，1966，14：313.

[37] Owen J R. Electrochemical Science and Technology of Polymers-1. London：Elsevier Applied Science，

Chapter3，47.

[38] 李振，詹才茂，秦金贵. 功能高分子学报，2000，13（2）：240.

[39] 赵峰，钱新明等. 化学进展，2002，5：374.

[40] 马千里，顾利霞. 材料导报，1999，13（6）：28.

[41]（a）周仲柏，周亚民. 武汉大学学报，1999，45（2）：135.

（b）邱法斌. 云南大学学报，1997，19（2）：177.

[42]（a）崔敏惠等. 压电与声光，1996，18（2），88.

（b）吴正华等. 太阳能学报，1996，241.

[43] 李永舫，裴启兵. 高分子通报，1997，1：8.

第四章　电活性高分子材料

电活性高分子材料是指那些在电参数作用下，由于材料本身组成、构型、构象或超分子结构发生变化，因而表现出特殊物理和化学性质的高分子材料。电活性高分子材料是功能高分子材料中发展非常迅速的研究领域，在应用方面也有重大突破。这种材料之所以获得广泛重视，是由于电参量控制是目前最容易使用的控制方式，同时也是最容易测定的参量。自从人类发明使用电以来，电已经成为人类生活中最常见的能源和控制手段。而电活性功能高分子的功能显现和控制是由电参量控制的，因此，这些材料的研究一经获得成功，就会很快被投入到生产和生活领域，获得广泛实际应用。

第一节　电活性高分子材料概述

一、电活性高分子材料的定义和分类

任何材料都是由电子和原子核构成，这些带电粒子或多或少都会受到外界电场等电参量的影响，进而导致其分布和结构的变化，而这些变化又会直接影响材料的性能。一般认为这些在电参量作用下能够明显表现出特殊的物理或化学性质的材料被称为电活性材料，具有高分子骨架的电活性材料称为电活性高分子材料。这些特殊的物理或化学性质包括材料在声、光、色、形等外在表现形式，也可以是电、磁、化学反应等内在特征。根据施加电参量的种类和表现出的性质特征不同，可以将电活性高分子材料大致分成以下几类。

① 高分子导电材料　是指在材料两端施加电场后，材料内部有明显电流通过或者经过电化学掺杂后导电能力发生明显变化的高分子材料。电阻低是这种高分子材料的基本特征。

② 高分子驻极体材料　是指在电场作用下材料荷电状态或分子取向发生变化，也可以是以其他方式注入电荷引起材料永久或半永久性极化，宏观电荷发生分离。这类材料通常能够表现出压电或热电性质。

③ 高分子电致变色材料　指那些在电场作用下，材料内部化学结构发生变化，因而引起可见光吸收波谱发生变化的高分子材料。如果在可见光区发生这种变化，能够显示出电控颜色改变性质。

④ 高分子电致发光材料　指注入电荷后在材料内部形成高能态的激子，而激子以辐射方式释放能量，具有这种性质的高分子材料（装置）称为电致发光高分子。利用材料的这种性质能够将电能直接转换成可见光或紫外光。

⑤ 高分子介电材料　主要指那些在电场作用下具有较大瞬间极化能力的高分子材料，表现出较大的介电常数，其极化能力和速度受到材料分子组成、官能团和聚集态结构的影响。这类高分子材料能够在电容器中以极化方式储存电荷。在不同频率的交变电场作用下极化程度不同。

⑥ 高分子电极修饰材料　指用于对各种电极表面进行修饰的高分子材料，这种材料可以改变和调整电极性质，从而达到扩大电极性能、拓展使用范围、提高使用效果的目的。

二、电活性高分子材料的属性和特点

众所周知，世界万物都是由原子构成，不同的原子中分别含有若干带正电荷的质子和围绕着原子核运行的若干带负电荷的电子。当不同原子间的电子发生相互作用生成各类化学键

时组成千变万化的分子。可以认为电作用力是物质结构形成的基础。这些分子内的结构或多或少都会受到外加电场的作用而改变，结构的改变能直接造成性质的改变。电活性高分子材料就是指那些容易受到外界施加的电参量影响而发生结构和组成改变，从而显示出不同性能的功能高分子。当电参量被施加到高分子材料后有时仅发生物理变化，如高分子介电材料在电场作用下发生的极化现象；高分子驻极体当被注入电荷后，由于其高绝缘性质，发生正负电荷的分离现象。这时材料内部仅仅发生电荷分布变化，分子的化学键并没有发生改变。高分子电致发光材料在注入电子和空穴后，最高占有轨道和最低空轨道等分子轨道会发生改变，在材料中复合成激子储存能量，在激子回到基态时释放出的能量以光的形式放出。这些性质被称为材料的电物理效应。在另外一些场合，电活性材料在电参量的作用下会发生化学变化，而表现出某种特定功能。如电致变色材料是吸收电能后发生可逆的电化学反应，自身结构或氧化还原状态发生变化，从而导致其光吸收特性在可见区发生较大改变而显示颜色变化。这种性质通常被称为电化学效应。聚合物修饰电极则两种情况都可能发生，有时是由于电活性高分子材料的存在，改变电极表面的物理特性，如选择性修饰电极；有时则是在电极表面的电活性材料发生化学变化，从而导致电极电势的改变。此外，某些电活性高分子材料能否显示出某种特殊性能往往还需要通过具有特定结构和组成的器件才能表现出来的，器件的结构和组成往往决定着物理化学性能的实现。也就是说，预定性能的好坏不仅取决于材料本身，还与器件构成的具体环境密切相关，在这点上与其他类型的功能高分子材料差别较大。因此，在电活性高分子材料研究中，结构与性能的研究和作用机理研究要复杂得多[1]。

本书中将导电高分子材料已经单独作为一章进行介绍，而高分子介电材料多数人并不把其列为功能材料，因此在本章中主要介绍高分子驻极体材料、高分子电致变色材料、高分子电致发光材料和聚合物修饰电极四个方面的内容。

第二节　高分子驻极体材料

驻极体如同磁性材料一样，在自然界，特别是生物体内广泛存在。人们发现研制出驻极体并获知驻极体相关性质已经有 100 多年的历史。1892 年英国科学家 Heaviside 将极化后仍能保持其宏观电矩的材料命名为驻极体并给出驻极体的概念[2]。1919 年 Eeuchi 利用天然蜡、树脂和牛黄的共混体通过热极化方法研制成世界上第一块人工极化驻极体，并进行了系统研究[3]，人工生产驻极体的历史从此开始。1928 年 Selenyi 利用电子束和离子束注入技术在电介质中注入电荷得到了空间电荷型驻极体[4]，人们对驻极体的认识开始深化。随后关于驻极体相关的研究进入快速发展时期。在驻极体形成技术发展方面，进入 20 世纪 50 年代相继出现了多种类型的驻极体制造技术，如采用非穿透性的低能电子束注入技术、离子束注入技术、γ 射线辐照技术、电晕放电技术和液体接触驻极体形成技术等制造成功多种类型的驻极体材料。在高分子驻极体性质研究方面，在 20 世纪 50 和 60 年代内相继有了重大突破。Fukada 及其他一些学者发现了聚合物驻极体材料的压电性质[5]，Kawai 于 1969 年首次报道了聚偏氟乙烯（PVDF）具有铁电性质和强压电效应[6]，Bergman 于 1971 年报道了 PVDF 具有强热释电效应[7]，都是这一时期重要的研究成果。近年来，由于聚合物型压电材料的实际和潜在的应用价值被先后发现，高分子驻极体的应用开发获得了快速发展。1962 年 Bell 实验室首先利用驻极体的压电效应，采用聚合物薄膜型驻极体制造出了电容型驻极体麦克风[8]。随后，各种高分子驻极体型压电传感器、温度传感器、微动开关等实用器件相继研制成功。此外，作为驻极体的基本组成部分的生物驻极体及复合材料驻极体研究近年来也取得了令人瞩目的进展。

一、高分子驻极体的物理属性

驻极体（electret）是特指那些在无外加电场条件下，也能够长期储存空间电荷或极化电荷，具有宏观电矩的电介质材料。显然，长期荷电是形成驻极体的基本条件，宏观电矩是驻极体的基本性质。驻极体在作用方式方面非常类似于永磁体，如同永磁体拥有 S 极和 N 极一样，驻极体拥有带正电荷的正极和显示负电荷的负极；永磁体在其周围能够建立一个磁场，驻极体由于电荷分布特点，也可以形成外电场，即在材料周围形成具有特定方向和大小的静电场；磁体都具有磁矩属性，驻极体则都具有电矩属性。驻极体的性质主要是由其内部正负电荷分布偏移造成的电荷不平衡产生的。驻极体所携带的电荷可以是真实电荷，也可以是极化电荷，或者两者均有之。真实电荷是由材料内部原有的或者外部加入的各种荷电粒子（电子、空穴、正、负离子等）构成。极化电荷是在外加电场作用下，材料被极化诱导产生，而且极化状态被冻结并长时间保持而形成。驻极体可以受到外界电场或者磁场的作用而发生不同种类的变化，同时驻极体产生的电场也可以作用到其他物体产生特殊效应；因此驻极体材料是一种重要的功能材料。当驻极体与金属导体电极结合时，在电极表面生成感应电荷，两者互相抵消，则没有外电场生成。因此，金属导体对驻极体产生的电场有屏蔽作用。

根据形成驻极体的材料不同，可以将其划分成高分子驻极体、无机陶瓷驻极体和由高分子材料与压电陶瓷构成的复合型驻极体三类。根据在形成和应用过程中采用电极系统的不同，还可以将驻极体分成无电极驻极体、单电极驻极体和双电极驻极体三种形式。其中高分子驻极体具有材料来源广，加工性能优异，性能可调等特点。复合型驻极体则可以充分发挥两种功能材料的优点，满足各种应用领域的需求。

理论分析指出，任何高分子材料在外加电场作用下都会表现出一定的极化性质。所谓的极化性质是指材料中的电荷（包括束缚电荷和自由电荷）在外加电场的作用下发生重新分布的性质，其中带有正电荷的部分倾向于向负极方向移动，带有负电荷的部分倾向于向正极方向移动。这种电荷重新分布过程就是极化过程，极化性质是物质的普遍性质。但是对于大多数高分子材料来说，这种极化性质往往随着外加电场的施加而产生，同时也随着外加电场的消除而消失，即材料的极化过程与外加电场相关联。这种极化属性可以用材料的介电常数来表征。如果在撤销外加电场的情况下，高分子材料的极化状态能够较长时间保持，具有这种性质的材料即被称为高分子驻极体（polymeric electret）。高分子驻极体性质与材料的极化性质相关，也与材料的导电性质和聚集态结构相关。其实使聚合物中的正负电荷分离从而产生极化过程可以采用不同方法：①外加强电场使材料内部的偶极子发生旋转极化或者变形极化从而产生极化电荷；②对固态高分子材料施行注入电荷，既可以注入电子，也可以注入离子，这些注入的电荷可以停留在材料的表面，形成表面电荷，也可以深入材料的内部称为体电荷；③当材料一侧加上施加电压的电极，在材料的另一侧还会产生符号相反的感应电荷。此时如果高分子材料具有保持这种荷电状态的结构和性质，使它带有相对恒定的电荷长期储存而不消失，即可形成高分子驻极体。高分子驻极体的荷电状态和结构如图 4-1 所示。

从图 4-1 中可以看出，驻极体中的电荷，可以是单极性的实电荷，也可以是偶极极化的极化电荷。实电荷是通过注入载流子的方式获得的，如聚乙烯、聚丙烯等没有极性基团的聚合物，借助电子或离子注入技术而储存的电荷为实

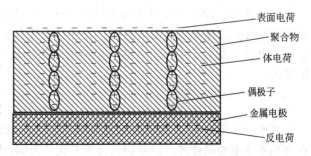

图 4-1　高分子驻极体荷电状态和结构

电荷。实电荷可以保留在高分子材料的表面成为表面电荷，也可以穿过材料表层进入材料内部而成为空间电荷或体电荷。极化电荷是在电场作用下，材料本身发生极化，偶极子发生有序排列，造成材料内部电荷分离，在材料表面产生的剩余电荷。带有强极性键的高分子材料，如聚对苯二甲酸乙二酯（PET）、聚偏氟乙烯（PVDF）等，通过极化则形成极化电荷。在一定条件下，极化电荷和实电荷可以同时存在，比如在极化的同时电极可能注入载流子。

对于注入实电荷产生的高分子驻极体需要材料本身具有很高的绝缘性能，这样储存的电荷才能够保持足够长的时间而不消失。而电场极化产生的高分子驻极体需要分子内部具有比较多的偶极子，并且在电场作用下偶极子能够定向排列形成极化电荷；保持这种极化状态需要材料处在稳定状态，多数极化型高分子驻极体是结晶或半结晶状态。此外，某些极性高分子材料在没有电场作用情况下可以发生自发极化过程产生驻极体，材料的这种性质称为铁电性，与铁磁性相对应。

由于其空间电荷分布的不均匀性或者宏观电矩的存在，高聚物驻极体可作为静电场的源，在其周围形成一个特定指向的电场。这种静电场有很多有用的性质，比如在电容式声电换能器中可用驻极体代替电容的一个极板，可以省去直流偏压。高聚物驻极体可用于静电计中以产生电场，也可作为计量仪的敏感元件等。高分子驻极体纤维利用其静电吸引作用用于空气净化。利用驻极体的电场作用力还可以设计驻极体马达。

高分子驻极体一般都表现出压电特性（机械能与电能转换）、热电特性（热能与电能转换）和铁电特性（自发极化性质）。这些特殊性质在生产实践中具有很大应用潜力，受到人们的广泛重视，特别是在敏感器制造等领域获得越来越多的应用。与陶瓷驻极体相比，高分子驻极体具有储存电荷能力强，频率响应范围宽，容易制成柔性薄膜等性质，具有很大的发展潜力。

二、高分子驻极体的结构特征与压电、热电作用机理

高分子驻极体的核心性质是带有显性电荷，这种电荷在外部是可测的。这种电荷可以是极化产生的极化电荷，也可以是通过注入载流子形成的实电荷。因此驻极体的基本特征是具有宏观极化特征，这种特征与永磁材料相比较更容易理解。首先是驻极体与永磁体一样具有两极，一端带有正电荷为正极；另外一端带有负电荷为负极。分别与永磁铁的 N 极和 S 极相对应。其次是驻极体可以在其周边形成一个与距离和方向有关的电场，类似于永磁体的磁场。同时驻极体内的偶极子（电畴）类似于永磁体中的磁畴，偶极子的定向排列和磁畴的定向排列一样，是极化型驻极体产生的主要条件。衡量驻极体强度的指标是电矩，其定义也与永磁铁的磁矩相当。两者之间唯一的差别是永磁体的考量指标是磁学性质，而驻极体的考量指标是电学性质。驻极体材料一般都会或多或少表现出压电和热电性质。对于高分子驻极体来说，最重要的使用性质是围绕着压电效应和热电效应相关的一些物理量展开。

1. 高分子驻极体的压电性质（piezopoelectricity）

物质的压电特性是指当物体受到一个应力材料发生形变时，在材料表面能够诱导产生电荷 Q，从而改变其极化状态的性质。这种极化性质变化通常是可以测量的，表现为材料两端表面的电位差发生了变化。衡量材料压电能力的标准是压电常数，其中压电应变常数 d 其定义为：

$$d = \frac{1}{A} \times \frac{\delta Q}{\delta T}$$

其中，T 和 Q 分别表示应力和电量，A 为测试材料面积。公式表明，当 d 值较大时，在面积不变施加同样外力时获得的电量较大。材料的压电性质是一个可逆过程，是指这些材料受到外力作用时产生电荷，该电荷可以被测量或输出；反之，材料受到电压作用会产生形变，该形变可以产生机械功。一般认为，某些极化物质受到外力作用发生形变时会导致材料两端产生符号相反的束缚电荷变化，表现为材料两端电压发生变化；反之，若在材料两端施加电压时，由于极化强度发生变化，材料会发生形变，做机械功。物质的压电性是一种能够在电能和机械能之间进行能量转换的特性。其中施加外力使材料两端电压发生变化的性质称正压电效应；施加电压使材料发生形变的性质称逆压电效应。压电常数更准确的描述应该是材料应力、应变与其极化和电场强度之间相互作用关系的一种度量。

高分子材料一般都是非晶体或者部分结晶材料。从压电特性原理考虑，对于各向同性的非晶态材料在零电场状态下是不可能呈现压电和热电特性的。仅仅在材料内部由于空间电荷分布出现不均匀性或者分子内偶极矩发生取向，材料呈现各向异性，并且不存在对称中心时才能表现出压电和热电性质。

考察高分子材料的压电特性主要以其结构形态划分。对于非极性高分子材料一般只有空间电荷型驻极体表现出压电特性。在这种高分子驻极体中借助材料的绝缘性保持空间电荷在材料中的非均匀分布状态。一般空间电荷型驻极体对于均匀型形变不显示出压电特性，其压电效应产生于由于材料受到非均匀性的应力诱导的形变。当材料受到这类应力作用时，材料内部的空间电荷的平均深度相对变化，并诱导出材料两侧电极上感应电荷密度的变化，导致压电效应。高分子驻极体电容麦克风就是基于这种机理设计的。

极性高分子材料可以构成极化型驻极体。这类高分子材料中，如果应力或者应变能够使其极化强度发生改变，都会显示压电特性。在极化型高分子驻极体中存在着发生取向极化的偶极子，当材料受到压力引起驻极体收缩时，外电极更接近偶极子极化电荷，可以在电极上感应出更多电荷，表现出压电应变效应。其特点是电流方向沿着极化方向流动，诱导电荷增加量正比于材料受到的压力。对于半晶态的聚合物薄膜，如果沿平行于聚合物链方向拉伸，再沿着垂直于拉伸方向及薄膜平面方向极化取向，则可以获得偶极子垂直于分子取向的准晶态聚合物。这类结晶性高分子驻极体可能表现出一些异常效应。

2. 高分子驻极体的热电性质（pyroelectricity）

通常高分子驻极体还表现出热点性质，热电性质是指材料由于自身温度的变化能够引起其极化状态的变化，从而导致在材料表面的电荷发生变化，最终表现为材料两端电压发生改变。该变化同样可以被定量测定。同样，这种变化也是可逆的，即材料在受到电压作用时（表面电荷增加），材料温度会发生变化。材料的热电性质是一种热敏性质，热电性质也可以用类似的公式表述，热电强度用热电系数 p 表示。热电材料也属于换能材料。由于热电性质是由于材料的极化状态随着温度的变化而变化，极化强度的改变使束缚电荷失去平衡，多余的电荷会被释放出来，因此也称为热释电效应。其中随着温度改变时材料极化状态发生改变，导致材料两端电压发生变化称为正热电效应；而当对材料施加电压，材料温度发生变化时，称其为逆热电效应。此外热电效应还可以分成一次热电效应和二次热电效应。一次热电效应是指在恒定应变条件下的极化强度随温度的变化规律，而二次热电效应则发生于样品的热膨胀引起的压电效应。

当极性高分子材料中存在自发取向或者处在冻结状态的取向偶极子，即材料处在极化型驻极体状态一般都会表现出热电性质。高分子驻极体的热电效应已经发现很多年了，人们对于高分子驻极体热效应的理解也更深入。目前人们发现的具有热电性能的高分子包括非晶态聚合物，半晶态聚合物和液晶型聚合物驻极体。极化型高分子驻极体也受到温度的明显影响，偶极子的热运动幅度与温度成正比，热运动幅度一般反比于聚合物电介质取向极化强度。因此，温度的变化直接引起极化强度的变化，构成了热电效应。非晶态高分子驻极体的热电效应产生于和热运动关联的偶极子振动和作为热膨胀效应结果的偶极子相对密度下降。

对于非晶态聚合物驻极体，只有当取向的偶极子被冻结（高分子材料处在玻璃化转变温度 T_g 以下）才能表现出热电效应。此时，极化强度 P 与介电弛豫强度 $\Delta\varepsilon_r$ 间应满足：

$$P = \varepsilon_0 \Delta\varepsilon_r E$$

$\Delta\varepsilon_r$ 与偶极子密度 N_0 和偶极矩 μ 的关系为：

$$\Delta\varepsilon_r = N_0 \mu^2 / 3\varepsilon_0 kT$$

这说明，非晶态聚合物中存在较高密度的分子偶极矩，并且偶极矩较大时可以获得明显热电效应。

高分子驻极体的压电和热电效应的产生机理，以极化型高分子驻极体为例有多种模型解释，其中主要以材料中具有结晶区被无序排列的非晶区包围结构这种假设为基础。在结晶区内分子沿着偶极矩方向头尾有序排列，分子偶极矩相互平行，这样剩余极化电荷被集中到晶区与非晶区界面，每个晶区都成为大的偶极子。如果再进一步假设材料的晶区和非晶区的热膨胀系数不同，并且材料本身是可压缩的；这样当材料外形尺寸由于受到外力而发生形变时，带电晶区的位置和指向将由于形变而发生变化，使整个材料总的带电状态发生变化，外电路中测得的电压值将发生改变，构成压电现象。同样，当温度发生变化，会引起材料晶区和非晶区发生不规则形变，会产生热电现象。上述变化过程可以用图 4-2 来表示。

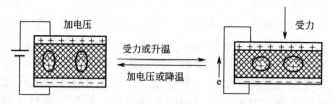

图 4-2　驻极体压电和热电现象

严格来讲，很多材料都具有压电和热电性能，仅是由于大多数材料的压电和热电常数太小而没有应用价值。只有那些压电常数比较大的，具有应用价值的材料我们才称为压电体。同样，具有较大热电常数的材料被称为热电体。目前研究最广泛的高分子驻极体材料是聚偏氟乙烯 ［poly (vinylidene fluoride)，PVDF］。聚偏氟乙烯的压电性质是 1969 年由河合平司发现的[6]，两年后，Bergman 发现了其热电现象[7]。在有机聚合物中经拉伸的聚偏氟乙烯（PVDF）的压电常数最大，具有较高实用价值。在表 4-1 中给出部分材料的压电和热电性能。

表 4-1　一些常用驻极体的压电和热电常数

材料名称	压电常数 $d_{p3}/(\text{pC/N})$	热电常数 p $p_n/[\text{C/cm}^2 \cdot \text{K}]$	介电常数 $\varepsilon(10\text{Hz})$	材料名称	压电常数 $d_{p3}/(\text{pC/N})$	热电常数 p $p_n/[\text{C/cm}^2 \cdot \text{K}]$	介电常数 $\varepsilon(10\text{Hz})$
聚偏氟乙烯(PVDF)	20	4	15	石英	2		
聚氟乙烯(PVF)	1	1	8.5	聚砜	0.3		3.0
陶瓷 PZT-5	171	50					

三、高分子驻极体的形成方法

高分子驻极体的制备过程包括高分子材料的合成、成型加工和驻极体的形成三部分。其中前两部分属于高分子材料科学的常规内容，在此不再赘述，下面重点讨论高分子驻极体的形成方法。驻极体的形成过程主要是在介电材料中产生极化电荷或者在材料局部注入电荷，构成永久性极化材料。高分子驻极体的形成多采用物理方法实现。实电荷型驻极体和极化电荷型驻极体的形成方法是不同的。极化型驻极体的形成主要是通过外加强电场作为极化电场在材料中产生极化电荷，形成宏观偶极矩；而在绝缘性高分子材料局部注入真实电荷，则构成实电荷型驻极体。实电荷驻极体几乎都是通过放电法、粒子束辐照法、接触充电法或其他通过直接注入载流子的工艺实现。利用光、辐照、热刺激使电介质内产生载流子，以及通过外场诱导使电介质内的电荷分离，这些载流子的其中一部分最终被材料中的陷阱捕获形成了空间电荷驻极体。这类驻极体由于沉积的电荷符号和电极电势的极性一致，称为同号驻极体。这类驻极体的极化强度与注入的电荷密度和电荷分布状态有关。电荷密度越高，正负电荷分离程度越大，则产生的极化强度就越大。

极化型驻极体是在较高温度条件下对电介质施加电场，使材料内偶极子沿电场方向发生取向极化；随之在维持电场的条件下将样品冷却至一定的低温，将极化状态冻结固化。由于这类驻极体的面电荷符号和施加的电极电势相反，称为异号驻极体。极化型驻极体的形成也能通过电晕放电法实现，这时的偶极子取向是由于通过电晕放电注入而沉积在电介质中的空间电荷形成的内电场诱导产生的。一般情况下，在驻极体形成过程中，驻极体的极化强度与施加的极化电压成正比。显然，提高极化电压对获得高性能的高分子驻极体有利。但是，极化电压的提高受到击穿效应的限制，如果使用的电压超过材料的击穿强度，发生击穿过程将永久破坏材料的介电性质，使驻极体制备过程失败。击穿效应包括内击穿和外击穿。内击穿发生与否取决于材料的介电击穿强度，一般纯净聚合物的击穿强度在 $10^7\,V/m$ 以上，常用的聚四氟乙烯薄膜的介电击穿强度可以达到 $10^8\,V/m$ 以上。当极化电极与介电材料之间发生放电时，称为外击穿，对于驻极体极化过程中发生的外击穿也称为 Paschen 击穿。外击穿会对介电材料的外表面产生破坏作用。外击穿效应与所用电极的形状、尺寸、间隙距离、气体压力和组成等有关，一般外击穿强度要小于内击穿。

最常见的高分子驻极体形成方法包括热极化法、电晕极化法、液体接触极化法、电子束注入法和光电极化法。下面分别就上述方法进行介绍。

1. 热极化形成法

热极化法主要用于制备极化型高分子驻极体。其基本过程是将材料加热到玻璃化转变温度以上，使其内部分子具有自由旋转能力，然后施加外电场使材料中偶极子发生取向极化，沿电场方向有序排列而产生宏观电矩；在电场继续保持的同时，降低材料温度至玻璃化转变温度之下，使极化结构被"冻结"从而得到性能稳定的高分子驻极体。热极化法形成的高分子驻极体称热驻极体或极化型驻极体，只能在材料的玻璃化转变温度以下使用，高于该温度其极化状态将逐步消失。

在实际操作中，电场施加装置和加热装置常被组合在一起［见图 4-3 中 （a）］。在本方法中极化电场强度、极化温度和极化时间是三个最主要的影响因素。外加电场主要起使聚合物分子中偶极矩沿电场方向定向排列作用。在一定条件下，电场越强，极化过程越快，极化程度越大。温度的控制是保证极化过程的实现（偶极子能够发生旋转）和保持（偶极子被锁定固化）的关键条件。上述条件根据不同的高分子材料要求不同。在极化过程中，极化电压取决于高分子材料中偶极子的种类、偶极矩大小和结构类型。极化温度一般至少要升到高分子材料的玻璃化转变温度以上；极化后材料温度则要降低到玻璃化转变温度以下才能锁定极化状态。对聚四氟乙烯，极化温度要求在 $150\sim200℃$ 之间，对聚偏氟乙烯，极化温度应保持在 $80\sim120℃$ 之间。极化时间是为了保证极化能够进行完全的控制参数。材料中偶极子的时间常数越小，需要的极化时间则越短。极化时间和极化温度是两个相互制约的影响因素，温度越高则所需的极化时间越短。一般极化温度和极化电场应保持数分钟到数小时之间，以使极化过程能进行完全。采用热极化法中，除了电场强度和温度参数之外，被极化材料所处位置、电极形状、极化装置结构等参数也都对极化结果产生影响。电极形状直接影响被极化材料的极化均匀性。在极化过程中使用的极化电极可以采用蒸镀金属法在材料表面形成或直接外加电极作用于被极化介质上。

当聚合物表面接触电极时，由于电荷可以通过电极注入材料内部，使驻极体在形成极化电荷的同时，也在一定程度上带有实电荷。而利用外加电极，但是聚合物与电极之间的间隔较小，可能也会通过空气层击穿放电，给聚合物表面注入实电荷。因此热极化过程经常是一个多极化过程。热极化法一般含有三类极化过程：①在电场作用下高分子材料内部偶极子发生取向极化，分散在介质内的载流子发生界面极化，极化产生的诱导电荷与外电极符号相反；②在高分子材料与电极之间发生放电，在材料表面上沉积同号电荷；③电极与高分子材料相接触，并越过界面势垒，向高分子材料注入同号电荷。究竟哪一种过程占主导地位还取决于热极化装置的结构参数和高分子材料的分子结构。一般来说，对于极性高分子材料，由于材料中存在大量偶极子，则主要发生取向极化。对于非极性高分子材料，由于缺乏可取向极化的偶极子，后两种过程可能占主要地位。

热极化法是制备极化型高分子驻极体的主要方法，其优点是得到的极化取向和电荷累积可以保持较长时间。比如，聚甲基丙烯酸甲酯（PMMA）经过 150℃ 和 10^6 V/m 电场极化 2h 形成的热驻极体存放 20 年后仍可以保持几百伏表面电势。同样，巴西棕榈蜡经过 70℃ 和 10^6 V/m 电场极化 2h 获得的驻极体，在实验室条件下保持 20 年，仍可以保留 2500V 的剩余表面电势[9]，表现出良好稳定性。

2. 电晕放电极化法

与极化型驻极体不同，实电荷型驻极体需要采用电荷注入法实现，这些注入的空间电荷层可沉积于薄膜的近表面构成表面电荷，也可沉积于薄膜的体内深层构成空间电荷。这类从外界引入的电荷可通过下面介绍的几种方法实现：非穿透性的单能电子束辐照、电晕放电或通过电极和电介质间的气隙击穿过程获得。也能通过在外场控制下，在电极和样品间的液体接触法来实现。其中电晕放电是比较重要的制备方法之一。

电晕放电过程的原理为：在常压大气中，利用一个非均匀电场引起空气的局部击穿，由电晕电场导致空气电离后，将产生的离子束轰击电介质，并沉积于电介质表面或浅层内部构成表面电荷型驻极体。利用电晕放电法能形成横向均匀分布的高电荷密度驻极体。电晕放电技术需要外加电场强度超过气隙的击穿电场阈值。由于电晕场能量有限，因此电晕放电的电荷仅能沉积于样品的表面与近表面。这种方法的实际操作装置示意图见图 4-3(b)。

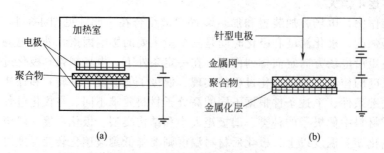

图 4-3　热极化法和电晕放电法制备高分子驻极体

在两电极（其中一个电极做成针型）之间施加数千伏的电压，该电压要高于针电极和栅电极之间气体的击穿电压，使其发生电晕放电。为了使电流分布均匀和控制电子注入强度，需要在针状电极与极化材料之间放置金属网作为控制栅极，并在金属网上加数百伏正偏压。电晕放电的优点是方法简便，效率较高，温度控制容易，无需像低能电子束辐照那样必须在常温和真空中进行，有利于工业化生产。通过调节电晕电压可以在相当大的范围内，根据需要控制样品内的注入电荷密度。只要充电时间大于两分钟，就可基本实现均匀充电。缺点是得到的高分子驻极体稳定性不如热极化形成法，这是由于注入的离子性电荷主要保持在材料表面和浅层的缘故。除了电晕放电法之外，也可以采用火花放电、唐深德（Townsend）放电注入电荷[10]。火花和唐深德放电可以在聚合物表面累积较大密度的电荷，提高极化强度。

3. 液体接触极化法

液体接触极化法是一种把电荷通过导电液体转移到待极化电介质表面构成表面电荷的高分子驻极体制备方法。通过后续工艺还可能把电荷从介质的表面导入材料内部，从而获得高电荷密度和长电荷储存寿命的高分子驻极体。

液体接触极化方法是通过一个软湿电极将电荷从金属电极传导到聚合物表面，从而达到极化目的的方法。该方法属于实电荷注入法，得到的高分子驻极体带有表面电荷。具体极化方法是在金属电极表面包裹一层由某种导电液体润湿的软布，聚合物背面制作一层金属层，在电极与金属层之间施加量值约为 $100\sim1000\mathrm{V}$ 的电压，作用在液层上的电场使电荷通过润湿的包裹层传到聚合物表面［见图 4-4(a)］。电极施加的电压大小，不仅要考虑极化的需要，还要考虑电荷传输过程中克服液体和聚合物界面双电层的需要。该湿电极可以在机械装置控制下，在材料表面扫描移动，使电荷分布到整个材料表面。当移开电极导电液体挥发之后，电荷被保持在聚合物表面。考虑到挥发性、润湿性和使用方便，电极润湿用导电液体多为水、丙酮、乙醇和稀盐酸等。通过湿电极在聚合物表面的移动，可以获得大面积驻极体材料。高分子材料表面沉积的电荷密度由被极化电介质表面与液体之间的润湿性确定。

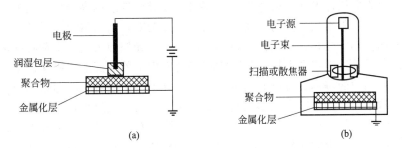

图 4-4　液体接触法和电子束注入法制备高分子驻极体

用液体接触法形成的驻极体的等效表面电势和等效面电荷密度分别可高达 1500V 及 $10^{-3}\mathrm{C/m^2}$ 数量级。在驻极体中储存的面电荷密度随时间而衰减，并受到空气湿度、极化的液体类型、驻极体形成前样品的制备方法及注入电荷极性等相关。通常情况下，正充电驻极体的电荷寿命要比负充电的要短。测量结果表明，液体接触法形成驻极体的电荷主要位于样品的表面和近表面。如果注入极化后对样品进行 0.5h 的热处理，则电荷的大部分将迁移至材料内部。这种方法的优点是仪器设备结构简单，过程控制容易，电荷分布均匀，通过外加电压可以控制注入电荷密度。

4. 电子束注入法

这种方法是通过电子束发射源将适当能量的电子直接注入合适厚度的聚合物中构成高分子驻极体。这种方法已经被用来给厚板型聚合物和薄膜型高分子材料注入电荷。由于电子束具有相当能量，可以穿透材料表面，因此采用这种方法可以得到具有体电荷的高分子驻极体。虽然这种方法需要复杂的仪器和操作过程，但是和其他方法相比，电子束法的重要优点是通过控制电子束能量和注入的束电流能精确地控制注入电荷层的平均深度及电荷密度，从而可以研究在受控条件下空间电荷的分布及其衰减规律，特别适合研究分析极化过程的物理机制。

现代薄膜驻极体是利用非穿透性的单能电子束在真空系统中对样品进行辐照，电子束的能量和被极化材料的厚度相配合，控制电子束能量，注入的电子就可能在高分子电介质中被捕获并储存。聚合物厚度与穿透电子的能量有一定关系，以聚四氟乙烯作为被极化材料为例，$10\sim50keV$ 的电子束可以穿透 $1\sim20\mu m$ 厚的聚合物。这样，对于厚度为 $25\mu m$ 的聚四氟乙烯，需要使用能量在 $50keV$ 以下的电子束。使用小型电子加速器或者电子显微镜即可满足这样的能量条件 [见图 4-4(b)]。为了使电子束在材料表面均匀注入，需要在电子束运行途中加入扫描或者散焦装置。

使用电子束注入法可以控制电荷注入深度和密度，在科学研究上具有较大意义。电子束注入形成的驻极体电荷是由电子束电流密度及辐照时间确定的。在电介质内，电荷密度分布的实际轮廓是沿膜厚呈现钟形分布曲线。驻极体电荷密度的横向均匀性和电子束接触样品表面前的扩束，或束电流在薄膜表面扫描的均匀性密切相关。驻极体的电荷稳定性取决于材料性质、充电方法、电荷分布状态和储存的环境条件。由于电子束能够通过调控束能将电荷注入材料体内，这对材料体内含有较高比例深阱能级的工业用驻极体材料电荷寿命的提高具有重要意义。

5. 光驻极体形成法

如果在电场作用下，通过光能将电介质中的电子从基态或深捕获态激发至导带，进而形成准永久分布的空间电荷驻极体，这种驻极体称为光驻极体（photoelectret）。

在这种制备方法中使用紫外和可见光作为激发源，而且只有呈现光导性质的电介质才能形成光驻极体。光驻极体形成法的程序是：将具有光导电性质的高分子材料的单面或双面覆盖透明电极，在施加外电场的同时，用紫外或可见光辐照，从而将价带中的电子激发进入导带，并在外电场作用下迁移，使其捕获在局域陷阱中；光照使被捕获电荷再次激发进入导带和在电场作用下迁移，最终在电场作用下漂移到达介质的外表面形成极化。如果电极与介质材料相接触，它们中的一部分可以到达电极形成光导电流，或者在输运途中被捕获在邻近电极的高分子介质中存在的陷阱内，形成空间电荷层。因此，光致极化的产生归因于光致载流子的形成和场致电荷的位移，并最终被介质内的陷阱捕获。在光照结束并取消外电场后，这类电介质中即储存了稳定的异号电荷，形成了光驻极体。在室温下极化形成的光驻极体可以是分布在电极和聚合物界面上的两个分离的，符号相反的双电荷分布区，构成异号驻极体。然而，如果在高温下极化，也可形成单极性的光驻极体，电荷分布于材料内部的单电荷分布区。光驻极体形成的基本参数是电场为约 $10^5\,V/m$，光强控制在每平方米数瓦，光照时间约为几分钟。该方法常用于无机和有机光导体的电荷注入过程，这种光驻极体往往有许多特殊的性质。

四、常见高分子驻极体材料

驻极体是高分子材料的一种特殊形态，压电和热电效应是这种特殊形态的表现形式。在应用研究中，我们关心这些性能的强弱和维持时间的长短。而在基础理论研究中我们更希望了解材料性能建立的微观基础，即性能与结构的关系。在材料开发研究中我们关注的焦点是如何形成我们需要的微观和宏观结构，以获得最佳的性能。驻极体的极化程度和维持这种极化程度的时间是标志其性能最重要的指标，在很大程度上取决于材料的结构、性质和环境条件。能形成驻极态并能长时间维持其驻极态的电介质材料，包括某些特殊结构的有机晶体、无机晶体和高分子电介质。其中高分子驻极体材料从分子结构来分析有极性高分子材料和非极性高分子材料两大类，从聚集态结构划分有呈非晶态的聚合物、半晶态的聚合物和部分结晶聚合物三种。上述结构特征都对驻极体的形成过程和使用性质产生影响。

从结构与驻极体性能方面分析，作为驻极态的高分子电介质是非稳态或者处于介稳态。

其中束缚的极化电荷和空间电荷都有一种去极化的倾向：一方面是由于驻极体材料存在的电导性会导致电荷分布的均匀化；另外一方面，发生极化取向的偶极子在一定温度范围要发生介电松弛，产生去取向过程。这两种过程都会影响驻极体的寿命。因此要在较长时间内维持驻极态，采用的高分子材料必须要满足一定结构和环境条件。其中分子结构和聚集态结构的影响最为关键。主要影响因素包括材料的极性、绝缘性和热稳定性，分别影响高分子驻极体的强度和寿命。目前发现的高分子驻极体材料主要由非极性绝缘高分子材料和极性高分子材料构成，可以分别用于制备实电荷型驻极体和极化型驻极体。通常高分子薄膜型驻极体的寿命范围从大约几个月到数十年不等。

当前用作制备驻极体的高分子材料主要是聚烯烃类，包括聚乙烯以及含卤素、烷基或芳香基团的其他类似的聚合物。它们共同的特点是绝缘性能良好，都具有长期的电荷储存能力；即使在高湿的环境条件下，束缚电荷也能长期保留。按照其组成和结构可以分成三类。

1. 含氟非极性高分子驻极体材料

主要以聚四氟乙烯（PTFE）、氟化乙丙烯共聚物（FEP）、可溶性聚四氟乙烯（PFA）及聚三氟氯乙烯（PCTEF）为代表的高绝缘性氟代聚合物。氟代聚合物都具有聚乙烯型主链分子结构，差别是将聚乙烯中与碳主链连接的氢原子用氟原子取代。它们突出的特性是优异的绝缘性能，具有极高的电阻率（体积电阻率 $10^{16} \sim 10^{19}$ Ωm，面电阻率 $10^{16} \sim 10^{17}$ Ω）、低相对介电常数（$1.89 \sim 2.70$）、低介电损耗角正切值（$5 \times 10^{-1} \sim 7 \times 10^{-4}$）、高介电击穿强度（$20 \sim 280$ MV/m）以及突出的化学惰性、低吸湿性、耐高低温性能、耐候性等，从而产生了非常理想的空间电荷储存能力。

（1）聚四氟乙烯（PTFE） 聚四氟乙烯为直链型结晶性聚合物，最早由美国 DuPont 公司开发。在含氟聚合物中，PTFE 具有最优异的绝缘性能、抗击穿强度和耐电弧能力。在 $-190 \sim 260$℃温度范围内均表现出良好电气性能和机械强度。优异的阻燃特性和极低的吸湿性都使其非常适合驻极体的制造。由于分子中所有氢原子都被氟原子取代，分子内含有大量的极性键（C—F）。然而由于排列的对称性，分子并不显示偶极矩，属于非极性聚合物，因此只用于空间电荷型驻极体的制备。此外，氟原子半径要比氢原子大些，空间阻碍的影响，PTFE 通常采用螺旋构象排列。PTFE 的热释电谱（TSD）中热释电流峰分别对应温度为 157℃、216℃，238℃，275℃，耐高温性能优异。用其制备驻极体可以采用除了热极化方法之外的任何一种方法。主要形成实电荷型驻极体。将 PTFE 制成多孔性膜，制成的驻极体表现出更高的压电常数和电荷稳定性，寿命可以提高 2 倍以上。目前 PTFE 多孔膜广泛作为生物驻极体材料，在临床治疗中用于外伤治疗和器官移植。

（2）氟化乙丙烯共聚物（FEP） 氟化乙丙烯共聚物是由四氟乙烯和六氟丙烯单体共聚获得的聚合物，其商品名为 Teflon FEP。两种单体的配比不同，可以获得不同型号的 FEP。从分子结构上分析，FEP 和 PTFE 都是由碳和氟两种元素组成的全氟化烃，差别仅在于 FEP 带有氟甲基侧链，分子规整性下降，引起熔点从 PTFE 的 327℃下降到 FEP 的 205℃，分子间力的下降导致材料柔顺性大大提高，熔体黏度下降近 6 个数量级。这些性质非常适合作为驻极体型声音传感器的制造。与 PTFE 一样，FEP 只能形成实电荷型驻极体。其典型的驻极体制造条件是在 150℃以上，采用 4 kV 电晕放电或电子束注入法完成驻极化，或者在常温下电晕放电，然后在高温下退火，都可以获得常温下稳定性极好的高分子驻极体。

（3）可溶性聚四氟乙烯（PFA） 可溶性聚四氟乙烯是由四氟乙烯和氟甲氧基四氟乙烯为单体通过共聚获得的一种热塑性聚合物，商品名为 Teflon PFA。由于结构上的相似性，导致在性能上接近 PTFE 和 FEP。不同点在于含有氟甲氧基侧链，这种侧链对聚合物分子间力的影响要大于氟甲基，因此分子规整度下降更明显。FPA 是弱极性聚合物，这是由于氟甲氧基的存在，C—F 键极性和—OCF₃基团的偶极矩不能完全抵消，使分子显示出一定极性。即使这样，由于氟甲氧基的极性很弱，目前仍然主要作为实电荷型驻极体材料。和 FEP 相比，PFA 最突出的特性是高温稳定性好，可以在 260℃下连续工作，抗折性也超过 FEP 和 PTFE。其体积电阻率和面电阻率均高于 FEP。主要采用高温电晕放电法或者单能电子束法制备驻极体。

（4）聚三氟氯乙烯（PCTFE）　聚三氟氯乙烯是由三氟氯乙烯为单体聚合而成的聚合物，商品名为 Aclar PCTFE，是一种弱极性高分子材料。PCTFE 化学性质稳定，容易结晶，一般结晶度可以达到 85％以上。从结构上分析，PCTFE 是用一个氯原子代替了 PTFE 中的一个氟原子，C—F 键和 C—Cl 键极性的差别是其弱分子极性的根源。但是氯原子的引入也导致了 PCTFE 化学惰性、热稳定性的下降。由于分子规整性的下降，分子间力减小，熔点从 PTFE 的 327℃下降到 PCTFE 的 230℃左右。氯原子对于材料的正面贡献主要是增加材料的透明性、热致密性、机械强度和尺寸稳定性。较高的相对介电常数也是 PCTFE 的一个特征。PCTFE 构成的驻极体在 80℃以下显示出非常好的使用性能。

2. 含氟聚烯烃类极性驻极体

与前述聚合物相比，这类聚合物最主要的特点是具有较大的极性。这是因为在这类含氟聚合物中氟化并不完全，仅有部分氢原子被氟取代，C—H 键和 C—F 键的极性差别很大，因此分子内极性键的键矩不能被相互抵消，产生比较明显的分子偶极矩。同时在聚集态结构方面这类聚合物普遍呈现半结晶态。与非晶态的极性聚合物在驻极体性质方面也存在较大差异。这类材料中最重要的是聚偏氟乙烯及其共聚物。包括聚偏氟乙烯（PVDF）、聚氟乙烯（PVF）、聚三氟乙烯（PTrFE）以及它们之间的共聚物。三者的主要区别是氟原子的相对含量不同，在每一个结构单元中分别含有 2、1、3 个氟原子。

从制备驻极体材料的重要性来说，无疑聚偏氟乙烯是最重要的，不仅因为其表现出良好的压电和热电性质，而且还是能够表现出铁电性能的少数聚合物之一。PVDF 是透明或半透明的半晶态聚合物，化学计量氟含量在 59.4％，结晶度在 50％～70％之间，晶体结构多呈厚度为 10^{-8} m，长度为 10^{-7} m 的层状晶体。层状晶体聚集成球晶与非晶态部分组合成半晶态高分子材料。结晶相一般作为分散相嵌于非晶相中。聚合度一般大于 2000，分子量多在 20 万～100 万之间。与四氟乙烯单体不同，偏氟乙烯中的两个氟原子连接在同一个碳原子上，另外一个碳原子连接两个氢原子，因此有头尾的区分。虽然晶体结构与聚乙烯类似，但在晶相中常有缺陷存在，晶体缺陷是由于部分结构单元呈头-头或尾-尾相连造成，这种缺陷约占 5％左右。缺陷的存在在一定程度上减小了分子偶极矩。PVDF 已经报道发现了五种晶型，分别被命名为 α、β、γ、δ($α_p$) 和 ε 型。其中 β 型具有全反式构象，具有垂直于链轴的偶极矩，在所有晶型中分子偶极矩最大，压电效应也最显著。PVDF 的结构单元为 —（CF₂—CH₂）— ，假定其单元偶极矩接近其单体偏氟乙烯（CF₂＝CH₂）的 2.27D，对于 β 型全反式构象晶体，其垂直于聚合物链轴的偶极矩的分量约为 2.1D。

PVDF 的全反式构象　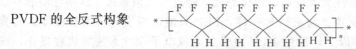

α 型晶体形成中心对称的晶胞，其构象为反式-偏转-反式-偏转，利用原子坐标可以得出每个结构单元垂直于主链的偶极矩约为 1.21D，平行于聚合物主链的偶极矩为 1.01D，但是这些偶极矩相互抵消，因此不显示宏观偶极矩。α 型晶体在稳定性方面最好，被电场极化前，PVDF 一般取 α 型晶态。在一定条件下上述晶相之间可以互相转化。在外加电场作用下进行热极化，可以将 α 型晶体转变成 β 型晶体。典型极化过程是施加极化电压在 1.3×10^8

V/m 以上，将材料温度升至 100℃。在上述条件下，分子内的偶极子将发生平行取向，得到全反式构象的高分子驻极体。同样，如果 α 型晶体结构的 PVDF 在 100℃下经过机械拉伸 3～4 倍，并在 120℃下夹持退火一定时间以释放应力，即可得到全反式构象的 β 型 PVDF 高分子驻极体，而且呈现出铁电性质[11]。β 型晶体还可以通过高温退火获得[12]，γ 型晶体具有与 β 型类似的结构，聚合物分子链以非中心对称立体构相存在。五种 PVDF 晶型的转换关系和转换条件可以用图 4-5 表示[13]。

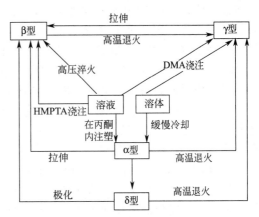

图 4-5　PVDF 各晶型转换

除了 PVDF 之外，聚氟乙烯（PVF）、聚三氟乙烯（PTrFE）也都表现出类似性质。其中 PVF 的晶体结构类似于 PDVF 的 β 相，不同点在于比 PVDF 少了一个氟原子。PTrFE 比 PVDF 多了一个氟原子。这两种聚合物单独作为驻极体材料使用得不多。最常用的是将氟乙烯单体、三氟乙烯单体与偏氟乙烯单体进行共聚反应，以改善 PDVF 的使用性能。例如，偏氟乙烯-三氟乙烯的共聚物［P（VDF/TrFE）］就表现出很高的热电系数和明显的居里点。和 PVDF 相比，这类聚合物含有更多的氟原子，较大半径的氟原子阻碍形成 α 型晶相，更容易形成极性更大的 β 型构象。因此，常常无须拉伸、退火等处理工艺就可以极化成具有较高压电和热电性的高分子驻极体。具有类似结构和性能的共聚物还有偏氟乙烯与四氟乙烯共聚物 P（VDF/TEF）和偏氟乙烯与三氟氯乙烯共聚物 P（VDF/CTFE）。其中 P（VDF/TEF）共聚物可以形成三种晶型，即具有类似于 PVDF 的 β 型晶体，呈现铁电特征的全反式构象晶型，无序反式构象晶型和顺电相晶型。这三种晶相的形成取决于 VDF 和 TrFE 的相对摩尔含量和结晶条件。实验结果表明，当 VDF 摩尔含量在 0.65～0.82 之间时，共聚物表现出明显的压电和铁电特征。P（VDF/TrFE）经过 135℃退火 1h 以上，其结晶度可以增加到 60%，结晶具有与 PVDFβ 型晶相相同的链结构。在拉伸的同时如果进行电晕极化，可以获得更高比例的类似晶体结构。从理论上分析，这种晶体结构可以获得性能更佳的驻极体。极化的 PVDF 通常是一种铁电体，即它具有自发极化倾向。而极化反转效应是铁电材料的基本特性之一。即在外加电场作用下，处于稳定平衡态的极化态能沿外场方向重新取向，称其为极化反转效应。这种反转特性是由于偶极子的 180℃转向的结果。

极性含氟聚合物主要作为极化型驻极体材料，在极化过程中不仅分子偶极子参与取向极化（在非晶区），极性晶体偶极子也参与极化过程，而且可能起主要作用。热极化法是这类驻极体材料的主要形成方法。也可以用高温电晕放电法制备驻极体，因为注入空间电荷形成的局部电场也可以产生充分极化能力，导致偶极子的取向。

3. 不含氟元素的高分子驻极体材料

虽然从总体评价，含氟聚合物无疑是高分子驻极体材料中最优秀的一类。然而，驻极体对材料的功能性要求往往是多方面的，品种有限的含氟聚合物无法全部满足各种功能指标的要求，需要采用其他类型的高分子材料作为补充。如电容式背极型的驻极体声传感器振膜，需要高质量的力学性能指标，采用非氟聚合物聚对苯二甲酸乙二酯 PET 就更为理想。具有优异疏水性的聚丙烯 PP 膜在高湿环境中电荷的稳定性高，应用于这种高温和高湿环境中的驻极体制备则显示出其优越性，尤其作为具有开放式结构的驻极体空气过滤器的用材，聚丙烯纤维或聚丙烯多孔膜则比含氟材料要优秀得多。最新报道的环烯烃共聚物 COC 的某些驻极体性质明显超过 FEP 等高绝缘氟聚合物，在传感器工业及环境净化工程中已显示出强有力的竞争优势。因此非氟碳聚合物也是需要研究开发的高分子驻极体材料，包括聚丙烯（PP）、聚乙烯（PE）、聚酰亚胺（PI）、聚对苯二甲酸乙二醇酯（PET）、环烯共聚物（COC）、奇数尼龙（Odd Nylons）、聚脲（polyurea，PU）等。

（1）聚丙烯型高分子材料　聚丙烯是由丙烯为单体聚合而成的常规聚合物，1957 年实现商品化，平均分子量 20 万～70 万，是一种线型聚合物。由于甲基的存在，单体也有头尾之分。按照分子中甲基的空间位置不同可分为等规聚丙烯、间规聚丙烯和无规聚丙烯，分别表示头-尾、头-头和无规律三种连接方式。聚丙烯具有质轻、耐热性较好（软化点大于 140℃，熔点 160～172℃，连续使用温度 110～120℃）、拉伸强度和刚性突出、硬度大、耐磨性好、尺寸稳定等优点，这些都是作为电容式驻极体声传感器膜的重要力学和热学条件。低温韧性差、脆析温度高和较差的耐气候性是 PP 膜的缺点。在驻极体性质方面，聚丙烯不但具有和 FEP 及 PTFE 类似的介电性能（高电阻率、低介电常数和低介电损耗）和化学稳定性（耐酸、碱），而且具有突出的疏水性和低透气率。因此用 PP 膜制成的驻极体器件，特别适合于在高湿环境中工作。由于聚丙烯膜品种繁多、价格低廉，已广泛作为驻极体空气过滤器的滤材及驻极体声传感器的芯片材料。聚丙烯属于非极性材料，常采用电晕放电或者电子束注入等方法形成实电荷型驻极体。

（2）聚乙烯型高分子材料　聚乙烯是聚烯烃塑料中应用最广、产量最高的品种。聚乙烯是一种直链、热塑性、非极性、结晶性聚合物。按其结构可分为三种：①低密度聚乙烯（LDPE），以高压法合成，含较多支链，相对密度 0.92，平均分子量 3 万～6 万，结晶度约 65%，软化温度 105～120℃；②高密度聚乙烯（HDPE），以低压法聚合，分支度小，相对密度 0.95～0.96，平均分子量 8 万～20 万，结晶度 90%或更高，高密度聚乙烯是唯一能生长成块状单晶的聚合物；③中密度聚乙烯（MDPE），性能介于两者之间。它们都具有优异的介电性能（包括高频介电性能）、耐寒性好、透气性低，耐老化及化学稳定性等也非常优异，是重要的实电荷型驻极体制备材料。PE 的极化稳定性受到聚合物链的支化程度和晶体尺寸的影响。密度高、晶粒的尺寸大、呈现最少分支的聚乙烯具有高电荷稳定性。同聚丙烯一样，聚乙烯通过电晕放电或者电子束注入方式形成实电荷型驻极体。聚乙烯的主要用途还是在电力电器产业中作为绝缘材料使用，多数情况下研究其驻极体性质是为了应用积累数据。

（3）聚酰亚胺型高分子材料　聚酰亚胺于 1961 年实现商品化，商品名为 Kapton™ PI。通常聚酰亚胺是由内酸酐与二胺类发生缩聚反应制备。根据胺类的结构不同，分成脂肪族聚酰亚胺和芳香型聚酰亚胺。由于聚酰亚胺构成梯形结构，分子间力非常大，因此具有非常高的热稳定性。熔点通常大于 500°C，可以长时间在 300℃以上使用。聚酰亚胺具有非常好的高温介电性能，其电阻率在 $10^{14}\sim10^{16}\Omega\cdot m$，介电损耗角正切值在 0.004～0.007 之间，阻燃性和尺寸稳定性突出，是优质驻极体材料。聚酰亚胺多采用高温电晕放电法形成空间电荷型驻极体，最佳放电温度在 200℃（正电晕）和 150℃（负电晕）。极化后经过热处理工艺，可以有效改善其驻极体性能。

（4）聚酯型高分子材料　其中作为高分子驻极体材料的主要是聚对苯二甲酸乙二醇酯（PET），用于纺织行业的聚酯纤维称为涤纶，20 世纪 50 年代工业化生产。由于 PET 分子内具有芳香结构和极性基团，分子间力比较大，因此也表现出较高的熔融温度（257～265℃），玻璃化转变温度约为 88℃，并且不溶解于一般有机和无机溶剂。分子结构的高度对称性和芳香环的刚性，使 PET 的结晶倾向加大，一般都具有很高的结晶度。这种分子结构也保证了 PET 材料具有较高的机械强度、较低的吸湿性和优异的介电性能。这些优异的综合性能使 PET 成为制造振膜式驻极体电容话筒最有竞争力的成膜材料之一。PET 从分子结构上来讲，属于极性聚合物，具有较大的分子偶极矩，原则上既可以制成极化型驻极体，也可以制成实电荷型驻极体。但是最广泛的用途仍然是以实电荷型驻极体材料制备电容式话筒的振膜。

（5）环烯型共聚物类材料　环烯共聚物（COC）是一类新开发的驻极体材料，分子内不含有极性键和杂原子，通常是由乙烯与降冰片二烯作为单体经过共聚反应获得，属于非极性聚合物，因此仅能作为实电荷型驻极体材料。其商品名称为 TOPAS，即非晶态的热塑性烯烃共聚物。因为降冰片二烯结构的引入，破坏了分子的规整性，使结晶性下降，呈现非结晶态。这种聚合物具有高透明度、低吸湿性和优良力学性能的特征，被用于制备相机镜头和眼镜等特殊场合。其驻极体性能近年来已被系统研究[14]，表明具有较低的介电常数、低介电损耗、高绝缘性。通常作为驻极体材料使用的 COC 是经过双轴拉伸处理的薄膜。作为驻极体材料，COC 具有如下特征：首先经过正电晕放电法获得的驻极体薄膜表面存在较多的深阱实电荷，因此稳定性较高，在常温低湿条件下保存 400 天没有发现明显衰减。其次具有突出的疏水性，经过电晕放电得到的驻极体薄膜在相对湿度达到 95％的环境条件下 300 天后其表面电势没有发生明显变化。此外，COC 材料制成的驻极体还表现出良好的高温稳定性，要优于 FEP、PP 和 PET 等驻极体材料。

（6）尼龙类高分子材料　使用的多为奇数尼龙，因为只有奇数碳的聚酰胺才能保证在全反式构象中酰胺键偶极矩互相正叠加。这是一类由奇数碳原子的羧酸与胺反应缩聚而成的聚合物。由于酰胺键的极性比较大（约 3.7D），在其全反式构象中，垂直于分子链方向表现出很强的分子偶极矩，属于极性聚合物，碳链越短，表现出的分子偶极矩越大，适合制备极化型驻极体。由于分子间可以形成氢键，分子间相互作用力大大增加。奇数尼龙是结晶性聚合物，并表现出与 PVDF 类似的铁电性[15]。奇数尼龙也具有多种晶型结构，以尼龙 11 为例，至少存在三种稳定晶相和两个亚稳态晶相。在室温下，聚合物以三斜晶系的 α 相存在，当温度升高到 95℃以后转变成六方晶系的 δ 相。如果将尼龙 11 从熔融态直接于冰水中淬火处理，再经过室温拉伸，则形成亚稳态的 δ′ 相，其相对密度比 α 相要低，是主要的铁电相。经过三氟乙酸溶液熔铸可以得到准立方晶系的 γ 晶相和亚稳态的 γ′ 晶相。使用短链的奇数尼龙可以提高驻极体材料的荷电密度。如采用尼龙 5 代替尼龙 11，在同样极化条件下，剩余电荷可以从尼龙 11 的 59mC/m² 增加到尼龙 5 的 125mC/m²。此外，由于氢键相对数目也随着碳链的缩短而增加，因此其热稳定性也有明显改善。熔点从尼龙 11 的 180℃，提高到尼龙 5 的 250℃左右。奇数尼龙驻极体需要在较高温度下极化才能保证获得较高的压电常数。奇数尼龙作为驻极体材料最突出的优点是高温稳定性好，甚至在其熔点以上压电性能也不发生明显减小[16]，因此特别适合需要在高温下工作的驻极体器件。

（7）聚脲类高分子材料　聚脲是指分子内含有 —(NHCONH)— 结构的一类缩聚物，通常由二异氰酸酯与二元胺缩聚而成。根据二胺的骨架结构还分成芳香族聚脲和脂肪族聚脲。这两种聚脲均表现出良好的压电特性[17]。聚脲是典型的极性聚合物，分子内含有酰胺键，并能够形成氢键，取向后的分子偶极矩可以达到 4.9D。聚脲的驻极体制备可以与聚合反应同时进行。例如，将单体通过真空蒸发到电极板上进行预聚合，然后施加电场进行高温取向极化并进一步完成聚合反应，这样可以得到高度极化、具有任意形状、任意面积、单层或多层驻极体膜。常见的极化条件为电场强度 100MV/m，极化温度 100℃。如同奇数尼龙一样，由于具有较强的分子间力，其稳定工作温度可以达到 200℃。低介电损耗特性也使其具有比其他材料高的 Q 值。

五、高分子驻极体的应用

从前面的讨论可知，高分子驻极体由于其特殊结构和荷电状态，使其具有静电作用、热电性质、压电性质和铁电性质。从极化角度分析，高分子驻极体还具有光极化效应、磁极化效应和生物效应等。其应用主要是围绕着上述性质展开的。与相应的陶瓷类驻极体材料相比，聚合物型驻极体具有柔性好、成本低、材料来源广、频率响应范围宽、成型加工相对容易的特点，因而在许多领域获得了应用，并且仍在迅速发展。下面就几个主要应用领域做简单介绍。

1. 高分子驻极体静电效应的应用

驻极体最基本的性质是具有永久性静电场和显性电荷。高分子驻极体带有稳定的电荷，这种荷电材料表现出多种静电效应，并在生产和生活中获得应用。静电效应中最典型的是静电吸附作用。驻极体的静电效应主要应用在净化空气方面。作为空气净化的驻极体材料多制成纤维状，根据成纤方法不同有撕裂纤维和静电纺丝纤维。由于这些纤维带有单种电荷，利用静电吸附原理可吸附多种有害物质，可以作为空气净化材料。例如，用经过电晕放电产生的聚丙烯驻极体纤维制成的卷烟滤嘴代替醋酸纤维、丙纶纤维过滤嘴，过滤效率提高100%～120%，能捕获烟气中40%～60%的焦油[18]。研究表明，驻极体过滤材料对于吸附细微颗粒性污染物，甚至微生物非常有效，是很有发展前途的气体净化材料[19]。这些基于静电吸引作用的空气净化材料制成的空气净化器具有低密度、低流阻、高通量的特点，广泛应用于室内和无菌室的空气净化。以驻极体纤维材料制成的织物还具有特殊的保健功能，有望用于功能型服装[20]。

利用高分子驻极体的静电效应还可以用于静电图像信息记录和静电照相。可以在多种高分子材料上记录电信号、文字信号和图像信号。静电记录是一种电子记录方法，可以用电子束将电荷根据图像或文字信息沉积在高分子绝缘材料表面形成潜影而储存在其中。当提取信息时可以采用电容探头装置来获取储存信号。通过颜料粉体的吸附和高温固化，还可以将潜影显现成图像或文字，这也是静电复印的基本原理。

2. 高分子驻极体压电效应的应用

高分子驻极体最广为人知的性质就是具有明显的压电效应，其压电常数仅次于压电陶瓷。而高分子驻极体本身独有的质轻、价廉、成型加工容易、频率响应好等特点使其具有更为广泛的应用优势。高分子驻极体应用最成功的应用领域是电-声转换器制造。压电效应的基本性质是机械能与电能的转换，声音是一种振动波，是人类能够感知和使用的重要信息之一。如何将声音信号探测、记录、储存、放大、超距离传输等是人们关心的重要内容。其中将声音信号转变成电信号或者将含有声音信息的电信号还原成声音是实现上述目的的关键技术环节。具有这种能力的装置称为电-声转换设备，如常见的麦克风、耳机、电话听筒、超声波发生器等。最初用于电-声转换的装置是电磁式的。但是结构复杂，体积较大是主要缺点。驻极体的压电效应也具有电-声转换性质，因为声波施加到压电材料使其发生形变（应变）并在材料的两端产生电压变化，这样记录的电压信号中就包含声波信息，完成声-电转换。因此可以制成驻极体式麦克风和声呐。由于压电效应是可逆的，施加到材料两端含有声音信息的电压信号，可以使压电材料发生形变，进而推动周围空气形成声波，完成电-声转换。可以制成驻极体式耳机和超声波发生器等。

麦克风是最常见的能够将声音引起的声波振动转换成电信号的换能元件之一。1962年Sessler和west首先研制出以柔性聚合物薄膜为储电层的驻极体麦克风[8]，其优异的使用性能和生产优势使高分子驻极体麦克风具有强大的竞争优势，并迅速占领了大部分市场。据统计目前全世界年产量已经超过一亿件。典型的麦克风多使用金属化的丙烯腈-丁二烯-二乙烯苯共聚物作为后极板，极化的聚四氟乙烯驻极体覆在后极板上作为换能膜（见图 4-6）。

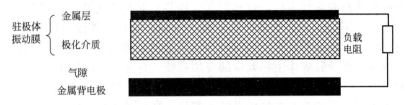

图 4-6　高分子驻极体式麦克风结构

高分子驻极体麦克风的声学性质优异，频率响应范围宽、灵敏度高、动态范围大、谐振失真小；而且对机械振动、冲击和电磁场的干扰不敏感，结构简单、无须电源、造价较低，特别适合制作微型和工作于高湿环境的麦克风。这类微型化的麦克风广泛用于录音机、手机、助听器、声级表、摄像机等装置中。

利用高分子驻极体的逆压电效应就可以实现电-声转换。这种驻极体型电-声转换装置由于无须设置偏压，因此也称为自偏置电-声传感器，包括耳机、扬声器和超声发生器等。其结构与上面给出的麦克风相似，不同点在于利用压电特性的逆过程，用电信号产生膜振动。高分子驻极体电-声传感器的声音质量优异，是目前生产高级微型耳机的重要材料，大量用于移动电话、听诊器等设备中。由于输入阻抗方面的问题，作为电-声转换器件远远没有在声-电转换方面普及。除此之外，根据其压电原理还可以制成血压计、超声波诊断仪、水下声呐等声-电转换部件。由于能与生物音响阻抗匹配，制成的超声波探头比陶瓷 PZT 型探头在灵敏度和精度上均有较大提高。

利用高分子驻极体的压电效应还可以制备位移控制器，因为驻极体的压电效应中，材料可以在电场作用下发生形变。根据该性质将两片压电薄膜贴合在一起，分别施加相反偏压，压电效应会使薄膜发生弯曲，发生点位移，因此可以制作电控位移元件。与电磁性位移元件相比，能耗低、位移准确、可靠性好、结构简单是其主要优点。利用这种原理可以制作光学纤维开关、磁头对准器、显示器件等。

利用高分子驻极体的压电效应还可以制作结构简单可靠的接触式换能开关应用到电话机、手机、计算机、打字机等设备的输入键盘。由于驻极体材料感应到的压力与产生的电压变化成正比，即可以感受到指压的力度，非常适合制作电子钢琴的琴键，能够表现出真实钢琴的效果。

3. 高分子驻极体热电效应的应用

当温度发生变化时，根据驻极体的热电效应，材料的极化状态将发生改变，材料两端的电压随之产生变化，两者之间的变化存在确定相关性，可以作为温度敏感材料。某些高分子驻极体热电性质非常明显，以聚偏氟乙烯为例，当温度变化 1℃，能产生约 10V 电压信号；因此测温的灵敏度非常高，甚至可以测出百万分之一摄氏度的微弱温度变化。利用这一原理，可以将 PVDF 驻极体贴附在大热容量极板上，当感受到红外热辐射时材料两端的电压会发生变化，电压的变化幅度与接收的热量成正比。利用这种热电效应，高分子驻极体可用于制作红外传感器、火灾报警器、非接触式高精度温度计和热光导摄像管等设备中的敏感材料。需要注意的是和其他热敏材料不同，热电材料仅对温度的变化幅度有响应，而不依赖温度的绝对值，即驻极体的电压与温度不成比例关系。虽然一般高分子驻极体的热电系数要比无机晶体和陶瓷热电材料低，但是其良好的力学性能、低热导率、低介电常数以及制作工艺简单等优点，在作为热敏材料方面仍获得了广泛关注。

4. 高分子驻极体在生物医学领域的应用

驻极体效应是生物体的基本属性之一，人体的多种器官，甚至蛋白质、酶等生物大分子都发现具有驻极体性质。众所周知，构成生物体的大分子都储存着较高密度的偶极子和分子束缚电荷，如胶原蛋白和血红蛋白，可具有 300 D 甚至更大的偶极矩。酶所储存的极化和空间电荷量可高达 $10^{-7} C/cm^2$；而脱氧核糖核酸（DNA）和核糖核酸（RNA）也表现出强的生物驻极体效应。由于血液和血管壁同时呈现出明显的负电性（单电荷驻极体），使血液呈现出畅通不凝效应。作为驻极体生物效应的应用领域，高分子驻极体材料是人工器官材料的最重要研究对象之一。如用作人体病理器官代用品的套管、血管、肺气管、心脏瓣膜、人工骨、皮肤、牙齿填料以致整个心脏代用系统等都属于高分子驻极体的应用研究范畴。以高分子驻极体材料制作人工代用器官，调节驻极体人工器官材料的带电极性和极化强度，可明显改善植入人体人工器官的生命力，有利于病理器官的恢复，同时具有明显的抑菌能力，增加人工器官置换手术的成功率和可靠性（如减少手术期及手术后病毒感染）。临床使用证明，极化后植入体内的多孔聚四氟乙烯（PTFE）的局部器官代用品和在体内起连接相应人体器官部件表现出良好的生物相容性。经过一段时间生长后，透过这类人工代用品的多孔处生长成微血管，交接位置彼此交融，攀缘成网和互相渗透，成为人体不可分割的一部分。这些极化高分子材料已经或可望用作人工血管、肺气管、人工插导管，心脏瓣膜、牙齿填料等材料。聚乙烯（PE）与聚四氟乙烯复合材料可制作人工髋关节。牛软骨提取的胶原加凝固剂在聚四氟乙烯驻极体上成膜可以作为人工皮肤。在医疗方面采用 Teflon 驻极体薄膜覆盖烧伤创面可以大大加快创面的愈合速度[21]。高分子驻极体还能够促进药物的透皮吸收，提高体外用药的吸收效率[22]。

5. 驻极体电机和驻极体发电机

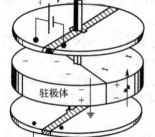

图 4-7　驻极体电机结构

驻极体电机是一种自偏置的静电动力装置，其原理与电磁式电机有些类似。图 4-7 给出这种驻极体电机的结构示意图[23]。电机中含有两个圆盘状电极，各被分成两半，并由一个绝缘体粘接隔开；盘状电极带有等值异号电荷，被安置在靠近其直径相等的圆盘状驻极体的上下两边。盘状驻极体由带有相反极性电荷的两个半盘组成，当电压 V 被供到两个电极上时，由于静电作用，则在驻极体上产生一个旋转力矩，带动电机轴旋转。这种自偏置电机具有应用意义，适合制作小功率驱动装置。试验性装置连续工作两年未发生故障表明具有很好的可靠性。基于类似机理，高分子驻极体的发电机也有研究报道，可以用于电力设备中及转速表上。

第三节　高分子电致发光材料

一、电致发光材料概述

发光是物质的一种重要物理性质之一，其特征是物质在特定条件下，能够将获得的能量以特定波长和频率发射电磁辐射的形式耗散。由于电磁辐射是一种能量输出，所有具有一定能量的物质都是潜在的发光材料；只是由于某些原因其发光过程不易发生或者不移被人的感官所察觉，即发射的电磁辐射其波长范围不在人类视觉神经敏感范围，不属于可见光。因此，人们常说的发光一般特指发出波长在可见光范围以内（有时可以扩展到红外和紫外区域），发光强度能够达到一定数值的电磁辐射现象。

发光是一种能量输出特性，要保持发光状态，就需要以某种形式对其输入能量，这种能量输入形式通常被称为激发源。根据激发源不同，可以把物质的发光现象分成热激发光、化学发光、光致发光、电致发光等几种形式。热激发光是将物质加热，使其热运动能量达到可见光能量产生的发光现象。一切高温物体都具有这种发光特征。化学发光是通过化学反应，直接将化学能转换成可见光范围内的辐射能。光致发光一般是指用一定波长的光照射物质，吸收的光能使物质分子从基态跃迁到激发态，激发态分子回到基态时发生辐射耗散，发射出比激发光源能量低的光辐射现象。其中从单线激发态直接回到基态所发射的光称为荧光，通过三线激发态再回到基态时发出的光称为磷光，俗称夜光。

由电能直接激发产生的发光现象称为电致发光。施加电参量后可以发生发光效应的过程有很多种，比较常见的有电热发光、电致气体发光、半导体发光二极管发光等。电热发光是利用材料的电阻热效应，通过电流使材料本身温度升高，产生的热激发，如常见的白炽灯发光，属于热光源。从机理上讲是电热效应与热致发光效应的组合。常见的荧光灯属于电离和光致发光效应的组合，气体电离后产生的高能离子产生紫外光，而紫外光照射荧光物质产生荧光，应属于光致发光范畴。本节所指的电致发光（electroluminescent），当对某些物质施加电压参量时，受电物质能够将电能直接转换成光辐射的形式发出的现象，称为电致发光。是一种电-光能量转换特性。其原理是发光材料直接接收电能后跃迁到激发态，激发能再以光辐射的方式给出。期间发光材料本身发热并不明显，属于冷光源，如常见发光二极管。电致发光具有低功耗、小体积、面显示的特点，是仪器仪表照明、平面显示器件制造的重要原件。具有这种功能的材料被称为电致发光材料。材料电致发光特性参数包括发光波长（发光颜色）、发光效率（量子效率或能量转换效率）、受激特征（激发电压）等。这些特性与材料的分子结构、器件的组成结构以及物理化学性质有密切关系。

发现电致发光现象已经有相当长的历史。最早人们发现的是气体电致发光，稀薄气体分子的自由行程比较长，因此在电场作用下解离的气体离子在电场力作用下可以积聚较高能量，相互之间发生碰撞后能量转移，产生大量气体等离子体（产生的等量正离子和负离子混合体），这些等离子体通过辐射方式耗散激能能出现发光现象。对于气体中处于较高能级的激发态分子，他们可以通过自发发射和受激发射两种方式向外界发射出特定频率的光。其中不依赖于外界光场，电子自发地从激发态转移到较低的能级或基态，并发射出特定频率的光称为自发发射过程；另一种电致发光方式则是在外界特定频率的入射光场作用下，气体分子跃迁到较低的能级，被迫地发射出特定频率的光（与外来光的特性完全相同，即频率相同、相位相同、偏振方向相同、传播方向相同），称为受激发射过程。电离气体自发发射过程可直接应用于照明光源等工程技术领域，由于发光效率高，目前已经获得广泛应用。而电离气体受激发射过程则是产生气体激光的基本过程，广泛作为激光光源之一。

固体材料电致发光与气体的激发机理不同。由于固体中的分子或原子不能在电场作用下长距离运动而获得动能，因此也没有碰撞电离激发过程。其电致发光是通过电极向材料注入空穴和电子，两者通过在材料内部的相对迁移在材料内部发生复合形成激子（激发态分子），然后激子导带中的电子跃迁到价带的空穴中，多余能量以光的形式放出，产生发光现象。

最早发现的固体电致发光材料是结晶性无机半导体材料，并在此基础上开发出各种无机半导体电致发光器件，如目前广泛使用的半导体发光二极管。这种电致发光器件已经广泛应用在仪器仪表显示、交通信号显示、平面广告牌和超大屏幕彩色显示等场合。

有机电致发光材料的研究与开发相对较晚，主要包括小分子有机电致发光材料和聚合物型有机电致发光材料。其实为了提高使用性能，在有机小分子电致发光器件中也大量使用高分子材料。有机电致发光材料具有良好的机械加工性，很容易实现大面积器件的制备，在工业化方面具有优势。目前以有机电致发光材料制成的面发光器件、单色显示器件、全彩色平面显示装置已经实现商品化。作为照明材料，有机电致发光材料具有使用电压低，发光面积大，能量转换效率高的特点。聚合物种类繁多，并可以通过改变共轭链长度、替换取代基、调整主、侧链结构及组成等分子设计方法改变其结构，能得到不同禁带宽度的发光材料，从而获得包括红、绿、蓝三基色的全谱带发光性质，从而为开发第四代全彩色电致发光显示器创造了基本条件。相对于前三代显示器（阴极射线管、液晶和等离子体），聚合物型电致发光显示器件具有超薄、超轻、低耗、宽视角、主动发光等特点。与有机小分子电致发光材料相比，聚合物的玻璃化温度高、不易结晶、材料具有挠曲性、机械强度好，因此，具有巨大的市场前景。

早在 20 世纪 60 年代人们就发现非晶态的有机材料也具有电致发光性质[24]。Kodak 公司的研究人员结合现代薄膜沉积技术研制成功双层结构的有机电致发光模型装置，在相对较低的偏压下获得了比较理想的发光效率[25]。1990 年，剑桥大学的科研人员报道了采用导电聚合物制备的电致发光二极管并研究其发光性能[26]。随后，有机电致发光材料研究在颜色谱扩展、发光效率和发光装置的可靠性方面都先后获得重要进展。特别是近年来，有机电致发光材料在新型平板显示装置研究方面获得重大突破，给出了不同结构的有机显示器模型。

根据电致发光器件的结构原理，在其中使用的主要功能材料包括电子注入材料（阴极材料）、空穴注入材料（阳极材料）、电子传输材料、空穴传输材料和荧光转换材料（发光材料）。为了提高性能还加入诸如荧光增强剂和三线激发态发光材料等辅助材料。前者是为了提高器件的荧光量子效率，后者是为了使相对稳定，不易以光形式耗散的三线激发态发出可见光。在上述材料中，电子传输材料、空穴传输材料和荧光转换材料都可以用有机功能高分子材料来制作。

二、高分子电致发光器件结构和发光机理

由于有机材料在结构上的复杂性和随机性，详细探讨其电致发光机理比无机晶体材料要难得多。所以直到今天关于有机材料的电致发光机理仍然没有完善统一，人们仍然是部分沿用无机半导体的一些理论来解释聚合物的发光原因。下面仅从定性的角度对有机电致发光机理进行简要讨论。

1. 高分子电致发光器件结构

目前作为高分子电致发光器件的原理结构一般采用下面所示的三种基本方式（见图 4-8）。

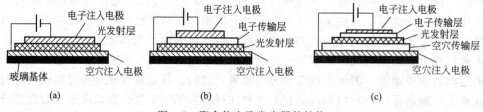

图 4-8 聚合物电致发光器件结构

其中图 4-8(a) 是最原始的三明治式结构，是由电子注入电极和空穴注入电极夹持一个光发射层构成，其结构表示为：空穴注入电极（阳极）/聚合物发光层/电子注入电极（阴极）。图 4-8(b) 是在 (a) 的基础上引进了电荷传输层，用来克服电子和空穴在有机材料中传输的不平衡性。根据传输电荷的不同，可分别表示为：空穴注入电极/聚合物发光层/电子传输层/电子注入电极和空穴注入电极/空穴传输层/聚合物发光层/电子注入电极两种形式。图 4-8(c) 同时包含了两种电荷传输层，而发光层仅承担荧光转换作用，表示为空穴注入电极/空穴传输层/聚合物发光层/电子传输层/电子注入电极。电荷传输层的作用主要是平衡电子和空穴的传输，使电子和空穴两种载流子能够恰好在发光层中复合形成激子发光。电荷传输层的性质是对某一种载流子的传输具有优先属性，而对另外一种载流子不利，这种属性主要取决于材料的分子结构。由于这种性质是相对的，有时人们将电子传输层也称为空穴阻挡层，而将空穴传输层称为电子阻挡层。电子和空穴电极之中至少有一种是透明的，以利于产生的可见光发出。

2. 有机材料的电致发光过程

一般认为，有机材料的电致发光过程基本上可以分成电荷注入、电荷传输、正负电荷复合构成激子和辐射发光等四个阶段。

（1）电荷注入过程　注入电荷是电致发光的第一步，其实质是在材料的两端分别注入电子和空穴。空穴的注入通过阳极反应完成，利用正电极电势将分子成键轨道中的一个价电子拉出（阳离子化），形成最高占有轨道（HOMO）中缺一个电子的空穴分子，该空穴状态可以在电场力作用下沿着电场方向向负极迁移。电子的注入通过阴极反应完成，在负电极电势作用下在分子的最低空轨道（LUMO）中填加一个电子（负离子化），形成多一个电子的分子。该电子由于处在导带，在电场力作用下可以沿着电场方向向正极迁移。正、负电荷的注入效率与制成阳极和阴极材料的功函参数相关，即高功函的材料有利于空穴的注入，适合作为阳极；低功函的材料有利于电子的注入，适合作为阴极。

（2）电荷传输过程　经过电荷注入过程，在材料两侧积累大量带有负电荷和正电荷的分子构成载流子。受到电极产生的电场力作用，载流子将向反电极相向迁移，这种迁移即电荷传输过程。成键轨道中缺少一个电子的空穴分子带有正电荷，受到电场力的作用有向负极迁移的趋势。由于在固体材料中分子不能发生长距离移动，实际的迁移过程是相邻分子间的电子交换过程，即相邻分子成键轨道中的价电子交换到空穴分子的成键轨道中，自身形成新的空穴分子。这种电子交换沿着电场方向依次发生，在整体上表现为空穴的移动。由于分子型材料不存在金属材料中电子可以自由流动的结构条件，负电荷的传输情况也与正电荷传输类似，依靠电子交换过程完成其迁移过程，即处在反键轨道中的电子向相邻分子的最低空轨道迁移，表现为电子在电场力作用下有向正极移动的趋势。由于转移机理不同，空穴与电子在相同材料中的相对迁移速率是不同的，同种载流子在不同材料中的迁移速率也不同。

（3）空穴与电子的复合-激子的形成过程　在阳极注入的空穴分子和在阴极注入的电子经过相向迁移后，将在电致发光材料中相遇，并发生复合过程。两者相遇时，带负电荷分子导带中的电子有机会进入带正电荷空穴分子（HOMO 中缺一个电子）中的最低空轨道（LUMO），也可以认为带负电荷的分子 HOMO 中的一个电子交换到带正电荷分子的 HOMO 中，这两种过程是等效的，其电子交换效果都是产生了一个在成键轨道和反键轨道中分别拥有一个电子的中性分子。由于这种分子在结构上和光激发产生的激发态分子相同，因此被称为激子，形成的激子能态较高，具有电致发光材料分子的光学属性。

（4）激子的辐射发光过程　和光致发光过程中产生的激发态分子一样，复合过程中产生的激子处在高能态，LUMO 中的电子具有进入缺一个电子而能量较低的 HOMO 的趋势。当该过程发生时，多余的能量会以辐射的方式给出，即表现为辐射发光。有时我们也称上述过程是反键轨道中的电子进入成键轨道并将激发能以辐射方式给出。发出光的波长（颜色）取决于激子中反键轨道与成键轨道的能级差，即反映激子分子自身的结构性质，受发光材料的分子结构控制。发光强度与形成激子的数量和密度，以及激子发生辐射的量子效率等因素有关，分别受到电荷注入强度、传输效率和分子结构等因素影响。根据形成激子分子中电子自旋状态不同可以将其分成两种不同激子。当 LUMO 中的电子自旋方向与 HOMO 中的电子相反时，为单线态激子，能够完成荧光发射过程，属于量子力学允许跃迁，量子效率较高。相反，当 LUMO 中的电子自旋方向与 HOMO 中的电子相同时为三线态激子；反键轨道电子向成键轨道跃迁时需要改变自旋方向，是量子力学禁忌跃迁，在通常情况下不易发生，量子效率较低。事实上根据概率分析，将有一半以上的激子处于三线态，这些不发生荧光过程的激子对电致发光过程没有贡献。但是向发光材料中添加重金属离子配合物型光敏化剂可以促使磷光过程发生，可以提高总的发光效率。

上述四个过程即构成有机材料的电致发光的完整过程。从上述过程分析，可见施加的电压（影响电荷的有效注入和迁移）、选择的电极材料（影响正、负电荷的注入效率）以及发光材料的分子结构（影响发光强度和颜色）是电致发光最重要的几种影响参数。

3. 影响高分子电致发光性质的主要因素

电致发光材料性质主要包括电致发光光谱（决定发射光的颜色）、电致发光量子效率（决定电能与光能的转换效率）、电致发光驱动电压（正负电荷注入效率）、电荷传输性质（决定正、负电荷的复合效率）以及物理化学稳定性（决定器件的使用寿命）等。这些性质与材料的微观结构、化学组成、宏观结构以及外部条件等影响因素相关。以下是关于这些电致发光性质与影响因素关系的讨论。

（1）材料的化学结构与电致发光光谱的关系　　发射光谱是指辐射光的波长或者频率特征，外观表现为颜色特征。光作为一种能量载体，光的能量与波长成反比，与频率成正比。因此电致发光材料的发射光谱性质是材料在电场力作用下其电能和光能的能量转换表现形式。其发射光子的能量，即发射光谱类型取决于材料的分子结构和分子轨道状态。众所周知，荧光物质的荧光光谱，其波长对应于其分子轨道激发态与基态之间的能量差，通常为分子反键轨道与成键轨道之间的能级差。与光致发光一样，电致发光材料的发射光谱性质也取决于材料反键轨道与成键轨道之间的能级差。在材料物理学中，聚合物的价带和导带分别对应分子中的成键分子轨道和反键分子轨道。其电致发光光谱依赖于材料的价带与导带之间的能隙宽度，即禁带宽度。这个能量差也是激子能量进行荧光耗散时的能量，它决定了电致发光的发光波长。对于大多数有机分子来说，处在可见光能量范围内的能级差通常由 π-π^* 和 n-π^* 跃迁能级差构成。从上述分析可以看出，利用分子设计，调整能隙宽度，可以制备出能够发出各种不同波长光的电致发光材料，甚至可以满足制备全彩色显示装置的色彩要求[4]。这也是分子型电致发光材料的重要优势之一。

（2）电致发光过程中的电-光能量转换效率　　在电致发光中能量转换效率指输入或消耗的电能与发出的光能之间的转换效率。它取决于电致发光过程中的各个过程中能量转换效率的乘积，包括正、负电荷的注入效率、激子的形成效率、激子的辐射效率和辐射光发射过程中的透射效率等。通常将电致发光装置的量子效率定义为单位面积，单位时间发射的光子数目与同样条件下注入的正电荷或负电荷的数目之比。有人还将量子效率分成内量子效率和外量子效率。其中内量子效率包括上述的电荷注入效率、激子形成效率和激子辐射效率三项效率的乘积。而外量子效率除了上述三项效率乘积之外，还包括了辐射的透射效率。由于所有过程的效率都小于1，因此上述内量子效率和外量子效率都远远小于1。

提高电-光转换效率要从上述四个过程效率提高入手。电荷的注入效率主要取决于阳极和阴极材料与电致发光材料成键轨道和反键轨道能级的匹配度以及两者的结合状况。激子的形成效率定义为单位体积，单位时间产生的激子数目与注入单种电荷数目之比。由于载流子在传输过程中有一定消耗，并且形成激子需要一定的空间条件，一般效率不高，是影响电致发光效率的主要影响因素。调整正、负电荷传输平衡和优化器件结构是提高发光效率的基本途径。激子的辐射效率受到非辐射能量耗散的影响，非辐射能量耗散所占比例越大，留给辐射发光的能量越少，如果周围环境有利于非辐射耗散，其效率将大大下降。如材料纯度不高，内部存在猝灭剂分子或者发生光化学反应等将大大降低激子的辐射效率。此外形成激子的电子自旋状态也有很大影响。在一般情况下只有单线态激子通过荧光途径发光。如果能够促使三线态激子发光将能大大增加有效激子比例，提高激子辐射效率。透射效率是指器件发射出的光子数与激子发射的总光子数的比值。由于激子处在电致发光材料内部，其所发射的光必须要通过电致发光层，电荷传输层和外电极等光通道，其所发射的光在上述途径中必然会有部分吸收和反射损失，造成效率下降。电极的透光率和折射率，发光和电荷传输材料在所发射光区的吸收系数都会直接影响其外量子效率。如何提高器件的总量子效率是电致发光器件制备和应用研究的重要组成部分。根据目前的研究水平，多数聚合物型电致发光材料的总量子效率一般都在10%以下。

（3）载流子的注入效率与驱动电压的关系 载流子的注入是通过直接与有机材料结合的电子注入电极（阳极）和空穴注入电极（阴极）实现的，通常电子注入电极施加负电压，空穴注入电极施加正电压。注入效率包含两方面的含义：一方面需要克服电极与电致发光材料界面之间的电荷注入势垒，需要一定的驱动电压，电荷注入势垒越小，需要的驱动电压也越小，注入势垒与电极材料的功函和有机材料分子轨道对应能级相关；另一方面通过阴极和阳极注入的正、负电荷在数量上要基本平衡，因为量子效率只取决于数量较少的电荷数目，而且过量的单种电荷与激子的相互作用将导致非辐射能量耗散的比例上升。一般来说，在电极与电致发光层之间形成具有欧姆特性的界面是理想界面。电荷注入与驱动电压成正比；即采用的驱动电压越高，电荷注入效率越高，发光强度越大。能够点亮电致发光器件的最小驱动电压称为启动电压，界面能垒越小，需要的启动电压越小。界面能垒主要是由电极材料的功函参数和有机材料的分子轨道参数来决定。功函是一个物质重要的物理化学参数，表示将一个电子从材料表面移出所需的最小能量值。对于阳极界面，电极的功函与有机材料的HOMO之间的能量差决定能垒的大小。由于需要将成键轨道中的一个电子拉出，功函大的金属作为阳极有利于空穴的形成，界面能垒较小。对于阴极界面而言，界面能垒主要取决于金属电极功函与有机材料的LUMO之间的能级差，因为在阴极反应中需要电极向有机材料中的LUMO中注入电子，小功函的材料显然更为有利于减小界面能垒。在有机电致发光器件中阳极和阴极功函与有机材料成键轨道和反键轨道能级之间有4-9所示的关系。

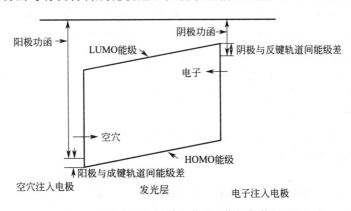

图 4-9 电致发光材料与电荷注入电极间能级匹配

由于器件发光的需要，现在采用的阳极材料基本上都是透明的ITO电极，是目前理想的空穴注入材料之一。现在常用的阴极材料是Mg、Al或者是碱土金属与它们的合金。在表4-2中给出了部分常见用于有机电致发光器件电极材料的功函值。

表 4-2 常用载流子注入电极的功函值

金属	Ca	Mg	In	Al	Ag	ITO
功函/eV	2.9	3.7	4.2	4.3	4.4	4.9

由于在电极与有机发光材料界面之间还存在着偶极矩、化学反应和分子扩散等影响，电荷注入效率并不完全依赖于电极功函与有机材料的分子轨道能级差。因此在选定电极材料之后，对电极表面进行处理和修饰，也是提高电荷注入效率的重要手段。

（4）高分子材料的空穴和电子传输性质与材料结构的关系　电荷迁移是有机电致发光过程的主要部分，调整材料的载流子传输特性能够提高激子的形成效率。一般来说有机分子型材料中电荷的迁移能力要比金属材料低得多。由于分子结构的差异，电子和空穴在同种材料中的迁移能力是不同的。有些材料对电子传输能力大大高于对空穴的传输能力，有些材料对空穴传输能力好。由于形成激子的密度与发光强度成正比，而且一个空穴只与一个电子复合，两者的理想比例是1∶1。根据 Mott-Gurney 法则，除了施加的驱动电压和材料厚度之外，电荷迁移主要与材料的化学结构和聚集态结构有关。在有机材料电荷传输过程中分子之间进行电子交换是必需的，而分子的亲电和亲核性质对于不同类型的载流子的迁移率有较大的影响。在有机物质中空穴是在成键轨道中缺少了一个电子的分子，有从相邻分子中获得一个价电子的趋势，电子交换发生后，邻近分子则成为新的空穴。当相邻分子具有给电子倾向时，上述过程容易发生。因此，空穴在碱性分子材料中的传输率较高。最常见的空穴传输材料是芳香胺类。此外，由于分子型材料多呈非晶态，存在各种缺陷构成阻碍载流子传输的势能肼，电荷迁移受到其聚集态结构的影响。在电子传输过程中，荷载电子的是 LUMO 中多一个电子的分子，电子处在分子的反键轨道。电荷迁移中需要相邻分子具有一定接受电子的能力。由于电子转移需要进入能量较高的反键轨道，所以对大多数有机分子材料来说，电子传输能力要大大低于空穴传输能力。含有氧二唑结构的有机材料是比较理想的电子传输材料。

（5）影响电致发光内量子效率的其他因素　从前面的讨论可知，正、负电荷注入效率、空穴电子构成激子的复合效率、激子的辐射效率构成电致发光材料的内量子效率。而影响正、负电荷注入效率的主要因素是电极材料的种类、电极表面形态、界面性质、与电极直接连接的有机材料特性等。虽然通过选择合适功函的电极材料是提高电荷的注入效率的主要手段，通过修饰电极材料的界面形态结构也可以提高电荷注入效率。例如，通过酸处理后 ITO 电极功函值向高的方向移动；通过碱处理 ITO 电极功函减小。还可以采用形成自组装（SA）膜方法在电极表面形成一层具有永久极化特征的 SA 膜。极化的 SA 膜对电极材料功函的影响取决于膜极化方向，原理与酸碱处理结果相同。由于电荷注入效率由电极的功函和有机材料的离子化势的差值决定，改变与电极直接相连的有机化合物结构也可以起到提高电荷注入效率的作用。比如在电极表面修饰一层新的有机材料，而这种材料的离子化势与电荷注入电极的功函匹配更好，则电荷注入效率将得到提高。研究表明，当 ITO 电极表面存在一层厚度在纳米范围的酞氰铜层，可以在界面处形成一个梯形能级结构，改善电荷的注入效率。

在有机电致发光材料中加入少量的特定化学物质后，材料的发光效率和发光波长能够有较大提升或者改变，这种化学物质称为光敏化剂。在有机电致发光研究中使用的光敏化剂主要有两种：一类是其激发态具有较高的辐射量子效率，称为荧光染料，这些物质可以接受激子的激发能，自身跃迁到激发态，并以自身的荧光特征发射可见光线，这时电致发光过程的发光光谱、辐射量子效率和激发态稳定性等都取决于光敏化剂的特征；另外一类光敏化剂被称为三线态磷光增敏剂，也称为磷光染料，其主要作用是通过将几乎没有贡献的三线激发态活化，使其发生磷光过程，提高发光效率。因为从三线激发态直接通过辐射方式耗散能量回到基态在量子化学中是禁止的，在有机化合物中几乎看不到磷光现象。从概率上分析，处在三线激发态的分子几乎是处在单线激发态分子的三倍[27]。如果能够将三线激发态的能量充分利用，将可以大大提高有机电致发光材料的发光效率。磷光增敏剂的原理是当引入较重元素时，由于自旋轨道的重叠效应，激子通过三线态到三线态间转移（triplet-triplet transfer），将激发能转移给加入的磷光剂客体，并发射出磷光。

（6）影响电致发光外量子效率的因素　影响外量子效率的主要因素包括电极材料、电荷传输材料、电致发光材料对所发射光的吸收、反射、散射等造成的光能损失。这些因素与器件的结构、材料的属性等密切相关。其中首要影响因素是界面的反射影响。在发光层辐射出的光线一般需要通过发光层/空穴传输层、空穴传输层/ITO 层、ITO 层/玻璃层、玻璃层/空气层等四个界面。光线通过每个界面都必须经历透射、反射、散射的过程，其中只有透射光才能对其发光作出贡献。其反射性质与构成界面材料的相对折射率有关，即 θ 取决于 $\sin^{-1}(n_1/n_2)$。被反射的光线可以被各层材料所吸收，也可以经过相对界面的再反射对透射光作出贡献。因此将电子注入电极作成高反射率的镜面对反射光的再利用比较有利。目前已经提出多种方法提高外量子效率，其中包括在界面形成微穴（microcavity）、在玻璃表面刻蚀沟槽（etching grooves）、加入硅微球等，都可以在一定程度上减小由于界面反射造成的外量子效率下降。材料对辐射光的吸收是第二个影响因素。在有机电致发光器件中使用的材料都或多或少对发射的可见光有吸收，造成发射光通过这些材料时产生光损失。包括 ITO 膜、空穴传输层和电致发光层等。有时还要考虑添加的光敏化剂的影响。其中 ITO 膜和电致发光膜的影响最为显著。ITO 膜属于半透光性材料，其厚度直接影响导电能力，也直接影响透光能力，其透光能力与制造工艺和膜的化学属性有关。电致发光材料的影响体现在具有发射可见光能带结构的分子，在同一区域内对光的吸收一般也比较强，造成光吸收损失。由于光吸收值与材料的厚度成正比，适当减小层厚是非常有效的方法之一。

三、高分子电致发光材料的种类

在高分子电致发光器件中使用的相关材料主要包括空穴注入材料、电子注入材料、电子传输层材料、空穴传输层材料、荧光或磷光发射层材料等。此外在发光层添加的荧光染料和磷光染料作为辅助材料也比较重要。功能高分子材料在电致发光器件中可以作为荧光材料（发光层）、电荷传输材料（载流子传输层），在特定情况下也可以作为电荷注入材料（载流子注入电极）。作为有机电致发光材料需要考虑的各种因素包括它的物理稳定性，如具有一定机械强度、在使用状态下不易析晶；化学稳定性，如在应用过程中不发生化学变化而导致老化、衰变；此外，其电离能、电子亲和能、带隙宽度等也是必须考虑的因素。以下是对这些材料的介绍。

1. 电荷注入材料

电荷注入材料包括电子注入材料和空穴注入材料，分别在有机电致发光器件充当阴极和阳极使用。

（1）电子注入材料　其主要功能是向电致发光材料中注入负电荷。要求具有良好的导电能力、合适的功函参数、良好的物理和化学稳定性，保证能够将施加的驱动电压均匀、有效地传送到有机材料界面，并克服界面势垒，将电子有效注入有机层内，同时保证在使用过程中不发生化学变化和物理损坏。常用的电子注入材料包括纯金属材料、合金材料、金属与金属化合物构成的复合材料、金属与含氟化合物的复合材料等。纯金属材料的特点是具有良好的导电能力。大多数金属材料的功函在 $2.6\sim4.7\mathrm{eV}$ 之间。低功函的电极可以获得较高的电子注入效率，获得较大的电流密度。虽然从其功函的角度考虑，钾、锂、钠等碱金属的注入电子能力最高，但是在空气中不稳定，也容易与有机材料发生化学反应，使其使用性能下降。为了能够在通常环境下稳定使用钙、钾、锂等低功函金属，可以通过与惰性元素构成合金的方式降低其反应活性和提高其抗环境腐蚀性质。目前使用最多的是碱土金属材料和铝的合金，比如 Mg/Al 合金、Mg/Ag 合金、Li/Al 合金等。银的加入不仅提高其化学稳定性，还可以增加电极与有机材料之间的黏附性。一般碱金属化合物的稳定性比纯金属要高，而且同样可以获得较好的电子注入效率。例如在金属铝电极表面形成一层厚度在 $0.3 \sim 1.0nm$ 的碱金属化合物，包括 Li_2O、$LiBO_2$、K_2SiO_3、Cs_2CO_3 等也可以提高电子注入效率[28]。此外，在铝电极表面上形成一层氧化铝层也可以提高铝电极的电子注入效率[29]，碱金属的氟化物也具有类似的作用，使用最普遍的是氟化锂和氟化铯[30]。为了提高电子注入电极的稳定性，在稳定性不好的活泼金属层外侧覆盖一层稳定性好的金属作为保护层，以隔绝环境中的氧气也是一种常用方法。最常用的覆盖层仍然为导电和稳定性好的银金属。

(2) 空穴注入材料　在有机电致发光装置中阳极既承担空穴注入任务，又要保证电极具有透光性，使所发射的可见光透过发出。目前使用最多的空穴注入材料是铟和锡氧化物的 ITO (indium-tin oxide) 玻璃电极。ITO 玻璃是将氧化铟和氧化锡采用磁控溅射方法沉积在玻璃表面形成的一种以玻璃为基体的透明导电复合材料。其中 ITO 膜具有导电性质，透明度较高，功函可以达到 4.9 左右，是非常理想的空穴注入材料。注入空穴要克服的势垒主要由电极材料的功函和有机材料的电离势之差决定。阳极材料的功函越高对于空穴注入越有利。鉴于功函是一个与材料表面状态相关的函数，实际上 ITO 电极表面的处理要比电极材料本身的选择还要重要。对 ITO 表面进行适当处理和化学改性，改变其表面形态、化学组成和电学性质，可以明显提高其空穴注入性能。经常采用的表面处理方法有等离子体处理、酸处理、自组装膜处理，加入缓冲层 (baffer layer) 等方法。等离子体处理技术主要是为了清除电极表面吸附或键合的化学物质并改变其表面结构。采用氩等离子体处理一般仅有清洁作用，表面的化学组成一般不会发生变化。而采用氧或者 CF_4/O_2 等离子体进行表面处理不仅可以清除表面吸附物质，还可以增加表面氧元素含量，从而提高功函值。采用 SF_6 和 CHF_3 等离子体处理，处理效果要更加明显。采用酸对表面进行处理主要是使 ITO 表面产生质子化，提高其功函值，磷酸处理的效果最为明显，功函提高幅度可以达到 $0.7eV$[31]。采用自组装膜 (SAM) 技术，在 ITO 膜表面形成一层有利于空穴注入的极化层，也可以提高其空穴注入效率。而插入的缓冲层是否提高或者降低空穴注入效率取决于极化层和空穴传输层之间 HOMO 之间的关系。

除了 ITO 玻璃电极之外，空穴注入材料还有氟掺杂的氧化锡 (FTO)，铝掺杂的氧化锌 (AZO) 等薄膜型材料。采用 FTO 替代 ITO 最明显的优点是可以降低成本，而且对各种清洁方法的耐受力强，透光率高。但是较大的漏电流限制了使用范围。氧化锌的价格低廉、无毒，在室温下的禁带宽度为 $3.3eV$。经过铝掺杂的氧化锌电阻率在 $(2 \sim 4) \times 10^{-4} \Omega \cdot cm$，在可见光区具有良好的透光性质。其他高功函、高透光率、高导电性的金属氧化物 GIO、GITO、ZIO 和 ZITO 作为空穴注入材料也有报道[32]。共轭型高分子材料也可以用于制作空穴注入电极；有人利用聚苯胺制作电致发光器件的阳极替代 ITO 玻璃电极后，电致发光器件的性能有较大改善，工作电压下降约 $30\% \sim 50\%$，量子效率提高了 $10\% \sim 30\%$[33]。更为重要的是用聚苯胺阳极制作的电致发光器件具有良好的韧性，弯曲后并不影响其发光性能，完全有可能用于制备大面积柔性电致发光器件。

2. 电荷传输材料

经过阳极的空穴注入和阴极的电子注入，空穴与电子在电场作用下将在有机材料中相向迁移，并在电致发光层中相遇形成激子。空穴和电子在有机材料中的相对和绝对迁移速率，相对于器件的发光效率是非常重要的影响因素。正、负电荷绝对迁移率低将导致电压降过大；相对迁移率差别大将造成电荷传输的不平衡，一种电荷发生透过性迁移而流失，另外一种电荷不能有效进入发光区域。单独设置正、负电荷传输层,或者调整电致发光层的电荷传输性质是一个提高器件量子效率的有效手段。在有机材料中空穴和电子其传输特性与材料的化学性质和化学结构紧密相关。

(1) 电子传输材料 在电致发光器件中,电子传输材料承担着接受从阴极注入的电子,并将电子向阳极方向有效迁移的任务。为此电子传输材料应该首先具有良好的电子传输能力和与阴极相匹配的电子能级。同时还担负着向发光层注入电子,而其激态能级能够阻止发光层中的激子进行反向能量交换。由于多数有机电致发光材料电子迁移率要比其空穴迁移率低若干数量级,造成正、负电荷传输不平衡使发光效率下降;因此,在有机电致发光器件中加入电子传输层意义重大。具有亲电性质的材料一般具有比较理想的电子传输特性。目前常用的有机电子传输材料主要有金属配合物和 n-型有机半导体材料。在电致发光研究中使用最多的金属配合物是三(8-羟基喹啉)铝(Alq$_3$)配合物及其衍生物。这是因为 Alq$_3$ 除了具有良好的电子传输能力之外,Alq$_3$ 易于合成和纯化,具有优良的热和形态稳定性,易于采用蒸发法成膜,并且具有避免形成激基复合物的分子结构等特征也是受到欢迎的原因。此外,Alq$_3$ 自身还具有发射绿色荧光的能带结构,可以兼做绿色电致发光材料使用。但是 Alq$_3$ 在发光量子效率、电子迁移率、禁带宽度和升华成膜过程易产生灰化等方面还不理想。在 Alq$_3$ 中电子的迁移率与施加电场强度的平方根成正比。其他类似物,如三(5-羟甲基-8-羟基喹啉)铝(AlOq)[34]、双(5,7-二氯-8-羟基喹啉)-(8-羟基喹啉)铝(Alq(CLq)$_2$)[35]、(邻羟基苄基-o-氨基酚)(8-羟基喹啉)铝[Al(Saph-q)][36] 等都是常见的电子传输材料。改变中心离子或者配体可以获得更多金属配合物电子传输材料,其中包括以铍(Be)、镁(Mg)、钙(Ca)、锶(Sr)、钪(Sc)、钇(Y)、铜(Cu)和锌(Zn)作为中心离子,以 8-羟基喹啉衍生物为配位体的金属配合物。其他类型配位体构成的金属配合物包括 10-羟基苯并喹啉铍(Bebq$_2$)、双 2-(2-羟基苯基)吡啶合铍(Bepp$_2$)、双苯基喹啉铍(Ph$_2$Bq)、2-(2-羟基苯基)-5-苯基噁二唑与铝[Al(ODZ)$_3$]和锌[Zn(ODZ)$_2$]的配合物;1-苯基-2-(2-羟基苯基)苯并咪唑锌[Zn(BIZ)$_2$] 等,也都表现出良好的电学和光学性质。这些配合物的化学结构见图 4-10。

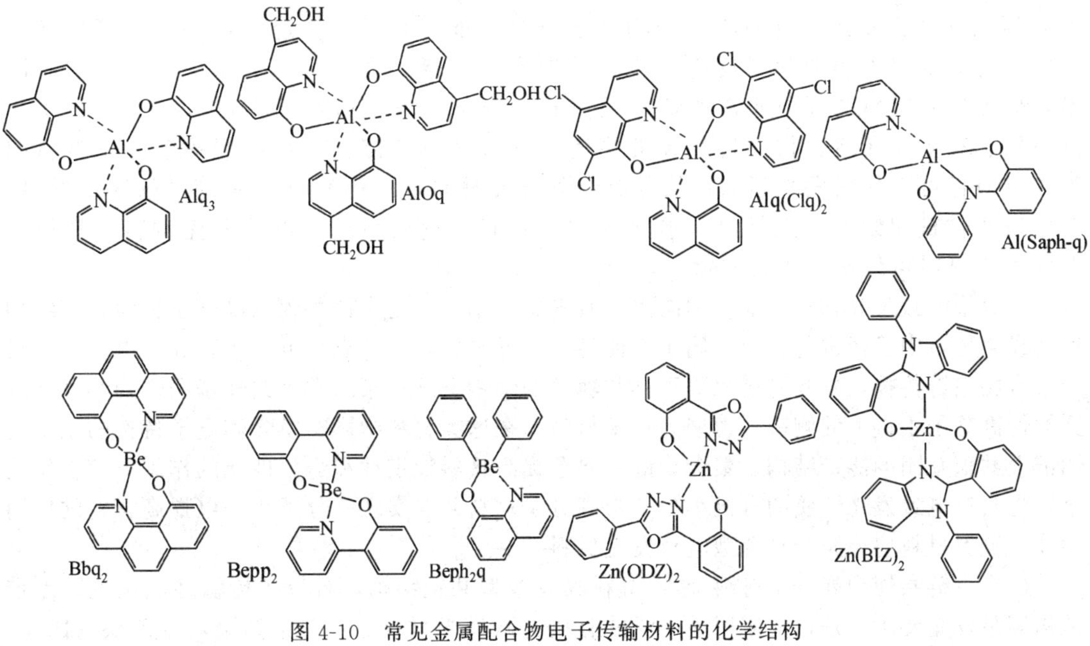

图 4-10 常见金属配合物电子传输材料的化学结构

除了金属配合物以外，其他具有亲电性质的电子传输材料还有很多。这类材料通常还具有大的不规则分子结构以防止在使用过程中的结晶。实验表明，含有噁二唑结构的分子电子迁移率较高，常用的这类材料包括具有大取代基、多分支、螺形、星形分子结构的噁二唑衍生物（PBD），这种类型结构的分子能够有效防止在使用过程中结晶。例如，噻吩低聚物（BMB-3T）、螺型噁唑衍生物（spiro-PBD）、苯取代的苯并咪唑衍生物（TPBI）、全氟取代的 PF-6P、星型结构的八苯取代衍生物（COT）均是具有良好电子传输性能同时稳定性较高的电子传输材料。高分子电子传输材料目前已经使用的有聚吡啶类的 PPY、萘内酰胺聚合物（4-AcNI）以及聚苯乙烯磺酸钠等。

（2）空穴传输材料　空穴传输材料应该具有良好的亲核性质和与阳极相匹配的导带能级，以利于空穴的传输和注入。其激态能级最好也能够高于发光层中的激子能级，防止电子和复合形成的激子向空穴传输层迁移。在有机材料中空穴是价带中缺一个电子的分子，其传输过程是空穴分子从相邻分子的价带中获得一个电子，相邻分子构成新的空穴，依次将空穴状态传输向阴极。因此，分子具有较好的给电子特性比较有利。从这个角度分析，有机胺类是理想的空穴传输材料。为了提高器件的稳定性，空穴传输材料应该具有较高的玻璃化转变温度，防止发生热聚集现象，因此大分子有机胺是比较理想的。其实大部分带有氨基结构的高分子材料都具有空穴传输能力，其中聚乙烯咔唑（PVK）是典型的高分子空穴传输材料。聚甲基苯基硅烷（PMPS）也是一种性能优良的空穴传输材料，其室温空穴传输系数可达 10^{-3} cm^2/Vs。从防止结晶考虑，具有星形结构或螺型结构的芳香型联苯二胺衍生物比较有利。从真空蒸镀制备工艺的角度分析，最好具有良好升华性质。由于多数有机电致发光材料是空穴传输性的，从电荷平衡角度空穴型传输材料的使用不如电子传输层使用的那样迫切和普遍。

3. 高分子荧光转换材料（发光材料）

发光材料在电致发光器件中起决定性作用，包括发光效率的高低、发射光波长的大小（颜色）、使用寿命的长短，往往都主要取决于发光材料的选择。注入的正负电荷要在发光层中复合形成激子，而激子的形成效率是发光效率的重要影响因素；激子通过辐射发光耗散激发能，发光效率取决于辐射耗散的比率；发光强度取决于激子的密度；发光颜色取决于发光材料的能带结构。激子是高能态物质，稳定性较差，对环境条件敏感，容易发生不利的化学反应，使电致发光器件逐步失效，缩短使用寿命。这些因素都导致发光材料的选择非常严苛。根据其种类电致发光材料通常可以分为无机半导体材料、有机金属络合物材料、有机共轭小分子材料和带有共轭结构的高分子材料四类。有时还可以根据发光颜色特征分成红外发光材料，红色发光材料、绿色发光材料、蓝色发光材料和紫外发光材料。本部分的主要着眼点在高分子电致发光材料，其他类型的发光材料可以参见相关文献。

高分子电致发光材料目前常用的主要有三类：第一类是主链共轭的高分子材料，其结构特征在第三章中已经进行介绍，属于本征型电子导电材料，特点是电导率较高，电荷主要沿着聚合物主链传播，发光光谱取决于其共轭链的禁带宽度；第二类是共轭基团作为侧基连接到柔性高分子主链上的侧链共轭型高分子材料。在这类材料中影响发光和电学特性的主要是侧链上共轭基团的能带结构，聚合物链主要起提高材料稳定性和力学性能的作用；第三类是直接将具有电致发光性质的有机小分子与高分子材料共混实现高分子化，以提高材料的使用性能。这类材料应该属于复合型电致发光材料。

（1）主链共轭型高分子材料　这类材料具有线型共轭结构，载流子传输性能优良，能带结构满足发光要求，是目前使用最广泛的有机电致发光材料之一。包括聚对苯乙炔（PPV）

及其衍生物、聚烷基噻吩及其衍生物、聚芳香烃类化合物等。其中聚对苯乙炔（PPV）及其衍生物是最早使用的聚合物电致发光材料，对其的研究也最充分。其常用的合成方法有三种：即前聚物法（Wesseling 法和 Momii 法）、强碱诱导缩合法和电化学合成法[37]。PPV是典型的线型共轭高分子材料，苯环和双键交替共轭连接，具有优良的空穴传输性和热稳定性，由于苯环的存在光量子效率较高。其发光波长取决于导带和价带的能量差，即能隙 E_g。通常 PPV 发出黄绿色光。通过分子设计在苯环位置引入供、吸电子取代基或者控制聚合物的共轭链长度，均能调节能隙宽度，可以达到在一定范围调节发光波长的目的，可以得到红、蓝、绿等各种颜色的发光材料。但是 PPV 升华性差，不能采用真空蒸镀法成膜。单纯的 PPV 的溶解能力较差，不能溶于常用的有机溶剂，影响采用旋涂法直接成膜。解决的办法一般是先将可溶性预聚体旋涂成膜，然后在 200～300℃ 条件下进行消去反应来得到预期共轭链长度的 PPV 薄膜。改进溶解性能还可以通过在苯环上引入长链烷基或烷氧基等制备可溶性衍生物。聚噻吩类衍生物是继聚对苯乙炔类之后人们研究较为充分的一类主链共轭型杂环高分子电致发光材料，稳定性好，启动电压较低。根据其化学结构不同，可以发出红、蓝、绿、橙等颜色的光。同样单纯聚噻吩结构的高分子材料溶解性不好，当在 3 位引入烷基取代基时，可以大大提高溶解性能，并且可以提高量子效率。聚噻吩衍生物的合成方法主要有化学合成法和电化学合成法两种。具有共轭结构的芳香型化合物通过偶合反应直接连接可以构成相互共轭的线性聚合物，这类聚合物具有良好的发光特性和量子效率，化学性质稳定，禁带宽度较大，能够发出其他材料不容易制作的蓝光发光材料。这类材料主要包括聚苯、聚烷基芴等。

　　(2) 侧链共轭型高分子电致发光材料　其主链由柔性饱和碳链或者其他类型主链构成，为材料提供可溶性和机械性能；侧链为具有合适能带结构和量子效率共轭分子结构。这种化学结构具有较高的量子效率和光吸收系数。调节侧链发色团的共轭体系大小，可以合成出能发出各种颜色光的电致发光材料。由于处在侧链上的 π 价电子不能沿着非导电的主链移动，因此导电能力较弱。比较典型的此类电致变色材料是聚 N-乙烯基咔唑。其发光波长处于蓝紫区（410nm）。聚甲苯基硅烷（PMPS）也属于这一类材料，区别是用饱和硅烷链代替饱和碳链。由于其共轭程度较小，能带差大，其发光区域处在紫外光区，可以制备紫外发光器件。原则上所有小分子电致发光材料都可以通过接枝反应引入聚合物链构成侧链共轭型电致发光材料；或者在小分子电致发光材料结构上引入可聚合基团，通过均聚和共聚反应实现高分子化。因此，这类电致发光材料具有非常广的可开发空间。由于高分子化的电致发光材料具有优异的使用性能，合成化学家又提供了大量可供选择的合成方法，这类电致发光材料具有非常广泛的发展前途。

　　(3) 共混型高分子电致发光材料　合成化学的发展为我们提供了众多具有非常好电致发光特性的小分子材料，但是小分子材料本身具有的一些弱点限制了这些材料的广泛应用。比如，多数小分子容易结晶、发生层间迁移、机械强度不好等缺点。采用加大分子量，增加取代基的数目和体积，虽然在一定程度上可以解决上述问题，但是程度有限。通过共混改性高分子化是提高其使用性能的理想手段之一。共混型高分子电致发光材料是由具有电致发光性能的小分子与成膜性能好，机械强度合适的聚合物通过均匀混合制成的复合材料。一般由高分子材料构成连续相，小分子电致发光材料构成分散相。高分子连续相的存在可以克服有机小分子的析晶、迁移和力学性能差等问题。其中高分子对电荷传输和对激子稳定性的影响，以及两相相容性等因素需要认真考虑。

4. 电致发光敏化材料

在有机电致发光材料研究领域最重要的发现之一是添加某种物质时，其发光效率、发光波长、使用稳定性等方面会出现有利变化现象，将这种物质称为敏化物质。使用的敏化材料多是一些具有较高量子化效率，本身结构具有一定禁带宽度的有机分子。敏化材料与原来的电致发光材料构成主-客结构提高器件的使用性能。通常情况下敏化材料作为客体可以起到三方面的作用：首先是提高其量子效率和工作稳定性，高量子化效率的敏化材料可以通过发射荧光提高器件的发光效率，抑制非辐射能量耗散过程；其次是可以调节和改变器件的发光光谱，因为敏化材料可以接受主体激子的能量，自身跃迁到激发态并发射具有自身能带结构特征的荧光，起到调节和改变发射光谱的目的。前两种作用称为荧光敏化。如果加入的是三线态敏化材料，将起第三个作用，将原来不能利用的三线激发态激子能量通过发射磷光过程加以利用，从而提高发光强度，使理论内量子效率接近 100%，这种敏化材料被称为磷光敏化剂。上述三种作用机制可以单独发生作用，也可以共同发生作用。

（1）荧光敏化材料　荧光敏化材料主要是指一些荧光染料，多数含有芳香结构，具有荧光光量子效率高的特点。当在电致发光层中加入荧光敏化材料后，这些荧光染料分子会相应提高荧光转换效率，即提升激子激发能转换成辐射光的比率。而且在多数情况下其发射光谱都会发生变化，这是因为荧光染料能够吸收来至发光材料中产生的激子能量，自身发生受激发光。而荧光染料的发光特征与其化学结构有关，如果这些荧光敏化剂的发光光谱与原电致发光材料不同，能够发现发光光谱发生了改变。因此，选择合适的荧光敏化材料添加到电致发光层中，可以调整、改变所发射光的颜色。在白光和全彩色电致发光装置研究中，添加荧光敏化材料进行发光光谱调节具有重要意义。所谓的白光是一种全谱带光，即在全部可见光区所有波长的光均匀分布，白光也可以通过三基色进行调节形成。其中绿光波长 532nm 左右、蓝光 450nm 左右、红光 650nm 左右。而全彩色显示也是基于同样道理由三基色的不同比例混合而成。比如苯并噻唑取代的香豆素衍生物 C-545T，是一种荧光染料，其光量子效率可以达到 90%[38]。在绿色电致发光材料 Alq_3 中加入这种荧光染料可以显著提高电致发光材料的量子效率和工作稳定性。与绿色荧光染料相比，能够发射红色荧光的染料相对缺乏，其中 DCJTB 衍生物、DCTP 衍生物、DCDDC 衍生物、AAAP 衍生物、（PPA）（PSA）Pe-1 衍生物、BSN 衍生物、DPP 衍生物等研究相对较多，也获得了比较理想的结果。其中 BSN 是综合性能最理想的红色荧光敏化材料。在三基色中，蓝色光的能量最高，需要发光材料的禁带宽度最大。能够发射蓝色荧光的敏化材料主要是一些带有大的取代基（减小分子间相互作用力）的多环芳烃类，比如二苯乙烯端基取代的聚苯（DSA）、9,10-双萘基取代的蒽（β-DNA）和四叔丁基取代的二萘嵌苯（TBPe）等。有机电致发光材料研究中常用的荧光敏化材料结构列于表 4-3 中。

（2）磷光敏化材料　当携带电子和空穴的分子相遇发生复合生成激子时，处在导带和价带的两个未成对电子的自旋方向是随机的，只有自旋方向相反的构成单线态激子，对荧光发射有贡献；而相当大部分电子自旋方向相同构成三线态激子。三线态激子以辐射方式耗散能量的过程被称为磷光过程。根据量子力学原理，三线态激子的辐射跃迁是禁止的，通常三线态激子只能以非辐射的方式耗散激发态能量。很显然，如果三线态的能量能够加以利用，电致发光效率将能够大大提高。相对于单线态激子的荧光过程，磷光过程是一个慢过程，同时需要特定的结构条件，通常需要有重元素参与提供电子自旋调整轨道。能够帮助完成磷光过程的材料被称为磷光敏化材料。这是因为三线态激子如果通过电子交换和电荷捕获等过程，将能量传输给磷光敏化材料，将能够发射出具有敏化剂结构特征的磷光，从而达到提高内量

表 4-3　在有机电致发光器件中使用的典型荧光敏化材料

种类	分　子　结　构
绿色荧光剂	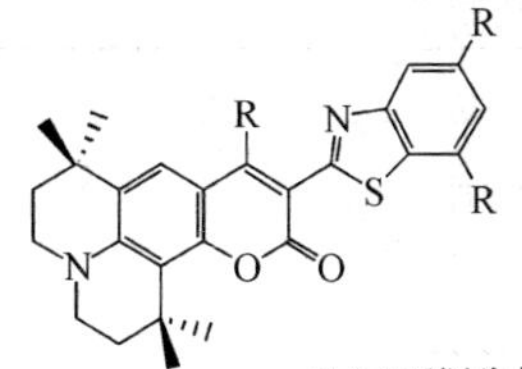 C-345T衍生物 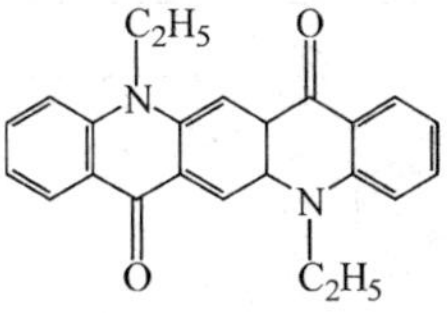　　　DEC 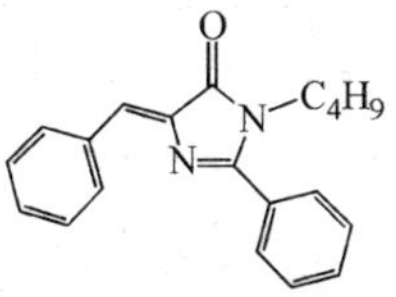　　　咪唑啉酮衍生物 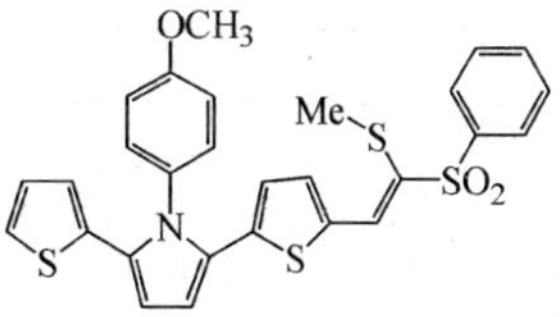
红色荧光剂	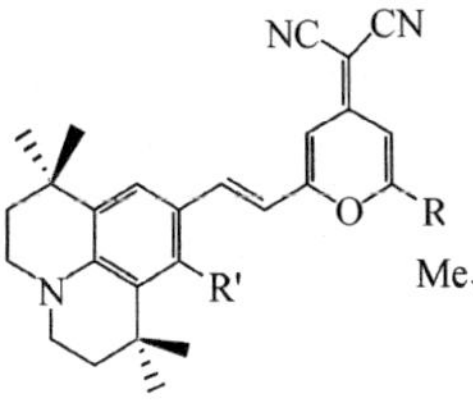 DCJTB 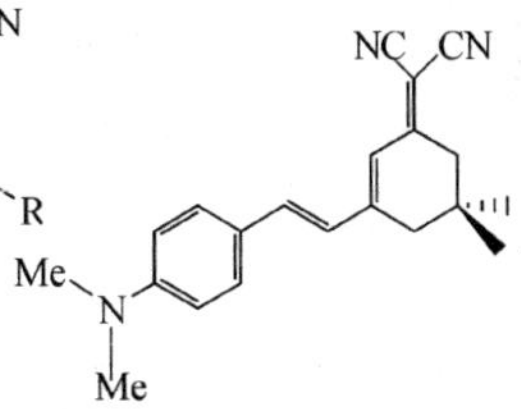　　　DCDDC 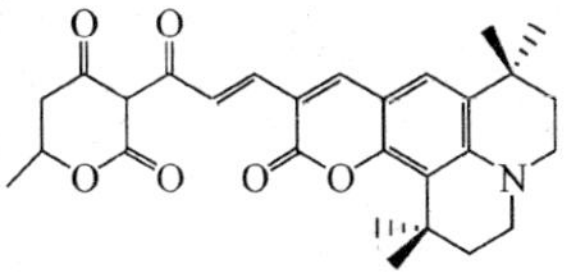　　　AAAP 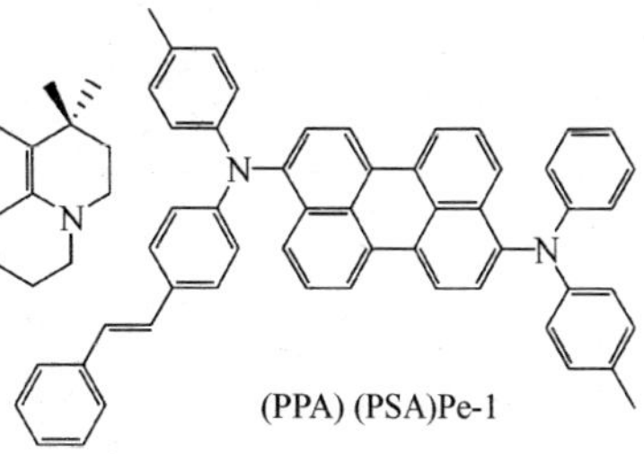　　　(PPA) (PSA)Pe-1 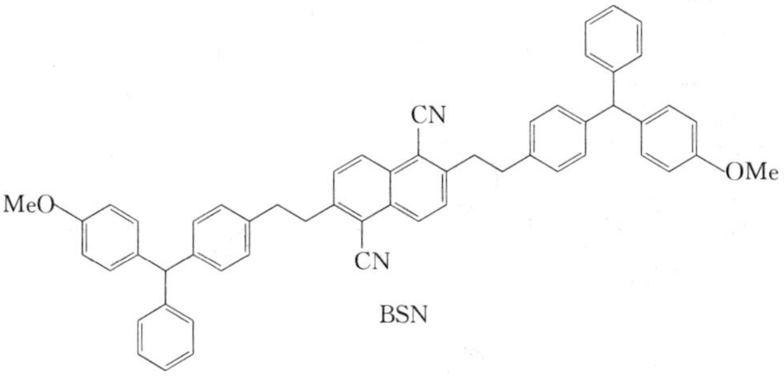 BSN 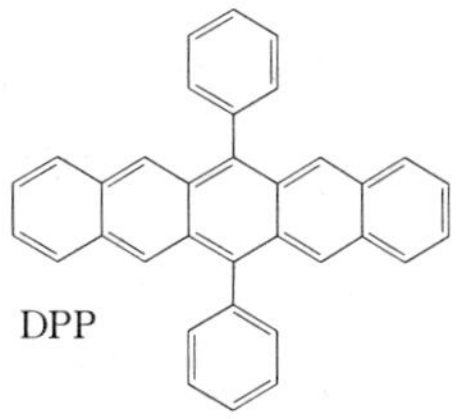　　　　　　DPP
蓝色荧光剂	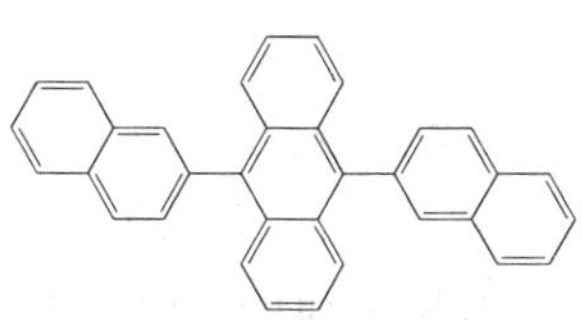 beta-DNA 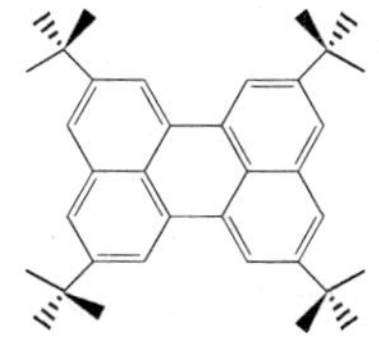　　　TBPe 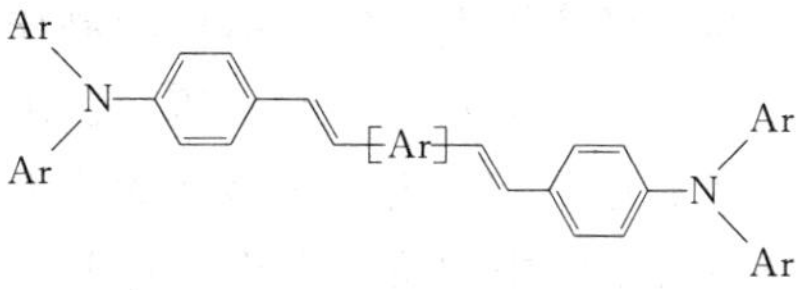　　　DSA-Amine

子效率的目的。和荧光敏化剂一样，也能够调节发光波长。一般认为，含有重金属中心离子的有机金属配合物具有磷光敏化性能，其中重金属离子起主要作用。能够发射红色磷光的敏化材料主要有铂的螯合物、镧系金属铕的有机配合物、铱的有机配合物、锇的有机配合物等。能够发射绿色磷光的敏化剂主要有铱的苯并吡啶配合物等。采用铱的配合物作为磷光敏化剂，可以产生波长在 475nm 的蓝色磷光。这些磷光敏化剂的结构见表 4-4。

　　由于利用了三线态激子发光，添加磷光敏化材料可以大大提升有机电致发光器件的总发光效率。但是考虑到三线激发态的较长寿命，激子的扩散效应将不能忽略。为了防止激子的扩散，在电致发光层外侧加入具有较高离子化势的材料作为激子阻挡层往往是必要的。三线态激子的这种长寿命还带来另外一个问题，就是随着注入电流密度的加大，激子饱和问题将越来越突出，发光效率随着电流密度的升高而快速下降。实验结果还表明，添加磷光敏化剂也可以提高器件的使用寿命和稳定性。

表 4-4　在有机电致发光器件中使用的典型磷光敏化材料

种类	分 子 结 构
绿色荧光剂	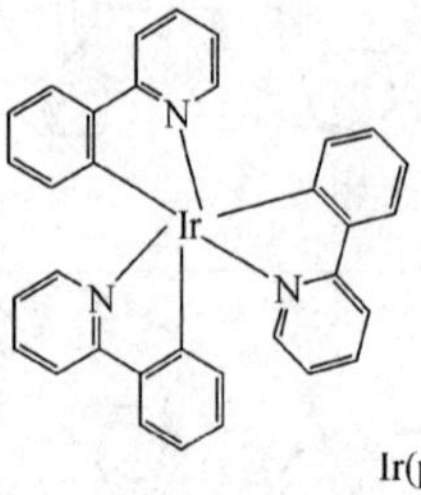 Ir(ppy)₃ 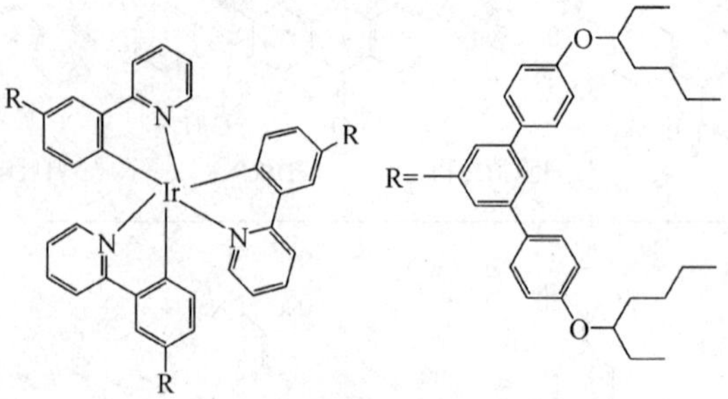
红色荧光剂	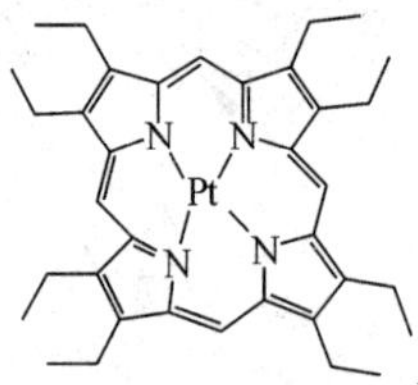 PtOEP 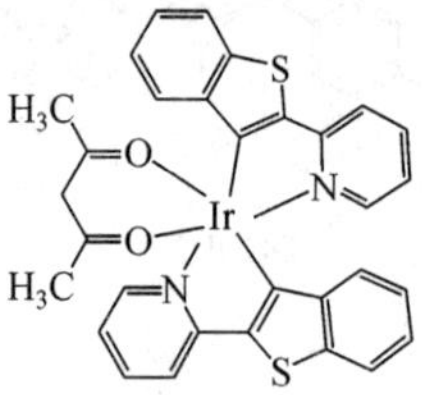　　　Btp₂Ir(acac)
蓝色荧光剂	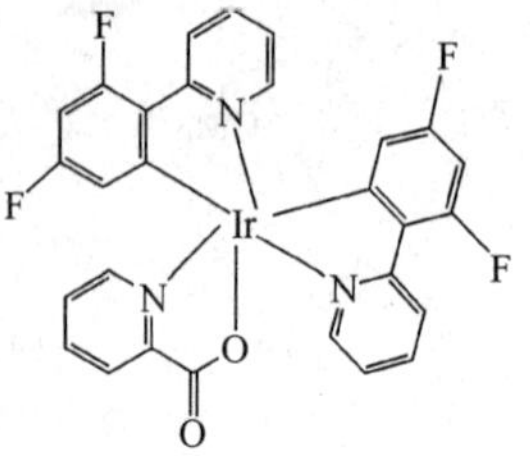 Firpic 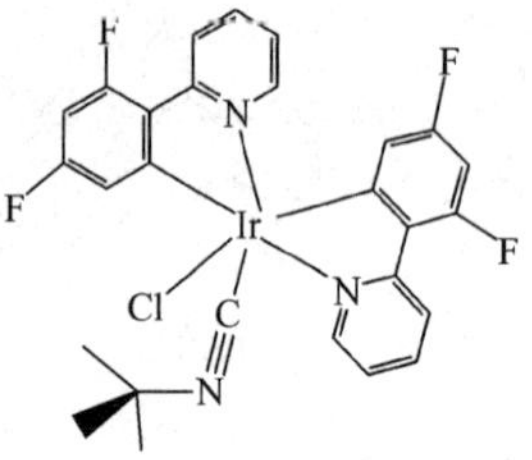　　　Fir(tBuNC)

四、高分子电致发光器件的制作方法

有机电致发光器件的制作工艺根据制备目的不同，主要包括面状发光器件的单层和多层膜成型工艺、点阵化发光器件的成型工艺、多发光点组成全彩色器件的形成工艺等。此外，从满足实际应用的角度考虑，在制作工艺中影响器件发光效率和使用寿命的一些影响因素也一并讨论。

1. 面型电致发光材料的成型方法

面型电致发光材料主要用于制备主动发光型照明器件，发光区域均匀遍布整个发光材料层。面型电致发光器件由面状的电子注入电极、电子传输层、荧光转换层、空穴传输层和空穴注入电极依次叠合构成。一般的制作程序是以透明的 ITO 玻璃电极作为基体材料，依次在 ITO 电极上面用各种成膜方法形成空穴传输层、荧光转换层、电子传输层，最后用真空蒸镀的方法形成电子注入电极。能够形成大面积、无缺陷、结构分离清晰，厚度均匀一致的功能膜是这种工艺的基本要求。目前使用的成膜方法主要有以下三类。

（1）真空蒸镀成膜法　真空镀膜法适合那些在高真空下容易升华的物质成膜，操作过程是在一个真空体系中，将欲作为涂层的材料放置在较高温度处，在真空下升华；升华物质将均匀沉积到处在较低温度处的基质上形成薄膜。这种方法需要特殊的设备，并要求成膜材料的热稳定性要好，保证在升华温度下不发生分解反应。形成膜的厚度取决于升华速度和蒸镀

时间，而升华速度又取决于温度和真空度。因此，温度、真空度是重要工艺参数。真空镀膜工艺应用比较广泛，理论上可以制备电荷注入层、电荷传输层和电致发光层。成膜面积大，厚度均匀是真空蒸镀成膜法的特点。对于化学性质稳定，有一定挥发性质的有机小分子材料，如金属配合物、多环芳香烃类都可以采用这种方法。对于高分子电致发光材料，由于其熔点较高，不易升华，而且在高温升华条件下结构容易发生破坏，因此较少使用。

（2）浸涂或旋涂成膜法　浸涂和旋涂方法均属于溶液成膜法，需要先将成膜材料溶解在一定溶剂中制成合适浓度的溶液，然后进行涂膜工艺。其中浸涂工艺是将 ITO 电极浸入成膜溶液中，然后取出让溶剂挥发，溶质沉积使之成膜。膜的厚度可以通过调整溶液的浓度和黏度进行控制，也可以通过浸涂次数控制。该方法简单易行，不需要复杂的仪器设备。但是，对于多层结构的电致发光器件该方法不适合。因为在浸涂第二层时往往会对第一层造成短路等不利影响；此外，形成膜的厚度不容易准确控制，均匀性也难以保证。旋涂工艺是浸涂法的一种改进，利用旋转基体材料形成的离心力使形成膜厚度均匀化。具体方法是将成膜材料的溶液用滴加的方法加到旋转的 ITO 玻璃电极表面中心，在离心力作用下多余溶液被甩出，留下部分溶液吸附在电极表面形成均匀薄膜。膜的厚度取决于溶液的浓度和黏度、旋转角速度以及滴加溶液的时间。由于电极与溶液的接触时间短，相互影响相对较小，因此可以应用到多层器件的制备中。其缺点是不易获得大面积膜材料。浸涂和旋涂方法必须要求成膜材料在某些溶剂中是可溶的，否则无法得到适当浓度的溶液。由于某些高分子电致发光材料的溶解性较差，限制了该方法的使用范围。电荷注入材料层通常是金属，也无法用浸涂和旋涂方法制备。

（3）原位聚合成膜法　这是利用化学反应直接将单体聚合在基体表面形成薄膜。对于那些溶解性或者热稳定性均不好的电致发光材料，采用原位聚合法是唯一可行的理想方法。原位聚合成膜工艺是将预先合成好的单体化合物和其他聚合反应试剂配合成反应体系，通常是首先配制聚合单体反应溶液，然后利用电化学、光化学等方法引发聚合反应，利用聚合反应直接在基体表面形成高分子膜。采用这种成膜工艺可以在 ITO 电极表面原位生成电致发光层和电荷传输层。由于 ITO 电极作为基体具有导电性质，用电化学原位聚合方法制备发光层和电荷传输层较为普遍。为了保证电化学反应的进行，在单体溶液中还要包括电解质，在三电极或者双电极电解池中直接用电极电势驱动聚合反应。作为电化学聚合的活性基团，在活性结构上引入端基双键可以用还原电化学聚合方法成膜，形成主链为饱和烷烃的聚合物膜。引入芳香性结构或者吡咯、噻吩结构衍生物作为单体，可以用氧化电化学聚合法成膜，形成带有主链共轭结构的聚合物膜。这种工艺最突出的特点是适合那些溶解性和升华性均很差的高分子电致发光材料，特别是主链共轭聚合物。用电化学聚合成膜法，膜的厚度可以通过电解时间和电解电压值来控制。此外，用这种方法制成的薄膜缺陷很少，特别适合制备厚度非常薄的发光层。而作为电致发光器件，发光层的厚度越小，需要的启动电压就越小。由于在电化学聚合过程中会引入离子性杂质，需要一定的后处理过程。

（4）离子溅射成膜法　离子溅射是利用具有一定动能的高能离子对成膜材料进行轰击并发生溅射，落到基体材料表面成膜。这种工艺主要用于电荷注入层的制备。电子注入电极材料一般使用低功函的碱土金属或它们的合金作为成膜材料，使用的主要是真空蒸镀成膜法。对于那些不容易升华的电极材料，采用高能离子流进行轰击溅射可以形成预定厚度的膜。由于有机化合物在高能离子轰击下容易发生破坏性结构改变，不适合作为常见电荷传输层和电致发光层的制备。上述制备方法主要作为实验室规模的研究手段，如果将其发展成工业规模，对相应的制备方法要进行相应改进。

2. 点阵化或者图形化电致发光材料的成型工艺

有机电致发光材料的一个重要应用领域是制备大面积的平面图形显示装置。目前所有现代显示器件都采用点阵排列显示元素的方式，通过控制每个显示元素的状态（发光、透射、折射等）来构成一个动态丰富多彩的显示画面；为了提高画面的显示质量，显示器的分辨率也越来越高，需要制备数目巨大、结构细微的显示元素。显然采用上述成膜工艺制备无论从生产效率还是产品质量都无法保证要求。目前生产应用的点阵化有机电致发光显示器是具有寻址功能的显示器件，整个显示器由大量有电致发光功能的像素（pixele）构成，通过控制每个像素的点亮和色彩控制（彩色显示）构成动态图像。因此采用有机电致发光材料构成图像显示装置必须要解决点阵化成型工艺难题。目前人们主要采用以下几种加工工艺解决。

（1）计算机控制的喷墨打印法　该方法是从浸涂工艺发展而来，首先是将有机电致发光材料溶解在一定溶剂中，配制成打印溶液（墨水），并将这种溶液装入具有喷墨打印功能的机器，利用计算机控制在基板上打印形成具有特定图案或者点阵型结构的功能膜。通过精确控制喷墨头喷出液滴的大小和喷出时间，可以如同进行图形打印一样，在基体材料上形成结构精密的图形或点阵式图案。形成薄膜的厚度则由溶液的浓度和黏度进行控制。当然，与浸涂和旋涂工艺一样，采用喷墨打印法要求材料在一定溶剂中必须有良好的可溶性，并能够通过浓度或者打印技术控制形成特定厚度和形状的，像素大小一致的电致发光层和电荷传输层。工作效率高，控制精度好是这种工艺的主要优点。

（2）光刻工艺法　光刻工艺是目前广泛应用在集成电路、印刷电路和印刷制版场合的成熟加工工艺，在电致发光器件制备工艺中主要用于阳极，即 ITO 电极的点阵化和图形化加工。通常是在经光刻工艺制备的 ITO 电极表面再进行涂层像素制备。阴极和电致发光层等一般不能通过光刻成型方法制备，原因是在清洗光刻胶时，容易对有机层造成破坏和污染。

（3）屏蔽罩结合真空蒸镀法：这种方法是从真空蒸镀成膜法发展而来。是在具有特定精细结构的屏蔽罩保护下，利用真空蒸镀方法在非保护区域形成具有特定结构的图形化或点阵化电致发光层和电荷传输层。屏蔽罩可以用金属材料制备，也可以用有机材料制备。这种方法原则上不受材料的种类限制，但是屏蔽罩的机械强度和加工精度直接影响制备的电致发光器件的质量和性能。

五、高分子电致发光材料的应用

高分子电致发光材料自问世以来就备受瞩目，已经对传统的发光和显示材料形成了挑战，显示了非常好的发展势头。世界各主要国家都将其作为重要新型材料研究开发的领域之一。目前高分子电致发光材料主要应用于平面照明和新型显示装置中。如仪器仪表的背景照明，广告等大面积显示照明，矩阵型信息显示器件等。在计算机、手机、电视机、广告牌、仪器仪表的数据显示窗等场合获得应用[39]。

1. 在平面照明方面的应用

有机电致发光材料是近年来发展非常迅速的照明用材料，已经广泛应用到仪器仪表和广告照明等领域。由于高分子材料的特有性质和电致发光本身的特点，高分子电致发光器件具有制作工艺相对简单、超薄、超轻、低能耗等特点，在平面照明方面具有非常广泛的应用前景。与传统照明材料相比，有机电致发光材料具有以下特点：有机电致发光材料是面发光器件制备材料，如果把第一代电光源白炽灯称为点光源，把第二代电光源日光灯称为线光源，那么电致发光将成为第三代电光源面光源。这种发光器件具有发光面积大、亮度均匀。作为照明器件，面发光器件较少产生阴影区，给人非常舒适的感觉，特别适合那些需要均匀、柔和的照明场合，易于营造温馨气氛。其次，多数有机电致发光材料发出特定颜色的光线，颜色纯度高，颜色可调节范围大，视觉清晰度好，特别适合仪器、仪表、广告照明和需要营造特定气氛的节日照明场合。目前已经在汽车和飞机仪表、手机背光照明等领域获得应用。采用有色光照明容易造成物体颜色失真，不适合普通照明。目前正在研究开发白光照明有机电致发光器件[40]。此外，有机电致发光材料属于冷光照明，对环境产生的热效应很小，适合那些对温度敏感的照明场合，如商场特定橱窗和展示柜台的照明。由于其驱动电压低，不产生热效应，相信在医疗场合也有发展前途。

2. 在显示装置方面的应用

显示器是信息领域的重要部件，承担着信息显示和人机交互的重要任务，同时还是电视机、手机等消费品的主要组成部分。在显示器领域，阴极射线管（CRT）显示装置体积大、耗电高、制作工艺复杂等固有缺陷已经处于被淘汰状态。液晶和等离子体显示装置被称为第二代显示器并获得广泛应用，但是其高昂的制造成本、视角小、响应慢以及器件的刚性特征，迫切要求科学家开发第三代平面显示装置。有机电致发光器件正在成为新一代显示器。同液晶显示器相比，有机电致发光显示器具有主动发光，且具有亮度更高、重量更轻、厚度更薄、响应速度更快、对比度更好、视角更宽、能耗更低的优势，相信在生产技术成熟之后，制造成本将比同类产品更低。与等离子荧光显示器相比具有耗能低、分别率更高、厚度更薄的特点。经过多年的研究开发，有机电致发光显示装置研究方面已经取得了重大进展，多家公司推出了多种实用性有机电致发光显示器（OLED），并应用与多种电子设备，屏幕尺寸涵盖范围非常宽。更为重要的是，由于能够采用柔性高分子材料代替目前使用的玻璃基体 ITO 电极，已经制造出柔性电致发光显示器件，使显示器的重量更轻、更耐冲击、成本更低，甚至可以发展成为电子报纸和杂志。

3. 在应用方面需要解决的一些问题

虽然有机电致发光器件在应用研究方面已经获得巨大成功，在多个领域已经有大量商品出售或者已经有实用化的工艺技术出现，但是从总体上来说，高分子电致发光材料无论是制备工艺、品质质量方面都还有待于发展成熟，要提高这种新型显示和照明材料的综合性能需要在以下几个方面继续进行研究。

（1）继续提高发光效率　发光效率一般有以下几个衡量标准：一是内量子效率，指注入的电子或空穴数目与能形成光发射的激子数目之比；另一个是外量子效率，指输入的电子或空穴数与发射出器件的光子数目之比，均用百分比表示。此外，更容易测定的衡量方法是输入功率与所发出光功率的比值，用 1m/w 作为单位。在发光效率方面，首次报道的 PPV 单层器件的发光效率仅为 0.01%。1994 年采用 PPV 衍生物的共聚物作为电致发光层，其外量子效率提高到 1.4%[41]。1996 年采用 PPV 的二烷氧基取代衍生物，其外量子效率达到 2.1%。而以 PPV 为空穴传输层，CNPPV1 为发光层和电子传输层，制成的双层器件，外量子效率达到了 2.5%。目前有些有机电致发光器件的发光效率已经达到 10% 以上。发光亮度是另外一个衡量其使用性能指标。1998 年，Spreitzer 等以 PPV 衍生物为发光材料，亮度为 $100cd/m^2$，器件寿命为 2.5 万小时[42]。而采用聚烷基芴为发光材料制备的绿色发光器件，亮度达到 $1000cd/m^2$。

提高发光效率主要要解决以下几个问题。首先是要选择光量子效率高的电致发光材料，提高内量子效率。一般来说具有大共轭体系的化合物量子效率较高。其次是提高生成激子的稳定性，如减小主链共轭型聚合物的共轭长度，可以起到激子束缚作用，防止激子猝灭。此外，加入载流子传输层，使载流子传输平衡，是增强荧光转换率，提高量子效率的有效方法。利用载流子传输层的激子束缚作用和减薄发光层厚度，压缩载流子复合区域，以提高载流子复合效率，都可以达到提高发光效率的目的。近年来三线态激子的利用研究取得重要突破，三线态激子的有效利用成为提高内量子效率的重要内容。加入磷光敏化剂可以将三线态激子能量通过磷光过程转化为可见光，大大提高了电致发光器件的量子效率。

（2）提高器件的稳定性和使用寿命　目前来看，有机电致发光器件的稳定性差是影响其实用性的重要原因。在通常情况下，器件性能变坏主要由于以下几个原因造成。首先是有机电致发光材料的析晶问题，对于有机小分子材料尤其严重。由于电致发光主要发生在非晶态的有机材料中，器件在使用过程中温度的升高，会加速析晶过程，结晶区增大，发光区域减小。同时，析晶过程也会破坏薄膜的完整性。选择玻璃化转变温度高的材料或者将小分子电致发光材料高分子化，这样可以有效克服析晶问题。其次是电致发光材料的化学稳定性；由于载流子复合产生的激子是一种活泼的高能量物质，很容易与材料分子发生化学反应生成非活性物质引起器件的性能下降。选择化学惰性好的电致发光材料是一个解决办法。降低材料中的杂质浓度，改进工艺，提高形成薄膜的均匀性，增大发光材料的分子量，提高材料的玻璃化温度等都可以有效提高有机电致发光器件的使用寿命。目前商品化的有机电致发光器件使用寿命已经达到10000h以上，可以满足实际使用要求。

（3）发射波长的调整　有机电致发光材料作为全彩色显示器件应用，必须解决的一个问题是提供纯度高的三原色光源。只有能够发出纯正的三原色，才能制备出色彩还原性好的彩色显示器件。从目前的研究成果看，绿色发光问题解决的比较好，发光材料的量子效率较高，色纯度较好。发红色光的问题较多，主要是发红色光的材料量子效率较低，还有待于进一步改进。调节电致发光材料的波长主要依靠以下两种方法。一是通过分子设计改变分子组成，如改变取代基、调整聚合物共轭程度等都可以改变高分子电致发光材料的禁带宽度，从而达到调整发光波长的目的。例如，Sokolik合成了共轭与非共轭交替的PPV衍生物[43]，由于非共轭部分的引入，使得聚合物的共轭长度变短，发光波长蓝移160nm。二是通过加入荧光染料（光敏感剂）调整发光颜色。将荧光染料加入发光层后，载流子复合产生的激子在发光层中将能量传递给荧光染料分子，从而得到荧光染料分子激子，其发光特性则取决于荧光染料分子结构。加入荧光染料后还可以提高器件的量子效率。

（4）改进材料的可加工性　简化电致发光器件的制作工艺可以降低生产成本，提高产品的成品率，也是大规模工业化的前提。而多数高分子电致发光材料的溶解性能较差，给薄膜型器件的制备带来困难。在主链共轭型电致发光材料中引入长链取代基可以改善这些材料的溶解性能，使采用浸涂和旋涂成膜方法，以及计算机控制的喷墨打印法可以应用，扩大了材料的选择范围。聚苯乙炔和聚噻吩型主链共轭型材料都可以通过上述结构改造方法提高溶解能力。而原位聚合方法则是解决电致发光材料成型加工的另一个解决方案，适合形状复杂、结构精细的电致发光器件的制备，具有很好的发展前途。

第四节　高分子电致变色材料

颜色是区分识别物质的重要属性之一，是物质内部微观结构对光的一种反应。变色性质是指物质在外界环境的影响下，其吸收光谱或者反射光谱发生改变的一种现象，其本质是构成物质的分子结构在外界条件作用下发生了改变，因而其对光的选择性吸收或者反射特性发生改变所致。变色现象广泛存在于自然界，在植物和动物界都有发现。目前人们研究的变色材料，根据施加变色条件的不同，可以分成电致变色材料、光致变色材料、热致变色材料、化学变色材料等，分别指施加电学、光学、热学、化学等参数后颜色发生改变的物质。其中材料的电致变色性质（electrochromism）是本节讨论的内容。

通常所指的电致变色现象是指材料的吸收光谱在外加电场或电流作用下产生可逆变化的一种现象。电致变色实质是一种电化学氧化还原反应，材料的化学结构在电场作用下发生改变，在可见光区域其最大吸收波长或者吸收系数发生了较大变化，在外观上表现出颜色的可逆变化。根据材料的属性划分，可以分成无机电致变色材料和有机电致变色材料。目前发现的无机电致变色材料主要是一些过渡金属的氧化物和水合物。有机电致变色材料又可以分成有机小分子变色材料和高分子变色材料，其主要区别是分子量的大小。根据电致变色材料氧化态变化与光谱吸收之间的关系，还可分为阴极变色（还原变色）和阳极变色（氧化变色），分别指其变色态为还原态和氧化态。目前人们已经发现许多功能高分子材料具有电致变色性质，已经成为功能高分子材料的重要组成部分。

一、电致变色材料的种类与变色机理

由于人类眼睛的感觉范围限制，有应用意义的电致变色材料，要求其在电场力作用下，光吸收波长变化范围要在 $350\sim800nm$ 之间，即对应可见光范围，而且有比较大的消光系数改变，这样才能获得明显的颜色改变。处在该能量范围的化学结构有部分金属盐、金属配合物和共轭型 π 电子结构。为了满足电致变色过程中电荷传输的要求，电致变色材料还要求具有良好的离子和电子导电性。从应用角度分析，还应该具有较高的对比度、变色效率和循环周期，较低的本底颜色深度，较快的反应速度等综合性质。综合文献报道，目前人们研究开发的电致变色材料主要有以下几类。

1. 无机电致变色材料

无机电致变色材料主要指某些过渡金属的氧化物、络合物、水合物以及杂多酸等。常见的过渡金属氧化物电致变色材料中属于阴极变色的主要是ⅥB族金属氧化物，有氧化钨、氧化钼等。属于阳极变色的主要是Ⅷ B族金属氧化物，如铂、铱、锇、钯、钌、镍、铑等元素的氧化物或者水合氧化物。其中钨和矾氧化物的使用比较普遍。氧化铱的响应速度快，稳定性好，但是价格昂贵。关于金属氧化物的电致变色机理，目前尚没有一致的看法。对研究最充分的 WO_3，人们提出了以下几种模型：Deb 模型提出了无定形 WO_3 具有类似金属卤化物的离子晶体结构，能形成正电性氧空位缺陷，阴极注入的电子被氧空位捕获而形成 F 色心，被捕获的电子不稳定，易吸收可见光而被激发到导带，使 WO_3 膜显色；Faughnan 模型，又称双重注入/抽出模型、价内迁移模型，施加正向电场时电子 e 和阳离子 M^+ 同时注入 WO_3 膜原子晶格间的缺陷位置，形成钨青铜（$MxWO_3$）而显蓝色。施加反向电场时，电致变色层中电子 e 和阳离子 M^+ 同时离开，蓝色消失。其蓝色来自两种不同晶格位置上钨的电子跃迁。与此类似，Schirmer 提出小极化子模型。无机电致变色材料的离子电导和电子电导对于电致变色性能起重要作用。这类材料的稳定性好，目前是制备电致变色玻璃的主要材料之一。

2. 有机小分子电致变色材料

根据电化学理论，某些小分子在电极电势作用下发生氧化还原反应，如果反应后其吸收光谱和摩尔吸收系数发生较大变化，则这种物质就可以作为电致变色材料。可以发生电致变色的有机物质非常广泛，小分子电致变色材料主要包括有机阳离子盐类和带有有机配位体的金属络合物。前者最有代表性的是紫罗精（viologens）类化合物，其化学结构为 $1,1'$-双取代-$4,4'$-联吡啶双盐。当被电化学还原时，可以形成单氧化态的阳离子自由基和中性的全还原态醌型结构 [见图 4-11(a)]。

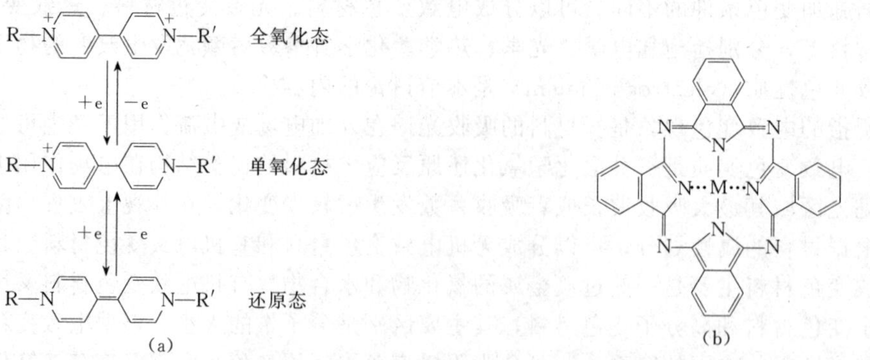

图 4-11　紫罗精和金属酞菁的分子结构

　　紫罗精类衍生物属于阴极变色材料，当对其施加负电压时，可令其发生还原反应改变其氧化态而显色。其中全氧化态为稳定态，多数呈现淡黄色；单氧化态为变色态，其最大吸收波长在可见光区，吸收特定波长的可见光后呈现强烈的补色；得到两个电子的全还原态摩尔吸收系数不大，颜色不明显。其显示的颜色与连接的取代基种类有一定关系，主要是取代基的电子效应在起作用。当取代基为烷基时，单还原产物呈现蓝紫色，芳香取代基衍生物通常呈现绿色。颜色的深浅取决于材料的摩尔吸收系数，摩尔吸收系数的大小与分子的结构类型相关。单氧化态的紫罗精自由基阳离子其摩尔吸收系数非常高，在较低浓度下就可以产生强烈的颜色变化。紫罗精具有非常好的氧化还原可逆性，在反复氧化还原过程中能够保持结构的稳定性。大部分的紫罗精单阳离子自由基通过自旋成对而形成反磁性的二聚体。二聚体与单体的吸收光谱也不同。如甲基紫罗精阳离子自由基的单体在水溶液中是蓝色。而二聚体是红色。

　　带有大 π 电子结构的有机金属配位物多数都表现出一定颜色，而且具有氧化还原活性，其颜色与中心离子的氧化态相关。在电化学反应中改变其氧化还原状态，颜色会发生较大变化就可以作为电致变色材料使用。这种电致变色物质种类繁多，其变色性源于电子吸收光能后，从低能量的金属到配体的电荷转移跃迁、价态间的电荷转移跃迁、配体间激发态跃迁。金属配合物型电致变色材料中具有代表性的是酞菁（phthalocyanines）络合物。酞菁是带高度离域 π-电子体系的四氮杂四苯衍生物，具有 18 个 π 电子高度共轭的平面大环刚性分子结构，分子能级结构能够满足对光谱变化和吸收系数的要求。酞菁可以和铁、铜、钴、镍、钙、钠、镁、锌等许多过渡金属和金属元素生成螯合型金属配位络合物，被称为金属化酞菁［见图 4-11(b)］。金属离子可位于酞菁中心，也可位于两个酞菁环中间呈三明治状。多种金属的酞菁络合物在可见区都有很强的吸收，是重要的工业染料，通常摩尔吸光系数大于 10^5，表现出良好的电致变色特性。

　　3. 高分子电致变色材料

　　高分子电致变色材料属于功能高分子范畴，是本节要讨论的主要部分。从这类高分子材料的结构类型划分主要包括四种类型：主链共轭型导电高分子材料、侧链带有电致变色结构的高分子材料、高分子化的金属络合物和小分子电致变色材料与聚合物的共混物和接枝物。

　　（1）主链共轭型导电聚合物　在上一章中已经讨论了主链共轭型导电聚合物在发生电化学掺杂时能引起其颜色改变，而这种掺杂过程完全是可逆的。因此所有的电子导电聚合物都是潜在的电致变色材料，特别是其中的聚吡咯、聚噻吩、聚苯胺和它们的衍生物在可见光区都有较强的吸收带。主链共轭型聚合物可以用电化学聚合的方法直接在透明电极表面成膜，制备工艺简单、可靠，有利于电致变色器件的生产制备。主链共轭型聚合物在作为电致变色材料使用时，既可以氧化掺杂，也可以还原掺杂，但是以氧化掺杂比较常见。聚吡咯在还原态最大吸收波长在 420nm 左右，呈现黄绿色；当电化学氧化掺杂后其吸收光谱显示最大吸收波长在 660nm 处，呈现蓝紫色。聚噻吩在还原态的最大吸收波长在 470nm 左右，呈红色；被电极氧化掺杂后，最大吸收波长为 730nm 左右变成蓝色。电致变色性能比较显著，响应速度较快。取代基对聚噻吩的颜色影响较大，聚 3-甲基-噻吩在还原态显红色（$\lambda_{max}=480nm$），在氧化态呈深蓝色（$\lambda_{max}=750nm$）。而 3,4-二甲基噻吩在还原态时显淡蓝色（$\lambda_{max}=620nm$）。调节噻吩环上的取代基还可以改善其溶解性能。聚苯胺最大优势在于它的多电致变色性，也就是说在改变电极电位过程中，聚苯胺可以呈现多种颜色变化。在 $-0.2\sim1.0V$（SCE）电极电压范围内，颜色变化依次为淡黄-绿-蓝-深紫（黑）；常用的稳定变色是在蓝-绿之间。其氧化还原变色机理还涉及质子化/脱质子化或电子转移过程。在苯环上或者在氨基氮原子上面引入取代基是调节聚苯胺电致变色性和使用性能的主要方法。视取代基的不同，可以分别起到提高材料的溶解性能、调整吸收波长、增强化学稳定性等作用。如聚邻苯二胺（淡黄-蓝）、聚苯胺（淡黄-绿）、聚间氨基苯磺酸（淡黄-红）等。属于主链共轭型的电致发光材料还有聚硫茚和聚甲基吲哚等。在这类材料中由于苯环参与到共轭体系中，显示出独特性质。苯环的存在允许醌型和苯型结构共振，在氧化时因近红外吸收而经历有色-无色的变化。这种颜色变化与其他导电聚合物相反。

（2）侧链带有电致变色结构的高分子材料　这种电致变色材料是通过接枝或共聚反应将小分子电致变色化学结构组合到聚合物的侧链上。通过这种高分子化处理后，原来小分子的电致变色性一般能基本保留。这种类型的电致变色材料集小分子变色材料的高效率和高分子材料的稳定性于一体，因此具有很好的发展前途。比较常用的方法包括共聚反应和接枝反应两种。前者是在电致变色小分子中通过化学反应引入可聚合基团，如乙烯基、苯乙烯基、吡咯烷基、噻吩基等，制成带有电致变色结构的可聚合单体，再用均聚或共聚的方法形成骨架各不相同，而侧链带有电致变色结构的高分子。其中最常用的是带有紫罗精侧链的可聚合单体。后者利用高分子接枝反应将电致变色结构结合到高分子侧链上。如聚甲基丙烯酸乙基联吡啶则是典型代表。

（3）高分子化的金属配合物　将具有电致变色作用的金属配合物通过高分子化方法连接到聚合物主链上可以得到具有高分子特征的金属配合物电致变色材料。其电致变色特征主要取决于金属络合物，而力学性能则取决于高分子骨架。高分子化过程主要通过在有机配体中引入可聚合基团，采用先聚合后络合，或者先络合后聚合方式制备。其中采用后者时，聚合反应容易受到配合物中心离子的影响；而采用前者，高分子骨架对络合反应的动力学过程会有干扰，均是必须考虑的不利因素。目前该类材料中使用比较多的是高分子酞菁。当酞菁上含有氨基和羟基时，可以利用其化学活性，采用电化学聚合方法得到高分子化的电致变色材料。如 $4,4',4'',4'''$-四氨酞菁镥、四（2-羟基-苯氧基）酞菁钴等通过氧化电化学聚合都得到了理想的电致变色高分子产物。当金属配合物电致变色材料带有端基双键时还可以用还原聚合法实现高分子化。

（4）共混型高分子电致变色材料　将各种电致变色材料与高分子材料共混进行高分子化改性也是制备高分子电致变色材料的方法之一。其混合对象包括小分子电致发光材料与常规高分子混合、高分子电致发光材料与常规高分子混合、高分子电致发光材料与其他电致发光材料混合以及与其他功能助剂混合四种。经过这种混合处理之后，材料的电致变色性质、使用稳定性和加工性能均可以得到一定程度的改善。特别是可以通过这种方法使原来不易制成器件使用的小分子型电致变色材料获得广泛应用。将无机电致变色材料与电致变色聚合物结合，可以集中两者的优点。如将吡咯单体在含三氧化钨的悬浮液中进行电化学聚合，将获得同时含有三氧化钨和聚吡咯的新型电致变色材料，其中三氧化钨与聚吡咯共同承担电致变色任务，在适当比例下膜的颜色变化遵从蓝-苍黄-黑的变化规律。三氧化钨与聚苯胺（蓝-苍黄-绿）复合物具有同样性质。

二、电致变色器件的结构

从前面的讨论可以知道，作为电致变色材料使用有如下几个关键问题必须考虑：首先是如何使材料在电参量作用下发生电化学反应产生相应结构变化；通常的电化学过程可以通过电极施加电压，并通过外电路控制其施加的电压大小完成。其次是发生的颜色变化能够被外界感知；这样就要求电极必须是透明或者至少是半透明的。再次是要保证在发生电化学反应中必然产生的电子和离子在材料中和材料间的传输；在电化学过程中通常采用电解质作为电极与材料之间的离子导电介质。上述三个条件都必然要求电致变色器件有合理的结构，因此电致变色器件的结构设计具有非常重要的意义。作为电致变色材料的实际应用，有利用其对可见光透射性能变化的，如可以选择性控制可见光透射的智能窗；也有利用其对可见光选择性反射性的，如汽车用防眩光后视镜。应用场合不同，对器件结构的要求也不同。

从应用的角度考虑，目前研究中的有机电致变色器件其基本结构与电致发光器件的结构类似，都是层状结

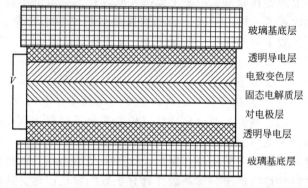

图 4-12　有机电致变色器件结构

构，由透明导电层，电致变色层，电解质层和对电极层等构成，其结构如图 4-12 所示。根据实际需要和材料具备的各种性能不同，实际电致变色器件的具体结构和层数会有所变化。如果能找到具备多功能材料，并采取合适的制备工艺，就可将结构简化为四层或三层。

三、高分子电致变色器件的成型工艺

由于大规模的工业化生产工艺还没有见报道，电致变色器件的制作工艺，仅从实验室角度看主要是成膜工艺。成膜的方法有湿法和干法。湿法成膜主要包括浸涂法、旋涂法、化学沉积法，电化学沉积法等。干法成膜主要有真空蒸镀和溅射法。

1. 透明导电层的性能和制备工艺

透明导电层负担着对电致变色材料施加电压并将其发生的颜色变化透射到外面的任务。首先要求其必须是能够完成电荷注入的导体，外界电源通过它们为电致变色器件施加变色所需的电压，因此其电阻越小越好，这样可以降低在电极两端的电压降。其次是必须在可见光区透明，能够允许来自于光源的光能够透过进入电致变色层，同时能够将电致变色层的变色现象传递到外面，被人们感知。常见的透明导电层仍然是以玻璃为基底材料的 ITO 电极。这种 ITO 电极其透明导电层一般由氧化铟和氧化锡合金构成。这种 ITO 膜可以利用真空蒸镀、电子束或者离子束溅射等方法在玻璃基底上制作成膜。

2. 电致变色层的性质和制备工艺

电致变色层是装置的主体部分，所有电化学氧化还原反应和颜色变化都发生在该层中。在有机电致发光器件中电致变色层由高分子或者小分子电致变色材料组成。电致变色层一般采用旋涂、浸涂、蒸镀或者原位聚合等方法在透明导电层上形成膜。对于那些溶解性能好的材料可以采用浸涂或旋涂法；对于那些热稳定性好，有一定挥发性的材料可以采用真空蒸镀法；对于那些带有可聚合基团的分子可以采用电化学或光化学原位聚合方式形成电致变色

层。根据需要，膜的厚度约几微米到几十纳米。膜的厚度对器件的电致变色性能有重要影响，如电致变色的响应时间与膜的厚度成反比，颜色变化的深度与膜的厚度成正比。

3. 固态电解质层的性能和制备工艺

电解质是电化学装置中的重要组成部分，承担着离子传输、导电和传质作用。在电致变色装置中，电解质层可以采用液体电解质或者固体电解质。液体电解质的离子导电能力好，具有传质能力；但是液体的流动性限制了在有机电致变色装置中的应用。固体电解质，特别是高分子电解质，虽然离子导电能力稍差，但是良好的成膜性能和力学性能使其已经成为有机电致变色装置中的主体。在有机电致变色装置中，电解质层主要作用是在电致变色过程中向电致变色层注入离子，以满足电中性要求和实现导电通路。固态电解质层采用胶体化和高分子电解质比较普遍。其中传输的离子一般有 H^+、Li^+、OH^- 及 F^-。对电极层，也称为离子存储层，主要作为载流子的发射/收集体。当器件施加电场发生电致变色过程时，电解质层向变色层注入离子，而对电极则向电解质层供应离子；在施加反向电场时，电解质层从发光层中抽出离子，对电极则将多余的离子收集起来，以保持电解质层的电中性。对电极的电中性由处在相邻位置的另一个透明电极通过注入和抽出电子提供。因而对电极也是电子和离子的混合导体。

四、电致变色高分子材料的应用

电致变色材料的基本性能是其颜色可以随着施加电压的不同而改变，其变化既可以从透明状态到呈色状态，也可以从一种颜色转变成另一种颜色。而表现出的颜色实质上是对透射光或者反射光的选择性吸收造成的。光作为一种能量、信息的载体，已经成为当代高技术领域中的重要角色，对光的有效控制、调整技术也已经是人们关注的重要研究课题。归纳近年来的研究成果，电致变色材料作为一种实用性材料具有如下特点。

（1）颜色变化的可逆性　即材料在电极电势驱动下在两种呈色状态之间可以反复多次发生变化，其结构不会在变色过程中破坏。颜色变化的可逆性实质上是氧化还原反应的可逆性。可逆性好意味着使用的寿命长，这是电致变色材料在多个领域获得实际应用的基础。

（2）颜色变化的方便性和灵敏性　即通过改变施加的电压的大小或极性，可以方便、迅速地控制颜色的变化。可以大大简化控制电路，降低成本，扩大应用领域。颜色变化迅速则能够保证在信息领域应用的高效性。

（3）色深度的可控性　即当注入的电荷量 Q 较小时，光密度与注入电荷量 Q 的关系是线性的，较大时才呈现出饱和。因为电化学氧化还原反应与消耗的电荷量具有计量关系，输入的电量多，发生变色效应的分子就越多，自然颜色发生变化的深度就越高。因此，具备这种性质的材料可通过控制注入电荷量实现光密度连续调控，扩大控制范围。

（4）颜色记忆性　即变色后切断电路，颜色可被保持。这一点与电致发光性质不同，后者在电压取消后，发光也即刻消失。这是因为发生氧化还原反应的分子，在呈色态具有相对稳定性，在一定条件下其呈色态可以长久保持。这一性质对于显示静止画面（如广告画面）时，可以降低消耗。在作为信息记忆材料使用时可以提高存储信息的可靠性。

（5）驱动电压低　因为电致变色是发生电驱动电化学氧化还原反应，需要的驱动电压一般很小，多在1V左右，比电致发光器件所需电压要低很多。加上前述特点，使其具有电源简单，耗电省的性质。

（6）多色性　部分电致变色材料具有多色性，即在施加不同电压时可以呈现不同颜色。利用这一性质，可以利用电压调色，扩大使用范围。

（7）环境适应性　由于电致变色本身是通过选择性吸收入射光线而呈现颜色的，因此特别适合在强光线环境下使用，如室外广告和大屏幕显示器等。这样可以避免发光型器件的某些弊病。当然，电致变色显示装置不能直接在黑暗条件下使用，除非加入背光照明装置。

电致变色材料的特点及优势促使各种电致变色器件的研制和开发迅速发展。近年来研制开发的主要有信息显示器件、电致变色智能调光窗、无眩反光镜、电色储存器等。此外，在变色镜、高分辨率光电摄像器材、光电化学能转换和储存器、电子束金属版印刷技术等高新技术产品中也获得应用。

1. 信息显示器

电致变色材料最早凭借其电控颜色改变用于新型信息显示器件的制作。如机械指示仪表盘、记分牌、广告牌、车站等公共场所大屏幕显示等。与其他同类型器件，如液晶显示器相比，具有无视盲角、对比度高、易实现灰度控制、驱动电压低、色彩丰富的特点。与阴极射线管型器件相比，具有电耗低、不受光线照射影响的特点。矩阵化工艺的开发，直接采用大规模集成电路驱动，很容易实现超大平面显示。

2. 智能窗（smart window）

智能窗也被称为灵巧窗，是指可以通过主动（电致变色）或被动（热致变色）作用来控制窗体颜色，达到对热辐射（特别是阳光辐射）光谱的某段光谱区产生反射或吸收，有效控制通过窗户的光线频谱和能量流，实现对室内光线和温度的调节。用于建筑物及交通工具的光线调节，不但能节省能源，还可使室内光线柔和，环境舒适，具有经济价值与生态意义。采用电致变色材料可以制作主动型智能窗。

3. 电色信息存储器

由于电致变色材料具有开路记忆功能，因此可用于储存信息。利用多电色性材料，以及不同颜色的组合（如将三原色材料以不同比例组合），甚至可以用来记录彩色连续的信息，其功能类似于彩色照片。而可以擦除和改写的性质又是照相底片类信息记忆材料所不具备的。

4. 无眩反光镜

在电致变色器件中设置一反射层，通过电致变色层的光选择性吸收特性，调节反射光线，可以做成无眩反光镜。用于制作汽车的后视镜，可避免强光刺激，从而增加交通的安全性。如利用紫罗精衍生物制作的商业化的后视镜[44]。其结构为：一块涂在玻璃上的 ITO 导电层和反射金属层作为电池的两极，中间加入电致变色材料。其中紫罗精阳离子作为阴极着色物质，噻嗪或苯二胺作为阳极着色物质。当施加电压使其发生电致变色时，可以有效减少后视镜中光线的反射。

当然，目前高分子电致变色材料还有许多问题需要解决，如化学稳定性问题、颜色变化响应速度问题、使用寿命问题等。无论如何，随着研究的深入，可以预期，电致变色材料，特别是高分子电致变色材料的应用前景是非常广阔的。

第五节　聚合物修饰电极

一、聚合物修饰电极概述

现代科学和技术发展的一个重要目标之一就是研究掌握控制电子转移过程的方法，使之向有利于人们需要的方向进行。而电化学方法是其中最直接的，发展最快的控制方法之一。众所周知，在电化学过程中，电极与电解质的界面性质是决定电化学反应与否和反应方向的关键因素；而电极本体的作用仅仅是起电子导电和支撑的作用。通过改变电极表面的性质，对这一界面实施有效的控制是电化学家的主要任务之一。化学修饰电极就是对电极表面这一电化学过程中最重要的部位进行修饰改造，使其被赋予新的性质和功能，达到控制电子转移过程和方向的目的。修饰材料和修饰方法的广泛可选择性，使可得到的修饰电极的性质大大超出了电极材料本身的限制，极大地扩大了电化学的应用范围。换一个角度分析，电活性材料必须在电参数作用下才能发挥其特有性质，将其与电极表面紧密结合是用电活性材料制备应用器件的必要前提。在本章前面介绍的很多电活性功能高分子材料的应用过程都以聚合物电极修饰过程为技术基础。在修饰电极中采用功能型聚合物作为修饰材料，其过程被称为聚合物电极修饰，构成的产物称为聚合物修饰电极。在本节中将重点介绍功能高分子材料作为电极表面修饰材料的研究与应用情况。

化学修饰电极的概念是 1975 年提出的，最初是采用电活性小分子材料对电极表面进行修饰。从 20 世纪 80 年代初开始，由于功能高分子化学研究的发展，众多具有各种电化学活性的高分子材料的出现，人们开始大量采用功能高分子作为电极修饰材料。目前在各种电极修饰材料中，功能型聚合物以其良好的稳定性、可加工性以及极广泛的物理化学性质，使其成为使用最广的电极修饰材料。电极表面修饰自然成为功能高分子材料的一个重要应用领域。

最初对电极表面进行化学修饰的主要目的仅仅是为了改变电极表面的性质，以弥补常规电极材料在品种和数量上的不足，适应在电分析化学、电有机合成、催化反应机理研究方面的特殊需要；而目前化学修饰电极的发展早已超出了这一范围。利用不同性质的修饰材料对电极表面进行多层修饰，可以使得到的修饰电极具有如半导体二极管的单向导电特性[45]；各修饰层间通过精心组合，可以得到具有各种三极管和简单逻辑电路功能的分子型电子器件[46]，并有可能成为生产制备下一代电子器件的主要材料之一。电极表面多层修饰技术的研究和发展还使制备分子型太阳能转换器——聚合物型光电池成为可能[47]。除了采用功能型聚合物作为电极修饰材料外，另一个重要因素是表面修饰技术的进步，原位电化学聚合修饰法的出现给电极修饰提供了一种方便、可靠、可控的制备方法，使制备多层修饰电极成为可能。

二、修饰电极的电化学研究方法和基本原理

1. 与电极修饰相关的基本概念

（1）电极的表面修饰及表面修饰电极　电极的主要工作部分是电极表面，即电极本体与电解质的界面。电极界面的性质决定电化学反应的方向和程度。用化学或物理方法对电极表面进行处理，使其电化学性质发生改变，这一处理过程称为电极的表面修饰，得到的具有新性质的电极称表面修饰电极。其中以聚合物为修饰材料的修饰电极称聚合物修饰电极。

（2）电极表面电活性物质的覆盖度 $\varGamma$　覆盖度是指固化在电极表面的修饰层中有效活性成分的密度，相当于溶液中活性物质的浓度，其单位为 mol/cm^2。当有氧化还原反应发生，采用电化学方法进行测定时，其计算式为 $\varGamma = q/nFA$，其中 q 为通过电极的电量，A 为电极的表面积。

（3）电极修饰方法　电极表面的修饰方法主要有四种：①表面改性修饰，用物理或化学方法直接改变电极表面材料的物理化学性质，如用等离子体、电子、中子轰击等手段对电极表面的处理过程均属于电极表面改性；②化学吸附表面修饰，利用电极表面与修饰物之间的吸附力将二者结合在一起，使修饰物保持在电极表面的方法；③化学键合表面修饰，利用化学反应，在修饰物与电极之间生成化学键，使二者结合为一体的方法；④聚合物表面修饰，以聚合物为电极表面修饰材料，利用聚合物的不溶性和高附着力，使其与电极表面结合的修饰方法。

（4）修饰电极的分类　根据修饰电极结构可以将其分成表面改性、单层修饰和多层修饰电极。根据修饰层的性质和作用机制，可以划分为控制透过性修饰电极、控制催化性修饰电极、控制吸附性修饰电极、光或电功能性修饰电极和多种功能结合的复合功能型修饰电极。

2. 聚合物修饰电极的研究方法

对聚合物修饰电极进行研究的方法多种多样，其中电子扫描电镜（SEM）、X射线光电子能谱（XPS）、俄歇电子能谱（AES）等分析方法是研究聚合物修饰层外观形态、电活性中心氧化态、聚合物晶体结构和层间结构（对多层修饰电极）强有力的研究工具。对修饰聚合物化学结构研究最有效的方法是各种光谱分析法，如红外（IR）、紫外可见（UV/VIS）、核磁共振（NMR）、激光拉曼等光谱分析法。上述方法都既可以用于常规分析，也可以用于原位分析，而原位分析对于修饰电极研究来说更有实际意义。

电化学分析方法是最有效，最直接的修饰电极研究手段，主要用于有关修饰电极的热力学和动力学参数，如标准电极电势、解离常数、络合常数、电子和离子转移速率，修饰膜透过率等基础性理论研究。下面是一些常用电化学分析方法。

（1）循环伏安法（CV）　通过研究改变电压与电流之间的关系获得目标信息。循环伏安法测定装置由三电极（或二电极）电解池和电压发生器以及电流测定装置构成，由电压发生器产生三角波电压传输给工作电极，在电路中产生依赖于溶液中被测物质和工作电极相互作用性质的电流，对电流与电压参数作图即可得到循环伏安图。

循环伏安法是电极反应机理研究、物质的物理化学性质测定、微量电活性物质的分析以及电有机合成机理等方面研究的强有力研究工具，在电化学研究方面应用广泛，是聚合物修饰电极研究的主要研究工具之一。在循环伏安测定中，电流与电压的关系直接与电极表面和溶液的性质及组成有关，从循环伏安图中可以得到许多有关溶液中和电极表面上被测物质物理化学性质的信息。当电活性物质只存在于溶液中时，在循环伏安图中电流的峰值位置只与电活性物质的氧化还原性质有关，氧化和还原最大电流的均值位置是被测物质的氧化还原电位；最大电流的大小与电活性物质的浓度成正比，与其扩散系数和电压扫描速度的平方根成正比。当电活性物质附着在电极表面时，循环伏安图为上下对称的高斯分布型曲线，这时电流最大值与电极表面的电活性物质总量和电压扫描的速度成正比。当电极反应中存在其他影响因素时，得到的循环伏安图会有较大变化。也正是这些变化才给我们提供了丰富的研究信息。

（2）恒电流和恒电位电解分析法　将电流恒定，电压为测量变量的分析方法称为恒电流电解分析法。从电流与电解时间的乘积（电量）可知溶液中或电极表面电活性物质的总量。由于该方法的选择性较差，实际使用中较少采用。另外一种电解分析方法是恒电位分析法，该方法是将电位恒定，记录电流随时间变化。

（3）库仑分析法　是一种通过测量由电流所引起的化学物质变化量的分析方法，依据原理是法拉第定律。包括两种常用的操作方法：一种是让工作电极的电位保持在某个确定值，直到电流接近零反应完成为止，反应所需电量由化学库仑计或通过对电流-时间曲线的积分求得；另一种是让一恒定电流通过电解池直到指示器信号说明反应完成为止，反应所需电量由电流大小和通电时间计算确定。后一种方法常用于滴定分析，也称为库仑滴定分析法。

电化学研究方法中还有极谱法、电导法等，基本上都是根据电流、电压、电阻等电参数与电活性物质之间的定性、定量关系为原理，以电活性物质为研究对象的分析方法。它们在聚合物修饰电极研究中的应用也很广泛。

三、聚合物修饰电极的制备方法

制备聚合物修饰电极的目标是在洁净的电极表面利用化学或物理的方法使其附着一层电活性聚合物，利用这种存在于电极表面物质的特殊物理化学特性参与电极反应，从而赋予被修饰电极以全新的功能。制备过程包括三方面的内容。首先是功能化修饰材料的选择与制备，得到预期的修饰材料；其次是电极表面的修饰过程，即使修饰材料与电极表面结合；最后是修饰电极功能的实现，赋予电极特定的功能。通过选择合适的电子转移中介物质作为修饰材料，构筑能满足各种电极反应要求的精巧复杂的化学和物理环境以及空间立体要求，是化学修饰电极制备的主要目的。

选择修饰材料主要考虑应用目的、使用要求和器件结构等几个方面。没有一个通用的规则，多数是凭经验或者根据在其他化学领域里已经得出的理论和实验结果，再结合对修饰电极的具体要求做出判断。要考虑的材料性质包括修饰物的氧化还原电位、化学反应活性、化学和物理稳定性、在溶剂和电解质溶液中的溶解性，对测定物质的选择性透过等性质。对某些有特殊用途的修饰电极还要考虑修饰材料的光电性能、催化性能、立体选择性能、导电性能、光吸收性能等与应用有关的物理化学参数。要正确地做出选择，要对相关应用领域的知识有足够的了解。

制备聚合物修饰电极的第二步是在电极表面借助各种修饰方法形成一层或多层功能化聚合物，使修饰层与电极本体良好结合，并有一定机械强度，以保证应用时的需要。按照制备过程基本上可以分成两大类：先进行聚合反应得到功能化聚合物，然后进行修饰操作或者聚合反应和修饰操作同时进行。其中每一大类还可以根据对修饰层进行功能化操作的次序，进一步划分为功能化过程在修饰之前进行以及首先进行修饰操作，然后进行功能化过程两种。使电极修饰材料具有某种电活性功能的过程，称为功能化过程。聚合物功能化的实现也有两种方法，一种是在聚合物的骨架上或骨架内通过共价键连接电活性基团；二是在聚合物中通过静电力或包裹作用使电活性物质与聚合物结合成一体。为了满足实际应用要求，得到的聚合物修饰电极还要保证各部件之间的电接触、与电解质和基材之间的结合。下面是两种主要修饰方法。

1. 先聚合后修饰法

先制备修饰用的聚合物，再将聚合物制成适当浓度的溶液，用浸涂或旋涂的方法将此聚合物固化到电极表面。由于简便实用，这种方法现在仍然被广泛采用。其优点是有许多功能化聚合物已经成为商品，可以买来直接使用，免去研究费用和研制时间。此外，很多新型功能化聚合物的合成、纯化、分析方法大量出现在文献资料中，直接借鉴文献方法制备功能化聚合物，再进行电极修饰无疑是一种简捷途径。在修饰过程中要求聚合物在选定的用于涂布的溶剂中应有一定的溶解度，以便于修饰过程的实现；而在修饰电极的使用条件下，在使用的电解质溶液中又要有良好的不溶解特性。此外，对原电极表面要有足够的亲和力，以保证得到的修饰电极有较好的稳定性和使用寿命。修饰层附着于电极表面主要靠聚合物与电极表面的非专一性的吸附作用和聚合物在电解质溶液中的不溶解特性。按照制备过程的次序先后，可以用以下几种方法实现电极表面修饰。

（1）使用预先功能化的聚合物　首先合成制备带有功能化基团的单体，再按不同方法完成聚合反应得到功能化聚合物；或者聚合物中用共混方法加入电活性物质得到功能化聚合物混合体。将功能化聚合物溶解于适当的溶剂中，配成一定浓度的溶液，然后用下述方法对电极表面进行修饰：滴加蒸发法，将聚合物溶液滴加到洁净的电极表面，溶剂蒸发后电极表面留下聚合物膜；旋涂法，将聚合物溶液滴加到高速旋转的电极表面，在离心力的作用下多余的溶液被甩出，留下比较均匀的涂层；浸涂法，将电极直接插入配好的聚合物溶液中浸泡后取出，溶剂蒸发、干燥后在电极表面留下功能化的聚合物膜。

（2）同时进行表面修饰与功能化　电极表面修饰与修饰材料的功能化合成一步进行，方法是将合成好的未功能化的聚合物与电活性物质同时溶解在选定的溶剂中，制成浓度适宜的涂布液，选择一种上面介绍的方法修饰电极表面。溶剂蒸发后，与聚合物同时溶解在溶液中的电活性物质被聚合物所包裹而留在电极表面，得到由该电活性物质确定的特定功能化聚合物修饰电极。这种方法简单实用，特别适合无机/高分子共混型功能材料。如果某些电活性物质在所选溶剂中比较难于溶解，可以将其制成悬浮液。某些对光或电敏感的电活性物质或聚合物，可以引入光或电物理量，如紫外线、电场等，以促进修饰或功能化过程，提高稳定性。这种方法简便易行，过程容易控制，但是制备的修饰电极其电学性质易受聚合物影响。而且得到的修饰电极稳定性较差，在使用过程中电活性物质容易重新以扩散的方式进入电解质溶液，逐渐使修饰电极失去活性。采用化学接枝反应方法使功能结构与聚合物直接键合是一种解决办法[48]。

（3）先修饰后功能化　首先使用未经功能化的聚合物制备溶液，再采用一种前述修饰方法来修饰电极表面；然后将此电极插入含有电活性物质的溶液中；借助于聚合物与电活性物质之间的相互作用力（包括络合作用、静电作用、吸附作用等），使电活性物质逐步扩散进入并停留在聚合物膜内，干燥后完成聚合物膜的功能化过程。某些有络合能力的聚合物或者阳离子交换树脂比较适合以金属阳离子为活性物质制备修饰电极。这种方法可以克服某些电活性物质与修饰用聚合物难以制成均匀溶液的问题，但是用此法制备的修饰电极同样存在着稳定性较差的缺点。为了增加电极表面聚合薄膜的力学性能和提高在电解液中的不溶解性，以提高修饰电极的稳定性，可以在表面修饰或者在功能化过程后，再加上交联反应过程，使聚合物的线性大分子变成网状大分子。从提高稳定性的角度，引入交联过程是有利的，但是交联过度将对电化学体系的动力学过程产生影响。

2. 聚合反应和表面修饰过程同时进行

采用合成好的聚合物制备修饰电极，虽然方法简便、材料易得；但在电极表面修饰过程中固化到电极表面的电活性材料不能严格定量控制，修饰电极制备过程的可重复性较差。为了适应涂布要求，修饰聚合物在涂布溶剂中应有一定的溶解度，而在使用条件下又要求聚合物修饰层在使用的溶剂中不溶解；一般情况下很难两者同时得到很好满足。由于涂布修饰前需要配制储备液，聚合物和电活性材料的需要量也比较大。直接采用可聚合单体作为修饰材料在电极表面直接进行聚合反应，使聚合反应与表面修饰同时完成。这种方法可以采用那些溶解性很差的功能聚合物作为电极修饰材料。整个修饰过程均得到有效控制，可以准确得到预先设计好的修饰电极。这种修饰方法包括：原位电化学聚合修饰法，原位光聚合修饰法和高温热化学（包括各种等离子体加热）聚合修饰法等。

（1）原位电化学聚合修饰法　直接利用原位电化学聚合反应在电极表面生成一层电活性聚合物膜完成电极表面修饰。主要有两种形式：一种是电化学氧化聚合法，聚合反应与消耗电量的关系是化学计量的，通常生成的是线性共轭结构导电聚合物骨架；另一种为电化学诱导还原聚合法，仅需要引发剂量的电量，通常生成聚乙烯型聚合物。其中电化学氧化聚合法是以电极作为氧化聚合反应消耗电子的接受者，单体在电极电势作用下失去电子在电极周围产生阳离子自由基，阳离子自由基之间发生链式聚合反应，生成的不溶性聚合物将沉积在电极表面构成电活性修饰层。当活性单体中含有吡咯、噻吩、苯胺等基团时能发生电化学氧化聚合反应，生成具有如图 4-13 所示结构的聚合物骨架。

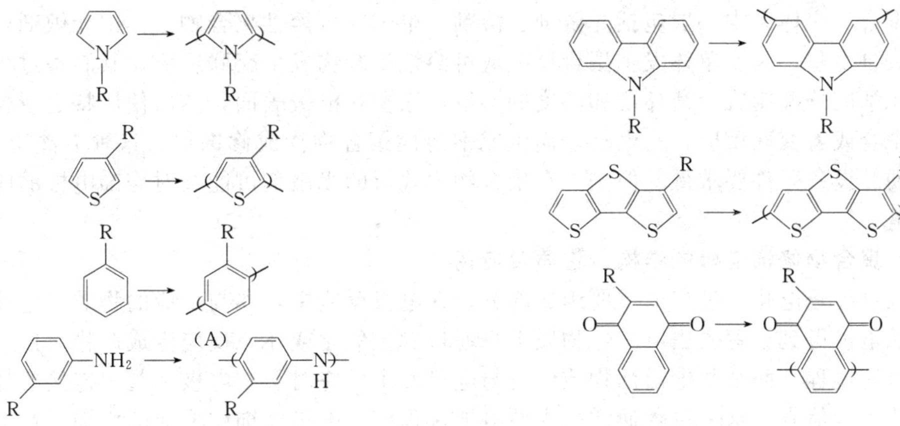

图 4-13　可被电化学氧化聚合的单体和生成的聚合物结构

由于电化学氧化聚合反应是化学计量的，因此聚合反应的速率可以由流经电极的电流来检测和控制；根据流过的电量（电流对时间积分）可以计算被修饰电极表面修饰物的覆盖度。聚合可以采用恒电位法或者循环扫描法。

当单体含有乙烯基时能发生电化学诱导还原聚合反应。电极引发电极附近的单体产生阴离子自由基。阴离子自由基与附近的乙烯基单体发生链式自由基聚合反应生成具有饱和碳链的聚合物骨架。随着聚合反应的进行，生成的聚合物由于溶解度下降而沉积在阴极表面构成表面修饰层：

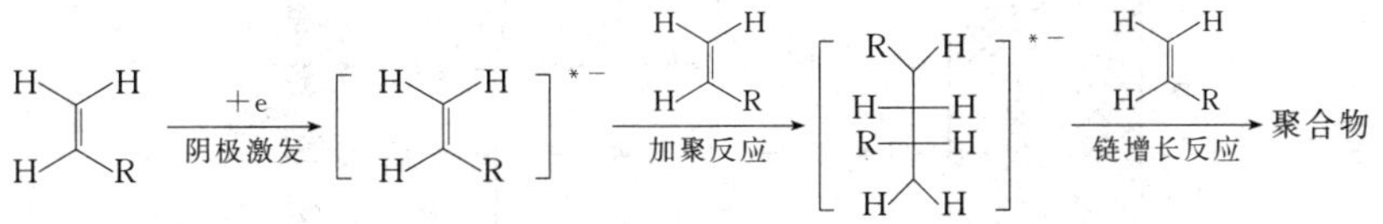

从反应式中可以看出，此聚合反应过程虽然与氧化聚合过程一样由电极引发，但是在引发后链增长反应可以不依赖于电极而自发进行；也就是说该聚合反应只需要催化剂量的电能来诱导引发，消耗的电能与生成聚合物的量之间没有化学计量关系。诱导还原聚合反应生成的饱和聚合物，因此得到的聚合物为非导电聚合物。

电化学聚合要在电解质溶液中进行，要求使用化学稳定好的电解质，如高氯酸、六氟化磷、三氟化硼的季铵盐（四乙胺或四丁胺）等溶解在有机或无机溶剂中；这些盐都具有较强的抗氧化还原能力。

（2）热化学交联聚合法　在高温下利用电活性单体或可溶性聚合物在电极表面发生的热交联反应，可以在电极表面得到不溶性聚合物涂层，得到聚合物修饰电极。在热聚合反应中采用的加热方式可以多种多样。其中等离子体放电聚合法由于升温速度快、反应时间短比较常用。具体实验方法是首先将含有电活性单体或可溶性聚合物的溶液涂在电极表面，放入等离子体谐振腔中，点燃等离子体后单体或可溶性聚合物在等离子体放电作用下发生聚合或交联反应，在电极表面形成平整的不溶性聚合物膜。聚合反应在电极表面的成膜速率受谐振腔的几何形状、使用的射频频率和功率，以及环境温度的影响较大。由于反应的机理比较复杂，产物多为复杂的交联聚合物，聚合物的化学结构细节尚不清楚。在修饰过程中使用较高的浓度和较大的射频功率，提高成膜速率，缩短反应时间，可以把放电过程对结构的破坏减小到最低点。有些单体可以在低温等离子体作用下发生聚合反应，在此制备条件下对电活性结构的破坏较小，光谱数据也表明反应后聚合物中的电活性物质结构基本完整。

（3）光聚合修饰法　通过光照射产生自由基引发聚合反应在电极表面生成电活性修饰层。光聚合反应体系中一般包括光敏剂、溶剂、单体或可溶性聚合物。其中光敏剂可以吸收光能生成自由基，引发单体发生聚合反应或可溶性聚合物发生交联反应。其制备过程通常是将上述化学成分配制成合适黏度和浓度的溶液，涂覆在电极表面，然后使用特定波长的光照射引发聚合或者交联反应，在电极表面生成不溶性聚合物构成修饰层。这种方法工艺简单、操作方便、设备条件要求低。但是，在聚合物中残留的光敏剂可能会对修饰电极的应用产生不利影响。

四、聚合物修饰电极的结构、性质及应用

电极过程是电化学过程的重要组成部分。在电极反应中，参与反应的物质在电极电势作用下，从电极得到或者失去电子，物质本身通过发生氧化或还原反应生成产物；这一过程通常称为电解过程。而某些电活性物质本身与电极发生反应时会在电极和与之连接的外电路中产生电流等电信号，这一过程通常称为原电池过程。在电极修饰中形成的修饰层在电极反应过程中可以起到各种各样的作用。首先，在电化学过程中这层聚合物的存在必然影响电极与电活性物质之间的电子转移过程。其次，修饰层本身在电极反应过程中会表现出特殊性质，可以加以利用。如果是多层修饰，修饰层与修饰层之间、修饰层与电极之间的关系将更加复杂。根据电极表面修饰的功能材料的不同性质，对电极表面的电化学过程影响是不同的。根据目前已有的研究资料，聚合物修饰层的作用主要有以下几种类型。

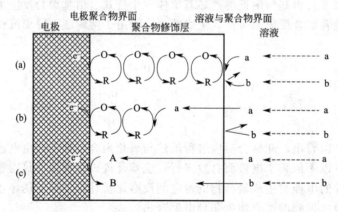

图 4-14　氧化还原型功能聚合物修饰电极中电子转移和传质过程

1. 聚合物修饰层在电极反应过程中作为电子转移的中介物

在电化学分析或者化学敏感器制作中采用的聚合物修饰电极，一般处在电极表面和环境之间的聚合物修饰层有两个性质最重要，即氧化还原性质和渗透性。由氧化还原型聚合物构成修饰层时，聚合物修饰层的主要作用是作为一种电子转移的中介物，在电极表面与外层环境之间传递电荷。同时，修饰层的选择性透过作用还可以起到传质作用，用于将环境中的电活性物质选择性输送到修饰层内部或电极表面。根据电极、聚合物修饰层和层外电活性物质三者之间的性质和作用关系有如图 4-14 所示的几种电子转移和传质关系。可以将这类修饰电极进一步分成如下几种类型。

（1）电极反应仅在修饰层外表面进行　当修饰层对于所有电活性物质都没有透过性，此时修饰聚合物层完全不允许所有电活性物质通过扩散进入修饰层内部与电极进行反应［图4-14 中 (a)］，电极反应只能在聚合物修饰层外表面进行。反应物与电极之间的电子转移过程完全依赖于聚合物内部的氧化还原导电方式，即依靠氧化还原基团之间的依次氧化或还原

反应来完成；也就是说电极反应完全由表面修饰聚合物的电化学性质来控制。当溶液中存在不同电活性物质时，只有能与修饰物进行氧化还原反应的物质才能与修饰层交换电子，并通过修饰层将电子传递给电极，产生电信号。而不能与修饰材料反应进而传递电子的物质，电极不能给出相应的电信号。由此可以看出，相对于裸电极，这种修饰电极具有氧化还原电位选择性。

（2）电极反应在聚合物修饰层中进行　此时修饰层既有氧化还原反应活性又有选择性透过性质［图 4-14 中（b）］。修饰层允许部分电活性物质透过，这些电活性物质可以通过扩散进入聚合物修饰层中完成电子转移过程。在这种情况下电活性物质的透过和电子在聚合物中的传递过程共同控制电极反应。那些不能与修饰聚合物进行氧化还原反应的电活性物质没有电极相应，而且修饰聚合物传递的电子由于在修饰层内部就已经被消耗掉，因此不能或较难透过进入修饰层的电活性物质，即使符合与聚合物间氧化还原反应条件，也无法完成电子转移过程，不能给出电信号。因此这种修饰电极具有氧化还原电位和通透性双重选择性。

（3）电极反应仅在电极表面进行　此时修饰聚合物没有氧化还原活性，仅具有透过选择性。该修饰层不具备通过氧化还原反应进行电子转移能力，或者其氧化还原性质与溶液中被测物质不匹配。在这种条件下，被测物质与电极之间的电子传递必须依靠被测物质在聚合物修饰层中的透过扩散运动来实现。只有能通过扩散透过聚合物修饰层到达电极表面的电活性物质才能在电极上给出电信号，而无法透过修饰层的物质则不能被测定。这种修饰电极拥有透过选择性。

由上面的分析可以看出，电极表面的聚合物修饰层在电极反应中扮演着非常重要的角色。无论哪一种情况，电极通过功能聚合物修饰之后，都提高了电极对电活性物质的选择性，而在电分析中选择性是两大指标之一。在化学敏感器制作中这种选择性的提高也具有重要作用。修饰层的氧化还原选择性可以通过其氧化还原电位来进行。在电极表面形成对特定离子或分子有选择性透过功能的聚合物膜，可以由聚合物修饰层的特殊物理结构判定，如微孔径的大小，也可由修饰层的化学结构以及由此结构产生的化学性质来提供选择依据；如静电作用、亲和性等。有关聚合物膜选择透过性能的理论将在第六章中讲述。

修饰层透过性也可以通过控制材料的微孔结构来实现。比如在单体溶液中存在氯化钠的条件下，用原位电化学聚合修饰法在电极表面形成聚吡咯修饰层，用水溶去氯化钠之后留下的微小孔径对氯离子和与氯离子体积相仿或较小的阴离子有通过能力，而其他类型的阴离子则不能通过。这样形成的聚吡咯膜被称为"离子筛"。用于制备对体积不同的离子具有选择性的修饰电极。由于处在氧化态的聚吡咯膜（带有正电荷）对阴离子的通透性是还原态时的1000 倍，通过控制其氧化态可以调节其透过性。

修饰层的透过能力有时还与电极的电位高低有关，在某一电极电位离子可以通过，而在其他范围则不能，构成所谓的电控离子通道。比如在聚合物分子结构中阴离子与氧化还原中心处于相邻位置，当电极电位较低，氧化还原基团处于还原态时为电中性，聚合物中的阴离子有正常的离

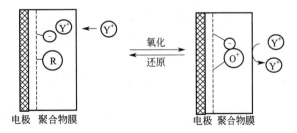

图 4-15　由氧化还原基团控制离子交换能力

子交换能力；借助这一作用力，反离子可以进入聚合物，并在其中扩散运动。这时电极对这些离子有响应；而当电极电位升到足够高时，该氧化还原基团转换成氧化态并带有正电荷，与相邻的阴离子结合成离子对，反离子将被排斥。这时反离子不能被测定（见图 4-15）。例

如在修饰层内部同时含有磺酸基（离子交换基团）和二茂铁基团（用于氧化还原反应）；当二茂铁基团处在还原态时，该基团呈电中性，对与其相邻的磺酸基没有影响，磺酸基可以作为正常的离子交换基团起作用，阳离子电活性物质可以进入修饰层，在电极上产生电信号。而当二茂铁被氧化后，形成二茂铁阳离子；由于其带有正电荷，与相邻的磺酸基结合形成离子对，使磺酸基失去离子交换作用。这时阳离子型电活性物质不能进入修饰层，电极没有响应。

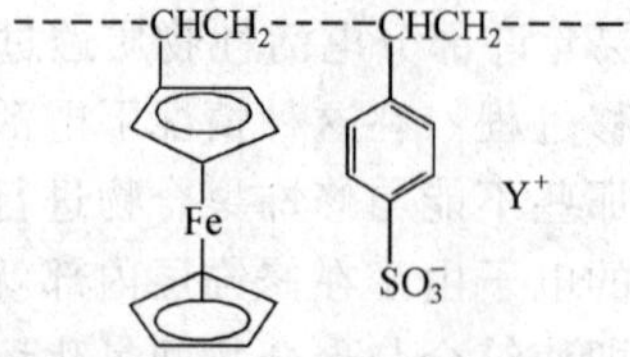

2. 聚合物修饰层作为选择性催化剂

采用有特定催化活性的聚合物作为修饰材料，可以使得到的修饰电极具有选择性催化能力，这种修饰电极在电化学合成和电化学分析应用领域有重要意义。当用于电分析或者作为化学敏感器时，溶液中的电活性物质在固化到电极表面的催化剂作用下发生氧化还原反应，而且反应产生的电荷通过催化剂在电极产生电信号（见图 4-16）。比如固化在电极表面的卟啉络合物和 4,4′-联吡啶盐等都有良好的催化还原反应活性，可以在电有机合成中获得应用[49]。

维生素 B_{12} 是非常有效的碳卤键氢解催化剂，可以催化卤代烃与被吸电基团活化的不饱和烃之间的加成反应[50]，由于其特殊的催化活性受到了相当广泛的重视。在卟啉环上引入吡咯作为可聚合基团，可实现 B_{12} 的高分子化，即可用于电极表面修饰（见图 4-17）。这种修饰电极可用于反应机理研究。

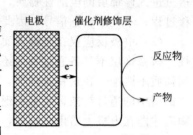

图 4-16 聚合催化剂修饰电极作用原理

图 4-17 聚 B_{12} 修饰电极工作原理

以有催化活性的聚合物为修饰材料得到的修饰电极在燃料电池研制中的应用也引起人们的注意。目前研究的燃料电池中阴极还原反应最常使用的廉价氧化剂为氧气，阳极氧化反应中最常用的还原剂是氢气、肼和甲醇。氧气的还原反应有两种反应历程，即通过二电子还原生成双氧水和通过四电子还原生成水。在作为化学敏感器用于测定可燃性气体（还原剂）时，这两种反应都有应用价值。但是对于在能源工业上有重要意义的燃料电池，四电子还原反应，即不经过高能态的双氧水阶段，直接将氧气还原成水显然更为有利。过去用于燃料电池的电极必须用贵金属，如铂和钯等；特别是钯电极用得最多。贵金属除了担负一般电极的功能外，还作为还原反应的催化剂。某些过渡金属螯合物也是有效的此类催化剂，其配位体多具有酞菁、四氮杂轮烯、卟啉等，将其高分子化后制成修饰型燃料电池电极很有意义。

参与燃料电池电极反应的修饰电极的制备方法有多种，电极本体多采用价格低廉的多孔性、高比表面积的碳材料。修饰层在电极表面上的固化方法常采用热聚合法在电极表面直接形成电活性聚合物。具体方法为在氩气保护下，温度为 $450\sim900℃$ 时，四对甲氧基苯基卟啉的钴螯合物可以在碳电极表面形成一层稳定性好、催化活性强的聚合物修饰层[51]。得到的修饰电极在酸性条件下还原氧气，其各项主要性能指标均远远好于铂/碳电极。除了钴金属以外，钴的同族元素铁也可以作为催化剂的配位中心，有类似的催化作用，且成本大大降低。

由于催化剂催化的氧化还原反应可以产生电子转移，当被测环境中存在某种能够被催化的反应物时，在电极上会产生电信号。基于这个原理，以这种催化活性修饰材料制备的修饰电极在化学敏感器的制作方面也获得了应用。如以铼金属离子为配位中心的聚吡咯修饰电极可以参与催化还原二氧化碳，以该电极制作的化学敏感器可以用来测定二氧化碳气体。以钴金属离子的酞菁高分子络合物为修饰材料制备的修饰电极可以催化一氧化碳、甲酸、甲醛等物质的还原反应，上述修饰电极可以作为检测这些化合物的化学敏感器。

3. 电极修饰材料对某些物质有特殊的亲和力

在分析方法的评价中除选择性外，另一个重要指标是最低检测浓度或最小检测量，称之为分析方法的灵敏度。这一指标是由测定仪器的电气性能和分析方法的测定原理决定的。要降低最低检测浓度，除了对分析仪器进行改进之外，提高被测物在检测部位的局部浓度是一个有效途径。在电化学分析中，如果在电极表面固化一层对被测物质有特殊亲和力的物质，经过富集作用便会使电极表面被测物质的有效浓度得到提高。经过如此修饰的电极，即使采用与原来完全相同的仪器和分析方法也会使方法的灵敏度大大提高，其作用原理见图 4-18。产生这种富集作用的原因可以是下列几种因素中的任何一个。

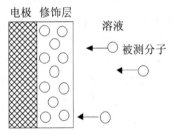

图 4-18 修饰电极的富集作用

（1）被分析测试物质与聚合物修饰层发生反应，两者间生成化学键而实现富集。比如聚合物修饰层含有特定的配位基团，可与被测阳离子生成配合物而使其在电极修饰层中相对浓度提高而得到富集，或者聚合物修饰层中有离子交换基团，与被测离子之间生成离子键，同样可以提高局部浓度。

（2）聚合物修饰层对被测物有有利的分配系数，使被测物在聚合物中的相对浓度升高。显然，亲脂性聚合物修饰层对非极性物质有富集作用；反之，对极性被测物质有利。

（3）修饰材料对某种被测物质有吸附作用而产生富集。吸附作用可能是非选择性的或者是选择性的。

从以上分析可知，因为离子交换树脂可以与许多离子或带电粒子生成离子键或者产生静电引力，使其在修饰层中得到富集，几乎所有的离子交换树脂都是对离子富集的修饰材料。根据被测离子或带电粒子的不同性质，如所带电荷多少，体积大小，亲水性高低等在修饰层内得到不同程度的富集。其中磺化全氟离子交换树脂 Nafion 是研究最多的高分子修饰物。

根据 Nafion 亲水区和憎水区的形态特点，它最适合于与大的过渡金属络合物，以及经质子化的有机胺类化合物，如多巴胺结合，使被测物在 Nafion 树脂中的浓度大大提高。用电化学聚合法将 4-甲基-4′-乙烯基-2,2′-联吡啶固化到电极表面，得到的修饰电极可以富集并检测二价铜和二价铁离子，原因是发生了配位反应。

4. 修饰电极作为电显示装置的主要组成部分

从本章前面内容中已经知道，电致发光和电致变色器件是由正、负电极和电活性高分子材料组合而成的，这些器件的制作也需要用到聚合物修饰电极的制备方法，以解决电极与电活性材料的结合问题，以实现通过电极控制材料的颜色和亮度。也就是说，电致变色材料或电致发光材料必须通过电极表面修饰方法与电极结合在一起，才能实现预期目的。与其他类型的电极修饰应用技术不同，作为电显示装置制备具有两个明显特点：首先，作为电显示装置应用一般都是多层修饰，其修饰方法要考虑多层修饰时如何避免相互干扰的问题；其次，作为信息显示往往要求将电极制成特定形状，满足文字或图形显示要求。当作为大型平面显示器还要求具有复杂的矩阵结构，保证能够显示复杂信息。如何在结构复杂的电极表面形成均匀一致，层次分明的修饰层，在技术上必须首先解决。由于微加工技术的发展，制备复杂电极矩阵本身已经不是难题。采用电致发光和电致变色材料，通过复杂的电极矩阵结构控制，人们已经制造出了全彩色平面显示器，并在某些领域获得实际应用。虽然这种类型的聚合物修饰电极作为电显示器件在实用方面还存在一些问题有待于解决，但是可选择显示材料的多样化、装置多色彩、显示器无视角限制等优点；特别是聚合物修饰电极可以容易地构成大面积和柔性显示器，使其具有很强的应用潜力。

5. 电极多层修饰与分子电子器件和分子光电转换器件制作

利用修饰电极方法形成具有特殊电学性能的界面，可以制备出特殊的分子型电子器件和分子光电能量转换器件。从界面能的角度分析，采用电极表面的多层修饰方法很容易形成特殊界面，并使其具有特定势能趋向（类 p-n 结），而 p-n 结是电子器件的核心基础。采用电极表面修饰方法制备分子电子器件的核心研究课题是修饰材料的选择和修饰电极结构的设计。从修饰电极的宏观结构入手，两个最常见的策略是电极表面的多层修饰和微电极矩阵的制备。电极表面的多层修饰是指电极表面制备两层或两层以上性能不同的功能聚合物，利用两种聚合物不同的物理化学性质加以组合，便有可能赋予修饰电极以全新的性质。从目前已有的研究成果来看，以电活性有机聚合材料制备电子器件主要有两种发展策略。

（1）通过控制功能聚合材料的导电性　这是利用某些电子导电性高分子材料在掺杂态时的导电性和非掺杂态的绝缘性，由电极控制其掺杂状态来控制元件的导通和截止；其功效相当于常规的可控硅器件或开关三极管。属于这一类的导电聚合物包括聚乙炔、聚吡咯、聚噻吩、聚苯胺等线型共轭聚合物。根据能带理论分析，在正常的非掺杂状态下价带和导带之间有较大的能级差，禁带宽度大，使电子长距离转移不易发生，基本属于绝缘体。当采用电化学掺杂方法改变分子轨道的电子占有情况，即改变其氧化还原状态，能级差将大大缩小，载流子大大增加，材料的导电性能将大大提高，一般可以提高 7~12 个数量级。因此完全可以通过电极改变功能材料的掺杂态来控制元件的导通和截止状态。例如以聚噻吩衍生物为材料，对微型电极进行修饰即可制备出具有上述功能的有机开关三极管。

（2）以具有不同氧化还原电位的功能聚合物构成单向导电层　由于氧化还原反应的程度和方向有赖于参与反应物质的氧化还原电位，氧化电位高的物质得到电子的能力强，可以从氧化电位低的物质得到电子而转化成比较稳定的还原态，但是相反的过程不能自发发生。也就是说，如果两种具有不同氧化还原电位的物质结合在一起，其电子转移方向是单向的。以具有不同氧化还原电位的聚合物按照一定次序对电极表面进行多层修饰，就可以使构成的修饰电极具有电子定向流动的性质。以此为基础就有可能制备出具有半导体三极管、二极管和简单逻辑电路功能的电子器件。

制备这种修饰电极最重要的步骤是电极的多层修饰和修饰材料的选择。电极的多层修饰可以采用原位电化学聚合法，依次将具有不同氧化还原电位的电活性聚合物修饰到电极表面。修饰层与电极和修饰层之间应当有良好接触，外层修饰层与电极之间应当有良好分离。电流的方向取决于修饰层的次序。笔者曾设计和制作了下述几种结构的多层修饰电极作为单向导电器件模型，使用的聚合材料和修饰电极的结构如图 4-19 所示。

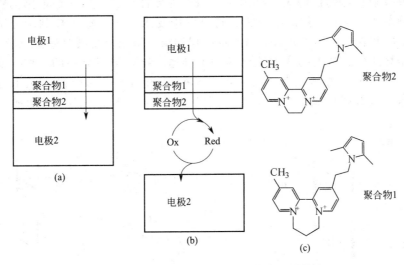

图 4-19 具有二极管特性的多层修饰电极结构

图 4-19(a) 表示修饰电极和反电极直接相连，电极间只有两层具有不同氧化还原电位的修饰物质。图 4-19(b) 表示在修饰电极和反电极之间有含有电活性物质的电解液。图 4-19(c) 为制备修饰电极的修饰材料分子结构图。两种修饰电极都表现出单向导电特性[46]。相对于饱和甘汞电极，聚合物 1 的氧化还原电极电位分别为 $-0.64V$ 和 $-0.90V$；聚合物 2 的电极电位分别为 $-0.42V$ 和 $-0.84V$。根据其第一氧化还原电位，电子转移方向是从聚合物 1 向聚合物 2 转移，相反的过程不能发生。其基本功能与二极管相同。上述实验采用了吡咯作为可聚合基团，在电化学聚合后生成的是聚吡咯导电聚合物骨架，这一点对于采用电化学聚合法制备多层修饰电极是非常重要的。因为在修饰第二层聚合物时，需要具有电子传输功能的第一层聚合物在电极与外层单体间传递电子，否则，第二层聚合物将难以形成。

上面给出的制备方法是在一个电极上作多层修饰，在作为二极管使用时需要有另一个电极作为反电极。反电极可以通过在外层修饰物表面通过真空蒸镀的方法制备。也可以通过电解液与工作电极沟通。根据同样道理，也有人将两个电极制备在一个平面载体上制成平面型有机聚合物二极管（见图 4-20）[52]，这样的分子电子器件和平常使用的半导体器件更为相似。

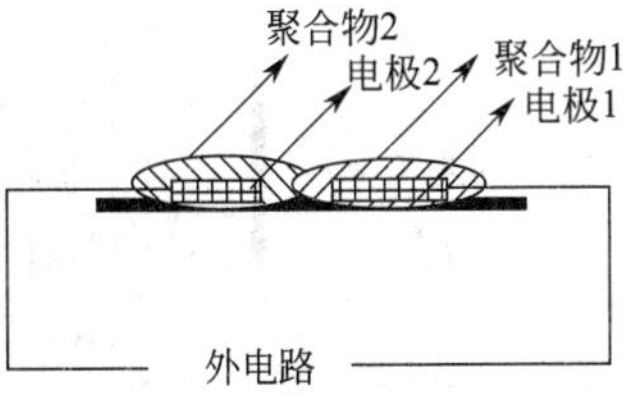

该聚合物型二极管的制备方法首先在硅基材上用光刻的方法制备微型电极（$1\mu m$ 宽，间距 $1\mu m$），再用电化学聚合方法分别在两电极表面修饰上

聚合物1为聚硅氧N,N-二苯基-4,4'-联吡啶
聚合物2为聚乙烯基二茂铁

图 4-20 平面型有机
聚合物二极管模型

聚合物 1 和聚合物 2，聚合中两聚合物重叠相交，构成平面型有机聚合物二极管。从得到的电流电压曲线分析，其功能已经非常类似于半导体二极管。

　基于同样的原理和工艺，采用不同氧化还原性能的聚合材料对电极表面进行多层修饰，由专门的电极电压控制各层聚合物的氧化态，有可能制成各种有机聚合物三极管和简单的逻辑电路。根据上述设想和实验结果，作者给出了部分有机分子电子元件的原理图（图 4-21）[46]。

　图 4-21(a) 侧给出有机聚合物电子元件的结构组成，其中横线的高低表示该聚合物氧化还原电位的高低，电流只能从高电位处流向低电位处；图 4-21(b) 是该元件电流与电压的关系，或者输入与输出的关系，图 4-21(c) 为元件符号。以与门电路为例，该元件由四层聚合物组成，各聚合物的电位关系符合图中要求，两个输入控制端分别与第二层和第三层聚合物相连。由图可知，只有当第二层和第三层聚合物同时处在 A 态和 B 态时，输出电路才是导通的。其他组合方式电路均不导通，符合与门电路的要求。而从或门电路的示意图 4-21 中可以看出，当第二和第三层聚合物中任何一个处在 A′ 或 B′ 状态时，输出电路都导通，只有两层聚合物都处在 A 态和 B 态时电路才截止。其功能与或门电路相同。

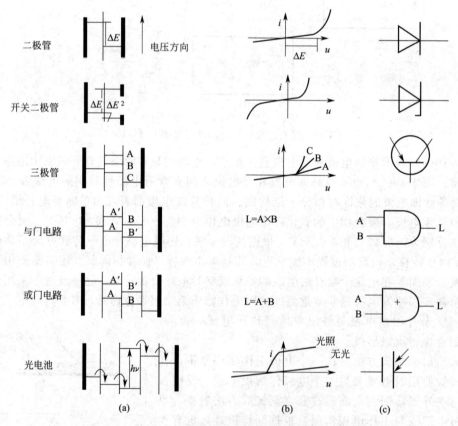

图 4-21　以有机导电材料为基础制备分子电子器件原理

　当然，以目前的研究水平而言，与已经发展成熟的常规电子器件相比，目前得到的有机聚合物电子器件还显得很稚嫩，特别是存在着稳定性较差、开关速度较慢、体积较大等不尽人意的缺点。但是可以预见，随着新材料和新工艺的出现，制备技术的提高，有机聚合物电子器件的制作很有可能出现重大突破，将部分取代目前使用的电子器件。

本 章 小 结

1. 电活性高分子材料是指那些在电参量作用下，能够表现出特殊物理化学性质的功能高分子材料。使用的电参量主要有电压、电流等，表现出来的特殊性质主要包括电导、辐射、颜色（光吸收）、磁性、体积和热性质。这些属性主要与材料的组成、分子结构、构型构象和超分子结构相关。常见的电活性高分子材料包括高分子介电材料、高分子驻极体、电致发光、电致变色和电极表面修饰聚合物等。

2. 高分子驻极体是由高分子介电材料经过不同极化方法形成，其极化状态可以长时间保持的高分子电活性材料。特点是具有带正电荷的阳极和负电荷的阴极区，显示出明显电矩。其中所带静电荷可以是通过不同方法注入的真实电荷（空穴、电子、离子等），也可以是分子偶极子极化产生的极化电荷。前者可以通过电晕放电、液体接触极化、电子或离子注入方法制备，材料的绝缘性是影响驻极体稳定性的主要因素；后者通常通过热极化方法得到，材料的热性质是影响其稳定性的主要因素。在电场作用下施加光辐射产生的极化过程称为光极化过程。

3. 高分子驻极体通常都表现出一定压电效应和热电效应。压电效应是指材料应变（应力）与两端电压之间的对应关系，产生于随应变发生变化而产生的电荷分布变化。主要应用在各类电-声和声-电转换装置中，以及在生物医学领域的应用。热电效应是指材料的温度与两端电压之间的对应关系，热膨胀产生的电荷分布变化是主要因素，主要作为温度敏感装置制备材料和材料结构分析方面。由于高分子驻极体的电荷空间分布特点，利用其静电效应还可以在净化除尘、信息记忆、驻极体电机、临床医学等方面获得应用。

4. 当高分子材料具有自发极化性质时称其具有铁电性质。铁电高分子材料通常由具有较大分子偶极矩的极性聚合物构成，这些材料在结晶过程中分子在特定晶相中有序排列，其微观偶极矩互相叠加，构成宏观偶极矩形成驻极体。驻极体的形成过程不需要电场参与。聚偏氟乙烯等部分氟化的高分子材料具有铁电性质。

5. 高分子电致发光材料是指在电参量（电压）作用下，能够将电能转换成可见光区辐射的高分子材料。其发光过程是由阳极注入空穴，阴极注入电子，两种电荷在电极作用下相向迁移，带有空穴的分子和带有电子的分子在材料内部复合成高能量激子，当激子回到基态时释放出可见光。高分子电致发光材料的发光光谱取决于分子的禁带宽度，发光效率取决于材料的辐射量子效率和器件结构，也与正、负电荷注入平衡相关。发光强度取决于电荷注入量（施加的电压值）和器件组成。加入荧光材料可以提高辐射效率，改变发光光谱。高分子电致发光材料在平面照明和新型平板显示装置研究中具有重要意义。

6. 高分子电致变色材料是指那些在电压作用下，材料发生电氧化或电还原反应，分子结构发生改变，从而在可见光区吸收光谱发生改变（颜色发生变化）的高分子材料。电氧化变色也称为阳极变色，电还原色称为阴极变色，其主要变色机理是处在不同氧化态的分子其分子结构不同，最大吸收波长存在差异，而材料对吸收白光后透过或反射的补色给出外观颜色。高分子电致发光材料在信息显示装置、智能窗、信息存储、无眩光后视镜制备研究方面具有应用潜力。

7. 聚合物修饰电极材料是指那些用于改变电极表面性质的电活性高分子材料。可以利用的材料属性包括氧化还原性质、导电性质、溶解和透过性质、催化性质和吸附和富集性质等。在聚合物修饰电极中，采用的修饰方法有浸涂法、旋涂法、原位聚合法、化学键合法和包覆法等。在电分析化学中，聚合物修饰电极可以提高分析测定的选择性和灵敏度，在化学敏感器研究制备中可以扩大应用领域并提升检测的选择性。电极聚合物修饰技术还是研究制备各种显示装置和分子电子器件的重要手段。聚合物修饰电极技术也是研究聚合物各种物理化学性质的重要方法。

思考练习题

1. 热极化法是制备高分子驻极体的主要方法之一，哪些类型聚合物适合采用这种极化工艺？极化后产生的驻极体其电极性与施加的极化电场有什么关系？在极化过程中温度的调整依据是什么？

2. 高分子驻极体具有压电效应，可以用于制备电-声和声-电转换装置，如常见的麦克风。分析驻极体麦克风和电磁式麦克风的工作原理有什么不同？在结构方面有哪些差异？探讨两者之间在声电转换方面的特点。

3. 高分子驻极体有光极化效应，这种效应可用于图像信息记忆存储，试讨论这种图像信息存储的过程和原理，给出将存储的图像信息显示（显影）和转换成电信息的可能方法。与磁性记忆材料相比，高分子驻极体记忆原理有哪些区别又有哪些相似之处？

4. 高分子驻极体电机利用了静电吸引和排斥作用力，讨论驻极体电机的工作原理。请注意！驻极体电机形成旋转电场时是通过改变电极极性实现的，转换过程并没有电流参数出现，众所周知，电功率等于电压乘以电流，没有电流参数是否意味着不消耗电能？是否可以成为新型"永动机"？如果不是，请给出可能的理由。

5. 电致发光高分子材料的发光原理是电极注入的电子和空穴复合形成激子，激子回到基态发射出可见光。请问，注入电子和空穴需要满足哪些条件？而在电场力作用下相遇的电子和空穴为什么不能直接复合成基态分子？

6. 高分子电致发光材料的发光光谱取决于其分子结构，即禁带宽度，如果要调节改变高分子电致发光器件的发光颜色，讨论分析可以从哪几个方面入手？以发光光谱的蓝移或者红移为目标，需要如何设计分子结构？加入荧光敏感材料改变发光光谱的原理是什么？

7. 正、负电荷的传输平衡是影响电致发光器件效率的主要因素之一，因此在电致发光器件中常要加入电子或者空穴传输层。讨论有机高分子材料其结构和电荷传输性质之间的关系，并分别指出哪些类型的有机材料能够分别胜任电子传输层和空穴传输层的任务？

8. 等离子平板显示装置也是利用了电致发光效应，为气体电离发光并通过荧光材料转换成目标颜色。与高分子电致发光型显示装置相比，两者在工作原理和结构上有哪些相同点和不同点？在使用性能和制备工艺方面两者都有哪些特点？

9. 电极、电解质和电极与电解质的界面是电化学过程中的三个主要组成部分，请讨论在电化学过程中，三者分别承担哪些任务？发生的电极反应类型与哪些因素相关？指出电极表面修饰的主要作用有哪些？

10. 功能高分子材料的哪些性质可以用于电极表面改性？这些性质在电极反应过程中发挥哪些作用？聚合物修饰电极与裸电极、小分子修饰电极等相比有哪些特点？

11. 聚合物修饰电极都有哪些修饰方法？修饰方法的选择依据都有哪些？在这些修饰方法中，修饰材料与电极之间有哪些作用力可以利用？

12. 借助于聚合物电极表面修饰技术，如何提高电化学分析的选择性？如何提高电化学分析的灵敏度？

13. 利用电极表面的多层修饰技术可以制备出具有二极管特征的电子装置模型，请给出其工作原理。

14. 试通过电极表面的多层修饰技术，设计一个非门逻辑电路。

参考文献

[1] 赵文元, 赵文明, 王亦军. 聚合物的电学性能及其应用, 北京: 化学工业出版社, 2006.
[2] Heaviside O. Electrical Papers. New York: Chelsea, 1892, 488.
[3] Eguchi M. Proc Phys Math Sco Jpn, 1919, (1): 326.
[4] Selenyi P Z. Tech Phys, 1928, (9): 451.

[5] Fukada E. J Phys Soc Jpn，1955，(10)：149.

[6] Kawai H. Jpn J Appl Phys，1969，(8)：975.

[7] Bergman J B，Mcfee J H，Grane G R. Appl Phys Lett，1971，(18)：203.

[8] Sessler G M，West J E，J Accoust Soc Am，1962，(34)：1787.

[9] Hilczer R，Blaszczyk B，Goderska S. Fizyka Diel I Radiosp，1968，(4)：79.

[10] Seiwatz H and Brophy J J. *Annu Rep Conf Electr Insul Dielectr Phenomena*. Washington D. C.，National Academy of Sciences，1966，1.

[11] Lando J B，Olf H G，Peterin A J Polym Sci，A-1，1966，(4)：941.

[12] Perst W M，Jr，Lura D J. J Appl Phys，1975，(46)：4136.

[13] 夏钟福. 驻极体，北京：科学出版社，2001：370.

[14] Sessler G M，Yang G M，Harke W. 1997 IEEE Report，Conl On Electr. Insul And Diel Pheno，1997，468.

[15] Koizumi N. Ferroelectrics，1995，(171)：57.

[16] Takase Y，Lee J W，Scheinbeim J I，Newman B A. Macromolecules，1991，(24)：664.

[17] (a) Fukada E. ULVAC Tech J，1990，24.

    (b) Fukada E. Key Engineering Materials，1994，(92-93)：143.

[18] 杨常顺，毛尧祥. 烟草科技，1997，(4)：3.

[19] 夏钟福. 材料导报，2001，15 (8)：58.

[20] 钟宏杰. 天津工业大学学报，2002，21 (2)：76.

[21] 谢为等. 江苏临床医学杂志，2001，5 (4)：292.

[22] 崔黎丽等. 第二军医大学学报，2001，22 (5)：215.

[23] Jefimenko O，Walker D K. Conf On Dielectr Mater，Meas. Appl，1970，14.

[24] (a) Gurnee E，Fernandez R. US Patent，3172862. 1965.

    (b) Pope M，Kallman H，Magnante P. J Chem Phys，1963，38：2042.

[25] (a) Tang C W. US Patent，4356429. 1982.

    (b) Tang C W，Van Slyke S A. Appl Phys Lett，1987，51：913.

[26] (a) Friend R，Burroughes J，Bradley D. WO Patent，90/13148. 1990.

    (b) Friend R，Burroughes J，Bradley D. US Patent，5247190. 1993.

[27] Hung L S and Chen C H. Materials Science and Engineering，2002，**R39**：143.

[28] Wakimoto T，Fukuda Y，Nagayama K et al. IEEE Trans. Electron Devices，1997，44：1245.

[29] (a) Li F，Tang H，Anderegg J，Shina J. Appl Phys Lett，1997，70：1233.

    (b) Tang H，Li F，Shinar J. Appl Phys Lett，1997，71：2560.

    (c) Kurosaka Y，Tada N，Ohmori Y，et al. Jpn J Appl Phys，1998，37：L872.

[30] (a) Piromreun P，Oh H，Shen Y et al. Appl Phys Lett，2001，77：2403.

    (b) Yang X，Mo Y，Yang W et al. Appl Phys Lett，2001，79：563.

    (c) Brown T M，Friend R H，Millard I S et al. Appl Phys Lett，2001，79：174.

[31] (a) Nuesch F，Rothberg L J，Forsythe E W et al. Appl Phys Lett，1999，74：880.

    (b) Le Q T，Nuesch F，Rothberg L J et al. Appl Phys Lett，1999，75：1357.

[32] Cui J，Wang A，Edleman N L et al. Adv Mater，2001，13：1476.

[33] Gustafsson G，Cao Y and Treazy G M et al. *Nature*，1992，**357**：477.

[34] Yin S，Hua Y，Chen S，Yang X，Hou Y，Xu X. Synth Met，2000，111：109.

[35] Jang H，Do L M，Kim Y，Kim J G，Zyung T，Do Y，Synth Met，2001，121：1669.

[36] Shao Y，Qiu Y，Hu N X，Hong X. Chem Lett，2000，1068.

[37] (a) Burn P L，Bradley D D C，Friend R H et al. *J Chem Scc Perkin Tran*，1992，3225.

    (b) Liu C M，Luo L L et al. *Polymer Materials Science And Engineering*，1999，15 (1)：13.

[38] (a) Fox J L，Chen C H. US Patent，4 736 032，1988.

    (b) Inoe T，Nakatani K. Japanese Patent，6 009952，1994.

    (c) Ito J. Japanese Patent，7166160，1995.

[39] (a) 杨定宇，蒋孟衡，杨军. 电子产品世界，2007，9：135.

    (b) 李文连. 光机电信息，2010，7：1.

    (c) 曹双贵. 电子设计工程，2009，10：74.

[40] 刘祖刚，赵伟明，张志标等. 光学学报，1997，17 (12)：1742.

[41] Braun D，Staring E G J，Demandt R C J E et al. *Synth Met*，1994，**66**：75.

[42] Spreitzer H et al. *Adv Mater*，1998，**10**：1340.

[43] Sokolik I. *J Appl Phys*，1993，**74** (5)：3584.

[44] Green M. *Chem Ind*，1996，**17**：641.

[45] (a) Denisevich P，Willman K W and Murray R W. *J Am Chem Soc*，1981，**103**：4727.

    (b) Leidner C R and Murray R W. *J Am Chem Soc*，1985，**107**：551

    (c) Zhao Wenyuan，Wang Yijun. *Symposium of the 2th East Asian Polymer Conference*，HongKong，1999，263.

[46] (a) Wenyuan Zhao，Judith Marfurt and Lorenz Walder. *Helv Chim Acta*，1994，**77** (1)：351.

(b) Yijun Wang, Wenyuan Zhao. *Molecules*, 2000, 5: 1379.

[47] Judith Marfurt, Wenyuan Zhao and Lorenz Walder. *J Chem Soc, Chem Commun*, 1994, 51.

[48] (a) Pearce P J and Bard A J. *J Electroanal Chem*, 1980, **112**: 97.

(b) Pearce P J and Bard A J. *J Electroanal Chem*, 1980, **108**: 121.

[49] (a) Vining J and Meyer T I. *J Electroanal Chem*, 1985, **195**: 183.

(b) Rocklin R D and Murray R W. *J Phys Chem*, 1981, **85**: 2104.

[50] Ruhe A, Walder L Scheffold R. *Helv Chim Acta*, 1985, **68**: 1301.

[51] M Kaneko and D Wohrle. *Advances Polymer Science*, 1988, **84**: 141.

[52] P Gregg et al. *J Am Chem Soc*, 1985, 107: 7373.

第五章 高分子液晶材料

高分子液晶是近年来迅速兴起的一类新型高分子材料，它具有高强度、高模量、耐高温、低膨胀率、低收缩率、耐化学腐蚀的特点。经常作为自增强塑料、高强度纤维、板材、薄膜和光导纤维包覆层等，广泛应用于电子器件、航空航天、国防军工、光通信等高新技术领域，以及汽车、机械、化工等国民经济各工业部分的技术改造和产品升级换代方面。正是由于液晶高分子优异的性能和广阔的应用前景，高分子液晶材料已经成为高分子研究领域的重要组成部分。作为液晶材料本身和液晶在电子显示器件方面，以及在非线性光学方面的应用早已经被人们熟知。对那些研究较早，分子量较小的液晶材料，称其为小分子液晶。高分子液晶虽然也有小分子液晶的一些性质和应用，在结构上也存在着密切联系；但是两者在性质和应用方面还是有较大差别的。从结构上分析，高分子液晶和小分子液晶都具有同样的刚性分子结构和晶相结构，不同点在于小分子液晶在外力作用下可以自由旋转，而高分子液晶要受到相连接的聚合物骨架的一定束缚。聚合物链的参与使高分子液晶材料具有许多小分子液晶所不具备的性质。如主链型高分子液晶的超强力学性能，梳状高分子液晶在电子和光电子器件方面应用的良好稳定性等都使其成为令人瞩目的新型材料。与常规高分子材料相比，高分子液晶的高度有序性，赋予其许多非晶态高分子材料所不具备的特殊性质，如非线性光学性质、力学和电学性能等。此外，高分子液晶还具有众多正在研究和暂时没有被认识的性质。高分子液晶已经成为功能高分子材料中的重要一员已是不争的事实。在本章中将安排高分子液晶的发展、结构分类、合成制备和实际应用领域等内容，同时对用于高分子液晶研究的一些分析测定方法做简单介绍。

第一节 高分子液晶概述

物质在自然界中通常以固态、液态和气态形式存在，即常说的三相态。在外界条件发生变化时，物质可以在三种相态之间进行转换，即发生所谓的相变。大多数物质发生相变时直接从一种相态转变为另一种相态，中间没有过渡态生成；比如冰受热后从有序的固态晶体直接转变成分子呈无序状态的液体。而某些物质的晶体受热熔融或被溶解后，虽然失去了固态物质的大部分特性，外观呈液态物质的流动性，但是与正常的液态物质不同，可能仍然保留着晶态物质分子的部分有序排列，从而在物理性质上呈现各向异性，形成一种兼有晶体和液体部分性质的过渡性中间相态（mesophases），这种中间相态被称为液晶态，处于这种状态下的物质称为液晶（liquid crystals）。其主要特征是在一定程度上既类似于晶体，分子呈有序排列；另一方面类似于液体，有一定的流动性。如果将这类液晶分子连接成大分子，或者将它们连接到一个聚合物骨架上，并且仍设法保持其液晶特征，我们称这类物质为高分子液晶或聚合物液晶。

液晶这种物质在自然界中早就存在。1888 年奥地利植物学家 Friedrich Reinitzer 第一次科学地描述了液晶态和液晶物质，发现胆甾醇苯甲酸酯在熔融过程中能够形成液晶态。第二年由德国科学家 Otto Lehmann 将这种物质命名为液晶（liquid crystals）。1923 年 Vorlander D. 提出了聚合物液晶（polymer liquid crystals，PLCs）的概念，并在实验中得到了证实。小分子液晶与聚合物液晶的主要差别是后者通过一条聚合物链将液晶分子连接在一起，使其具有高分子性质。近年来聚合物液晶作为功能高分子材料获得广泛重视和发展。

一、高分子液晶的分类与命名

高分子液晶的分类方法比较复杂，不同领域的科学家出于不同目的有不同的分类方法。简单来说，依据液晶分子链的长短来区分，可以分成单体型液晶和聚合物型液晶，前者属于小分子功能材料，后者属于功能高分子材料。依据液晶分子的结构特征分类，可以分成向列型、近晶型和胆甾醇型液晶；根据形成液晶的过程划分有热致液晶和溶致液晶；根据高分子液晶的化学结构分类有主链型液晶和侧链型液晶。在高分子液晶研究中上述三种分类方法都具有重要意义。

1. 聚合物主链型液晶和侧链型液晶

长期研究表明，能形成液晶相的物质分子通常都含有一定形状的刚性结构，以利于在液态时仍能依靠分子间力进行有序排列。刚性部分多由芳香和脂肪型环状结构构成，是产生液晶相的主要因素。将这些刚性部分相互连接组成高分子则构成聚合物液晶。根据刚性结构在聚合物分子中的相对位置和连接方式特征，可以将其分成高分子主链液晶和高分子侧链液晶，分别表示分子的刚性部分处于主链上和连接于主链的侧链上。有时侧链液晶也称为梳状液晶。

如果再根据刚性部分的形状结合所处位置主链型液晶还可以进一步分成如下几种类型：α 型液晶，也称为纵向型液晶，其特点是刚性部分长轴与分子主链平行；β 型液晶，也称为垂直型液晶，其分子的刚性部分长轴与分子主链垂直；γ 型液晶，也称为主链星型液晶，其特点是分子的刚性部分呈十字形；ζ 型液晶，也可称为盘状液晶，其特点是分子的刚性部分呈圆盘状。根据圆盘部分的特征，还可以进一步分成软盘状液晶、硬盘状液晶和多盘型液晶三类。

高分子侧链型液晶还可以进一步分成以下几类。ε 型液晶，也称为梳状或 E 型液晶，液晶分子的刚性部分处在分子的侧链上，主链和刚性部分之间由柔性碳链相连。根据侧链的形状还可以进一步分成单梳型液晶、栅型梳状液晶、多重梳型液晶。这种聚合液晶常有一条柔性好的聚硅氧烷主链。φ 型液晶，也称为盘型梳状液晶，侧链上的刚性部分呈盘状。κ 型液晶，也称为反梳状液晶，其分子主链为刚性部分，而侧链由柔性链段构成。θ 型液晶，或称为平行型液晶，刚性部分处在分子的侧链上而且其长轴与分子的主链基本保持平行；根据刚性部分与主链所处的相对位置不同还可以进一步分成单侧平行型液晶和双平行液晶，后者有时也称为双轴液晶。

除了主链和侧链型高分子液晶之外，还有些结构复杂的液晶成为混合液晶。如 λ 型液晶，其中 λ₁ 型含有纵向型和垂直型两种刚性部分；λ₂ 型含有纵向型和盘型两种刚性部分；λ₃ 型含有垂直型和盘型两种刚性部分。

如果在主链和侧链上均含有刚性结构称为结合型高分子液晶，如 ψ 型液晶，其分子的刚性部分在主链和侧链上都存在；σ 型液晶，称为网状液晶这类液晶通过交联反应得到；ω 型液晶，或称为双曲线型液晶，也曾经叫做角锥型液晶或碗形液晶。这是一种纯三维聚合物液晶，据预测，这种液晶应具有某些特殊的电学性质[1]。在表 5-1 中给出上述各类聚合物液晶的结构示意图[2]。

2. 高分子液晶的形态

通常液晶材料也按照其晶体形态划分。液晶的形态也称为液晶相态结构，是指液晶分子在形成液晶相时的空间取向和晶体结构。与液晶密切相关的物理化学性质一般都与液晶的晶相结构有关。液晶的晶相结构主要有以下三类。

表 5-1 液晶分子分类表

分类符号	结 构 形 式	名 称
α		纵向型（longitudinal）
β		垂直型（orthogonal）
γ		星型（star）
ζ_s		软盘型（soft disc）
ζ_r		硬盘型（rigid disc）
ζ_m		多盘型（multiple disc）
ε_o		单梳型（one comb）
ε_p		栅状梳型（palisade comb）
ε_d		多重梳型（multiple comb）
φ		盘梳型（disc comb）
κ		反梳型（inverse comb）
θ_1		平行型（parallel）
θ_2		双平行型（biparallel）
λ_1		混合型（mixed）
λ_2		混合型（mixed）
λ_3		混合型（mixed）
ψ_1		结合型（double）
ψ_2		结合型（double）
σ		网型（network）
ω		二次曲线型（conic）

(1) 向列型液晶（nematic liquid crystal） 用符号 N 表示。在向列型液晶中，液晶分子刚性部分之间相互平行排列，但是其重心排列无序，只保持着一维有序性。液晶分子在沿其长轴方向可以相对运动，而不影响晶相结构。因此在外力作用下可以非常容易沿此方向流动，是三种晶相中流动性最好的一种液晶，其高分子熔融体或高分子溶液的黏度最小。

(2) 近晶型液晶（smectic liquid crystal） 用符号 S 表示。近晶型液晶在所有液晶中最接近固体结晶结构，并因此而得名。在这类液晶中，分子刚性部分互相平行排列，并构成垂直于分子长轴方向的层状结构。在层内分子可以沿着层面相对运动，保持其流动性；这类液晶具有二维以上有序性。由于层与层之间允许有滑动发生，因此这种液晶在其黏度性质上仍存在着各向异性。这一类液晶还可以根据晶型的细微差别再分成 9 个小类：S_A 型液晶，分子中刚性部分的长轴垂直于层面与晶体的长轴平行，在平面内分子的分布无序；S_B 型液晶，与 S_A 型液晶相比，分子刚性部分的重心在层内呈六角型排列，在一定程度上呈三维有序；S_C 型液晶，与 S_A 型液晶相比，分子刚性部分的长轴与层面倾斜成一定角度，如果有光学活性则标记为 S_C^*；S_D 型液晶，呈现出立方对称特性，与塑晶相似；S_E 型液晶，与 S_B 型液晶相似，不同点是分子刚性部分的重心成正交型排列；S_F 型液晶，从与层面垂直的方向看与 S_B 型液晶相同，呈正六边形，但是分子的刚性部分不与层面垂直，而是朝正六边形的一个边倾斜成一定角度，为单斜晶型；S_G 型液晶，从与层面垂直的方向看与 S_B 型液晶相同，呈正六边形，但分子的刚性部分朝正六边形的一个顶点倾斜成一定角度，为单斜晶形；S_H 型液晶，该类液晶的层内结构与 S_E 型液晶相同，但刚性部分朝六边形的顶点方向倾斜一定角度，晶型与 S_F 同类；S_I 形液晶，其层内结构与 S_e 型液晶相同，但刚性部分朝六边形的顶点方向倾斜一定角度，晶型相同。

(3) 胆甾醇型液晶（cholesteric liquid crystal） 由于最初发现的这类液晶分子许多是胆甾醇的衍生物，因此胆甾醇型液晶成了这类液晶的总称。当然，在胆甾醇型液晶中也有许多由与胆甾醇分子毫无关系的分子构成。其科学的定义应为：构成液晶的分子基本是扁平型的，依靠端基的相互作用，彼此平行排列成层状结构；与近晶型类似液晶不同，它们的长轴与层面平行，而不是垂直。此外，在两相邻层之间，由于伸出平面外的化学基团的空间阻碍作用，分子的长轴取向依次规则地旋转一定角度，层层旋转，构成一个螺旋面结构；分子的长轴取向在旋转 360° 以后复原，两个取向度相同的最近层间距离称为胆甾醇型液晶的螺距。由于这种螺旋结构具有光学活性，这类液晶可使被其反射的白光发生色散，反射光发生偏转，因而胆甾醇型液晶具有彩虹般的颜色和很高的旋光本领等独特的光学性质。上述三种晶相结构液晶的结构示意图在图 5-1 中给出。

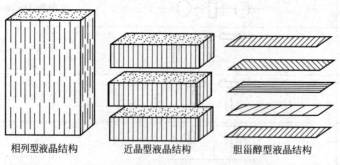

相列型液晶结构　　　　近晶型液晶结构　　　　胆甾醇型液晶结构

图 5-1　三种不同形态的液晶结构

构成上面三种液晶的分子其刚性部分均呈长棒型。除了长棒型结构的液晶分子外，另外一类液晶由刚性部分呈盘型的分子形成。在形成的液晶中多个盘型结构叠在一起，形成柱状结构；这些柱状结构再进行一定有序排列形成类似于近晶型液晶。这一类液晶用大写的 D 加下标表示。其中 D_{hd} 型液晶表示层平面内柱与柱之间呈六边形排列，分子的刚性部分在柱内排列无序。D_{ho} 型液晶与 D_{hd} 型类似，不同点在于分子的刚性部分在柱内的排列是有序的。D_{rd} 表示的液晶其在层平面内呈正交型排列。D_t 表示的液晶，其形成的柱结构不与层平面垂直，倾斜成一定角度。盘状分子形成的柱状结构如果仅构成一维有序排列，也可以形成向列型液晶，通常用 N_d 来表示。

3. 高分子液晶相的形成过程

从本质上来说，液晶并不是一种物质，而是物质的一种介稳相态。由于液晶是介于固相和液相之间的一种中间相态，形成这种相态可以从固态出发，也可以从液态出发。当我们从固态出发时，形成液态有两种方法可以利用，一种是通过加热熔融液化；另一种是通过加入溶剂溶解形成液体。采用这两种方法都可以在上述转换过程中的某一个阶段形成液晶。根据这种形成液晶过程的不同，我们可以将其分成热致液晶（thermotropic liquid crystal）和溶致液晶（lyotropic liquid crystal）。前者是三维各向异性的晶体在加热熔融过程中，通过分子的热运动而克服固体的晶格能形成液体；期间当部分晶体特征失去，具有流动性特征的前提下保持一定有序性构成液晶相。后者是分子与溶剂分子相互竞争作用下，溶解能克服晶格能形成两者混溶的溶液态；在溶解过程中分子在一定浓度下仍能保持一定有序性而形成液晶态。液晶相态的主要特征是同时具有液体的流动性和固体的有序性，表现为各向异性特征的液体。其形成过程可以如下所示。

熔融型液晶形成过程　　固体 $\underset{\text{冷}}{\overset{\text{热}}{\rightleftarrows}}$ 液晶 $\underset{\text{冷}}{\overset{\text{热}}{\rightleftarrows}}$ 各向同性液体

溶液型液晶的形成过程　　固体 $\underset{-\text{溶剂}}{\overset{+\text{溶剂}}{\rightleftarrows}}$ 液晶 $\underset{-\text{溶剂}}{\overset{+\text{溶剂}}{\rightleftarrows}}$ 各向同性液体

这两种液晶相在应用领域和性能方面完全不同。在上述两种液晶形成过程中，可能分成若干阶段，而在不同阶段形成的液晶的晶相结构是不同的。应该指出，液晶分子、液晶态和液晶态固体是三个不同的概念，液晶分子，包括高分子液晶是指具备形成液晶态的分子，并不一定处在液晶态。液晶态指的是分子处在固相和液相中间的一种过渡相态，分子同时保持液体的流动性和晶体的有序性。液晶态固体是保留了液晶态时分子堆砌结构的固体，而非液晶态，指的是固体的晶体状态。对上述三个概念的区分是非常重要的。

二、高分子液晶材料的分子结构与性质

任何事物的外在性质都与其内在结构特征相联系，液晶材料也不例外。液晶分子的结构特点决定形成液晶态的难易和液晶态的晶相结构，构成液晶形成的内因。而内因又是通过外因起作用的，能否形成和如何形成液晶结构必须取决于外部条件。下面从高分子液晶的分子结构和外部影响因素两个方面进行分析。

1. 高分子液晶的典型结构

从上述讨论可知，液晶相是某些物质在从固态向液态转换时形成的一种中间相态或者称过渡相态。很显然并不是所有的分子都能形成液晶相，液晶相态的形成必然与分子结构有着内在联系；液晶相态的形成是物质分子结构的外在表现形式，而这种物质的分子结构则是液晶相形成的内在因素。毫无疑问，物质的分子结构在液晶相态的形成过程中起着主要作用，同时也决定着液晶的晶相结构和物理化学性质。大量研究表明，能够形成液晶的物质通常在分子结构中具有规整的刚性部分。从外形上看，刚性部分通常呈现近似棒状、片状或者盘状，这种形状的分子结构在分子间力作用下有利于保持分子的空间有序性。这是液晶分子在液态下能够维持某种有序排列所必须的结构因素。在高分子液晶中这些刚性部分被柔性链以

各种方式连接在一起构成不同类型。在常见的高分子液晶材料中，以长棒状分子结果为主。这种刚性结构通常由两个环状结构通过一个刚性结构（X）连接组成。这些环可以是苯环、脂肪环或者芳香杂环。而构成刚性连接部件常见的化学结构包括亚氨基（—C=N—）、反式偶氮基（—N=N—）、氧化偶氮基（—NO=N—）、酯基（—COO—）和反式乙烯基（—C=C—）等。这个刚性结构能够阻止两个环的旋转，提升分子的规整性。刚性体的端基 R 和 R_1 可以是各种极性或非极性基团，对形成的液晶相态具有一定稳定作用。液晶分子中比较重要结构部件的化学结构在表 5-2 中列出。

$$R-\!\!\bigcirc\!\!-X-\!\!\bigcirc\!\!-R_1$$

表 5-2　液晶分子中棒状刚性部分的刚性连接部件与取代基

R	X	R_1	R	X	R_1
$C_nH_{2n-1}^-$	—◯—	—R, —F		—N=N—	
$C_nH_{2n-1}O^-$	—OCO—◯—COO—	—Cl, —Br		—N=N—↓O	
$C_nH_{2n-1}OCO^-$	—OCO—◯—COO—	—CN, —NO		O‖—CO—	
	⬡	—N(CH$_3$)$_2$		—CH=CH—	
	—CH=N—			—C≡C—	

2. 影响聚合物液晶形态与性能的因素

影响聚合物液晶形态与性能的因素包括外在因素和内在因素两部分。内在因素为分子结构、分子组成和分子间力。在热致液晶中，对晶相和性质影响最大的是分子构型和分子间力。分子中存在刚性部分不仅有利于在固相中形成结晶，而且在转变成液相时也有利于保持晶体的有序度。分子中刚性部分的规整性越好，越容易使其排列整齐；分子间力增大，也更容易生成稳定的液晶相。分子间力大和分子规整度高虽然有利于液晶形成，但是相转变温度也会因为分子间力的提高而提高，使热致液晶相的形成温度提高，不利于高分子液晶材料的加工和使用。溶致液晶由于是在溶液中形成不存在上述问题。一般来说，刚性体呈棒状，易于生成向列型或近晶型液晶；刚性体呈片状，有利于胆甾醇型或盘型液晶的形成。聚合物骨架、刚性体与聚合物骨架之间柔性链的长度和体积对刚性体的旋转和平移会产生影响，因此也会对液晶的形成和晶相结构产生作用。在聚合物链上或者刚性体上带有不同极性，不同电负性或者具有其他性质的基团，会对高分子液晶材料的电、光、磁等性质产生影响。

液晶相态的形成有赖于外部条件的作用。外在因素主要包括环境温度和环境组成（包括溶剂组成）。对高分子热致液晶来说最主要的外在影响因素是环境温度，足够高的温度能够给分子提供足够的热动能，是使相转变过程发生的必要条件。因此，控制温度是形成液晶态和确定具体晶相结构的主要手段。除此之外，很多分子存在偶极矩和抗磁性，施加一定电场或磁场力对液晶相的形成是必要的。对于溶致液晶，溶剂与液晶分子之间的作用起非常重要的作用，溶剂的结构和极性决定了与液晶分子间亲和力的大小，进而影响液晶分子在溶液中的构象，能直接影响液晶相的形态和稳定性。控制高分子液晶溶液的浓度是控制溶致高分子液晶晶相结构的主要手段。在过去几十年的研究中，科学家已经制备合成了多种高分子液晶材料，并对各种高分子液晶的物理化学性质进行了广泛研究。

第二节　高分子液晶的性能分析与合成方法

　　高分子液晶的合成主要基于小分子液晶的高分子化过程实现，即先合成小分子液晶或称单体液晶，再通过共聚、均聚或接枝反应实现小分子液晶的高分子化。由于液晶分子的有序性排列，液晶物质具有许多非晶态物质所没有的重要性质，包括特殊的化学和物理性质。小分子液晶经过高分子化后，由于聚合物链的影响，许多原有的物理化学性质也要发生相应变化，比如它的临界胶束浓度、液晶态的温度和浓度稳定区域、晶相类型等都与同类的小分子液晶有所不同。这些不同点也直接反应到应用方面。下面按照聚合物液晶的分类，分别对各种聚合物液晶的合成方法、晶相结构类型、与液晶有关的物理化学性质等内容进行分析介绍。

一、溶致侧链液晶

　　根据溶致型液晶（lyotropic liquid crystals）的定义：当溶解在溶液中的液晶分子的浓度达到一定值时，分子在溶液中能够按一定规律有序排列，形成具有部分晶体性质的聚集体，此时称这一溶液体系为溶致型液晶相。当溶解的是高分子时称其为溶致型高分子液晶。与热致高分子液晶在单一分子熔融态中分子进行一定方式的有序排列相比，溶致型液晶是液晶分子在另外一种分子体系中进行的有序排列。根据液晶分子中刚性部分在聚合物中的位置，还可以进一步将溶致高分子液晶分为主链溶致液晶和侧链溶致液晶。为了有利于液晶相在溶液中形成，在溶致型液晶分子中一般都含有类似表面活性分子的双亲结构，即结构的一端呈现亲水性，另一端呈现亲油性。当液晶分子在溶液中达到一定浓度时，这些两亲分子可以在溶液中聚集成胶束；当液晶分子浓度进一步增大，分子进一步聚集，形成排列有序的液晶结构。高分子溶致液晶是通过柔性主链将小分子液晶结构连接在一起，在溶液中表现出的性质与小分子液晶基本相同。高分子化的结果可能对液晶结构部分的行为造成一定影响，如改变形成的微囊的体积或形状，形成的液晶晶相也会发生某种改变。液晶分子的高分子化给液晶态的形成也提供了很多有利条件，使液晶态可以在更宽的温度和浓度范围形成。

　　1. 溶致侧链液晶的合成

　　高分子溶致液晶在溶液中表现出表面活性剂的性质，原因在于分子中具有两类截然不同性质的区域，即亲水区和亲油区。这类高分子液晶的合成主要是引入这种两亲结构。侧链液晶的合成主要有两种合成策略，可以分别得到两种结构不同的聚合物液晶分子。如果可聚合基团连接在亲油性一端，聚合反应后得到如图 5-2(a) 中所示结构的高分子液晶。相反，如果将可聚合基团连接到亲水性一端，聚合反应后得到如图 5-2(b) 所示的高分子液晶。

　　图 5-2 中小圆圈表示亲水性端基，折线表示亲油性端基。在 A 型高分子液晶中聚合物主链一般为亲油性，亲水性端基从聚合物主链伸出。而合成 B 型聚合物的单体多具有亲水性可聚合基团，形成的聚合物亲水一端在主链上。

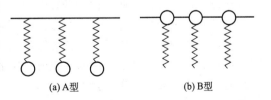

(a) A型　　　　　　　(b) B型

图 5-2　溶液型侧链高分子液晶结构

　　（1）A 型液晶的合成　A 型液晶的合成主要有下面两种方法：其一是通过加聚反应合成，首先在液晶单体亲油一端形成乙烯基作为可聚合基团，再通过乙烯基的加成聚合反应实现高分子化；聚合物的主链为饱和烷烃，亲水部分在侧链的末端。聚合反应可以通过热引发或者光引发，反应机理是自由基历程。在聚合反应中，单体浓度对生成聚合物的聚合度有一定影响；单体浓度高，排列紧密，有利于得到聚合度高的产物。其二是通过接枝反应与高分子骨架连接，构成侧链高分子液晶。可以用柔性聚合物中的活性基团与具有双键的单体通过加成接枝反应与聚合物骨架连接，如柔性聚硅氧烷与带有两亲结构的单体进行加成性接枝反应，生成 A 型侧链型聚合物液晶。

$$\begin{array}{c} CH_3 \\ | \\ -[Si-O]_n \\ | \\ H \end{array} + CH_2=CHR \longrightarrow \begin{array}{c} CH_3 \\ | \\ -[Si-O]_n \\ | \\ CH_2CH_2R \end{array}$$

式中 R 表示亲水性基团。反应采用六氯铂酸作为催化剂。用红外光谱 2140cm^{-1} 的 Si-H 信号监测反应进行的程度。1982 年，Finkelmann 等采用由十一碳烯酸作为亲油基，聚乙二醇作为亲水基团的两亲单体，通过加成反应连接到聚硅氧烷主链上[3]。得到的 A 型聚合物液晶可以作为气相色谱柱的液晶态固定相。

（2）B 型液晶的合成　B 型高分子液晶比较少见，主要是亲水性聚合基团不多。聚甲基丙烯酸季铵盐是由亲水性聚合物链构成，可以算作这种类型高分子液晶的代表。由丙烯酸盐的单体溶液通过上述化学聚合形成聚丙烯酸再与长碳链季胺成盐形成 B 型聚合物液晶。

2. 溶致侧链液晶的晶相结构与性质

溶致侧链液晶在溶液中通常可以形成三种晶相，即近晶相的层状液晶（lamellar LC）、向列型六角型紧密排列液晶（hexagonal LC）和立方晶相液晶（cubic LC）。与没有高分子化的小分子液晶相比，形成液晶的浓度范围和温度范围更宽，稳定性更好。通过得到的相图证明，随着温度、浓度的变化，溶致侧链液晶在溶液中可以依次形成层状液晶、六角型紧密排列液晶和立方形液晶三种晶相。除了立方形晶相外，其余两种晶相区均比小分子液晶有所扩大，一般认为这是由于聚合物骨架的限制作用所为。同时高分子液晶临界胶束浓度也有大幅度下降，甚至接近零。当保持亲水型基团不变，而增加烷基链的长度，相图中层状液晶区相应扩大。当烷基链小于 8 个碳原子时，液晶相不能形成。

3. 溶致侧链液晶的应用

溶致侧链液晶最重要的应用是作为制备各种特殊性能高分子膜材料和胶囊材料，用于混合物的分离纯化和药物的控制释放。关于高分子膜材料相关的具体内容将在下一章详细介绍。生物膜，特别是细胞膜的特殊性质一直是人们研究和模仿的对象，它的选择性透过和其他生理作用在生命过程中起着非常重要的作用。典型的生物膜含有 50% 左右的类脂和几乎同样数量的蛋白质。膜中的类脂形成与层状液晶类似的层状结构，层状膜上散布着球状蛋白质作为生命过程中产生的代谢物从细胞排除和营养物质进入细胞过程的控制点，同时起着稳定生物膜的作用。利用溶致侧链液晶的成型过程，再进行交联固化成膜，可以制备具有部分类似功能的膜材料。这种膜的两侧通常具有完全不同的物理化学性质，如亲水性和亲油性，具有特殊的透过性能。脂子体（微胶囊）是溶致侧链液晶在溶液中形成的另一类聚集态，其中包裹的物质被分散相分离。生产方法常用超声波法或渗析法将类脂分散，用紫外光激发聚合反应，形成稳定的微胶囊。这种微胶囊最重要的应用是作为定点释放和缓释药物使用，微胶囊中包裹的药物随体液到达病变点时，微胶囊被酶作用破裂放出药物，达到定点释放药物的目的。这一点对充分发挥药物的作用，避免或减小药物对肌体其他部分的毒副作用非常重要。

二、溶致主链液晶

溶致主链液晶的结构特征是刚性结构位于聚合物骨架的主链上。与上述溶致侧链液晶不同，溶致主链液晶分子一般并不具有两亲结构，在溶液中也不形成胶束结构。在溶液中形成液晶态是由于刚性聚合物主链相互作用，进行紧密有序堆积的结果。位于主链上的刚性结构在形成液晶相时受到的干扰更大。表 5-3 中给出几种主要溶致主链液晶的典型结构。

表 5-3 常见溶致型主链液晶结构

名称(缩写)	结 构	名称(缩写)	结 构
聚对氨基苯甲酰胺(PpBA)	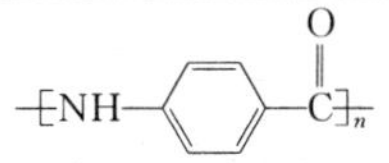	顺式聚双苯并噻唑苯(cis-PBT)	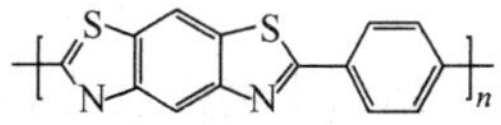
聚对二氨基苯与对苯二甲酸共聚物(PpPTA)	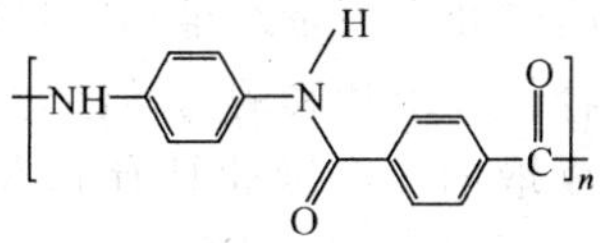	反式顺式聚双苯并噻唑苯(trans-PBT)	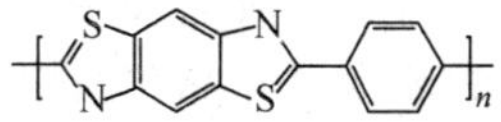
顺式聚双苯并 唑苯(cis-PBO)	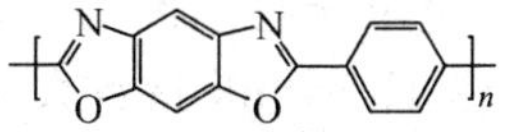	聚均苯四甲内酰胺	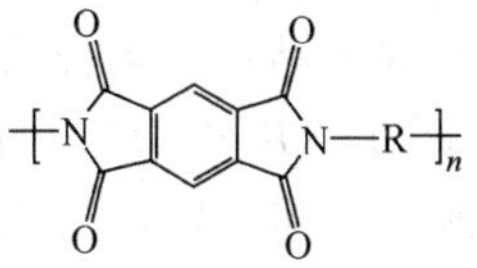
反式顺式聚双苯并唑苯(trans-PBO)	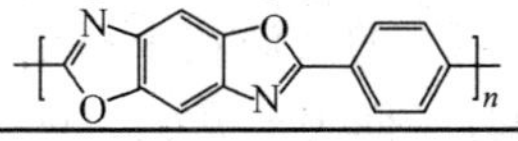		

1. 溶致主链液晶的结构和制备方法

此类液晶主要包括聚芳香胺类和聚芳香杂环类聚合物,聚糖类也应属于这一类。这一类聚合物的共同特点是聚合物主链中存在有规律的刚性结构。下面对聚芳香胺类和聚芳香杂环类液晶高分子的合成方法加以简单介绍。

(1)聚芳香胺类高分子液晶的合成 这一类液晶是通过缩合反应形成酰胺键将单体连接成聚合物。所有能够形成酰胺的反应方法和试剂都有可能用于此类高分子液晶的合成。如酰氯或酸酐与芳香胺进行的缩合反应即是常见方法之一。聚对氨基苯甲酰胺(PpBA)的合成是以对氨基苯甲酸为原料,与过量的亚硫酰氯反应,得到亚硫酰胺基苯甲酰氯单体;然后在氯化氢作用下发生缩聚反应,得到主链型液晶分子 PpBA[4]。

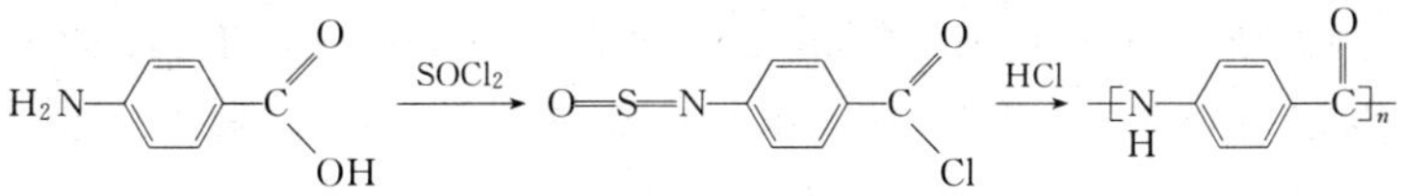

聚对二氨基苯与对苯二甲酸缩聚物 PpPTA 的合成比较简单,采用 1,4-二氨基苯和对苯二酰氯直接进行缩合反应即可得到。反应介质采用非质子型强极性溶剂,如 N-甲基吡咯烷酮(NMP),在溶液中溶有一定量的 CaCl 可以促进反应进行[5]。

(2)芳香杂环主链液晶的合成 这一类高分子液晶也称为梯型聚合物,由其结构特征得名,主要是为了开发高温稳定性材料而研制的。将这类聚合物在液晶相下处理可以得到高性能的纤维。其中反式或顺式聚双苯并噻唑苯(trans 或 cis-PBT)可以通过下列反应进行合成[6]。

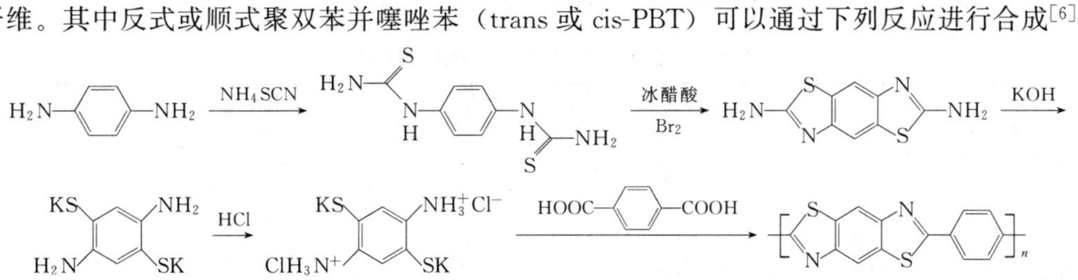

反应的第一步是对苯二胺与硫氰氨反应生成对二硫脲基苯,在冰醋酸和溴存在下反应生成苯并杂环衍生物,经碱性开环和中和反应得到 2,5-二巯基-1,4-苯二胺作为缩合反应单体之一;最后通过与对苯二酸缩合得到预期目标聚合物。顺、反式聚双苯并 唑苯(PBO)可以采用对或间苯二酚二乙酯为原料,通过类似过程制备。一条更经济的顺式 PBO 的合成路线采用 1,2,3-三氯苯为原料,通过硝化、碱性水解、氢化、缩合反应制备[6]。

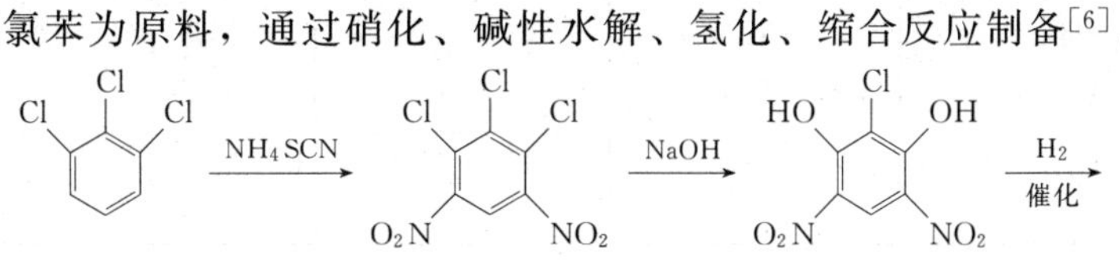

2. 溶致主链液晶的晶相结构和特性

溶致主链液晶最主要的用途在于研究与制备高强和高模量纤维和膜材料，因此溶致主链液晶的流变性和晶相结构是人们关注的重点。聚合物纤维和膜的力学性能在一定程度上取决于聚合物链的取向度，而液晶态高分子材料是高度取向的，因此具有非常优异的力学性能。为了形成液晶相，聚合物分子应具有一定刚性，衡量聚合物刚度的参数是 Mark-Houwink 指数（$[\eta]=K\times M^a$），当在一定分子量范围内 Mark-Houwink 指数大于 1 时，称该聚合物具有刚性。前面给出的主链液晶都是刚性聚合物。刚性的来源在于对位连接的苯环和带有部分双键性质的 C—N 键。由于主链型高分子液晶的分子间力非常大，因此选择溶解能力强的溶剂或溶剂体系是一项重要工作，一般选择非质子型强极性溶剂体系比较有利。如 PpBA 和 PpPTA，在 N,N-二甲基或 N,N-二乙基甲酰胺溶液中可以形成液晶。有时需要加入一些氯化锂或氯化钙，或者采用硫酸或高氯酸等强酸作为溶剂。在溶液中形成液晶（通常为向列型液晶）时的最低浓度称为液晶相的临界浓度；临界浓度与温度、分子量、分子量分布、聚合物结构和使用的溶剂有关系。在静态中液晶相溶液呈现浑浊和双折射现象。此外在临界浓度以下时，溶液的黏度随着浓度的增加而增加，当达到临界浓度时黏度达到极大值，然后迅速下降到一个极小值。当溶液的浓度继续升高，黏度也会再一次上升，直到固化现象发生。这说明在液晶相形成后，分子的定向排列也影响到黏度等物理性质。形成主链型液晶还与分子的一些结构参数相关，这些参数包括相关长度 L_p、刚度参数 Mark-houwink 指数以及各向异性势 U 等。例如液晶分子 PpBA 的相关长度 L_p 为 50nm，PpPTA 的 L_p 为 30nm。而 PBO 的 L_p 值可以达到 64nm，Mark-houwink 指数达到 1.85。对聚合物液晶进行有序排列的能力用各向异性势（anisotropic potential）表示。

3. 溶致液晶相结构与纤维的力学和热性质

溶致主链液晶最大的特点在于从这种液晶态溶液纺出的纤维有很高的拉伸强度和很好的热稳定性。如 PBO 和 PBT 的拉伸强度 σ_b 可达 2GPa 以上。断裂伸长率 ε_b 低于 6%，模量 E 则在 50～400GPa 之间。产生这种性质的原因是纤维中分子取向度的提高和分子间力的增大。表 5-4 中给出部分这类聚合物纤维力学性能的测定数据[7]。

表 5-4　部分液晶态纺丝纤维的力学性能

聚合物	密度 ρ /(kg/m³)	模量 E /GPa	强度 σ_b /GPa	断裂伸长 ε_b /%	测定长度 /mm
PpPTA	1442	91	3.47	3.4	250
PpPTA	1454	120	3.10	2.1	250
PpPTA	1440	67	3.50	4.7	100
PpPTA	1440	140	4.09	3.0	100
PpBAT	1423	102	2.87	3.2	100
PpBAT	1433	152	2.75	2.0	100
PBO	1500	80	2.31	2.1	250
PBO	—	144	4.6	3.2	50
PGO		250	5.1	1.9	50
PBO		262	3.4	1.3	50
PBT	1470～1530	18	2.35	7.1	25
PBT	—	66	2.28	4.8	25
PBT		159	2.35	2.4	25
PBT	1540～1600	303	3.49	1.3	25
PBT	—	331	4.19	1.4	25

　　溶致主链液晶的纺丝性能也与常规聚合物有较大不同，纺丝过程是在外力作用下，在纺丝头中纺丝液受到伸长和剪切双重作用而形成纤维的过程。伸长作用使聚合物在拉伸方向的排列更加有序，形成类似向列型液晶结构。一般在纺丝过程中的牵伸比越高，纤维的有序度就越高，模量也就越大；因为在固化或凝结过程中分子的有序度得以保留。由于在临界浓度时高分子主链液晶的剪切模量提高，弹性下降，因此在临界浓度以下时最大牵伸比较高，达到临界浓度时迅速下降，达到最低点后随着浓度提高，最大牵伸比也随之增加。此时得到的纤维模量最高。

三、热致侧链液晶

　　聚合物热致液晶指高分子固体在加热熔融过程中或者高分子熔融态在冷却过程中形成的液晶态。具有上述性质的高分子称为热致液晶高分子。当分子中刚性结构部分连接在聚合物骨架的侧链位置时，称其为热致侧链液晶材料。同溶致侧链液晶一样，热致侧链高分子液晶的刚性结构部分通过共价键与聚合物主链相连，不同点在于液晶态的形成不是在溶液中，因此分子内并不需要两亲结构，而是当聚合物固体受热熔化成熔融态时分子的刚性部分仍按照一定规律排列，表现出空间有序性等晶体性质。在形成液晶相过程中侧链起着主要作用，而聚合物主链只是部分地对液晶的晶相形成起着一定辅助作用。

　　1. 热致侧链液晶的结构特征

　　对热致侧链液晶来讲有三个重要的结构因素对其液晶态的形成、晶相结构、物理化学性能起着重要作用。它们分别是聚合物骨架、骨架与分子刚性结构之间的间隔体、刚性体本身。下面就这三种因素对热致侧链液晶的晶相结构形态和性质影响进行讨论。

　　（1）聚合物骨架的影响　　在热致侧链液晶中使用的聚合物骨架一般都是由 σ 键构成的饱和链，具有良好的柔性，起着将液晶分子刚性体连接在一起并对其运动范围进行一定限制的作用。最常见的聚合物骨架类型包括聚丙烯酸类、聚环氧类和聚硅氧烷等柔性较好的聚合物。柔性好的聚合物主链对液晶相的形成干扰较小，对液晶相的形成有利。衡量聚合物柔性的指标之一是玻璃化转变温度 T_g。一般 T_g 越低，则聚合物的柔性越好。通常在聚合物被加热的过程中，根据温度区间不同，聚合物依次表现出玻璃态、高弹态和液态。玻璃化转变温度 T_g 表示聚合物从玻璃态开始转变成高弹态的温度，聚合物的熔融温度 T_m 表示其从高弹态开始转变成液态。液晶相态产生于聚合物的熔融过程，液晶态消失的温度 T_{cl} 也称为清晰点温度，因为熔融聚合物液晶态由于分子的各向异性产生光学效应，使熔体产生浑浊现象，而各向同性的聚合物熔体是清晰透明的。这三个温度是衡量热致液晶性能的主要技术指标，对于热致侧链液晶的应用都有重要影响。聚合物骨架对玻璃化转变温度（K）和清晰点温度的影响可以从表 5-5 中的数据看出。

表 5-5　聚合物骨架对相转变温度和液晶相稳定性的影响

聚合物骨架 刚性体＋间隔体	$\begin{array}{c}Cl\\ \mid \\ -CH_2-C-]_n\\ \mid \\ COO^-\end{array}$	$\begin{array}{c}CH_3\\ \mid \\ -CH_2-C-]_n\\ \mid \\ COO^-\end{array}$	$\begin{array}{c}H\\ \mid \\ -CH_2-C-]_n\\ \mid \\ COO^-\end{array}$	$\begin{array}{c}CH_3\\ \mid \\ -CH_2-Si-]_n\\ \mid \\ \end{array}$
$-(CH_2)_2O-\bigcirc-COO-\bigcirc-OCH_3$		$T_g=369$ $T_{cl}=394$	$T_g=320$ $T_{cl}=350$	$T_g=288$ $T_{cl}=334$
$-(CH_2)_2O-\bigcirc-\bigcirc-CN$		$T_g=333$ $T_{cl}=393$	$T_g=308$ $T_{cl}=393$	$T_g=287$ $T_{cl}=443$
$BuO-\bigcirc-COO-\bigcirc-OOC-\bigcirc-OBu$	$T_g=293$ $T_{cl}=339$	$T_g=292$ $T_{cl}=340$	$T_g=277$ $T_{cl}=340$	$T_g=290$ $T_{cl}=361$

　　聚合物的聚合度、分子量分布等也对形成的高分子液晶性能有一定影响。一般来说，随

着聚合度的提高，相转变温度也有提高。但是聚合度也有一个临界值，在此值以上相转变温度将基本不随聚合度的升高而提高。聚合度对形成的液晶相结构也有一定影响；实验表明，聚合度小于某值时近晶相不能形成。这一结果说明了聚合物骨架影响某种聚集态的形成。在平均分子量相同时，某些液晶相态在分子量分布较窄时可以观察到，而在分子量分布宽时不能形成。

（2）空间间隔体的影响　虽然有部分梳状侧链液晶分子中的刚性部分直接与聚合物骨架相接时也能够形成液晶，但多数是通过一段柔性链作为空间间隔体与聚合物骨架连接。在液晶相态形成过程中，柔性空间间隔体在聚合物骨架和刚性体之间起缓冲作用，减小骨架运动对液晶晶相结构的影响，有利于液晶相的形成。空间间隔体中对液晶形成产生影响的结构因素包括链长度、链组成和连接方式等三类。间隔体与聚合物骨架的连接可以通过酯键、C—C键、醚键、酰胺键完成，与刚性部分的连接常通过酯键、C—C键、醚键、酰胺键和碳酸酯键实现。连接方式不同对液晶的化学稳定性产生影响，如酯键会在酸、碱性条件下发生水解反应与聚合物主链分开。间隔体本身多为饱和碳链、醚链或者硅醚链。间隔体组成不同，链的柔性也不同，对液晶的晶相，温度稳定性等造成影响。比如，当同样长度的碳氧链被饱和碳链取代时，玻璃化转变温度和液晶相临界温度都有下降。对液晶影响最大的因素是间隔体的长度。当长度太短时，聚合物主链对刚性体的束缚性强，不利于刚性体按照液晶相要求进行排列。过长时，聚合物链对液晶相的稳定作用会有所削弱。间隔体长度对聚合物液晶的相转变温度的影响程度见表 5-6[7]。表中 T_g、T_l、T_{cl} 分别表示液晶高分子的玻璃化温度、液晶形成温度和溶液澄清（液晶态消失）温度。从表中给出的数据表明，间隔体的长度对聚合物液晶有如下影响：当长度增加时，T_g 下降；间隔体中碳原子数目的奇偶性对相转变温度也有影响；但是对不同晶相变化温度的影响不一致。较短的间隔体有利于向列型液晶生成，长链有利于近晶型液晶生成。随着间隔体的加长，有可能有新液晶相生成。转变成各向同性时所需热涵值随间隔体的加长而加大。如果间隔链不是连接在刚性体的一端，而是它的侧面，形成的液晶聚合物刚性体部分的长轴与聚合物主链基本保持平行，这时间隔体的作用和间隔体长短对液晶的影响与上述端面连接时的情况基本相同。

表 5-6　间隔体长度对液晶热性质的影响

$$Me_3Si-O-\underset{\underset{[CH_2]_n O}{\overset{|}{Si}}}{\overset{Me}{\overset{|}{\underset{m}{-}}}}-O-SiMe_3 \quad \cdots \quad O-\overset{O}{\overset{\|}{C}}-\cdots-X$$

取代基	n	相转变温度/K				$\Delta H_{cl}/J^{-1}$
X=CN	3	$T_g=309$	$T_l=373$		$T_{cl}=449$	4.6
X=CN	4	$T_g=313$	$T_l=351$		$T_{cl}=447$	5.0
X=CN	5	$T_g=297$	$T_l=377$		$T_{cl}=457$	5.6
X=CN	6	$T_g=300$	$T_l=355$		$T_{cl}=463$	6.0
X=CN	8	$T_g=298$			$T_{cl}=463$	8.5
X=CN	10	$T_g=291$	$T_l=381$		$T_{cl}=468$	7.0
X=CN	11	$T_g=290$	$T_l=355$	$T_i'=392$	$T_{cl}=474$	9.2
X=OMe	3	$T_g=288$			$T_{cl}=396$	2.0
X=OMe	4	$T_g=280$	$T_l=347$		$T_{cl}=377$	1.6
X=OMe	5	$T_g=277$	$T_l=344$		$T_{cl}=395$	3.0
X=OMe	6	$T_g=269$	$T_l=383$			3.4
X=OMe	8	$T_g=268$	$T_l=318$		$T_{cl}=400$	4.5
X=OMe	10	$T_g=268$	$T_l=315$		$T_{cl}=406$	5.5
X=OMe	11	$T_g=239$	$T_l=297$	$T_i'=333$	$T_{cl}=407$	6.1

（3）刚性体的影响　高分子液晶中的棒状刚性体是形成液晶态的最重要部分。刚性体主

要由三部分组成：环形结构、环形结构间的连接部分和环上的取代基。液晶聚合物的双折射现象主要取决于刚性体的共轭程度。介电常数的各向异性取决于环上取代基的位置和性质。形成的晶相结构则取决于刚性体的结构、形状、尺寸和性质。如线型刚性体可以形成近晶相（小分子同系物常形成向列型晶相）；手性刚性体则趋向于生成手性晶相。增加刚性体的长度有两重意义：如果增加的是柔性结构，比如在与间隔体相对的一端连接柔性"尾巴"，其作用与增加间隔体长度相同，趋向于降低相转变温度。当增加刚性部分的长度时得到相反的结果，相转变温度提高。有如下结构的聚合物，当 n 分别等于 1、2 和 3 时，T_{cl} 分别为 334K、592K 和 633K。可以明显看出刚性部分加长相转变温度明显提高[8]。

　　刚性体上取代基对液晶的影响比较复杂，根据取代位置不同可以分成两种情况：一是取代位置在刚性体与间隔体相对的一端，在这种情况下取代基的性质对刚性体的偶极矩等参数影响较大，同时对液晶的热性质也产生影响（见表5-7）。对于非极性取代基（烷基和烷氧基），倾向于生成向列型液晶。吸电基团氰基和硝基倾向于生成近晶型液晶。随着端基极性的增加，清晰点温度 T_{cl} 也相应增高。没有取代基（X＝H）时，液晶不易生成。

表 5-7　端基取代对液晶热性质的影响

X	相转变温度/K	$\Delta H_{cl}/J_g^{-1}$	X	相转变温度/K	$\Delta H_{cl}/J_g^{-1}$
CN	$T_g=313, T_1=351, T_{cl}=447$	5.0	OMe	$T_g=280, T_1=347, T_{cl}=377$	1.6
NO₂	$T_g=293, T_{cl}=438$	2.7	Me	$T_g=277, T_1=332$	2.0

　　取代基的取代位置如果在刚性结构的侧面，对高分子液晶性质产生的影响将明显不同。比如，侧面取代的甲基由于空间作用可以明显减小分子的有序程度；特别是当间隔体较短时，侧基立体影响的存在会抑制某些液晶相的形成。侧基除了会影响分子的有序排列外，取代基的电学性质，如电负性、形成氢键的能力等差异也会影响高分子液晶材料的电磁性质和形成液晶的晶相结构。在聚合物液晶结构中刚性体元素组成不同也会改变其电学和化学性质，比如苯环的一个碳原子被氮原子取代构成吡啶环，相当于在环上增加了有供电作用的取代基，因此晶相结构会发生很大变化（见表5-8）[9]。

表 5-8　元素组成对液晶晶相和热性质的影响

Z	X	相转变温度/K	Z	X	相转变温度/K
—CH₂CH₂CH₂CH₂—	CH	$T_n=358.9$	—CH₂CH₂CH(CH₃)—	N	$T_s=347.2$
—CH₂CH₂CH₂CH₂—	N	$T_s=315.2$	—CH₂CH₂CH(CH₃)CH₂CH₂CH₂—	CH	$T_n=308.9$
—CH₂CH₂CH(CH₃)—	CH	$T_n=326.8$	—CH₂CH₂CH(CH₃)CH₂CH₂CH₂—	N	$T_s=346.2$

　　液晶中刚性部分的性质还受到苯环（如果刚性部分是由两个以上苯环构成）之间连接基团的影响，连接部分由刚性小的基团构成，如醚键，苯环间的旋转作用将加强，则相转变温度下降，但是液晶相将不易形成；相反，如果连接处存在刚性基团，如酯键等，则相转变温

度升高。

2. 热致侧链液晶的合成方法

由于不能形成胶束，热致侧链液晶不能像溶致液晶那样，首先在单体溶液中形成预定的头头相对的有序态，然后利用局部聚合反应实现高分子化；因此必须另寻其他合成途径。根据目前已有的资料，热致侧链液晶的合成主要有三种策略。①利用端基双键的均聚反应。先合成间隔体一端连接刚性结构，另一端带有可聚合基团（双键）的单体，再进行均聚反应构成侧链型高分子。②利用一端双功能团的缩聚反应。在连有刚性体的间隔体自由一端

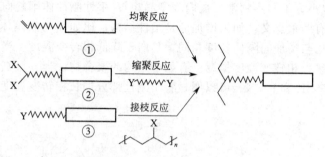

图 5-3　热熔型侧链高分子液晶的合成方法

制备双功能基，再与另一种双功能基单体进行缩聚反应构成侧链聚合物。③利用端活性基与聚合物骨架中活性点之间的接枝反应。以某种带有活性点的线型聚合物和间隔体上带有活性基团的单体为原料，利用高分子接枝反应制备侧链型高分子液晶。这三种制备方法的示意图在图 5-3 中给出。下面对这三种合成方法分别进行较为具体的介绍。

（1）利用端基双键的均聚反应制备　单体合成是制备的第一步，而能够进行均聚反应需要单体具有端基双键，合成制备液晶单体中的刚性结构以及间隔体的合成可以利用多种有机合成方法，在这里不再介绍。利用乙烯基的均聚反应制备聚合物的方法有许多种，包括自由基引发的热聚合，光引发的光化学聚合和带电离子引发的离子聚合等。单体发生均聚反应生成饱和碳链聚合物。具有聚甲基丙烯酸骨架的高分子液晶的合成多用热引发剂引发均聚反应。而光引发聚合反应的最大特点是引发过程不受温度的影响，因此可以在任意选定的温度下进行反应，适应液晶的形成温度，使反应物在反应过程中保持在特定晶相下。由于离子引发聚合反应，特别是阴离子聚合反应链终止和链转移反应不明显，因此离子引发的聚合反应比较容易控制，甚至可能合成预定分子量的聚合物。另外一个优点是在一步反应完成之后，加入另一种单体可以继续反应，可以得到一般共聚反应难以得到的预定结构嵌段共聚物。此外，离子引发聚合还是合成特定立体结构聚合物的重要方法之一。离子引发聚合反应，一般需要在双键的邻位具有极性基团，以利于离子自由基的稳定。副反应比较严重需要注意。如采用三氟化硼的醚合物作为引发剂，可以合成具有聚乙烯醚或丙烯醚骨架的聚合物液晶[10]。

（2）利用一端双功能团的缩聚反应制备　虽然缩聚反应主要用在主链高分子液晶的合成方面，但是在侧链高分子液晶的合成方面也有应用。如带有氨基甲酸乙酯的高分子液晶就是用这种方法通过带有刚性结构的二异腈酸酯与二醇衍生物反应合成的[11]。利用这种合成方法还可以制备具有主链和侧链结合的高分子液晶[12]。

$$EtO_2C—CH—CO_2Et$$
$$\underset{(CH_2)_6O}{|}—\text{〇}—N{=}N—\text{〇}—O{-}(CH_2)_3CH{=}CH_2 + HO{-}(CH_2)_6O—\text{〇}—N{=}N—\text{〇}—O{-}(CH_2)_6OH$$

$$\xrightarrow{\text{缩合反应}} [CO—CH—COO{-}(CH_2)_6—\text{〇}—N{=}N—\text{〇}—O{-}(CH_2)_6O]_n$$
$$\underset{(CH_2)_6O—\text{〇}—N{=}N—\text{〇}—O{-}(CH_2)_3CH{=}CH_2}{|}$$

（3）利用端活性基与聚合物骨架中活性点之间的接枝反应制备　利用带有活性基团的线性聚合物与刚性结构单体的接枝反应是制备侧链高分子液晶的一种较好方法，广泛用于制备

具有聚硅氧烷聚合物骨架的梳状液晶。比如，带有乙烯基的刚性单体与带有活性氢的硅氧烷发生接枝反应，单体直接与聚硅氧烷中的硅原子相接，形成侧链液晶。

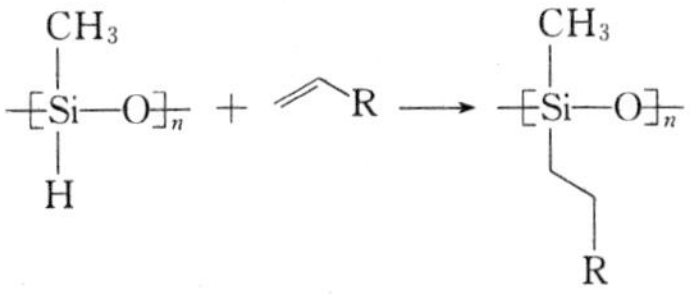

另一类柔性较好的聚合物骨架是聚二氯磷嗪（polyphosphazene），在该聚合物中磷原子上带有两个活泼氯原子，可以在碱性条件下与带有羟基的单体发生缩合反应，生成醚型侧链的高分子液晶[13]。该聚合物骨架中不含碳元素，磷氮键具有无机性质。结构式中 R 为带有刚性结构的侧链。

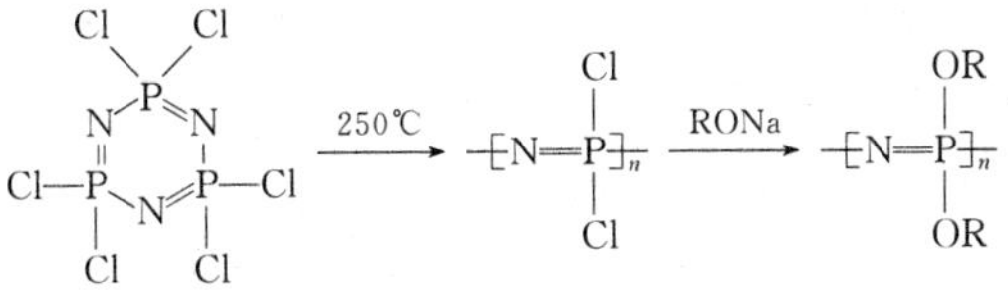

四、热致主链液晶

热致主链液晶的刚性结构处在聚合物的主链上，是一类非常重要的高强、高模材料。这种刚性高分子骨架主要由芳香族化合物构成。与其他类型的高分子液晶相比，热致主链液晶的开发历史较短。近年来由于它在理论方面的重要意义和重大商业价值得到了较快发展。

1. 热致主链液晶的结构与性质

热致型主链液晶主要由芳香性单体通过缩聚反应得到，刚性部分处在聚合物主链上。热致液晶是当聚合物被熔化时，分子在熔融态仍能保持一定的有序度，即具有部分晶体的性质。刚性好的分子有利于达到分子的有序排列，而主链中带有芳香结构时分子的刚性增加。但是完全的刚性棒状分子，如对羟基苯甲酸缩聚物（poly 4-oxybenzoyl）或者对苯二酚和对苯二甲酸的缩聚物，虽然在固态时呈现很高的结晶度，但是分子间力太大，以致于在其分解温度以下不能熔融，其熔点＞450℃，属于高熔点聚合物（见图 5-4）。

显然这类高分子不能通过熔融过程实现液晶化，尽管它们的分子规整度很高。为了使聚合物的熔点降到其热分解温度以下，以利于液晶的形成和提供热加工条件，必须采取措施减弱分子间力来降低其熔融温度。从分子设计角度考虑，减弱聚合物分子的规整度是减小分子间力的有效方法。可以通过对下述三方面采取措施实现上述目的。

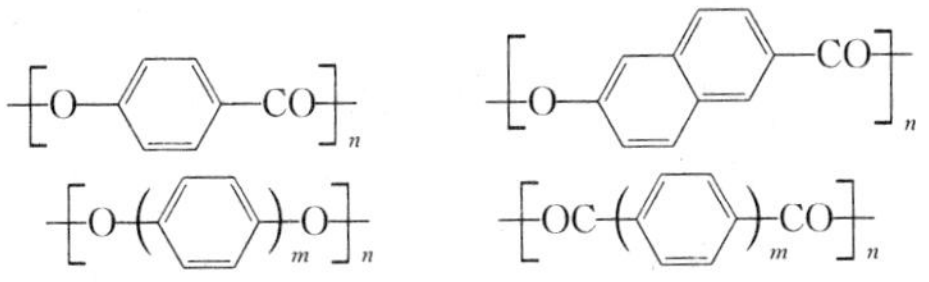

图 5-4　部分高熔点刚性聚合物
（熔点大于 450℃）

（1）在聚合物链中加入体积不等的单体进行共聚　采用体积大小不等的同系单体进行共聚反应，生成的共聚物在基本保持聚合物链的线性和刚性的同时，利用单体空间结构的影响，使其不能紧密规则排列，从而达到既减小分子间力，降低熔融温度而又不破坏液晶相形成的目的。利用体积不等的同系单体进行共聚可以明显地降低液晶分子间的作用力，使其相转变温度大大下降。对于芳香型聚合物，一般是在苯环的侧面引入大体积取代基或者采用多环芳烃替代苯环来增大单体的横向尺寸作为共聚单体与原来的单体进行工具反应。比如在对苯二甲酸与对苯二酚的缩聚反应中加入 2 位苯基取代的苯二酚作为共聚单体，获得共聚物的熔点下降到 340℃ 以下，比原来的均聚物下降 100℃ 以上。同样，采用萘环替代苯环作为共聚单体，与对羟基苯甲酸的均聚物相比熔点大大下降，可以达到 260℃ 以下 （苯：萘＝1：1）[14]。

$$\left[OC-\!\!\boxed{}\!\!-CO\right]_n\!\!\left[O-\!\!\boxed{}\!\!-O\right]_m \qquad T_m<340℃$$

$$\left[O-\!\!\boxed{}\!\!-CO\right]_n\!\!\left[O-\!\!\boxed{}\!\!-CO\right]_n \qquad T_m<260℃$$

上述结果表明，取代基的体积和取代位置是造成熔点下降的主要因素，这是由于共聚物中存在不同体积的单体结构是分子进行紧密堆积变得困难，分子间力下降明显，因而熔融温度下降。而取代基的极性大小对熔点的影响不大。

(2) 在聚合物刚性链段中引入柔性链段　通过与具有柔性结构的单体进行共聚反应，可以在形成的共聚物中形成部分柔性链段，随机存在于刚性主链中的这些柔性链段可以通过增加分子链的热运动能力降低聚合物的熔点。采用的柔性链可以是饱和碳链或者为醚链。这些柔性链段可以通过嵌段共聚或者随机共聚获得，熔点下降的程度与柔性连所占比例和分布有关。例如在对羟基苯甲酸缩聚物中通过加入 2-羟基丙酸共聚引入饱和碳链后，熔融温度下降到 230℃。

$$\left[O-\!\!\boxed{}\!\!-CO\right]_n\!\!\left[O-\!\!\boxed{}\!\!-CO-O-(CH_2)_2CO\right]_m \qquad T_m=230℃$$

在这类高分子液晶中，柔性链和刚性结构部分的长度以及刚性结构部分的长径比对形成的液晶晶相结构和相变温度有较大影响。刚性部分的长度和长径比增加，更容易形成向列型液晶，液晶的稳定性增加。减小柔性链段的长度有类似的影响。如同在溶致液晶部分指出的那样，柔性链段中 CH_2 单元的奇偶性也对相变温度有一定影响。一般来说与相近长度的柔性链相比，含有偶数个亚甲基碳链的聚合物熔点偏高，奇数的偏低。增加链段的柔性，比如以硅氧烷替代饱和碳链相转变温度有所下降。

(3) 聚合单体结构之间进行非线性连接　通过分子设计降低高分子主链液晶熔点的第三种方法是通过加入部分非对位取代单体进行共聚反应，在聚合物骨架中实现非线性连接来减小聚合物链的规整度，降低分子间力。实现非线性连接可以采用邻位或间位取代的二官能团苯衍生物部分替代对位取代苯衍生物单体，使形成的聚合物链呈现一定的非线性特征，使分子不易紧密堆积。这种方法对于降低聚合物的熔点非常有效，只要加入百分之十几的间位取代苯二甲酸替代对位取代苯二甲酸单体，与对苯二酚缩聚后的聚合物熔点即可降到 350℃ 以下[14]。但是在聚合物骨架中引入大量的非线性单元，也会在一定程度上破坏液晶的形成能力。

$$\left[O-\!\!\boxed{}\!\!-O-\!\!\boxed{}\!\!-C\right]_m\!\!\left[C-\!\!\boxed{}\!\!-C\right]_l \qquad T_m<350℃$$

上述三种降低高分子主链液晶熔点的方法不仅可以单独使用，也可以结合起来使用以便取得更好效果。从应用的角度来讲，第一种方法有较大优越性。因为生成的产物对液晶晶相结构的影响较小，化学和物理稳定性较好。而引入柔性链段后有可能会降低聚合物的高温和机械性能，使应用性能下降。

2. 热致主链液晶的合成方法

由于这种类型的高分子液晶材料的分子间作用力非常大，溶解度低、熔融温度高，采用常规的合成方法难以胜任，必须采用特殊的制备方法。热致主链液晶的早期合成方法曾采用界面聚合或者高温溶液聚合。这种合成方法多用于采用插入柔性链降低聚合物熔点的场合，高分子产物中其刚性部分和柔性部分相间排列。目前大多数热致主链液晶是通过酯交换反应制备的。如乙酰氧基芳香衍生物与芳香羧酸衍生物反应脱去乙酸生成缩聚物。由于产物的热稳定性较好，反应可以在聚合物的熔点以上进行，因此可以采用本体聚合法[15]。

$$H_3C-CO--COOH + H_3C-CO--COOH \xrightarrow[\text{惰性气保护}]{\text{脱乙酸} \atop 200\sim340℃} [O--C-]_x[O--C-]_y$$

在这种反应条件下，在聚合过程中即形成液晶相，固化后晶体结构得以保留。二元酸的芳香酯类与芳香二酚也有类似反应。为了避免高温下的热降解和局部温度过高，高熔点聚合物的合成需要在惰性热传导物质中进行。由于聚合物的高黏度影响热传导，反应过程中需要在搅拌下慢慢提高反应温度。根据最近报道的非水分散相高温聚合反应，热致主链液晶的合成在惰性热传导介质中还需加入聚合的或无机的稳定剂，防止在温度升高过程中发生絮凝现象。为了克服在制备高熔点聚合物时碰到的高黏度影响传质过程，以至于难以得到高分子量聚合物的问题，可以采用固相聚合法，即反应温度在生成聚合物的熔点以下。反应分成两步，先在正常反应条件下制备分子量较低的聚合物，然后用固相聚合法制备高分子量的聚合物。利用相转移反应制备聚硫醚高分子液晶也见诸报道[16]。

3. 热致主链液晶的性质

（1）流变性（reology） 热致主链液晶的流变性比较复杂，与常规同分子量的聚合物相比，在液晶相其剪切黏度要小很多；在从各向同性态熔体向液晶态转变时熔体黏度有明显下降。如液晶处在向列型液晶相时，熔体黏度比非液晶态熔体低三个数量级。从应用的角度来看，在较高剪切速率下的低熔体黏度是热致主链液晶一个非常重要而且非常有用的性质。在材料加工生产过程中可以带来诸多好处：首先，当注模加工流体的路径较长、或者形状复杂、或者注薄片型模具时，采用低黏度熔体显然非常有利注模成型的完成并可以提高精度。其次，当某种聚合物由于黏度太大难以热加工时，加入热致主链液晶可以起到润滑剂的作用，比如在热塑型聚合物中只要加入10%的热致主链液晶，就可以使其黏度下降约50%，使加工过程变得容易。

（2）力学性质 聚合物的力学性能，特别是拉伸强度和硬度与聚合物分子的取向度有密切关系。实验结果表明，采用压模法制备的非取向聚合物液晶材料的力学性质与常规各向同性聚合物相同；而在注射成型中处在液晶态的聚合物的取向度增加，力学性能大大提升。因此高分子主链液晶的拉伸强度甚至要优于用玻璃纤维增强的各向同性的热塑性塑料。而高度取向的表面层是材料硬度提高的主要因素。沿长轴方向的拉伸程度越高，聚合物分子的取向度也越高，因此机械强度也越高（见图5-5）[17]。

图5-5中对比的高分子材料分别是液晶高分子（LCP）、聚砜（PES）、聚醚醚酮（PEEK）、尼龙66、聚酯（PBT）、聚苯硫醚（PPS），均为工程塑料。从图中数据可以看出，液晶高分子的弯曲模量是最高的，即使不加玻璃纤维增强，仍然是模量最高的材料。

聚合物的取向度与材料的加工工艺和成材的尺寸有密切关系。当聚合物拉伸成膜或者纺成丝时，聚合物分子高度取向，此时的机械强度也大大提高。实验结果表明，高分子主链液晶纤维的机械强度通常比注模同样聚合物高两个数量级。

由于结晶程度高，高分子主链液晶材料的吸潮率很低，由吸潮引起的体积变化非常小。高分子主链液晶材料还显示出良好的热尺寸稳定性，其线性热膨胀系数大大低于常规聚合物，甚至比加入玻璃纤维增强的聚合物还低，与常见的金属相类似[17]（见图5-6）。这一性质对于作为要求部件尺寸精确的机械部件加工应用无疑是非常重要的。

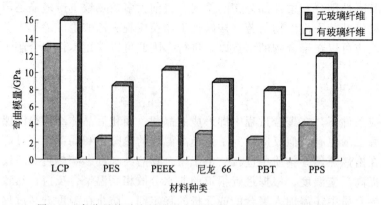

图 5-5　高分子热致主链液晶与其他工程塑料弯曲模量的比较

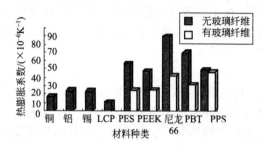

图 5-6　高分子热致主链液晶与
其他工程材料热膨胀系数比较

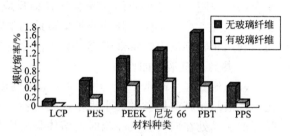

图 5-7　主链高分子液晶与其他
工程材料模收缩率的比较

　　采用注模工艺制备形状复杂的高分子机械零件是主要的高分子成型加工工艺，高分子材料的热收缩率是影响注模精度的主要原因。而高分子热致主链液晶材料在注模后仅有非常低的模收缩率。与其他聚合材料相比，模塌陷和扭曲缺陷非常小[17]（见图 5-7）。这一性质使主链液晶成为精确注模材料。主要原因是主链液晶的相态结构比较稳定，在熔融状态和固态均呈一定的晶体结构，因此此注模前后密度变化很小；而其他热塑性聚合材料在熔融状态的各向同性和固化后的主链折叠层状结构使其在注模前后难以保持尺寸的稳定性。

　　热致主链液晶还有另外一个重要性质，即透气性非常低。多数热致主链液晶在 35℃时其对氦、氢、氧、氩、氮和二氧化碳气体的渗透系数等于甚至小于目前已知透气率最小的高分子材料之一——聚丙烯腈。热致主链液晶对气体的低溶解性可能是这一现象的主要原因。同时热致主链液晶还表现出对有机溶剂的良好耐受性和很强的抗水解能力。在酸或碱性环境下也有较好的稳定性。液晶的晶体结构显然是对上述性质的主要贡献因素。

　　4. 热致主链液晶的应用

　　热致主链液晶的应用主要基于它的良好力学性能以及物理和化学稳定性。它表现出的主要特点有以下几个方面：①熔体黏度低，因此注模性能好，有利于材料的加工成型；②在固化过程中膜收缩率非常低，注模后可以获得精确尺寸零部件，变形率低；③取向度高，形成的纤维和膜性材料具有非常高的模量，对溶剂有非常好的耐受性，吸水率低，透气性极低。这些性能为制作高机械强度，高尺寸稳定性和化学稳定性的设备部件提供条件。由于上述特性，它首先在电子工业中得到应用，用于制作高精确度的电路多接点接口部件，如计算机的并行接口。它的高强度和高尺寸稳定性保证了计算机和大型电子仪器所要求的高可靠性。高分子主链液晶的低膨胀率和低熔体黏度使其能加工成尺寸精确的注模部件。作为表面连接部件材料时良好的尺寸稳定性还保证它能在高温焊接后能有效消除内应力，不使焊点开裂。这一优点在作为光纤连接装置时特别重要。目前热致型主链高分子液晶应用的主要问题是较高的制作成本，如何降低原料的成本是目前应用研究的内容之一。此外，与其他价廉的热塑性材料共混是在保持一定性能的同时降低成本的方法之一，如与尼龙共混即可得到热膨胀系数较小的高性能工程材料。

第三节　高分子液晶的研究与表征技术

高分子液晶是一类相对比较特殊的功能高分子材料，除了制备方法研究、构效关系研究和应用研究之外，其结构的分析与表征研究也具有特殊性，不仅包括对组成液晶的分子进行成分和结构分析、溶液和熔融态性质分析，更重要的还要对液晶形成后的晶体形态进行研究测定。对高分子液晶分子的成分分析和结构分析，属于常规分析范畴，可以用常规的化学分析和光谱分析方法解决。本节重点介绍对高分子液晶晶体形态研究的方法和设备。高分子液晶的晶型分析有自己的特殊性，因为它既有晶体的有序性，又有液体的流动性。介绍液晶形态分析的方法主要包括 X 射线衍射、核磁共振谱、介电松弛谱、热分析和偏光显微镜等五种。

一、X 射线衍射分析法

X 射线衍射法是研究晶体物质空间结构参数的强有力工具，自然也是液晶晶体形态研究的主要分析方法。但是像液晶这样的过渡相态，对其进行结构研究的主要难点在于它既有晶体的有序特征，又有大量的属于液体的无序特点；而当温度、浓度、压力等外界条件发生变化时，晶态结构会发生很大变化。当相态改变时这些特点又要发生变化。因此许多 X 射线衍射法在晶体分析中成熟的经验和方法不能照搬到液晶分析中去。高分子液晶中存在的大量的非刚性聚合物链也给 X 射线衍射的晶态分析带来很大困难。正因为上述困难的存在，目前关于高分子液晶大量的 X 射线衍射研究工作仍主要集中在仅仅评价和鉴定液晶的晶相类别和行为特征上，仅有部分工作涉及测定液晶有序性参数方面，如层的厚度和分子空间形态，以及长度等数据。对难度更大的分布函数测定也有少数研究工作者涉足。但是从事这方面的研究要求准确测定衍射强度和分子的空间分布关系，相当费时费力。X 射线衍射法对液晶的研究主要集中在几种有序性较高，比较容易处理的液晶类型，如相列型液晶和近晶型 A、近晶型 C 等类型。下面是 X 射线衍射分析法在高分子液晶分析表征中的主要研究方法。

1. 粉末样品的 X 射线衍射分析

X 射线粉末衍射法也称为 Debye-Scherrer 法。因为在粉末中包含无数任意取向的晶体，所以必然会有一些晶体使它们晶面间的等同周期和 X 射线与晶面间的交角满足布拉格公式，这样即可得到锥形 X 射线反射，在胶片上形成一系列同心圆。如果在固化时能同时将液晶态结构特征固化，那么在高分子液晶粉末衍射图中一般可以观察到两种衍射图形，一个是"内环"（贴近衍射图中心，对应于衍射角小于 10° 的响应），另一个是"外环"（远离衍射图中心，对应于衍射角约 10° 左右时的响应）。一般内环给出刚性结构的长度信息，外环给出刚性结构的宽度信息。由衍射环得出的距离尺寸相当于液晶分子刚性部分通过标准键长计算得到的长度。衍射环如果宽而模糊，说明样品的有序度低；反之，窄而清晰的环说明样品的有序度高。

向列型液晶和近晶型液晶主要依靠小角度衍射区分，向列型晶体给出一个扩散型的衍射内环，显示其在长轴方向的无序状态；高分子热致液晶的大角度 X 射线衍射图的研究表明，根据衍射类型可以将其分成三类。第一类衍射图仅仅给出一个宽的、扩散型衍射环，说明晶体缺乏次级有序性，分子质量中心的分布是随机的。对应于向列型 N，和近晶型 S_A 和 S_C 型液晶相。第二类衍射图形显示出一个或几个清晰的外环，表明样品的有序度高，对应于近晶型液晶（S_B、S_E、S_G、S_H、S_J和S_K型液晶）。出现单环表明液晶分子呈圆柱六角型紧密排列，各相邻分子的间距相等，因此只给出一个结构信号。第三类衍射图形介于上述两种类型之间，可能对应于第三类液晶（S_{BHex}、S_F和S_I型液晶）。而近晶型液晶通常给出一个或几个清晰的衍射环，表示出液晶还存在着有序的层状结构。这些衍射图还可以提供有关层厚度的信息。

2. 对高取向型样品的直接 X 射线衍射分析

如果能够采取某种措施得到分子指向单一的样品，可以采用更准确的单晶旋转 X 射线法测定，那么从它的 X 射线衍射图中可以得到更多的结构信息。比如向列型液晶的粉末样品在强磁场下可以得到单一指向性有序排列。此外单一指向性的 S_A 和 S_C 型液晶样品还可以从单一指向的向列型液晶通过仔细控制冷却过程得到。对有序度更高的高分子液晶可以通过对液晶态物质拉丝、冷却固化得到。经过上述处理后的样品再进行 X 射线衍射测定。相对于粉末衍射图中的外层衍射环分裂成两个对称部分，它的角扩散度反应平行有序度，向列型液晶平行有序度较低，类似于液体样品。主要有序部分-轴向有序度反应在衍射图中表现为弧形或短棒型衍射图案。

3. 小角度散射法

小角度散射法包括小角度中子散射（SANS）和小角度 X 射线散射（SAXS）。通常采用的衍射角小于 2°，方法因此而得名。X 射线散射与可见光的散射效应一样，是由于被测体系的光学不均匀性造成的。散射光的强度和散射角度与体系的性质和结构有对应关系，因此可以用来测定聚合物液晶的有序性以及诸如晶体形状和尺寸等参数。得到的小角度散射图包括连续散射和不连续散射两种信息。其中不连续散射包含的信息较多。聚合物的墒与聚合物分子的有序排列，例如向列型或者近晶型排列是相抵触的。一个柔性聚合物被具有向列型结构的溶剂所排斥，因为聚合物链必须沿着向列场排列而要失掉大量墒值。因此处在向列晶相的聚合物链会自发的旋转成一个椭球，椭球的长轴与向列型晶体的指向平行，用 R// 表示，椭球的横轴用 R⊥ 表示，长轴和横轴之比表明分子的取向趋势。用小角度散射法可以测定这一比值。但是实验结果的可靠性还有待于进一步检验。

二、核磁共振光谱法

核磁共振技术是通过测定分子中特定电子自旋磁矩受周围化学环境影响而发生的变化，从而测定其结构的分析技术。高分子液晶的研究和发展已经表明，对于热致液晶，核磁共振技术（NMR）是非常有效的晶相分析工具。而对溶致液晶应用较少，这是因为在溶液状态下，由于布朗运动，在 ^1H NMR 中的化学位移的各向异性、同核耦合、在 ^{13}C NMR 中的异核耦合、在自旋量子数高于 1/2 的，如 ^2H NMR 的四极耦合信号都被平均至零。然而，处在玻璃化转变温度以下的聚合物中，或者在液晶相中这些信号将完全不被或仅仅被部分平均化。更为重要的是上述各项参数均与分子的有序性有关。因此对上述信号的测定，将会对分子的取向性排列，分子动力学和固态结构研究提供非常有用的信息。由于分子有序排列造成的相互物理作用差异同样可以引起电子弛豫时间的变化，因此可以据此选择性观察某些有特定环境核的 NMR 信号变化。

1. NMR 技术在液晶相聚合物的取向性和构象分析中的应用

（1）根据 ^1H 的 NMR 的偶合常数测定取向度　其基本原理是当分子内相邻质子之间的偶合常数数值与其相互之间的磁矢量矩相关：当两个质子被分开一定距离 l_H，由两核磁矩耦合造成的两谱线分裂 $\Delta\nu$ 可以用下式表示：

$$\Delta\nu = (3\gamma_H^2 \eta / 2\pi r_{HH}^3)(3\cos^2\beta - 1)/2$$

式中，β 是质子 H_1-H_2 磁矩矢量与 NMR 仪器静态磁场之间的夹角；γ_H 是质子的磁旋比；η 是 planck 常数除以 2π。从 $\Delta\nu$ 的测定可以得到与 H_1-H_2 矢量相关的取向度参数：$S_{H_1-H_2}$。在聚合物液晶分子横向各向同性系统中，如果分子所在点的构象已知，这一取向度参数可以与分子的取向度建立联系关系。容易碰到的问题是，通常在分子中有几个 H-H 核间磁矢量矩存在，使测定受到干扰。如果各矢量矩的作用能够分离，例如，取选择性氘代的分子，就可以分别测定每一个矢量矩，从而得到液晶取向度和构象的相关信息。

（2）通过氘代液晶分子 ^{2}H 的 NMR 测定获得指向信息 氘的自旋量子数是 1，为四极核子。由于在自然界的相对丰度较小，在一般的结构分析中很少测定氘的核磁共振信号。然而通过选择性氘代液晶分子中的部分质子，^{2}H 的 NMR 测定可以在不受其它核影响下得到有关 C—^{2}H 键指向性信息。在不发生布朗运动时，NMR 谱显示该四极子的二重分裂。分裂度 $\Delta\nu$ 为：

$$\Delta\nu = e^2 qQ(3\cos^2\delta - 1 - \eta\sin^2\delta\cos^2\varphi)/4\eta$$

式中，eqQ/h 是四极子耦合常数；η 是不对称参数；δ 和 φ 表示与外加磁场的极化角。在最简单情况下，不对称参数等于 0，δ 等于 C—^{2}H 键与外加磁场方向的夹角。因此从测定得到的 $\Delta\nu$ 的大小，可以得到样品中 C—^{2}H 键的取向度与外加磁场之间的关系。这一关系对于测定刚性、有序体系的有序参数是非常有用的。当 NMR 谱的分辨率很高时，对所有不等C—^{2}H 键的有序参数 S 进行测定，得到的这些有序参数 S 对于确定液晶体中的构象是极有价值的。

（3）通过 ^{13}C NMR 测定分子的取向度 高分辨固态 ^{13}C NMR 测定的主要困难在于碳 13 核与周围质子之间的耦合影响。如果采用强射频辐射照射拉莫频率（larmor frequency）区，消除异核耦合峰扩宽效应，即宽带去耦，则 ^{13}C NMR 谱线的位置仅取决于化学环境。而化学位移值与测定部位的电子分布与外磁场的取向度有密切关系。当分子取向度一定时有：

$$\sigma_{zz} = \sum_{i=1}^{3}\sigma_i\cos^2\gamma_i$$

当分子中不同 ^{13}C 核的信号能被分离并测定时，有关取向材料中各碳原子所处位置的取向信息可以从各个化学位移中得到，并与分子的取向和构象参数建立起对应关系。除此之外，质子去耦合法、快磁角自旋法在高分子液晶分析中也有应用。

2. NMR 技术在高分子液晶局部动力学研究中的应用

采用核磁共振技术对高分子液晶局部动力学进行研究的主要目的之一是研究相转变过程中分子移动的规律。分子动力学信息可以通过测定磁弛豫时间得到。有机分子的磁弛豫来源于质子之间的耦合调制，反应核间磁矢量的动态关系。弛豫时间常数受分子运动影响，对应于测定质子的 Larmor 质子频率，而且受分子的低频运动影响。其中自旋晶格弛豫时间常数还受晶格密度作用。^{1}H NMR 测定时的偶极峰变宽效应可以应用到测定弛豫时间。^{2}H NMR 适应于频率在 $10^{-1}\sim10^{-10}$ Hz 之间的分子动力学现象研究。其他方法，如四极共振等，可以测定频率在较低情况下的分子运动特征。通过这一技术可以获得晶相转变时分子动力学的重要信息。例如，热致主链液晶是当聚合物熔融时分子仍保持一定有序排列，因此呈现各向异性特征。反映在核磁共振图上表现为峰的分裂。图 5-8 中给出的是高分子液晶首先被加热至呈各向同性溶液，然后逐渐降低温度，经过液晶相和固化阶段得到的核磁共振信号，从图 5-8(a)～(f)，分别表示高分子液晶从完全熔融态经过液晶态直到完全固化给出的 ^{1}H NMR 甲基吸收峰。其分子有如下分子结构。

图 5-8 中(a) $t=147℃$，呈各向同性熔融体；(b) $t=129℃$，呈现各向同性熔融体与向列型液晶二相态；(c) $t=110℃$，向列型液晶态；(d) $t=85℃$，向固体过渡；(e) $t=78℃$；(f) $t=40℃$，完全固化成为晶态固体。从图中可以看出，当聚合物呈各向同性熔体时，质子峰为尖锐单峰；当液晶形成时，质子峰出现三重分裂，表明溶液的各向异性出现。聚合物固化后出现宽单峰。

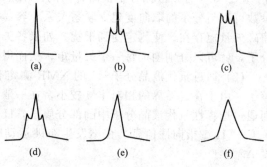

图 5-8　主链液晶 [1] HNMR 谱线形状随温度变化

三、介电松弛谱法

介电松弛谱是以测定材料极化和去极化过程中介电性质变化为基础的分析方法。以复介电常数与电场频率作图或者与温度作图即得到介电松弛谱。其形状和大小与测定材料中的化学组成、分子结构、晶态结构以及取向度有密切关系，是测定材料中内部结构、分子运动状况和物理状态的重要分析手段。因此从介电松弛谱中可以获得大量有关分子结构与构象的信息。介电松弛谱的主要参数还包括频率、温度、电场强度等。在完全非晶态的均相聚合物的介电松弛谱中，取向极化松弛总是与高分子的链段运动相对应。其中包括极性侧基绕 C—C 键的旋转、环形结构的构象振荡、主链局部链段的运动等。在部分结晶的聚合物中，介电松弛谱变得更为复杂，影响因素更多。在测试中改变测试材料的结晶度，再分别测定其介电松弛谱，可以得到与晶区有关的结构信息。高分子液晶是分子按照特定规律排列的聚集态，这种有序排列方式可以通过介电松弛谱的形状得到反应。下面分别对不同类型高分子液晶的介电松弛谱的特征加以简单介绍。

（1）溶致高分子液晶的介电松弛谱　在交变电场作用下聚合物在溶液中沿着分子长轴的尾对尾重新取向过程几乎在介电松弛谱中看不到，因为这一过程进行的太慢。在介电松弛谱中能够观察到的是棒状分子刚性结构在绕着取向方向的转动松弛过程。研究聚合物溶液在不同温度和浓度下的相变过程发现，在各向同性溶液中松弛时间分布较宽，耗损因子峰为一个宽峰，而形成向列型液晶时耗损因子峰移向低频方向。同时以浓度对平均松弛率 f_c、耗损因子作图在液晶相形成前与形成后也有很大不同。

（2）热致高分子液晶的介电松弛谱　对于热致高分子液晶材料，当从各向同性态开始降温，聚合物将经历液晶态（可能依次包括多种液晶相态）和半晶态固体几个过程。与各向同性液体相比，液晶相的形成肯定会对分子的运动造成影响，因而会反应在介电松弛谱中。这种反应对于主链型和侧链型液晶是有很大不同的。主链液晶由于刚性部分成为聚合物骨架的一部分，因此尾对尾的重新取向是不可能的；而绕长轴的旋转松弛运动在各向同性相与各向异性相没有什么实质差别，在介电松弛谱中很难得到反应，除非在形成液晶的过程中分子链内和分子链间的相互作用有很大变化。与此相反，侧链型液晶聚合物受聚合物骨架的影响较小，在电场作用下长轴重新取向和绕长轴松弛转动都可以发生。因此侧链高分子液晶的介电松弛谱与同类型的小分子液晶非常相似。

四、热台偏光显微镜法

热台偏光显微镜是在显微镜的基础上加上控制温度的加热台和使用偏振光。该法是在加热情况下控制材料的相态，并观察材料表面形态的测定方法。在偏光显微镜下观察高分子液晶的织态结构是一种最简便的也是最经典的相态结构分析方法。它是利用显微镜下液晶材料呈现的形态推测晶态结构。例如，可以从 Schlieren 细丝状织态图像确认向列型液晶、胆甾醇型液晶在平面织态结构中，在偏光显微镜下呈油状纹理，在非平面织态结构中呈扇状纹理。近晶型液晶的织态结构分析比较复杂，对于 S_A 和 S_C 两种晶相结构一般可以见到棒状织态。这种小棒状织态结构在一定条件下会形成聚集的锥状或扇状结构。由于高分子液晶在结构上的复杂性，通过显微镜观察往往只能得到比较粗的定性结果，在使用时应当慎重。

电子显微镜的分辨率大大高于光学显微镜，也是常用的高分子液晶相结构的分析工具，电子显微镜的主要特点是具有很高的放大倍数和分辨能力，可以观察到在光学显微镜下难以看到的微小结构形态。因为对于不同晶态的高分子液晶，由于微观结构不同，在显微镜下显示的微观形态是不同的。根据电子显微镜下观察的微观形态，可以为高分子液晶的相态研究提供许多更为直接的证据，据此可以判断液晶的晶相结构。

五、热分析法

鉴于不同晶态转换过程中往往都伴随着热量的变化，称为相变热；因此热分析法也是一种重要的高分子液晶分析工具。热分析是指以温度为自变量，测定物质的各种物理性质随温度的变化。根据测定的物理量不同，分成差热分析法（DTA）、热重分析法（TGA）和示差扫描量热法（DSC）。分别表示在程序升温条件下测定体系的热熔变化、重量变化和放热速率。我们知道，伴随着物质相态的变化都会有能量的得失，有时由于发生化学反应或物理变化，物质的重量在升温过程中也会发生变化，因此热分析法是测定聚合物相转变和化学反应过程的重要工具。通过热分析可以给出被测高分子液晶的相变温度和其他各种相变数据。在进行液晶晶相结构分析时主要采用示差扫描量热法。DSC 法既可以用于高分子热致液晶，也可以用于溶致液晶分析。主要用 DSC 通过热熔值来判断液晶的晶相结构。一般来说，向列型液晶的热熔值较小，只有 $1.25 \sim 3.55 kJ/mol$，而近晶型液晶的热熔值多在 $6.27 \sim 20.9 kJ/mol$。当聚合物可以生成多种晶相结构时，在 DSC 曲线上会呈现多个峰，对应不同的晶相变化过程。用热分析法最适合用来分析高分子液晶材料在升温过程（固体向液体转变）和降温过程（液体向固体转变）时液晶态形成的差异。

六、双折射测定法

聚合物的双折射测定也常用于高分子液晶材料取向度的测定。光学双折射法通常使用单色光直接从两个互相垂直方向照射被测材料，分别测定其折射率，两个方向上的折射率之差 Δn 通常作为聚合物分子取向度的指标之一。由于折射率取决于分子的空间结构，所以对规则排列的长型分子而言，光的入射方向不同折射率也不同。各向同性样品的 $\Delta n = 0$，完全取向的 Δn 值最大，其具体数值取决于材料本身。应当指出，光入射方向的选择非常重要，测定中应该选择 Δn 最大的两个垂直方向测定。双折射法是测定分子取向度比较有效，又比较简便的方法之一。多数高分子液晶具有明显双折射现象。除了以上介绍的六种较重要的方法外，还有许多分析技术用于高分子液晶研究。

第四节 高分子液晶的其他性质与应用

总体来说，与其他高分子材料相比，高分子液晶具有以下特点：①分子内存在棒状、片状或者盘状的刚性结构，分子间作用力大，容易形成有序堆积结构，因此具有结晶度高、力学性能好、物理化学性质稳定的特点；②在固态和液晶态分子有序排列并构成特定晶相结构（向列型、近晶型和胆甾醇型等），这种分子有序性可以将分子的折射率、偶极矩、磁化率、剪切黏度、旋光性等微观特征宏观化，表现出特殊的光学、电学、磁学和力学效应；③高分子液晶的相态结构受到环境因素的影响显著，如温度、溶剂、电场、磁场等。调整上述影响因素都可以改变液晶材料的晶相结构，从而改变材料的相关属性。高分子液晶材料的应用研究主要围绕着上述特性展开。众所周知，高分子液晶材料有着良好的热稳定性，优异的介电、光学和力学性能；以及它的抗化学试剂能力、低燃烧性和极好的尺寸稳定性等都是这些性质的具体表现。高分子液晶的这些性质和应用在前面几节中已经做了部分介绍，在这一节中着重介绍以下前面没有提到的特殊性质和用途。

一、作为高性能工程材料的应用

高分子液晶，特别是热致主链液晶具有高模、高强等优异力学性能，因此特别适合于作为高性能工程材料。这些性能来源于高分子液晶的有序聚集态结构和较大的分子间力。用于工程方面的高分子液晶其模量可高达60GPa，拉伸强度为700MPa，断裂伸长率低于1.5%。因此大直径的高分子液晶棒还是替代建筑用钢筋的候选材料；与钢筋相比具有重量轻，柔韧性好，耐腐蚀的优点。更重要的是它的极低的膨胀率可以大大减小由温度变化产生的内应力。高分子液晶的机械强度随材料取向度的提高而增加。而在拉制过程中，材料的横向尺寸越小，取向度越高。目前已经生产出几种高分子液晶膜和片材。其模量达到50~60GPa，拉伸强度达到400~500MPa。采用高分子液晶为材料，经过溶液或熔融纺丝可以制备高性能合成纤维。聚合物纤维的强度主要取决于分子的取向度，同时也与分子的刚性、分子间力、结晶度和密度密切相关。所有的高分子液晶纤维都有非常高的取向度，一般高于0.95，模量在100~200GPa之间，拉伸强度高于2GPa。纤维的力学性能还随着牵伸比的增大而增高，牵伸后的热处理可以进一步增强其力学性能；同时改善化学和热稳定性。纤维的拉伸强度和耐蠕变性随着聚合度的增加而增加。由热致主链液晶PPT [poly（p-phenylene tereph-thala-mide）] 制成的纤维被用来制作直升机的绞盘索和升降绳，采用PPT制作的降落伞绳其重量只有聚酰胺（尼龙）材料的一半。以高分子液晶纤维为主要材料制作的织物还作为军队用服装和钢盔内衬，这种钢盔可以抵御近距离射来的子弹，因此也成为防弹衣的组成材料之一。加碳纤维的高分子液晶在航空航天工业中已经获得应用。上面这些例子都是利用了液晶聚合物纤维的高强力学性能。

由于向列型液晶在分子长轴方向容易滑动，近晶型液晶可以在层面间滑动，均表现出在液晶状态下的低黏度，使其特别容易加工成型，适合对结构复杂部件的注射成型。高分子液晶的低黏度和高强度性质在作为涂料添加剂方面得到应用。加入高分子液晶的涂料黏度下降，因此可以使用更少的溶剂，以减少污染，降低成本。加入高分子液晶后，涂料成膜后的强度也有较大增加。分子的紧密和规则堆积给出高分子液晶极低的膨胀率和吸潮率，可以满足制作高精密度的部件；作为优异的表面连接材料应用到电子工业领域，如将电子元器件直接固定到印刷线路板表面，而不必像常规的工艺那样需打孔安装。高分子液晶材料还是制备需要极高精密度和可靠性的大规模集成电路的封装和接口材料。添加无机材料的高分子液晶板材已经作为热成型和电镀印刷电路板材料。良好的耐用性和绝热性，使用PPT制作的手套和服装还用在恶劣条件下的劳动保护。加入玻璃和碳纤维增强的高分子液晶还是极好的制作扬声器振动部件的材料，这一方面取决于材料良好的机械性质，还在于有序排列的极性分子可以构成驻极体，表现出压电性质。

二、在图形显示方面的应用

如同小分子液晶一样，聚合物液晶也具有在电场作用下从无序透明态到有序非透明态的转变能力，因此也可以应用到显示器件的制作方面。它是利用向列型液晶（主要包括侧链高分子液晶）在电场作用下的快速相变反应和表现出的光学特点制成的。所有极性分子在电场力作用下都会受到一个作用力，发生极化过程而有序排列。把透明的各向同性液晶前体放在透明电极之间，当施加电压时，受电场作用的液晶前体迅速发生相变，分子发生有序排列成为液晶态（其中常排列成向列型晶相）。有序排列的结果是部分失去透明性而产生与电极形状相同的图像。根据这一原理可以制成数码显示器、电光学快门、电视屏幕和广告牌等显示器件。液晶显示器件的最大优点在于耗电极低，可以实现微型化和超薄型化。采用高分子液晶制作显示器件的原理同小分子显示器件一样；但是高分子液晶的化学和尺寸稳定性更好，因此可靠性较高。可以自成型，需要的辅助材料较少。它的低热导率、低毒性和低成本也具有一定吸引力。但是与小分子液晶相比，较高的黏度使显示转换的速度明显减慢，因此应用并不普遍。用于图形显示方面的高分子液晶主要为侧链高分子液晶。与小分子液晶材料相比，聚合物液晶在图形显示方面的应用前景在于利用其优点，开发研究大面积、平面、超薄型、直接沉积在控制电极表面的显示器。但是要实现上述目标仍有许多技术问题需要解决。以高分子液晶制作投影设备是一个重要应用领域。一种称为 NCAP 技术的高亮度多媒体投影仪采用高分子液晶作为核心材料，获得了光输出在 1000lm 的结果[18]。它是利用反射方式代替常见扭曲向列液晶 TN 的透射方式，克服了亮度不足和制作复杂的缺点。在 NCAP 显示器中，微米级的聚合物液晶滴涂复在玻璃公共电极表面，生成的液晶膜上覆盖硅镜面矩阵反射电极，并由矩阵电极控制液晶的晶相结构，使入射光被有选择性反射形成图像。

三、在温度和化学敏感器件制作方面的应用

胆甾醇型聚合物液晶具有其外观颜色随温度的变化而变化的特征，属于温度敏感材料，可以制作温度敏感器用于温度的精密测量。根据液晶的颜色变化这种温度敏感器一般可以辨别 0.01℃ 的温度变化，可以制作精密的温度计。胆甾醇型液晶在 0～250℃ 之间对温度的灵敏度都很高。利用该性能还可以用于检查精密结构件的无损探伤，因为材料中的裂缝和空隙能够阻碍热传导过程，在材料表面造成温度的细微差别，将胆甾醇型液晶薄膜贴在材料表面，根据其颜色的差别可以探测到内部裂隙的位置和形状。同样道理，胆甾醇型液晶还可以用于诊断浅层肿瘤，因为肿瘤部位往往温度偏高，将涂有胆甾醇型液晶的黑底薄膜贴在病灶区皮肤上，能够显示肌体内彩色温度变化图，为肿瘤、动脉和静脉肿瘤的诊断，确定手术部位提供参考依据。根据皮肤温度的变化以及交感神经系统的堵塞情况，判断神经及血管系统是否开放。

由于胆甾醇型液晶的螺距会因为某些微量杂质的存在而受到强烈影响，而螺距的微小变化将导致胆甾醇液晶颜色的变化。这一特性已经被用来作为测定某些化学物质的痕量蒸气的指示剂，在化学敏感器和环境监测仪器研究方面受到重视。在表 5-9 中给出的是部分胆甾醇型液晶对部分挥发性溶剂蒸气的吸附引起的颜色改变[19]。

表 5-9　胆甾醇型液晶吸收溶剂蒸气前后的颜色变化

高分子液晶配方	组成/%	吸收前颜色	吸收的溶剂蒸气	吸收后颜色
胆甾烯基氯	15			
油酸胆甾醇酯	80	红	丙酮,苯,氯仿	蓝
壬酸胆甾醇酯	5			
胆甾烯基氯	20	绿	苯,石油醚	蓝
壬酸胆甾醇酯	80		氯仿,氯甲烷	红
胆甾烯基氯	25	黄红	氯仿,氯甲烷	红
壬酸胆甾醇酯	75		苯,三氯乙烯	深红
			石油醚	蓝
胆甾烯基氯	80	红	氯仿,二氯甲烷	深红
壬酸胆甾醇酯	20		石油醚	蓝

四、高分子液晶作为信息储存介质

以热致侧链液晶为基材制作信息储存介质已经引起科学家和企业的重视。利用液晶作为信息存储介质有两种形式：一种是热感型，利用温度不同时液晶材料液晶态和非液晶态透光性的不同；另一种是光感型，利用光化学反应改变液晶材料的光学性质而存储信息。

1. 热感型液晶信息存储材料

这种储存介质的工作原理如图 5-9 所示。首先利用电场将存储介质制成液晶垂直于平面的透光向列型晶体，这时如果测试光照射，光将完全透过，证实没有信息记录；当用一束激光照射存储介质时，局部温度升高，曝光区域的聚合物熔融成各向同性熔体，聚合物失去有序度；当激光消失后，聚合物凝结成取向不规则的不透光的固体，信号被记录。此时如果有测试光照射，将仅有部分光透过，显示有信息记录。根据液晶材料的热性质，记录的信息在室温下将被永久保存。因此这种材料属于永久信息记录材料，只有将整个存储介质重新加热到熔融态，在电场作用下将分子重新排列有序，才能消除记录信息，等待新的信息录入。同目前常用的光盘相比，由于其存储信息依靠材料内部特性的变化，因此液晶信息存储材料的可靠性更高，它不怕灰尘和表面划伤，更适合于重要数据的长期保存[20]。采用胆甾醇型或向列型液晶材料与硅氧烷的共聚物也可以制备类似的信息存储材料；其原理是记录信息后材料表面可以选择性反射可见光。

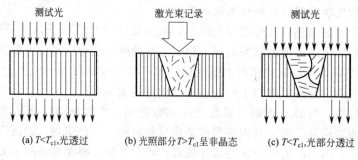

(a) $T<T_{c1}$，光透过   (b) 光照部分 $T>T_{c1}$ 呈非晶态   (c) $T<T_{c1}$，光部分透过

图 5-9　聚合物液晶数据储存

2. 光感型液晶信息存储材料

具有这种性质的主要是含有偶氮结构的高分子液晶，这种结构的分子在光照射下会发生顺反异构化反应，使分子从稳定的反式构型转换成顺式构型。顺反异构化反应不仅能够使材料的吸收光谱发生变化，产生光致变色效应；而且反式构型的分子平顺，有利于液晶相的形成，顺式构型连接的两个苯环形成一定角度而不易形成液晶相。换句话说，光照可以改变高分子液晶材料的晶相结构，利用晶相结构的改变存储信息。从光致变色原理上分析，这种光致变色现象是可逆的，即当消除光照后，偶氮分子会恢复原来的反式构型，存储的"信息"会消失。但实验结果表明，光照产生的顺式构型会被一些因素冻结，使信息得到保留。冻结后的偶氮液晶会产生明显的双折射现象作为信息检出信号。其双折射信号可以用热擦除或光擦除两种方法消除。热擦除法是将样品加热到其清亮点温度，消除偶氮结构部分的取向。光擦除方法是采用圆偏振光消除偶氮分子的取向，使双折射信号消除。消除取向后的材料可以再次写入信号，因此是可擦写信息记录材料。这种偶氮结构液晶的光致双折射性质是高分子液晶作为新型信息记录材料的基础。侧链型偶氮苯高分子液晶是一种具有实用价值的光学信息记录材料[21]。

五、高分子液晶作为色谱分离材料

有机硅聚合物以其良好的热稳定性和较宽的液态范围作为气液色谱的固定相应用已经有很长历史，如聚二甲基硅烷和聚甲基苯基硅烷分别为著名的 SE 和 OV 系列固定相。当在上述固定相的侧链上连接刚性结构，构成侧链型高分子液晶材料后，即成为分子有序排列的固定相。固定相中分子的有序排列对于分离沸点和极性相近而结构不同的混合物有较好的分离效果，原因是液晶材料的空间排布有序性参与分离过程。因此液晶固定相是色谱研究人员重点开发的固定相之一。采用硅氧烷作为骨架的侧链高分子液晶可以单独作为固定相使用，也可以与其他固定相混合使用。通过交联反应，侧链高分子液晶可以耐受 280℃以上的温度，因而适合作为气相毛细管色谱的固定相。小分子液晶的高分子化克服了在高温使用条件下小分子液晶的流失现象。高分子液晶作为色谱固定相需要解决的问题包括降低聚合物的玻璃化温度和拓宽液晶态的温度范围等内容。手性液晶的引入对光学异构体的分离提供了一种很好的分离、分析工具。随着交联、键合等手段的采用，高分子液晶固定相正广泛应用于毛细管气相色谱、超临界色谱和高效液相色谱中。

六、高分子液晶的其他应用领域

高分子液晶的主要特点是分子的有序性，这种分子有序性排列可以将许多分子的微观特征宏观化，如分子的偶极矩在叠加时候形成宏观偶极矩可以制成高分子驻极体，这些材料具有明显的热电和压电特性，可以用于声—电和热—电转换器件（见第四章）。高分子材料的有序排列还可以制备非线型光学材料，用于光信息处理器件的制作。利用高分子材料磁学性质的各向异性，可以用于生产磁性敏感材料。总之，高分子液晶的应用领域非常广泛，而且正处在高速发展阶段。

本 章 小 结

1. 高分子液晶材料是指那些处在一种介稳态的高分子材料，在这种相态下，材料既有固态晶体的空间排列有序性，又有液态物体的流动性。高分子液晶分子是指具备形成液晶态的高分子材料，并不一定处在液晶态；高分子液晶态则是指处在液晶态的高分子材料，指的是一种状态；液晶态高分子固体是保留了液晶态分子堆砌结构的固态材料，指的是高分子固体的晶体状态。

2. 高分子液晶材料有三种常用的分类方法。根据液晶相态结构分类有相列型液晶、近晶型液晶和胆甾醇型液晶，分别指形成一维有序、多维有序和平面螺型结构液晶相的高分子材料。根据高分子液晶材料的分子结构分类有主链型液晶、侧链型液晶和混合型液晶，分别指分子中刚性部分处在聚合物主链中、侧链上和主链与侧链都含有刚性结构。根据液晶态的形成过程分类有高分子热致液晶和高分子溶致液晶，分别指在固体加热熔融过程中形成的液晶态和在固体溶解过程中形成的液晶态。

3. 溶致侧链高分子液晶指刚性结构处在聚合物侧链上，并在溶解过程中形成液晶态的高分子材料。侧链上的刚性体通常含有两亲结构，即一端亲水、一端亲油，这样在溶液中有利于分子的有序排列。侧链的任何一端都可以和聚合物骨架连接，构成梳状液晶分子。这类高分子材料通常采用加成聚合或缩聚反应制备。由于这种高分子液晶材料的两亲性质，在溶液中形成胶束时，膜两侧的物理化学性质完全不同。基于这些性质，这类液晶可以用于制备 LB 膜和 SA 膜，在药物的控制释放和环境保护方面获得应用。溶剂的种类和性质以及聚合物溶液的浓度是溶致液晶形成以及形成何种晶相的主要控制因素。

4. 溶致主链高分子液晶指分子的刚性部分处在聚合物的主链内，并在溶解过程中形成液晶相的高分子材料。这类高分子液晶材料的分子间力非常大，合适溶剂的选择是最重要的控制因素，通常用于溶液纺丝和制成薄膜使用，制成的纤维和薄膜力学性能优异，是重要的工程材料。在液晶态时溶液黏度下降，有利于成型加工工艺。

5. 热致侧链高分子液晶是指分子的刚性部分处在聚合物的侧链上，并且在加热熔融过程中形成液晶态的高分子材料。其中聚合物主链、刚性体的结构和两者之间的连接结构是影响其形成液晶态的主要结构因素。通常聚合物主链和连接结构是饱和柔性结构。刚性体的组成、分子结构、取代基等对高分子液晶材料的介电常数、双折射、热性质、磁性质、晶态结构等构成重要影响。利用上述性质可以制备各种功能器件而应用在各种场合。

6. 热致主链高分子液晶是指由刚性结构相互连接构成聚合物链，并且在加热熔融过程中形成液晶态的高分子材料。由于分子间力大，往往具有非常高的熔融温度 T_m，常常高于分解温度，影响液晶态的形成和进行成型加工。通常可以通过引入不同体积的单体、饱和柔性单体或者加入取代位置不同的单体进行共聚，获得的共聚物分子的规整度下降，分子间力减弱，可以适当降低熔融温度。在合成制备过程中常采用界面聚合、高温溶液聚合、高温本体聚合、固相聚合、相转移聚合等特殊工艺。这类高分子材料具有非常优异的机械性能、物理化学稳定性和成型加工性能。

7. 高分子液晶材料的主要分析表征方法包括 X 射线衍射、核磁共振分析、介电松弛谱、热控显微镜表面分析、热分析、双折射等方法对其进行晶相结构分析。

8. 根据高分子液晶材料表现出的特殊物理化学性质，其主要的应用领域包括作为高性能工程材料、图像显示材料、温度和化学敏感器核心材料、信息存储材料、色谱分离固定相材料、非线性光学材料和压电铁电材料等，具有重要的应用价值。

思考练习题

1. 向列型、近晶型和胆甾醇型液晶是三类主要液晶形态，三者在结构上的主要区别是什么？如果采用同种材料，在接近相同的条件下形成上述三种液晶态，请问在物理化学性质上三者将有何差别？
2. 根据定义，热致液晶是指在温度发生变化时发生熔融过程形成液晶态的物质，而某些高分子溶液在形成液晶相也会受到温度的影响，表现出临界浓度发生变化，那么是否也可以认为是热致液晶呢？
3. 溶剂的种类和溶液浓度是形成溶致液晶的主要外部因素，其中溶剂选择尤为重要。能否给出如何根据高分子液晶的结构对溶剂进行选择的主要依据？而溶剂的哪些性质将影响液晶的临界浓度？
4. 降低主链型高分子液晶分子的规整度可以降低其相变温度，主要原因是降低了分子间作用力。除了本章中给出的三种共聚办法之外，根据所学知识，是否还有其他方式也可以降低分子间作用力？
5. 某种高分子材料在一定情况下既可以形成向列型液晶，也可以形成近晶型液晶，设计一种试验方法区分此时的液晶结构类型。采用介电松弛谱可以得到液晶分子的哪些性质？采用热分析方法如何获得热致液晶晶型转变温度？
6. 刚性体为强极性结构的液晶可能表现出压电或者铁电性质，制作压电材料时什么样的液晶结构最为有利？利用更换取代基进行结构改造以提高其压电系数其依据有哪些？
7. 某些高分子液晶是制备温度敏感器的关键材料，请问是利用了高分子液晶的哪些特殊性质？具有上述功能的高分子液晶在结构上都有哪些特点？
8. 某些高分子液晶可以作为信息记忆材料，以热感型信息记忆材料为例，是利用了高分子液晶的哪些物理化学性质？光感型信息记忆材料的工作原理与此有哪些不同？
9. 高分子液晶材料作为色谱固定相充分利用了分子有序排列提供的各向异性环境，大大提高了分子区分效应；请问如何采用高分子液晶固定相创造一个手性环境，进行光学异构体的分离？
10. 仔细比较小分子液晶和同类高分子液晶在结构上的差别，指出两类液晶材料表现出的物理化学性质都有哪些不同，在应用领域都有哪些好处和不足？

参考文献

[1] Lin Lei. *Mol Cryst Liq Cryst*, 1987, **146**: 41.
[2] Collyer A A. *Liquid Crystal Polymers: fromstructures to applications*. London and New York: Elsevier Applied Science, 1992, 16.
[3] Finkelmann H., Luhmann B and Rehage G. *J Colloid and Polymer Sci*, 1982, **260**: 56.
[4] Kwolek S L et al. *Macromolecules*, 1977, **10**: 1390.
[5] Vollbracht L and Veerman T J. U S Patent, 4308374, 1976.
[6] Inbasokaran M N. Eur Parent Appl, 87304344.

［7］　Richaed H et al. *Mol Cryst Liq Cryst*，1988，**155**，141.

［8］　Apfel M A et al. *Anal Chem*，1985，**57**：651.

［9］　Griffin A C，Bhatti A M and Hung R S L，*Mol Cryst Liq Cryst*，1988，**155**：129.

［10］　Rodriguez-Parada J M and Percec V. *J Polym Sci Polym Chem Ed*，1986，**24**：1363.

［11］　Tanaka M and Nakaya T. *Macromol Chem*，1988，**189**：771.

［12］　Bualek S and Zentel R. *Macromol. Chem*，1988，**189**：791.

［13］　Allcock H R and Kim C. *Macromoleculas*，1989，**22**：2596.

［14］　Griffin B P and Cok M K. *Br Polymer J*，1980，**12**：147.

［15］　MacDonaid W A. *Liqud CrystalPolymers*：*From Structure to Applications*，London. A A Collyer Ed，Elsever Applied Science，1992，416.

［16］　Schaffer T D and Percec V. *J Polymer Sci*，1986，**24**：451.

［17］　Cox M K. *Mol Cryst Liq Cryst*，1987，**153**：415.

［18］　Lin Yong. Electronic Products World，1996，9：79.

［19］　程定海，山桂云. 四川师范学院学报，2001，22（2）：150.

［20］　Nakamura T，Uedo T and Tani C. *Mol. Cryst*，*Liq Cryst*，1989，**169**：167.

［21］　夏锦红，光子学报，1999，28（10）：933.

第六章 高分子功能膜材料

第一节 高分子功能膜材料概述

膜是一种二维材料，即相对于长和宽，其厚度几乎可以忽略。膜广泛存在于自然界，起着分隔、分离和选择性透过等重要功能。随着科学的发展，越来越多的人工合成膜被研究制造出来，并应用于工农业生产和科学研究。普通合成膜材料，如在农业上广泛应用的塑料膜、保鲜膜等，有很多重要的有用性质和用途，但是其功能主要在隔离和保护方面，我们称其为普通膜材料，属于常规材料科学研究范围。本章将要介绍的高分子功能膜属于特殊性质膜，主要表现在对某些物质有一定选择透过性。我们经常可以观察到这样一种现象，充满氢气的气球，一段时间后会由于发生气体逸出，体积会变小，显示构成气球的橡胶膜在一定程度上允许氢气透过。然而，当在同样条件下充入氮气，气球内气体逸出的速度相对要慢得多；这说明构成气球的橡胶膜对不同气体的透过有区分效应，是一种气体选择性透过膜。本章将要介绍的功能膜就包括这样一种具有选择性透过能力的膜型材料，通常称作分离膜，属于功能高分子材料范畴。分离膜是最重要的功能膜材料。用于混合物分离目的的功能膜材料的发展可以追溯到 1846 年，那时 Schonbein 用硝酸纤维素制作了有实用意义的气体分离膜[1]。其后的近一个世纪中，合成分离膜获得了持续发展。但是几乎所有膜科学方面的研究工作，包括膜动力学和膜形态学研究都是以类似的改性纤维素为基本材料。直到 20 世纪20 年代，人工合成聚合物的出现，才为膜科学的发展提供了丰富的物质基础。与此同时，聚合物分子结构与膜的形成和功能之间关系的研究也取得了重大进展，在 70 年代左右形成了比较完善的膜科学。随着近几十年膜科学研究的成果积累，目前分离膜的制备材料早已突破了改性纤维素的范围，包括了天然的，合成的和半合成膜等数大类，几百种材料。功能膜的分析表征研究方法也有了重大突破，膜材料的应用领域获得了极大扩展。高分子功能膜材料已经成为功能高分子材料的一个重要研究领域。此外，具有其他性质的膜，如 Langmuir-Blogett 膜（LB）和自组装（Self-Assembled，SA）膜，由于其具有特殊性质，在本章中也做简要介绍。

高分子功能膜是一种重要的功能材料，已经在许多领域获得应用或者具有巨大潜在应用前景。比如在电场力作用下的电透析装置，在压力作用下的超滤、微滤和反渗透装置，在浓度梯度力作用下的渗透过滤装置，以及膜修饰电极、非线性光电材料、膜缓释装置等都是功能膜材料的主要应用领域。这些研究成果被广泛用于工业、农业、医药、环保等领域。对于节约能源，提高效率，净化环境做出了重大贡献。

膜科学是一门新兴学科，研究的内容包括膜的化学组成、形态结构、构效关系、膜的形成方法、加工技术工艺、膜分离机制，以及应用开发等诸多方面。同时膜科学也是一种交叉学科，采用了大量化学、物理、力学、电学、光学和医学等领域的研究成果，这些成果给膜科学的发展提供了强大的推动力。本章将从理论和应用两个方面对膜科学的主要内容加以概括性介绍。本章将要讲述的内容涉及这类功能高分子膜材料的合成和制备、性质测定与实际应用等方面。

高分子膜的分离功能很早就已发现。对于膜科学发展有重要意义的重大事件有：1748 年，

Nelkt 发现水能自动地扩散到装有酒精的猪膀胱内，开创了膜渗透的研究；1861 年，Schmidt 首先提出，用比滤纸孔径更小的棉胶膜或赛璐酚膜过滤时，若在溶液侧施加压力，使膜的两侧产生压力差，即可分离溶液中的细菌、蛋白质、胶体等微小粒子，其精度比滤纸高得多，称为微孔过滤；1935 年 Teorell 发明了有离子选择性透过能力的离子交换膜，并在 1949 年由 Juda 和 McRae 完成实用化过程[2]，离子交换膜在氯碱工业的升级改造中起到了决定性作用；能够使固液分离的微滤膜 1927 年在德国发明，1950 年在美国实现工业化生产。至此，膜分离成为一项重要的化工工艺。1960 年以来，膜科学进入了黄金发展时期，在这一时期中，各种各样的膜材料大量涌现，人们对膜科学的认识不断加深，研究手段不断提高，更重要的是膜材料大面积进入实用化、工业化。大量的技术突破使膜材料生产和应用得到了空前的发展[3]。

我国在 1958 年开始研究离子交换膜和电渗析膜，1966 年开始研究反渗透膜。同时，在微滤膜、超滤膜、液体膜、气体分离膜、密度膜等领域相继开展研究工作。从 20 世纪 80 年代以来我国以苦咸水淡化为标志的膜分离技术研究进入了一个快速发展时期。各种分离膜被广泛应用到海水和苦咸水淡化、纯净水制备、食品加工、药品制造、工业废水处理、合成氨和石油化工尾气中回收氢气等领域。迄今为止，我国从事膜分离过程和膜材料制备研究的科研机构已经有几十家，并建立了国家液体膜工程研究中心和膜技术国家工程研究中心。从事膜分离设备和膜材料生产的企业已经超过百家，并引进了数条膜材料生产线，我国的膜工业已经初步形成。

一、高分子功能膜的分类

高分子功能膜材料有很多种，分类的方法也多种多样，缺乏统一的规律。产生多种多样的分类方式是基于研究目的不同、观察角度不同，因而需要不同的归类标准。从目前的资料来看，功能膜主要有以下几种分类方式：①根据构成膜的材料种类划分，有以无机碳材料或陶瓷材料为主的无机膜，以合成高分子材料为主的有机合成膜，天然高分子材料为主的天然有机膜和液体高分子材料在支撑材料上形成的液体膜等；②根据使用功能划分，包括用于混合物分离的分离膜，用于药物定量释放的缓释膜，起分隔作用的保护膜等；③根据被分离物质性质不同，有气体分离膜、液体分离膜、固体分离膜、离子分离膜、微生物分离膜等；④根据被分离物质的粒度大小分成反渗透膜（reverse osmosis，RO，或 hyper- filtration，HF）、纳滤（nanofiltration，NF）膜、超滤（ultrafiltration，UF）膜、微滤（microfiltrtion，MF）膜；⑤根据膜的形成过程划分有沉积膜（deposited film）、相变形成膜（phase-inversion membrance）、熔融拉伸膜（melt-extruded film）、溶剂注膜（solvent-cast film）、烧结膜（sintered film）、界面膜（interface film）和动态形成膜（dynamically formed membrance）；⑥根据膜结构和形态不同还可以分成密度膜（dense membrance）、乳化膜（emulsion-type membrance）和多孔膜（porous membrance）。下面根据后三种分类方法对几种功能膜的分类依据加以介绍。

（1）微滤（MF）膜　微滤膜属于多孔膜，主要应用于压力驱动分离过程，膜孔径的范围在 0.1～10 微米之间，孔积率约 70%，孔密度约为 10^9 个/cm^2，操作压力在 69～207kPa 之间。在工业上用于含水溶液的消毒脱菌和脱除各种溶液中的悬浮微粒，适用于浓度约为 10% 的溶液处理。其分离机理为机械滤除，透过选择性主要依据膜孔径的尺寸和颗粒的大小。制备方法有相转变法（phase-inversion process）、烧结（sintered process）法和熔融拉伸（melt-extruded）法等。

（2）超滤（UF）膜　与微滤膜一样也属于多孔膜，主要应用于压力驱动分离过程。但是膜的孔径范围在 1～100nm 之间，孔积率约 60%，孔密度约为 10^{11} 个/cm^2，操作压力在

345～689kPa 之间。用于脱除粒径更小的大体积溶质，包括胶体级的微粒、大分子溶质和病毒等，适用于浓度更低的溶液分离。其分离机理仍为机械过滤，选择性依据为膜孔径的大小和被分离物质的尺度。制备方法与微滤膜基本相同。

（3）纳滤（NF）膜　这是近年来采用的一种新的分类，主要指能够截留直径在 1nm 左右，分子量在 1000 左右溶质的分离膜。其被分离物质的尺寸定位于超滤膜和反渗透膜之间，其孔径范围覆盖超滤膜和反渗透膜的部分区域，其功能也与上述两种膜有交叉。有人认为纳滤膜与反渗透膜的区分在于纳滤膜可以使 90％的氯化钠透过，而使 99％的蔗糖被截留；而反渗透膜可以使绝大部分的氯化钠截留，这是两种膜最重要的区分点。

（4）反渗透膜（RO）　也有人称其为超细滤（hyperfiltration，HF）膜，主要用于反渗透过程，是压力驱动分离过程中分离颗粒粒径最小的一种分离方法。由于存在反渗现象，因此分离用压力常用有效压力表示。有效压力等于施加的实际压力减去溶液的渗透压。反渗透膜的膜孔径在 0.1～10 nm 之间，孔积率在 50％以下，孔密度在 10^{12} 个/cm^2 以上，操作压力在 0.69～5.5 MPa 之间。纳滤膜主要用于脱除溶液中的溶质，如海水和苦咸水的淡化。分离机制不仅包括机械过滤，膜与被分离物质的溶解性和吸附性能也参与分离过程。

上述四种多孔膜的特点可以用图 6-1 来形象化表示[3]。

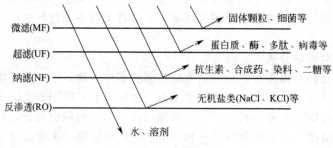

图 6-1　多孔膜分离特性

（5）密度膜（DM）　密度膜的定义是相对于前三种多孔膜材料而言的，与前三种膜相比，它几乎不存在人为的微孔。膜中聚合物以非晶态或半晶态存在，与其他常见聚合物宏观结构类似，因此有时也直接称为聚合物膜。密度膜主要用于混合气体的分离，如合成氨工业中原料水煤气与产品氨气的分离。其分离机理主要为气体在聚合物膜中的溶解和扩散作用。

（6）电透析膜（EM）　顾名思义，电透析膜的主要特征在于分离的主要驱动力来源于电场力。在电场力的作用下，带电粒子（主要是各种离子）会倾向于透过分离膜的微孔向带相反电荷的电极运动。因此电透析膜不仅有前面提到的各种膜的过滤作用（依据粒子体积大小），还有电场的区分作用（依据所带电荷种类）。非带电粒子受不到电场力驱动不能透过膜，而带电粒子还必须受到膜孔径和所带电荷极性的限制，只有满足所有三个条件的粒子才能通过电透析膜。部分电透析膜由离子交换树脂构成，因此也称其为离子交换膜（ion exchange membrances）。

（7）液体膜（LM）　与上述膜材料相比，液体膜的不同点是膜材料在使用过程中仍然以液态存在而非固体。液体膜多存在于两相之间的界面（气/液或液/液界面），因此有时也称为界面膜。根据膜的结构和形态不同，液体膜还可以进一步分成乳状液体膜（emulsion-type liquid membrances）、支撑型液体膜（supported liquid membrances）和动态形成膜（dynamically formed membrances）。乳状液体膜是将两种不相混溶的液体乳化混合，并转移到另一个连续相，使形成的微胶囊内外的不同液体被胶囊膜分开，并可以通过膜进行物质交换。支撑型液体膜是在具有微孔的材料表面借助液体表面张力形成的液体膜。动态形成膜是使聚合物溶液通过微孔过滤器时在其表面动态形成的一层液体分离膜。

(8) 复合分离膜（composite membrances） 指由两种以上材料构成的分离膜，如无机/有机膜组合，或者两种以上不同类型的膜组合在一起，如密度膜/多孔膜组合、液体膜与固体膜组合等均可以称为复合膜。复合膜可以结合两种材料或者两种膜的各自优点，充分发挥其特点并克服相应不足。

二、膜分离过程与机制

评价分离膜有两个最重要的技术指标是膜的透过性和选择性。透过性是指评价物质单位时间透过单位面积分离膜的绝对量，选择性是指在同等条件下测定评价物质透过量与参考物质透过量之比。前者标志着膜分离速度指标，后者标志膜分离质量指标。在早期分离膜研究中，控制和改变膜的透过性和选择性主要依靠经验，没有规律可循。20 世纪 60 年代以来随着人们对高分子溶液浓度、溶剂种类、热处理条件和方式等因素对膜形成过程和膜功能的影响进行系统研究，得到的众多研究成果使人们对成膜机理和膜分离机理有了较清晰准确的认识，使膜科学逐步得到完善。今天膜科学已经从经验科学逐步转向理论和实验相结合的科学领域。为了对膜科学有个整体认识，了解膜的分离方式和机制是必要的。

1. 膜分离机制

被分离材料能够从膜的一侧克服膜材料的阻碍穿过分离膜需要有特定的内在因素与合适的外在条件。有些物质容易透过，而另一些比较难，也说明各种物质与膜的相互作用不一致。从目前掌握的知识，膜分离作用主要依靠过筛作用和溶解扩散作用两种作用机制产生分离作用。而对于反渗透膜的机制要更复杂一些。

(1) 过筛分离机制 聚合物分离膜的过筛作用类似于物理过筛过程，与常见的筛网材料相比，其不同点在于膜的孔径要小得多。被分离物质能否通过筛网取决于物质粒径尺寸和网孔的大小。物质的尺寸既包括长度和体积，也包括形状参数。当被分离物质以分子分散态存在时，分子的大小决定粒径尺寸；而当物质以聚集态存在时，由其聚集态颗粒尺寸起作用。分离膜网孔的大小则决定了允许哪些物质透过，哪些物质被阻挡在膜给料一侧。微滤膜和超滤膜的分离过程主要是过筛机制起作用。应当指出，即使在过筛作用起主导作用的微滤膜中，都不仅仅存在物理过筛一种作用形式，分离膜和被分离物质的亲水性、相容性、电负性等性质也起着相当重要的作用。因为在膜分离过程中往往还伴有吸附、溶解、交换等作用发生，这样膜分离过程不仅与其膜的宏观结构关系密切，而且还取决于膜材料的化学组成和结构，以及由此而产生的与被分离物质的相互作用关系等因素。

(2) 溶解扩散机制 膜分离的另外一种常见作用形式是溶解扩散作用。当非晶态的膜材料对某些物质具有一定溶解吸收能力时，在外力作用下被溶解物质能够在膜中扩散运动，从膜的一侧扩散到另一侧，再离开分离膜。对于用密度膜对混合气体进行分离和用反渗透膜对溶质与溶液的分离过程中这种溶解扩散作用往往起主导作用。在溶解扩散机制中，溶解吸收是分离的第一步，没有溶解吸收就不能扩散。影响溶解吸收能力的因素主要有被分离物质的极性、结构相似性和酸碱性质等。扩散是分离的第二步，影响因素有被分离物质的尺寸、形状，膜材料的晶态结构和化学组成等。不同物质的溶解性和扩散性差异是分离的基础。

(3) 选择性吸附吸收机制 当膜材料对混合物中的部分物质，有选择性吸附吸收时，吸附性高的成分将在表面富集；这样该物质进入并通过膜的几率将加大。相反，不容易被吸附吸收的成分将不易透过该分离膜。对膜分离起作用的吸附作用主要包括范德华力吸附和静电吸附。选择性吸附吸收作用也适用于多孔膜。在反渗透膜用于水的纯化和脱盐过程这种选择性吸附吸收起重要作用。

2. 膜分离过程的驱动力

众所周知，混合过程是自发过程，即两种物质放在一起由于热运动会自发混合；而其逆过程—分离过程不能自动完成，需要有外加驱动力的参与。也就是说分离过程需要输入能量，我们将这种能量输入方式叫做膜分离驱动力。可应用于膜分离过程的这类驱动力主要包括以下几类。

（1）浓度差驱动力　当浓度不同的两种液体相接触时，浓度高的液体内的成分将自发向低浓度一端扩散运动，即浓度低一侧的浓度会自动升高。这种运动来源于布朗热运动，即在单位时间内进入低浓度区的溶质大大高于进入高浓度区的溶质。因为在单位时间内从高浓度区向低浓度区迁移的微粒数量总是占据优势，宏观上表现为高浓度一侧的溶质被驱赶到另外一侧。这种驱动力称为浓度差驱动力。当膜两端有浓度不同的同种溶液时，来自高浓度一侧的溶质将在浓度差驱动力作用下透过膜而被分离。透析膜分离过程的驱动力属于这一类，驱动力的大小称为渗透压。渗透压可以用扩散达到平衡时膜两侧形成的压力差表示。对于气体混合物来讲，浓度差体现为分压差，在这种情况下，也可以称为分压差驱动力。

（2）压力差驱动力　当膜两侧施加的压力不同时，压力高一侧的物质将趋向于通过膜到达压力低的一侧，这种驱动力称为压力差驱动力。压力差是一种外源性驱动力，可以人为进行选择和调整。压力驱动力经常应用到微滤、超滤、纳滤和反渗透膜分离过程，通常透过率与施加的压力成正比。不同的分离模式所需要的压力差是不同的。

（3）电场驱动力　当膜的两端施加定向电场时，混合物中的带电颗粒将受到电场力的驱动向带有相反电荷的电极方向移动，并趋向于透过分离膜。这种膜驱动力称为电场驱动力。电场驱动力的大小除了取决于施加的电场大小和电极形状外，还与被分离物质的荷电状态和价态有密切关系。在电透析和离子膜分离过程中，这种驱动力起主要作用。

除了上述三种常见的驱动力之外，在膜分离过程中还有化学势驱动力，主要用于化学反应器和化学敏感器等场合。

三、高分子功能膜的结构与性质关系

在膜科学研究中最重要的内容之一是膜材料的结构与其性能之间的关系，即构效关系。以分离膜为例，其分离功能指标中的透过率和选择性分别依赖于膜的孔径和材料性质、被分离物的体积和性质以及二者之间的相互作用。很显然膜材料的结构与性质无疑是膜研究的主要着眼点。根据对分离过程起作用的材料微观和宏观结构，我们将分离膜的结构分成以下几个层次。

（1）化学组成结构层次　对应于组成膜材料物质分子的元素和化学基团，它们是组成物质的基础，决定物质的基本性质，如氧化还原性、酸碱性、极性、溶解性和物理形态等特征。对于膜材料来说，这一结构层次决定了分离膜对被分离材料的溶解性、材料的亲水性、亲油性和化学稳定性等性质，将直接影响膜的透过性、溶胀性、毛细作用等性质。一般在分子结构中增加强极性基团，如羟基或羧基，膜的亲水性提高；以氧原子代替聚合物中的某些碳原子，聚合物的柔性增加，有利于气体透过。

（2）高分子链段结构层次　对应于构成膜材料的聚合物的链段结构类型，对于均聚物，单体的结构最重要，其次包括聚合度、分子量、分子量分布、分支度、交联度等。对共聚物，如嵌段共聚、无规共聚、接枝共聚等因素直接影响分离膜的各种物理化学性质，包括立体效应和化学效应的产生。这些结构因素对聚合物的结晶性、溶解性、溶胀性等性质起主要作用。主要影响形成膜的力学和热性质。

（3）高分子立体构象结构层次　对应于聚合物的微观构象，如分子呈棒状、球状、片状、螺旋形状或者无定型形状等。聚合物分子的微观构象有赖于分子间的作用力，包括范德

华力、氢键力和静电力等。直接影响膜制备时的黏度、溶解度。有利于增加聚合物分子间作用力的构象倾向于形成结晶度高的分离膜。反之，则易形成低结晶度分离膜。微观构象与形成膜的机械性能和选择性有密切关系。

（4）聚集态结构和超分子结构层次 包括分子的排列方式和结晶度，以及晶胞的尺寸大小、膜的孔径和分布等。很显然这一结构层次直接与膜材料的使用范围、透过性能、选择性等关系密切。高分子材料的聚集态结构和超分子结构的形成与分离膜的制备条件和方法，以及后处理工艺等有直接关系。

（5）分离膜的宏观外形结构层次 是指膜材料的外尺寸和膜器件的外形，目前投入研究和使用的分离膜主要有以下几种类型。

① 平面型分离膜 分离膜中宏观结构最简单的一种，在空间上材料向二维度方向展开。为了满足使用环境要求，平面型分离膜还可以进一步分成以下几个类别：无支撑膜（膜中仅包括分离用膜材料本身）；增强型分离膜（膜中还包含用于加强机械强度的纤维性材料）；支撑型分离膜（膜外加有起支撑增强作用的材料）。平面型分离膜可以制成各种各样的使用形式，如平面型、卷筒型、折叠型和三明治夹心型等，以提高单位体积下的有效膜面积。平面膜适用于反渗透、纳滤、超滤和微滤等各种分离形式。平面型分离膜容易制作，使用方便，成本低廉，因此使用的范围较广。

② 管状膜 其特征为膜的侧截面为封闭环形，管内和管外分别作为分离膜的给料侧和出料侧。不过被分离混合物溶液可以从管的内部加入，也可以从管的外部加入，具体方式根据实际需要选择。通常管状膜分离过程是在连续流动过程中完成，未透过膜的物质和透过物质分别在管内、外收集。在使用中经常将许多这样的管排列在一起组成分离器。管状分离膜最大的特点是容易清洗，适用于分离液浓度很高或者污物较多的场合。同时，管状膜适合连续不间断分离过程。在其他构型中容易造成的膜表面污染、凝结、极化等问题，在管型膜中可以由于溶液在管中的快速流动冲刷而大大减轻，使用后管的内外壁都比较容易清洗。由于在圆筒状管道内的流体比较容易控制，有利于动态分析研究，因此多数有关膜的流体力学方面的研究多在管状分离膜中进行。管状分离膜的缺点在于使用密度较小，在一定使用体积下，有效分离面积最小。为了维持系统循环，也需要较多的能源消耗。在实际大规模应用中只有在其他结构的膜分离材料不适合时才采用管状分离膜。

③ 中空纤维膜 由半透性材料通过特殊工艺制成的中空式纤维，其外径在 $50\sim300\mu m$，壁厚约 $20\mu m$（依据外径不同有所变化）。中空纤维膜也可以说是微型化的管状膜，只不过从外观看来更像某种纤维。在分离过程中通过纤维外表面加压进料，内部为收集的分离液。高使用密度是中空纤维过滤装置的主要特征，由于机械强度较高，常在高压力场合下使用。与管状分离膜相反，中空纤维的缺点是容易在使用中受到污染，受到污染后也比较难于清洗。因此在分离前，分离液要经过预处理。中空纤维的重要应用场合在血液透析和高纯水制备（采用大孔径中空纤维），以及人工肾脏（外径$=250\mu m$，壁厚$=10\sim12\mu m$）的制备方面。

不同的宏观外形结构对分离工艺最直接的影响在于分离效率和设备体积。根据膜分离理论，分离效率与分离膜的有效面积成正比，在单位体积下有效分离面积越大，设备就越紧凑。在表 6-1 中给出不同外形结构分离膜单位体积下的有效膜面积的比较。

表 6-1 不同外形结构分离材料的分离面积与体积之比

分离膜的结构	面积与体积之比(A/V)	分离膜的结构	面积与体积之比(A/V)
中空纤维		外径$=300\mu m$	2000
外径$=50\mu m$	12000	平面分离膜	$150\sim250$
外径$=100\mu m$	6000	管状膜（外径$=2cm$）	50
外径$=200\mu m$	3000		

四、高分子分离膜制备材料

最早人们制作分离膜的原料仅限于改性纤维素及其衍生物。随着高分子合成工业的发展，高分子膜的制备材料早已不限于纤维素类衍生物。以下是目前常用的几种分离膜制备原料及其与膜分离的性质。

（1）天然高分子材料类　主要包括改性纤维素及其衍生物类，这种材料原料易得，成膜性能好，化学性质稳定。但是力学和热性能较差限制了应用范围。用这种材料制备的分离膜目前仍有广泛应用，常用于各种医疗透析、微滤、超滤、反渗透、膜蒸发、膜电泳等多种场合。近年来甲壳质类材料成为一种新的分离膜制备材料，从化学结构上与纤维素类似，特点也是原料成本低，而且成膜后力学性能较好，具有良好的生物相容性，适合制作人工器官内使用的透析膜，因此具有良好的发展前景。此外，海藻酸钠类也是天然分离膜原料。

（2）聚烯烃类材料　包括聚乙烯、聚丙烯、聚乙烯醇、聚丙烯腈、聚丙烯酰胺等。这类材料是大工业产品，材料易得，加工容易；但是除了少数几种之外，多数疏水性强，耐热性较差，不适合用于水溶液样品处理和在高温条件下使用，主要用于制备微滤膜、超滤膜、密度膜等。

（3）聚酰胺类材料　包括尼龙 66、聚酰亚胺等，通过缩聚反应合成，突出特点是机械强度高、化学稳定性好，特别是高温性能优良，适合制作需要高机械强度场合的各种分离膜。但是在强酸强碱条件下容易水解老化。

（4）聚砜类材料　属于高力学性能的工程材料，具有耐热性、疏水性、耐腐蚀性，以及良好的机械强度，既适合直接制作超滤、微滤和气体分离膜，也可以用于制作复合膜的底膜以提供更好的耐用性。

（5）含氟高分子材料　包括聚四氟乙烯、聚偏氟乙烯、Nafion 等。其突出特点是耐腐蚀性能突出，可以在强酸强碱条件下使用。目前在氯碱化工和原子能工业中广泛使用的离子分离膜多用这种材料制备。

（6）有机硅聚合物　这种材料以硅元素替代了碳元素，表现出具有一定耐热、抗氧化、耐酸碱等性质，是一种新型分离膜制备材料。

第二节　高分子分离膜的制备方法

膜的制备工艺选择对分离膜的性能十分重要。同样的材料，由于不同的制作工艺和控制条件其性能差别很大。合理的、先进的制膜工艺是制造优良性能分离膜的重要保证。通常所指分离膜膜材料的制备包括膜制备原料的合成、成膜工艺和膜功能的形成三部分，其中原料的合成属于化学过程，成膜工艺和膜功能形成属于物理过程或物理化学过程。从总体上来讲，除使用单体进行原位聚合直接形成功能膜外，膜的制作工艺包括聚合物合成，聚合物溶液（或熔体）制备，膜成型和膜的功能化几个具体步骤。由于分离膜采用的都是常规高分子材料，其制备方法有专门的书籍介绍，聚合物合成工艺部分本章不准备详细论述。下面从聚合物溶液的制备开始，介绍各种分离膜材料的制备方法。

一、聚合物溶液的制备

目前使用的分离膜多采用溶液法制备，因此聚合物溶液的制备是以聚合物为原料制备分离膜材料的第一步，不论是密度膜的制备（包括溶液浇注成膜法、熔融拉伸成膜法），还是用相变成膜法（包括干法、湿法和热法等）制备多孔膜，聚合物溶液的制备都是极为重要的关键步骤。聚合物溶液的好坏直接关系到形成膜的质量和分离膜功能的实现。聚合物溶液的定义是聚合物大分子被溶剂所溶解而均匀分散在溶剂体系中构成的分子分散相。在膜制备过程中聚合物的溶解、成膜、沉积和孔的形成各步骤一般都有溶剂参与，并且对溶剂的要求各不一样。形成理想的聚合物溶液要求聚合物分子与溶剂分子的作用力要大于聚合物分子之间的作用力。相对于小分子来说，高分子溶液的制备是有一定难度的，主要原因是高分子的溶解需要经过溶胀、溶剂扩散、溶质扩散等多个过程。聚合物分子间力大也是影响聚合物溶解的因素之一。聚合物与溶剂分子的相互作用力主要包括静电力、色散力、氢键力和诱导力等，其大小取决于两种分子的极性、分子量、分子链的柔性和聚合物的结晶度等因素。除了溶解温度在聚合物熔融温度以上时（这种情况非常少见）溶解过程成为两种溶液的混合过程外，溶解过程是溶剂分子作用于固态聚合物，通过扩散进入聚合物，首先使其溶胀；溶胀后的聚合物分子扩散进入溶剂中，逐渐形成均一体系的聚合物溶液。因此，聚合物材料选定后，各种溶剂体系的选择是分离膜制备的主要工作之一。聚合物溶液的制备通常包括以下几个步骤。

1. 溶剂的选择

根据溶剂分子与聚合物分子间作用力大小不同，可以将溶剂分成以下三类。

① 当溶剂分子与聚合物分子之间作用力大大超过聚合物分子间作用力，溶剂有能力溶解聚合物成均一分子分散相，则该溶剂称为聚合物分散溶剂或者称为该聚合物的良溶剂，在分离膜制备过程中常作为主溶剂使用。

② 当溶剂分子与聚合物分子之间的作用力与聚合物分子相互之间作用力处在同一个数量级，这种溶剂一般仅能使聚合物溶胀，但是不能得到分子分散状态的溶液，则称其为该聚合物的溶胀剂。溶胀剂在聚合物分离膜制备过程中常作为成孔剂使用。

③ 当溶剂分子与聚合物分子间作用力远远小于聚合物分子相互之间作用力，这种溶剂不具备溶解聚合物的能力，而且在已有聚合物溶液中加入少量该种溶剂后能减弱聚合物分子与原溶剂分子间作用力，使聚合物析出而发生凝结现象，这种溶剂称为该聚合物的非溶剂。非溶剂在膜制备过程中普遍用来使聚合物溶液发生相转变并成膜固化，多用于微孔膜的制备。

综上所述，这三种溶剂在分离膜制备过程中都起着非常重要的作用。应该注意，上述三种溶剂的分类只针对具体的聚合物，对于同一种溶剂，相对于不同的聚合物作用可能完全不同。图 6-2 中给出了各种溶剂对聚合物的溶解能力与在聚合物溶液制备中的作用示意图。

图 6-2 是一个聚合物与溶剂作用的定性示意图，图中从左至右表示溶剂对聚合物的溶解能力逐步增强，也就是说溶剂分子与聚合物分子之间的作用力逐步大于聚合物分子

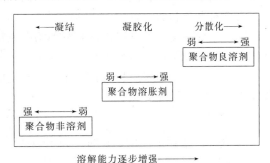

图 6-2　高分子溶剂的种类和聚合物与
溶剂相互作用

相互之间的作用力，聚合物分子逐步趋向于分散在这种溶剂中构成分子分散型溶液。溶剂的作用能力越强，溶解同样数量的聚合物所需溶剂就越少。处在中间位置的溶剂分子与聚合物分子之间的作用处于中等强度，一般对聚合物只能起溶胀作用而不能完全溶解。在相转变制膜工艺中溶胀剂的加入量与形成多孔膜的孔积率成正比。处在图中最左端的溶剂对聚合物的溶解能力最差，一般用这种溶剂调节聚合物溶液的溶解能力。加入这种溶剂后聚合物溶液的溶解能力下降，将会产生相分离，使聚合物溶液转换成溶胶，可以为下一步制备多孔性分离膜作准备。非溶剂的作用越强，在相分离时需要的非溶剂量就越少。图 6-2 示意图仅应当被看做动态的和定性的溶剂分子和聚合物分子之间相互作用示意图，而不能以定量和静态的

角度看待，因为溶剂在图中的位置不仅与溶剂本身的性质有关，还与聚合物的性质、溶液组成以及环境条件，如温度、压力和浓度等因素有关，在条件发生变化时，溶剂的功能也会有所变化。

除了制备超薄膜的极端情况之外，采用注模法制备分离膜总希望使用较浓的聚合物溶液，一方面可以节约溶剂，另一方面也可以使后序工艺中溶剂挥发更容易完成。此外影响成膜性能的黏度指标也与聚合物浓度成正比。一般来讲，分离膜制备过程中要求聚合物溶液的体积浓度在 50％以下，其中干法纺空心纤维需要较高黏度（约 100Pa・s），需要聚合物浓度在 30％～40％之间。湿法制备平面分离膜对黏度的要求约 10Pa・s，需要聚合物浓度在 20％为好。干法制备平面分离膜时黏度要求在 1Pa・s，浓度要求在 10％左右。如果需要使用的浓度超过 50％，或者聚合物溶液的黏度较大，需要采用适当提高体系的温度来增加溶解度和流动性。由于聚合物的分子量较大，分子间的相互作用力较强，在一般溶剂中的溶解性较差，要获得较高浓度的聚合物溶液也非易事。

为了得到浓度较高的聚合物溶液，选择溶解能力强的溶剂是必要的。一种溶剂对指定聚合物的溶解能力的大小，主要取决于溶剂分子的化学结构。溶剂的选择依据主要包括以下几个方面。

① 根据相似相溶原理，溶剂的化学结构与聚合物越相似，相互作用力越大，溶解该聚合物的能力就越大。比如，有酰胺结构的溶剂对聚酰胺型聚合物有较好的溶解能力，如二甲基甲酰胺 DMF。

② 根据刘易斯酸碱理论，如显示刘易斯酸性的溶剂易于溶解刘易斯碱性聚合物，反之亦然。

③ 根据溶剂与聚合物溶质的化学性质，溶剂分子中有能够增强与聚合物分子相互作用的结构因素时，有利于增强溶解能力。这些结构因素包括：能够形成氢键的结构、能够形成络合物配位键的结构、能够形成离子键的结构等。

溶剂对聚合物的溶解能力，即溶剂分子与聚合物分子之间作用能力可以通过溶液的黏度和浊度来进行测定，也可以通过非溶剂滴定测定作用参数等方式求得。我们知道，聚合物溶液的黏度随着分子量的增大而提高，这是由于分子链的增长增加分子对剪切变化和流动的阻力。对分子量一定的聚合物其黏度还与分子链的状态有关。最常见的黏度测定方法是测定聚合物稀溶液的特性黏度 $[\eta]$：

$$[\eta] = \lim_{c \to 0} \eta_{sp}/c$$

其中，η_{sp} 是测定黏度，通过毛细管法测定。η_{sp} 等于 $(t-t_0)/t_0$，t_0 为纯溶剂通过指定毛细管的时间，t 为溶液浓度为 c 时通过同一毛细管的时间。由于在溶液中存在着溶剂分子与聚合物分子之间和聚合物分子相互之间作用的竞争，对于溶解能力强的溶剂，溶剂分子与聚合物分子之间作用远远大于聚合物分子相互间作用，因此聚合物分子间和分子内作用的程度很低，聚合物分子链趋向于尽可能伸长，会使黏度增加。这样，如果保持聚合物分子量一定，聚合物在 A 溶剂中形成的溶液黏度则高于在 B 溶剂中形成的溶液，说明 A 溶剂对聚合物的溶解能力较强。同样，如果在聚合物与溶剂两组分溶液中加入第二种溶剂，黏度升高表明该溶剂有增强溶解能力作用，是辅助增强溶剂。如果结果相反，则加入的溶剂对这一聚合物溶液体系为非溶剂。聚合物溶液的特性黏度与聚合物的黏均分子量 $\overline{M_V}$ 的关系用 Mark-Houwink 方程表示：

$$[\eta] = K \overline{M_V^\alpha}$$

式中，α 是一个依赖于聚合物分子与溶剂分子作用强度的常数，当 α 约为 0.5 时，表明溶剂对该聚合物的溶解能力很低，是不良溶剂；α 约等于 0.65 时，表示溶剂的溶解能力中等，可作为溶胀剂使用；而当 α 约等于 0.8 时，表明溶剂与聚合物分子之间的作用力很强，对该聚合物为分散溶剂。因此该公式可以用来半定量地衡量溶剂的溶解能力。很显然，从公式中可以看出溶剂溶解能力是与具体聚合物联系在一起的，在不同溶液体系中没有比较价值。采用不同分子量的聚合物，测定其特性黏度并取对数与黏均分子量作图，可以求得 α 值。

利用聚合物溶液的浊度变化是检验溶剂溶解强度的另一个有效测定方法。一般来讲，澄清的溶液说明被分散溶质的颗粒小于可见光波长，溶液的浑浊度低说明溶质的颗粒度小，溶质与溶剂的作用强。因此在聚合物一定时，可以比较采用不同溶剂得到的聚合物溶液的浊度来定性评价溶剂的溶解强度。制作不同的分离膜对浊度的要求是不同的，轻微浑浊的聚合物溶液对制备微滤和超滤膜几乎没有不良影响，但是对气体分离膜和反渗透膜的制备可能就是完全不允许的。某些无机离子对浊度法测定有一定影响，如采用有机溶剂构成的聚合物溶液中，如果含有无机离子，溶液容易出现浑浊现象。此时如果加入少量水，浑浊即可消除，可证明是无机离子造成的。另外有些聚合物溶液的制备需要一定的温度条件，如乙酰纤维素在乙腈中溶解时，常温下只能得到浑浊的溶液，而当将溶液加热到 35℃ 时，溶液变得澄清；而且溶液温度再降到室温时也不再回到浑浊状态。此外，溶剂中存在少量不易溶解的杂质也会造成溶液呈现浑浊现象。为了消除杂质的影响，测定前应对溶液进行过滤。总体来说，聚合物溶液越澄清，制备的分离膜质量越好，特别是对膜透过选择性能的实现更是如此。当然有时也有例外情况，如人们利用不溶性无机盐作为成孔剂使用。虽然人们总是希望得到较浓的溶液来制备分离膜，应当注意在溶液制备时应留有余地，即溶剂的溶解能力应适当大于聚合物的溶解量，这样才能保证当有少量溶剂挥发时，或者加入非溶剂时聚合物不会立即沉积出来。

为了衡量两种物质混合后的相溶效果，Hildebrand 和 Scott 提出了溶剂结合能密度公式（solvent cohesive energy density）[4]：

$$CED = (\Delta H - RT/V)$$

其中，ΔH 为摩尔蒸发热；V 为液体的摩尔体积；T 和 R 分别为温度和气体常数。为了方便起见，常使用溶解度参数 δ 代替 CED，两者的关系为：

$$\delta = (CED)^{1/2}$$

在溶解过程中如果溶剂和溶质的 δ 值接近，混合过程将放出能量，为自发过程。如果两种物质的 δ 值差距较大，混合过程需要输入较大能量，是吸热过程；如果这一差值足够大，均匀混合将不能发生。溶解度参数也可以从另外一种方式获得，即 Hansen-Skaarup 表达式[5]：

$$\delta_T^2 = \delta_d^2 + \delta_p^2 + \delta_h^2$$

下标 d、p、h 分别表示分子间的色散力、偶极力和氢键力参数。表达式的物理意义是将溶解度参数根据不同作用力分解，便于根据分子结构进行判断。其单位分别为偶极矩 μ 和氢键指数 HBI。

2. 常见膜制备溶剂体系组合

对溶剂选择的理论进行了讨论后从中我们知道，制备分离膜需要采用成膜高分子材料的溶剂、溶胀剂（成孔剂）和非溶剂（相转变剂）等共同作用，并且不同的高分子材料需要不同的溶剂系统。在科学研究和生产实践中人们对于各种不同结构的成膜高分子材料已经建立了若干种溶剂体系供选择使用。下面根据制备分离膜的高分子基材分类，介绍几种常用的用于分离膜制备的溶剂体系。

（1）用于纤维素衍生物类分离膜材料的溶剂体系 纤维素和它的各种衍生物是最早采

用，目前仍被广泛使用的分离膜制备材料。纤维素本身可以溶解在羟基氨铜水溶液中构成成膜溶液，采用甘油作为成孔剂。成孔剂的作用是在溶液干燥过程中防止体系的过渡收缩和结晶化。纤维素的衍生物，如醋酸纤维素和硝基纤维素，由于其羟基被部分封闭，水溶性下降，可以采用丙酮或甲酸甲酯等有机溶剂溶解。硝基纤维素是较早使用的一种材料，在许多有机溶剂中溶解，多用来制备孔径较大的微滤膜。丁醇是比较常见的成孔剂，与其他成孔剂相比，不仅比较容易通过蒸发除去，而且蒸发过程中可以将吸附的有害水分带走。成孔剂除了用各种醇性溶剂之外，还常添加无机盐类。醋酸纤维素常用于制备各种孔径的分离膜，用于电透析和血浆分离。制备密度膜只需要丙酮和聚合物两组分系统即可，不需加入成孔剂。制备反渗透析膜只需加入小量成孔剂。而制备孔隙率较高的微滤膜和超滤膜则需要较多的溶胀剂和非溶剂作为成孔剂。表 6-2 中给出了部分用于以纤维素衍生物为基材的膜制备体系。

表 6-2　注膜用纤维素衍生物溶液体系组成

序号	聚合物	溶剂	成孔剂	成膜方法	膜类型
1	纤维素	羟基铜氨	甘油	湿法	密度膜
2	硝基纤维素	丙酮	丁醇或异丁醇	干法	多孔膜
3	醋酸纤维素	丙酮	$Mg(ClO_4)_2(aq)$ $ZnCl_2(aq)$	湿法	多孔膜
4	醋酸纤维素	丙酮	甲醛	湿法	多孔膜
5	三醋酸纤维素	环丁砜	PEG400	热法或湿法	密度膜
6	三醋酸纤维素	丙酮＋二氧六环	马来酸＋甲醇	湿法	多孔膜
7	醋酸纤维素	丙酮,二氧六环,甲酸甲酯	低碳醇	干法	多孔膜
8	醋酸纤维素	甲酸甲酯,环氧丙烷	醋酸异丁酸蔗糖	干法	密度膜
9	醋酸纤维素	丙酮,甲醇	氯化钙＋环己醇	湿法	多孔膜
10	全氟丁酸纤维素乙酯	环己酮		湿法	密度膜
11	全氟丁酸纤维素乙酯	二氯甲烷	甲醇	干法	多孔膜

（2）用于聚酰胺类分离膜材料的溶剂体系　除去纤维素衍生物之外，另外一种较重要的分离膜材料是聚酰胺类聚合物。脂肪型聚酰胺，如尼龙 66、尼龙 610、尼龙 11 和尼龙 12 溶于 98％的甲酸中，共混体聚酰胺还溶于 90％的甲酸。由于机械强度好，所有这些聚酰胺溶液多用来制备微滤膜，具有很高的商业价值。一般来讲，不加成孔剂的两组分体系，溶剂蒸发后得到的是密度膜或者是近密度膜。在聚酰胺溶液中加入小量的水可以帮助成孔并增加空隙率。芳香聚酰胺（指缩合单体中至少有一种有芳香结构）也溶于甲酸或者氯仿-甲醇溶剂。同样两组分体系导致密度较高的分离膜；加入甲醛作为成孔剂可以提高膜的孔隙率。两种单体均为芳香结构的全芳香聚酰胺的溶解度非常低，溶剂比较难选；多直接使用聚合反应时所用的溶剂体系。其中聚苯并咪唑要求强溶剂二甲基乙酰胺（DMAC），并要加入氯化锂作为增溶剂。在聚合物主链中引入醚键或者六氟异丙叉基可以增加聚合物链的柔性，增强其溶解能力。表 6-3 中给出部分聚酰胺类聚合物以溶剂注膜法制备分离膜时常用的溶剂体系。

表 6-3　注膜用聚酰胺类聚合物溶液体系组成

序号	聚　合　物	溶　剂	成孔剂	成膜方法	膜类型
1	尼龙 6/6,尼龙 6/10,尼龙 11,尼龙 12	98％甲酸	水	湿法	多孔
2	尼龙 66	90％甲酸		干法	多孔膜
3	尼龙 6	N,N-二羟基乙基胺		热法	多孔膜
4	尼龙 8	甲醇		干法	密度膜
5	聚哌嗪邻苯二酰胺	甲酸,氯仿,甲醇		干法	密度膜
6	聚哌嗪邻苯二酰胺	甲酸	甲醛	湿法	多孔膜
7	聚苯并咪唑	DMAC＋LiCl		湿法	多孔膜
8	3,4,3′,4′-双六氟亚丙基四羧基,4,4′-二氨基苯醚聚酰亚胺	二氯甲烷		干法	密度膜
9	间苯二氨与间苯二酰氯聚合物	DMAC	PVP	湿法	多孔膜

应当注意溶剂体系中微量的水分对聚酰胺类聚合物的溶解过程有较大影响，例如当采用聚乙烯基吡咯酮作为成孔剂时，由于它的极强吸水性，必须防止由于从空气中吸收的水分造成的相分离。使用前必须经过仔细干燥，使用中还应防止空气中水汽的干扰。

（3）用于其他均聚聚合物分离膜材料的溶剂体系　除了纤维素和聚酰胺外，其他有重要意义的膜制备聚合物和采用的溶剂体系一并列在表 6-4 中。

表 6-4　其他注膜用均聚物溶液体系组成

序号	聚合物	溶剂	成孔剂	成膜法	膜类型
1	聚乙烯	DOP		热法	多孔膜
2	聚乙烯	DOP	二氧化硅	热法	多孔膜
3	聚乙烯	N,N-二羟乙基胺		热法	多孔膜
4	聚丙烯	N,N-二羟乙基胺		热法	多孔膜
5	聚乙烯醇	水	PEG400	湿法	多孔膜
6	聚乙烯醇	DMSO		湿法	多孔膜
7	聚丙烯腈	DMF	水	湿法	多孔膜
8	聚丙烯腈	65%硝酸	水	湿法	多孔膜
9	聚二氟乙烯	DMF	甘油	湿法	多孔膜
10	聚二氟乙烯	磷酸三乙酯	甘油	湿法	多孔膜
11	聚乙氧基砜	DMSO	醋酸钠,硝酸钠	湿法	多孔膜
12	聚苯基砜,聚砜	DMF	氯化锌,DMSO	湿法	多孔膜
13	聚砜	二氯甲烷	三氟乙醇	干法	多孔膜
14	间苯二酰氯与四氯双酚缩聚物	四氯乙烷		干法	密度膜
15	聚苯并噻唑	六氟异丙醇	聚乙烯醇	干法	多孔膜
16	聚砜	DMAC	聚乙烯吡咯酮	湿法	多孔膜
17	间苯二胺与间苯二酰率缩聚	DMAC	聚乙烯吡咯酮	湿法	多孔膜
18	聚氯乙烯	环己酮	聚对二甲基胺基苯乙烯	干法	多孔膜
19	聚氯乙烯	胶	聚乙烯基甲醚	热法	多孔膜

其中聚烯类为非极性聚合物，在许多溶剂中难以溶解，常常要求加热促进溶解过程。在溶液中加入二氧化硅微粒，成膜后用碱性溶液溶出形成微孔是较常见的成孔方法。聚乙烯醇（PVA）是水溶性聚合物，可以用水作为溶剂。由于机械强度差，成膜前需要用甲醛进行交联强化。也可以使用二甲基亚砜（DMSO）作为溶剂，不同点在于黏度稍高。聚丙烯腈（PAN）是具有重要价值的呈现两性特征的聚合物，它既可以溶解于二甲基甲酰胺（DMF），也可以溶于硝酸；在湿法制中空纤维时，水通常被用作成孔剂。聚二氟乙烯易溶解于 DMF 或磷酸三乙酯，以甘油作为成孔剂制备超滤膜。聚二氟乙烯显碱性，易溶于吡啶；也溶解于乙酸丁酯。聚砜（PS）及其同系物聚乙基砜（PES）、聚苯基砜（PArS）在 DMF 和 DMSO 中有良好的溶解性能，以醋酸钠、硝酸钠或氯化锌等盐类作为成孔剂使用，可以制备性能良好的微滤膜和超滤膜。

高分子量的聚砜也溶解于二氯甲烷，三氟乙醇作为成孔剂，可以制备孔隙率相当高的微滤膜。聚芳香酯类具有很强的抗无机酸和多种有机溶剂的特征，是良好的分离膜制备材料；但为其寻找合适的溶剂体系比较困难。其中间苯二酰氯与四氯双酚的缩聚物溶于四氯化碳。聚苯并噻唑在六氟异丙醇中有较好溶解度，以高浓度的聚乙烯醇作为成孔剂使用可制备微滤膜。聚氯乙烯也可以用来制备多孔分离膜，它溶解于四氢呋喃、环己酮等多种有机溶剂，聚二甲基氨基苯乙烯和聚乙烯基甲醚可以作为它们的成孔剂使用。

（4）用于共聚高分子分离膜材料的溶剂体系　共聚高分子，包括随机共聚、嵌段共聚和接枝共聚物是制备分离膜的另一类重要材料。由于化学组成和结构不同，使其具有许多不同于均聚物的性质。对于随机共聚物，其溶解性能随着各种单体在聚合物中的比例不同而呈现有规律的变化。随机共聚物与其相对应的均聚物相比，在原任一均聚物合适的单独溶剂体系中溶解度均有所下降，而采用这些溶剂的混合溶剂体系，溶解度则有所上升。对于嵌段和接枝共聚物，其溶解性能的变化类似于共混聚合物，表现出参与共混的所有聚合物的溶解性质。但在许多情况下显示出细微的两相性质。总体来讲，共聚物的溶剂选择范围要比相应的均聚物共混体要宽些；比如，在同一溶剂中，嵌段聚合物的溶解度往往高于同分子量的均聚物。常见共聚高分子分离膜材料采用的溶剂体系见表 6-5。

表 6-5 注膜用共聚型聚合物溶液组成

序号	聚合物	共聚类型	溶剂	成孔剂	成膜法	类型
1	乙烯-乙酸乙烯共聚	随机	甲醇＋水,丙醇＋水		湿法	密度
2	乙烯-丙烯酸共聚＋钠或锌离子	随机	甲苯＋异丙醇		干法	密度
3	各种取代二氨基苯-苯二酰氯共聚物	随机	DMAC	水,氯化锂	湿法	多孔
4	丙烯腈-甲基丙烯酸共聚物	随机	75%硝酸	水	湿法	多孔
5	哌嗪-邻和间位取代苯二酰胺共聚物	随机	N-甲基吡咯酮	氯化锂	湿法	多孔
6	环氧-聚碳酸酯共聚物	嵌段	二氧戊环	DMSO	湿法	多孔
7	环氧-碳酸酯共聚物	嵌段	二氯甲烷	IPA＋三氟乙醇	干法	多孔
8	环氧-聚酯共聚物	嵌段	二氯甲烷		干法	密度
9	环氧-聚氨酯共聚物	嵌段	DMF		干法	密度
10	硅氧烷-碳酸酯共聚物	嵌段	二氯甲烷,二氯甲烷＋己烷		干法	密度
11	尼龙 66-聚乙基亚胺共聚物	接枝	甲酸		干法 湿法	密度
12	CA-PEI/CA-PS	接枝	DMF		干法	密度
13	尼龙(66,6,10)-乙酸乙烯酯共聚物	随机接枝	甲醇		干法	密度

乙烯与乙酸乙烯酯共聚物溶解于低级醇的水溶液中，高比例的乙烯与丙烯酸的随机共聚物在烃类溶剂中溶解，带有一定碱性的甲苯有利于丙烯酸基的溶解，而异丙醇的高介电常数对屏蔽丙烯酸离子有利。各种取代的全芳香性聚酰胺类共聚物需要使用强溶剂，如 N,N-二甲基乙酰胺（DMAC），并且要加入氯化锂盐作为助溶剂增强溶解性。丙烯腈与小量的甲基丙烯酸随机共聚物，溶解度比纯聚丙烯腈要好，可以采用同一类溶剂体系。环氧与碳酸酯的嵌段共聚物溶于二氧六环，DMSO 作为成孔剂可以制备透析用分离膜。低百分比（<5%）环氧的同类共聚物可以溶解于二氯甲烷中，以三氟乙醇作成孔剂可制备多种分离膜。硅氧烷-碳酸酯共聚物溶于刘易斯酸性溶剂-二氯甲烷或者二氯甲烷与己烷的混合溶剂，不同点在于采用后者时形成的分离膜弹性增强。

（5）用于离子型聚合物分离膜材料的溶剂体系　离子型聚合物是制备离子分离膜的主要材料，从结构上讲是一类比较特殊的聚合物，分子内带有正、负电荷，离子间以离子键相互作用。离子型聚合物的溶解性能与所选溶剂的介电常数和极性强弱有较大关系，强极性和强介电常数溶剂对其的溶解能力较强。同时，这类材料比较容易溶解在水中或者加入某些无机盐的高介电常数有机溶剂中。典型的离子型聚合物分离膜制备材料采用的溶剂体系列于表 6-6 中。

表 6-6 注膜用共聚和离子型聚合物溶液组成

序号	聚合物	共聚类型	溶剂	成孔剂	成膜法	类型
1	PA-MMA-乙烯氧基苯磺酸钾	随机离子	DMSO,DMF		湿法	密度
2	聚乙烯腈-季铵化乙烯基吡啶	随机离子	DMAC	PEG400	湿法	密度
3	聚乙烯腈-甲基磺酸钠	随机离子	DMF		湿法	密度
4	季胺化乙烯基吡啶-丁二烯共聚	随机离子	THF		干法	密度
5	NaSO$_3$-聚苯醚	离子	氯仿＋乙醇,硝基甲烷＋乙醇		干法	密度
6	NaSO$_3$-聚砜	离子	THF＋甲醛		湿法	多孔
7	Nafin(970)	离子型	乙醇		干法	密度
8	Nafin(1100,1200)	离子型	乙醇＋水,异丙醇＋水		干法	密度

　　离子型聚合物的情况比较复杂，表 6-6 中 1～4 号聚合物是带电的和潜在带电的单体与其他单体聚合制备的离子型聚合物，溶剂的选择依据其中占比例较大的单体均聚物为依据，应选择极性较大的溶剂。如季铵化的聚乙烯基吡啶与丁二烯的共聚物在四氢呋喃中溶解良好，聚苯醚磺酸钠和聚砜磺酸钠分别溶解于四氢呋喃和氯仿-乙醇混合溶剂中。在离子型聚合物中比较重要的一类聚合物称为全氟化离子聚合物，典型的商品为 Nafion，其中分子量相当于 970 的聚合物溶解于乙醇中，而分子量相当于 1100 或 1200 时需要过热乙醇或过热异丙醇，并要加入少量水才能溶解。离子型分离膜多制备成密度膜并在溶胀条件下使用。

　　(6) 用于共混聚合物分离膜的溶剂体系　当没有理想单一聚合物可供选择时，采用多种聚合物的共混体系制备分离膜也有重要意义。采用共混聚合物作为分离膜制备材料首先要考虑两方面的问题，即参与共混体系聚合物之间的相容性和共同溶剂体系的选择。一般情况下，作为分离膜制备材料要求共混体系中两种聚合物的相容性要好，对气体分离膜和反渗透膜，要求完全相容，不产生相分离现象；对微滤膜和超滤膜的制备也要求一定的相容性。在分离膜制备中采用共混体系有两种情况存在：一种是所有参与共混的物质都成为最终成品膜的一部分，参与最终膜分离过程；另一种是共混体系中的某些成分只在膜形成过程中起辅助作用，膜形成后要以某种方式除去，留下的空间作为过滤孔。共混体系的溶剂选择比较复杂，目前对共混体系的溶剂选择缺少可靠数据，很多情况下仍要依靠实验和经验。在表 6-7 中给出部分共混性聚合物分离膜材料所用溶液体系。

表 6-7　注膜用共混型聚合物溶液组成

序号	聚合物	溶剂	成孔剂	成膜法	类型
1	高分子量＋低分子量尼龙 66	90％甲酸		干法	多孔
2	硝基纤维素＋乙酸纤维素	丙酮	丁醇	干法	多孔
3	硝基纤维素＋乙酸纤维素	甲酸甲酯	IPA	干法	多孔
4	硝基纤维素＋氰乙基纤维素	丙酮	丁醇，	干法	多孔
5	乙酸纤维素＋三乙酸纤维素	丙酮＋二氧六环	马来酸＋甲醇	干法	多孔
6	乙酸纤维素＋溴代十一烷酸三甲基胺盐	丙酮＋甲醇，二氧六环＋甲醇	IBA	干法	多孔
7	聚苯并噻唑＋聚乙烯醇	六氟异丙醇	聚乙烯醇	干法	多孔
8	聚砜＋聚乙烯基吡咯烷酮	DMAC	聚乙烯吡咯烷酮	湿法	多孔
9	间苯二胺＋间苯二酰氯共聚物	DMAC	聚乙烯吡咯烷酮	湿法	多孔
10	聚氯乙烯＋聚对二甲胺基苯乙烯	环己酮	聚对二甲胺基苯乙烯	干法	多孔
11	聚氯乙烯＋聚乙烯甲基醚	胶	聚乙烯甲基醚	热法	多孔
12	全同＋间同聚甲基丙烯酸甲酯	DMSO＋水		热法	多孔

　　作为比较典型的共混体系，如在高分子量的尼龙 66 的甲酸溶液中加入低分子量的其他尼龙混合体，高分子溶液会发生胶化现象，直接产生低空隙度的分离膜。乙酸纤维素与硝基纤维素共混可以改善形成膜的质量，两者的溶解性能相近，多采用丙酮或者甲酸甲酯作为溶剂。聚苯并噻唑溶于六氟异丙醇，加入聚乙烯醇后溶解度下降，发生胶化，脱溶剂后构成多孔分离膜。同样在聚砜和聚芳香胺的 DMAC 溶液中加入聚乙烯基吡咯烷酮会有相同的作用。在聚氯乙烯的环己酮溶液中加入聚二甲基氨基苯乙烯或者聚乙烯基甲基醚可以形成比较理想的分离膜。总之对于共混体系的溶剂选择和溶剂与溶质之间的相互关系目前还不十分清楚，有待于相关理论的进一步发展。

　　上面提到的溶剂体系主要来源于科研实践，并不代表其他溶剂体系不能采用或性能较差。可以肯定还有其他更好的溶剂体系等待研究开发；因此上面提供的数据仅起参考作用。由于膜制备工艺不同，目的膜的要求不同，具体采用哪一种溶剂体系，必须经过实验确定。由于溶剂作用的复杂性，目前在制备高分子溶液时还不能提供一种统一的理论和方法来做溶剂选择。

二、密度膜的制备

密度膜是指膜本身没有明显孔隙，某些气体和液体的选择性透过是通过其分子在膜中的溶解和扩散运动实现的一种分离膜。密度膜的制备方法主要有三条路线，即使用聚合物溶液注膜、聚合物直接熔融拉伸成膜和直接聚合成膜。下面对这三种制备路线分别加以介绍。

1. 聚合物溶液注膜成型法

从聚合物溶液制备密度膜的步骤包括先将聚合物溶解于合适的溶剂中制备浓度和黏度合适的聚合物溶液，只是其中溶剂体系中不需要加入成孔剂。然后将制备好的溶液在适当的基材上铺展成液态膜，蒸发溶剂即可形成所需的密度膜。如前面所介绍，要得到理想的非晶态或半晶态的密度膜，溶剂和聚合物材料的选择是至关重要的。无论是聚合物还是溶剂在使用前都要进行纯化处理，因为少量的杂质就有可能使制备得到的膜性质完全不同，导致制备失败。对溶剂还应进行过滤和干燥处理。聚合物要经过在适当溶剂中溶解、过滤、沉淀和干燥步骤。聚合物溶液的分散状态是一个重要的考察指标。聚合物在溶剂中的分散可能是以分子状态分散或者以超分子状态分散。溶液的分散状态取决于聚合物的类型、浓度、温度、分子量、溶剂类别和储存时间长短等因素。溶剂可以是单一的，也可以是复合溶剂。溶剂对分离膜的物理、力学和渗透性质产生影响，如拉伸强度和断裂伸长等性质均随采用的溶剂不同而有所不同。一般规律为：溶剂的溶解能力越强，生成的聚合膜的结晶度越低，膜渗透性等性能指标越好。如硝基纤维素膜的结晶度在下列溶剂系列中依次提高：甲醇＜2∶1乙醚-乙醇＜丙酮，对乙基纤维素的变化规律是依苯＜氯苯＜2硝基丙烷为序，溶剂的溶解能力依次增强，而生成膜的双折射、密度等指标均呈逐步下降趋势，说明分子的规整度下降，结晶度降低。原因是在强溶剂中聚合物—聚合物分子间的作用力被减弱，不利于晶体的生成。

除溶剂本身的影响之外，在膜制备过程中的脱溶剂过程也是比较重要的影响因素。因为从聚合物溶液膜到聚合物密度膜要必须要经历去除溶剂的过程。首先是形成液体膜后的溶剂蒸发速度直接影响从溶液向胶体转变过程，必须严格控制。在溶剂的蒸发过程中，随着溶剂分子的不断离去，留下的曾被溶剂化的聚合物分子相互作用而集结，逐步向胶体过渡。集结的速度越快，分子来不及调整构象，形成的聚合物越接近于在溶液中的形态，多形成非晶态或细小的晶体。环境温度和所用溶剂的挥发性是决定脱溶剂速度的主要因素。需要加以控制和慎重考虑。在脱溶剂过程中环境湿度对于某些膜同样有较大影响，特别是当聚合物或者溶剂有强吸水性质或者水对该聚合物表现为强非溶剂性质时影响更加显著，因为水可以起成孔剂的作用。一般湿度较大时形成膜的孔隙率和渗透性会有所增加。膜形成后的后处理工艺也会对膜性质产生影响。其中退火是比较重要的处理手段，退火温度在聚合物玻璃化温度以上时，聚合物中晶区的体积增大，整个聚合物的结晶度提高，对气体分离不利。最后，膜形成过程中使用的支撑物的性质也是要考虑的因素之一，比如乙基纤维素在玻璃表面与在液体汞表面形成的膜在性质上有较大差异。

2. 熔融拉伸成膜

与溶液注膜相比，熔融拉伸成膜没有溶剂参与，因此影响因素较少。熔融拉伸成膜的制备过程为：首先将聚合物加热熔融再进行定向拉伸并通过模板成型，然后冷却固化成分离膜。采用这种工艺生产的分离膜的结构和性质主要取决于聚合物的性质，包括分子间作用力、链的刚性、分子量大小及分布和聚合物的分支情况等。聚合物的分支多少对聚合物的结晶度有直接影响，以聚乙烯为例，高压聚乙烯的分支率为每一百个碳原子平均有两个分支，其结晶度为35％～70％；而低压聚乙烯几乎是线型的，每一百个碳原子只有0.1～0.5个分支，其结晶度高达60％～90％。此外，拉伸过程会使高分子部分取向化，容易造成结晶度提高。

聚合物膜形成之后，为了提高膜的稳定性和应用性能往往还需要进行热处理，包括淬火和退火。当聚合物材料一定时，热处理工艺主要产生动力学影响。淬火和退火对聚合物的结晶度影响比较明显，特别是对黏度高、分子量大的聚合物，快速淬火往往导致生成细小的晶区。而当慢速退火后晶区增大，结晶度提高。分离膜的结晶度对膜的透过性和选择性有明显影响这一现象已经得到实验证实。对密度膜来讲，膜的透过性和选择性主要是通过聚合物的非晶区实现的，一般气态或液态被分离物质仅能溶解透过聚合物的非结晶区，结晶区域对透过性没有贡献；因此结晶度越高透过性越小在意料之中。同时结晶区的扩大会限制处在非晶区分子链段的自由运动，使其区分作用下降，可能是选择性下降的重要因素之一。除结晶度外，聚合物的整体取向性对透过性和选择性也有一定作用，其作用主要在膜结晶度较低时表现突出；当结晶度升高到一定程度时（对乙二醇与苯二酰氯的缩聚物膜结晶度达到40％～50％），取向度的作用已经很不明显。熔融聚合物的黏度影响膜制备的难易和速度，影响膜的形成。提高温度，降低分子量，或者扩大分子量分布范围可以降低熔融体黏度。但是应当注意，过分提高温度会增加聚合物分解速率，降低分子量或者扩大分子量分布范围，造成形成膜的机械强度降低，因此应当慎重采用。

3. 直接聚合成膜法

在这种膜制备方法中，首先需要制备单体溶液并直接用单体溶液注膜成型；在注膜的同时加入聚合反应催化剂，使聚合反应与膜形成同时完成。蒸发掉反应溶剂后即可得到密度分离膜。采用这种方法可以解决某些聚合物溶剂不好选择或者因为某些原因在溶液中和熔融态某些工序不好处理等原因造成的困难。可用于这种膜制备过程的典型例子是利用 Schotten-Baumann 缩合反应，将二氨或二醇类衍生物与带有二酰氯基团的单体在一定载体上直接进行缩合反应，聚合得到聚酰胺或聚酯膜。商品 FT-30 型密度分离膜就是由间苯二胺与三磺酰氯衍生物直接在载体上反应缩合制备的[6]。聚合过程与成膜过程同时进行碰到的最大问题是膜的结晶度过高，造成透过率和选择性低。降低反应温度，使反应温度控制在聚合物的熔融温度以下是有效地克服办法之一。对于能形成氢键的聚合物，加入水或者低级醇等可以降低聚合物之间的作用力，防止结晶过程发生。加快聚合反应速度，使聚合速度远远大于结晶速度也可以抑制晶体形成。

三、相转变多孔分离膜制备过程

通过改变聚合物溶液相态来形成多孔结构是目前制备多孔分离膜的主要技术路线。得到的分离膜作为微滤和超滤膜使用。在这一工艺过程中首先需要制备聚合物溶液（此时溶剂是连续相），然后将此聚合物溶液通过改变溶解度的方法，将高分子溶液通过双分散相态再转变成大分子溶胶（此时聚合物是连续相），在大分子溶胶中处在分散状态的溶剂占据膜的部分空间，当后处理过程中将溶剂蒸发后即留下多孔性膜。在制备多孔膜时，从高分子溶液向高分子溶胶转变是这一制备方法的关键步骤，促使相转变过程发生的机制有多种，下面介绍这些相转变机制以及几种多孔膜制备方法。

1. 相转变机理

高分子溶液的相转变有两种情形：其一是分子分散的单一相溶液首先转变成以分子聚集体分散的双分散相液体，然后进入胶化阶段；其二是直接制备双分散相液体，然后进入胶化阶段。无论哪一种过程，双分散相液体都是必经的一步。促使从分子分散的单一相溶液向大分子溶胶转变的方法主要有以下四种。

（1）干法相转变　干法相转变是采用加热蒸发法逐步是高分子溶液中的良溶剂挥发从而胶化。当高分子溶液中含有两种以上溶剂，并且良溶剂的沸点较低，非溶剂（溶胀剂）沸点较高时即可采用这种方法。在对溶液体系升温加热过程中，不断将沸点较低的溶解度较强的溶剂从溶液中蒸出，溶液中沸点较高的非溶剂比例逐步提高，对高分子的溶解能力逐步下降，促使高分子溶液依次变成分子聚集体分散的双分散相液体和大分子胶体，完成相转变过程。

（2）湿法相转变　湿法相转变过程是通过用非溶剂与高分子溶液体系内的良溶剂进行交换，从而改变溶剂的溶解能力而发生胶化。具体方法是将聚合物溶液直接或经部分蒸发后放入某种非溶剂中，非溶剂分子与良溶剂分子发生交换，使原高分子溶液内的非溶剂比例上升，溶解度下降；通过双分散相，逐步形成大分子溶胶。由于交换用的非溶剂常常是水，因此被称为湿法。

（3）热法相转变　热法是利用改变温度来调整高分子溶液溶解度的方法，其根据是某些溶剂对于特定的聚合物，在温度不同时表现出明显不同的溶解能力而设计的。如在高温下溶剂对聚合物有较好的溶解性能，溶液呈现分子分散相特征；当温度下降时溶解度迅速下降，溶液转变成双分散相；当温度进一步下降到一定温度时，溶剂对聚合物失去溶解能力变成非溶剂，聚合物溶液则转变成溶胶。

（4）聚合物辅助法　聚合物辅助法是利用两种不同溶解性能的聚合物相互作用完成胶化和成孔过程的。其制备过程主要有两种模式：其一是将另外一种聚合物加入到高分子溶液中去，改变混合物的溶解状态，促进成胶过程发生；其二是首先将两种相容性较好的聚合物溶解在一种溶剂中，制成黏度合适的聚合物溶液；注膜成型后，将其放入第二种溶剂（多为水）中，溶解掉其中一种水溶性聚合物，留下多孔性溶胶。下面根据上述四种相转变机制，分别介绍几种以相转变法制备多孔性分离膜的具体过程。

2. 多孔膜干法成膜工艺

多孔膜的干法制备工艺也称完全蒸发法，是相转变膜制备法中最早使用，同时也是最容易的一种方法。具体过程为首先选择两种对该聚合物溶解性完全不同的溶剂，即前面介绍的良溶剂和非溶剂；要求非溶剂的沸点高于良溶剂，而且两种溶剂的沸点要有一定差距，一般在 30℃ 左右；然后制备聚合物溶液。通常的做法是将聚合物溶解在溶解力强的溶剂中，再加入一定量的非溶剂调节聚合物溶液接近饱和，制成分子分散的单一相或者超分子聚集体的双分散相溶液；用得到的高分子溶液注膜后，提高环境温度或者降低压力，低沸点的良溶剂将首先挥发，非溶剂比例升高使聚合物溶解度逐步下降，并逐步变成聚合物相连续的溶胶。继续提高温度，利用挥发等手段除去溶胶中的非溶剂，即留下多孔性的聚合物膜。

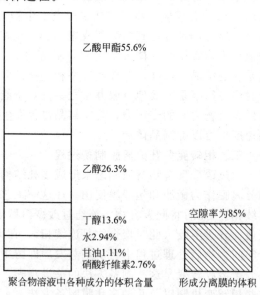

图 6-3　制备硝酸纤维素分离膜的溶液组成和膜体积

以典型的硝基纤维素分离膜的制备为例。首先制备硝基纤维素的溶液，溶液中包括乙酸甲酯、乙醇、丁醇、水和小量甘油。其中乙酸甲酯为溶剂，水和甘油为非溶剂，其余为成孔剂。乙酸甲酯的沸点比成孔剂和非溶剂要低得多，在注膜后的加热过程中首先被蒸发掉，硝基纤维素溶液转变成为聚合物溶胶，再依次蒸发掉各种成孔剂和非溶剂，在其占有的位置留下孔洞，得到多孔型聚合物分离膜[7]。由于溶剂的挥发，虽然有孔洞的生成，最后形成膜的厚度仍往往大大低于注膜时的厚度，但是大于纯聚合物密度膜厚度（见图 6-3）。

用干法制备工艺得到的分离膜的孔径和空隙率与下述因素有关。

① 当溶液转变成双分散相溶液时的聚合物浓度与膜形成后的空隙率成反比。该浓度即为溶液的饱和浓度，此时的饱和浓度高低取决于使用的溶剂与非溶剂用量的比值。

② 溶液中非溶剂与聚合物的体积比与膜形成后的孔隙率成正比，即非溶剂占据的空间即为多孔膜中孔占据的空间。要得到较高孔隙率和较大孔径的分离膜应增加非溶剂的使用量。

③ 环境湿度与形成膜的孔隙率和孔径成正比。这时是指水对于该聚合物是强非溶剂时的情况，环境中的水汽进入溶剂体系将增加非溶剂的比例。因此控制环境的湿度是必须考虑的工艺条件之一。

④ 高分子溶液中溶剂与非溶剂之间的沸点差与形成膜的孔隙率和孔径成正比。因为沸点差别大，在工艺初始阶段良溶剂蒸馏过程中非溶剂损失少，相转变后留在溶胶内部的份额多。

⑤ 当聚合物中存在两种以上聚合物时，聚合物间相容性较低时容易得到孔隙率较高的分离膜。但是相容性差别较大时比较难以得到理想的聚合物溶液。

⑥ 使用分子量较高的聚合物容易得到高孔隙率分离膜，分子量较高还可以提高分离膜的机械强度。

由于干法制备分离膜需要使用非溶剂作为成孔剂，因此制备高浓度的聚合物溶液，以获得小孔径膜受到一定限制。此外，提高聚合物的黏度是必须面对的另一个问题，因为非溶剂的存在和低浓度都不利于溶液黏度的提高。制备平面型、管状和中空纤维型分离膜都需要聚合物溶液有适当黏度。使用较高分子量的聚合物可以获得黏度高的溶液，虽然提高分子量后聚合物的溶解度也有所下降，但是黏度随分子量增加的速度要快于溶解度的下降速度。加入第二种可以增加黏度的聚合物，降低注膜温度，或者加入胶态氧化硅微粒也是提高黏度和孔隙率的重要方法。

干法制备的分离膜的透过率直接受其孔隙率和微结构的影响，而孔隙率和膜结构又取决于注膜溶剂中聚合物浓度以及非溶剂的浓度和种类。当溶液中不存在非溶剂时或者聚合物分子之间作用很强时，相转变过程难于发生，只能形成高密度膜。在非溶剂浓度较低时，膜内的孔隙率较低，而且多形成封闭式的微胶囊结构，不能产生有效孔。同时由于干法工艺在膜表面会形成一层致密的表面层，因此透过率仍很低。在非溶剂浓度适中时，膜表面致密层的厚度会降低，膜中封闭型和开放型微囊同时存在，膜透过率有所提高。当非溶剂浓度进一步提高时，形成明显的双层结构，一层为表面密度较高的表层和由开放型微囊结构组成的膜内层。透过率提高较快。而当非溶剂浓度超过这一浓度值后，表面致密层的厚度明显减少，透过率大大增加。如果非溶剂的浓度再进一步提高，表面层将消失，分离膜只由多孔型结构组成。这种分离膜成为微滤膜，膜中形成的孔径可达 $5\mu m$。应当注意，对于不同的溶剂和非溶剂对，制备相同孔径的分离膜所需的非溶剂浓度是不一样的。有关这方面的理论很少，目前还只能依靠经验和实验来确定非溶剂的合适浓度。

3. 湿法成膜工艺

该工艺是通过在非溶剂中良溶剂与非溶剂发生交换来实现高分子溶液与溶胶相转变的。具体方法有两种：一种是具有适当黏度的聚合物溶液制备好并适当成型后，先经过一个不完全蒸发阶段，使聚合物溶液的浓度和黏度提高，然后再将此溶液仔细放入非溶剂浴中进行溶剂交换，交换的结果是溶解度下降使聚合物溶液发生相转变胶化；另一种是直接将制备好的聚合物溶液在非溶剂浴中进行溶剂交换。相转变中利用了蒸发和扩散两种物理过程。由于非溶剂常采用水，因此得到的分离膜常为水溶胀膜，水的含量相当于膜的空隙度。由于要求聚合物溶液要浸入到非溶剂中而又不破坏其结构，因此湿法成膜工艺要求聚合物溶液的黏度要大（＞10Pa·s），否则液体的流动和放入过程的不均匀受力会将其撕裂。由于溶液的高黏度要求，聚合物的浓度相应要高，而高浓度与分离膜的高孔隙率是相矛盾的。为此在聚合物溶液中需要加入成孔剂增加膜的孔隙率；为了不至于对聚合物的溶解度造成太大影响，成孔剂一般都选与聚合物作用较强的溶剂，也就是在溶剂聚合物作用图上处在溶胀剂位置的溶剂。当孔隙率要求不高时溶胀性溶剂作为成孔剂是不必要的。

　　水在湿法成膜工艺中主要作为非溶剂使用，但是水的性质和作用也可能由于溶液中组成的改变而改变。当溶液中加入亲胶性盐时，水分子聚集在亲电性阳离子周围，溶解能力的大大提高使其从非溶剂转变成溶胀剂。除了水之外，脂肪族醇类可以起到类似于水的作用，可以作为非溶剂或者溶胀剂。在溶液中醇的含量增加，可以提高膜的孔隙率，而溶液的相容性一般会随着醇含量的增加而降低，胶化过程产生的微胶囊直径加大，因而孔的直径也较大。胶化温度对膜结构和膜功能有明显的影响，温度提高会促进胶化过程，增加膜的孔隙率、溶胀程度和透过率；但是膜的选择性会有所下降。与干法制备工艺相类似，制备好的分离膜经过热处理后会改变膜的性质，在玻璃化温度以上进行退火，将降低膜的孔隙率、透过率和微孔的直径，但是膜的选择性提高。过度加热也会引起分离膜在三维尺度上的收缩和表面塌陷。当压力被引入到制备过程中时常有类似的现象发生。

　　4. 热法成膜工艺

　　根据热法相转变机理，有些溶剂对特定聚合物的溶解能力受到环境温度的显著影响，改变溶液温度将会直接造成相转变过程发生。选择那些对特定聚合物的溶解能力在不同温度下表现出较大差别的溶剂制备聚合物溶液，这些溶剂在高温下对聚合物是溶解度良好的良溶剂，而在低温下又表现为溶解度很低，呈现非溶剂性质。其溶解度变化过程有些类似于溶液化学中的重结晶过程。在分离膜制备过程中聚合物和溶剂混合后，通过加热输入能量产生分子分散相溶液，然后逐步降低温度使其成为超分子聚集态分散相溶液，即双分散相态；进一步降低温度，溶液将发生相转变形成高分子溶胶完成胶化过程。具有这种能力的溶剂称为潜溶剂（latent solvent）。与前两种方法不同，热法中使用的"溶剂"在常温下可以是液体，也可以是固体。由于采用的"溶剂"不能通过加热除去，因此在膜成型后需要用一种溶剂将其萃取出分离膜，留下多孔型结构。热法相转变制备工艺的优势在于它既适用于极性聚合物，又适用于非极性聚合物，但是目前研究最多的是聚烯类非极性聚合物。热法工艺中溶剂的选择有一定规律，一般这种溶剂由一到两条含有亲水性端基的烃链构成，由于其具有表面活性剂的性质，因此在较高温度下能够乳化，形成微胶囊结构，有利于分散过程。最典型的这类溶剂为 N-取代二醇脂肪胺类（TDEA）。在表 6-8 中给出了部分热法多孔膜制备中使用的聚合物和溶剂[8]。

表 6-8　热法工艺膜制备过程中使用的聚合物和溶剂

聚合物	潜溶剂	挤出温度/℃	聚合物	潜溶剂	挤出温度/℃
低密聚乙烯	饱和长链脂肪醇		乙烯-丙烯酸共聚	TDEA	190
高密聚乙烯	TDEA	250	改性聚苯醚	TDEA	250
聚丙烯	TDEA	210	ABS 树脂	十二烷醇	200
聚苯乙烯	TDEA,二氯苯	200	聚甲基丙烯酸甲酯	1,4-丁二醇,月桂酸	210
聚氯乙烯	反式二苯乙烯	190	尼龙 11	环丁砜	198
苯乙烯-丁二烯共聚	TDEA	195	聚碳酸酯	甲醇	

　　5. 聚合物辅助成膜工艺

　　这是在加入第二种聚合物情况下完成相转变的一种方法。在该分离膜制备工艺中首先采用一种溶剂和两种相容性较好的聚合物制成高分子溶液，将该溶液注膜成型制成双组分密度膜；根据下一步需要，完全或者部分蒸发掉溶剂后将其浸入一种液体，多为水溶液，该液体对其中一种聚合物为良溶剂，而对另一种为非溶剂；在溶剂的溶解作用下，密度膜中可溶性聚合物被慢慢溶解掉，留下无表面致密层的多孔型分离膜。与湿法相比，可溶性聚合物所起的作用与非溶剂相当。用这种方法制成的分离膜其结构和性能主要取决于两种聚合物的相容程度，相容度越好，相态结构越细腻，形成的孔径越小。温度控制也至关重要。这种膜的特征是膜内外结构一致，表面无常见的致密层；孔径一致，分布范围窄，机械性能较好。孔隙率直接与第二种聚合物的加入量相关联。目前这种膜制备方法已经越来越多地被采用。

6. 相转变工艺膜与其他膜的复合工艺

上面介绍的四种膜制备方法都是采用单一的膜结构，人们为了扩展分离膜的性能和应用领域，还发展了由多种膜结合在一起的复合膜。这种结合两种以上膜特征的分离膜可以集二者的优点，克服各自的缺点。比如将多孔型膜与很薄的密度膜结合到一起，克服了密度膜机械性能差的缺点。这种膜的渗透性和选择性主要取决于密度膜，多孔膜主要起支撑作用，多用于气体的分离和富集。复合膜的制备主要有以下四种方式。

① 两种分离膜分开制备，然后将两种膜用机械方法复合在一起。

② 先制备多孔膜，然后将第二种聚合物溶液滴加到多孔膜表面，直接在第一种膜表面上形成第二种膜，膜形成与复合一次完成。

③ 第一步与②法相同，先制备多孔膜，再将制备第二种聚合物的单体溶液沉积在多孔膜表面，最后用等离子体引发聚合形成第二种密度膜，并完成复合。

④ 在制备好的多孔膜表面沉积一层双官能团缩合反应单体之一，将其与另一种双官能团单体溶液接触并发生缩合反应，在多孔膜表面生成密度膜。

此外，在制备多孔膜时，在生成的多孔膜表面往往会形成一种密度膜，其功能也相当于复合膜，并作为复合膜使用。

四、液体膜的制备工艺

这种分离膜的主体部分以液体材料构成，处在液体和气体或者液体和液体相界面的具有半透过性质的膜称为液体膜。液体膜还可以再分成乳化型液体膜和有支撑液体膜两种。而在分离过程中，在过滤材料表面上与分离过程同时产生的膜称为动态形成膜，也属于液体膜范畴。液体膜和动态形成膜的主要价值在于膜形态，膜形成动力学和膜分离机理研究方面，目前其应用领域有逐步扩大之势。与上面介绍的固体分离膜相比，液体膜和动态形成膜的共同特点是都以液态存在，液体的流动性使在其中的扩散作用得到加强，因此分离效率较高。目前存在的最大缺点是强度低，破损率高，难以稳定操作。下面对这三种膜的制作方法和性能特点做简单介绍。

1. 乳化型液体膜及其制备工艺

严格来讲，乳化型液体膜在宏观上并不具备膜的形状，这是一种以包裹某种液体或固体的微胶囊的分散体。因为这种聚合物材料一般都具有表面活性剂性质，也有人称这种分离膜为液体表面活性剂膜。这是一种在两种不混溶液体乳化时在两相界面产生的胶囊状液体膜，一般将乳化生成的胶囊分散到第三相液体中使用。乳化型液体膜的形成要求满足以下几个条件：首先，两种不相混溶的液体能形成一定结构的乳液（水包油或油包水）；其次，乳化后形成的胶囊在第三相中也要具有稳定性，为此要求形成膜的液体与在制备和使用中采用的液体均不混溶。当第三连续相为水时，乳化液应为油包水型；而第三连续相为油时，乳化液应为水包油型。胶囊的外膜即为乳化型液体膜，膜的分离过程是胶囊内外物质透过膜进行的传质过程。由于构成膜的物质是两亲性的表面活性物质，膜两侧的性质完全不同，因此膜两侧的透过性质也不同。乳化型液体膜的实际应用也有报道，以环保处理废水中的氨为例，以液体石蜡和 20％的硫酸溶液为不相混溶的两种液体，经乳化后产生直径为 0.1～0.5mm 的油包水型胶囊，胶囊内硫酸以微米级微粒存在。将此乳液与需要净化的含有氨的废水（第三分散相）混合后，氨分子可以穿过液体膜外层进入胶囊内与硫酸反应，但是生成的铵粒子不能穿过液体膜内膜被留在胶囊内，当乳液与废水过滤分离后水中的氨即被清除[9]。利用高分子液体代替液体石蜡可以增强分离膜的耐用性并扩大应用范围。

2. 支撑型液体膜及其制备工艺

支撑型液体膜是在多孔型固体支撑物上形成的一层液体膜。由于液体膜仅靠液体的黏度和表面张力支撑，其较弱的机械强度限制它的使用范围。将液体膜制作在多孔性支撑物上可以大大提高其使用性能。支撑型液体膜包括在支撑物表面形成或者在多孔性支撑物内部形成两种方式。支撑物一般用多孔膜构成。实际上支撑型液体膜是一种液体和固体复合膜。液体膜和固体膜复合在一起的结构使复合膜的透过性和选择性都发生一定变化。部分支撑型液体膜与乳化型液体膜类似，一般要求形成液体膜的分子具有两亲结构。形成膜后，亲水性一端朝向水溶液；亲油一端指向另一侧。支撑型液体膜主要的应用是作为反渗透膜对水溶液进行脱盐。构成液体膜的分子中亲水性与亲油性比值对脱盐效率影响较大，亲水性强，脱盐率高。分子中有能与水生成氢键的结构对提高脱盐率有利。通常液体膜是在分离前在固体膜上预先制备的，一个典型的方法是将 0.1％的聚乙烯基甲醚四氯化碳溶液涂布在固体膜表面，溶剂挥发后即形成液体膜。与固体分离膜相比，支撑液体膜的优势在于它具有良好的扩散性和溶解性能，透过率较高，因此对提高分离效率有利。

3. 动态形成液体膜及其制备工艺

动态形成液体膜是在分离过程中在固体多孔材料表面形成的液体分离膜，制备方法是将液体成膜材料直接加入被分离溶液。由于成膜材料表面张力、黏度、分子体积、与基底材料的吸附性等因素的共同作用，在过滤过程中成膜材料不能通过固体多孔性材料，在多孔性材料与分离溶液界面形成液体分离膜。如在含盐溶液中加入百万分之几的聚乙烯基甲醚，当此溶液通过固态微滤分离膜时，分离膜的透过率和选择性会发生明显变化，脱盐率大大提高；其原因是在固体膜上形成了聚乙烯基甲醚液体膜[10]。这种分离膜具有方便使用，制备维护容易，价格低廉的特点。一般在被分离溶液中加入百万分之五十的成膜材料，即可满足成膜需要，而且不需要连续加入。成膜后只要在溶液中保持百万分之一的浓度就足以补充液体膜在使用中的损失。多孔性材料的性质，特别是孔径大小对液体膜使用的成功与否影响较大。对于脱盐用的反渗透膜，多孔材料的孔径最好在 1μm 左右。常用的制备动态形成液体膜的高分子材料主要有以下几种：腐殖酸、风化褐煤、硫化淀粉、羧甲基纤维素、瓜耳胶、磺化聚苯乙烯、聚丙烯酸、季铵化的聚乙烯胺、聚乙烯基吡咯酮、羟乙基纤维素、聚环氧乙烷等。一般的规律为聚合物膜材料的分子量增加，选择性增强，透过率下降。除了采用动态形成工艺制备液态膜直接使用外，还可以用此法形成液态膜后，用交联、聚合等反应进行固化，使之成为超薄固体分离膜。

五、其他分离膜制备工艺

除了上面介绍的分离膜制备工艺之外，常见的制备工艺还有以下几种，根据成孔方法可以分成溶胀密度膜工艺、拉伸半晶体多孔膜制备工艺和烧结多孔膜制备工艺等。下面对这三种膜的成型工艺进行简单讨论。

1. 溶胀密度膜制备工艺

从本节的前一部分内容中我们知道，相转变法制备多孔性分离膜可以通过将聚合物溶液中的溶剂与非溶剂进行交换使其变成多孔性溶胶来制备。同样，当将一制备好的密度膜浸入溶胀剂中溶胀，然后其中的溶胀剂再与非溶剂交换，同样可以得到多孔性分离膜。比如，可以将用溶液注膜工艺得到的硝基纤维素膜在空气中干燥，然后将干燥好的硝基纤维素膜浸入由乙醇和水组成的溶胀剂中溶胀，最后用水作为非溶剂洗去体系中的乙醇，得到多孔性分离膜，该分离膜属于微滤膜，可以用来滤除各种水溶液中的微生物[11]。以这种方法生成的多孔分离膜其透过性与溶胀剂中的乙醇含量成正比，乙醇含量可以表示为溶胀剂的强度。聚乙烯密度膜在二甲苯溶剂中溶胀后得到的多孔性分离膜，透过性和选择性都有所增加[12]。除了溶胀剂这一主要影响因素外，环境温度和湿度也对形成膜的特性有一定影响。膜的孔径和孔隙率随着溶胀程度的增加而增加，孔密度则随之减小。

2. 拉伸半晶体膜制备工艺

拉伸半晶体膜是由半结晶状态的聚合物膜经拉伸后在膜内形成微孔而得到多孔分离膜。当聚合物处在半结晶状态时，内部存在晶区和非晶区，晶区和非晶区的力学性质有较大不同。通常晶区的强度大，非晶区的强度小。当这样一片膜状聚合物受到拉伸力时，非晶区受到过度拉伸而局部断裂形成微孔，而晶区不发生变化则作为微孔区的骨架得到保留。以这种方法得到的微孔分离膜称为拉伸半晶体膜。这种膜的制备方法以聚丙烯膜为例，包括以下几个步骤。

(1) 形成结晶　在较低的温度下，以低挤出率，高牵伸率对聚丙烯进行成膜化处理，在这种条件下，聚合物分子在膜内趋向于沿着牵伸方向有序排列成微纤维状，并且微纤维之间相互作用形成层状晶区。

(2) 形成半晶膜　用上述方法得到的聚合物膜在比其熔融温度稍低的温度下退火，使晶区有所扩大，密度提高，聚合物分子链之间作用力增强。经过以上两步处理聚合物膜由层状晶区和非晶区交替分布组成。

(3) 拉伸成孔处理　在稍高于退火温度，但又不要超过熔融温度下，沿着与原挤出方向相垂直的方向对膜进行再次拉伸，拉伸率根据成孔需要和高分子材料性质在 $50\% \sim 300\%$ 之间，这时机械强度较弱的处在两个层状晶区之间的非晶区聚合物在拉伸力作用下导致形成由许多长型微孔构成的多孔膜[13]（见图 6-4）。

形成的孔径和膜的孔隙率主要取决于拉伸比和其他拉伸条件。由这种工艺制备的商品分离膜 Celgard 2500 的平均孔径是 $0.4\mu m \times 0.04\mu m$，孔隙率为 40%，孔密度为 $9 \times 10^9 / cm^2$。

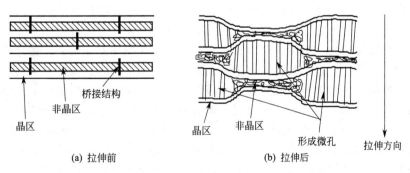

(a) 拉伸前　　　　　　　　　(b) 拉伸后

图 6-4　拉伸半晶体膜制备工艺

与其他分离膜制备方法相比，拉伸半晶体膜成型法具有生产效率高，制备方法相对容易，价格较低，而且孔径大小比较容易控制，分布也比较均匀的特点。在制备过程中生成半晶态聚合物是整个制备过程中的关键技术。

3. 烧结膜成型工艺

与烧结玻璃形成多孔结构工艺一样，将聚合物微粒通过烧结也能形成具有多孔型结构的分离膜。烧结聚合物分离膜的制备过程是将经过分级的聚合物微粒初步成型后在聚合物的熔融温度或者略低一点温度下处理，使微粒的外表面软化。由于聚合物的重力和表面张力趋向于增大微粒的堆积密度，减小比表面积，因此造成微粒间接触面积加大，相互作用加强。降低温度后微粒间相互粘接即成为固化在一起的多孔性材料。在这项成膜工艺路线中，烧结过程中加热方式、加热速度和温度的均匀性是比较重要的操作参数。当温度较高，加热时间较长，则生成空隙度和孔径均较小的分离膜；反之，空隙率和孔径加大，但是分离膜的机械强度将降低。为了同时提高空隙率和机械强度，有时可以加入一些不被烧结的添加剂，成膜后再用溶剂溶解掉。微波烧结或者电阻烧结法可以大大加快微粒表面温度的提高，而较少影响微粒内部结构。在后一种情况下需要在聚合物微粒中加入导电性粉末，如石墨粉，以提高体系电导利于电阻烧结。微波烧结需要高分子具有一定极性，这样才能被微波辐射作用而升温。烧结分离膜的孔径与采用的聚合物微粒的直径大小有直接关系，虽然各种形状的高分子微粒均可以使用，但是形状规则一致，特别是圆形微粒给出的分离膜孔径更加一致，性能更好。在烧结分离膜的制备过程中，分离膜的外形取决于烧结过程中的模具形状。

第三节　高分子分离膜的分离机理与应用

高分子分离膜的主要用途是利用膜对不同物质的透过性不同对混合物进行分离。在膜科学中称分离膜的这种透过性差异为半透性（semipermeability），具体指分离膜对某些物质可以透过，而对另外一些物质不能透过或透过性较差的性质。因此膜对被分离物质的透过性和对不同物质的选择性透过是对分离膜最重要的两个评价标准。在一定条件下，物质透过单位面积膜的绝对速率称为膜的透过率（permeability），通常用单位时间透过的物质量为单位。两种不同物性的物质（粒度大小或物理化学性质不同）透过同一分离膜的透过率比值称为透过选择性（permeation selectivity）。也正是因为分离膜的这两个重要性质使膜分离工艺成为分离分析的重要技术。在现代科学技术发展中，物质的分离方法研究已成为重要的内容之一。常见的分离方法有过滤、蒸馏、重结晶、萃取、色谱分离等。相对于这些分离方法，膜分离具有分离效率高，消耗能源少，分离速度快的优势，因此大力发展膜分离技术和工艺，开发膜分离设备，并且在科研和生产实践中广泛推广应用具有重要的现实意义。

膜的存在对被分离物质的透过起阻碍作用，包括机械的和物理化学的阻碍作用。由于膜阻力的存在，任何物质透过分离膜都需要一定的驱动力。在膜分离过程中主要有三种驱动力参与，即浓度梯度驱动力、电场驱动力和压力驱动力。在驱动力作用下，被分离物质趋向于克服膜的阻力，从膜中穿过。膜对不同物质的阻碍作用是不同的，这种不同的阻碍作用力是膜分离的主要依据。驱动力对物质的推动和膜对物质的阻碍是膜分离过程中可供调节和利用的一对矛盾。膜的结构、性质和孔径决定了膜的阻碍性，而被分离物质的性质、结构和体积大小则决定透过性，不同物质在同一张膜上透过性的差异则确定了分离过程的选择性。同时，被分离物质的浓度、物理化学性质、荷电情况等也影响到驱动力的产生和大小。

根据被分离物质透过膜的主要方式不同，可以将膜分离过程分成两种：一种是穿过聚合物分子间的空隙，即分离膜的孔洞，其作用原理类似于机械过筛，对被分离物质是依据筛分作用进行分离，物质的透过能力主要取决于被分离物质的粒径和膜的孔径，只不过与常规筛网相比其筛孔要小得多；另一种是被分离物质的分子通过在聚合物中的溶解和扩散运动穿过分离膜，类似于溶质在溶液中的扩散运动，被分离物质能否在聚合物中溶解和扩散速度大小成为被分离的主要依据。这时的透过性不仅与被分离物质的粒径等因素有关，而且被分离物质在聚合物膜中的溶解性质和混合物与聚合物之间的相互作用也同时具有重要意义。现实的膜分离过程中上述两种分离过程可能同时存在，或者很难清晰划分，上述分类仅有定性意义。

目前人们已经研究开发了多种膜分离方法和工艺技术，根据分离膜的特征和属性、驱动力类型和分离过程特点，可以将膜分离过程基本上分成六类。在表 6-9 中给出了在不同驱动力作用下，这六种主要膜分离过程的基本性质和特征以及被分离对象。同时表中也列出简要分离机理和应用领域等相关信息。下面根据分离过程中采用的主要驱动力进行分类，对各种膜分离过程的机理和应用情况加以讨论。

表 6-9　主要膜分离过程的性质与特征

分离方法	分离结果及产物	驱动力	分离依据	分离机理	迁移物质
气体、蒸气、有机液体分离	某种成分的富集	浓度梯度驱动（压力和温度起间接作用）	立体尺寸和溶解度	扩散与溶解	所有组分
透析	脱除大分子溶液中的小分子溶质	浓度梯度	立体尺寸和溶解度	扩散、溶解、过滤	小分子溶质
电渗析	1. 脱除离子型溶质	电场力	离子移动性	离子交换或过筛	小分子离子
	2. 浓缩离子型溶液	电场力	离子交换能力	离子交换或过筛	小分子离子
	3. 离子置换	电场力	离子交换能力	离子交换或过筛	小分子离子
	4. 电解产物分离	电场力	离子移动性	离子交换或过筛	小分子离子
微滤	消毒、脱微粒	压力	立体尺寸	过筛	溶液
超滤	1. 脱除大分子溶液中的小分子溶质	压力	立体尺寸	过筛	小分子溶质
	2. 大分子溶液的分级	压力	立体尺寸	过筛	体积较小的大分子溶质
反渗透	1. 纯化溶剂	有效压力	立体尺寸和溶解度	选择吸附和毛细流动	溶剂
	2. 脱盐	有效压力	溶解度和吸附性	选择吸附和毛细流动	水

一、浓度梯度驱动膜分离过程

自然界中溶液和气体分子都有一种从浓度高的位置向浓度低的位置迁移的趋向，我们称其为扩散（diffusion），扩散的产生是由于布朗热运动的结果。当溶液或气体环境中存在浓度梯度（concentration gradient）时，从统计学的角度看，从高浓度区向低浓度区运动的分子总要比从低浓度区向高浓度区移动的分子要多，这就造成在经过一段时间的扩散后，浓度趋向于平衡。这种在统计上分子主动从高浓度区向低浓度区转移的自发趋势被称为浓度梯度驱动力。因此，当两种不同浓度溶液或者气体用具有一定透过性的分离膜分隔开，液体或气体分子会受到浓度梯度驱动力的驱动，从浓度高的一侧透过分离膜向浓度低的另一侧迁移，产生的驱动力大小与两侧的浓度差成正比，即根据 Fick 第一扩散法则，液体或气体分子定向扩散通量 J 与浓度梯度成正比：

$$J = -D\partial c/\partial x$$

式中，比例系数 D 表示分子的扩散系数，是某种物质扩散趋势的量化描述。由于扩散是分子热运动的结果，所以扩散系数是一个温度的函数，通常随着温度的提高而增大。此外实验结果还表明，扩散系数不仅与参与扩散的分子的性质关系密切，而且与扩散介质（在溶液状态下为溶剂，在膜分离过程中膜为扩散介质之一）有直接关系，并不是一个常量，而是一个复杂函数。公式中 $\partial c/\partial x$ 为浓度梯度，负号表示迁移方向与浓度梯度方向相反。Fick 公式表明浓度梯度越大，即两点间浓度差越大，物质移动的趋势越大，也就是单位时间迁移的物质越多。扩散系数 D 反映了在特定膜材料和特定环境条件下，被分离物质的固有性质，决定了膜分离过程的透过率。在同一个扩散介质中，不同物质的扩散系数不同，这种差异决定了膜分离过程的选择性。自然，扩散系数 D 值大的物质易于克服膜的阻碍而透过。下面讨论几种浓度梯度驱动的膜分离过程。

1. 气体、液体膜分离过程

在浓度梯度驱动分离过程中，被分离的主要是气态和液态物质，溶液中的固体微粒虽然也能用浓度驱动力进行分离，但是在实践中较少使用。上述被分离物质根据其性质可以分成三种类型：即永久性气体、可液化气体或蒸气、液体。其分离原理如前面所讲，是被分离物质在膜介质中的透过率差，在此也可以称在膜中的扩散系数和溶解度不同而被分离。分离膜对某一气体或液体分子的透过性是膜性质、透过物质性质和两者相互作用的多变量函数。对于气体分离过程可以将这种多影响因素分解，即透过率可以表示为 $P = ABC$。其中 A 项表示与膜的物理性质和化学结构相关的函数，B 项是与被分离气体分子的体积、形状和极性有关的函数，C 项是膜与气体分子相互作用函数。其中 A 和 B 项决定气体在膜中的扩散能力，可以结合在一起，以扩散系数 D 表示。对于气体分子，函数项 C 一般指气体在聚合物膜中的溶解能力，可以用溶解度函数 S 代替。因此透过率公式可以改写成 $P = DS$，而当采用可测定参数进行替代后描述气体透过能力的更一般公式为：

$$J_i = P_i A \Delta p_i / l$$

其中，J 为气体 i 通过膜的稳态气体通量；Δp_i 为气体 i 在膜两侧的分压差；A 为膜的有效面积；P_i 为气体 i 透过膜的渗透系数，与气体在膜中的扩散系数和溶解度有关；l 为膜厚度。从公式可以看出，膜的表面积越大，厚度越小，透过的物质量越大。分压差也与透过量成正比。两种气体在同一压力差下透过同一分离膜时的选择性，或称分离因子则为在同等条件下两种物质的渗透系数之比。气体透过选择性有时也用富集因子 σ 表示，表示两种物质透过膜的相对量。

由于气体透过聚合物膜的透过性与聚合物链段的运动有关，因此任何能限制聚合物链段运动的因素都能减小气体的透过性，比如降低温度、增大压力等。分子间作用力强的聚合物膜其气体透过率要比同等条件下分子间作用力小的聚合物膜要小，通常非极性聚合物膜的气体透过率高于具有极性基团聚合物膜就是由于这种原因。聚合物的结晶度是另一个影响透过性的重要性质，由于气体和液体分子仅能通过非结晶态的聚合物，分离膜的结晶度高，则气体的透过性低。所有可以提高结晶度的因素，如分子间的结合力、分子的刚性以及分子的高度对称性等，也同时都是影响透过性的重要因素。结晶度对透过性的影响是通过影响气体的溶解性和扩散系数完成的。溶解度与结晶度的关系为 $S = S_a X_a$，其中 S_a 为当聚合物全部处在非晶态时的溶解度，X_a 为聚合物非晶态区所占体积分数。而扩散系数与结晶度的关系为 $D = D_a / \tau$，其中 D_a 为气体在聚合物非晶区的扩散系数，τ 为透过气体分子绕过晶区的路径弯曲度，这是因为气体分子一般仅能在聚合物的非晶区扩散造成的。聚合物中晶体的体积和形状对透过性也有一定影响，而结晶过程及结晶条件是影响结晶度的主要因素。一般在热力学良溶剂中得到的分离膜结晶度要比在非溶剂中得到的分离膜低。膜的淬火和退火过程也是影响结晶度的因素之一。特别是当分离膜被气体分子溶胀条件下进行退火，气体的透过性大大增加，而对不同气体的选择性透过几乎没有影响。而在通常情况下，透过性的增加，往往伴随着选择性的下降。除了上述因素外，分离膜的使用温度和聚合物的玻璃化温度对透过性的影响较大。当使用温度在聚合物的玻璃化温度以下时，由于聚合物分离膜中呈现玻璃态刚性，对气体分子的扩散运动没有贡献，因此透过性较低。在玻璃化温度以上，由于聚合物在高弹态时分子链段的可移动性，气体透过性明显增加。在分离膜的制备过程中，在聚合物中加入塑化剂可以降低玻璃化温度，对提高透过性有利。

对于永久性气体分离，由于分离膜结构很少受到被分离气体的影响，同时在这种条件下气体分子与分离膜之间和气体分子相互之间的作用力比较小，因此永久气体的分离主要依赖于膜的结构和气体分子的体积。在图 6-5 中的数据表明气体在聚乙烯膜中的扩散常数与气体分子的直径成反比线性关系，可以很清楚地得出上述结论。但是当气体分子与膜之间作用力增大到一定程度时，气体分子在聚合物中的溶解度必须加以考虑，比如硫化氢和二氧化碳虽然分子体积较大，但是在某些聚合物中的溶解度也很大，因此在这些材料制成的分离膜的分离过程中，上述气体可能比那些分子体积较小，但是溶解度也小的气体，如甲烷、一氧化碳、氮气和乙烷的透过率还要高些。

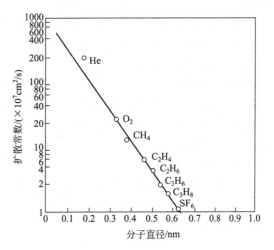

图 6-5　在非晶态聚乙烯中气体分子
直径与扩散系数的关系

用于永久性气体分离的膜材料多采用密度较高的密度膜，由于密度膜对气体的分离主要靠材料本身的性质，而不是依赖分离膜中人为形成的孔洞，因此分离膜制备材料的选择是最重要的。各种常见的用于制备永久气体分离膜用高分子材料对氢气的渗透性和选择性（与氮气相比）列于表 6-10 中[14]。分离膜的透过性直接影响分离效率，提高透过性是膜制备工艺所追求的目标之一。为了提高分离膜的透过性，除了改变材料本身产生的不利影响因素之外，还可以从以下三个方面入手：①增加加入分离气体一侧的压力（提高气体浓度，从而增大浓度梯度）。②减小分离膜的有效厚度（减小 l 值）。③增大分离膜的有效面积（增大 A 值）。

表 6-10　在不同聚合材料中氢气的渗透性与 H_2/N_2 选择比

聚合物	渗透性：$P_H/[\times 10^{-9} cm^3 \cdot$ STP $\cdot cm/(cm^2 \cdot s \cdot cmHg)]$	选择性：$\alpha_{N_2}^{H_2}$	聚合物	渗透性：$P_H/[\times 10^{-9} cm^3 \cdot$ STP $\cdot cm/(cm^2 \cdot s \cdot cmHg)]$	选择性：$\alpha_{N_2}^{H_2}$
硅橡胶	100～500	1.5～3.0	聚碳酸酯，聚砜	0.5～20	25～75
橡胶	50～300	2.0～4.0	聚酯，尼龙	0.5～3.0	50～150
聚苯醚	50～100	10～20	聚丙烯腈	0.1～1.0	100～1000
取代聚砜	20～70	15～25			

注：1STP＝0.1MPa；1cmHg＝1.33kPa。

除了单纯密度膜之外，某些表面具有一薄层致密层的多孔复合膜也可以用于气体分离。用相转变法制备的多孔膜其表面常带有一层很薄的致密无孔层，由于有效厚度很薄，气体透过率要好于常见的单纯密度膜。此时膜的多孔部分只起支撑作用，不参与分离过程。比如表面层厚度为 50 nm 的多孔膜，其气体透过率是 0.1 mm 厚（密度膜常用厚度）同种材料密度膜的 2000 倍。因此这种具有表面致密层的多孔气体分离膜必将成为气体分离技术的一个新的发展方向。

气体分离膜的应用领域十分广泛，目前在工农业生产和科学研究中大量被采用。比如氧气与氮气的生产、蔬菜和水果保鲜、合成氨等工业中氢气分离、三次采油用油气分离等领域都有气体分离膜的应用。例如，蔬菜水果在存放过程中的保鲜一直是一个急需解决的重要课题，调节气体组成是保鲜的主要手段之一。将蔬菜存放于装有气体分离膜的袋中，既可以防止水汽挥发，保持新鲜，又可以通过气体交换排除二氧化碳，提供氧气，从而实现保鲜目的。氢气是合成氨工业的重要原料，由于从氢气和氮气直接反应合成氨收率较低，在产物中存在大量未反应的氢气需要回收。使用气体分离膜，利用氢气与氨气在膜中透过性不同，可以将原料与产物分开，重新投入合成反应。石油开采后期为了提高石油回采率，常需向油层中打入氮气或二氧化碳等惰性气体以提高回采率，利用气体分离膜可以将返回地面的二氧化碳与带出的硫化氢和天然气分开，重新作为原料气使用。

对于可凝结气体或蒸气的膜分离，由于被分离汽体分子与膜的相互作用增强，因此分离过程要比永久性气体复杂得多。对于与膜材料有强相互作用的气体或蒸气，由于溶解和吸附的原因，膜趋向于被溶胀，因而膜的结构受到透过分子的影响使分离过程变得复杂。在这种情况下，被分离气体在聚合物膜中的溶解因素对透过性的贡献将明显增强，气体透过率将与可溶胀气体的浓度有关，溶解气体分子的扩散运动成为透过膜的主要形式。当被分离气体之间存在相互作用时情况将变得更加复杂。一般来说，在这种情况下某种气体对膜的吸附和溶胀作用将明显增加所有气体的透过性，但是选择性将有所下降。

液体透过密度膜时，由于温度和压力的作用，一般为样品喂入一侧呈液相，收集一侧呈气相，这一过程有时也称为完全蒸发过程（pervaporation）或膜蒸发过程。膜蒸发分离法是近十几年中颇受人们关注的膜分离技术。膜蒸发是指液体混合物在膜两侧组分的蒸气分压差的推动力下透过膜并部分蒸发从而达到分离目的的一种膜分离方法，可用于传统分离手段较难处理的恒沸物及近沸点物系的分离，具有操作简单、无污染、低能耗等特点。液体通过分离膜的分离过程比气体分离要复杂一些，分离膜的各种性质，如透过性和选择性更多地受到被分离物质的种类、浓度和组成的影响。其中膜分离的选择性主要依靠被分离物质的物理化学性质，而外形尺寸的重要性将下降。如对于甲醇和苯的分离，当采用非极性膜时，苯在收集一侧富集；而采用极性膜时情况正好相反苯在给料一侧富集，甲醇在收集一侧富集。与气体分离相类似，分离膜的结晶度和晶体形状和尺寸、增塑剂种类、操作温度以及材料的玻璃化转变温度，对分离膜的透过性和透过选择性有类似的影响。但是由于液体的不可压缩性，压力对透过性和选择性几乎没有影响。提高操作温度可以明显提高透过率，而选择性一般只有中等程度的下降。一般来说，分子大小类似时，烯烃的透过率要大于同碳数的烷烃；无分支的烃类要大于有分支的烃类。当膜中存在银粒子时，由于可以形成 π 络合物，溶解度增加，因而可以大大增加烯烃的透过率。

2. 膜透析过程

膜透析（dialysis）是指将小分子通过半透膜扩散到膜另一侧，从而将小分子与大分子分开的一种分离纯化技术，在临床和工业生产中都有应用。膜透析是一个扩散控制，浓度梯度驱动膜分离过程，主要用于溶液中某些小体积溶质的分离。在这一过程中被分离物质从高浓度溶液一侧，穿过分离膜，进入低浓度溶液。其特征为两侧均为同种溶剂组成的溶液。膜透析在功能上主要用于除去大分子溶液中的小分子溶质。溶质从被透析溶液透过透析膜进入透析液需要克服膜造成的阻力。如果不考虑溶液产生的阻力（在有搅拌时其值很小），被分离溶质通过膜的通量与透析膜厚度成反比，与透析膜有效面积和浓度梯度成正比。其表达式为：

$$J_s = -kA\Delta c/l$$

式中，比例常数 k 表示透过系数；A 表示膜的有效面积；Δc 表示膜两侧的浓度差，l 为膜厚度。

在临床上膜透析包括血液透析、腹膜透析和结肠透析等。其中血液透析是膜透析的主要应用领域之一，其目的是代替肾脏除掉尿毒症患者血液中有毒的小分子，如脲和肌酸酐等，以及药物中毒患者血液中的小分子有毒物质，而血液中的蛋白质、红血球、白血球等生物活性大分子得以保留。除此之外，透析还在制药工业中用于脱盐（注意与反渗透过程的脱盐相区别），人造丝工业中用于回收浸液中的碱，冶金工业中回收废酸等场合。

3. 膜控制释放装置

在现实生活中我们经常碰到需要将某些有特定效用的物质在一定时期内均衡不断地释放出来，以延长作用时间和作用效果。比如某些治疗用药物、香味剂、杀虫剂、除草剂、化肥等的应用场合，如果能够将其加工成能缓慢均衡释放的形式，将会大大延长其作用时间，提高有效成分的利用率，并且可以防止使用次数多而造成的劳动力浪费。能够实现上述目标的装置称为控制释放装置。利用分离膜的控制透过作用即可以制成具有缓释功能的膜控制释放装置。

以缓释药物为例，采用半透膜作为控制释放材料，将被释放的药物用分离膜封闭，封闭药物的释放必须经过药物分子透过分离膜的过程，利用膜对药物分子迁移的阻碍作用，达到延缓释放，延长药物作用时间的目的。在控制释放装置中，膜的孔径和性质是实现控制释放的主要因素。除了用半透膜作为缓释材料之外，为了简化制备过程，也可以将药物与半透性材料混合浇注成型使用，混在半透性高分子材料中的药物通过材料中的微孔缓慢释放，达到控制释放的目的。药物释放装置主要应用在激素类药物、计划生育类药物、某些慢性病需要在体内长期保持一定浓度的药物的给药过程。采用膜控制释放的长效杀虫剂、长效除草剂和长效化肥，不仅可以减少施用次数，节约用工，而且可以减轻有效成分浓度变化过大造成的副作用，同时减轻对环境的压力。从环境保护的角度考虑，制成半透性膜的材料可以通过生物降解，减少二次污染，是实现上述应用目的的同时必须要考虑的内容。

二、电场力驱动膜分离过程

根据电动力学原理，正负离子和其他带有正、负电荷的物质都能够受到外加电场力的作用。如果在带有这种荷电物质的溶液两端加上极性相反的电极，在电场力作用下，正、负离子将向符号相反的电极方向移动。带电粒子移动的速度取决于电场强度和粒子的电荷密度以及溶液的阻力。如果在带电粒子运动的路线上存在一个半透性分离膜，移动速度还将受到膜透过性制约。假设在溶液中存在多种粒子，各种带电和不带电粒子将在电场力和分离膜双重作用下得到分离。这种在电场力作用下完成的膜分离工艺称为电场力驱动膜分离过程。电场力驱动膜分离过程主要在以下几个方面具有应用意义。

1. 电透析

电场力驱动膜分离过程中最重要的应用是电透析。电透析被用来稀释或浓缩含有离子型小体积溶质的溶液。电透析最常见的一种形式是带电粒子在电场力作用下通过由阳离子或阴离子交换树脂构成的离子分离膜或者非离子型分离膜，从而与其他非离子型物质和反离子物质分离。电透析可以用来将电解质与非电解质分离、大体积电解质与小体积电解质的分离、电解质溶液的稀释和浓缩、不同离子替换、无机置换化学反应、电解质分级，以及电解产物的分离等方面。

电透析膜分离的主要依据是在电场力作用下，同离子、反离子和非电解质在电场内的受力大小和方向不同，通过离子交换膜的透过能力也有较大差别。因为只有带电粒子才能受到电场力驱动，而且所带电荷种类不同，受到的驱动力方向相反。非荷电物质电场力对其没有作用。膜对带电被分离物质透过性的影响表现在两个方面：一是膜的结构和孔径对所有物质透过的影响；其次是膜所带离子的性质对带电离子透过性的影响。显然，阳离子交换树脂构成的分离膜一般只允许阳离子透过。反之亦然。如同前面介绍的那样，透过率与透过物质的物理化学性质关系密切，同时还与被分离物质在膜中的穿透和扩散能力，溶质与膜的相互作用，两者的立体因素等参数有关。膜两边所加的电压值和膜的透过率是电透析过程中两个主要控制因素。电压值与透过率成正比，但是选择电压值时应该特别注意电压对被分离物质稳定性的影响。

溶剂通过扩散运动穿过分离膜的现象称为渗透。在不存在带电粒子情况下，溶质总是从浓度高的一侧向浓度低的一侧渗透，溶质的渗透率为膜两侧溶质浓度的函数。而当溶液中存在离子型溶质，分离膜为离子交换膜时，会发生"非正常"溶质渗透，即渗透不完全遵循上述规律。当渗透大于根据浓度差计算值时，称为正偏渗透；渗透量小于计算值称为负偏渗透。"非正常"溶质渗透的起因是带电离子不均匀扩散产生的附加电场对各种离子迁移造成的影响。一般当反离子扩散速度大时，形成正偏渗透；同离子扩散速度大时产生负偏渗透。"非正常"渗透在电透析中是一个相当重要的现象，比如正偏渗透大到一定程度，甚至可以使溶质从低浓度一侧向高浓度一侧转移。由于膜对不同种类运动离子的阻碍，使其在膜中的移动速度不同，在膜的两侧产生电势差，称为膜电势。膜电势与流动性和固定性离子有关，同时还受膜厚度或膜截面积的影响。膜电势等于膜内所有电势之和，包括相边界的 Donnan 电势，膜内的扩散电势等。在只考虑阳离子透过的理想条件下，膜电势可以通过下式计算：

$$E_i = \frac{2RT}{F} \ln \frac{a_1}{a_2}$$

式中，E_i 为膜电势；a_1 和 a_2 为膜两侧盐的平均活度。测定得到的膜电势一般小于计算得到的理想电势，说明理想电解池反应不能完整描述真实的电解反应。其主要原因在于水分子和同阴离子效应存在。膜电势是电透析过程中电压选择的主要依据之一。

电透析膜分离的应用比较广泛，其中水溶液脱矿物质和脱酸是电透析的重要应用。电透析脱矿物质装置如图 6-6 所示。

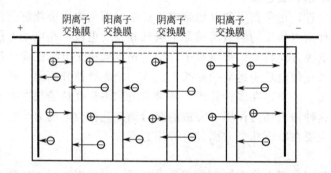

图 6-6　电透析脱矿物质装置

图 6-6 中带加号的表示带有正电荷的微粒，带有减号的为带有负电荷微粒。它是采用阳离子和阴离子交换膜将电解池依次分隔构成串联式电透析装置。在电场力作用下荷正电粒子和荷负电粒子只能分别通过相应的离子交换膜，其结果是在交替构成的电透析池中，有一半池中的矿物质得到浓缩，另一半中的矿物质被稀释。改变设计可以将上述电透析装置由静态透析改为动态连续电透析，从而提高分离效率。在电透析过程中施加的电压必须大于所有膜电势的累加和溶液欧姆降之和。同时还要适当考虑电流的不可逆消耗和热效应对电压的消耗。

柠檬汁脱酸是连续电透析法应用的一个例证[15]。柠檬汁中所含的柠檬酸浓度过高是影响其口味的重要因素，酸度受到产地、气候、品种等条件影响。采用电透析装置可以调节其酸度而其质量不受影响。柠檬汁脱酸装置如图 6-7 所示。

全部由阴离子交换膜将电解池分隔成具有连续流动能力的电透析池。其中相邻的透析池中分别通入氢氧化钾溶液和含酸过多的柠檬酸溶液。在电场力的作用下，带有负电荷的氢氧根和柠檬酸负离子透过负离子交换膜向阳极迁移。在柠檬汁透析池中透析进来的氢氧根负离子与质子结合生成水被中和；在氢氧化钾透析池中透析过来的柠檬酸根与钾离子反应生成柠

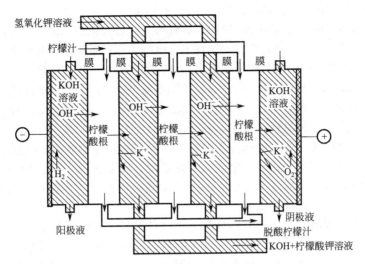

图 6-7 柠檬汁电透析脱酸装置

檬酸钾。其结果是流出的柠檬汁的酸度下降。在从氢氧化钾透析池中流出的溶液中含有生成的柠檬酸钾。柠檬汁脱酸程度通过柠檬汁的流速和电透析电流密度控制。目前柠檬汁脱酸工艺已经实现工业化，关于柠檬汁的工业化脱酸装置的技术参数列在表 6-11 中。采用这种脱酸工艺具有简便、快速、成本低的特点，对柠檬汁的风味影响比较小。

表 6-11 柠檬汁电透析脱酸技术参数

工艺名称	参　　数	工艺名称	参　　数
加入柠檬汁温度	33.3℃	电压	176V
加入柠檬汁酸度	1.52%	电流	122A
产品柠檬汁酸度	0.90%	电流密度	0.014A/cm²
生产效率	0.12dm³/s	电流效率	70%
加入速度	柠檬汁=9.1cm/s	电能消耗	174kJ/dm³
	KOH=3.0cm/s		

　　根据同样原理，电透析方法在食品处理方面还有其他应用，其中包括婴儿奶制品的脱矿物质和利用钙、钾、镁离子与钠离子交换制备低钠奶制品。降低食品中钠离子浓度可以防治高血压和心血管疾病。

　　2. 分离膜在电化学工业中的应用

　　分离膜在电化学工业中的应用是电化学工业发展的一个里程碑，分离膜的应用对提高生产效率、降低能源消耗、消除环境污染具有重要意义。在电化学工业中，规模最大，发展最早的领域当属由电解法从食盐制备氯气和烧碱的氯碱工业。氯碱工业已经有 100 多年的历史，主要依靠电解食盐水方法生产，长期以来汞电极法一直是氯碱工业的主要生产工艺。虽然膜电解法在 50 年代就有人研究，但是在最初 20 年的发展非常缓慢。20 世纪 70 年代发生的两件事对膜电解法在氯碱工业中的应用起了很大的推动作用：一个是全世界性的能源危机，对耗能巨大的氯碱工业冲击严重；另一个是由于日本大量向海洋倾倒含有有机汞的氯碱工业废物引起海洋污染，进而引起因食用有机汞污染的鱼类造成婴儿畸形率上升，引起人们对环境的关注和反对工业上大量使用汞的呼声日益高涨。为此，日本政府曾规定所有氯碱生产厂必须在 1979 年以前停止使用汞法生产氯碱。上述形势极大促进了膜电解法的研究和应用。采用膜电解法不仅消除了汞电极法的汞污染和隔板法的石棉污染，而且提高了电流效率，节省能源。目前用碳酸和磺酸离子交换膜的电流效率已经达到 90% 以上。因此无论在经济效益，还是社会效益方面都取得了令人满意的结果。

膜电解法中采用阳离子交换型分离膜将电解池分成阴极和阳极两部分，在阴极一侧注入食盐水，经电解产生氯气放出，同时生成的钠离子在电场力作用下透过分离膜进入阳极一侧，与阳极反应生成的氢氧根负离子结合成烧碱流出；电解产生的氢气也在阳极一侧放出。由于这种膜只允许阳离子透过，因此在阳极一侧没有氯化钠原料出现，产品烧碱的纯度比用隔板法生产高得多。离子交换膜的离子电导大，电解时产生的电压降小，因此电流效率较高。

在采用膜法生产工艺的氯碱工业中，离子交换膜起着关键作用。对膜的性能主要有三方面的要求：首先是对阳离子透过的选择性要好，不允许原料中的氯离子透过，以保证得到纯正的产品；其次是要有较好的化学稳定性和机械强度，能够耐受电解池中恶劣的工作环境，而具有较长的使用寿命；最后是要有较高的电导率和表面性质（润湿性、吸附性等），保证有较高的电流效率，提高能源利用率。

氯碱工业电解用的阳离子交换膜到目前为止已经发展了三代，其中 20 世纪 50 年代初发展的第一代离子交换膜是以烃类高分子为骨架材料通过化学反应引入磺酸离子交换基团，由于化学稳定性差，在强酸和强碱电解条件下很快被破坏，没有获得大规模实际应用。60 年代美国杜邦公司开发出全氟磺酸化聚合物（XR 树脂），并以此为原料生产出耐腐蚀型阳离子交换膜，并成功地用于氯碱生产，基本上解决了化学稳定性问题，成为第二代工业用离子交换膜。一般全氟磺化离子交换聚合物的合成是以四氟乙烯为原料，分三步反应完成合成：首先由三氧化硫与四氟乙烯反应，生成的磺化产物再与六氟环氧丙烷进行反应构成全氟乙烯基醚单体，这种单体和适当比例的四氟乙烯共聚即可得到 XR 树脂。以这种树脂为原料熔融拉伸成膜，做成的膜经碱性水解，在聚合物中形成具有阳离子交换能力的磺酸基团，构成阳离子交换分离膜。这种 XR 树脂的抗腐蚀作用得益于聚合物的全氟化过程，耐酸、耐碱和耐溶剂性质得到大大改善[16]。其具体合成反应如下：

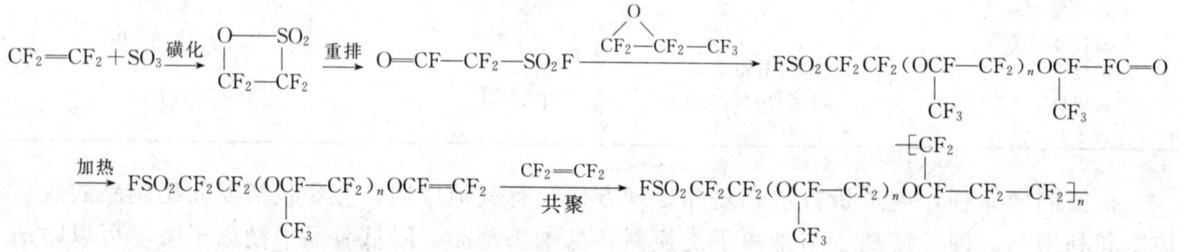

第三代用于电解工业的离子交换膜由含有碳酸根为离子交换基团的全氟树脂构成，这种离子交换膜可以提供更高的电流效率[17]。它的合成方法也是首先合成含有乙烯基和碳酸根前体的全氟单体，然后与四氟乙烯（通常还加入第三种单体，以改进树脂的性能）共聚，产生的树脂经水解释放出碳酸根离子交换基团。具体的合成路线如下：

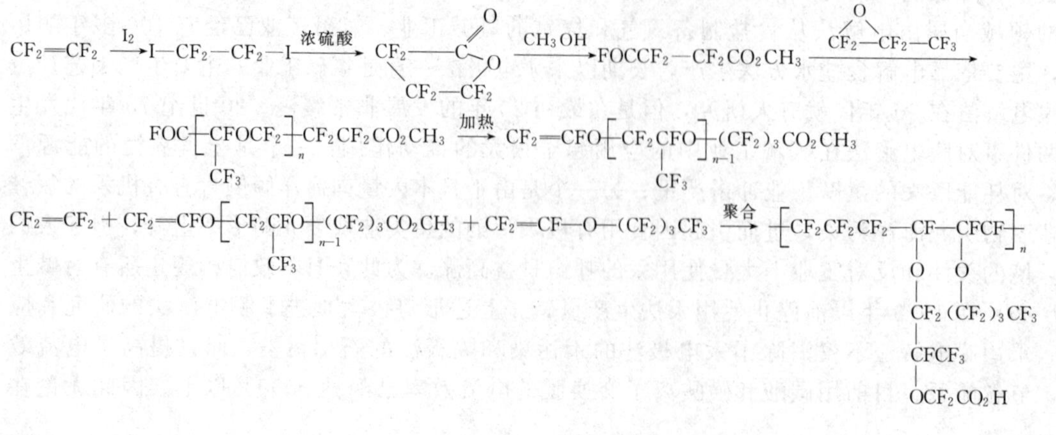

在工业化电解装置中，离子交换膜的制备主要需要考虑三方面的问题，即膜的机械强度、膜的阳离子选择专一性和电流效率。通常情况下膜的厚度对阳离子选择专一性影响不大，但是对膜的力学性能和电流效率影响很大。使用较薄的膜有利于减小电压降，提高电流效率，但是膜的机械强度将有所下降。为了增强分离膜的机械强度，在膜中往往加入聚四氟乙烯纤维或者网状增强物质。虽然加入上述纤维性物质后给膜的制备工艺造成一定困难，但是可以大大提高膜的力学性能。对膜表面进行处理，或者加无机盐可以有效消除分离膜对气体的吸附，减小膜的电压降，提高电流效率。除此之外，由碳酸型和磺酸型全氟树脂复合而成的阳离子交换膜也有应用。

与汞电极法和隔板法相比，由于膜电解法具有上述各种优点，因此在近年来取得了非常迅速的发展，40万吨级的这类氯碱工厂已经建立。取得了显著的经济效益和社会效益。目前存在的问题是如何提高产品溶液的浓度。由于膜电位和浓度差的影响，在高浓度下，膜两侧的电压降较大，需要更高的电解电压，一般只能得到浓度较低的产品。要得到固体产品还需要除掉大量水分，消耗较多的能源。除了在氯碱工业中的应用之外，离子交换分离膜在其他电化学工业中也有广泛应用，可以广泛应用在各种电解装置中。

三、压力驱动膜分离过程

以压力为驱动力，以除去溶液中悬浮的微粒和溶解的溶质为目的的连续膜分离过程称为压力驱动膜分离过程。应该说压力驱动膜分离过程是所有膜分离过程中使用频率最高的一种分离工艺，设备结构简单、分离条件可控性高、应用范围广泛是压力驱动膜分离法的主要优点。使用这种分离方法需要在膜的两侧制造压力差，使被分离体系中的所有物质都有从压力高的一侧向低压一侧移动的趋势。能否通过膜的阻碍则取决于被分离物质与分离膜的性质和特征以及相互作用。由于有天然的大气压存在，膜两侧的压力差可以用两种方法获得：一种是在给料一侧施加正压，迫使物料向处在常压的另一侧移动，这种方法被称为正压分离过程；另一种是在收料一侧进行减压，给料一侧处在常压状态，形成的压力差使物料向负压一侧移动。这种方法被称为减压分离法。在工业上使用正压法较多，在实验室一般采用减压法。在压力驱动膜分离过程中使用的分离膜为微多孔性薄膜。根据分离膜孔径的大小，压力驱动膜分离可进一步分成微滤（MF）、超滤（UF）、纳滤（NF）和反渗透（RO）。以上述次序为序，膜的孔径依次从大变小。其中反渗透有时也称为超细过滤（HF）。压力驱动膜分离的依据全部（MF，UF）或部分（NF，RO）为被分离物质的粒径、形状和膜的孔径等机械参数，同时考虑其他物性产生的影响。这些膜分离过程的特点和差别以及膜特征列于表6-12中。

表 6-12　各种压力驱动膜分离过程特征

膜分离过程特征				分离膜特点		
分离过程	最大使用浓度	可通过分子量	操作压力/MPa	孔隙率/%	孔径范围/nm	孔密度/(个/cm²)
MF	10%	极大	$0.1 \sim 0.2$	70%	$10^2 \sim 10^4$	10^9
UF	10^{-3}物质的量浓度	$10^3 \sim 10^6$	$0.1 \sim 0.5$	60%	$10 \sim 10^2$	10^{11}
NF	1物质的量浓度	$10^2 \sim 10^3$	$0.5 \sim 5$	50%	$1 \sim 10$	10^{12}
RO		$10 \sim 10^2$	$1 \sim 10$	$<50\%$	< 1	$>10^{12}$

1. 微滤（microfiltration）膜分离工艺

微滤膜是压力驱动膜分离过程中最早使用的分离膜材料，其孔径范围在 $0.1 \sim 10 \mu m$ 之间。其分离机理类似于机械过筛，主要根据被分离物质的粒径、形状与膜孔径之间的关系。微滤广泛应用在水溶液体系的消毒过程，用于滤除溶液中存在的微生物，也常用于除去水和非水溶液中的其他悬浮性固体微粒。由于微滤所用分离膜的孔隙率高，孔径较大，阻力较小，因此需要的驱动压力也较低，一般在 0.2MPa 以下。

微滤膜可以通过以下几个途径制备：①用相转变法制备无表皮层的多孔膜；②经拉伸产生微孔的半晶态多孔膜；③密度膜经过原子轰击成孔的多孔膜；④聚合物微粒经烧结产生的多孔膜。

由于微滤主要依据机械过滤作用，因此膜孔径的大小和孔的多少是决定透过性的主要因素。同时，由于多数制备工艺获得分离膜的孔径不是完全一致，有一个分布范围，因此透过选择性只有统计意义，没有绝对意义。因为只要有一个大孔就会使大直径颗粒透过。除此之外，不同粒径微粒的分离还与被分离微粒的性质、与膜之间的相互作用、溶液浓度和施加压力等因素相关。分离膜的孔径是微滤膜最重要的指标。孔径的测量通常采用鼓泡法，该方法首先是将被测定膜在水中浸泡，捞出后加压使空气透过；记录刚好使空气透过时的空气压力，通过 Cantor 关系式即可求出有效孔径。

$$r = 2\sigma/P$$

式中，r 为多孔膜的有效孔径；σ 为水-空气表面张力；P 为施加的压力。气体透过时的压力越大，则表明孔径越小。依据通过气泡数随着压力增加而增加的速度，还可以粗略判断孔径分布情况。测定小孔径分离膜时为了避免采用过大压力，可以用表面张力比较小的异丙醇-水或丙酮系统代替纯水-空气系统，以降低空气透过阻力。

微滤膜孔径还可以通过在恒定压力下，给定时间内透过膜的水的体积以 Hagen-Poiseuille 关系计算，计算公式是

$$J = \frac{n\pi r^4 APt}{8\eta d}$$

式中，J 为通量，即单位时间透过水的体积；n 为每平方厘米的微孔数；A 为膜的有效面积，cm^2；P 为施加的压力；t 为所用时间；η 为流过液体的黏度；d 为分离膜的厚度（毛细管长度）。将上式整理，r 移到等式左边有：

$$r = \sqrt[4]{\frac{8J\eta d}{n\pi APt}}$$

由于多孔膜中的空隙体积 $V = n\pi r^2$，上式也可以写成：

$$r = \sqrt[2]{\frac{8J\eta d}{VAPt}}$$

这样只要采用一定方法测出多孔膜的孔密度 n 或者空隙体积 V，即可用 Hagen-Poiseuille 关系求出微孔径。孔密度可以通过在显微镜下直接观察得到。空隙体积可以通过在膜中吸入密度一定的液体，通过干膜和吸入液体膜的重量差来求得。

微滤膜根据需要可以制成平面型、管型、中空纤维型、折叠型和卷筒等形状，以适应不同用途和减少占用体积。在使用过程中由于微孔会不断被一些微粒堵塞，透过率逐步减小，而失去分离能力。在实践中常常采用透过率下降 20% 作为膜失效的标准，或者以一定的使用时间，或者流过液体体积为衡量膜寿命的尺度。为了提高膜的使用寿命，有人提出改变被分离溶液的注入角度或者引入多层过滤结构等方法，可以在一定程度上提高微滤分离膜的使用寿命。

2. 超滤（ultrafiltration）膜分离工艺

超滤膜是孔径更小的压力驱动分离膜。早期的超滤概念是指用多孔膜滤除胶体级的微粒，目前超滤已经被扩展用来滤除大分子溶质。由于超滤膜的孔径较小，孔隙率较低，因此在使用中需要施加较高的压力。在超滤过程中，分散相（微粒或者大分子溶质）与溶剂的分离主要依靠下列过程完成：①分散相被吸附在膜表面与溶液分离；②微粒进入孔内，但被堵

塞在孔内直径较小部分；③微粒体积过大被多孔膜的过筛作用排除在分离膜外。

很明显，①和②过程均是非理想状态，会对膜产生污染并使之失效，过程③所排除的微粒可以在分离后轻易清除。由于超滤过程经常是除去大分子溶质，衡量过滤效率常用过筛常数 Φ 表示：

$$\Phi = C_f / C_s$$

式中，C_f 表示滤过液浓度；C_s 表示分离膜前给入溶液浓度。膜对大分子溶质的吸附作用会使部分溶质吸附在孔内壁上，使孔径减小，透过率降低，甚至会堵死微孔。为了消除这一现象，在滤液中加入小量表面活性剂是一个较好的解决方法。

与反渗透膜工艺相比，除了孔径方面的差别之外，两者主要差别还在于反渗透膜过滤的多是高浓度溶液，因此渗透压较高；而 UF 主要过滤低浓度溶液，渗透压可以忽略，因而所需压力较低。与微滤工艺相比，超滤膜的孔径较小，因此需要相对较大的压力以克服膜的阻力。超滤膜主要被用来除去溶液中的大分子溶质（分子量＞1000）和固体微粒。超滤膜除了主要用于合成和生物来源的大分子溶液中溶质的滤除外，还可以对分子量分布较宽的大分子溶液进行分级处理、大分子和胶体溶液的纯化、从静电喷涂废弃液中回收胶体涂料、从食品工业废弃的乳清中回收蛋白质等。在采用反渗透法脱盐之前对盐水脱除胶体污染物也是超滤法的重要应用领域。

3. 纳滤（Nanofiltration）膜分离工艺

纳滤膜分离法是一种新的分类，纳滤膜是介于超滤膜和反渗透膜之间的一种新分离膜，其孔径范围在 1～10nm 之间。在历史上其功能与超滤膜和反渗透膜相互交叉，因此多在上述两种膜分类中进行处理。近年来由于其在分离中等分子量溶质方面的特点，趋向于单独进行处理。从性能上讲，纳滤膜有两个基本特点：①其截留溶质的分子量多在 100～1000 之间并对高价离子有较高截留率；②其操作压力在 0.4～1.5MPa 之间，低于反渗透膜分离过程常用的工作压力，因此有时也称为低压反渗透膜。

纳滤膜的制备方法主要有以下几种。

① 相转变法 由于纳滤膜的孔径处在超滤膜和反渗透膜之间，因此可以先制备超滤膜或反渗透膜，然后通过热处理等方法缩小超滤膜表面的孔径或使反渗透膜表面层疏松化得到预定孔径的纳滤膜。

② 聚合物辅助共混法 采用两种以上的高分子材料进行液相共混，然后再用聚合物辅助相转化法制备成纳米孔径的分离膜。其孔径的控制需要通过调节两种高分子材料的相容性和混合程度实现。

③ 复合法 复合法是在微滤膜表面上再制备一层具有纳米孔径的表面膜。纳米孔径表面膜具体的制备方法包括涂覆法、界面缩聚法、原位聚合法等。

④ 荷电化法 目前商品化的纳滤膜多数都带有电荷，滤膜荷电后其透水性、耐压性、稳定性和防污染性都有所提高，同时所带电荷的静电作用还参与分离过程，对反离子有排斥作用。纳滤膜荷电方法主要由荷电高分子材料直接制膜、荷电聚合物浸涂交联成膜、表面化学改性荷电法等。这类分离膜实质上是一种高分子驻极体膜。

纳滤膜可以截留中等分子量的分子，而让小分子盐类透过，主要用于生活和生产用水的纯化和软化过程、化学工业中催化剂的回收、药物的纯化与浓缩、活性多肽的回收与浓缩、溶剂回收、生产和生活废水处理等领域。

4. 反渗透（reverse osmosis，RO 或者 hyperfiltration，HF）膜分离工艺

反渗透膜有两种英语表达方式，分别为 reverse osmosis 和 hyperfiltration，后者有时也翻译成超细过滤。与浓度梯度驱动的透析过程相反，反渗透过程是在高压下溶剂从膜的高浓

度一侧向低浓度一侧渗透，过滤的结果是两侧的浓度差距拉大。与 MF、UF 和 NF 相比，OS 膜的孔径非常小，因此主要用来滤除直径在 1 nm 左右的小分子溶质。孔的细小必然造成膜的阻力增大，在过滤过程中还要克服膜两侧浓度差产生的渗透压，因此反渗透过程需要很高的操作压力，一般在 0.5～5MPa 之间。根据 Van't Hoff 理论，在稀溶液中渗透压有与理想气体类似的表达式：

$$\pi V = nRT$$

式中，π 表示渗透压；V 表示溶液的体积；n 表示溶质的物质的量；R 为气体常数；T 为绝对温度。如果以 C 表示溶液的摩尔浓度。由于 $n/V = C$，渗透压公式还可以改写成：

$$\pi = RTC$$

海水（约相当于 3.5% NaCl 水溶液）的渗透压在 25℃时约为 2.42MPa。也就是说，如果用一个反渗透膜将海水和淡水分开，在没有外加压力的情况下，淡水在渗透压作用下将渗透过反渗透膜到海水一侧，将其稀释。这种溶剂从低浓度一侧透过半透膜向高浓度一侧迁移的现象为渗透，是浓度梯度驱动力作用的结果。如果在浓溶液一侧施加压力，当施加的压力大于等于渗透压时，溶剂的渗透达到平衡，将没有净溶剂透过。而当施加的压力超过渗透压时，溶剂的渗透方向将发生逆转，从高浓度一侧向低浓度一侧迁移，因此称为反渗透过程。施加的压力超过渗透压的部分称为有效压力，是驱动溶剂迁移的动力。反渗透的选择性有两种表示方法，一种以透过溶剂中溶质被排除的百分比表示，即 $100 \times (C_f - C_p)/C_f$，其中 C_f 为膜加入样品一侧溶液浓度，C_p 为膜透过一侧溶液的浓度。另一种表示方法是溶质减少因子表示法，即溶质在加入一侧的浓度与透过一侧浓度的比值。

20 世纪 60～80 年代之间，由于 Loeb 等发明了具有致密表皮层的多孔分离膜[18]，用反渗透法脱除水溶液中的盐分，使反渗透膜成为当时膜科学研究的焦点。关于反渗透膜分离的机理主要有两种理论解释，即 Sourirajan 的"优先吸附－毛细流动模型"[19] 和 Lonsdale 的"溶液扩散模型"[20]。以氯化钠水溶液的过滤为例，前者认为氯化钠分子相对于水分子对膜的吸附是负值，因此在膜表面吸附有一薄层纯水并将盐排斥在层外。当膜上存在微孔并且孔径在纯水膜厚的两倍左右时，在有效压力作用下，表层的纯水趋向于通过在孔内的毛细流动渗透到膜的另一侧。这一理论模型能够将溶液的性质与溶质和膜的相互作用考虑在内，在一定程度上能够对膜的透过率和选择性加以解释。事实上大孔（＞10nm）的存在，会使膜表面纯水吸附层发生断裂，是选择性下降的重要原因这一事实也从一个侧面对上述理论加以证实。

根据上述理论模型，在反渗透膜分离过程中，脱盐效率随着离子型溶质的性质变化而变化。电荷密度高，离子半径小的离子水合作用强；因此趋向于提高脱除该类盐的效率。例如，对下述离子的脱盐效率次序为：$K^+ > Na^+ > Li^+$。但是随着离子半径的增加，水合作用不再成为主要影响因素，此时对半径大的离子脱盐效率高。例如，对下述离子的脱盐效率依次为：$Cs^+ > Rb^+ > K^+$。

"溶液扩散模型"是从气体和液体透过密度膜理论演变而来的。根据这一理论，盐溶液中水的透过率是其在分离膜中溶解度和扩散性的函数：

$$J_w = -D_w C_w \frac{\overline{V_w}}{RT} \times \frac{\Delta P - \pi}{d}$$

式中，J_w 为水的透过通量，cm^3/s；D_w 为水在聚合物中的扩散系数，cm/s；C_w 为水在聚合物膜中的平均浓度，g/cm^3；$\overline{V_w}$ 为水在聚合物膜中的分摩尔体积；R 为气体常数；T 为绝对温度；$\Delta P - \pi$ 为膜两侧的压力差减去渗透压，即有效压力；d 为膜的有效厚度。D_w 和 C_w 可以分别从密度膜的渗透实验和吸附实验中获得。

相应的水溶液中盐的透过率公式为：

$$J_s = D_s K \times \frac{\Delta C_2}{d}$$

式中，J_s 为盐的透过量；D_s 为盐在聚合物膜中的扩散系数；K 为盐在膜内和膜外溶液中的分配系数，ΔC_2 为盐在膜内和膜外溶液中的浓度差。其中扩散系数测定可以首先将已知厚度的密度膜浸入盐溶液中，再测定其溶液吸收量与吸收时间，再通过计算得到。分配系数可以根据类似实验估计得到。

根据上述两个公式，理论上在任何给定溶质浓度和压力条件下，反渗透膜分离过程中的溶质排除率是应当可以求出的。然而，这一理论模型的基础—假定分离膜为无孔的密度膜，与反渗透膜分离中常用的带有致密表皮层的多孔膜存在较大差异，因此理论计算得到的数据与实验结果往往有较大差距。

根据优先吸附-毛细流动理论模型，理想的反渗透膜应具备以下特征。

① 拥有较高的孔密度，孔径分布范围窄，孔径集中在 $2t$（t 表示分离膜吸附纯水层厚度）附近，大于 $2t$ 较多的微孔应尽可能少，以提高盐的排除率。

② 离子的排除率与反渗透膜表皮层中水的介电常数成反比，因此压力和温度等对此介电常数有影响的参数同样会影响到离子排除率。提高压力，离子排除率也增高；提高温度，离子排除率下降。通常介电常数低的聚合物膜有利于提高离子排除率。

③ 由于水对反渗透膜中孔壁和毛细管壁的亲和性随着聚合物介电常数的减小而减小，导致水的透过率下降，虽然盐的透过率也随着聚合物介电常数的减小而减小，综合考虑离子排除率和透过率，聚合物膜的介电常数应有一个最佳值。

④ 多孔膜致密的表皮层最好处在非晶玻璃态，因为对水而言，晶态聚合物是非透过性的，会减少有效孔密度。

⑤ 由于反渗透膜工作在高压状态，要求所用高分子材料具有较高模量和较高的玻璃化温度，防止在使用过程中发生蠕变和多孔结构被压缩。

⑥ 为了保持较好的机械强度和稳定性，制备膜的聚合物应有较高的分子量和窄的分子量分布。同时，由于聚合物长期与水溶液接触，聚合物应该有较强的抗水解性能。

⑦ 分离膜应能够抵抗微生物的攻击以及具有抵御各种化学试剂降解作用能力，以适应反渗透膜分离过程中常见的各种恶劣操作环境。

⑧ 膜结构和膜材料应有利于防止污染和吸附污物的清除，在必要情况下应加入预过滤步骤以提高使用寿命。

反渗透膜的主要应用领域是海水或苦咸水的脱盐、纯净水生产、高硬水的软化以及为工业和医药业提供高纯度水。用反渗透膜在水溶液中脱除有机污染性溶质对于环境保护有重要意义。目前反渗透膜使用过程中常碰到的一个问题是随着溶剂透过分离膜，在膜一侧溶质浓度会不断增加，造成渗透压的增加，有效压力下降。随着溶质浓度的增加，溶质甚至会析出沉积在膜表面，造成膜的阻塞而失去分离功能。为了克服这一问题，注入溶液应经常处在搅动状态，以增加扩散速度，减小注入溶液一侧膜表面的溶液浓度。采用连续流动方式的管状膜，特别是中空纤维用于反渗透过程是比较常见的选择。

本 章 小 结

1. 高分子分离膜是指用于混合物分离的二维材料。对于不同物质具有不同的透过性质是分离膜的主要特征。相对于蒸馏、萃取、重结晶、色谱等分离方法，膜分离工艺具有速度快、效率高、节约能源、设备结构简单的明显优势。

2. 高分子分离膜的分类方法比较复杂，根据膜的结构可以分成密度膜、多孔膜、液体膜和复合膜。根据被分离物质可以划分为气体分离膜、液体分离膜、液-固分离膜、固体分离膜、离子分离膜和微生物分离膜。多孔膜根据孔径的大小和施加的压力高低，可以分成微滤膜、超滤膜、纳滤膜和反渗透膜。膜分离工艺根据驱动力不同，有浓度梯度膜分离过程、电场力驱动膜分离过程和压力驱动膜分离过程。根据应用领域划分有血液透析膜、电透析膜、脱盐膜、保鲜膜和消毒膜等。

3. 用于制备分离膜的高分子材料主要有天然高分子材料，包括纤维素及其衍生物和甲壳素等；均聚高分子材料，包括聚酰胺、聚酯、聚烯烃类；共聚高分子材料，包括两种以上不同结构单体进行聚合得到的无规共聚物和嵌段共聚物等；共混高分子材料，由两种以上不同性能的高分子材料共混构成；离子型高分子材料，包括阳离子交换膜和阴离子交换膜等。膜材料的结构决定形成膜的化学和力学性能，同时还是膜分离特性的重要影响因素。

4. 相转变法是制备多孔膜的主要方法之一，通过聚合物与溶剂、非溶剂和成孔剂之间的相互作用得到多孔性结构。其中最重要的制备工艺包括：干法工艺是利用低沸点良溶剂和高沸点非溶剂在升温过程中挥发速度不同降低溶解度实现相转变。湿法工艺是利用良溶剂高分子溶液与非溶剂（通常是水）进行交换降低高分子的溶解度实现相转变。热法工艺是利用高分子与某些溶剂制成的溶液其溶解度随温度降低而降低的特性，通过降低体系温度实现相转变过程。聚合物辅助相转变法也是多孔膜制备的重要工艺技术之一。

5. 多孔膜还可以通过溶胀密度膜工艺、拉伸半晶态膜工艺和烧结膜工艺来进行制备。分别利用了密度膜在溶胀后与非溶剂进行交换成孔，利用半晶态高分子材料在结晶区和非结晶区力学性能不同，经过拉伸成孔和高分子微粒在熔点附近进行烧结，使微粒之间黏结构成多孔性材料等几种成孔机制。

6. 液体膜是呈液态的高分子膜材料构成的分离膜，包括乳化型液体膜、支撑型液体膜和动态形成液体膜。其成膜特征分别为两亲性成膜液体在两相互不混溶液体中乳化产生的胶束型分离膜；附着在多孔材料表面或内部，利用其黏度和表面张力形成的支撑型液体分离膜；事先在被分离体系中加入液态成膜物质，在通过多孔性滤材时在其表面和内部动态形成的液体分离膜。

7. 浓度梯度差膜分离过程是在两种不同浓度的溶液（或者气体）之间加入分离膜，借助于浓度梯度驱动力和膜对被分离物质的阻碍作用不同进行分离的工艺。浓度梯度膜分离工艺多采用多孔膜，主要用于血液透析和电透析，可以将不同溶质和液体分离，还用于控制释放装置。

8. 电场力驱动膜分离过程是在膜两侧安装电极并施加电场，被分离体系中的带电粒子受到电场力的驱动向对电极迁移，迁移过程受到膜结构的限制而呈现透过选择性。电场力驱动膜分离工艺多采用离子交换膜或者多孔膜，主要用于正、负离子的分离、置换和不同种类同离子的分离过程。

9. 压力驱动膜分离过程是在膜两侧施加不同压力，利用压力驱动被分离体系产生透过膜的趋势，膜分离的选择性依靠被分离物质与膜的多孔结构和物理化学性质相互作用产生。压力驱动膜分离工艺主要采用多孔膜进行分离，根据孔径的大小分成微滤、超滤、纳滤和反渗透等，主要用于水和溶剂的纯化、软化、苦咸水淡化、消毒灭菌等场合。

■ 思考练习题

1. 在膜的分离过程中主要存在三种驱动力可以利用，即浓度梯度驱动力、压力驱动力和电场力驱动力。讨论这些驱动力产生的机理，在被分离体系中分别都有哪些物质可以受到上述驱动力的驱动？

2. 相对于压力和电场力，浓度梯度驱动力是一个特殊的作用力，它来源于分子的布朗热运动。布朗运动的程度随着温度的升高而加剧，那么浓度梯度驱动力与温度是否也会有同样关系？此外，布朗运动的方向和速度是随机的，那么是否浓度梯度驱动力的大小和方向也是随机的？

3. 扩散、溶解、离子交换和过筛作用都可能成为膜分离的主要原因，这些过程如何在膜分离过程中起作用？在膜分离实践中是否有办法对这四种作用进行区分和判断？

4. 干法工艺是利用两种不同沸点溶剂对聚合物的不同溶解作用完成相转变过程，请指出如何选择和选择这两种溶剂的基本原则是什么？描述采用这种膜制备工艺过程，如何通过工艺参数控制膜的孔径和孔隙率？

5. 湿法工艺是利用溶剂与非溶剂的交换改变高分子溶液体系的溶解度实现相转变过程，指出如何选择这两种溶剂？其依据是什么？在该分离膜制备工艺中如何通过工艺参数控制膜的孔径和孔隙率？

6. 热法工艺是通过某种高分子溶液在不同温度下溶解度有较大变化的性质实现相转变过程，指出如何选择热法工艺溶剂？而影响热法工艺分离膜孔径和孔隙率的主要因素有哪些？

7. 聚合物辅助法中可以利用两种不同溶解性能的聚合物共混来实现成孔，请问，如何根据工艺条件选择辅助聚合物？两种聚合物的相容性如何影响分离膜的孔径？孔隙率受到哪些因素影响？联系高分子物理中的相关知识，指出哪些共混工艺条件对孔径大小有重要影响？

8. 提高分离膜的透过率和选择性是分离膜制备研究中的主要目标，那么对于多孔膜来说，提高透过率的措施都有哪些？提高选择性的措施都有哪些？提高透过性和提高选择性有哪些相互制约影响？

9. 根据分离膜的外观形状有平面膜、管状膜和中空纤维膜等几种形式，那么在机械强度、维护方便程度、单位体积有效分离面积、分离方式等几个方面进行对比，这几种分离膜都有哪些显著特点？根据膜分离的具体应用过程分析，尝试提出采用上述不同形状分离膜的建议。

10. 对于气体分离膜，在分离永久性气体和可液化气体时选择性规律可能完全不同，结合两者与分离膜之间的相互作用方式讨论产生的结果和原因。

11. 密度膜、多孔膜、液体膜和离子交换膜主要指膜本身的特征，在作为分离膜使用时上述四种膜分别会表现出哪些显著特征？结合实际膜分离应用过程指出如何充分利用这些特征？

12. 造纸厂的废水中通常含有短链纤维、无机碱、有机小分子和水，请结合膜分离工艺，尝试给出一个合理的分离处理工艺设计，要求将上述物质分别回收再用。

参考文献

[1] Schonbein C. *Bri Patent*，1846，11402.

[2] (a) Teorell T. *Proc Soc Exp Biol Med*，1935，**33**：282.
(b) Juda W and Mcrae W. *U S Patent*，1953，2636851.

[3] (a) 吴麟华. 膜科学与技术，1997，17（5）：11.
(b) Kesting R E. *Synthetic Polymeric Membranes*. New York：John Wiley and Sons，1985：7.

[4] Hildebrande J and Scott R. *Solubility of Non-Electrolytes*. 3rd Ed. New York：Reinhold，1950.

[5] Hansen C and Skaarup K. *J. Paint Technol*，1967，**39**：511.

[6] Cadotte J. *U. S. Patent*，1982，4277344.

[7] Maier K and Scheuermann E. *Kolloid Z*，1960，122.

[8] Castro A. *U. S. Patent*，1981，4247498.

[9] Downs H and Li N. *J Separ Proc Technol*，1982，**2**（4）：19.

[10] Michaels A et al. *J Colloid Sci*，1965，**20**：1034.

[11] Brown W. *Biochem J*，1915，**9**：991.

[12] Micheals A et al. *Ind Eng Chem Process Des Dev*，1962，14.

[13] Bierenbaum H et al. *Ind Eng Prod Res Dev*，1974，**13**：2.

[14] Henis J and Tripodi M. *Science*，1983，**220**（4592）：11.

[15] Nishiwaki T. *Industrial Processing with Membrances*. New York：R. Lacey and S. Loeb Ed，1972.

[16] Smith P J，*Electrochemical Science and Technology of Polymers*-1. R. G. Linford Ed. 1987：293.

[17] Asahi Chemical Industries Co Ltd. *Jpn Patent*，55-160030.

[18] Loeb S and Sourirajan S. *UCLA Engineering Report*，1960，60.

[19] Sourirajan S. *Ind Eng Chem Fundam*，1963，**2**（10）：51.

[20] Lonsdale K. Merten U and Riley R. *J Appl Polym Sci*，1965，**9**：1341.

第七章 光敏高分子材料

第一节 光敏高分子材料概述

光敏高分子材料也称为光功能高分子材料,是指在光参量的作用下能够表现出某些特殊物理或化学性能的高分子材料,是功能高分子材料中的重要一类。光是一种能量形式,材料吸收光能后,在光能量的作用下会发生化学或物理反应,产生一系列结构和形态变化,从而表现出特定功能。例如,吸收光能后如果发生化学变化,导致光聚合、光交联、光降解等反应,高分子材料的溶解性能将发生变化,据此可以制备光致刻蚀剂和光敏涂料;如果发生互变异构反应,引起材料吸收波长的变化,则可以得到光致变色材料;引起材料外观尺寸变化,则构成光力学变化材料。而吸收光能后产生物理变化,例如,载流子的增加导致光导电性质是光导材料的基础,强光引起的超极化性质是非线型光学材料的基本性质,将吸收的光能以另外一种光辐射形式发出称为荧光性质。具有上述特殊功能的材料都可以纳入到光敏高分子材料领域。

光敏高分子材料研究是光化学和光物理科学的重要组成部分,近年来有了快速发展,在功能材料领域占有越来越重要的地位。以此为基础已经开发出众多具有特殊性质的光敏高分子材料产品,并在各个领域获得广泛应用。本章将对光敏高分子材料的作用机理、研究方法、制备技术和实际应用等方面的内容进行讨论。

一、高分子光物理和光化学基本原理

毫无疑问,光(包括可见光、紫外光和红外线)是光敏高分子材料各项功能发生的基本控制因素,一切功能的产生都是材料吸收光以后发生相应物理化学变化的结果。从光化学和光物理原理可知,包括高分子在内的许多物质吸收光子以后,可以从基态跃迁到激发态,处在激发态的分子容易发生各种变化。这种变化可以是化学的,如光聚合反应或者光降解反应;我们称研究这种现象的科学为光化学。这种变化也可以是物理的,如光致发光或者光导电现象;我们称研究这种现象的科学为光物理学。研究在高分子中发生这些过程的科学我们分别称其为高分子光化学和高分子光物理学。高分子光化学和光物理学是光敏高分子材料研究的理论基础。限于篇幅,下面仅给出关于光化学和光物理的一些基本概念。

1. 光吸收和分子的激发态

光是一种特殊物质,具有波粒二相性。同时光具有能量,是地球上生物赖以生存的基础,也是地球上除了核能之外几乎所有能量的原始来源。其能量表达式为:

$$E=h\nu=\frac{hc}{\lambda}$$

式中,E 为能量;h 是 Planck 常数;ν 是光的振动频率;λ 为光的波长;c 为光在真空中传播速度。由此可以看出,光的能量大小与波长成反比,与频率成正比。当光照到物质表面时,光能够被物质所反射或者穿过物质被透射,能量不发生变化。光子也可以被物质吸收,其能量在物质内部消耗或转化。光的吸收是光敏高分子材料发挥其功能的基础。衡量光的吸收程度和效率有几种表示方法。如果用入射光与透射光(反射光在此时可以忽略)的比值表示化合物对光的吸收程度,可以用 Beer-Lambert 公式表示:

$$I = I_0 10^{-\varepsilon cl} \text{ 或者 } \lg \frac{I_0}{I} = \varepsilon cl$$

式中，I_0 为入射光强度；I 为透射光强度；c 为分子物质的量浓度；l 为光程长度；ε 为摩尔消光系数，有时也可以称摩尔吸光系数。这样，用摩尔消光系数的大小就可以定量描述该种物质对光的特征吸收能力。摩尔消光系数与光波长相关，即同种物质对不同波长的光的消光系数不同，我们称物质对光有最大消光系数所对应的波长为该物质的最大吸收波长，用 λ_{max} 表示。光的吸收能力与分子结构有密切关系，分子吸收光的性质直接取决于分子的结构，在分子结构中能够吸收紫外和可见光的部分被称为发色团或生色团，能够提高分子对上述光摩尔吸收系数的结构称为助色团。

当光子被分子的发色团吸收后，如果光子能量转移到分子内部，引起分子电子结构改变，外层与吸收光子能量匹配的电子可以从低能态跃迁到高能态，此时我们称分子处于激发态，激发态分子增加的能量称为激发能。激发态的产生与光子能量和光敏材料分子结构有对应关系。只有满足特定条件激发态才会产生。也并不是所有被吸收的光子都可以转化成激发态分子，其中有些吸收的光能转变成其他的能量形式。衡量光激发效率可以用光量子效率表示。生成激发态的数量和物质吸收光子的数目之比称为材料的激发光量子效率。激发态是一种不稳定状态，很容易继续发生化学或者物理变化；因此激发态是光功能材料作用的基点。同时处在激发态的分子其物理和化学性质与处在基态时也有不同。

2. 激发能的耗散

分子吸收光子后从基态跃迁到激发态，其获得的激发能有三种可能的转化方式：①发生光化学反应；②以发射光辐射的形式耗散激发能；③通过其他方式将激发能转化成热能。后两种方式称为激发能的耗散。激发能耗散的方式有许多种，它们遵循 Jablonsky 光能耗散图（见图 7-1）。

图 7-1 中 abs 表示光吸收过程，吸收光子能量后电子从基态 S_0 跃迁到激发态或 S_1 或者 S_2。f_1 为荧光过程，分子吸收的光能以荧光发射方式耗散，激发态电子回到基态。vr 为振动弛豫，ic 为热能耗散，通过分子间的热碰撞过程失去能量回到基态。isc 为级间窜跃，此时表示单线激发态电子转移到三线激发态。phos 为磷光过程，电子从三线激发态回到基态，能量以磷光发射形式耗散。图中字母 S 表示单线态，T 表示三线态。

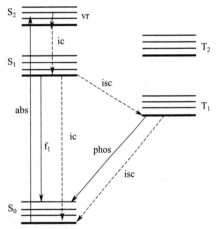

图 7-1 Jablonsky 光能耗散

3. 光量子效率

物质分子在吸收光后跃迁至单线激发态后，从激发态开始的转变过程有多种，光量子效率被用来描述以荧光过程或磷光过程中光能利用效率，其定义为物质分子每吸收单位光强度后，发出的荧光强度与入射光强度的比值称为荧光量子效率；发出的磷光强度与入射光强度的比值称为磷光量子效率。以荧光量子效率为例：

$$\Phi = \frac{荧光强度}{入射光强度} = F/q \cdot A$$

式中，Φ 为荧光量子效率；F 为荧光强度；q 为光源在激发光波长处输出的光强度；A 为分子在该波长处的吸光度。

量子效率与分子的结构关系密切。饱和烃类化合物中 σ 电子跃迁需要较高的能量（仅吸收深紫外区的光辐射），同时消光系数小（仅有少部分光能被吸收），因此很少有荧光现象发生，称为非光活性物质。脂肪族羰基化合物具有能量较低的 n-π 跃迁，有时偶尔能够在紫外区和可见光区发现荧光发射现象。但是大多数这类分子的荧光量子效率较低，因此也观察不到荧光现象。而另外一些分子，如具有共轭结构的分子体系，特别是许多芳香族化合物其量子效率较高，多数大于 0.1，可以观察到明显荧光现象，多为荧光物质。对于磷光过程可以用类似的表达式表达。磷光物质一般要求分子具有稳定的三线激发态，芳香型醛酮多有磷光性质。芳香族化合物的荧光量子效率见表 7-1。

表 7-1　芳香族化合物的荧光量子效率

化合物	Φ 值	入射光波长/nm	发射光波长/nm	发射光色调
苯	0.11	205	278	紫外
萘	0.29	286	321	紫外
蒽	0.46	365	400	蓝
并四苯	0.60	390	480	绿
并五苯	0.52	580	640	红

有机化合物中的取代基对量子效率有一定影响，卤素取代基可以降低荧光量子效率，但使磷光量子效率增加，原因在于这类取代基增加了级间窜跃效率。对于芳香类化合物，邻、对位取代基倾向于提高荧光量子效率；间位取代基多降低化合物的荧光强度。化合物的浓度对量子效率也有一定影响，在一定范围内荧光强度随着浓度的增加而增加，但是当浓度达到一定值时荧光强度将出现最大值，然后有所下降。其原因是溶质对产生的荧光有再吸收作用。

4. 激发态的猝灭

能够使激发态分子以非光辐射形式衰减到基态的过程叫激发态的猝灭。能够促使猝灭过程发生的化学物质称为猝灭剂。在光敏高分子材料中加入猝灭剂后通常表现出量子效率降低，荧光强度下降，甚至消失。根据猝灭的机理不同，猝灭过程可以分成动态猝灭和静态猝灭两种。当通过猝灭剂和发色团碰撞引起猝灭时，称为动态猝灭；当通过发色团与猝灭剂形成不发射荧光的基态复合物完成猝灭过程时称这一过程为静态猝灭。猝灭过程是一种能量转移过程，是光化学反应的基础之一。芳香胺和脂肪胺是常见的有效猝灭剂，空气中的氧分子也是猝灭剂。猝灭剂的存在对光化学和光物理过程都有重要影响。

5. 分子间或分子内的能量转移过程

吸收光子后产生激发态的能量可以在不同分子或者同一分子的不同发色团之间转移，转移出能量的一方为能量给体，另一方为能量受体。能量转移可以通过辐射能量转移机理完成，其中能量受体接收了能量给体发射出的光子而成为激发态，能量给予体则回到基态，一般表现为远程效应。也可以通过无辐射能量转移机理完成，能量给体和能量受体直接发生作用，给予体失去能量回到基态，受体接受能量而跃迁到高能态完成能量转移过程。这一过程要求给体与受体在空间上要互相接近，因此是一个邻近效应。能量转移在光物理和光化学过程中普遍存在。

6. 激基缔合物和激基复合物

当处在激发态的分子和同种处在基态的分子相互作用，生成的分子对被称为激基缔合物；而当处在激发态的物质同另一种处在基态的物质发生相互作用，生成的物质被称为激基复合物。激基缔合物也可以发生在分子内部，即处在激发态的发色团同同一分子上的邻近不同发色团形成激基缔合物；或者与结构上不相邻的发色团，但是由于分子链的折叠作用而处在其附近的发色团形成激基缔合物。这一现象在聚合物中比较普遍。

7. 光引发剂和光敏剂

光引发剂和光敏剂在光化学反应中经常用到，二者均能促进光化学反应和光物理过程的进行。二者不同点在于光引发剂吸收光能后跃迁到激发态，当激发态能量高于分子键断裂能量时断键产生自由基，自由基引发下一步化学反应而光引发剂被消耗。而光敏剂吸收光能后跃迁到激发态，然后发生分子内或分子间能量转移，将能量传递给另一个分子，光敏剂回到基态。光引发剂和光敏剂的作用分别类似于化学反应中的试剂和催化剂。

二、高分子光化学反应类型

与高分子光敏材料密切相关的光化学反应包括光交联（光聚合）反应、光降解反应和光异构化反应。上述反应都是在分子吸收光能后发生能量转移，进而发生化学反应。不同点在于光交联反应使生成的聚合物分子量更大，溶解度降低；光降解反应使分子量减小，溶解度上升；而光异构化反应产物的分子量不变，但是结构发生变化，使光吸收等性质发生改变。在高分子光敏材料中上述性质都可以被利用，构成在工业上有重要意义的光功能高分子材料。

1. 光交联（光聚合）反应

光交联反应是指反应物是线性聚合物，在光能产生的自由基等活性种引发下高分子链之间发生交联反应过程，形成新的化学键并生成三维结构的网状聚合物，反应的结果是聚合物分子量增大并失去溶解能力。交联反应可以通过交联剂进行，即两条聚合物链之间由交联剂分子连接；也可以直接发生在两条聚合物链之间并相互连接。当反应物为分子量较低的低聚物时，发生光聚合反应，生成分子量更大的线性聚合物，同样可引起聚合物溶解度的下降。与常规聚合和交联反应相比，光聚合和光交联反应的主要特点是反应的温度适应范围宽，特别适合于低温反应。下面是这两种反应的机理和特征。

（1）光聚合反应　根据反应类型分类，光聚合反应包括光自由基聚合，光离子型聚合和光固相聚合三种。光引发自由基聚合可以由不同途径发生。一是由吸收光能直接激发单体到激发态产生自由基引发聚合；或者首先由光子激发光敏分子，进而发生能量转移产生活性种引发聚合反应。二是由吸收光能引起引发剂分子发生断键反应，生成的自由基再引发聚合反应。三是由光引发产生分子复合物，由受激分子复合物解离产生自由基引发聚合。在光自由基聚合反应中，低分子量聚合物中应该含有可聚合基团，这些可聚合基团列于表 7-2 中[1]。

表 7-2　可用于光聚合反应的单体结构

结 构 名 称	化 学 结 构	结 构 名 称	化 学 结 构
丙烯酸基	$CH_2{=}CH{-}COO{-}$	乙烯基硫醚基	$CH_2{=}CH{-}S{-}$
甲基丙烯酸基	$CH_2{=}C(CH_3){-}COO{-}$	乙烯基胺基	$CH_2{=}CH{-}NH{-}$
丙烯酰胺基	$CH_2{=}CH{-}CONH{-}$	环氧丙烷基	$\overset{O}{\overset{\diagup\diagdown}{CH_2{-}CH}}{-}CH_2{-}$
顺丁烯二酸基	$-OOCCH{=}CH{-}COO{-}$		
烯丙基	$CH_2{=}CH{-}CH_2{-}$	炔基	$-C{\equiv}C-$
乙烯基醚基	$CH_2{=}CH{-}O{-}$		

为了增加光聚合反应的速度，经常需要加入光引发剂和光敏剂。光引发剂和光敏剂的作用是提高光量子效率，有利于自由基等活性种的产生。在给定光源条件下，光引发剂和光敏剂的引发效率与下列三个因素有关：①分子的吸收光谱范围要与光源波长相匹配，并具有足够高的消光系数；②生成的自由基自结合率要尽可能小，因此要有一定的稳定因素；③在光聚合反应中使用的光引发剂和光敏剂及其断裂产物不应参与链转移和链终止等副反应。常见

的光引发剂列于表 7-3 中（见第二节）[1]。

光敏剂的作用机理有三种，即能量转移机理、夺氢机理和生成电荷转移复合物机理。其中能量转移机理是指光激发的给体分子（光敏剂）和基态受体分子之间发生能量转移而产生能引发聚合反应的初级自由基。夺氢机理是由光激发产生的激发态光敏剂分子与含有活泼氢给体之间作用，夺走活泼氢后产生引发聚合的初级自由基。而电荷转移复合物机理的根据是电子给体与电子受体由于电荷转移作用生成电荷转移复合物，这种复合物吸收光后跃迁到激发态，在适当极性介质中解离为离子型自由基。除了自由基光聚合反应之外，光引发阳离子聚合也是一种重要光化学反应，包括光引发阳离子双键聚合和光引发阳离子开环聚合两种。固态光聚合，有时也称为局部聚合，是生成高结晶度聚合物的一种方法[2]。二炔烃经局部光聚合可以得到具有导电能力的聚乙炔型聚合物。

（2）光交联反应　虽然反应结果都是产物的分子量增大，光交联反应与光聚合反应不同点在于是以线型高分子或者线型高分子与交联剂的混合物为原料，在光的作用下发生交联反应生成不溶性的网状聚合物，与光聚合反应产物的线型聚合物相区分。光交联反应按照反应机理可以分为链聚合和非链聚合两种。能够进行链聚合的线型聚合物和交联剂有三类：首先是链内带有不饱和基团的高分子，如聚丙烯酸酯、不饱和聚酯、不饱和聚乙烯醇、不饱和聚酰胺等；其次是具有硫醇和双键的分子间发生加成聚合反应；再次也包括某些具有在链转移反应中能失去氢和卤素原子而成为活性自由基的饱和大分子。非链光交联反应其反应速率较慢，而且往往需要加入交联剂。交联剂通常为重铬酸盐、重氮盐和芳香叠氮化合物等。在这类反应体系中预聚物含有碳碳双键是必要的。

2. 光降解反应

光降解反应是指在光的作用下聚合物链发生断裂，分子量降低的光化学过程。对于常规高分子材料，光降解反应的存在使高分子材料老化，力学性能变坏，从而失去使用价值。当然光降解现象的存在也使废弃聚合物被逐步消化，对环境保护有利。对于光刻胶等光敏材料而言，光降解反应能提高聚合物的溶解性，在光照区脱保护则是其发挥功能的主要依据。光降解过程主要有三种形式。一种是无氧光降解过程，主要发生在聚合物分子中含有发色团时或者含有光敏性杂质时，但是详细反应机理还不十分清楚。一般认为与聚合物中羰基吸收光能后发生一系列能量转移和化学反应导致聚合物链断裂有关。第二种光降解反应是光参与的光氧化过程。光氧化过程是在光作用下产生的自由基与氧气反应生成过氧化合物，过氧化合物是自由基引发剂，产生的自由基能够引起聚合物的进一步降解反应。第三种光降解反应发生在聚合物中含有光敏化剂时，光敏剂分子可以将其吸收的光能转递给聚合物，促使其发生断链降解反应。对于常规高分子材料，由于聚合物分子内没有光敏感结构，一般认为光氧化降解反应是其降解的主要方式。在聚合物中加入光稳定剂可以减低其反应速度，防止聚合物的老化，延长其使用寿命。

三、光敏高分子材料的分类

光敏高分子材料目前主要根据其在光参量作用下表现出的功能和性质分类。常见的光敏高分子材料有以下几类。

（1）高分子光敏涂料　当聚合物在光照射下可以发生光聚合或者光交联反应，使高分子材料失去溶解性能而快速光固化时，以这种聚合物为主要原料的涂料称为高分子光敏涂料，也称为高分子光固化涂料。使用溶剂少，固化快是其主要特点。

（2）高分子光刻胶　当聚合物在光的照射下可以发生光交联反应，产物溶解度下降；或者光降解反应，产物溶解度上升；这两种材料可以用来制备高分子光刻胶；因为使用这种材料覆盖加工材料表面，光照后光照部分和非光照部分的溶解性能发生很大变化，再配合溶解和腐蚀工艺，具有光加工性能。光刻胶主要用于集成电路、印刷电路板和照相制版等场合。

（3）高分子光稳定剂 这种物质能够大量吸收光能并且以无害方式将其转化成热能，以阻止高分子材料发生光降解和光氧化反应，这种加入高分子材料中具有抗光老化作用的材料被称为光稳定剂，具有上述功能的大分子称为高分子光稳定剂。

（4）高分子荧光（磷光）材料 指在光照射下吸收的光能以荧光形式或者磷光形式耗散的高分子材料，前者是高分子荧光材料，后者是高分子磷光材料。通常称为高分子荧光剂和高分子夜光剂。由于荧光和磷光过程中吸收的光和发射出的光波长不同，因此也被称为高分子转光材料。这种材料可用于各种分析仪器显示部件的制备，高效农膜的生产和作为荧光涂料使用。

（5）高分子光催化剂 指能够吸收太阳光，并具有能将太阳能转化成化学能或者电能的高分子材料，具有上述功能的设备称为光能转换装置，其中起促进能量转换作用的高分子称为光能转换高分子材料。可用于制造聚合物型光电池和太阳能储能装置。

（6）高分子光导材料 在光照射下材料内部载流子迅速增加，从而电导率能显著增大的材料称为光导材料，具有该性质的高分子材料称为高分子光导材料。这种材料可以制作光检测元件和光电子器件，以及用于制作静电复印和激光打印机的核心部件。

（7）光致变色高分子材料 材料吸收光之后，分子结构发生改变，引起吸收波长发生明显变化，从而材料外观颜色发生变化的高分子材料称为光致变色高分子材料。光致变色材料是制造智能窗的主要材料。

（8）高分子非线型光学材料 在强光作用下表现出明显超极化性质，具有明显二阶或者三阶非线型光学性质的材料称为非线性光学材料；其中的高分子材料称为高分子非线性光学材料。非线型光学材料具有光倍频、电折射控制和光频率调制等性能，是光电子工业的重要材料。

（9）高分子光力学材料 在光的作用下，材料分子结构的变化引起材料外形尺寸变化，从而发生光控制机械运动，这种材料称为高分子光力学材料。

光敏高分子材料是一种用途广泛，具有巨大应用价值的功能材料，其研究与生产发展的速度都非常快。随着具有新功能的光敏高分子材料的不断出现，或者对已有光敏高分子材料新功能的再认识，无论是相关的理论研究还是应用开发领域都在不断得到拓展。可以相信，随着光化学和光物理研究的深入，各种新型光敏材料和产品将会层出不穷。本章根据光敏高分子材料的具体用途分类，对常见的和目前发展较快的光敏高分子材料分别进行讨论。

第二节 光敏涂料和光敏胶

涂料是一种重要的化工产品，在工业和民用方面都有广泛的应用。涂料是一种在液态下使用，然后固化成型的高分子材料。根据固化方式不同可以分成热固化涂料、光固化涂料。常规涂料是涂层材料溶解在溶剂中（通常为有机溶剂）使用，涂刷后溶剂挥发留下涂层。由于溶剂的挥发会给环境造成污染，甚至造成火灾等危险；同时溶剂挥发需要一定能量和温度，固化需要一定时间；因此这类涂料的固化时间长，能量消耗大。为了降低环境污染，节省能源和固化时间，人们开发了一些新型涂料。其中双组分涂料是将两种聚合单体和引发剂等分开储存，在使用时进行混合，涂覆后通过两组分之间的聚合反应或交联反应进行固化。虽然能够加快固化速度并减少有机溶剂的使用量，但是在使用时仍显得不够方便；水性涂料是采用乳化方式，用水包油的乳化液代替涂料溶液，在一定程度上可以减少溶剂污染，但是固化时间加长。光敏涂料采用光固化方式，采用溶解度高的小分子或者线型聚合物作为成膜材料，因而需要的有机溶剂较少，具有环保效应。光敏涂料是将这些聚合或交联反应组分直接混合在一起的，涂料内含有光敏成分或结构，利用光作为引发剂引发聚合或者交联反应，快速形成不溶性高分子涂料膜从而达到光固化目的；因为光聚合反应或者光交联反应的结果使聚合物分子量增大，或者生成网状结构，使之溶解度下降或失去溶解能力。这种涂料使用时经适当波长的光照射后，能迅速干结成膜，固化速度快。由于固化过程没有像一般涂料那样伴随着大量溶剂的挥发，因此降低了环境污染，减小了材料消耗，同时使用也更安全。此外，由于交联过程在涂刷之后进行，可以得到交联度高、机械强度好、能够耐受有机溶剂的涂层。光敏涂料在常温无光照情况下是稳定的，具有良好的耐储存性。光敏涂料不仅可以广泛应用于木材和金属表面的保护和装饰以及印刷工业等领域逐步替代常规涂料；而且在光学器件、液晶显示器和电子器件的封装，光纤外涂层等有特殊要求的应用领域里得到日益广泛的应用。

一、光敏涂料的结构类型

光敏涂料的基本组成中除了可以进一步聚合成膜的预聚物为主要成分外，一般还包括交联剂、稀释剂、光敏剂或者光引发剂、热阻聚剂和调色颜料。其中预聚物经聚合或交联反应后成为涂层的主体，决定着涂料的基本力学性能；交联剂主要起使线型预聚物发生交联构成网状结构固化的作用，对固化过程和涂层的性质产生影响；稀释剂与常规涂料中的溶剂一样仅起到调节涂料涂刷性质的作用；光敏剂和光引发剂的加入使涂料对光产生敏感性引发光聚合或光交联反应，主要作用为提高光固化速率、调节感光范围；添加热阻聚剂的目的是防止涂料体系发生热聚合或热交联反应，提高储存稳定性；调色颜料用来改变涂层外观。

预聚物是光敏涂料的主要成分。作为光敏涂料的预聚物应该具有能进一步发生光聚合或者光交联反应的能力，因此带有可聚合基团是必要的。预聚物通常为分子量较小的低聚物或者为可溶性线型聚合物，在分子量上区别于一般聚合树脂和可聚合单体。为了取得一定黏度和合适的溶解度，分子量一般要求在 1000～5000 之间。根据用途不同，常用于光敏涂料的预聚物主要分成以下几大类。

1. 环氧树脂型低聚物

带有环氧结构的低聚物是比较常见的光敏涂料预聚物。环氧树脂的特点是黏结力强，耐腐蚀。环氧树脂中的碳—碳键和碳—氧键的键能较大，因此具有较好的热和光稳定性，它的高饱和性使其形成的漆膜具有良好的柔顺性。下面是典型光敏涂料的环氧树脂结构式：

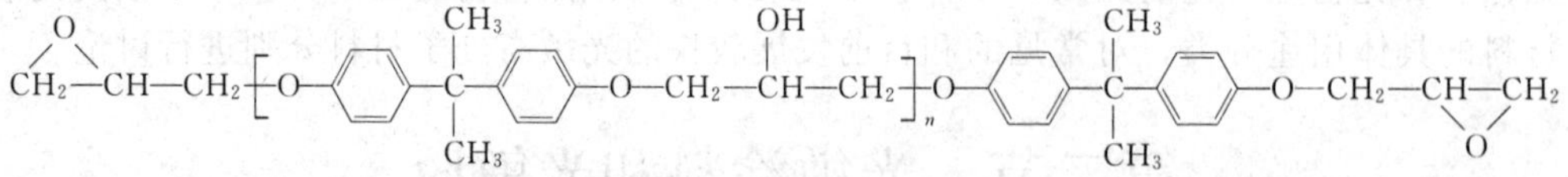

这种环氧光敏涂料预聚体结构中环氧基作为光聚合基团仅位于链端，可以进行开环聚合。通过光聚合反应只能得到分子量更大的线性聚合物，涂层的力学性能不佳。在光敏环氧树脂中引入丙烯酸酯或者甲基丙烯酸酯结构，分子内增加的双键可以作为光交联的活性点，光固化后可以得到三维立体结构的聚合物膜，构成力学性能更好的光敏涂料。其合成方法主要有三种：一种是丙烯酸或甲基丙烯酸与环氧树脂发生酯化反应生成环氧树脂的丙烯酸酯衍生物，形成的单体化合物其分子内含有多个可聚合双键供交联反应使用。

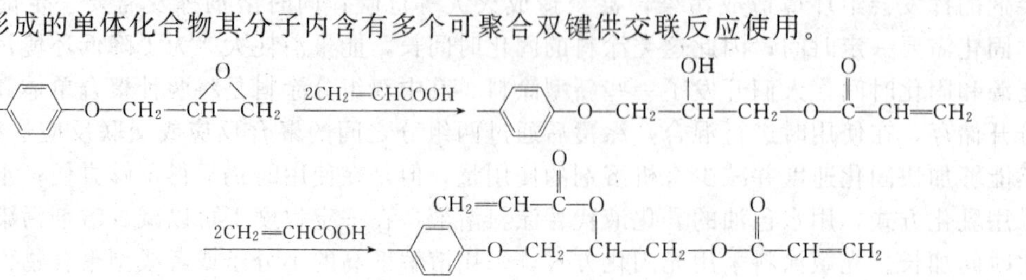

另一种方法是由丙烯酸羟烷基酯，马来酸酐或其他酸酐等中间体与环氧树脂反应制备具有碳碳双键的酯型预聚体。第三种方法由双羧基化合物的单酯，如富马酸单酯，与环氧树脂反应生成聚酯引入双键，提供光交联反应活性点。

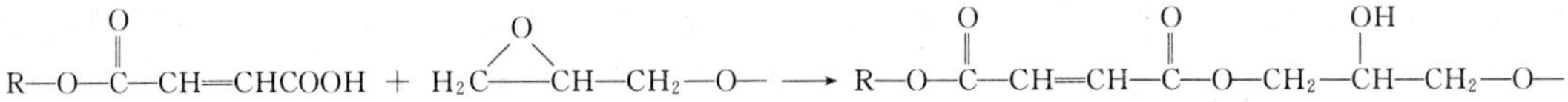

$$R-O-\overset{O}{\underset{\|}{C}}-CH=CHCHCOOH + H_2C\overset{O}{\diagdown}CH-CH_2-O- \longrightarrow R-O-\overset{O}{\underset{\|}{C}}-CH=CH-\overset{O}{\underset{\|}{C}}-O-CH_2-\overset{OH}{\underset{\|}{C}}H-CH_2-O-$$

2. 不饱和聚酯

带有不饱和键的聚酯与烯类单体在紫外光引发下可以发生加成共聚反应，形成交联网络结构完成光固化过程，作为紫外光敏涂料预聚体成分。以聚酯为原料制备的光敏涂料具有坚韧、硬度高和耐溶剂性好的特点。为了降低涂料的黏度，提高固化和使用性能，在涂料中常加入烯烃作为稀释剂。用于光敏涂料的线性不饱和聚酯一般由二元酸与二元醇缩合而成。为了引入不饱和基团，采用的聚合原料中常包含有马来酸酐、甲基马来酸酐和富马酸等含有不饱和基团结构成分。一种典型的不饱和聚酯可以由1，2-丙二醇、邻苯二甲酸酐和马来酸酐经过缩聚而成[3]。

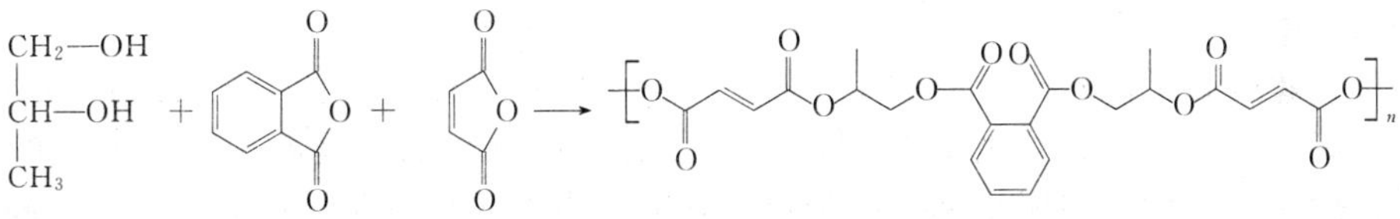

3. 聚氨酯

具有一定不饱和度的聚氨酯也是常用的光敏涂料原料，它具有黏结力强、耐磨和坚韧的特点，但是受到日光中紫外线的照射容易泛黄。用于光敏涂料的聚氨酯一般是通过含羟基的丙烯酸或甲基丙烯酸与多元异氰酸酯反应制备。其中分子中的丙烯酸结构作为光聚合的活性点。例如可以由己二酸与己二醇反应首先制备具有羟基端基的聚酯，该聚酯再依次与甲基苯二异氰酸酯和丙烯酸羟基乙酯反应得到制备光敏涂料的聚酯树脂。

4. 聚醚

作为光敏涂料树脂的聚醚一般由环氧化合物与多元醇缩聚而成，分子中游离的羟基作为光交联的活性点，供光交联固化使用。

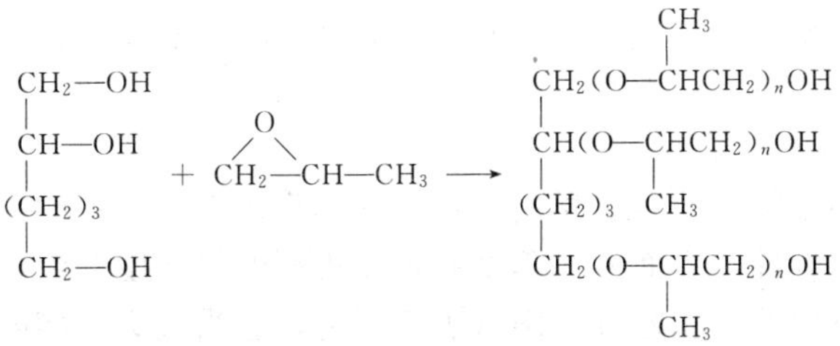

与其他类型的光敏涂料相比，聚醚的分子间力比较小，因此聚醚属于低黏度涂料，价格也较低。

二、光敏涂料的组成与性能关系

光敏涂料的性能包括涂料的流平性能、涂膜的力学性能、漆膜的化学稳定性能和外观性能、涂膜与基底材料的黏结力以及涂刷之后的膜固化速率等。提升涂料的使用性能是涂料研究的主要目标，而光敏涂料的组成与涂层的性能关系密切。光敏涂料的主要成分通常包括预聚物、交联剂、光引发剂、光敏剂、热阻聚剂、稀释剂和调色颜料等。由于具体涂料的要求不同，在实际配方中可能仅包括其中一部分或者全部；有时一种组分可能起两种以上的作用。下面对其相互间的影响关系进行分析。

1. 流平性能

涂料的流平性能是指涂料被涂刷之后,其表面在张力作用下迅速平整光滑的过程。涂料本身的黏度、表面张力、润湿度是影响这一性能的主要因素,而上述因素均取决于涂料的化学组成。通过控制加入稀释剂的量可以调整涂料黏度,加入少量的表面活性剂可以调节表面张力和润湿度。在涂料中适量地调整上述成分含量可以改善涂料的流平性能。

2. 力学性能

涂料经过涂刷之后的固化过程形成涂膜,涂膜的力学性能是涂料的重要性能指标;包括涂膜的硬度、韧性、耐冲击力和柔顺等性能。一般来说,涂膜的力学性能主要取决于涂料中树脂的种类和光交联反应固化后涂膜的聚合度与交联度。选择合适的涂料树脂仍是最基本原则。结构中含有芳香环或者酯环的树脂通常表现出优异力学性能,增加这类结构在树脂中的比例、增加交联剂使用量以提高交联密度等可以提高涂层的硬度;而适当降低交联密度或者提高预聚物的分子量可以改善涂层的韧性;涂层的抗冲击性和柔顺性与其黏弹性有关,降低树脂中官能团的密度和交联密度可以提高耐冲击性;加入丙烯酸羟基乙酯,或者丙烯酸-2-羟基丙酯可以提高涂层的柔顺性。

3. 化学稳定性

涂料的稳定性包括涂料本身的稳定性和形成涂膜的稳定性。前者主要指涂料的储存稳定性,涉及涂料的保质期和使用的方便程度。通常加入热阻聚剂是提高储存稳定性的主要方法。涂膜的化学稳定性包括耐受化学品和抗老化的能力。涂料的化学成分不同对不同的化学品有不同的耐受能力,如聚酯和聚苯乙烯树脂涂膜对极性溶剂和水溶液有较好的耐受力,含丙烯酸的涂料在水溶液中,特别是碱性溶液中稳定性较差。除了提高涂料本身的化学稳定性之外,根据被涂物的使用环境有针对性地选择不同性能的光敏涂料,在应用方面可能更具有实用意义。

4. 涂层的外观性能

涂料在很多场合下除了保护作用之外还有装饰作用,如用于家具、汽车、家电外表面的涂料。因此生成涂层的外观光泽无疑是非常重要的。人们对外观光泽有截然相反的两种要求:一种要求形成漆膜对光的反射度较小,即低光泽涂料,也称亚光漆;另一种要求是形成的漆膜对光有较高的反射率,即高光漆,如某些聚氨酯漆。光泽度可以通过加入消光剂进行调节。常用的消光剂有研细的二氧化硅、石蜡或者高分子合成蜡,作用原理为增加涂膜表面的粗糙度。调节提高表面张力一般可以提高涂层的光洁度。

5. 涂膜与基底材料的黏结力

涂层与被涂底物的黏结力涉及涂层的使用寿命和耐用性。涂料的黏结力通常与下列因素有关:涂层与底物的相容性、界面接触程度和被涂表面的清洁度、涂层的表面张力、固化条件等。调节涂料组成可以改变相容性,降低表面张力,适当减少官能团密度可能会提高其黏结力。此外,根据基底材料不同通过选择合适的涂料品种对于良好黏结也非常重要。

三、光敏涂料的固化反应及影响因素

与常规涂料相比,光敏涂料最重要的特征是固化过程在光的参与下完成,光聚合和光交联反应是固化的主要原因。能够对涂层光固化产生重要影响的主要因素包括使用光源的性能指标,涂料中光交联引发剂和光敏剂的种类和性能,以及光固化反应的环境条件。

1. 光源

光源的选择参数包括波长、功率和光照时间。光的波长即光源发出的光的颜色,决定光的能量,要根据光引发剂和光敏剂的种类选择光源波长有效范围,即光的波长要与光引发剂或者光敏剂的光敏感区间(吸光范围)相匹配。对大多数光引发剂而言,考虑到使用的环境

和效率因素，使用紫外光作为光源比较普遍。光源的功率则与固化的速率关系密切，提高功率可以加快固化速率，缩短固化时间。而光照时间取决于涂层的固化反应速率和涂膜厚度。多数光敏涂料的固化时间较短，一般在几秒至几十秒之间。

2. 光引发剂与光敏剂

光引发剂的定义是当它吸收适当波长和强度的光能，可以发生光物理过程至某一激发态，若该激发态的激发能大于该化合物中某一键断裂所需的能量，该化学键断裂，生成自由基或者离子，成为光聚合反应的活性种。理论分析，具备上述功能的化合物均可以用作光引发剂。光引发剂通常是具有发色团的有机羰基化合物、过氧化物、偶氮化物、硫化物、卤化物等，如安息香、偶氮二异丁腈、硫醇、硫醚等。光敏剂的定义是当吸收光能发生光物理过程至某一激发态后，能够发生分子间能量转移，将能量转移给另一个分子，使其发生化学反应，产生自由基作为聚合反应的活性种。对光敏剂的要求是具有稳定的三线激发态，其激发能与被敏化物质要相匹配。常见的光敏化剂多为芳香酮类化合物，如苯乙酮和二甲苯酮等。

光敏剂和光引发剂的选择要根据所用光源的波长和涂料的种类加以综合考虑。如果使用的是光引发剂，由于在光固化反应中引发剂要参与反应并被消耗，因此要有一定加入量保证反应完全。而光敏剂在固化反应中只承担能量转移功能，不存在消耗问题。一般随着光敏剂浓度的增加，固化速率会有所增加。部分光敏涂料中使用的光引发剂的种类与感光波长列于表 7-3 中，而常用光敏剂及其光敏活性列于表 7-4 中。

表 7-3　光引发剂的种类和使用光波长

种类	感光波长/nm	代表化合物	种类	感光波长/nm	代表化合物
羰基化合物	$360\sim420$	安息香	卤化物	$300\sim400$	卤化银，溴化汞
偶氮化合物	$340\sim400$	偶氮二异丁腈	色素类	$400\sim700$	核黄素
有机硫化物	$280\sim400$	硫醇，硫醚	有机金属	$300\sim450$	烷基金属
氧化还原对		铁(Ⅱ)/过氧化氢	羰基金属	$360\sim400$	羰基锰
其他		三苯基磷			

表 7-4　常用光敏剂

种　　类	相对活性	种　　类	相对活性
米蚩酮	640	2,6-二溴 4-二氨基苯	797
萘	3	N-乙酰基-4-硝基-1-萘胺	1100
二苯甲酮	20	对二甲氨基硝基苯	137

3. 环境条件的影响

如同其他化学反应一样，环境气氛会对涂料的光固化过程产生一定影响。首先由于空气中的氧气有阻聚作用，因此在惰性气氛中进行光固化有利于固化反应。此外还要考虑环境气氛对采用光源的吸收作用，特别是当采用紫外光源时更为重要。环境温度对固化速率和固化程度都有影响，一般较高的温度固化速率较快，提高固化程度也需要适当的温度来保证。总之，由于光敏涂料具有固化速率高，固化过程产生的挥发性物质少，操作环境安全而受到日益广泛的关注和使用，但是价格和使用成本较高是目前阻碍其广泛应用的重要因素之一。

四、光敏胶

光敏胶也称为感光胶黏剂（photosensitive adhesive），是一种快速固化的胶黏材料，其组成和作用原理与光敏涂料相同。考虑到粘接性能，所用的预聚物有所不同。其中紫外光敏感型胶黏剂由含不饱和键的单体或者线型预聚体、交联剂、光敏剂、引发剂、改性剂等组成。在紫外线照射下，光敏胶可以迅速发生聚合或交联反应而固化，起到粘接作用。通常可以用于玻璃、金属、塑料、陶瓷等材料的粘接工艺。尤其适合于自动化流水作业线上的粘接装配工艺。光敏胶用于粘接时，被黏合物必须有一个是可以透光的，因为光线穿透照射到胶水上方能完成固化。光为了提高粘接效果，根据使用场合不同，在光敏胶中还要加入填料和增韧剂等。光敏胶使用的溶剂少，对环境的污染小，固化收缩少，固化速度快，是一种比较有发展前途的化工产品。

第三节　光致抗蚀剂

　　光致抗蚀剂又称光刻胶，是一种用于光加工工艺中对加工材料表面起临时选择性保护的涂料，是现代加工工业的重要功能材料之一。通常由感光树脂、增感剂和溶剂三种主要成分组成。感光树脂为其主体部分，通常由特殊结构的高分子材料构成，其作用机理与光敏涂料类似，也是光化学反应，是重要的功能高分子材料。光加工工艺是指在被加工材料表面涂覆保护用光刻胶，根据加工要求，对保护用光刻胶进行选择性光化学处理，使部分区域的保护胶溶解性发生变化，并用适当溶剂溶解脱除，再用腐蚀加工方法对脱保护处进行加工。光加工工艺已经成为微加工领域的主要方法。如制造集成电路时，首先要在半导体硅表面氧化层上进行精细加工处理，采用的加工方法目前主要是化学腐蚀方法；在腐蚀过程中，为了使周边需保留的地方不受影响，需要用抗腐蚀的材料把它保护起来，这种保护材料称为光刻胶。

　　在集成电路生产工艺中首先是对涂覆在硅表面的光刻胶进行光化学处理，用照相法来使部分区域感光树脂发生光化学反应，改变其溶解性并用溶剂洗脱以脱除保护。根据事先设计的加工图案通过掩膜曝光和显影，感光使树脂发生化学反应，感光树脂的溶解性能在短时间内发生显著变化，再用溶剂溶去可溶部分，不溶部分留在硅表面，在化学腐蚀阶段对氧化层起保护作用。光刻胶还是现代精细加工、印刷电路板制作等先进工业领域的重要材料，有着不可替代的地位。光刻工艺也用于印刷制版业，采用激光照排制版可以制备印刷用凸版和平版。

　　根据光照后溶解度变化的不同光刻胶可分为正胶和负胶。负性光刻胶的性能与前面介绍过的光敏涂料相似，光照使涂层中树脂发生光交联反应（称为曝光过程），使胶的溶解度下降，在随后的溶解过程中（称为显影过程）该涂层被保留下来，在刻蚀过程中保护加工层；而正性光刻胶的性能正好相反，感光胶被光照后发生光降解反应，使胶的溶解度增加，在显影过程中光照射部分被除去，其所覆盖部分在刻蚀过程中被加工掉。图 7-2 是光刻工艺过程

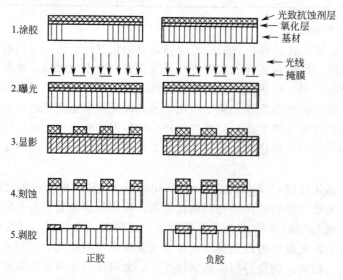

图 7-2　光刻工艺中光致抗蚀剂的作用原理

的示意图。根据采用光的波长和种类不同，光致抗蚀剂还可以进一步分成可见光刻胶、紫外光刻胶、放射线光刻胶、电子束光刻胶和离子束光刻胶等。

评价光刻胶的技术指标包括分辨率、对比度、光感度、黏度、黏结力、抗蚀性等；分别用于表述其光加工的精细程度、光加工质量、光加工所需最小光通量、光刻胶的铺展性、黏附性和抵抗腐蚀剂的能力。下面分别介绍负性和正性光致抗蚀剂的种类和作用原理。

一、负性光致抗蚀剂

负性光致抗蚀剂的作用原理是利用光照使光刻胶发生光聚合或者光交联反应，生成物的溶解度大大下降，在显影过程时溶剂不能溶解而留在被保护层表面。与光敏涂料相同，这一类材料中主要包括分子链中含有不饱和键或可聚合活性点的可溶性聚合物。如聚乙烯醇肉桂酸酯光致抗蚀剂是由聚乙烯醇与肉桂酸酰氯反应，在聚合物侧链上引入双键制备而成，它的制备反应和作用机理由下面的反应式表示[4]：

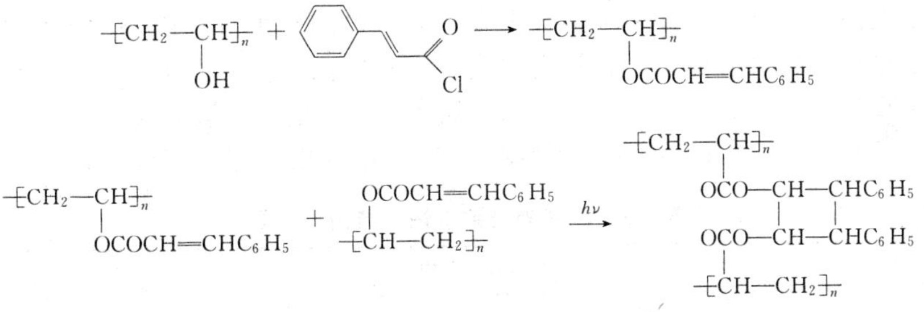

肉桂酸酯聚合物是典型的对可见光敏感负性光刻胶，采用可见光源即可完成光加工过程。其他类型的负性光刻胶还包括：聚对亚苯基二丙烯酸酯、聚乙烯醇亚肉桂醋酸酯、聚乙烯醇（N-乙酸乙酯）氨基甲酸酯-亚肉桂醋酸酯、肉桂酸与环氧树脂形成的酯类和环化橡胶等，其作用原理与上述过程基本相同。

另一类比较特殊的负性光刻胶由二元预聚物组成，特点是两种预聚体（一般由线型预聚物和交联剂组成）共同参与光聚合或光交联反应，形成网状不溶性保护膜；这种光刻胶也可以通过加入两种以上的多功能基单体与线型聚合物混合制备，当受到光照时胶体内发生光聚合和光交联反应，生成不溶性网状聚合物膜保护被加工表面。比较典型的如由顺丁烯二酸与乙二醇、二甘醇或者三甘醇等二元醇反应缩聚而成的不饱和聚酯，可以和单体苯乙烯、丙烯酸酯或者其他双功能基单体，例如二乙烯苯、N,N-亚甲基双丙烯酰胺、双丙烯酸乙二醇酯以及安息香光敏剂等配制成的负性光致抗蚀剂。这类光刻胶已经用于集成电路和印刷制版工艺。

二、正性光致抗蚀剂

正性光致抗蚀剂的作用原理与上述过程正好相反，主要发生光降解反应，反应的结果是胶膜的溶解性能提升或溶解属性发生改变，从而使曝光部分在随后的显影过程被除去。早期开发的正性光致抗蚀剂是酸催化酚醛树脂，其作用原理是当树脂中加入一定量光敏剂时，曝光后光敏剂发生光化学反应，使光致抗蚀剂从油溶性转变为水溶性，在碱性水溶液中显影时，受到光照部分溶解，对被保护层失去保护作用。这种正性光致抗蚀剂的主要优点是在显影时可以使用水溶液替代有机溶剂，从安全和经济角度考虑有一定优势。但是这种材料对显影工艺要求较高，光照前后溶解性变化不如负性光致抗蚀剂，材料本身价格也较高，因此使用受到一定限制。例如，连接有邻重氮萘醌结构的线型酚醛树脂在紫外光照射时发生光分解，生成碱水溶性分解产物，被认为是典型的紫外光敏感正性光刻胶。

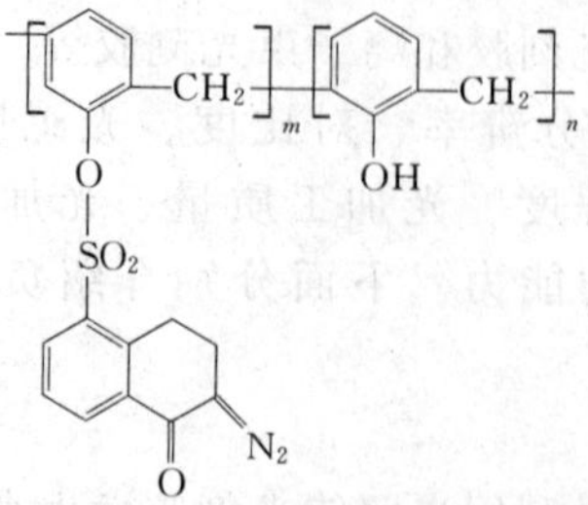

近年来随着光加工精度的要求越来越高，要求使用波长更短的深紫外光源。因为深紫外光刻技术不仅有上述光敏材料来源广泛的特点，同时由于其波长短，光散射和绕射的程度小，因此光刻精度可以大大提高。采用深紫外光刻技术可以减小集成电路的线宽，大大提高其集成度。但是也存在着对使用的光学材料要求高（必须能透过深紫外光，而且要排除对紫外线有吸收的空气），设备复杂的缺点。但是其光刻原理与酚醛树脂类正性光刻胶不同，深紫外光的能量较高，它可以使许多不溶性聚合物的某些键发生直接断裂而发生光降解反应，使其变成分子量较低的可溶性物质，从而在接下来的显影工艺中脱保护。由于深紫外光的能量较高，很多化学键可以参与降解反应，因此属于这一类的光刻胶种类比较多，其中聚甲基丙烯酸甲酯是常见的深紫外敏感正性光刻胶。表7-5中列出了部分深紫外光致抗蚀剂[1]。

表 7-5　深紫外光致抗蚀剂结构与性质

名　称	结　构	波长范围/nm	相对灵敏度
聚甲基丙烯酸甲酯	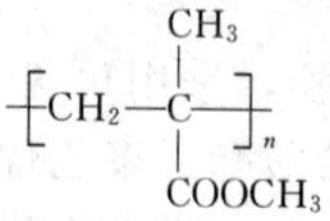	200～240	1
聚甲基异丙烯酮	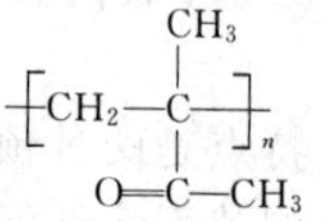	230～320	5
（甲基丙烯酸甲酯-α-甲基丙烯酸丁二酮单肟）共聚体	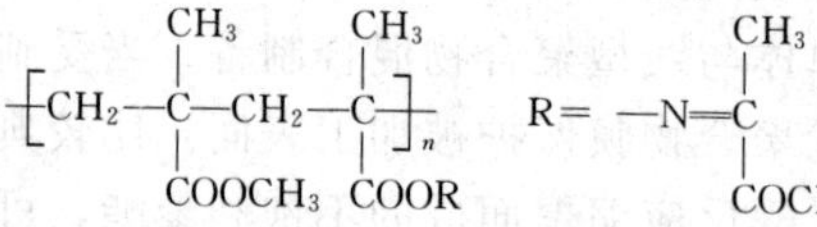	240～270	30
（甲基丙烯酸甲酯-α-甲基丙烯酸丁二酮单肟-甲基丙烯腈）共聚体	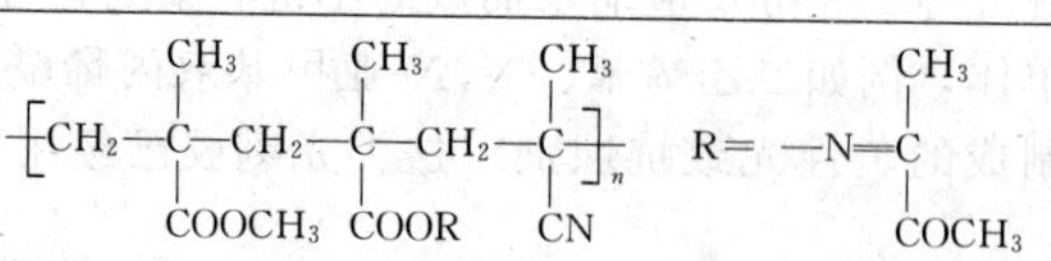	240～270	85
甲基丙烯酸甲酯-茚满酮共聚体	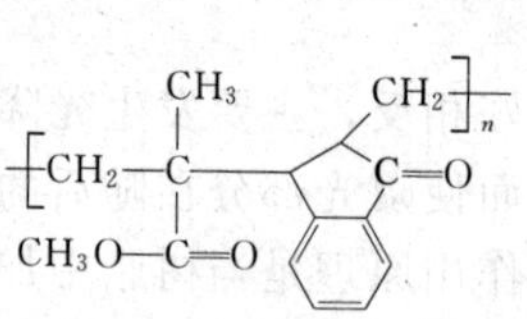	230～300	35
甲基丙烯酸甲酯-对甲氧苯基异丙基酮共聚体	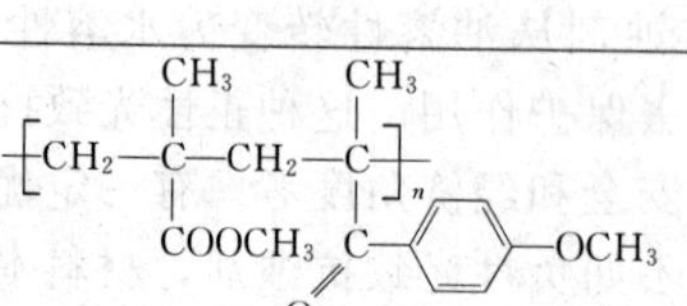	220～360	166

由于超大规模集成电路的发展对光刻工艺提出了越来越高的要求，上述各种光刻胶和光

刻工艺已经难以满足超大规模集成电路生产的需要。例如，由于光的绕射和散射会使细微图像失真。即使使用 $350\sim450nm$ 的紫外光为光源也只能加工线宽为 $1\mu m$ 左右的集成电路。要加工线宽在微米以下的集成电路必须选择波长更短、能量更高的光源。目前电子束和 X 射线已经被用来作为激发源用于集成电路生产中的光刻工艺中，由于它们的能量更高，因此在光刻胶中不需要发色团，在电子束或者 X 射线的直接作用下，几乎所有的高分子材料都能直接发生键的断裂而引起聚合物的降解。由于其波长更短，因而光刻的准确度也更高，可以生产集成度更高的集成电路。作为高能量，单一相位的激光也可以作为光刻工艺中的光源，提供快速、精确的光加工设备。

第四节　高分子光稳定剂

高分子材料在加工、储存和使用过程中，因受到光、热、氧化剂、水分和其他化学物质的作用，其性能会逐步变坏，以致最后失去使用价值，这种现象称为材料的"老化"。如果影响因素仅仅包括可见和紫外光以及有空气中的氧气的参与，这一过程称为"光老化"。高分子材料的光老化其实质是光化学反应改变了材料的性质，使其失去部分材料原有性能。引起高分子材料光老化最常见的因素是阳光，阳光引起的光化学反应主要包括光降解、光氧化和光交联反应。其中光降解反应产生高活性的自由基，进而发生分子链的断裂或交联，表现为材料的外观和机械性能下降。此外，由于氧气的无处不在，光化学反应产生的自由基还可能引发高分子光氧化反应，在高分子链上引入羰基、羧基、过氧基团和不饱和键，从而改变材料的物理和化学性质。其结果是使高分子链更容易发生光降解反应，引起键的进一步断裂。如果条件合适，光降解过程中产生的自由基也会引起光交联反应，使高分子材料变脆而性能变坏。高分子材料的光老化过程不仅造成巨大的物质损失，同时也对使用这类材料的设备和设施的安全性造成威胁。因此发展具有良好抗光老化能力的功能高分子材料是工农业生产和科学研究的迫切要求。

由于高分子材料的老化过程十分复杂，影响因素非常多，要完全了解高分子材料的光老化过程和反应机理是很困难的。下面仅就其光波长、温度、氧气和聚合物中的化学组成对光老化的影响进行讨论，然后分析光稳定添加剂的作用机理和制备方法。

一、光降解与光氧化过程

1. 光的波长、光吸收度和光量子效率的影响

由于太阳光是造成光老化的主要因素，因此了解阳光的性质和阳光与高分子材料的作用机制是必要的。经过大气层的过滤，阳光到达地面时的波长范围在 $290\sim3000nm$ 之间，其光线基本组成为紫外光占 10%、可见光占 50%、红外线占 40%。上述组成还受到气候、海拔高度和地理位置等因素的影响。虽然紫外光所占的比重不大，但由于其能量较高，对光老化过程影响最大，可见光和红外线对光老化的影响相对较小。但是由于红外线被吸收后会转变成较多的热能，使吸光材料的温度上升，因此造成的温度升高会加速光老化过程，其影响也不可小视。

除了光的波长范围之外，促使光老化反应的重要参数还包括材料对光的吸收度和光量子效率。光只有被材料吸收才能起作用，透射光和反射光在光化学反应中没有影响。不同材料对光的吸收有很大差别，同种材料对不同波长的光吸收能力也不同，因为每一种物质都有自己特征吸收光谱，因此仅有某些特定波长的光被材料吸收，并参与光化学反应。由于大多数高分子材料本身对近紫外和可见光没有或很少吸收，因此高分子材料中的各种吸光性添加剂和杂质对光的吸收占有重要地位，特别是加入的染料和颜料。

从光化学原理可知，即使被吸收的光使部分分子或者发色团跃迁到激发态，也不是所有的激发能都能转化成光降解反应的化学能；根据 Jablonsky 图，分子被激发之后可能发生一系列不同的能量耗散过程，其中包括辐射和非辐射过程；激发态分子中仅有极小部分能转化成化学能导致发生光降解反应。如果用 Φ 表示光降解量子效率（发生降解分子数与吸收光量子数之比），大多数聚合物材料的 Φ 值在 $10^{-3} \sim 10^{-5}$ 之间，量子效率非常低。这就是大多数聚合物为什么没有在光照下迅速分解的原因。当然，不同的聚合物耐受光老化能力存在着个体差异，对光老化过程的耐受能力不同。在表 7-6 中给出了常见聚合物的光降解参数[5]。

表 7-6　常用聚合物的光降解参数

聚合物	光敏感区/nm	Φ(254nm)	聚合物	光敏感区/nm	Φ(254nm)
聚四氟乙烯	<200	$<1 \times 10^{-5}$	聚甲基丙烯酸甲酯	214	约 2×10^{-4}
聚乙烯	<200	$<4 \times 10^{-2}$	聚己内酰胺		约 6×10^{-4}
聚丙烯	<200	约 1×10^{-1}	聚苯乙烯	260, 210	约 1×10^{-3}
聚氯乙烯	<200	约 1×10^{-4}	聚碳酸酯	260	约 2×10^{-4}
醋酸纤维素	<250	约 1×10^{-3}	聚对苯二甲酸乙二醇酯	290,240	$>1 \times 10^{-4}$
纤维素	<250	约 1×10^{-3}	聚芳砜	320	

从表 7-6 中数据可以看出，大多数聚合物本身的光敏感区在太阳光的波长范围之外，即使在深紫外区（254 nm）光降解反应的光子效率也比较低，应该说这些聚合物是比较稳定的。对这一类聚合物来讲，在生产和使用过程中引入的其他具有光敏作用的添加剂和其他杂质是造成光老化的主要内在因素。

在上述影响因素中，化合物的结构是影响光降解量子效率的主要因素，特别是化学键的类型影响较大，在表 7-7 中给出的是不同化学键的键能以及对应的敏感光波波长。

表 7-7　有机化合物键能与对应的光波波长

化学键	键能/kJ/mol	对应光波/nm	化学键	键能/kJ/mol	对应光波/nm
O—H	1938.74	259	C—O	351.69	340
C—F	441.29	272	C—C	347.92	342
C—H	413.26	290	C—Cl	328.66	364
N—H	391.05	306	C—N	290.80	410

2. 聚合物光老化过程的引发机理

当分子吸收光能跃迁到激发态后，由于激发态分子的高活性，可以发生不同化学和物理过程，其中光化学反应是耗散所吸收光能的形式之一。参与光老化过程的化学反应可能包括自由基产生、光离子化、环合、分子内重排及键断裂等反应。对于一个具体的光老化过程可能包括以上所有反应，也可能仅有其中一部分反应参与。生成自由基的光化学反应可以分为初级光化学过程和次级光化学过程。初级光化学过程是激发态分子自身被离解为自由基，而次级光化学过程是激发态分子与另外一个处于基态的分子反应，发生能量转移过程生成自由基。自由基可以由聚合物分子产生，但是更多的情况是由聚合物中存在的杂质或添加剂产生。产生的自由基可以直接与其他聚合物分子发生链式降解或者交联反应，也可以通过能量转移过程将能量传递给其他分子，由其他分子完成自由基光降解反应。当有氧气存在时，光激发产生的自由基可与氧分子反应形成过氧自由基，其结果是发生自由基链式氧化反应。前面曾经介绍过，氧化反应的结果是生成许多含氧基团，而这些基团又成为新的发色团，这些发色团在光的照射下又可引发新的链式自由基反应，从而加速了聚合物的光老化过程。因而光氧化过程比之光降解对于高分子材料老化有更大的影响。

此外，如果聚合物中含有光敏性物质，光敏降解反应将成为一种重要的引起材料老化的反应，酮和醌类衍生物是常见的光敏物质。例如二苯甲酮、对苯醌、1,4—萘醌、1,2—苯并蒽醌醇和2—甲基蒽醌醇等，它们能有效地吸收波长大于300nm的光线，跃迁到激发态后与相邻聚合物分子发生脱氢反应将能量转给聚合物分子，并形成活性自由基而引发光降解反应。光化学反应的最终结果都是聚合物结构发生变化（多数是分子量下降，溶解性加大），力学性能下降，从而失去使用价值。

二、光稳定剂的作用机制

在聚合物中加入某种材料，如果这种材料能够提高高分子材料对光的耐受性，增强抗光老化能力，即被称为聚合物光稳定剂。光稳定剂的选择和制备应当根据光降解、光交联和光氧化反应的特点和过程综合考虑。聚合物抗老化的基本措施和基本原理主要有以下两种方式。

① 对有害光线进行屏蔽、吸收，或者将光能转化成无害方式耗散，以防止自由基等有害活性物质的产生。

② 用激发态猝灭剂猝灭产生的激发态分子，或者采用自由基捕获剂吸收产生的自由基，切断光老化链式反应的进行路线，使其对聚合物主链不产生破坏力。

从以上的分析可知，在光照过程中自由基的产生是光老化过程中最重要的一步，阻止自由基的生成和清除已经生成的自由基是保证聚合物稳定的两个重要方面。

1. 阻止聚合物中自由基的生成

阻止聚合物中自由基的生成可以从三方面入手。

①提高聚合物材料的纯度，保证聚合物中不含有对光敏感的光敏剂或者发色团，从而杜绝产生自由基的基础。实践也证明采用稳定性强的聚合物，并且尽量减少聚合物中残留的催化剂、杂质，特别是光敏性杂质，高分子材料的抗老化能力会大大增强。

②使用光屏蔽材料阻止光的射入，使聚合物中的光敏物质无法被激发，屏蔽的方式可以是表面处理措施，如表面涂漆或反光材料，或者是内部处理，如聚合物中加入光稳定性吸光颜料。防止危害性较大的紫外线进入是选择这类光稳定剂的主要目的。

③在聚合物中加入激发态猝灭剂。该方法以猝灭光激发产生的激发态分子为目的，防止激发态分子分解成自由基。因此激发态猝灭剂是重要的光稳定剂之一。

2. 清除光激发产生的有害自由基

对已经生成的自由基，如果能够采用一种方法或物质将其猝灭，同样可以阻止光老化反应的发生。实现上述目的可以加入不同种类的自由基捕获剂，清除生成的自由基，将其化学能转换成无害形式，从而阻止光降解链式反应的发生。因此各种自由基捕获剂也可能作为光稳定剂。

3. 加入抗氧剂

由于氧的存在可以大大加快高分子材料的老化速度，在高分子材料中加入一定的抗氧剂会清除聚合物内部的氧化物，阻止光氧化反应，也会起到减缓老化速度的作用。因此抗氧剂经常是光稳定剂的重要组成之一。

三、高分子光稳定剂的种类与应用

根据前面的光稳定化机理分析讨论，聚合物光稳定剂按其作用模式可以分为以下四类：

①光屏蔽剂；②激发态猝灭剂；③过氧化物分解剂；④抗氧剂。虽然在聚合物材料表面涂刷保护性涂料也是有效的辅助性防护措施，但不属于本书的讨论范围。下面对各种高分子光稳定剂加以讨论。

1. 光屏蔽剂

光屏蔽剂有光屏蔽添加剂与紫外光吸收剂两类，前者是阻止聚合物对各种光的吸收，后者是仅阻止能量较高、破坏力大的紫外线对聚合物的破坏，并将吸收的能量转化为无害的形式耗散。光屏蔽添加剂是将吸光颜料分散于受保护的聚合物中，通过反射或吸收有害的紫外和可见光，阻止光激发过程。对添加型光屏蔽剂的要求是应与聚合物材料有较好的相容性，不影响或很少影响聚合物的力学性能。颜料对光的吸收局限在聚合物表面，因此内层聚合物得到保护。最常用的光屏蔽添加剂是炭黑，它不仅有吸收光的作用，还有捕获光老化过程产生的自由基的能力，缺点是影响聚合物材料的颜色和光泽。特别应该指出，有光敏化作用的颜料不能作为光屏蔽剂使用。紫外吸收剂与颜料添加剂的不同点在于它只对光老化过程影响最大的紫外光有吸收，对可见光没有影响，因此不影响高分子材料的颜色和光泽，特别适用于无色或浅色体系。紫外光吸收剂作为光稳定剂必须具备两项功能，首先是对紫外光吸收要好，即有较高的摩尔吸收系数；其次是吸收的光能必须能以无害的方式耗散。大多数紫外吸收剂具有形成分子内氢键的酚羟基，或者具有发生光重排反应能力。例如 2-羟基二苯酮和 2-(2-羟基苯基）苯并三唑是利用如下式表示的分子内的互变异构来储存和耗散光能的，耗散的能量以热的形式转移。

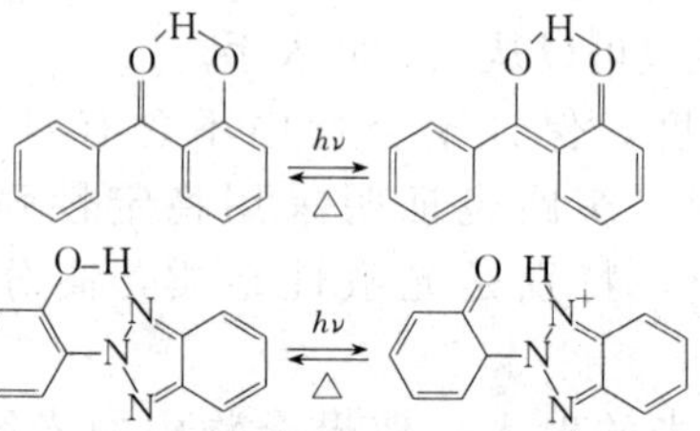

对光屏蔽剂的一般要求是：①应有足够大的消光系数，保证在添加剂量不大的条件下对有害光实施有效屏蔽；②添加的吸收剂在吸收光能之后应具有能无害地耗散其所吸收的光能，而自身和高分子不受损害，特别是所耗散的能量不应对高分子有敏化作用。

2. 激发态猝灭剂

处在激发态的分子可以通过多个途径回到基态，其中也包括将能量转移给猝灭剂分子，自身失去活性。如果能量转移给猝灭分子的过程在与自由基生成过程竞争中占优势，而猝灭剂在吸收光能后能以无害方式耗散得到的能量，那么猝灭剂的存在就能够阻止光老化反应，对聚合物产生稳定作用。猝灭剂和激发态分子间的能量转移过程可以通过辐射方式的长程能量传递途径，或者通过碰撞交换能量的短程能量传递途径。具有长程能量传递功能的猝灭剂要求有与激发态发射光谱相重叠的吸收光谱。由于在猝灭过程中不需要与激发态分子相接触，这种猝灭剂的猝灭效率较高，当加入量达到 0.01% 时就可实施有效的稳定作用。目前常用的猝灭剂多为过渡金属的络合物，特别是稀土金属配合物是发展最快，使用量最大的激发态猝灭型光稳定剂。

3. 抗氧剂

能阻止热氧化反应的抗氧剂同样可以作为聚合物的抗光氧化剂。但是两者在机理上是否相同还有待于研究，因为其抗氧化特征并不相同。酚类化合物是一种常见抗氧剂，但是作为抗光氧化剂，它们在紫外光下的稳定性一般较差，在光氧化条件下很快消耗完毕，作用不够持久。高立体阻碍的脂肪胺类有较好的抗光氧化能力，如 2,2,6,6—四甲基哌啶类衍生物就是代表性抗光氧化剂之一，它可以有效地阻止聚丙烯树脂的老化。据信是哌啶分子中的胺及氧化生成的 N—O 自由基参与阻止高分子链上形成具有光活性的 α,β—不饱和羰基的光降解过程。此类脂肪胺在自由基、氧、光和过氧化物的作用下被氧化成氮氧自由基（光敏自由基被消耗），生成的氮氧自由基能有效地捕捉烷基及大分子自由基，终止链反应，防止光老化反应进行。

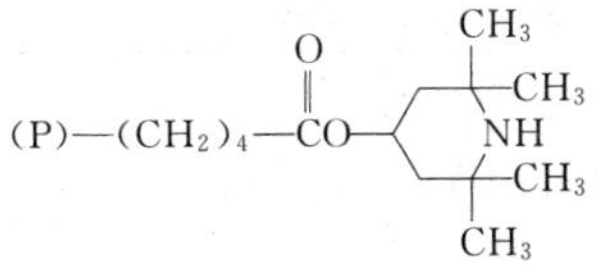

$$(P)-(CH_2)_4-C\overset{O}{\underset{O}{\parallel}}$$

2,2,6,6-四甲基哌啶衍生物

4. 聚合物型光稳定剂

从应用角度分析，各种光稳定剂与聚合物之间的相容性问题和光稳定剂在长期使用期间自身损耗是选择光稳定剂必须考虑的因素，这些损耗可能是在加工和使用期间的热挥发或者是在长期使用过程中稳定剂缓慢迁移至聚合物表面而渗出。为了解决上述问题，下面两种方法是可供选择的防治手段。

① 将长脂肪链接在光稳定剂上，从而改进与聚合物的相容性；同时长脂肪链的"锚"作用可以降低光稳定剂在聚合物中的扩散过程。如 2,2-二羟基-4-十二烷氧基二苯甲酮（Ⅰ）即是具有这种功能的光稳定剂。12 个碳的烃基引入光稳定剂之后相容性和稳定性均得到提高。

② 将光稳定剂直接接枝到高分子骨架上，例如将 2-羟基二苯甲酮以化学方法键合于 ABS 类高分子骨架上，即可使 ABS 塑料拥有光稳定作用。制备方法是将其巯基衍生物（Ⅱ）与自由基引发剂异丙苯过氧化氢混于聚合物中一起加工，使其接枝于高分子骨架。上述两种稳定剂的化学结构如下：

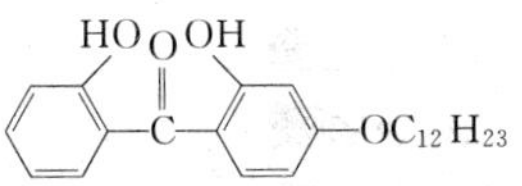

Ⅰ：2,2′-二羟基-4-十二烷氧基二苯甲酮 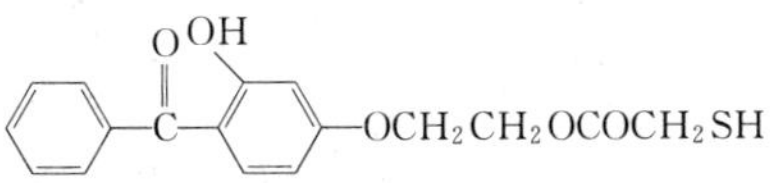　　　Ⅱ：2-羟基-4-(巯基乙酰氧基)乙氧基二苯甲酮

类似的带有乙烯基可聚合基团的光稳定剂，如丙烯酸酯型以及乙烯型的 2-(2-羟苯基)-2H-苯并三唑衍生物（Ⅰ、Ⅱ）。实验证实，由它们制备的均聚物和共聚物具有与其低分子量的紫外吸收剂相似的紫外吸收光谱和抗老化稳定效果，但是寿命更长。

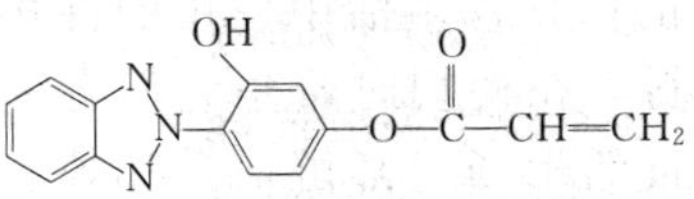

Ⅲ 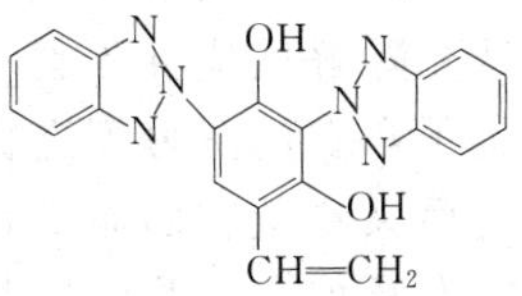　　　　　　　　　　　Ⅳ

在表 7-8 中给出了常见紫外光稳定剂的种类和作用机理[6]。

表 7-8 常用紫外光稳定剂

类　别	结　构	商品名称	机　理
紫外屏蔽剂	炭黑,ZnO,MgO,$CaCO_3$,$BaSO_4$,Fe_2O_3		可见和紫外光屏蔽
紫外吸收剂	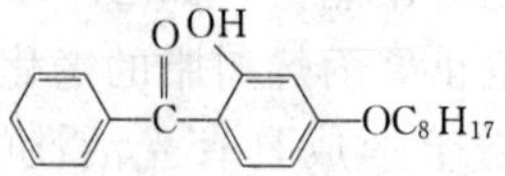 二苯甲酮 C_6H_5-CO-（邻OH，对OC_8H_{17}）	Cyasorb UV531	紫外光吸收 断链电子给体
紫外吸收剂	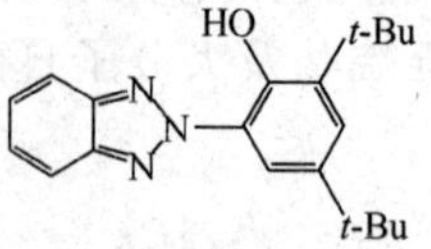 苯并三唑 — 苯环（HO，$t\text{-}Bu$，$t\text{-}Bu$）	Tinuvin 326	紫外光吸收 断链电子给体
紫外吸收剂	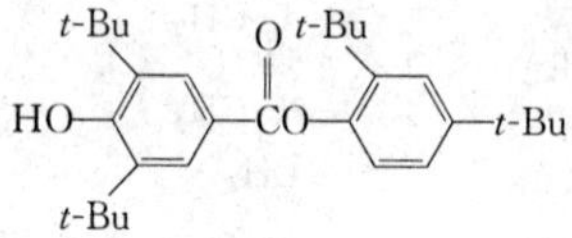 HO-（$t\text{-}Bu$，$t\text{-}Bu$）苯甲酸酯（$t\text{-}Bu$，$t\text{-}Bu$）苯酯	Tinuvin 120	断链电子给体 紫外光吸收
紫外吸收剂	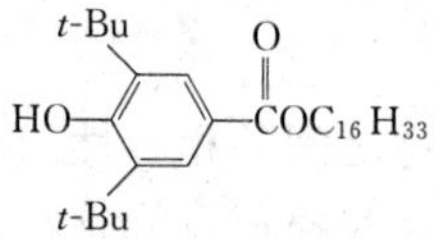 HO-（$t\text{-}Bu$，$t\text{-}Bu$）苯基-$COC_{16}H_{33}$	Cyasorb UV2908	断链电子给体
激发态猝灭剂	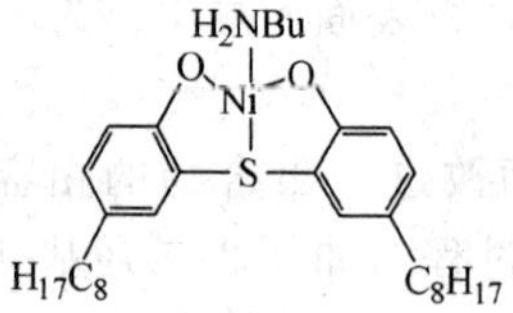 H_2NBu-Ni 配合物，O，O，S，$H_{17}C_8$，C_8H_{17}	Cyasorb 1084	紫外光吸收 断链电子给体 过氧物分解
激发态猝灭剂	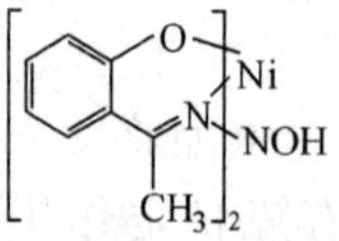 [苯环 C(CH_3)$_2$-N-NOH-O-Ni]$_2$		紫外光吸收 断链电子给体 过氧物分解
激发态猝灭剂	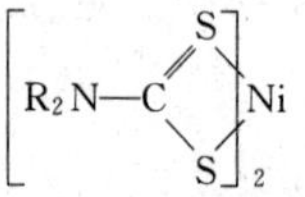 [R_2N-C（S，S）Ni]$_2$		紫外光吸收 断链电子给体 过氧物分解
激发态猝灭剂	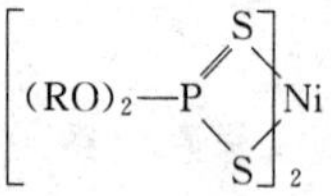 [$(RO)_2$-P（S，S）Ni]$_2$		紫外光吸收 断链电子给体 过氧物分解
自由基捕获剂	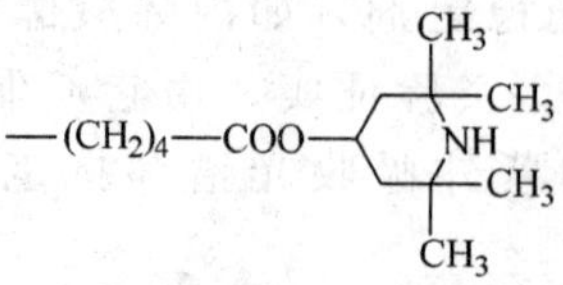 —$(CH_2)_4$-COO-哌啶环（CH_3，CH_3，NH，CH_3，CH_3）	Tinuvin 770	断链电子给体 断链电子受体

　　值得指出的是光降解反应并不总是有害的，日常生活中使用的许多高分子材料，如包装用的瓶子、袋子和农用薄膜等高分子材料，在使用时希望它们有一定机械强度和使用寿命，使用期过后又希望它们能容易地或自然地通过降解而破坏掉。合理利用光降解反应，在聚合物中有意加入一些可以加速降解反应的光敏物质，利用光老化过程就可以实现生产这类所谓具有预期寿命的聚合物，这在环境保护方面为消灭"白色污染"有重要意义。

第五节 光致变色高分子材料

　　某些化学物吸收光能后其化学结构发生可逆变化，如果这些结构的可逆变化对可见光的吸收光谱发生某种改变，从外观上看是相应地产生颜色变化，这种现象称为光致变色，具有这种能力的物质称为光致变色材料。能够表现出这种光致可逆颜色变化的聚合物称为光致变色高分子材料。光致变色高分子材料之所以引起人们的广泛兴趣是因为根据这一现象可以制造各种护目镜、能自动调节室内光线的窗玻璃、建筑物装饰玻璃、光闸和军事上的伪装材料等。光致变色现象一般人为地分成两类：一类是在光照下，材料由无色或浅色转变成深色，被称为正性光致变色，有阻挡光线透过的功能；相反，在光照下材料的颜色从深色转变成无色或浅色，称为逆光致变色。不过这种划分方法只有相对意义。在光的作用下颜色发生可逆变化是这种材料的基本特征，即在光照消除后颜色可以回到原来状态。在光致变色过程中，变色现象大多与聚合物吸收光后的结构变化有关系，如聚合物发生互变异构、顺反异构、开环反应、生成离子、解离成自由基或者氧化还原反应等。

　　人们早已发现小分子光致变色现象，例如偶氮苯类化合物在光的作用下，会从低能态的反式结构变为顺式结构，其顺反异构具有不同的吸收波长，从而改变了该化合物的外观颜色。当光照消除后偶氮苯化合物能自动返回原来的反式结构，恢复原来的光吸收特征。如果能把这种小分子光致变色材料高分子化，就会成为有用的功能高分子材料。

　　制造光致变色高分子有两种途径可以利用：一种是把小分子光致变色材料与聚合物共混，使共混后的聚合物具有光致变色功能；另一种是通过共聚或者接枝反应以共价键将光致变色结构单元连接在聚合物的主链或者侧链上，这种材料就成为真正意义上的光致变色高分子材料。在本节中将对几种主要光致变色高分子材料的作用机理和合成制备方法分别加以介绍。

一、含硫卡巴腙配合物的光致变色聚合物

　　硫卡巴腙（thiocarbazone）与汞的配合物是分析化学中常用的显色剂，在光照作用下发生互变异构化反应，产生光致变色效应。含有这种功能基的聚合物在光照下，化学结构会发生如下结构变化：

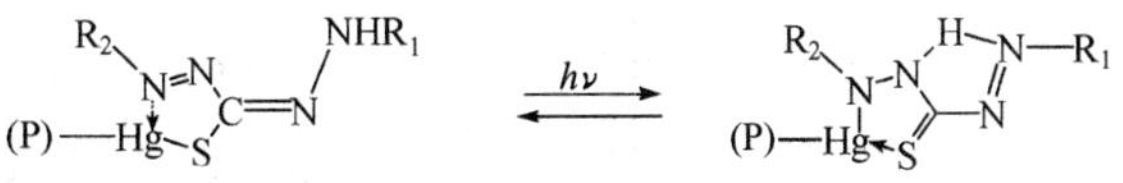

　　当 $R_1 = R_2 = C_6H_5$ 时，光照前的最大吸收波长为 490 nm，光照后发生互变异构化反应，反应产物的波长为 580 nm，波长红移 90 nm，属于正光致变色过程。光照前后呈现不同颜色。当光线消失后，又会发生逆异构化反应，慢慢回复到原来的结构和颜色。硫卡巴腙汞络合物的高分子化方法有多种，其中的聚丙烯酰胺型聚合物可以按照以下路线合成：

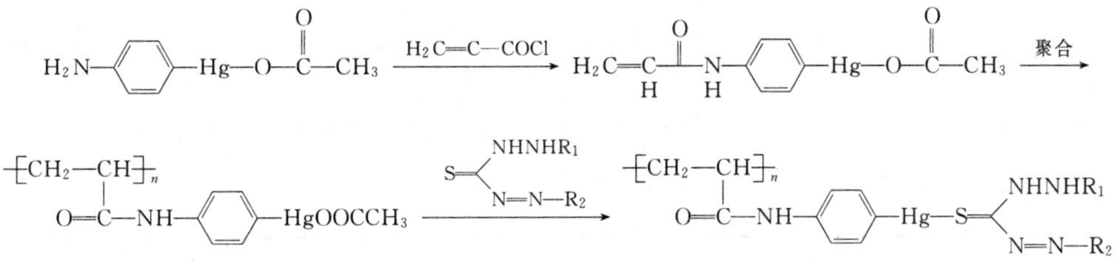

二、含偶氮苯的光致变色聚合物

这类高分子的光致变色性能是偶氮苯结构受光激发之后发生顺反异构变化,顺式构型与反式构型的最大吸收波长不同,从而引起颜色变化。分子吸收光后,稳定的反式偶氮苯变为顺式结构,最大吸收波长从约350nm蓝移到310nm,消光系数也发生变化,多数情况有所下降,是逆光致变色过程[7](见图7-3)。由于顺式结构是不稳定的,在黑暗的环境中又能恢复到稳定的反式结构,重新回到原来的颜色。在光致变色过程中造成最大吸收波长变化的主要原因是分子顺反异构化影响到偶氮苯结构的共平面性,造成两苯环之间共轭程度发生变化。顺式结构由于空间位阻作用,苯环之间的共轭效应下降,这是吸收波长蓝移的主要原因之一。

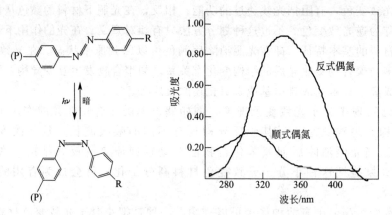

图7-3　偶氮苯型聚合物的光致互变异构反应及最大吸收波长变化

带有偶氮苯结构的光致变色高分子材料的合成策略主要有以下三种。

① 首先合成具有乙烯基的偶氮化合物,然后通过均聚反应或者与其他烯烃单体共聚制备高分子化的偶氮化合物。

② 含有偶氮结构的分子通过接枝反应与聚合物骨架键合,实现高分子化。

③ 通过与其他单体的共缩聚反应,把偶氮结构引入聚酰胺、尼龙66等聚合物的主链之中。在表7-9中列出部分偶氮苯型光致变色聚合物的化学结构和光学参数。

表 7-9　偶氮型光致变色聚合物光学参数

化 合 物	状态	吸收波长/nm	化 合 物	状态	吸收波长/nm
(P)—〈 〉—N=N—〈 〉—N(CH₃)₂	溶液 膜	415 415	(P) HO—〈 〉—N=N—〈 〉	溶液 膜	355 358
(P) (CH₃)₂N—〈 〉—N=N—〈 〉	溶液 膜	420 420	(P) HO—〈 〉—N=N—〈 〉—Cl	溶液 膜	362 364
(P) (CH₃)₂N—〈 〉—N=N—〈 〉—	溶液 膜	424 424	(P) HO—〈 〉—N=N—〈 〉—CH₃	溶液 膜	357 359
(P)—C(=O)—NHCH₂NH—〈 〉—N=N—〈 〉	溶液	412			

在溶液中的偶氮苯高分子在光照射时比较容易完成顺反异构的转变，转换速度较快，在固体膜中则较慢。在固体聚合物中柔性较好的聚丙烯酸聚合体系中的转化速度比在相对刚性较强的聚苯乙烯体系中要快一些。偶氮苯型光致变色聚合物在光照时的消光值小于在无光照时的消光值，也就是说，环境越亮它的透光率越高；显然这种材料是不能作为变色太阳镜的。但是在其他方面具有应用价值。

三、含螺苯并吡喃结构的光致变色高分子

带有螺苯并吡喃结构的高分子材料是目前人们最感兴趣的光致变色材料，变色明显是其主要特点。含有螺苯并吡喃结构的化合物在紫外光的作用下吡喃环可以发生可逆开环异构化反应[8]，分子中吡喃环中的 C—O 键吸收光能后断裂开环，分子部分结构进行重排，使分子处在一个接近共平面的状态，材料本身的最大吸收波长从有光照射时的几乎无色红移到 550 nm 左右，属于光致开、关环反应的正性光致变色材料。吸收可见光或在热作用下其结构可以复原，恢复到无色状态。其结构变化如下图所示：

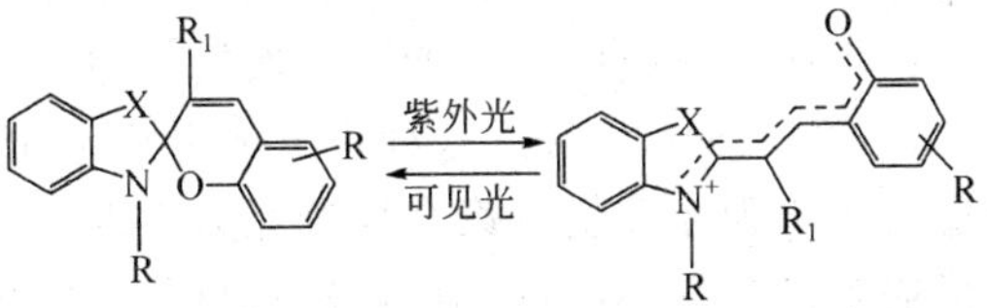

根据高分子化过程和高分子骨架的不同，常见的螺苯并吡喃结构光致变色聚合物主要有以下三种结构类型。

① 含螺苯并吡喃的甲基丙烯酸酯或者甲基丙烯酸酰胺与普通甲基丙烯酸甲酯的共聚产物，光致变色结构连接在聚合物侧链上。侧链型聚合物的光致变色响应速度较快。

② 含螺苯并吡喃结构的聚肽，如聚酪氨酸和聚赖氨酸的衍生物。螺苯并吡喃结构通过与主链上的氨基反应生成共价键连接。

③ 主链中含有螺苯并吡喃结构的缩聚高分子，这种结构的高聚物是通过带两个羟甲基的螺苯并吡喃衍生物与过量的苯二甲酰氯反应，再与 2,2-二对羟基苯基丙烷反应，即可得到主链含螺苯并吡喃结构的聚合物。主链型螺苯并吡喃聚合物的光力学性能明显。

小分子螺苯并吡喃高分子化之后最大的变化是退色速率大大下降，一般要下降 400～500 倍。其中主链型比侧链型下降的大。这是由于螺苯并吡喃结构吸收光能前后分子结构变化的幅度比较大，需要较大空间条件，而聚合物的骨架对螺苯并吡喃结构的活动有束缚作用。

四、氧化还原型光致变色聚合物

当高分子材料在光的作用下可以发生可逆氧化还原反应，而其不同氧化态的吸收光谱明显不同，则构成光致氧化还原型变色材料。这一类光致变色聚合物主要包括含有联吡啶盐结构、硫堇结构和噻嗪结构的高分子衍生物。联吡啶盐主要指紫罗精衍生物，是 4,4'-位连接的联吡啶，在 N 原子位置上引入烷基成盐。硫堇和噻嗪是一种含氮和硫原子的杂环化合物，其中在苯环位置有氨基取代。这类高分子在光照下的变色现象，据信都是由于光氧化还原反应的结果。一般来说，氧化态的噻嗪是有色的，常为蓝色。当环境中存在还原性物质时，如二价铁离子，光照后还原为无色物质。联吡啶盐衍生物在氧化态是无色或浅黄色；光照后在第一还原态呈现深蓝色。硫堇高分子衍生物的水溶液呈紫色，光照可以将其还原成无色溶液；当在黑暗处放置后紫色又可以回复。这两种光致变色高分子可以通过下述反应制备[9]：

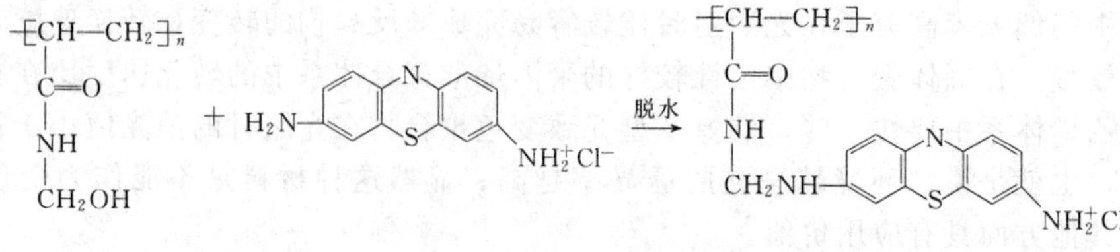

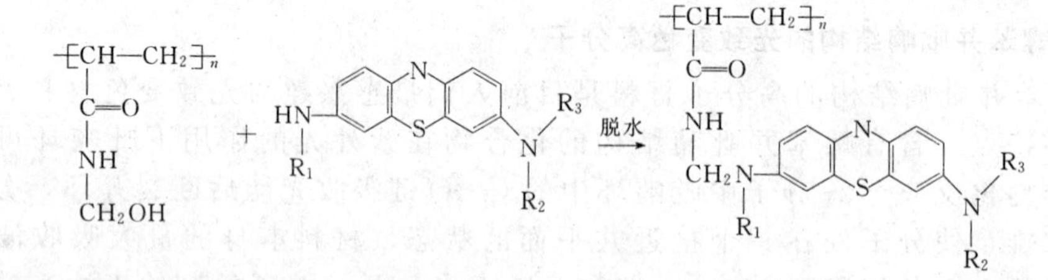

五、光致变色高分子中的光力学现象

某些光致变色高分子材料在光照时不仅会发生颜色变化，而且可以观察到光力学现象，如含有螺苯并吡喃结构的聚丙烯酸乙酯。由此高分子材料做成的薄膜在恒定外力的作用下，当光照时不仅颜色会发生变化，而且薄膜的长度增加；撤销光照，在颜色恢复的同时长度也会慢慢回复，其收缩伸长率达 3%～4%左右。这种由于光照引起分子结构改变，从而导致聚合物整体尺寸改变的可逆变化称为光致变色聚合物的光力学现象。据信该现象是由于光照使螺苯并吡喃结构开环，形成柔性较好的链状结构，使材料外观尺寸发生变化。利用这种光力学现象可以将光能转化成机械能，用于光控移动器件的制备。

4,4-二氨基偶氮苯同均苯四甲酸酐缩合成的聚酰亚胺也有类似的功能，这种高分子是半晶态，顺反异构转变限制在无定型区。在光照时发生顺反异构变化，引起聚合物的外形尺寸收缩[10]。

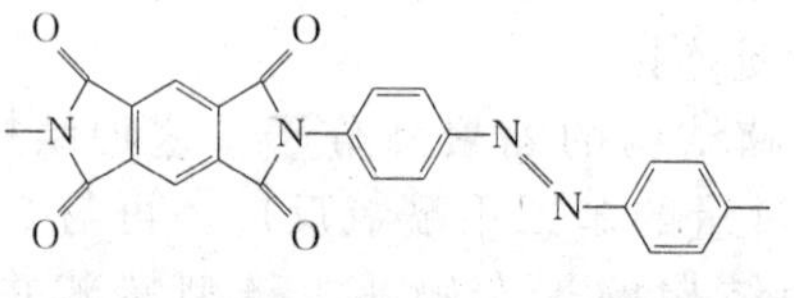

由偶氮苯直接连接的主链型光致变色聚合物也显示出同样的功能，如以甲基丙烯酸羟乙酯与磺酸化的偶氮苯颜料共聚，生成的聚合物凝胶在光照时能发生尺寸变化达 1.2%的收缩现象，在黑暗中尺寸回复原状，其回复速率是时间的函数[11]。可以预见，随着对其作用机理和光力学现象认识的深入，其潜在的应用价值必将会引起人们的关注。

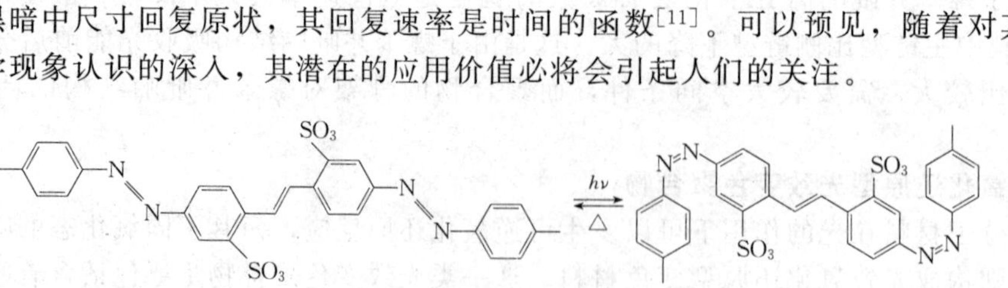

第六节　光导电高分子材料

光导电材料是指材料在无光照时是绝缘体，而在有光照时其电导值可以增加几个数量级而变为导体的光控导电材料。根据材料属性，光导电材料可以分成无机光导材料、有机光导材料两大类。有机光导材料还可以细分成高分子光导材料和小分子光导材料。较早开发的无机光导材料包括硒、氧化锌、硫化镉、砷化硒和非晶硅等。其中硫化锌的感度低，不适合在高速复印机和激光打印机等重要场合使用。硫化镉有毒，容易对环境造成污染，使用受到限

制。只有硒在复印机中得到了广泛应用。但是其材料来源缺乏，制作工艺复杂，价格昂贵，市场份额在逐步下降。用金属锗制作的玻璃封装的低频三极管具有光导电性质，将封装玻璃上面的黑漆去掉就可以制作光控部件。与无机光导材料相比，有机光导材料具有无毒、制作容易、光导性能好等特点，具有广阔的发展前途。在20世纪80年代后期，带有咔唑结构的聚合物型光导体逐步占据光导电材料的主导地位。近年来，以偶氮染料、酞菁、四方酸、多环芳烃衍生物为代表的有机光导材料异军突起，引起人们的广泛关注并迅速获得应用。

有机光导材料主要有线型共轭高分子材料、带有共轭结构的小分子材料、电子给体和受体组合构成的电荷转移复合物等三大类。近年来信息工业的快速发展，特别是光电成像、静电复印、激光打印、光电控制等技术领域的快速发展，对光导材料需求量大增，并提出了更高的要求，开发新型光导材料也引起各国科学界的高度重视。

一、光导电机理与结构的关系

1. 光导电性测定与影响因素

材料的电导特性一般用电导率表示，定义为在单位电场强度下，在单位截面积和长度下测出的电流强度：

$$\sigma = \frac{Il}{AE} = ne\mu$$

式中，σ 为电导率；I 为电流强度；l 为测定材料的长度；A 为材料的截面积；E 为所加的电场强度值；等式右边部分的 n 为单位体积中载流子的密度；e 为电子电荷，μ 为载流子的迁移率。其中载流子可以是电子、空穴或离子，在光导材料中载流子主要是前两部分。根据公式可见，被测材料电导率的大小与载流子的密度和迁移率均成正比。光导材料就是利用光照吸收光能增加材料中载流子密度来提高电导率的。材料载流子的迁移率是指在单位时间内，在一定电压下载流子的迁移距离，可以用下式计算：

$$\mu = \frac{d^2}{Vt}$$

式中，d 表示测定材料的厚度；V 是在测定材料两边施加的电压值；t 是载流子在电极之间的漂移时间。在实验中通过光照射面施加的电压极性与光电流的关系可以确定载流子的种类。当在测定材料光照一面施加正电压，如果电流增加，可以认为空穴是主要载流子；反之，则电子是主要载流子。

在光导材料应用中时常采用的表示材料光导电性能的物理量是感度 G。其定义为单位时间材料吸收一个光子所产生的载流子数目。其表达式为：

$$G = \frac{I_p}{eI_0(1-T)A}$$

式中，I_p 表示产生的光电流；I_0 是单位面积入射光子数；T 为测定材料的透光率，用百分比表示；A 为光照面积。

2. 光导电机理

从光导电机制上分析，光导电机制的基础是在光的激发下，材料内部的载流子密度能够迅速增加，从而导致电导率增加。在理想状态下，光导材料吸收一个光子后跃迁到激发态，进而发生能量转移过程，激发态分子发生分解产生空穴和自由电子构成载流子。在电场力的作用下载流子定向移动产生光电流。在无机光导材料中，光电流的产生被认为是在价带（valece band）中的电子吸收光能之后跃迁至导带（conduction band），在电场力作用下，进入导带的电子或或者留下的空穴发生迁移产生光电流。光电流的产生要满足光子能量大于价带与导带之间能量差的条件。对于分子型光导材料，形成光导载流子的过程分成两步完成。

第一步是光活性分子中的基态电子吸收光能后至激发态，产生的激发态分子有两种可能的变化，一种是通过辐射和非辐射耗散过程回到基态，激发态灭失，不产生光生载流子；另一种是激发态分子发生离子化，形成所谓的电子-空穴对。

第二步是在外加电场的作用下，电子-空穴对发生解离，解离后的空穴和电子作为载流子可以沿电场力作用方向移动产生光电流。

在第一步中产生电子-空穴对过程与外加电场大小无关，产生电子-空穴对的数量只与吸收的光量子数目和光的激发效率有关。产生的电子-空穴对可以在外电场作用下发生解离；也可以两者重新结合，造成电子-空穴对消失。电子-空穴对发生解离的比率也称为感度（G）。上述两步过程可以用下式表示：

$$D+A \xrightarrow{\text{光激发}} [D^+A^-] \xrightarrow{\text{电场力}} D^+A^-$$

式中，D 表示电子给予体，A 表示电子接受体。电子给体和受体可以是分子内的两个部分结构，即电子转移在分子内完成；也可以存在于不同的分子之中，电子转移过程在分子间进行。实验证明，只有电子受体存在时，激发态分子才对光导电过程有贡献。无论哪一种情况，在光消失后，电子-空穴对都会由于逐渐重新结合而消失；导致载流子数下降，电导率减低，光电流消失。由以上分析可以得出以下结论。要提高光导电体性能，即在同等条件下提高光电流强度必须注意满足以下几个条件。

（1）在光照条件一定时，光激发效率越高，产生的激发态分子就越多，产生电子-空穴对的数目就越多，有利于提高光电流。增加光敏结构密度和选择光敏化效率高的材料有利于提高光激发效率。此外分子内光敏结构的能级结构要与入射光的频率要匹配，即分子最大吸收波长与入射光的频率应重合；光导材料摩尔吸收系数尽可能大，这样可以最大限度吸收入射光。

（2）降低辐射和非辐射耗散速率，提高离子化效率，有利于电子-空穴对的解离。这样在产生相同数量的电子-空穴对的条件下，提供的光生载流子的数目就越多，因此光电流就越大。选择价带和导带能量差小的光导材料，施加较高的电场强度有利于电子-空穴对的解离。

（3）在条件允许的情况下加大电场强度不仅能够促进电子-空穴对的解离，而且能使载流子迁移速率加快，可以降低电子-空穴对重新复合的概率，有利于提高光电流。

在科研实践中发现，通过加入小分子电子给予体或者电子接受体，使之相对浓度提高可以改进材料的光导能力。也可以对光导材料的结构加以修饰，提高电子给予体和受体相对密度。加入的电子给予体在与基体之间电子转移过程中作为电荷转移载体。例如四碘四氯荧光素（rose bengal）、甲基紫（methyl violet）、亚甲基蓝（methylene blue）和频那氰醇（pinacyanol）等有光敏化功能的颜料分子都可以作为上述添加剂。其作用机制包括基体材料与颜料分子之间的能量转移和激发态颜料与基体材料之间的电子转移，最终导致载流子数目的增加。电子转移的方向取决于颜料分子与光导材料之间电子的能级大小，一般电子从光导材料转移到激发态颜料比较多见。对光导材料进行化学修饰可以拓宽聚合物的光谱响应范围和提高载流子产生效率。

二、光导高分子材料的结构类型

严格来说，绝大多数物质或多或少都具有光导电性质，也就是说在光照下其电导率都有一定升高。但是由于其电导率在光照射下变化不大，具有实用价值的材料并不多。具有显著光导性能的有机材料，一般需要具备在入射光波长处有较高的摩尔吸收系数，并且具有较高的电离量子效率。目前研究使用的光导高分子材料主要是聚合物骨架上带有光导电结构的

"纯聚合物"和小分子光导体与高分子材料共混产生的复合型光导高分子材料。

物质能够在光作用下改变电导性质必须以其特定的化学结构作为基础。从结构上划分，一般认为有三种类型的聚合物具有明显光导性质：①高分子主链中有较高程度的共轭结构，这一类材料的载流子为自由电子，表现出电子导电性质。载流子在共轭系统内流动，在共轭系统间跳转；②高分子侧链上具有大共轭结构，高分子侧链上连接多环芳烃，如萘基、蒽基、芘基等构成此类光导材料，电子或空穴的跳转机理是导电的主要手段；③高分子侧链上连接各种芳香胺或者含氮杂环，其中最重要的是咔唑基。空穴是主要载流子。具备上述条件的多为具有离域倾向 π 电子结构的化合物。一方面这类结构具有较高的摩尔吸光系数，且电子能级多处在可见光范围内；同时失去一个电子后的稳定性比较好，当附近有电子接受体时更容易形成空穴-电子对。下面对这三类光导高分子材料分别进行讨论。

1. 线型共轭高分子光导材料

线型共轭高分子是重要的本征导电高分子材料，其合成方法和作为导电体的应用在第三章中已经详细介绍。线型共轭导电高分子材料在可见光区有很高的光吸收系数，吸收光能后发生光掺杂，在分子内产生孤子、极化子和双极化子作为载流子，因此导电能力大大增加，表现出很强的光导电性质。由于多数线型共轭导电高分子材料的稳定性和加工性能不好，在作为光导电材料方面没有获得广泛应用。其中研究较多的此类光导材料是聚苯乙炔和聚噻吩。线型共轭聚合物是电子给体，作为光导电材料时需要在体系内提供电子受体。

2. 侧链带有大共轭结构的光导电高分子材料

带有大的芳香共轭结构的化合物一般都表现出较强的光导性质，将这类分子连接到高分子骨架上则构成光导高分子材料。由于绝大部分多环芳香烃和杂芳烃类都有较高的摩尔消光系数和量子效率，并且化学结构变化多样，因此可供选择的原料非常多。

3. 侧链连接芳香胺或者含氮杂环的光导电材料

含有咔唑结构的聚合物可以由带有咔唑基的单体均聚而成，也可以是带有咔唑基的单体与其他单体共聚的产物；特别是与带有光敏化结构的共聚物更有其特殊的重要意义。具有这种结构的光导聚合物，咔唑基与光敏化结构（电子接收体）之间通过一段饱和碳链相连。与其他光导材料相比，这种结构有如下优点：①可以通过控制反应条件，设计电子给予体和电子接收体在聚合物侧链上的比例和连接次序。②可以通过改变单体结构和组成，改进形成的光导电膜的力学性能。③可以选择具有不同电子亲和能力的电子接受体参与聚合反应，使生成的光导聚合物能适应不同波长的光线。

三、光导聚合物的应用

1. 在静电复印和激光打印中的应用

光导电材料最主要的应用领域是静电复印（Xerograpy），在静电复印过程中光导电材料在光的控制下通过改变材料的导电状态收集和释放电荷形成潜影，通过静电作用吸附和释放带相反电荷的油墨形成显影，最后将油墨固化完成静电复印。静电复印的基本过程在图 7-4 中给出。

图 7-4 中数字 1 表示光导电材料，2 表示导电性基材，3 表示载体（内）和调色剂（外），4 表示复印纸。在静电复印设备中，起核心作用的部件是感光鼓，感光鼓由在导电性基材（一般为铝）上涂布一层光导性材料构成。复印的第一步是在无光条件下利用电晕放电对光导材料进行充电（极化），通过在高电场作用下空气放电，使空气中的分子离子化后均匀散布在光导体表面，导电性基材带相反符号电荷。此时由于光导材料处在非导电状态，使材料的极化状态得以保持。第二步是透过或反射要复制的图像将光投射到光导体表面，使受光部分因光导材料电导率提高而正负电荷发生中和，而未受光部分的电荷仍得以保存。此时电荷分布与复印图像相同，称为潜影，因此称其为曝光过程。第三步是显影过程，采用的显

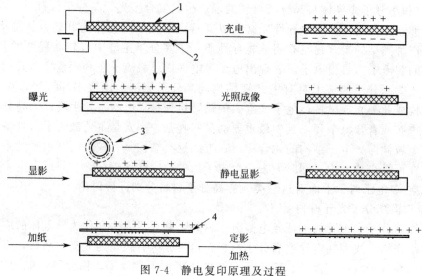

图 7-4　静电复印原理及过程

影剂通常是由载体和调色剂两部分组成，调色剂是含有颜料或染料的高分子，在与载体混合时由于摩擦而带电，且所带电荷与光导体所带电荷相反；通过静电吸引，调色剂被吸附在光导体表面带电荷部分，使第二步中得到的静电影像（潜影）变成由调色剂构成的可见影像。第四步是将该影像再通过静电引力转移到带有相反电荷的复印纸上，经过加热定影将图像在纸面固化，至此复印任务完成。

在上述过程中光导体的作用和性能好坏，无疑起着非常关键的作用。最早在复印机上大规模使用的光导材料是无机硒化合物和硫化锌-硫化镉复合材料，它们是采用真空升华法在复印鼓表面形成光导电层，不仅价格昂贵，而且容易脆裂。聚乙烯咔唑-硝基芴酮（PVK-TNF）是新一代有机光导电材料，目前在静电复印领域的使用量已经超过的无机光导体而位居首位。在无光条件下，咔唑聚合物是良好的绝缘体，吸收光后分子跃迁到激发态，并在电场作用下离子化，形成大量的载流子，从而使其电导率大大提高。聚乙烯咔唑的合成路线是以咔唑为原料，通过如下一系列反应在氮原子上面引入乙烯基作为可聚合基团，再经过均聚或共聚反应，得到目标光导高分子材料[12]。

采用上述方法得到的聚乙烯咔唑在柔软性方面仍需要改进，人们发现，当将制备的感光膜卷曲到 8 mm 直径的感光鼓上时，可以发现轻微的裂纹。采用聚醚作为聚合物骨架可以大大改进材料的柔性。根据下面的合成路线可以得到柔性良好的聚环氧丙烷咔唑（PEPC）。

当前采用的聚乙烯咔唑-硝基芴酮体系是电荷转移型单层光导体系，硝基芴酮作为电子接受体，其性能直接与所含硝基取代数目有关，目前常用的是三硝基（TNF）和四硝基（TeNF）衍生物。硝基的数目与体系的感光范围有一定影响，聚乙烯咔唑-三硝基芴酮体系对 632 nm 波长光敏感，采用四硝基衍生物，敏感波长有所红移。硝基芴酮的制备直接以芴酮为原料，经过硝化反应制备，硝基取代的数量用调整反应条件控制。四硝基芴酮可以通过以下反应得到。除了咔唑类聚合物外，其他类型的光导聚合物的研究也取得了进展（见表7-10）。

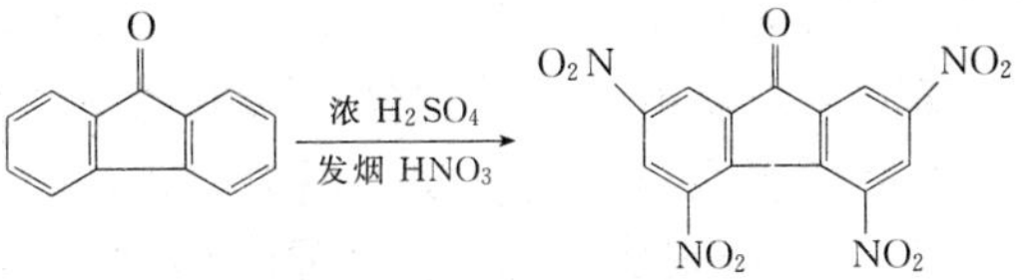

表 7-10 常见光导聚合物的结构

聚合物基本结构	取代基	聚合物基本结构	取代基
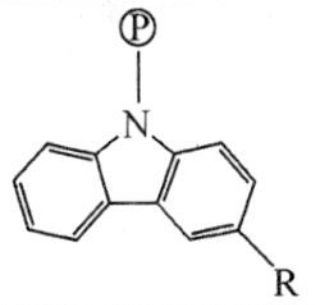	R＝H，—CHMeEt，Br，I，NO₂， =-C(CN)=C(CN)，SO₃	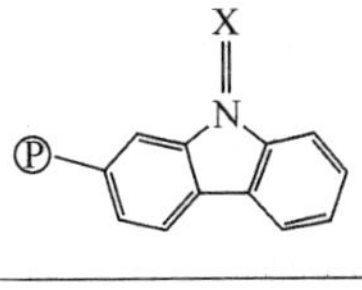	X＝O,C(CN)
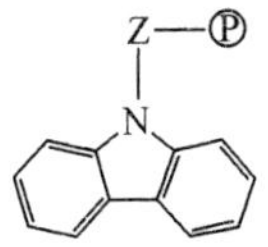	Z＝—ph—CH₂—，—CH₂ₙ—， =—O(CH₂)₈—= —CONH—CH₂₃—	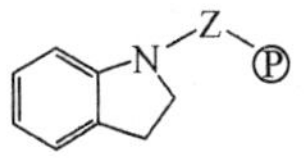	Z＝—CO—
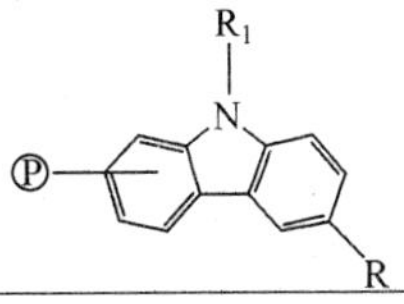	R＝H, R₁＝—CH₂CHMeEt R＝H, R₁＝Et R＝—C(CN)=C(CN)₂， R₁＝H	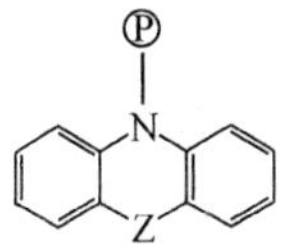	Z＝S Z＝O
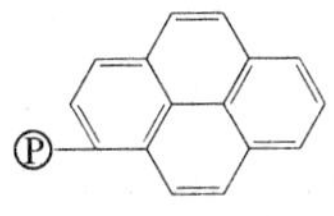		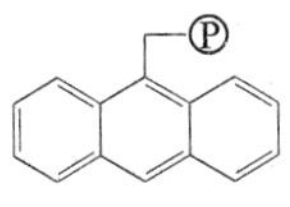	
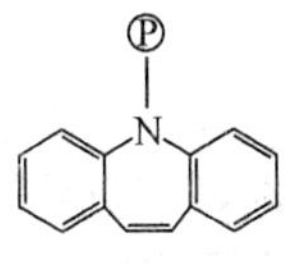			

上面给出的静电复印用的有机光导器件属于双极性单层结构，即将载流子发生材料（CGM）与载流子转移材料（CTM）混合在一起构成电荷转移复合物光导层。近年来为了提高光导电器件的使用性能，人们提出了一种新的结构形式，称为功能分离多层结构形式，即在感光鼓上面分层单独制备载流子发生层（CGL）和载流子传输层，得到了更好的电荷分离性能。它是在金属基材上面先涂覆一层载流子阻挡层，然后再涂覆载流子发生层，最后再涂覆载流子传输层。这种结构的突出特点是载流子的产生与载流子转移在不同区域进行，可以有效避免电子-空穴对的再复合过程，提高光电导性能。这种结构形式已经被广泛采用。

目前激光打印机已经成为重要的 IT 产品。激光打印的工作原理与静电复印类似，仅仅将光源用计算机控制扫描的激光器替代形成潜影。激光打印机主要采用半导体激光器作为光源，其光谱中心波长处在红外区，为780nm。前述有机光导材料虽然对可见光效果好，但对红外光不敏感，因此寻找对上述波长光敏感的光导材料是开发新型高速激光打印机的一个重要课题。目前研究较多的主要有偶氮染料类、四方酸类和酞菁类。上述三类光导材料虽然不属于高分子范畴，但是在使用过程中往往用高分子材料作为成膜剂，共混后使用。

例如，将金属酞菁分散在聚乙烯醇缩丁醛中制成涂膜液可以用于载流子发生层。酞菁在波长698nm和665nm处有最大吸收峰，萘酞菁则在765nm处有最大吸收峰，在近红外区均有较高光敏感性，可以与半导体激光器配合工作。当酞菁与金属离子络合时，不同的金属离子对其光敏感范围和光导性质有一定影响。以采用氯化铟酞菁制备光导体为例[13]，其制备过程为首先在铝基材上涂一层硅烷作为电荷阻挡层，电荷发生层采用含30%氯化铟酞菁的聚酯树脂涂敷，电荷传输层用1:1的聚碳酸酯与TPD[SbCl$_5$-Doped N,N'-bis(m-tolyl)-1, 1'-biphenyl-4,4'-diamine]的混合物制备。其暗衰值低于50 V/s，极化电压在800V以上。酞菁也是一种重要的化学染料，已经有工业化的合成工艺。

邻氯双偶氮染料是目前发展最快的一种有机光导材料，其合成路线之一如下所示：

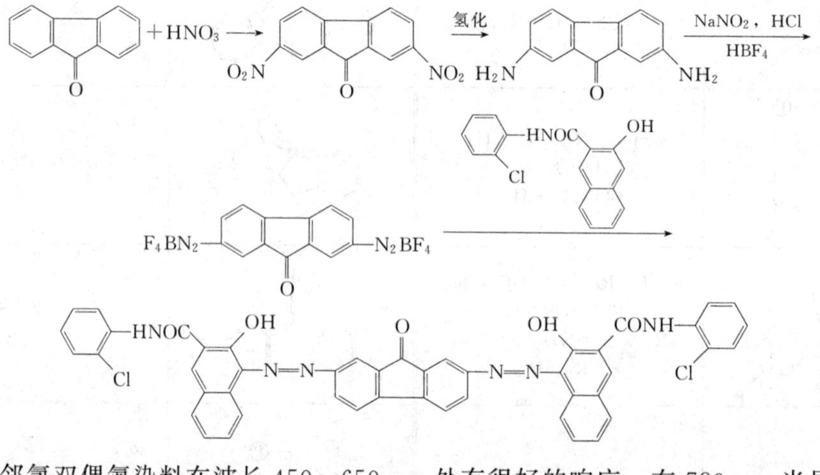

得到的邻氯双偶氮染料在波长450~650 nm处有很好的响应，在780 nm半导体激光光谱范围内，也获得了比较满意的结果[14]。光导器件采用功能分离型多层结构，首先在铝基材上涂含于酪素作为载流子阻挡层，然后再涂覆一层含邻氯双偶氮材料的载流子发生层；最后，在其上涂布含腙类衍生物的载流子传输层。

2. 光导材料在图像传感器方面的应用

图像传感器是利用光电导特性实现图像信息的接收与处理的关键功能器件，广泛作为摄像机、数码照相机和红外成像设备中的电荷耦合器件用于图像的接收。利用光导电原理制备图像传感器是光电子产业的重要突破。

(1) 光导图像传感器的工作原理 图7-5是光导图像传感器结构和工作原理示意图。当入射光通过玻璃电极照射到光导电层时，在其中产生光生载流子；光生载流子在外加电场的作用下定向迁移形成光电流。由于光电流的大小是入射光强度和波长的函数，因此光电流信号反映了入射光强度和颜色信息。将此光电流检测记录，就可以

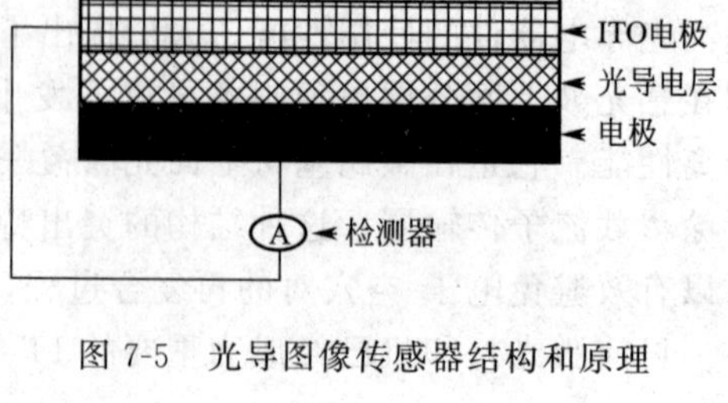

图7-5 光导图像传感器结构和原理

接收和处理光信息。如果将上述结构作为一个图像单元，将大量（几十万～几百万）的图像单元组成一个 X-Y 二维平面图像接收矩阵，利用外电路建立寻址系统，就可以构成一个完整的图像传感器。根据传感器中每个单元接收到的光信息，就可以组成一个由电信号构成的完整的电子图像。

根据上述原理，要通过光导图像传感器获得高质量的图像信号，光导电材料必须具有大的动态响应范围（记录光强范围大），线性范围宽（灰度层次清晰、准确）。要达到上述指标依赖于以下两个研究成果[15]，20 世纪 90 年代初发现线性共轭聚合物作为电子给予体，碳 60 作为电子接受体，在光激发下电荷转移和电荷分离效率接近 100%，从而为制备高效率的光导图像传感器奠定了基础。90 年代初期，又发现把电子给体材料与电子受体材料制备成微相分离的两相互穿网络结构时，光生电荷可以在两相界面上高效率分离，并在各自的相态中传输。

（2）可用于图像传感器的光导电材料组合　构成高性能图像传感器必须要选择好材料体系，需要考虑的因素包括光导材料与电极的功函匹配。例如，以聚 2-甲氧基-5-（2'-乙基）己氧基-对亚苯基乙烯树脂（MEH-PPV）和聚 3-辛氧基噻吩（P3OT）与 C_{60} 衍生物复合体系为基本材料体系，已经实现 3% 的光电能量转换效率，30% 的载流子收集效率，2 mA/cm 的闭路电流，在性能上已经接近非晶硅材料制成的器件。

形成高质量的图像传感器需要图像单元的精细化，即在一个传感器中图像单元的数量越多，体积越小，获得的图像信息越丰富。但是，如何制作微型图像单元是一个重要的技术问题。采用分子自组装技术可以构筑厚度、表面态、分子排列方式等结构参数易调控的多层薄膜，可以制备超精高密像元矩阵，像区尺寸可以达到纳米级。图像传感器不仅在上述领域有重要应用，在医疗、军事、空间探测方面都有应用前景。除了上述应用领域之外，高分子光导电材料在微型光导开关，光导纤维等领域也获得了应用。

第七节　高分子非线性光学材料

非线性光学材料（nonlinear optical materials，NLO）是指那些光学性质依赖于入射光强度的材料，是一类新兴的用于光电子技术领域的光敏功能材料。非线性光学性质也被称为强光作用下的光学性质，主要是因为这些性质只有在激光这样的强相干光作用下才表现出来。随着激光技术的发展和广泛应用，光电子技术已经成为重要的高新技术，包括光通讯、光信息处理、光信息存储、全息技术、光计算机等。但是激光器本身只能提供有限波长的高强度相干光源，如果要对激光束进行调频、调幅、调相和调偏等调制操作，就必须依靠某些物质特殊的非线性光学效应来完成。分子的有序性是作为非线性光学材料的前置条件，因为分子中由于极化性质和光折射等功能只有在分子具有特定取向时才能作为宏观性质表现出来。具有非线性光学性质的材料包括有机和无机晶体材料、有序排列的高分子材料、有机金属配合物等。其中某些有序排列的高分子材料，如某些高分子液晶、高分子 LB 膜、SA 膜等都是重要的高分子非线性光学材料，属于光敏功能高分子材料范畴。

一、非线性光学性质及相关的理论概念

1. 非线性光学材料的定义

前面给出的非线性光学性质的定义仅是一种宏观的定性描述，非线性光学材料的准确描述应该包括以下几个部分：首先非线性光学性质必须在强光下才能体现，强光的定义是其光频电场远远大于 10^5 V/cm，只有激光才能满足上述要求；其次，由于激光是一种强电磁波，在其强光频电场作用下，任何物质都要发生光极化，其极化度可以

在分子水平上和宏观材料的整体水平上进行描述，其宏观上的偶极矩 μ 和极化度 P 可以用下面的表达式表述：

$$\mu = \mu_0 + \alpha E + \beta E^2 + \gamma E^3 + \cdots$$

$$P = P_0 + X^{(1)} E + X^{(2)} E^2 + X^{(3)} E^3 + \cdots$$

式中，μ_0 和 P_0 是分子的固有偶极矩和极化率；μ 是材料在光频电场 E 下的偶极矩，P 是材料在电场 E 下的极化率；展开系数 α、β、γ 分别是材料的第一级、第二级和第三级超极化率，后两者处在多次项上，也分别被称为二阶非线性系数和三阶非线性光学系数，$X^{(1)}$、$X^{(2)}$、$X^{(3)}$ 分别是材料的第一阶、第二阶和第三阶电极化率，与上述系数有类似关系。现实中多数材料都符合上述数学规律，但是只有当系数 β、γ 或者 $X^{(2)}$、$X^{(3)}$ 数值明显较大时才能称其具有非线性光学性质。一般来说，在分子中只有价电子发生不对称偏离时才具有超极化性（hyperpolarizibility），从而表现出非线性光学性质。再次，上述偶极矩和极化率均是矢量，是每个分子的偶极矩或极化率叠加的结果，其光学性质仅与其宏观偶极矩和极化率有关。因此作为非线性光学材料，不仅对分子结构有所要求，而且为了不使分子偶极矩互相抵消，特殊的分子有序排列也是非常关键条件；这也是为什么很多高分子液晶技术、LB 膜和 SA 膜成型等分子有序化技术受到非线性光学研究者关注的主要原因。最后，由于系数 β 和 $X^{(2)}$ 均为三阶张量，如果分子或组成的晶体具有对称中心，则两者均为零，没有非线性光学效应。因此分子在激光作用下的可极化性，分子的有序性和没有对称中心是成为二阶非线型光学材料的必备条件。其实，很多材料都具有非线型光学性质，它们之所以看上去是线性的，是因为非线性系数太小或者互相抵消了。

2. 非线性光学材料的二次效应

具有明显第二级超极化系数 β 的材料也称为二阶非线型光学材料，因其包含双光子间的相互作用而具有二次效应（second-order effect）。要获得二次效应，材料必须具有非中心对称性。具有二次效应的材料表现出以下性质。

（1）倍频效应　具有这种性质的材料具有加倍提高光频率的作用，即所谓二次谐波的生成过程（second barmonic ganeration），利用这个过程可以将入射光的频率提高一倍。倍频效应在实际应用中意义重大；比如，将半导体激光器发出的近红外光倍频转换成短波绿光，可以使光盘信息存储密度增加三倍。

（2）电光效应　电光效应是指在对非线型光学材料施加电场后其光折射率发生变化的性质。利用该性质可以用电信号调谐控制光信号。这种非线性光学材料可以用较低的光功率密度（100mW/cm^2）获得较大的光折射率变化（$10^{-3} \sim 10^{-2}$），电光效应源于正、负载流子在电场作用下迁移方向的不同而导致的光生载流子的分离，从而产生与空间电荷场相关联的非均匀内部电场。空间电荷场通过 Pockels 效应来调制材料的折射率。

3. 非线性光学材料的三次效应

具有明显第三级超极化系数 γ 的材料称为三阶非线性光学材料，因其包含了材料中三个光子相互间的作用而具有三次效应（third order effect）。三次效应不需要材料具有非中心对称性，但是，由于第三级超级化系数 γ 一般很小，只有在强激光下才能观察到。具有三次效应的材料可以表现出多种性质，其中主要有以下几类。

（1）光折射效应　光折射效应是指材料的折射率随着入射光强度的变化而变化的性质。这种效应也称为 Kerr 效应，这种性质可以应用到光子开光器件的制备中，即用一束光控制另一束光的通路。此时记录的折射率模式与原始入射光的条纹模式有关，并且可以通过均匀照射材料将信息擦除掉。因此光折射材料适合用于实时全息记录以及与此相关的应用研究。

（2）反饱和吸收与激光限幅效应　反饱和吸收也是一个光强依赖的非线性吸收过程，起源于分子的电子激发态的吸收，直接与材料的三阶非线性光学系数有关。其特点是吸收系数随着入射光强的增加而增加，而非线性透过率随着光强的增加而减少。利用这种非线性光吸收特性可以制备激光限幅器。所谓的激光限幅器是在较低输入光强下，器件具有较高的透射率，而在高输入光强下具有较低的透射率，把输出光限制在一定范围，从而实现对激光的限幅。

（3）三倍频效应　同倍频效应一样，利用三次谐波过程可以将入射光的频率提高三倍，从而达到从低频入射光获得高频输出光的目的。此外通过混频和差频效应对入射光的频率可以进行多种调制。

4. 非线性光学材料的种类和结构要求

按照材料的类别划分，非线性光学材料可以划分为无机晶体材料、有机晶体材料和高分子有序膜型材料三类。根据材料所具有的性质划分还可以划分成二阶非线性光学材料和三阶非线性光学材料两类。有机材料，包括高分子材料具备的优势是容易进行分子设计，材料来源广泛，非线性系数高，是当前开发新型非线性光学材料的重要领域之一。作为二阶非线性光学材料必须具有在光电场作用下的不对称极化能力，对于分子型材料来说一般要求具有给电子基团和吸电子基团结构；同时组成的分子和构成的宏观结构均不具有中心对称性，这样才能够通过分子的叠加效应，获得较大的二阶非线性系数。作为三阶非线性光学材料要具有明显的 γ 值，分子中的价电子要具有较大的离域性，其中共轭长链高分子是目前常见的三阶非线性光学材料。从分子的排列结构上划分，有机非线性光学材料集中在有机晶体、LB 膜和 SA 膜几个领域。上述材料都具有使分子进行整齐有序排列，从而获得最好偶极矩叠加效果的作用。

二、高分子非线性光学材料的结构与制备

按照材料的性能和用途，高分子非线性光学材料可分为二阶非线性光学材料和三阶非线性光学材料。虽然同属于高分子非线性光学材料，这两种材料的结构有较大不同。

1. 高分子二阶非线性光学材料

二阶非线性光学高分子材料的结构中必须含有可不对称极化的结构，即在分子中含有吸电子部分和供电子部分。在有机化学中我们将分子结构中具有低能量空轨道，因而容易接受一个外来电子的化学结构称为电子接受体（donor），如硝基取代物；而将分子结构中具有高能量占有轨道，因而容易失去一个电子的化学结构称为电子接受体（acceptor）；两种化学结构在电子性质上完全不同。例如将上述典型的电子给予体氨基和电子接受体硝基分别连接到苯的 1 和 4 位，构成的对硝基苯胺则构成具有不对称极化结构，因而具有潜在二阶非线性光学性质的化合物。之所以称其为潜在非线性材料是因为这些不对称极化结构还需要把这些极性分子进行头尾相接的有序排列，使分子偶极矩能够相互叠加，从而达到宏观偶极矩最大。使这些分子有序排列的方法有极化法和分子自组装法。前者是在聚合物分子有一定旋转自由度情况下，施加强静电场，使分子偶极矩取向，然后用降低温度或者交联的方法将取向固定。分子自组装法是利用分子间力，通过自主成型技术或者 LB 膜技术使分子形成有序排列的 SA 膜和 LB 膜。二阶非线性光学材料还要求材料具有非中心对称性，具有分子对称中心或者中心对称晶体，二级超极化率系数 β 将被平均为零。根据潜在二阶非线性光学结构与聚合物骨架之间的关系，可以将二阶非线性光学高分子材料分成以下几种体系。

（1）主宾混合体系　最简单的二阶高分子非线性光学材料是所谓的主宾混合体系，即将具有二阶非线性光学性质的小分子直接加入聚合物基体中，将聚合物体系升温至玻璃化转变温度以上，施加强静电场使分子取向，然后将混合体系的温度快速降至其玻璃化转变温度之下使取向固定。主宾聚合物体系最大的特点是制备方法简便。但是由于受到主宾体相容性的限制，客体的含量不可能很高，因此宏观二阶非线性系数不高；由于在高温下获得的取向能够逐步衰退，热稳定性也是一个不容忽视的问题。主宾混合体系对聚合物的要求是具有良好的成膜性和透明性，目前使用最多的聚合物是聚甲基丙烯酸甲酯和聚苯乙烯。聚乙烯醇、聚醚、环氧树脂等也有报道。客体的选择除了分子的 β 值外，与主体的相容性也是必须考虑的重要因素。

（2）侧链型聚合物体系　将具有二阶非线性光学性质的化学结构通过接枝反应连接到聚合物主链上就构成了侧链型非线性光学高分子材料。经过上述的热极化过程使其极性侧链有序排列并固化就可以得到具有二阶非线性特征的高分子材料。这类材料的优点在于大大提高二阶非线性光学化学结构的有效密度，克服了宏观二阶非线性系数不高的问题；而且可以改善光学均匀性，并且有效提升其热稳定性。不过由于聚合物骨架的影响，这种材料的极化条件要有较大变化。通常采用含有二阶非线性光学性质的化学结构单体，通过聚合反应得到非线性光学聚合物。其中用重氮偶合法是一种比较新的方法[16]，是利用环氧树脂中的苯环与偶氮苯进行重氮化反应，得到成膜性能好的环氧树脂主链和非线性光学性能好的偶氮苯侧链的高分子非线性光学材料。通过分子设计得到的非线性光学聚合物中的活性结构可以具有不同的共轭长度，如单偶氮苯、双偶氮苯和三偶氮苯等，还可以包括不同吸电基团，如硝基、二氰乙烯基、三氰乙烯基等来提升二阶非线性光学系数，其中三氰乙烯基是已知最强的吸电子基团。

（3）主链型聚合物体系　通过缩聚和均聚反应，将具有二阶非线性光学性质的化学结构组合进聚合物主链结构则构成主链型体系。这类材料的优点是一旦极化之后，去极化过程非常缓慢，因而稳定性大大提高；但是同样极化过程也相当困难。多采用同步聚合极化工艺制备，即在高极化电场存在下进行聚合反应，直接生成具有宏观偶极矩的高分子材料。

（4）交联型聚合物体系　将混合型体系或者侧链型体系经过极化之后进行交联反应，将极化状态固定则构成交联型二阶非线性光学高分子材料。由于引入了共价键对极化状态进行固定，其热稳定性会大大提升。交联方法有热交联和光交联。热交联反应多采用环氧化合物作为交联剂通过开环反应实现交联结构。光交联反应可以在较低温度下进行，操作也相对比较方便。不过经过交联反应之后，材料的脆性增加，易于龟裂对于非线性器件的后期加工和使用不利。

除了上述方法之外，目前还有采用溶胶-凝胶工艺制作无机-有机玻璃体系作为非线性光学材料，是一个较新的发展方向。

除了上述的经极化过程获得的二阶非线性光学高分子材料之外，分子有序排列的自组装膜（self-assembled film，SA）SA 和 LB 膜（langmuir-blodgett film）也是重要的非线性光学材料的结构形式。上述两种膜都具有分子高度有序化的结构，其中制备 LB 膜型非线性光学材料需要在非线性光学分子结构一侧引入亲水基团、另一侧引入亲油性基团，以适应 LB膜制备的需要；而 SA 膜的制备则是利用分子内、分子与分子之间、分子与基材表面之间的吸附或者化学作用力形成具有空间有序排列结构的工艺。目前在 LB 膜型材料中使用较多的非线性光学分子结构包括其 β 值很高，但是不容易得到非中心对称晶体的化合物（见表7-11）。

表 7-11　常用于 LB 膜非线性光学器件的核心分子结构

名称	结构	名称	结构
部花菁 （merocyanine）	$X{-}N^+{=}CH{-}CH{=}\diagdown\diagup{-}O^-$	偶氮苯 （azobenzene）	$\dfrac{R}{X}N{-}\diagdown\diagup{-}N{=}N{-}\diagdown\diagup{-}Y$
半菁 （hemicyanine）	$X{-}\overset{A^-}{N^+}{=}CH{-}CH{=}\diagdown\diagup{-}Y$	苯腙 （phenylhydrazone）	$\diagdown\diagup{-}CH{=}N{-}NH{-}\diagdown\diagup{-}Y$
芪唑 （stilbazene）	$CH_3{-}\overset{A^-}{N^+}{=}CH{=}CH{-}\diagdown\diagup{-}Z{-}X$	硝基苯胺 （nitroaniline）	$\dfrac{R}{X}N{-}\diagdown\diagup{-}Y$
芪 （stilbene）	$X{-}\diagdown\diagup{-}CH{=}CH{-}\diagdown\diagup{-}Y$	硝基氨基吡啶 （amononitropyridine）	$\dfrac{R}{X}N{-}\diagdown\diagup_{N}{-}Y$

表 7-11 中 X 为长链烷基，Y 为强电子接受体（如硝基、氰基、二氰乙烯基、三氰乙烯基等），Z 为氧或亚氨基，A 为对阴离子。

2. 高分子三阶非线性光学材料

具有较大三阶非线性系数 $X^{(3)}$ 或者 γ 的材料称为三阶非线性光学材料。由于 $X^{(n)}$ 值随着 n 的增大以 10^6 的比例减小，所以三阶非线性系数一般均比较小，要观察到三阶非线性光学现象除了需要较强的激光照射（提供高的光电场强 E）之外，材料具有较大的三阶非线性系数是必要的。实验和理论研究均表明，具有大的共轭电子体系是三阶非线性光学材料的必备条件。人们发现三阶非线性系数随着共轭体系的增大而增大，在可见光谱范围内，$\gamma X^{(3)}$ 与 π 电子共轭长度的 6 次方成正比，对于长链线型共轭聚合物，$\gamma X^{(3)}$ 反比于 π 电子轨道能级的 6 次方。因此，具有较长共轭长度和较小能级的 π 电子共轭型聚合物一般具有较大的三阶非线性系数。

三阶非线性光学材料具有许多特殊的性质，如三次谐波（THG）、简并四波混频（DFWM）、光学 Kerr 效应和光自聚焦等。在光通讯、光计算机和光能转换等方面具有广泛的应用前景。应当指出，根据目前的测量技术和手段，测定方式不同，往往得到的 $X^{(3)}$ 值并不相同，所用的测量波长、脉冲条件、激光能量、材料状态等都对 $X^{(3)}$ 值的测定产生影响。此外发生共振时 $X^{(3)}$ 值比非共振时甚至要高几个数量级。所以，对三阶非线性光学系数进行绝对比较是困难的。例如对同一个非线性光学材料进行测量，采用测定四波混频得到的 $X^{(3)}$ 值偏高，测定三次谐波得到的 $X^{(3)}$ 值偏低，可见三阶非线性光学性质是一个多变量复杂函数。下面是几种常见的高分子三阶非线性光学材料。

（1）聚乙炔（PA）类　聚乙炔是最早合成的电子导电聚合物，是线型长链共轭聚合物，具有较高的三阶非线性光学性质，π 电子能隙在 1.8eV 左右。全反式聚乙炔的 $X^{(3)}$ 一般要比顺式异构体大至少一个数量级，在共振状态下 $X^{(3)}$ 值在 10^{-7} esu 左右，非共振状态下在 $10^{-9}\sim 10^{-8}$ esu 之间。但是，由于聚乙炔晶体膜的质量较差，在主链中存在大量无序状态，并且化学稳定性不好，限制了作为非线性光学材料的应用。因此，对聚乙炔进行改性是当前非线性材料研究工作的一个热点。

（2）聚二炔（PDA）类　聚二炔类具有如下通式 $\style{display:inline}{-\!\!\big[C{\equiv}C{-}CR_1{=}CR_2\big]_{n}\!\!-}$，通过选择取代基 R，可以制备溶于特定溶剂的 PDA，可以通过多种工艺制成晶体薄膜或制成 LB 膜。研究表明，取代基不仅对材料的溶解性和结晶性有重要影响，对其非线性光学性质影响也不可忽视，其衍生物的 $X^{(3)}$ 值在 $10^{-10}\sim 10^{-8}$ esu 之间。目前研究最多的该类材料是对甲苯磺酸酯取代物（PTS）。

（3）聚亚芳香基和聚亚芳香乙炔基　该类材料中比较重要的是聚噻吩类、聚亚苯乙炔类和聚噻吩乙炔类。这类聚合物具有优异的环境稳定性和突出的力学性能，如烷基取代的聚噻吩具有与聚二炔类相当的非线性光学性质，但是其稳定性和可加工性要好得多。聚吡咯衍生物也具有类似的性质。聚亚苯基乙炔的 $X^{(3)}$ 值在 $10^{-9} \sim 10^{-10}$ esu 之间，但是，响应时间稍长。聚苯胺的 $X^{(3)}$ 值在 10^{-10} esu 左右，其特点是受环境 pH 值的影响比较大。

（4）梯形聚合物类　梯形聚合物是一类高强度线性 π 共轭聚合物，其特点为具有刚性棒状分子构型和很强的分子间力，因此力学性能优异，常作为重要的工程材料。此类聚合物是重要的主链热致高分子液晶。由于环的稠合作用，可以保持理想的电子共振作用。此类材料的 $X^{(3)}$ 值在非共振区在 $10^{-11} \sim 10^{-10}$ esu 之间，在共振区为 $10^{-9} \sim 10^{-8}$ esu 之间。稳定性好是这类材料突出的特点。

（5）σ 共轭聚合物类　主要指聚硅烷和聚锗烷。由于这类聚合物主链只含有硅或锗原子，沿着聚合物主链表现出源于 σ 电子共轭的电光性质。它们的非共振 $X^{(3)}$ 值在 $10^{-12} \sim 10^{-11}$ esu 之间；三阶非线性系数比较小。这类材料的最大特点是在可见光区具有良好的透明性，可以溶解于多种普通溶剂而易于制备高质量光学薄膜。

（6）其他类　除了上面给出的聚合物之外，能够作为三阶非线性光学材料的还包括以下几种：①富勒烯类，如 C_{60}、C_{70} 等，属于三维立体结构共轭电子体系，特点是稳定性好，其 $X^{(3)}$ 值在 $10^{-12} \sim 10^{-10}$ esu 之间；②酞菁类，属于大环状共轭电子体系，包括有金属中心离子和没有中心离子两种衍生物，其 $X^{(3)}$ 值在 10^{-9} esu 左右；③其他类型，包括希夫碱类、偶氮类和苯并噻唑类等。上述小分子三阶非线性光学材料经过高分子化并极化后都可以制备具有三阶非线性光学性质的薄膜。

第八节　高分子荧光材料

一、荧光高分子材料概述

受到可见光、紫外光、X 射线和电子射线等照射后能够发射出低波长光的材料称为荧光材料。荧光材料也称为光致发光材料，其本质是光能转换，将分子吸收的光能再以荧光形式耗散。在荧光过程中入射光称为激发光，激发光波长一般小于荧光波长。荧光产生过程的第一步是光能的吸收。荧光材料应该在激发光波长范围内有较大的摩尔消光系数，这样才能获得较大的荧光量子效率；同时吸收的光能要小于分子内断裂最弱的化学键所需的能量，这样才能将吸收光能的大部分以辐射的方式给出，而不引起光化学反应。第二步是能量的耗散，从 Jablonsky 光能耗散图可知，分子吸收的能量可以通过多种途径耗散，荧光过程仅是其中之一。发射荧光占吸收光的比值称为荧光效率。材料所发出的荧光其波长与其分子内价电子的最低能级相对应，即一种特定的荧光材料所发出的荧光颜色是一定的，而不管其所吸收的激发光波长如何。影响荧光过程的因素主要有以下几种。

1. 激发光的波长

发射荧光过程的一个必要条件是激发光波长要小于荧光波长，即激发光的能量要高于价电子最小激发能量。因为分子必须吸收足够的能量跃迁到第一激发态以上才能发出荧光。分子吸收光能后，价电子跃迁到第一或第二激发态，由于振动弛豫和热耗散而失掉部分能量回到第一激发态，再发出荧光；因此，荧光材料发出的荧光波长一般总要比激发光的波长要长一些，即发生红移。这种现象称为 Stokers 位移。

2. 荧光材料的分子结构

衡量荧光材料荧光性质强弱的指标是荧光量子效率，指荧光发射量子数与被物质吸收的光子数之比，也可表示为荧光发射强度与被吸收的光强之比。荧光量子效率与分子结构有关。具有较高荧光量子效率的化合物，其分子应该有生色团。生色团是指价电子能级在激发光能量范围内的分子结构，并有较大的光吸收系数。生色团是确定荧光颜色和效率的主要影响因素。在分子中连接有荧光助色团时，可以提高荧光量子效率。例如，当化合物的结构中含有如$=C=O$、$-N=O$、$-N=N$、$=C=N-$、$=C=S$等结构，并且这些基团是分子的共轭体系的一部分时，则荧光量子效率提升，该化合物可能会产生较明显的荧光。一般来说，对于芳香性化合物，增加稠合环的数量、增大分子共轭程度、提高分子的刚性可以提高荧光量子效率。芳环上的邻、对位取代基可以使荧光增强，间位取代基使荧光减弱，硝基和偶氮基团对荧光有猝灭作用。

3. 光敏剂的作用

在荧光材料中加入光敏化剂也可以在不改变荧光材料最大发射波长的前提下有效提高荧光效率。光敏剂是指分子在激发光波长处具有较高的摩尔消光系数，吸收光能自身跃迁到激发态，处在激发态的光敏分子能够将能量传递给荧光物质，使其荧光效率增强的化合物。加入光敏剂可以使入射的激发光被更有效地吸收，从而获得更高的荧光性能。光敏剂一般都含有较大的共轭体系，较高的摩尔消光系数和稳定的化学结构。

4. 外部环境的影响

环境温度对材料的荧光强度有一定影响，主要影响荧光量子效率。在通常情况下，温度降低量子效率提高，反之量子效率下降。如果荧光过程发生在溶液中，溶液的极性和黏度对荧光过程也有影响；一般荧光强度随着溶液的极性增强而增强。

有机荧光材料主要包括芳香稠环化合物、分子内电荷转移化合物和某些特殊金属配合物三类，上述三类荧光物质通过高分子化过程都可以成为荧光高分子材料。有机荧光材料高分子化后可以提高荧光材料的使用范围。荧光材料在工农业生产和科学研究方面有着广泛的应用，如高分子转光农膜可以吸收太阳光中有害的紫外线，转换成植物光合作用所需的可见光发出，高分子荧光油墨可以用于防伪印刷和道路标识绘制，荧光材料在分析化学和化学敏感器制备方面也有广泛应用。

二、荧光高分子材料的结构和应用

1. 芳香稠环化合物

芳香稠环化合物具有较大的共轭体系和平面及刚性结构，一般都具有较高的荧光量子效率，是一类重要的有机荧光化合物。其量子效率与稠环的数目成正比；与取代基的关系比较复杂，在分子设计中人们主要用取代基来调节其溶解性能和发光光谱。近年来，在这方面的研究主要集中在苝（perylene）及其衍生物上（见图7-6）[17]。

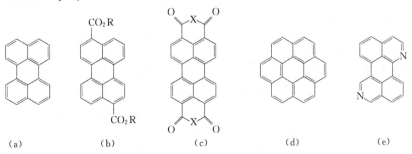

（a）　　　　（b）　　　　（c）　　　　（d）　　　　（e）

图 7-6　常见稠环芳烃荧光化合物分子结构

芘的荧光发射波长 $\lambda_{em}=580nm$，已被广泛用于激光领域。带有双羧基脂的衍生物图 7-6 (b) 具有强烈的黄绿色荧光，由于它的水溶性好，常用于公安侦测方面。芘的甲酸二酰亚胺衍生物图 7-6(c) 具有由橘色到红色的强烈荧光，具有鲜艳的色彩和较高的量子产率，对光、热以及有机溶剂有良好的稳定性，因而特别适用于热塑性塑料的染色以及液晶显示和太阳能收集领域。当 X 为氨基或氨基时有蓝色的荧光，常用于染料着色及汽车油漆中。在 X 位置引入芳香结构，增大了分子的刚性，可以使它们的量子产率几乎接近于 1。此外，如果将一些水溶性的基团引到亚胺的氮原子上，则可制得水溶性的荧光材料。蔻（coronene）图 7-6(d) 由于较芘的共轭程度及分子刚性更大，因此具有更好的荧光性能，荧光发射波长为 $\lambda_{em}=520nm$，同时具有很高的量子效率，是一个非常理想的紫外电荷耦合显示（UV-CCD）材料。芘环中的碳原子被氮原子替换构成的杂环类似物图 7-6(e) 也具有荧光性质；具有强烈的橘红色荧光，$\lambda_{em}=584nm$，同时它还具有 0.84 的量子效率，所以在染料激光和光能收集系统方面具有相当大的发展潜力。

2. 分子内电荷转移化合物

具有共轭结构的分子内电荷转移化合物是目前研究得最为广泛和活跃的一类荧光材料。其中应用较多的主要有以下几种（见图 7-7）。

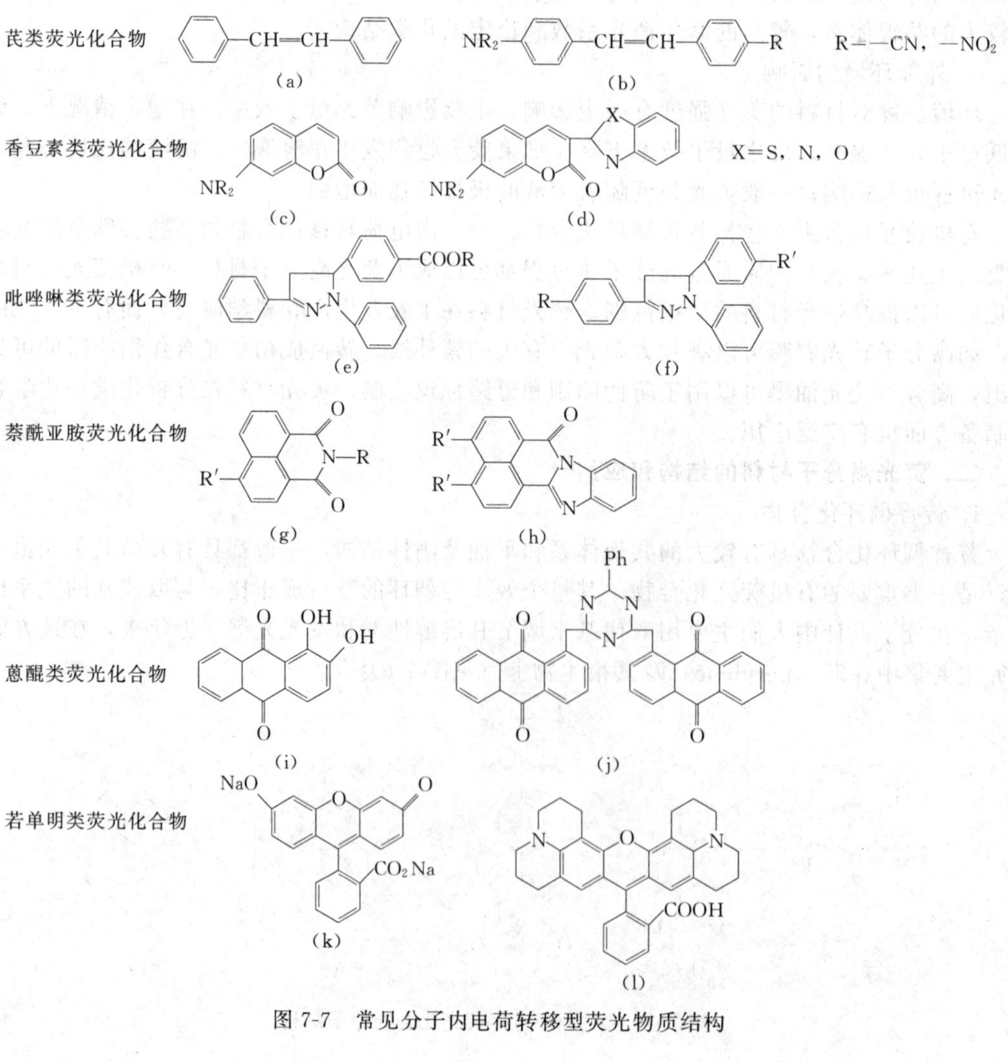

图 7-7　常见分子内电荷转移型荧光物质结构

（1）芪类化合物　芪类化合物两个苯环之间的双键使其形成大的共轭结构，因此它在光照时发生的是分子整体的激发，进而引起分子内的电荷转移发出荧光。芪类化合物是用于荧光增白剂中数量最多的荧光材料，同时也被应用于太阳能收集及染料着色领域。在两个苯环分别带有供电和吸电取代基时，当化合物吸收光能而处于激发态，分子内原有的电荷密度分布受取代基影响发生了变化。硝基和氨基取代衍生物的量子效率达 0.7，它在苯溶液中荧光发射波长为 $\lambda_{em} = 590nm$。

（2）香豆素衍生物　香豆素衍生物荧光材料在品种和数量上仅次于芪类化合物。它的荧光量子效率高，可用作激光染料、荧光染料、太阳能收集材料。从其分子结构中可以看出，香豆素衍生物是由肉桂酸内酯化而成，即通过内酯化过程使肉桂酸酯双键被保护起来，从而使原来量子效率较低的肉桂酸酯转变为具有较高量子效率的香豆素衍生物。通过对香豆素母体进行化学修饰，可以调整荧光光谱。目前已有报道将香豆素作为发光材料用于有机电致发光材料，获得了蓝绿-红色发光。但是，香豆素类衍生物往往在溶液中才具有高的量子效率，而在固态下容易发生荧光猝灭；因此在用作发光材料时，多采用混合掺杂的方式。

（3）吡唑啉衍生物　吡唑啉衍生物是由苯腙类化合物通过环化反应得到的。因为环化导致苯腙内双键受到保护，稳定性提升，从而使这类化合物表现出强的荧光发射。这类化合物由于在溶液中可以吸收 $300 \sim 400nm$ 的紫外光，发出很强的蓝色荧光，被广泛用于荧光增白剂。吡唑啉衍生物也可作为有机电致发光材料。

（4）1,8-萘酰亚胺衍生物　这类荧光材料色泽鲜艳，荧光强烈，已被广泛用于荧光染料和荧光增白剂、金属荧光探伤、太阳能收集器、液晶显色、激光以及有机光导材料制备之中。将化合物图 7-7(g) 重氮化后加以修饰制得多环衍生物 7-7(h) 具有良好的色牢度，若在其中引入磺酸基、羧基、季铵盐，则可以制得水溶性的荧光材料。若引入芳基或杂环取代基，则能有效地提高荧光效率，同时使分子的荧光光谱向长波方向偏移。

（5）蒽醌衍生物　蒽醌（或蒽酮）类荧光分子是以蒽醌（或蒽酮）为中间体制得的。具有良好的耐光、耐溶剂性能，稳定性较好，也具有较高的荧光效率。

（6）若丹明类衍生物　若丹明是由荧光素开环得到的荧光物质，两者都是黄色染料并都具有强烈的绿色荧光，广泛用于生命科学中。若丹明系列的荧光材料绝大部分是以季铵盐取代原来的羟基位置而得。为了提高荧光效率，将两个氮原子通过成环置于高刚性的环境中，可以使荧光效率接近于 1，同时又具有极好的热稳定

上述荧光化合物都可以通过与高分子材料混合方法实现高分子化，得到可以作为涂料、板材等使用的荧光材料。此外，通过共聚反应也可以将上述荧光化合物直接连接到高分子骨架上。荧光素的高分子化是一个典型例子。虽然荧光素具有很强的荧光，但是直接应用存在较多困难，如不耐溶剂，稳定性差。将荧光素与丙烯酰氯反应获得含双键的荧光单体，再与甲基丙烯酸甲酯共聚，则可以得到性能优异的高分子荧光材料。其合成路线如下[18]：

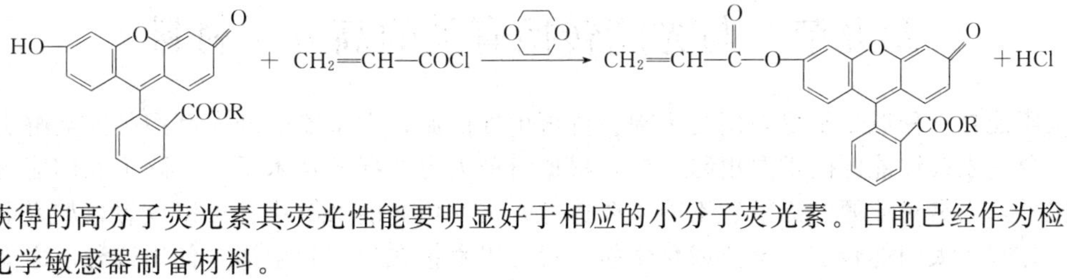

获得的高分子荧光素其荧光性能要明显好于相应的小分子荧光素。目前已经作为检测乳酸的化学敏感器制备材料。

3. 金属配合物荧光材料

许多配体分子在自由状态下不发荧光或荧光很弱，当与金属离子形成配合物后转变成强

荧光物质。如 8-羟基喹啉是一个常用的配位试剂，几乎可以认为不发荧光。在与 Al^{3+} 配位之后形成的 8-羟基喹啉铝（Alq）就具有很好的荧光性能。此外，8-羟基喹啉还能与 Be、Ga、In、Sc、Th、Zn、Zr 等金属离子形成荧光配合物。这是因为形成配合物后，配体的结构变得更为刚性，从而大大减少了无辐射耗散几率，而使得辐射耗散几率得以显著提高。某些 Schiff 碱类配体及杂环衍生物分子所形成的配合物也可以形成很好的荧光配合物。

在金属配合物荧光材料中，稀土型配合物具有重要意义。稀土离子既是重要的中心离子，也是重要的荧光物质，广泛作为荧光成分在众多领域获得应用。如电视机屏幕和仪器仪表显示等场合。稀土高分子配合物荧光材料的研究早在 20 世纪 60 年代就已经开始。近年来，由于这种材料兼有稀土离子的发光性能和高分子材料易于加工的特点，引起了广泛关注。稀土配合物的高分子化方法主要有混合和直接高分子化两种形式。前者是将小分子稀土配合物与聚合物混合得到高分子荧光材料；后者通过化学键合的方式先合成稀土配合物单体，然后与其他有机单体共聚得到共聚型高分子稀土荧光材料；或者稀土离子直接与带有配位基团的高分子进行络合反应，直接生成高分子配位的荧光材料。

① 混合型高分子稀土荧光材料　由于小分子稀土配合物的研究已经相当透彻，关于配位和荧光机理在此不作讨论。把有机稀土小分子配合物通过溶剂溶解或熔融共混的方式掺到高分子体系中，一方面可以提高配合物的稳定性，另一方面还可以改善其荧光性能；这是由于高分子共混体系减小了浓度效应的结果。采用这种方法，将稀土 Eu 荧光配合物掺杂到塑料薄膜中可以得到一种称为转光膜的农用薄膜，可以吸收太阳光中对植物有害的紫外线，转换成可见光发出。这种农膜据说可以提高农作物的产量达到 20%。混合方法虽然具有简单方便的优点，但是得到的高分子材料存在透光性差，机械强度降低的问题。当稀土配合物在混合体系中浓度相当高时仍然可以发现浓度猝灭现象。

② 键合型高分子稀土荧光材料　先合成含稀土配合物的单体，然后用均聚或共聚方法得到配体与高分子骨架通过共价键连接的高分子稀土荧光材料。用这种方法得到的荧光材料中稀土离子均匀分布，不聚集成簇，因此在相当高的浓度下仍不出现浓度猝灭现象。并且可以得到透明度相当好的材料。甲基丙烯酸酯、苯乙烯等是常用的共聚单体。单体中的配合物常常对聚合活性有不利影响，因此使用范围受到一定限制。利用上述方法要求单体必须具有相当的聚合活性才能够获得理想的共聚物。如果先制备含有配位基团的聚合物，然后再通过高分子与稀土离子之间的络合反应将稀土离子与高分子结合，同样可以获得高分子稀土荧光材料。例如，带有羧基、磺酸基、β-二酮结构的高分子都可以同稀土离子络合。但是该方法由于高分子本身的空间局限性，不能获得高配位配合物，金属离子仍有形成离子簇的倾向。因此，要制备高荧光强度的高分子稀土材料比较困难。

高分子稀土荧光材料目前的主要应用领域除了前面提到的农用转光膜之外，作为荧光油墨、荧光涂料和荧光探针等在防伪、交通标识和分析检测方面都有广泛应用。

第九节　与光能转换有关的高分子材料

太阳能是一种取之不尽，用之不竭的可再生性能源，太阳能的开发利用是人类解决能源危机，寻找永久性能源的重要出路。但是根据目前人类掌握的技术手段，除了太阳能的生物利用之外，人类对能源的需求还不能主要通过直接使用光能来解决。可以设想，如果能够通过某种方式将太阳能转变为电能或化学能，就可以直接在生产和生活中使用这种洁净廉价能源，这是目前人类在能源研究领域里追求解决的非常重要的课题之一。在现阶段太阳能利用主要通过下述三种方式实现：①利用太阳能电池将太阳能转变为电能；②通过太阳能收集器将其转变成热能；③通过光化学反应将太阳能转换成化学能。

上述三种方法都可以将太阳能转变成人类可以直接使用的常规能源。但是前两种转变过程得到的电能和热能都是不易储存的能源。特别是太阳能受到时间、季节、天气和地域的影响极大，能量储存问题更显得重要。如果能像植物那样把太阳能转变为化学能，产物作为一种具有能量的化合物，储存问题将会迎刃而解，相对来说是一种比较理想的解决方案。

目前功能高分子材料在太阳能转换过程中的应用是研究热点，主要研究方向有三个方面：①功能高分子材料作为光敏化剂和猝灭剂在光电子转移反应中将水分解为富有能量的氢气和氧气，将太阳能转变成化学能；②利用功能高分子本身，直接或者间接参与的光互变异构反应临时储存太阳能；③以功能高分子为基本材料制备有机太阳能光电池。其中，第一种方法是利用太阳能进行光水解反应，制备清洁能源氢和氧；第二种方法是制备太阳能化学蓄能器；最后一种方法是制备开发有机光电池。下面对上述三个方面的应用分别加以介绍。

一、功能高分子材料在太阳能水分解反应中的应用

将太阳能转化为化学能，产生便于使用和储存的燃料是太阳能利用的有效途径。其中最简单的方法是通过光分解作用将水分解成氢气和氧气。水分子是氧气和氢气燃烧（氧化还原反应）的产物，在燃烧中放出大量能量，因此水是低能态物质。如果能够利用光能将其再分解成富有能量的氧气和氢气，那么就能够实现太阳能到化学能的转化和利用。由于水在地球上的存量巨大，并且氢气和氧气燃烧的无污染性，这种太阳能利用方法特别受到人们的重视。

1. 水的光电子转移分解反应原理

利用太阳能分解水实现太阳能-化学能转换主要是利用在光敏化剂、激发态猝灭剂和催化剂存在下在水中发生的光电子转移反应，其基本原理可以用下式表示：

$$S \xrightarrow{\text{光照}} S^* \qquad S^* + R \longrightarrow S^+ + R^-$$

式中，S 表示光敏剂，它吸收太阳光后跃迁到激发态 S^*，随后与激发态猝灭剂 R 作用发生电子转移反应，电子从激发态光敏剂 S^* 转移至猝灭剂 R，产生正、负离子。在催化剂作用下，水中的正、负离子分别同水分子发生氧化还原反应，产生氧气和氢气。而正、负离子恢复成光敏剂和猝灭剂。根据光化学反应历程，水的氧化过程分为单电子氧化和四电子氧化反应：

$$H_2O \longrightarrow HO^- + e^- + H^+ \qquad E' = 2.33V$$

$$2H_2O \longrightarrow O_2 + 4e^- + 2H^+ \qquad E' = 0.82V$$

很显然从氧化效率上来讲，四电子转移氧化反应要有利得多。一般水的四电子氧化需要有催化剂参与反应。对水的还原反应也有单电子还原和多电子还原两种方式，其中单电子还原的 E' 值为 2.52V，而双电子还原的 E' 值为 0.41V。实践中光电子转移反应常常需要加入光反应催化剂，在光敏剂、猝灭剂催化下完整的光化学反应式如下：

$$4S + 2H_2O \xrightarrow{\text{催化剂}} 4S + 4H^+ + O_2 \uparrow \qquad E' = 0.82V$$

$$2R^- + 2H_2O \xrightarrow{\text{催化剂}} 2R + 2OH^- + H_2 \uparrow \qquad E' = 0.41V$$

回到基态的光敏剂吸收太阳光后再进行下一个循环，不断将水分解成氢气和氧气。在反应中作为还原催化剂的氧化还原电势应在 $-0.41V$ 以下，氧化催化剂的氧化还原电势应在 0.82V 以上。在光能-化学能转换过程中首先要解决的问题是如何防止已经离子化的光敏化剂和猝灭剂离子再重新结合，使吸收的光能充分发挥作用。当使用功能聚合物使反应体系成为多相体系时，可以克服这方面的问题。

2. 在水光分解反应中光敏剂和猝灭剂的种类和作用

在水的多电子转移光解反应中，含贵金属的化合物是最常见的催化剂，其中含 N,N-二甲基-4,4-联吡啶盐（viologen，MV^{2+}）的聚合物作为电子接受体（猝灭剂，$E' = -0.44V$），而 2,2-联吡啶合钌络合物 $[Ru(bpy)_3^{2+}]$ 作为电子给予体（光敏剂，$E' = 1.27V$）。猝灭剂和光敏剂的结构如图 7-8 所示。

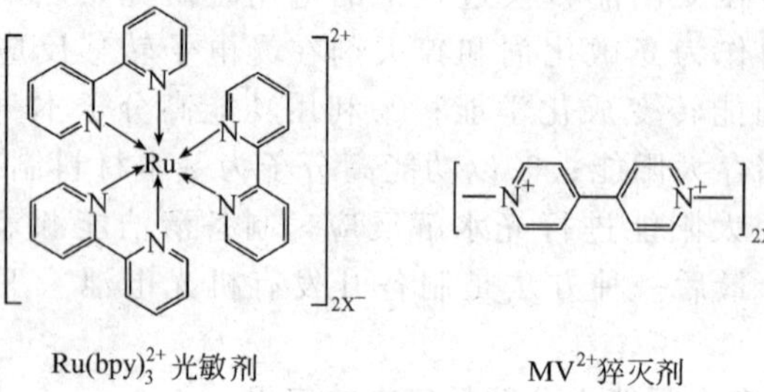

$Ru(bpy)_3^{2+}$ 光敏剂　　　　　　　　　　　MV^{2+} 猝灭剂

图 7-8　参与光水解反应的光敏剂和猝灭剂

采用高分子的光敏剂和猝灭剂可以使光水解过程更容易控制。其高分子化过程可以通过将含有上述结构的单体与其他单体共聚，或者利用接枝反应将其键合到高分子骨架上。如果得到的聚合物结构合适，高分子化后的光敏剂的光物理和光化学性能基本保持不变。这种络合型光敏化剂在水中的最大吸收波长是 452nm，接近太阳光的最大值 500nm。消光系数为 1.4×10^4，还原电极电位 $(Ru^{3+/2+})E' = 1.27V$，高于水的还原电位，在太阳光作用下，$Ru(bpy)_3^{2+}$ 被激发，然后与 MV^{2+} 迅速发生电子转移反应：

$$Ru(bpy)_3^{2+} * + MV^{2+} \longrightarrow Ru(bpy)_3^{3+} + MV^+ *$$

若水中加有 EDTA 分子，EDTA 将还原光电子反应生成的 $Ru(bpy)_3^{3+}$ 离子，使 $Ru(bpy)_3^{2+}$ 再生，$MV^+ *$ 在铂催化剂存在下将电子再转移给 H^+，自身被恢复。恢复后的光敏剂与猝灭剂可再次进行光电子转移反应，如此循环反应，不断消耗光能，产生氢气和氧气，将光能以化学能的方式储存起来。整个水的光分解反应可以用图 7-9 表示。

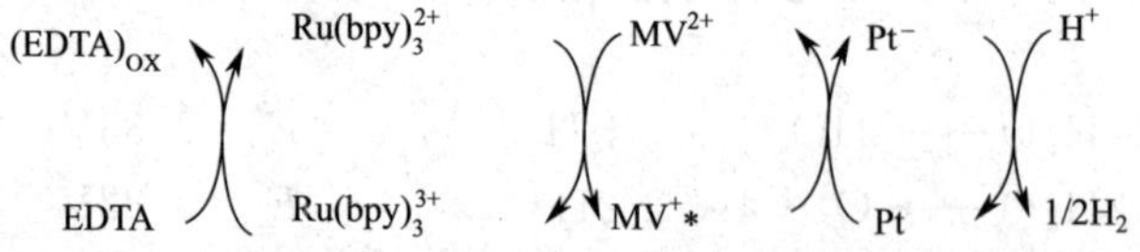

图 7-9　水的光催化水解反应循环

在整个光能化学能转换过程中主要消耗 EDTA 和水分子，光敏剂和猝灭剂几乎不消耗，整个装置可以连续运行。

二、利用在光照射下分子发生互变异构过程储存太阳能

利用光互变异构反应转化和储存太阳能是太阳能利用的另一个重要研究领域。主要依据是在光能作用下，通过互变异构反应合成高能量的，含有张力环的化合物来储存太阳能。目前研究最多的是降冰片二烯（norbornadiene，NBD）与四环烷烃（quadricyclane）之间的光互变异构现象。降冰片二烯在有光敏剂存在下吸收光能，双键打开，构成含有两个高张力三元环和一个四元环的富有能量的四环烷烃；四环烷烃是热力学不稳定结构，在催化剂作用下四环烷烃可以恢复到降冰片二烯结构，并放出大量的热能（$1.15 \times 10^6 J/L$），下面给出的是降冰片二烯与四环烷烃之间的光互变异构反应：

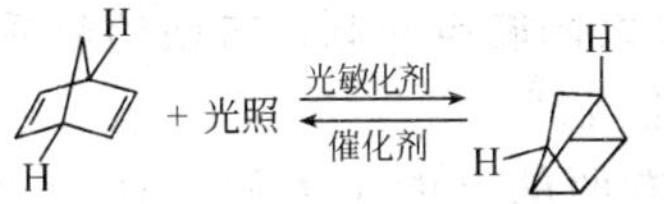

在可见光照射下，降冰片二烯发生光化学反应生成四环烷烃是吸热反应，储存能量；在催化剂作用下四环烷烃回复到降冰片二烯是放热反应（$\Delta H = 87.78 \text{kJ/mol}$），储存的能量得到释放。因此上述过程是一个可逆循环过程。在光照充足时，将光能以化学能形式储存起来，在需要时通过加入催化剂，使储存的化学能以热能的方式释放。可以设想，如果催化剂能够通过高分子化过程固化，使放热反应成为多相催化反应，能量释放过程将可以很容易通过催化剂的加入和退出得到控制。下面介绍几种在此类光能转换装置中重要的高分子功能材料。

1. 高分子光敏化剂

在吸收光能的第一步反应中需要光敏化剂参与。一般来讲，理想的光敏化剂在太阳能最集中的可见光区应有较高的消光系数，以保证对光能的有效吸收。这些光敏化剂在光能转换过程中应是热和光化学稳定的，以维持较长的使用寿命。同时应该具有较高的光量子效率，使其具有较高的敏化效率。吸收光能后，敏化剂在太阳光的激发下跃迁到单线激发态，然后转化成寿命较长的三线激发态；再活化其他分子（在此是降冰片二烯），而本身回复到基态，准备下一个光激发过程。其作用机制如下：

$$光敏化剂 + 光照 \longrightarrow 单线激发态 \longrightarrow 三线激发态$$

$$三线激发态 + 反应分子 \longrightarrow 光敏化剂 + 反应分子激发态$$

光互变异构反应太阳能利用过程中使用的光敏化剂包括以下两种结构：

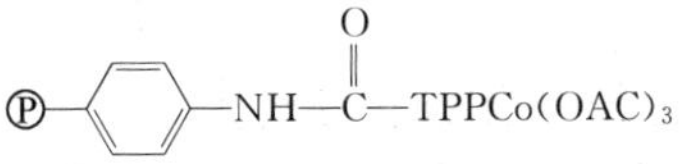

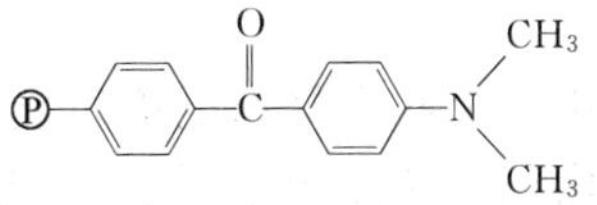

2. 高分子光催化剂

从上面介绍可知，在四环烷烃回复到降冰片二烯的放热反应中，也需要催化剂参与。对催化剂有如下几条要求：①有一定化学稳定性，不产生不利的副反应；②有足够的催化活性，使放热反应在短时间内完成；③对环境的稳定性要好，有较长的使用寿命；④催化剂最好自成一相，容易与反应体系分离，使放热过程得到有效控制。目前采用的催化剂多为过渡金属配合物。由于在上述太阳能转换反应中催化剂与光敏化剂必须分开使用，所以采用不溶性的高分子化的催化剂和光敏化剂是必要的。在图 7-10 中给出了三种可用于上述目的的高分子催化剂结构。

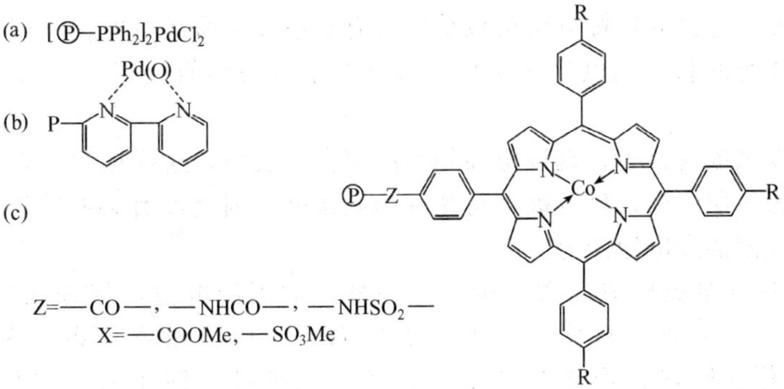

图 7-10 使四环烷烃恢复到降冰片二烯的三种高分子催化剂结构

三、功能高分子材料在有机太阳能电池制备方面的应用

1. 太阳能电池的结构和作用机理

将太阳能直接转化成使用方便的电能是人们向往的目标之一。太阳能电池是实现这一转化的主要装置。太阳能电池是利用光电材料吸收光能后发生光电子转移反应，并利用材料的单向导电性将正、负电荷分离，从而使电子转移过程在外电路中完成，产生必要的电动势和电流的光电转换装置。目前大多数太阳能电池是由无机材料制成的，主要包括以下三类：①结晶硅太阳能电池；②非晶态硅太阳能电池；③砷化镓和硫化镉半导体等为材料的太阳能电池。人们最早使用单晶硅材料制作太阳能电池，这种电池要求高纯度的硅单晶，并且需要特殊工艺进行切割和研磨，因而制作难度大，造价较高。为了避免这一问题而研制开发的非晶态硅太阳能电池可以用真空蒸镀法，或者以硅烷为材料在真空容器中通过辉光放电形成非晶态硅膜。在制作过程中如添加磷和硼的氢化物，可以分别制成 p-型和 n-型非晶态硅膜，构成单向导电的 p-n 结。与单晶硅电池相比，非晶态硅制作方法简单，制成的薄膜更薄，容易制成大面积 p-n 结，使制作大型太阳能电池成为可能。砷化镓太阳能电池的优点在于光转换效率最高，在阳光下可以达到 22%。虽然上述光电池已经在众多领域获得应用，并获得工业化生产。但是仍然存在着诸如材料获得和工业工艺方面的困难，难以降低成本。

2. 聚合物多层修饰电极型太阳能电池

有机高分子材料具有原料易得和来源广泛、可以通过分子设计得到不同功能的材料以及加工方法多样的优点，因此利用功能高分子材料制备有机太阳能电池是一个重要研究方向。比如利用聚合物的不同氧化还原电势，在导电材料表面进行多层复合，也可以制成类似无机 p-n 结的单向导电结构，进而制成如图 7-11 所示的太阳能电池装置：

图 7-11 中给出的由两个修饰电极组成的电池结构有如下特点。

① 电极 1 的内层由还原电位较低的功能聚合物修饰，而外层聚合物的还原电位较高，电子转移方向只能从内层向外层转移（见图中箭头方向）；电极 2 正好相反，是内层聚合物的还原电位高于外层，电子转移方向是从外层向内层转移。

② 电极 1 上两种聚合物的两个还原电位均高于电极 2 的两种聚合物的还原电位。

将两个修饰电极放入含有光敏化剂的电解液中用光照射，光敏化剂吸收光后产生的激发态分子，将电子转移给具有猝灭作用的电极 2 的外层聚合物，然后通过内层聚合物转移到电极 2。由于电极 1 的结构只允许电子由内向外转移，因此激发态转移的电子不能向电极 1 转移。同时由于电极 2 上积累的电子不能向外层聚合物转移，只能通过外电路通过电极 1 回到电解液，因此在外电路中有光电流产生。外电路中的电池电势等于两个电极修饰聚合物中还原电位较高者之差。电极的修饰方法可以采用带有吡咯或噻吩等可电化学聚合基团并含有氧化还原结构的单体为原料，用电化学聚合的方法在电极表面直接聚合，依次形成功能高分子膜[19]。

光敏剂也可以做成高分子，直接修饰到外层聚合物表面，这样更利于光电子转移过程的进行。此时电极为三层修饰，反电极不与光敏物质接触，因此没有必要修饰[20]。图 7-12 中给出的装置具备太阳能光电池能力。

同上述双层修饰电极构成的太阳能电池一样，太阳能电池对修饰用功能聚合材料的氧化还原电位有一定要求。氧化还原电位需要满足图中给出的关系。在文献中给出下面三种功能型氧化还原聚合物能够满足上述条件，可以分别作为三层修饰电极的修饰物（见图 7-13）。

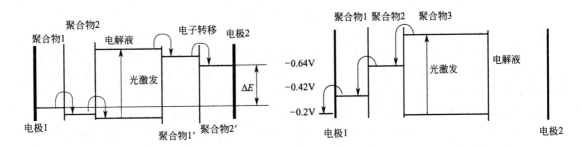

图 7-11　由聚合物修饰电极
构成的太阳能电池装置

图 7-12　三层聚合物修饰电极太阳能电池工作原理

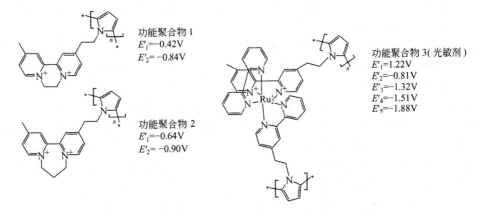

图 7-13　用于聚合物光电池的三种功能高分子材料

　　图 7-13 中给出的聚合物 1 和聚合物 2 均是 N,N-桥接的 $2,2$-联吡啶衍生物。由于聚合物 1 由两个碳的碳链连接两个吡啶环中的 N 原子，构成的是六元环，环内张力极小，因此两个吡啶环基本处在共平面位置，分子的共轭程度较高，因此还原电位（以饱和甘汞电极为基准）较高（$-0.42V$），表明比较容易得到一个电子被还原。而聚合物 2 由于是三个碳的碳链连接两个吡啶环的 N 原子，构成有张力的七元环，两个吡啶环不能处在一个平面上，两个吡啶环之间的两面角较大，分子内共轭作用减弱，因此还原电位较低（$-0.64V$），表明比较难于得到一个电子。因此，当由二者构成电极表面的双层修饰时，电子可以从还原态的聚合物 2 向聚合物 1 转移，但是相反的过程不能发生。这样由它们构成的双层修饰电极具有单向导电特性。聚合物 3 作为光敏化剂直接修饰在作为猝灭剂的聚合物 2 上面，当受光激发后可以直接将电子转移给聚合物 2，电子通过聚合物 1 累积到电极 1 上，从而在两电极之间产生电压。

　　在太阳能电池制作中以聚合物代替无机材料可以充分发挥有机高分子材料柔性好，制作容易，材料来源广泛，成本低的优势，对大规模利用太阳能，提供廉价电能具有重要意义。当然，以有机材料制备太阳能电池目前的研究仅仅刚刚开始，无论是使用寿命，还是电流效率都不能和发展成熟的无机硅光电池相比，还有很多技术问题需要探索和解决。聚合物型光电池能否发展成为具有实用意义的产品，甚至将来能否替代无机材料成为太阳能利用的主要工具，还有待于进一步研究探索。

本 章 小 结

1. 光敏高分子材料是在紫外、可见、红外光波作用下能够表现出特殊物理化学性质的高分子材料。材料吸收光能之后可能发生光化学反应，从而改变材料的分子结构，称为光化学过程；也可能发生物理变化，改变材料的外观或物理性质，称为光物理过程。

2. 光敏高分子材料的基本性质是能够吸收光能量，并且将获得的能量以不同形式耗散。吸收光能量需要材料具有与光能匹配的电子能级和较高的摩尔消光系数；能量的耗散形式包括荧光过程、磷光过程、光化学过程和热耗散过程。吸收光能的不同耗散形式决定光敏材料的光活性特征。

3. 光敏高分子材料吸收光能后发生的光化学过程主要包括光聚合、光交联、光分解、光老化、光致互变异构化等反应，反应后产物结构发生较大变化，表现出与原来截然不同的性能。利用光化学反应特征可以作为光敏涂料、光敏胶、光致抗蚀剂、高分子光稳定剂、高分子光致变色等光功能材料。

4. 光敏高分子材料吸收光能后发生的光物理过程主要包括荧光过程、磷光过程、光导电过程、非线性光学效应等。光物理过程常常伴随着能量或电子转移过程，利用其光物理特征可以作为高分子荧光材料、光导电材料、非线性光学材料等。

5. 高分子光敏涂料和光敏胶的主要作用机理是利用材料吸收特定波长的光之后光能转化成化学能，发生光聚合或光交联反应，材料的溶解度下降，产生光固化现象。光敏涂料和光敏胶是复配材料，其中包括预聚物、交联剂、光敏剂、光引发剂、稀释剂等化学成分。根据采用光源不同，有紫外光敏涂料、可见光敏涂料等种类。相对于常规涂料，光敏涂料固化速度快、环境污染小、能源消耗少。

6. 高分子光致抗蚀剂是一种用于集成电路、印刷制版等微加工领域的辅助材料，也称为光刻胶。其工作原理是利用光化学过程改变材料的溶解性能，对被加工材料表面进行有选择保护。根据光化学过程后材料溶解性能的变化趋势，将光刻胶分成正性光刻胶和负性光刻胶。前者利用了光降解或光分解反应，使材料的溶解性能提升；后者利用了光聚合或光交联反应使材料的溶解性能下降。根据在光加工工艺中使用的不同辐射源，光刻胶还可以分成可见光刻胶、近紫外光刻胶、深紫外光刻胶、X射线光刻胶和电子束光刻胶等。

7. 高分子光稳定剂是指为了对抗光老化、光氧化和光降解等影响高分子材料使用性能的不利光化学过程而在高分子材料内部加入的化学物质。根据作用机理，高分子光稳定剂可以分成光屏蔽剂、激发态猝灭剂、自由基捕获剂、抗光氧化剂等类型。高分子化的光稳定剂具有与基体材料相容性好、寿命长、使用方便的优点。

8. 光致变色高分子材料是指材料吸收一定波长的光之后，发生可逆的光化学反应引起材料分子结构的变化，从而导致其光吸收性质改变，引起材料外观颜色的变化。在消除光辐射条件后通常还可以通过逆光化学过程恢复原来的外观颜色。这些可逆光化学反应包括光控开-关环反应、光控顺-反异构化反应、光控氧化还原反应等。常见的高分子光致变色材料主要包括含硫卡巴腙配合物高分子、含偶氮苯结构聚合物、含螺苯并吡喃结构聚合物和某些含噻嗪等氧化还原中心结构的高分子材料。光致变色高分子材料是研究制备智能窗、无眩反光镜、光闸等装置的重要材料。有些光致变色高分子材料在光照前后能发生外形尺寸变化，称为光致力学材料。

9. 光导电高分子材料是利用光生载流子在光照时大量增加，从而导致材料的导电能力大幅度提高的作用机制研究制备的功能材料，可以用于静电复印、激光打印、光电成像、光电控制等领域。具有明显光导电性质的高分子材料主要包括具有线性共轭主链的导电聚合物、带有大共轭结构侧链的聚合物、带有共轭杂环结构聚合物等。加入光敏剂可以调整光敏感范围和灵敏度。

10. 高分子非线型光学材料是利用材料在强光作用下表现出的特殊物理效应作为基础而制备的光功能材料。非线型高分子材料主要利用材料的非对称极化性质,要求材料分子必须进行有序排列,使分子微观偶极矩互相叠加表现出宏观偶极矩。这些特殊物理效应包括倍频效应、光电效应、光折射效应、激光限幅效应等。这些效应广泛应用到光通讯、光信息处理、光信息存储、光计算机等场合。制备高分子非线性光学材料需要用到热极化技术、LB膜技术、SA膜技术和液晶化技术使其分子实现空间有序排列。具有宏观偶极矩的高分子材料表现出二阶非线性特征,具有线性共轭结构的导电聚合物通常具有明显三阶非线性系数。

11. 高分子荧光材料也称为高分子光致发光材料,是材料在吸收特定辐射光后,能够将吸收的光能以辐射方式耗散的性质。由于激发光与辐射光在波长方面并不相同,也称为转光材料。这类材料可以将看不见的紫外光转换成可见光,将短波长的光转换成长波长的光。高分子荧光材料在农用转光膜、荧光涂料、荧光油墨、荧光分析等方面有重要应用价值。从化学结构上划分,荧光高分子材料主要有含芳香稠环高分子、分子内电荷转移高分子、金属配合物荧光高分子等。

12. 光敏高分子材料还在光能转换方面有重要应用,在这个领域,光敏高分子材料主要作为光催化剂、光敏剂、光电子转移材料使用,在有机太阳能电池、光水解装置、光化学能转换装置等领域获得应用。

思考练习题

1. 光敏涂料在光固化过程中可以采用光聚合反应,也可能采用光交联反应,根据反应物和生成产物的溶解性质,说明这两种光化学反应的固化机理?

2. 光敏涂料是一个复配材料,讨论在光敏涂料中预聚物、交联剂、光敏剂、光引发剂在光固化过程中都起哪些作用?为了调节光敏感范围,如用紫外光代替可见光,需要做哪些调整?为了防止光敏涂料在存储过程发生固化反应,应该采取哪些措施?

3. 与感光材料中的正片和负片对比,结合光刻工艺过程,说明为什么说发生光分解反应的是正性光刻胶?为什么发生光交联反应的是负性光刻胶?在光刻工艺中使用正性光刻胶替代负性光刻胶需要做哪些调整?

4. 高分子材料的光老化过程能够使高分子材料失去使用价值,结合在光老化过程中发生的光化学反应,常规高分子材料老化之后都有哪些性质变化?讨论入射光的波长、水、氧气和光敏性杂质在上述光化学过程中起哪些作用?

5. 根据光老化作用机制和反应过程分析,光屏蔽型、激发态猝灭型、自由基捕获型和抗氧化型高分子光稳定剂是如何发挥稳定作用的?从应用角度分析上述光稳定剂都适合在哪些场合使用?

6. 最大吸收波长在光化学过程中的改变是光致变色高分子材料的作用机制,那么如何根据光化学反应后分子结构的变化推测变色范围?人们在日光下观察到的材料颜色就是被吸收光的颜色吗?如果不是,根据光物理学原理,如何推定材料的颜色?

7. 光致变色材料中发生的光化学反应都是可逆的,并且反应前后吸收光谱在可见光区都有明显变化,如果这些光化学反应是非可逆过程结果如何?讨论都有那些光化学反应具备这种光致变色性质?为什么?

8. 在某些高分子光致变色材料中,发生光致变色的同时,往往会伴随着材料外形尺寸的变化,这些变化产生的原因是什么?在实践中材料的这些性质都有哪些应用价值?如果有,试给出你的设计方案。

9. 光导电高分子材料其主要作用机理是在光的作用下产生大量光生载流子,根据光生载流子的产生过程分析,材料的化学结构、施加的电压、入射的光强度和波长会对光导电性质产生哪些影响?而增加电压强度并不能提高光的有效吸收,那么电压是如何影响光导电性的?在光导电材料中存在电子给予体和电子接受体，分析这两种结构在产生光生载流子过程中所起作用？

10. 光导电材料的主要应用领域是静电复印、激光打印、图像传感器等领域，在这些应用领域中（或者装置中），高分子材料的光导电性质都起哪些作用？如果直接利用材料的光导电性质作为光敏感器件，试设计一个光电控制装置（如利用光照启动电动机）的原理图？

11. 根据第七节中关于宏观偶极矩和极化度表达式分析，试解释为什么需要强光作用才能表现出明显光学非线性效应（提示，材料的二阶和三阶非线性系数都很小，强光可以产生强光频电场，分析当系数 $\alpha >$ $\beta > \gamma$ 时，改变变量 E，可以使公式中每一展开项对总偶极矩的贡献率发生变化）？

12. 二阶非线性光学高分子材料具有宏观偶极矩，从分子结构和聚集态结构分析，如何才能获得具有宏观偶极矩的高分子材料？都有哪些制备工艺可以实现这种过程？

13. 具有线性共轭结构的电子导电聚合物是三阶非线性光学高分子材料，分析这类材料在强电场作用下能表现出哪些性质？与非共轭结构材料相比其极化特征有哪些？

14. 在太阳能转变成热能和太阳能转换成化学能的过程中采用非溶解性的高分子催化剂和光敏剂与同类可溶性小分子相比能带来哪些易操作性？为什么？

13. 讨论在太阳能转换成电能、热能、化学能过程中，光敏功能高分子材料起哪些作用？在应用方面具有哪些优势？

参考文献

[1] (a) 李善君. 纪才圭等，高分子光化学原理及应用. 上海：复旦大学出版社，1993.
    (b) 贾艳华. 涂料与应用，2007，37 (1)：10.
[2] G Wegner. *Nato Conf Ser*，1979，**6**：209.
[3] (a) R W Watt. *U S Patent*，3794676，1974.
    (b) 郑永军. 曲阜师范大学学报：自然科学版，2004，30 (4)：75.
[4] (a) A Reiser. *Macromolecules*，1981，**14**：95.
    (b) 苑盼盼，余万能，沈革新. 化工新型材料，2007，35 (5)：1.
[5] H F Mark and N G Gaylord. *Encyclopedia of Polymer Science and Technology*，1971，14.
[6] (a) G Scott. *New Trends in the Photochemistry of Polymers*. N S Allen and J F Rabek Ed. Elsevier Applied Sci，1985，229.
    (b) 刘学东，石明，张复实. 功能材料与器件学报，2006，12 (2)：117.
[7] (a) J C B Waddingtor. *J Am Chem Soc*，1964，**86**：2315.
    (b) H Kamagawa et al. *J Polym Sci*，**1968**，**A-1**，**(6)**：2967.
[8] G Smets. *Pure and Appl Chem*，1972，**30**：7.
[9] (a) H Kamagawa et al. *J Polym Sci*，**1968**，**A-1**，**(6)**：2967.
    (b) *J Appl Polym Sci*，1969，**13**：1883.
[10] G Smets. *Adv in Polym. Sci*，1983，**50**：33.
[11] Van der Veen et al. *Nat Phys Sci*，1971，**70**：230.
[12] 王艳乔等. 化学通报，1993，(11)：45.
[13] 黄德音，晏意隆. 感光材料，1997，(1)：9.
[14] 丁瑞松等. 化学通报，2001，(1)：53.
[15] 孙景志，汪茫，周成. 高等学校化学学报，2001，22 (3)：498.
[16] 王晓工. 材料导报，1999，13 (4)：51.
[17] 李冰等. 化学研究与应用，2003，15 (1)：11.
[18] 徐伟箭，黄翠华. 湖南大学学报：自然科学版，2001，28 (3)：23.
[19] Wenyuan Zhao. Judith Marfurt and Lorenz Walder. *Helv Chim Acta*，1994，77 (1)：351.
[20] Judith Marfurt，Wenyuan Zhao and Lorenz Walder. *J Chem Soc*，*Chem Commun*，1994，51.

第八章　吸附性高分子材料

第一节　吸附性高分子材料概述

一、吸附性高分子材料的定义和分类

吸附性材料主要是指那些对某些特定离子或分子有选择性亲和作用，使两者之间发生暂时或永久性结合，进而发挥各种功效的材料。吸附性材料被广泛用于环境保护过程中的空气和水的净化、工业上某些物质的富集和分离、食品和轻化工产品的脱色、色谱分离等领域。吸附性材料根据材料的结构和属性可以分成无机吸附材料，如分子筛、硅胶、氧化铝、活性炭等；有机吸附材料，如聚苯乙烯、葡聚糖凝胶、纤维素等。在有机吸附材料中主要是高分子材料。根据材料来源划分，可以分成天然的和合成高分子吸附材料两种。天然吸附材料中最常见的是硅藻土、甲壳质和纤维素等；使用和开发较早，价格低廉，应用广泛。合成高分子吸附材料主要包括离子交换树脂、高分子螯合剂、吸水性树脂、吸附性树脂等。近年来得益于分子设计的发展，合成高分子吸附剂的研究和生产发展较快，涌现出大量具有高吸附容量、高选择性的合成吸附树脂，极大丰富了应用范围。

1. 根据高分子材料的分子结构和性质划分

（1）非离子型吸附树脂　这种树脂中不含有特殊的离子和官能团，吸附作用主要依靠分子间的范德华力。非离子型树脂对非极性和弱极性有机化合物具有特殊吸附作用，在分析化学和环境保护领域中主要用于吸附分离处在气相和液相中的有机分子。

（2）吸水性高分子吸附剂　这种高分子材料具有亲水性网状分子结构，可以被水以较大倍数溶胀，因此具有较大吸收和保持水分的能力。这种材料被广泛用于农业的土壤保墒和作为生理卫生用品生产。

（3）金属阳离子配位型吸附树脂　这种高分子材料的骨架上带有配位原子或者配位基团，能够对特定金属离子进行络合反应，两者间生成配位键而结合，因此对多种过渡金属阳离子有选择性吸附和富集作用。这种材料有时也称为高分子螯合剂，多用于水相中各种金属离子的富集和分离。

（4）离子型吸附树脂　在高分子骨架中含有某些酸性或者碱性基团，在水溶液中能够分别解离成阴离子和阳离子；这些带有阴离子或者阳离子的树脂对于反离子有以静电引力生成盐而结合的趋势。它们被大量用于各种阴离子和阳离子的富集和分离，也被用于水的去离子和纯净水的制备过程；以离子交换树脂作为固定相可用于离子色谱分析。

2. 根据高分子树脂内部结构和外观形态划分

（1）微孔型吸附树脂　树脂外观呈颗粒状，在干燥状态下树脂内的微孔很少，也很小，因此作为吸附剂使用时必须进行溶胀，溶胀后树脂的三维网状结构被扩展，内部空间被溶剂填充形成凝胶，因此也称为凝胶型吸附树脂。这种树脂通常采用悬浮聚合法制备。对于苯乙烯等疏水型单体主要采用水等强极性溶剂；而对丙烯酸等亲水性单体则采用烃类溶剂。这种聚合方法的主要优点是反应比较容易控制，不容易出现的过热问题，反应直接生成比较规则的球状颗粒，不需要再进行成型造粒工序。生成颗粒的直径取决于搅拌强度、反应温度和引发剂的种类。这种球型结构有利于在吸附装置中装填均匀。吸附树脂的孔径和孔隙率则取决

于交联剂的使用量。

（2）大孔型吸附树脂　大孔型树脂在干燥状态时内部就有较高的孔隙率和较大的孔径，因此称大孔型吸附树脂。这种吸附树脂不仅可以在溶胀状态下使用，也可以在非溶胀状态下使用；因为在这种状态下树脂也具有足够的比表面积，其孔洞是永久性的。大孔型吸附树脂一般也采用悬浮聚合法制备，不过要使用较多的交联剂（＞20%），并加入一定量的惰性溶剂作为单体稀释剂。在聚合反应过程中生成的网状聚合物一方面由于交联度提高，机械强度增大；另一方面惰性溶剂的存在，对生成的聚合物有溶胀作用，聚合过程中不出现收缩塌陷现象，使多孔状态在除去溶剂后得以保留。生成树脂的孔隙率和孔径与加入的惰性溶剂性质和加入量有关。这种类型的树脂在溶液中和干燥状态下均保持恒定的结构状态，对不同种类的溶剂不敏感，物理尺寸比较稳定，有一定机械强度，可以在一定压力条件下使用。

（3）米花状吸附树脂　其外观形状为白色不透明颗粒，由于类似于膨化后的米花而得名。这种树脂具有多孔性和较低的体积密度，在大多数溶剂中不溶解，不溶胀；因此只能在非溶胀条件下使用。其有效比表面积较大，树脂中存在的微孔可以允许小分子通过。米花型吸附树脂是通过本体聚合得到的，聚合反应一般不需要任何溶剂，交联剂的加入量在0.1%～0.5%之间。

（4）交联大网状吸附树脂　网状吸附树脂也是三维交联的网状聚合物，与共聚交联不同，是在线型聚合物的基础上，加入交联剂进行交联反应制备的。一般需要先制备线型聚合物，然后再加入交联剂进行交联反应制成网状结构的吸附树脂。在聚合过程中需要加入成孔剂以保持网状结构。由于在线型聚合物制备阶段可以引入指定量和指定位置的功能基团，进行交联反应后可以得到结构清晰的网状树脂。这种吸附树脂的主要缺点是机械稳定性较差，使用受到一定限制。

与天然和无机吸附剂相比较而言，高分子树脂作为吸附性材料具有以下优势：首先，通过分子设计，聚合物骨架内可以通过化学反应引入不同结构和性能的基团，从而比较容易得到具有各种预想性质的吸附剂；其次，通过调整制备工艺，可以获得不同规格的多孔性材料，大大增加吸附剂适用领域和使用性能。同时经过一定交联的聚合物在溶剂中不溶不熔，只能被一定程度溶胀，溶胀后充分扩张的三维结构又为吸附的动力学过程提供便利条件。这些性质是多数无机吸附剂不具备的。合成高分子吸附剂再生容易，耐热、耐辐射、耐氧化、强度高、寿命长，在使用条件下不溶不熔，易于再生回收。

随着科学研究和生产技术的不断发展，吸附性高分子材料正迅速进入人们的生产和生活领域，在工农业生产和科学研究方面获得了广泛应用，并且有继续扩大应用范围的趋势，已经成为重要的功能高分子材料之一。近年来，得益于分子设计的发展，合成高分子吸附剂的研究和生产发展较快，涌现出大量具有高吸附容量、高选择性的合成吸附材料，极大地丰富了人类调控自然的能力和手段。比如，各种离子交换树脂已经在水的纯化、离子色谱分离、酸、碱催化反应等方面得到广泛应用。带有各种配位基团的高分子螯合剂成为消除重金属污染、富集分离贵重金属和化学分析的重要材料之一。亲脂性高分子吸附树脂的不断出现，被大量用于有机化合物、乳化剂、表面活性剂、润滑剂、氨基酸的分离；广泛用于抗生素药物、天然植物药物的分离提纯，大气和水中有机污染物测定中被测物的富集，医疗上血液的脱毒等也用到这类吸附树脂。高吸水性树脂可以吸收大大超过自身重量的水分，在干旱地区作为保水剂可以大大提高种子成活率，已经证明可以大大提高农业产量。

二、吸附性高分子材料的结构及制备方法

吸附性高分子树脂在结构上具有以下特征。首先在分子结构层面树脂带有特定的官能团，这些官能团的种类和数量决定吸附树脂的吸附特征和作用方式；比如引入极性官能团可

以调节树脂的极性特征，用以改变对不同极性物质的吸附选择性；引入 O、N、S、P 等带有未成键电子的元素构成配位结构，可以与金属阳离子形成配位键产生选择性吸附；当引入酸性或者碱性官能团并经过水解产生离子化结构，能够对相应的反离子通过静电引力产生吸附性。其次，吸附性高分子材料在使用过程中为了保持结构的稳定性，一般都具有不溶不熔特征，以利于吸附树脂的使用和回收；在制备过程中进行交联反应形成具有一定交联度的三维网状聚合物是必要的。吸附树脂的第三个结构特征是多呈规则颗粒状和多孔结构；规则颗粒状树脂有利于在吸附装置中均匀装填，在使用过程中易于操作和处理。多孔结构可以提供更大的比表面积，以提高吸附容量，因为容量与吸附剂的表面积成正比。对于某些微孔型吸附树脂，则要求在特定溶剂进行溶胀后再作为吸附剂使用。

　　吸附性高分子材料的制备工艺选择主要目的就是要形成上述三个结构特征。在树脂的合成工艺主要是由单体和适量交联剂（通常带有双聚合基团）通过共聚反应合成，直接生成具有交联结构的聚合物。由于加入具有两个以上可聚合基团的交联单体，在聚合过程的链增长阶段形成分支结构并最终形成三维网状结构。这类聚合物的交联度可以通过调节加入的双聚合基团单体比率进行控制。不过这类聚合物的网状结构多为随机形成，规律性不强。为了获得精确的三维网状结构可以通过两步合成反应来实现：先合成带有一定活性官能团结构的线性高分子，然后加入具有双功能团，具有确定长度的交联剂与线型聚合物进行交联反应，最后形成具有特定三维网状结构的吸附树脂。由于这类合成方法可以控制吸附树脂形成网状结构的网孔大小，对于提升吸附的选择性有利，不过这类树脂一般只在溶胀状态下使用。

　　为了获得规则颗粒状吸附树脂，在聚合工艺方面多选择悬浮聚合和乳液聚合工艺。悬浮聚合使用的溶剂与单体相互不溶，单体通过搅拌作用后只能悬浮在溶剂中产生悬浮液，聚合反应就在单体液滴内部进行，反应后生成的聚合物也基本与液滴形状相同。可以通过调整搅拌速度或剪切力来调整悬浮液滴的大小并控制产生树脂的粒径。对于聚苯乙烯型疏水型单体多采用水作为悬浮溶剂，称为正相悬浮聚合；对于丙烯酸型水溶性单体要选择非极性有机溶剂，称为反相悬浮聚合。为了保证悬浮聚合反应体系的分散度和形成良好形状的树脂颗粒，在反应体系内还要加入稳定剂，使用较多的稳定剂有明胶、聚乙烯醇和羟乙基纤维素等以提高溶液黏度。加入磷酸钙和碳酸镁等二价盐类也能起到稳定剂作用。悬浮聚合的主要优点是可以直接生产预定大小，外形规则的颗粒状树脂，不需要再进行性造粒工艺过程，生成的近球形颗粒也非常有利于在吸附装置中均匀装填；此外悬浮聚合可以将聚合反应产生的热量传输给溶剂，有利于反应温度的控制，消除引起爆聚的隐患。如果在单体中加入与其互溶的惰性溶剂，悬浮聚合之后，惰性溶剂占据的空间则形成孔状结构，去掉惰性溶剂后就可以获得具有大孔吸附树脂。孔的多少和孔隙率大小与使用的惰性溶剂相对量有关。

　　乳液聚合也是采用与单体互不相溶的溶剂体系，只不过加入表面活性剂使之成为乳化液体。根据单体和溶剂的性质不同，可以分别形成水包油型乳液（适合疏水性单体）和油包水型乳液（适合亲水性单体），在引发剂作用下聚合反应在乳滴内进行，最后形成与乳滴形状类似的聚合物颗粒。本体聚合的使用较少，原因是聚合反应产生的热量不易传到控制。不过米花型吸附树脂恰恰利用了聚合反应热的作用形成米花型特殊结构。

　　吸附型树脂的制备除了上述的聚合过程之外，一般还包括单体的合成、官能团的引入、造粒成型、表面后处理等必要过程，以满足各种不同条件的实际需要。一般来说，用于色谱分离用的吸附树脂需要颗粒均匀，分布范围窄，粒径要小，这样有利于提高分离效果。而在其他应用场合，较大粒径的吸附树脂可能更有利于方便使用和回收。实际生产过程中，吸附剂产品的质量和性质还与原材料的品质和纯度有关，聚合反应后的清洁处理，清除反应中带入的杂质往往也是吸附型树脂生产过程中非常重要的一个步骤。

三、聚合物化学结构与吸附性能之间的关系

吸附是两种物质相互作用，以吸附作用为主的一种自然现象。吸附树脂是以吸附功能为特征的高分子材料，这种吸附作用力对不同结构和性质的物质表现出不同的作用力。吸附作用主要来自于分子间的范德华力、氢键力、配位键力和静电引力。由于物质之间化学和物理结构不同，吸附作用在不同物质之间是不同的。也就是说高分子吸附树脂对不同的物质具有不同的选择性吸附能力。也就是吸附树脂表现出的吸附性能与其结构具有特定对应关系。根据吸附树脂各部分的形态和作用，可以将吸附树脂的结构分成以下三个层次。

1. 化学组成与功能基团

在高分子吸附剂中，聚合物的化学组成与官能团是最基本，也是最重要的结构因素。分子型物质的主要性能大部分产生于其化学组成和官能团结构。化学组成与光能团主要从以下三方面影响吸附树脂的功能：

（1）元素组成的影响　如果聚合物分子中含有配位原子，如 O、N、S、P 等，这些原子都具有未成键电子对，这些聚合物便具有潜在的络合能力，有可能作为高分子螯合剂与特定的金属离子形成配位键。如果聚合物的主链被 Si 等替换，氢被氟替换都会大大影响其化学和物理稳定性和吸附性能。

（2）官能团的影响　化合物中具有特殊作用的化学结构被称为官能团，这些基团可以在聚合物主链内，但是更多是作为侧基连接在主链上。当聚合物中含有不同官能团时，该官能团的性质往往决定了吸附树脂的不同选择性。比如，聚合物链上连接强酸性基团，解离后的高分子酸根能够与阳离子结合成盐，具有阳离子交换和吸附能力；反之，连接季铵基团，可以与阴离子结合，具有阴离子交换能力。由于不同离子型基团与各种离子结合的能力与稳定性不同，因此各种离子型树脂便呈现选择性离子交换能力。

（3）分子极性的影响　极性是分子中正负电荷中心不重合产生的，用分子偶极矩大小来衡量。两个电负性不同的原子成键之后，往往生成极性键。在分子中引入极性基团或因为结构发生变化导致分子极性发生变化，这种变化将能大大改变高分子吸附树脂的吸附性能和选择特征。比如，当树脂化学结构中不含极性基团，树脂完全由苯乙烯与适量二乙烯苯共聚时，得到的是非极性吸附树脂，适合于从极性溶剂中吸附非极性有机物。当引入极性基团时，如引入氰基将会使其转化成中等极性或强极性吸附树脂，适合在非极性介质中吸附极性较强的物质。此外，适度交联的含有酯基的聚甲基丙烯酸甲酯也属于中等极性的吸附剂，而聚丙烯酰胺和聚乙烯吡啶则分别是极性和强极性吸附树脂，适合于从非极性有机溶剂中吸附极性的物质。

2. 聚合物的链结构和超分子结构

与小分子不同，在高分子材料中除了化学组成和官能团之外，高分子吸附树脂的性质在很大程度上取决于聚合物的链结构和超分子结构。聚合物的链结构包括主链结构（嵌段、无规共聚、饱和与不饱和链等）、分支结构（分支的数目、长度以及化学组成结构）以及交联程度等。聚合物超分子结构中与吸附性有关的因素还包括结晶度和取向度。聚合物带有支链与否和支链所占的比例是影响聚合物分子间力的重要因素，而分子间力是聚合物溶解度、相转变温度和机械强度等性质的主要影响因素。聚合物链的交联与否和交联程度的大小直接影响聚合物的溶解度和溶胀程度。交联程度越高，机械强度越高，但溶胀度越小，溶胀后网状结构中的孔径也越小。当交联度达到一定值时，树脂将完全失去溶胀性。在多数情况下，吸附树脂是被某种溶剂溶胀后使用的。而溶胀程度和溶胀后形成网状结构的孔径大小是树脂吸附量和吸附选择性的重要影响因素，例如，凝胶渗透色谱用的高分子吸附剂主要依靠网状结构的孔径大小对被分离物质根据体积进行吸附分离。

3. 吸附树脂的宏观结构

吸附树脂的宏观结构主要影响吸附剂的吸附量、机械强度和吸附速度等性能。由于吸附树脂的吸附过程主要发生在固体表面，特别是在非溶胀条件下使用时（如气体吸附），比表面积（单位体积下物体的表面积）的大小与吸附量基本上成正比，因此增加高分子吸附树脂的比表面积具有重要意义。增加固体物体的比表面积主要有两种途径，一种是降低固体物体的粒度，物体的比表面积随着粒度的下降而迅速增大。但是随着粒度下降，吸附树脂使用和处理难度也随之增大。另一种方法是在不降低粒度的同时将物体做成多孔状，增加其内表面积；实际上多数吸附树脂都是制成多孔状使用的。

吸附剂的内表面有两种形态，当内表面积处在被封闭内腔中时，其表面无法产生吸附作用，我们称其为无效表面。只有当内腔通过孔道与外表面连接，并且孔道最小直径能允许被吸附物质通过时才是有效表面。因此树脂内部孔的开放程度和孔径大小会直接影响树脂内表面的利用度。吸附树脂的有效吸附面积等于外表面积和可利用的内表面积之和。与此相关的宏观结构数据包括孔隙率、孔径分布和比表面积等指标。吸附树脂宏观结构对吸附过程主要产生两方面的影响；一方面是树脂的有效吸附面积和表面性质，主要是热力学因素的影响，影响吸附量、选择性和稳定性。另一方面是孔径大小、孔的长度、孔径分布和树脂的外观形状等；主要表现为动力学影响因素，影响被吸附物质的扩散过程和吸附速度。为了增大吸附量要求增大比表面积，增大比表面积需要增大孔隙率。然而，孔隙率的增大会降低吸附树脂的机械强度。孔径的大小决定被吸附物质的范围和吸附速度，孔径分布直接影响选择性高低。对于在溶胀条件下使用的吸附树脂，交联度起着与孔隙率同样的作用。上述宏观结构均可以在树脂成型过程中通过改变工艺参数加以控制。

吸附用树脂的外观形状多做成球状，这样有利于装填、清洗、回收、活化等处理过程，其球状体的粒度大小取决于应用领域。细颗粒树脂的吸附和解吸附过程可以迅速完成，有利于快速达到吸附平衡，多作为色谱分离分析用固定相和担体，可以得到较高柱效。体积较大的吸附树脂吸附量比较大，稳定性较好，不易流失，透过率高、回收容易；多作为常规吸附剂，用于吸湿保墒和环境保护方面。

四、影响吸附树脂性能的外部因素

影响吸附树脂吸附性能的因素除了吸附剂的结构和形态等内在因素之外，还与使用环境关系密切。比如温度高低、介质的极性大小、使用方式（动态吸附还是静态吸附等）不同以及压力和黏度等因素。主要有以下几种环境影响因素对吸附剂的使用有较大影响。

1. 温度因素

对大多数物质而言，吸附剂的吸附量和吸附力与温度成反比；即温度高不利于吸附量的提高，但是可以比较快达到吸附平衡。反之，在低温下吸附剂的吸附能力增强，吸附量增大，但是吸附速度下降。因此人们经常利用在低温或者常温下完成吸附过程，最大限度发挥吸附剂的吸附作用。升高温度后吸附作用下降，会发生不完全吸附和解吸附，吸附剂的功能下降。如果温度继续升高，当达到一定温度时，吸附剂几乎不具备吸附能力。利用吸附剂的这一性质可以利用加热来脱除被吸附物质（热脱附），使高分子吸附剂获得再生。在高温下分子的活动能力增强，分子的热运动是产生热脱附的主要原因。

应当指出，对不同的吸附物质，其对温度的敏感程度是不同的，有些吸附剂当温度变化时，吸附力和吸附量会发生较大变化，另一些可能并不敏感。这些现象与被吸附物质与吸附剂的吸附机理等因素有关。一般物理吸附作用受温度的影响较大，而离子交换和配位络合起主要作用的化学吸附过程受温度影响相对较小。选择吸附和脱附温度还必须考虑吸附树脂的极限使用温度，超过这一限制，吸附树脂有可能会发生分解、熔化或者其他化学反应，使树脂发生不可逆变化。在高温下高分子树脂与被吸附物质也可能发生不可逆反应。

2. 树脂周围介质的影响

这里所指的介质是除了被吸附物质之外，存在于吸附剂周围的大量其他不应被吸附的物质，其中主要是一些液体溶剂和气体物质。最常见的如色谱分离中使用的流动相，环保和水净化过程中的水溶液，空气中污染物收集时的空气等。在多数情况下，吸附剂的吸附性能与其周围存在的介质关系密切。首先，被吸附物质和介质与吸附剂之间存在吸附竞争关系。当介质与吸附剂作用强时，将导致被吸附物质的脱吸附。某些强作用介质（溶剂）也常被用来作为洗脱剂洗脱被吸附物质，就是利用了竞争性吸附原理。

从介质与吸附剂相互作用强度大小来分类，可以将介质分成三类。一类是介质被吸附剂强烈吸附，其吸附作用力大大超过被吸附物质与吸附剂之间的作用力，这时吸附剂的活性表面几乎全部被介质占据，被吸附物质可以完全被脱除。这类介质只能作为脱吸附剂使用。第二类是当介质与吸附剂的作用力与被吸附物质的作用力处在同一数量级时，介质将同被吸附物质发生竞争性吸附，造成被吸附物质的不完全吸附，这种介质的存在虽然不利于吸附过程。但是可以利用其存在提高吸附过程的选择性。第三类情况是当介质与吸附剂的作用力很小，大大小于被吸附物质的作用力，这时，介质的存在基本不影响吸附过程，仅仅起分散作用。后一种情况是理想吸附介质，也是选择吸附剂的依据之一。

周围介质对被吸附物质本身也有一定影响，这种影响主要来源于介质与被吸附物质之间的物理和化学作用，这些作用有时甚至会改变其性质。比如，利用调节洗脱剂的酸碱性和极性可以大大改变吸附色谱柱的分离性能，就是因为酸碱性和极性物质与吸附剂相互作用的结果。因为此类影响因素比较分散、种类繁多、机理复杂，在此不做讨论。

3. 其他影响因素

对吸附过程产生影响的主要外部影响因素除了温度和介质之外，还有流动相的流速、溶液黏度和被吸附物质的扩散系数等外在动力学因素。当将吸附剂填充成柱或床使用时还应该包括吸附剂填充密度和均匀度等因素。这些因素主要影响吸附过程中的动力学过程。在色谱分离和使用柱型装置进行溶剂纯化时，流动相的流速应当根据吸附过程的快慢进行选择。相对来说，吸附过程是一个慢速过程；当流速过快时，吸附过程可能来不及完成，不利于吸附剂作用发挥。因此流速的选择应当根据吸附剂的颗粒度、溶液黏度和吸附性质选择适当值，同时还要兼顾产物的纯度和处理速度要求。溶液的黏度主要影响被吸附物质的扩散速度，表面张力主要影响吸附剂的润湿性能，这些都会对吸附过程产生某些影响。

第二节　非离子型吸附树脂

非离子型吸附树脂主要在色谱分离中作为担体和固定相，以及环境保护中作为污染物富集材料，动植物中有效成分的分离提取与纯化等应用过程，是目前所有合成高分子吸附树脂中种类最多，应用最广的品种。非离子型吸附树脂主要是指那些在分子结构中不包含离子性基团、配位基团，主要依靠分子间范德华力进行吸附的高分子树脂；其吸附选择性主要依靠分子的极性确定。非离子型高分子吸附剂品种较多，根据极性大小，可以分成非极性、弱极性、中等极性和强极性四种吸附树脂。树脂的极性往往通过选择聚合物骨架上连接的取代基的种类、数目和连接位置进行调节。构成非离子型吸附树脂的原料多样，种类繁多，性能各异，在结构上的主要差异包括聚合物骨架类型不同、连接的官能团不同、交联程度不同，以及树脂的宏观结构不同。结构上的差异为调整这类吸附树脂的性能提供了广阔空间。根据聚合物骨架的类型来划分，非离子型吸附树脂最常见的包括聚苯乙烯型和聚丙烯酸酯型，以其他类型骨架存在的吸附树脂相对较少。下面根据聚合物骨架的分类，分别介绍主要吸附树脂的合成方法、物理化学性质以及应用方面的内容。

一、聚苯乙烯-二乙烯苯交联吸附树脂

聚苯乙烯类树脂是以苯乙烯单体为主，二乙烯苯为交联单体，通过共聚反应制备的交联型聚合物。二乙烯苯具有与主单体相同的化学结构和反应活性，但是双聚合官能团的存在使共聚反应产生分支链，并进一步构成三维网状结构，而失去溶解性能。有时为了调整树脂的性能，也加入适量其他类型单体进行共聚，以改变聚合物的骨架特征。聚苯乙烯是最早工业化的塑料品种之一，在产量上仅次于聚乙烯和聚氯乙烯，目前是吸附性树脂的主要骨架材料；其原因是苯环上比较容易引入各种化学基团，便于进行树脂改性。为了降低溶解性，提高机械强度和树脂的孔隙率，在聚苯乙烯链之间进行一定程度的交联是必要的。美国的 J. A. Oline1959 年发明了用悬浮聚合法制备苯乙烯和二乙烯基苯多孔性交联聚合物的方法。从那时起，这种多孔性合成吸附剂获得了极快发展，出现了众多以苯乙烯和二乙烯基苯交联共聚物为骨架的吸附树脂。由于这种树脂具有硅胶、活性炭、沸石等无机吸附材料的多孔性和表面吸附性，连同其他合成多孔性非离子树脂一起，被统称为合成吸附剂。

1. 聚苯乙烯-二乙烯苯型吸附树脂的结构特点与性质

聚苯乙烯-二乙烯苯共聚物是高分子吸附性树脂中使用最多的聚合物骨架类型，几乎80％以上的非离子型吸附用树脂的骨架是由聚苯乙烯-二乙烯苯型树脂构成的。另外大多数离子交换树脂也采用这种类型树脂作为离子基团的高分子载体。其单体苯乙烯可以由石油化工和煤化工大量制备，因此合成成本较低。在聚合物骨架中苯环为化学性质比较活泼部分，通过适当化学反应可以在苯环邻、间、对位置引入各种极性不同的化学基团和离子型基团，从而改变吸附树脂的极性特征和离子状态，制成用途不同的吸附树脂，以适应不同的应用需求。聚苯乙烯-二乙烯苯型树脂的主要缺点在于机械强度不高，质硬且脆，抗冲击性和耐热性能较差。聚苯乙烯-二乙烯苯型吸附树脂的结构和性能特征主要有以下几个方面。

(1) 树脂的微观结构　聚苯乙烯树脂作为吸附剂使用常需要一定的微观结构要求，微观结构的形成需要使用一定交联剂使其交联成三维网状结构，以降低在溶液中的溶解性能，或者在溶胀状态下提供适当的孔径和孔隙率。形成网状结构的前提是单体中必须有"剩余"可聚合基团，在形成的线型聚合物链上提供交联的活性反应点。聚苯乙烯树脂中使用最多的交联剂为二乙烯基苯单体。二乙烯基苯单体有两个可以发生加成聚合反应的双键结构，当与苯乙烯进行共聚反应时除了形成线性聚合物之外，剩余的双键可以作为进一步聚合的活性点：与苯乙烯单体继续共聚则形成分支结构，与其他聚苯乙烯链上的剩余双键反应则形成网状结构。由于苯乙烯和二乙烯苯的结构类似，竞聚率相差很小，苯乙烯与不同比例的二乙烯苯共聚，可以得到几乎任意交联度的网状树脂。如果在溶胀状态下使用，苯乙烯树脂的交联度低，树脂溶胀后形成的孔径较大，可以吸附较大体积的分子；同时单位重量树脂的吸附量也增大；但是树脂的体积密度和机械强度下降。相反，增大共聚单体中二乙烯苯的比例，得到的树脂交联度增大，机械强度增加，但是溶胀程度下降，会造成吸附量相应下降。

在水溶液中用悬浮聚合法制备得到的聚苯乙烯型吸附树脂外观多为白色或浅黄色，为不同直径的球状颗粒。相对密度比水稍大，颗粒内部具有孔径为几至几百纳米的细孔，比表面积一般可达每克数百平方米以上。根据其生产工艺和使用要求不同，主要有微孔型（凝胶型）和大孔型两种类型。由于聚苯乙烯型吸附树脂均已交联构成三维网状结构，所以它不能以分子分散态被水以及有机溶剂溶解，仅能被某些有机溶剂溶胀；溶胀程度与吸附树脂的内部结构、所带基团和溶剂的种类有关。其中微孔型吸附树脂在非溶胀条件下孔径小、孔隙少，不能作为吸附剂，主要在溶胀条件下使用。其孔径大小和孔隙率与所用溶剂有关。大孔型吸附树脂在非溶胀条件下也具有足够的孔隙率和活性表面，可以在非溶胀和溶胀两种条件下使用，但是以前者为主，在水溶液和气体环境下使用。此外，交联聚苯乙烯是热固性树脂，即使通过加热也不熔融。

（2）树脂的宏观结构　聚苯乙烯-二乙烯苯吸附树脂的宏观结构也是衡量吸附树脂性能和区分其应用领域的重要参数。通过改变聚合方法和工艺条件，调节交联剂的使用量，可以分别得到凝胶型、大孔型树脂，必要时也能生产出大网络型和米花型树脂。使用不同种类成孔剂可以得到不同孔径大小、不同孔径分布、不同比表面积和不同孔隙率的商品吸附树脂。常见的成孔剂包括汽油、醇类、低分子量聚苯乙烯和可溶性聚合物等。为了获得不同孔径参数的树脂，需要严格控制成孔剂的使用量和生产工艺，孔径的分布范围已经成为吸附树脂质量的重要衡量指标之一。在实际应用中对商品吸附树脂的粒径和外观形状往往有一定要求，比如当作为色谱固定相使用时需要较小粒径和比较规则的外形，在水溶液和气态下使用可能需要粒径比较大的树脂和无定型结构。生产时通过控制搅拌速度和聚合反应速度可以得到不同粒径产品。特别规整的外形一般需要经过后期加工或者采用特殊的生产工艺。凝胶型树脂的体积密度可以分别采用干密度或湿密度表示，应该注意区分。

（3）树脂的极性特征　以聚苯乙烯和二乙烯苯共聚得到的未经结构改造的吸附树脂为非极性吸附剂，主要用于水溶液或空气中有机成分的吸附与富集。其吸附机理主要是通过被吸附物质的疏水基与吸附剂的疏水表面相互作用产生吸附。当被吸附物质的极性增加时，吸附能力下降，因此这种树脂对被吸附物质的吸附作用按照下列顺序递减：非极性物质 ＞ 弱极性物质＞中等极性物质＞强极性物质。在树脂中的苯环上引入极性基团时可以改变树脂的极性特征，得到中等极性和强极性吸附树脂。强极性吸附树脂主要用于在非极性溶剂中吸附极性较强的化合物，其吸附顺序与上述非极性树脂正好相反。其吸附机理是通过被吸附基团的亲水基团与树脂上极性基团相互作用产生吸附作用。中等极性的吸附树脂在两种条件下都可以使用，但是作用机理各不相同，吸附作用的强弱次序在不同介质中正好相反。非离子型树脂对离子型物质的吸附性不好，例如，当被吸附的物质中含有酸性或碱性基团（有机酸或有机碱）时，树脂的吸附能力将受到介质酸碱度的影响，树脂仅在不引起这些基团解离的 pH 值范围内可以保持较好的吸附效果。

（4）树脂中被吸附物质的脱附过程　与活性炭等无机吸附剂不同，聚苯乙烯型吸附树脂属于可逆性吸附剂，即被吸附的物质可以通过适当方法从吸附剂上 100％脱除，以使吸附剂再生和收集被吸附物质。脱吸附过程主要有热脱附法和溶剂脱附法。热脱附法通过提高吸附剂温度以降低吸附剂的吸附容量和吸附力，释放出被吸附物质。溶剂脱附法要采用对吸附剂有更强作用力的低沸点溶剂洗脱，通过竞争性吸附将被吸附物质顶替下来，被吸附的溶剂再用热蒸发法除去使吸附树脂得到再生。除此之外，当被吸附物质含有可解离基团时，可以改变脱附溶剂的 pH 值，用酸性或碱性溶液洗脱，可以提高脱附效果。也可以利用盐效应进行洗脱。如果被吸附物质是挥发性的，也可以用通入水蒸气法来带出被吸附物质，达到洗脱目的。经过脱吸附过程之后，吸附树脂一般经过清洗和干燥步骤之后，可以基本恢复到原来的吸附性能供反复使用。

（5）吸附树脂的溶胀剂和使用介质　多数聚苯乙烯-二乙烯苯型吸附树脂可以在溶胀条件下使用。溶胀剂的选择需要根据树脂的结构和极性大小为选择条件。对于非极性吸附树脂，比较常用的溶胀剂为甲苯等具有芳香性结构的溶剂，溶胀能力比较强。随着树脂极性的增大，所用溶胀剂的极性也应相应增大。除了考虑极性之外，溶胀剂的选择还要根据与被分离物质作用、溶剂的毒性和溶剂沸点等其他因素综合考虑。大孔型聚苯乙烯吸附树脂可以在非溶胀条件下使用，往往不需要考虑溶胀的问题。这时其孔径大小和孔结构完全取决于树脂的物理状态和宏观结构，与所用溶剂体系无关。对大多数聚苯乙烯-二乙烯苯型交联树脂来说，非溶胀溶剂多为水、低级醇或者非极性的脂肪烃。通过前面的分析过程我们知道，吸附过程实质上是吸附剂与被吸附物质，吸附剂与分散介质、分散介质与被吸附物质之间相互作用力的竞争过程。选择使用介质必须考虑上述竞争性带来的问题。比如水等强极性介质对于吸附非极性物质有利，石油醚等非极性介质对于吸附极性物质有利。同时，介质的选择还要考虑对吸附剂的影响，因为有些溶剂可能对吸附树脂有破坏性或溶解性。由于在实际使用过程中溶胀剂和使用介质是同一种物质；因此对溶胀剂和使用介质的要求都必须一并考虑这样才能获得理想的结果。

2. 聚苯乙烯型吸附树脂的合成方法

聚苯乙烯树脂的合成比较简单，苯乙烯单体可以通过热引发、光引发发生自由基聚合反应。当加入二乙烯苯单体之后可以发生交联共聚反应；由于二乙烯基苯具有双乙烯基，可以使生成的共聚物链发生分支并交联成为具有三维结构的网状大分子。调节二乙烯苯与苯乙烯的比例，可以得到不同交联度的聚合物。采用的聚合工艺不同，可以得到不同结构的吸附树脂。实际生产过程中多采用自由基聚合机理的悬浮共聚法。这样可以直接制备多孔性颗粒状树脂。控制聚合反应条件，如温度、溶剂、成孔剂等，可以得到前述的不同物理结构的树脂。成孔剂的加入量对孔隙率等吸附树脂的宏观特征具有决定性影响。

为了得到不同性能的吸附树脂，需要对树脂骨架进行必要的结构改造，引入各种性能的官能团。在聚苯乙烯结构中苯环是比较活泼的部分，可以发生多种化学反应。利用这些反应可以引入不同极性和结构的官能团，从而改变树脂的物理化学性能。比如，利用苯环的硝化反应可以引入硝基，硝基经还原可以得到氨基取代聚苯乙烯；其中的氨基可以同酰氯、酸酐、活性酯等反应生成酰胺键引入各种不同基团。其反应过程如下：

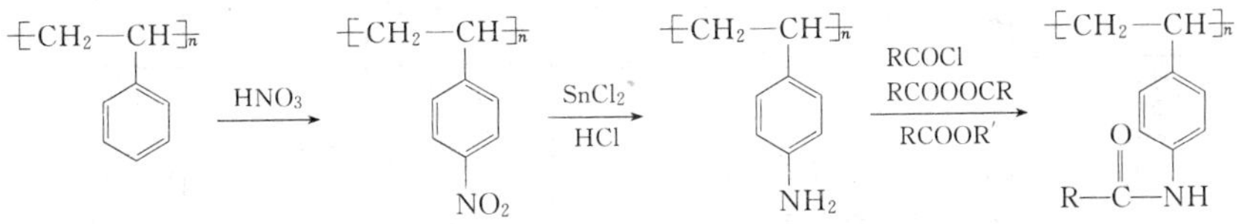

此外，苯环经过硝化反应可引入强极性基团硝基，经过磺化反应可以引入磺酸基，苯环经过溴化后，再与正丁基锂反应可以生成活性很强的高分子锂化合物，利用其反应活性可以得到不同取代基的化合物。例如。该聚合物与二氧化碳反应可以直接在苯环上引入羧基，与乙酰氯反应可以引入乙酰基。其反应路线如下所示：

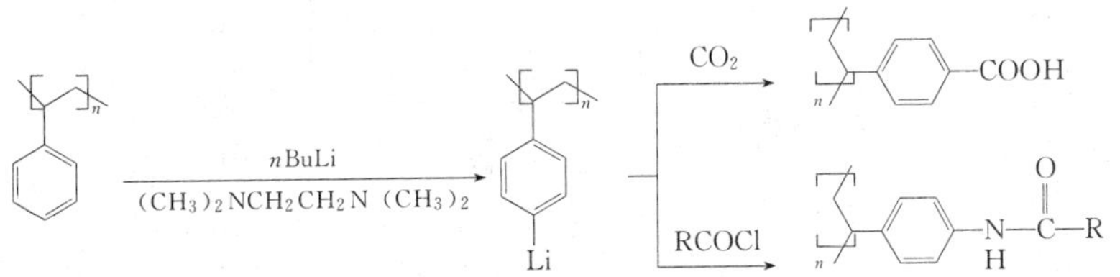

以这些基团为基础进行反应还可以将其转化成其他类型的官能团。如乙酰基通过水解反应可以得到芳香氨基，羧基通过酯化可以得到高分子活性酯。聚苯乙烯树脂与氯甲基甲醚反应可以得到对氯甲基聚苯乙烯。其中苄基氯非常活泼，是进一步反应的活性点。对氯甲基聚苯乙烯与含有羧基或者羟基的芳香化合物反应，可以使芳环直接与苄基以碳碳键相连，与水杨酸，或者苯酚类化合物反应，可以进一步引入亲水性基团羧基和酚羟基。与其他具有活泼氢的化合物也能进行类似的反应。当对氯甲基聚苯乙烯与含氮杂环和胺类化合物反应时，能与反应基团之间生成碳氮键，引入的基团具有碱性。

采用上述聚合物作为原料进行结构改造引入官能团的办法虽然方法简便，材料易得，但是反应后官能团在树脂内部分布不均，多集中在树脂的表层。为了能在表层以下进行反应，反应时需要在反应体系中加入惰性溶胀剂，以提供内部反应的动力学条件。此外引入官能团之后，吸附树脂的力学性能可能会发生一定变化，应当予以注意。目前已经有大量不同极性，不同用途的聚苯乙烯型商品吸附剂出售，虽然使用的商品名称各不相同，但是其结构和性能有许多是类似的。在表 8-1 中列出部分聚苯乙烯型吸附树脂的商品名称和结构参数。

表 8-1　国内外聚苯乙烯型非极性吸附树脂的结构参数

商品名称		生产厂商	孔隙率 /%	湿密度 /(g/mL)	比表面积 /(m²/g)	平均孔径 /nm	粒度 /目
Amberlite	XAD-1	Rohm & Haas	37	1.02	100	20.0	20～50
	XAD-2		42	1.02	330	9.0	20～50
	XAD-3			1.02	526	4.4	20～50
	XAD-4		51	1.02	750	5.0	20～50
	XAD-5		51		415	6.8	
Diaion	HP-10				501.3	30.0	0.46
	HP-20				718.0	46.0	1.16
	HP-30				570.0	25.0	0.87
	HP-40				740.7	25.0	0.6
	HP-50				589.8	90.0	0.8
Chromosorb	101	John's Manville		0.3(干)	30～40	350	
	102			0.29	300～400	8.5	
	103			0.32	15～25	350	
	106						
Porapak	P	Waters Associate Inc R～T 加极性单体共聚		0.28(干)	120	1000	
	Q			0.25～0.35	600～800	7.5～40	
	R			0.33	547～780	7.6	
	S			0.35	536～470	7.6	
	N			0.39	437		
	T			0.44	306～450	9.1	
Dulite	S-861			1.02	600		0.3～1.2
	S-862			1.02	450		0.3～1.2
GDX	101	天津试剂二厂		0.28(干)	330		
	102			0.20	680		
	103			0.18	670		
	104			0.22	590		
	105			0.44	610		
	201			0.21	510		
	202			0.18	480		
	203			0.09	800		
有机载体	401	上海试剂一厂		0.32	300～400		
	402			0.27	400～500		
	403			0.21	300～500		

从表 8-1 中数据可以看出，虽然某些聚苯乙烯型吸附树脂具有类似的结构和性能，但是不同厂家给出的商品名称和型号大不相同，甚至给出的物理化学指标项目也不尽相同。这种现象在其他吸附性树脂中也普遍存在，在选择使用时应加以注意。

二、聚甲基丙烯酸甲酯-双甲基丙烯酸乙二酯交联吸附树脂

除了聚苯乙烯-二乙烯苯型吸附树脂之外，聚甲基丙烯酸甲酯与双甲基丙烯酸乙二酯共聚物是另外一种普遍使用的合成高分子吸附剂骨架材料。由于其分子骨架中已经包含酯键，因此属于中等极性吸附剂。经过结构改造引入羟基等极性基团的该类树脂也可以作为强极性吸附剂。这种吸附性树脂通过甲基丙烯酸甲酯作为主单体，与双甲基丙烯酸乙二酯单体进行加成共聚反应，采用悬浮聚合工艺制备：

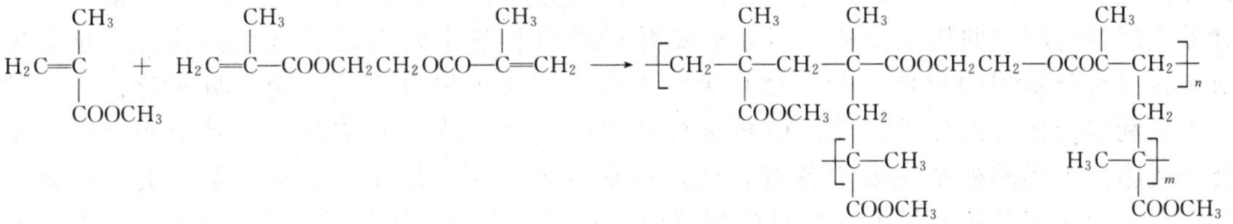

聚合过程中双甲基丙烯酸乙二酯作为双聚合官能团单体可以起到交联剂的作用。该单体的使用量同样应根据吸附树脂交联度的要求进行选择。通过上述方法直接制备的树脂为中等极性的吸附剂，具有较好的耐热性能，软化点在150℃以上。由于极性适中，与被吸附物质中的疏水基团和亲水基团都可以发生作用，既可以用于从水溶液中吸附亲脂性物质，也可以在有机溶液中吸附亲水性物质。也可以引入极性较强的基团制备强极性吸附树脂。比如通过水解方法使树脂中的酯键断裂，释放出游离羧基是提高极性的方法之一。

与聚苯乙烯-二乙烯苯型吸附树脂一样，也可以将聚甲基丙烯酸甲酯型吸附树脂做成凝胶型和大孔型两种结构，分别适用于溶胀体系和非溶胀体系的吸附过程。具有类似结构的吸附树脂除了聚甲基丙烯酸甲酯之外，还有聚丙烯酸甲酯交联树脂和聚丙烯酸丁酯交联树脂等，都已经有商品出售。

三、其他类型的高分子吸附树脂

除了上述两大类吸附树脂最为常见之外，聚乙烯醇、聚丙烯酰胺、聚酰胺、聚乙烯亚胺、纤维素衍生物等高分子材料也常作为吸附性树脂使用。在这些吸附树脂的制备过程中也往往需要加入一定量的多官能团单体作为交联剂共聚，以便得到具有三维网状结构，成为凝胶型吸附树脂。作为这些吸附树脂制备用交联剂，二乙烯苯仍然是使用最多的。如丙烯腈与二乙烯苯的共聚物是强极性吸附树脂，聚 2,6-二苯基对苯醚的同类共聚物为弱极性吸附树脂，而与异丁烯共聚物为非极性吸附树脂。它们都是色谱分析中常用的高分子吸附剂。根据这些聚合物的骨架特征和所代基团的性质不同，上述吸附树脂的吸附性能和应用领域也不尽相同。经碳化处理的聚偏氯乙烯，由于脱氯化氢之后形成梯形聚合物，所以耐高温性能特别出色，可以在高于 500℃ 以上使用，主要用于吸附永久性气体和低级烷烃。

第三节　高分子螯合树脂

高分子螯合树脂通常也称为高分子螯合剂，是一类重要的吸附性功能高分子材料。其特征为高分子骨架上连接有能够对金属离子进行配位的螯合功能基，对多种金属阳离子具有选择性螯合作用，因此这类吸附树脂对各种金属离子有浓缩和富集作用。这种树脂广泛用于分析检测、污染治理、环境保护和工业生产。这种吸附树脂与被吸附物之间依靠配位键相互作用，属于化学吸附。此外，当螯合树脂与特定金属离子螯合之后，形成的高分子配合物还会

出现许多新的物理化学性质，被广泛作为高分子催化剂、光敏材料和抗静电剂。在本节中主要介绍作为吸附剂使用的各种高分子螯合树脂。

目前作为吸附剂使用的高分子螯合树脂根据材料来源主要分成两类：一类是合成型高分子螯合树脂，另一类是天然高分子螯合剂。后者包括纤维素、海藻酸、甲壳素衍生物等。从分子结构来划分，合成高分子螯合树脂也可以分成两大类：一类是螯合基团作为侧基连接于高分子骨架，另一类的螯合基团处在高分子骨架的主链上。这两种类型的树脂在功能上是不同的。制备具有螯合功能的高分子材料需要满足两方面的要求，首先是分子上要含有配位基团，其次是配位基团在高分子骨架上排布合理，以保证螯合过程对形成配合物的空间构型要求。高分子螯合树脂的制备主要有两类合成路线：一是首先制备含有螯合基团的单体，再通过均聚、共聚、缩聚等聚合方法实现高分子化；另一种方法是利用接枝等高分子化学反应将螯合基团引入天然或者合成高分子骨架构成高分子螯合树脂。上述两种制备方法各有长处，都获得了广泛应用。螯合基团是一类含有多个配位原子的功能基团，目前最常见的配位原子都是具有给电子性质的第 VA 到第 VⅡA 元素，主要为 O、N、S、P、As、Se 等，在化合物中这些原子都有可供配位的孤对电子。含有上述配位原子的配位基团列于表 8-2。

表 8-2　主要配位原子和含有这些原子的配位基团

配位原子	配位基团和相应化合物
氧原子	—OH(醇、酚)，—O—(醚、冠醚)，—CO—(醛、酮、醌)，—COOH(羧酸)，—COOR(酯、盐)，—NO(亚硝基)，—NO$_2$(硝基)，—SO$_3$H(磺酸)，—PHO(OH)(亚磷酸)，—PO(OH)$_2$(磷酸)，—AsO(OH)$_2$(砷酸)
氮原子	—NH$_2$，＞NH，—N，＞C＝NH(亚胺)，＞C＝N—R(席夫碱)，＞C＝N—OH(肟)，—CONH$_2$(酰胺)，—CONH—OH(羟肟酸)，CONHNH$_2$(肼)，—N＝N—(偶氮)，含氮杂环
硫原子	—SH(硫醇、硫酚)，—S—(硫醚)，＞C＝S(硫醛、硫酮)，—COSH(硫代羧酸)，CSSH(二硫代羧酸)，—CS—S—S—CS—，CSNH$_2$(硫代酰胺)，SCN(硫氰)
磷原子	＞P-(一、二、三烷基或芳香基膦)
砷原子	＞As-(一、二、三烷基或芳香基胂)
硒原子	—SeH(硒醇、硒酚)，＞C＝Se(硒羰基化合物)，—CSeSeH(二硒代羧酸)

高分子螯合树脂的种类繁多，具有配位原子只是形成螯合物的条件之一，能否作为高分子螯合剂还需要其他结构条件做保证。下面根据配位原子分类，讨论各种高分子螯合树脂的合成方法、结构与性能、实际应用等内容。

一、氧为配位原子的螯合树脂

在有机化合物中氧是最常见的配位原子，有六个外层电子，在通常情况下以两个外层电子与其他原子成键，另外四个电子构成两个孤对电子。这两个孤对电子可以单独形成配位键。氧原子存在于多种类型的配位基团内。根据所含配位基团不同，以氧为配位原子的螯合树脂主要有以下几种结构类型。

1. 含羟基螯合树脂

最常见的含羟基高分子螯合树脂为聚乙烯醇，在饱和碳链上每间隔一个碳原子连接一个羟基作为配位基。一般两个相邻的羟基与同一个中心阳离子配位，这样形成配位键后与中心离子会形成一个六元环稳定结构。由于高分子骨架的柔性和自由旋转特性，骨架上的配位原子空间适应性比较强，能与 Cu^{2+}、Ni^{2+}、Co^{3+}、Co^{2+}、Fe^{3+}、Mn^{2+}、Ti^{3+}、Zn^{2+} 等多种离子形成高分子螯合物，其中二价铜的螯合物最稳定。生成螯合物后，高分子螯合树脂的许多性能会发生变化。以二价铜的聚乙烯醇螯合物为例，首先由于螯合过程有大量质子释放，因此溶液体系的 pH 值会有较大幅度下降，原来中性的溶液会呈现酸性。其次分子内络合物的形成会使溶液体系的比黏度大幅度下降，这是由于聚合物链在形成螯合物时发生收缩所致。由于同样原因，当聚乙烯醇薄膜放入含有 $Cu_3(PO_4)_2$ 等含有二价铜离子的水溶液中后，聚乙烯醇膜会发生较大幅度的收缩，收缩力甚至可以将膜下连着的重物提起，这实际上是发生了化学能与机械能的转化。据认为，这是由于聚乙烯醇上的羟基与二价铜离子发生了如下络合反应，造成聚合物分子内收缩的结果[1]。

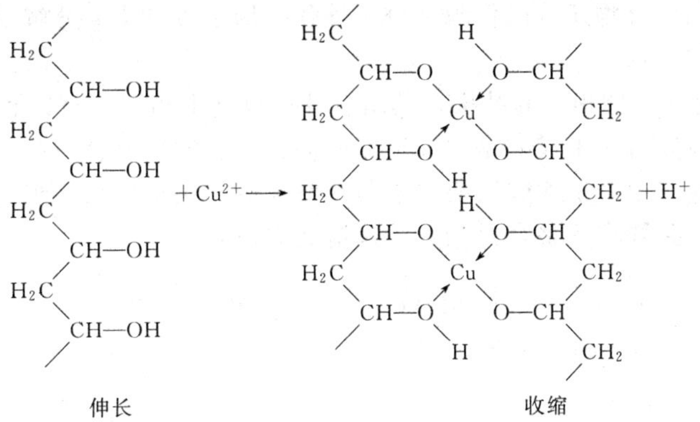

伸长　　　　　　　　　　　　　　　　收缩

由于聚乙烯醇对一价铜离子的络合作用较弱，当加入还原性物质将二价铜离子还原成一价离子时，高分子螯合物释放出一价铜离子，体积重新膨胀。因此通过氧化还原反应可以控制上述化学能与机械能的直接转换，因此这种材料被称为人工肌肉。其伸长和收缩率可达30%左右。

与醇羟基相比，苯环上的酚羟基其孤对电子与苯环共轭，酸性较强，在碱性条件下容易发生离子化。含有酚羟基的聚合物较多，包括聚苯乙烯类和环氧类树脂等。酚羟基作为配位基团形成的络合物也比较稳定，但是由于苯环的刚性作用，在形成多配位螯合物时对聚合物的结构有特殊要求，形成的螯合结构也比较复杂。在聚苯乙烯树脂中引入酚羟基的方式有多种，可以由 4-乙酰氧苯乙烯共聚物通过水解反应得到对羟基聚苯乙烯树脂，也可以由聚氯乙烯为原料与苯酚反应直接引入酚羟基。这类树脂对二价镍和二价铜离子有选择性络合作用。多数情况下对镍离子的选择性高，但是当苯环 3-位存在氨基时，对铜离子的选择性高，原因是氮原子参与了配位过程。聚苯乙烯与氯甲基甲醚反应得到的聚对氯甲基苯乙烯与含有酚羟基的水杨酸、氢醌、2-羟基-3-羧基萘、2,4-二羟基苯甲酸、没食子酸等化合物进行弗-克反应，同样可以得到含酚羟基的聚苯乙烯型树脂。聚苯乙烯经硝化、还原和重氮化后再与水杨酸反应可以制备带有偶氮结构的含酚羟基树脂。此外使用聚甲基丙烯酸酯为聚合物骨架，也可以通过与水杨酸等反应成酯引入上述结构。这种螯合树脂能与三价铁离子络合，生成红棕色高分子络合物。含有羧基的酚类树脂在重金属离子的分离和多种维生素、抗生素的选择性吸附方面具有应用意义。

2.β-二酮螯合树脂

β-二酮结构是指两个羰基之间间隔一个饱和碳原子的化学结构，其中羰基氧作为配位原子。β-二酮结构是重要的多配位基团，其中配位原子之间有三个碳原子间隔，因此在形成络合物时也能构成六元环结构，环内张力较小。环内双键的存在使形成的螯合物更稳定。在这类螯合树脂中 β-二酮结构可以存在于高分子的主链上或者侧链上；侧链上最常见的此类结构为乙酰乙酸酯，由于 α-H 的活泼性，可以发生烯醇化，因此化学性质比较活泼。这种高分子螯合树脂可以由甲基丙烯酰丙酮单体聚合而成，也可以与苯乙烯或者甲基丙烯酸甲酯共聚生成共聚型螯合树脂。其合成反应式如下：

$$\underset{O}{\overset{CH_3}{H_2C-C-CH_2-C-CH_3}} \longrightarrow \underset{\underset{O}{\overset{\displaystyle CH_3}{C-CH_2-C-CH_3}}}{\left[CH_2 \right]_n}$$

该螯合树脂可以与二价铜离子络合形成稳定的螯合物。该螯合树脂除了可用于铜离子的吸附富集外，生成的络合物还可以作为高分子催化剂用于过氧化氢分解反应，其催化活性高于小分子乙酰丙酮螯合物。

β-酮酸酯也具有 β-二酮相似的结构，其络合性质也基本相同。可以直接利用聚乙烯醇为原料，通过接枝反应制备，生成的是比较典型的侧链 β-二酮型螯合树脂。最常见的方法是用聚乙烯醇与乙烯酮在二甲基甲酰胺溶液中进行接枝反应。用小分子 β-酮酸酯与聚乙烯醇进行酯交换反应也可以得到同类的螯合树脂。其反应式如下：

$$\underset{OH}{\left[CH_2-CH \right]_n} + CH_2=C=O \xrightarrow[\text{加热}]{DMF} \underset{\underset{O=C-CH_2COCH_3}{\overset{\displaystyle O}{}}}{\left[CH_2-CH \right]_n}$$

$$\underset{OH}{\left[CH_2-CH \right]_n} + RCOCH_2COOC_2H_5 \xrightarrow[\text{加热}]{PbO} \underset{\underset{O=C-CH_2COR}{\overset{\displaystyle O}{}}}{\left[CH_2-CH \right]_n} + C_2H_5OH$$

这一类树脂对三价铁离子有较好的络合作用生成红色的高分子络合物。也可以与三价铝络合制备高分子螯合型交联涂料。

3. 羧酸型螯合树脂

羧基中含有两种氧原子，一个是羟基氧，另外一个为羰基氧；两种氧原子在配位反应时作用不同，羟基氧往往以氧负离子形式参与配位。含有羧基的高分子螯合树脂最常见的有聚甲基丙烯酸、聚丙烯酸和聚顺丁烯二酸等。由于独立羧酸两个氧原子同时配位时不能形成六元环稳定结构，所以羧基配位体有时需要与其他配位体协同作用才能生成稳定的螯合物。采用共聚反应引入其他类型的配位体是常采用的方法。如顺丁二烯二酸与噻吩共聚，甲基丙烯酸与呋喃共聚等。聚甲基丙烯酸和聚丙烯酸与二价阳离子络合时其配合物的生成常数按 $Fe^{2+}>Cu^{2+}>Cd^{2+}>Zn^{2+}>Ni^{2+}>Co^{2+}>Mg^{2+}$ 顺序递增。在一定 pH 值范围内，络合一个二价金属离子需要两个羧基作为配体。研究结果表明，聚合物的立体结构对离子络合的选择性有一定影响，间同立构的聚甲基丙烯酸对二价镁离子有较强结合力，而全同聚甲基丙烯酸与二价铜离子有较强的结合力。据此可以设计具有特殊选择性的螯合树脂。

4. 冠醚型螯合树脂

冠醚是含有氧配位原子的大环化合物，是目前非常引人注目的配位结构。其配位原子相隔两个碳原子均匀分布在大环状化合物内。因为氧原子在环中以醚键连接，而分子结构在形状上类似于王冠，因此统称为冠醚。冠醚最显著的特征是可以络合碱金属和碱土金属离子，而这些离子往往是非常难以被其他类型的络合剂络合的。经过高分子化后的冠醚型螯合树脂在应用方面具有许多小分子冠醚所不具备的特征。其中最显著的特点是作为固相吸附剂富集碱金属离子。冠醚本身的合成一般比较复杂，虽然冠醚型螯合试剂的制备可以从小分子冠醚出发，在大环上引入可聚合基团，然后通过聚合反应实现高分子化。但是多数情况下仍然以通过接枝反应制备较为常见。

从结构上分析，冠醚的结构可以处在侧链上，也可以作为聚合物主链的一部分。前者的高分子骨架多为聚乙烯或者聚苯乙烯。有时为了降低其溶解性能，需要进行适度交联。后者多采用小分子冠醚单体与其他单体用共聚方法获得。高分子冠醚的络合性能主要取决于环的大小和结构，只有体积大小与冠醚相适应的金属离子才能被络合，因此选择性非常好。冠醚环多由 12 到 30 个原子连接构成，配位氧原子分别为 4 到 10 个。适用于不同金属离子的配位。在图 8-1 中给出几种常见的冠醚型螯合树脂。

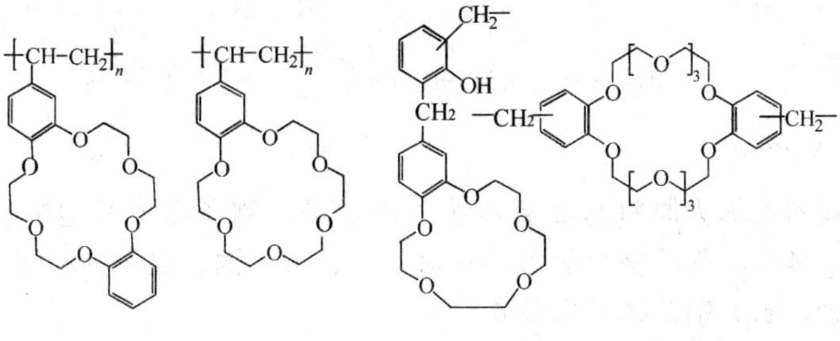

PD18C6　　P18C6　　B15C5　　DB30C10

图 8-1　常见冠醚型螯合树脂结构

冠醚结构在主链上的螯合树脂在制法上有些不同，其中苯并冠醚与苯酚和甲醛缩聚可以实现小分子冠醚的高分子化。当使用二苯并冠醚时，缩合的结果是使冠醚结构进入聚合物主链，生成主链型冠醚。高分子化的冠醚螯合树脂除了作为普通吸附材料用于某些金属离子的富集与分离过程之外，还有以下几个方面的实际应用：①作为电极表面修饰材料，利用其选择性络合作用，用于制作离子选择性电极，这种离子选择性电极对碱金属和碱土金属离子有较高的灵敏度和吸附选择性；②作为液相色谱分析用固定相，在离子色谱中利用冠醚螯合树脂对不同离子的区分作用，用来分离碱金属和碱土金属离子。

二、氮为配位原子的螯合树脂

氮原子在螯合树脂中是重要性仅次于氧原子的配位原子。其外层电子数为五个，通常情况下其中三个与其他原子成键，另两个电子构成一个孤对电子作为配位电子。配位原子为氮的高分子螯合剂主要是含有胺、肟、席夫碱、羟肟酸、酰肼、草酰胺、氨基醇、氨基酚、氨基酸、氨基多羟酸、偶氮和各种杂环等结构的高分子，种类繁多。其中多数是与结构中的氧原子共同作为配位原子。现就部分较为常见的含氮螯合树脂进行讨论。

1. 含氨基的螯合树脂

配位原子以氨基形式出现的聚合物包括高分子脂肪胺和芳香胺，其中脂肪胺的碱性较强。含有游离氨基的单体不能直接进行聚合反应，高分子化时必须进行保护。带有聚乙烯骨架的脂肪胺可以由乙酰胺基乙烯通过聚合、水解等反应过程制备[2]。也可以通过采用苯二甲酰基保护氨基，然后与其他单体进行共聚，得到的酰胺型树脂水解释放出氨基。反应过程分别用下式表示：

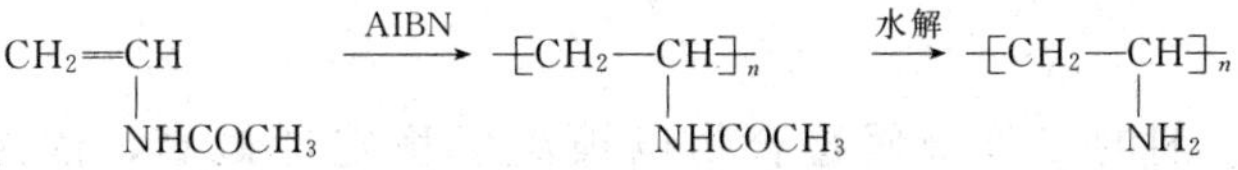

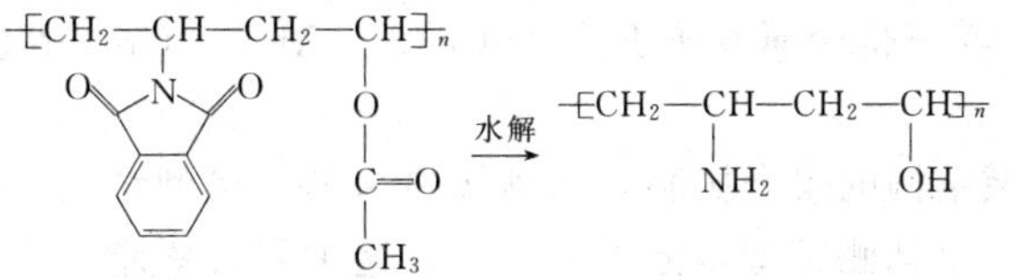

由于饱和碳链的柔性好，在螯合反应中脂肪胺型螯合树脂在空间取向和占位方面具有优势，适用于多种金属离子的吸附和富集。氨基对碱金属和碱土金属离子几乎没有络合能力，碱金属和碱土金属盐几乎不干扰络合过程，因此这类吸附树脂更适合于对海水中重金属离子的富集和分析过程。

芳香胺基螯合树脂可以通过对氯苯乙烯的格氏反应，然后与 $N，N$—二取代甲胺基正丁基醚反应得到芳香胺基[3]：

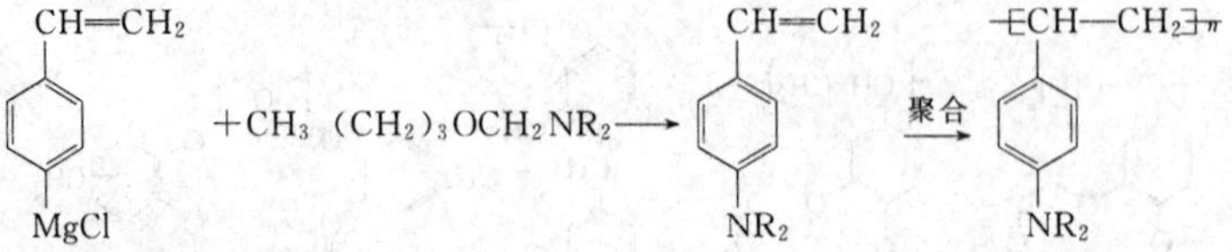

以聚对氯甲基苯乙烯为原料与 2-氯乙胺反应还可以制备多氨基型螯合树脂，这种螯合剂对多数金属离子具有较强的螯合能力，常用于金、汞、铜、镍、锌和锰等金属离子的富集与分离，其中对金、汞、铜的选择性最高。

2. 含肟结构的螯合树脂

肟基是碳氮双键中氮原子上连接有羟基的化学结构，其中的氮和氧原子均有络合作用。含有肟结构的螯合树脂种类不多，比较常见的是由丙烯醛合成得到的丙烯肟，经聚合后得到侧链含肟结构的螯合树脂。邻-(2-溴丙酰基) 苯酚与聚苯乙烯反应可以得到带有芳香酮结构的高分子，经与羟氨反应肟化后得到聚芳香肟型螯合树脂[4]。由乙烯与一氧化碳的共聚物出发，可以得到邻双肟型螯合树脂。这种高分子螯合剂可以与铁、钴、镍等离子络合，得到的上述金属螯合物可以吸附一氧化碳和氧气等气体[5]。其络合作用是由结构中氮原子与氧原子共同作为配位原子完成的。

3. 含席夫碱类高分子螯合树脂

席夫碱主要是指含有亚胺或甲亚胺特性基团 （—RC＝N—） 的一类有机化合物，由胺和活性羰基缩合而成。有以下结构的主链型席夫碱树脂其结构中含有两个相隔两个碳原子的—N＝CH—基团和两个邻位羟基，可以单独与金属离子形成四配位的螯合物。含有席夫碱结构的高分子螯合物具有良好的络合作用和热稳定性。主链席夫碱类螯合树脂的制备方法可以从芳香醛为原料与邻苯二胺反应脱水生成碳氮双键，其反应过程如下：

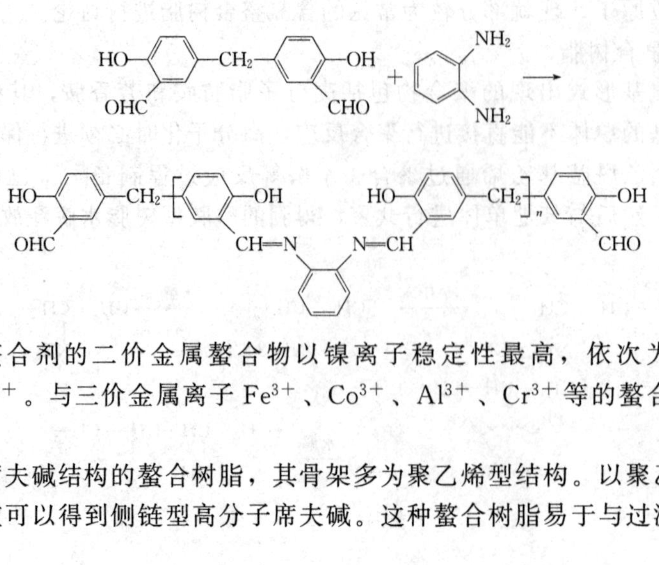

这类高分子螯合剂的二价金属螯合物以镍离子稳定性最高，依次为 $Cd^{2+}＞Cu^{2+}＞Zn^{2+}＞Co^{2+}＞Fe^{2+}$。与三价金属离子 Fe^{3+}、Co^{3+}、Al^{3+}、Cr^{3+} 等的螯合物也有良好的热稳定性。

侧链上具有席夫碱结构的螯合树脂，其骨架多为聚乙烯型结构。以聚乙烯胺与水杨醛衍生物通过缩合反应可以得到侧链型高分子席夫碱。这种螯合树脂易于与过渡金属形成稳定的络合物。

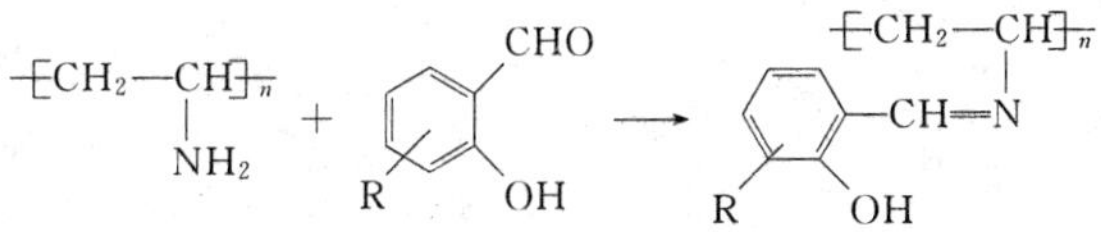

当分子结构中不含酚羟基时，主要依靠氮原子起络合作用。这种席夫碱型的螯合树脂可以由聚对-2,2-二腈基乙基苯乙烯为原料，经氢化铝锂还原将腈基还原成胺，然后与醛进行肟化后得到。这种树脂对二价铜和钴离子有较强的络合作用[6]。

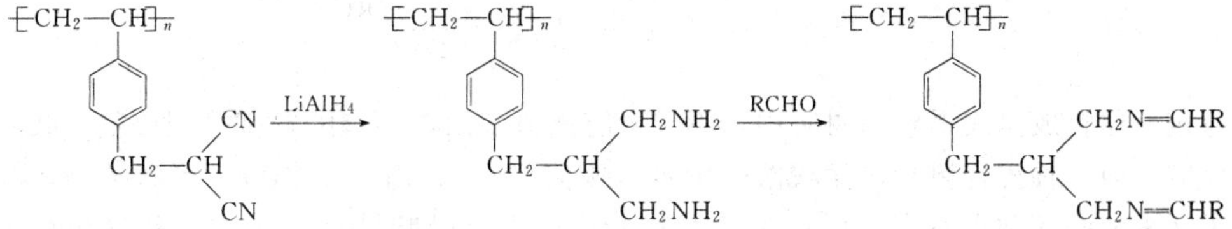

如果高分子骨架上含有羟肟酸结构，如同在小分子内一样，会发生互变异构现象。其中酮式构型易与金属离子形成螯合物。这种螯合树脂可以与 Fe^{2+}、MoO_2^{2+}、Ti^{4+}、Hg^{2+}、Cu^{2+}、UO_2^{2+}、Ce^{4+}、Ag^+、Ca^{2+} 等离子络合。该树脂与 VO_2^+、Fe^{3+} 的螯合物其特征颜色分别为深紫色和紫红色。其制备过程以聚甲基丙烯酸或者聚丙烯酸衍生物为原料与羟氨反应得到。

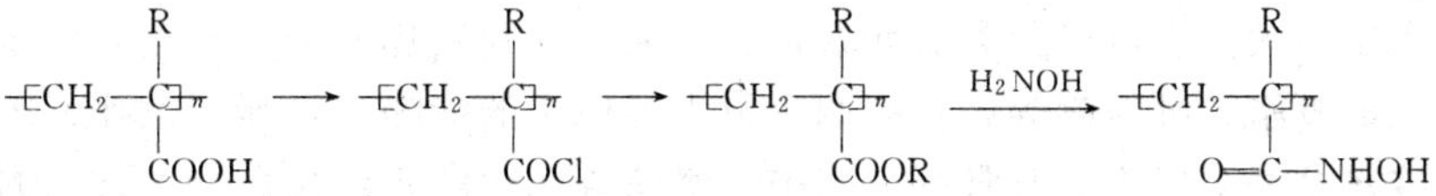

当在同一个碳原子上同时含有肟基和氨基时，称这种结构为偕氨肟基。具有这种结构的聚合物一般都具有较强的螯合能力。以聚苯乙烯为原料可以通过取代反应得到偕双腈基树脂，腈基与羟氨反应后引入这种偕氨肟基。具有这种结构的树脂，分子中有六个配位原子，可以形成不同的配位方式。下面是这种螯合树脂的合成路线。

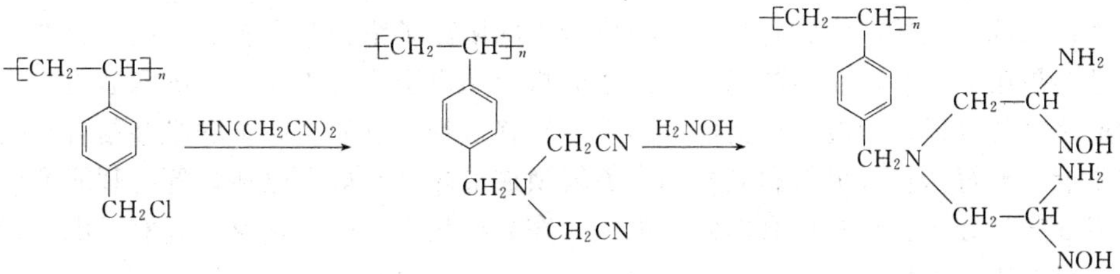

4. 含偶氮型螯合树脂

含有偶氮基的化合物其结构中有两个直接相连的氮原子，氮原子上均有孤对电子，因此具有较强的配位能力，高分子化后也是一类重要的螯合树脂。由于空间结构限制，两个氮原子一般不能同时作为配位原子，作为螯合剂使用需要在临近位置引入其他配位基团。在聚苯乙烯树脂中引入偶氮基团有经典的合成方法：通过苯环的硝化反应引入硝基，然后还原成芳香氨基，再经重氮化后得到偶氮结构。这种偶氮官能团活性较高，可以与含有偶氮基团的不同种类酸性芳香化合物进一步反应，从而在聚合物骨架上引入稳定的双偶氮基团。

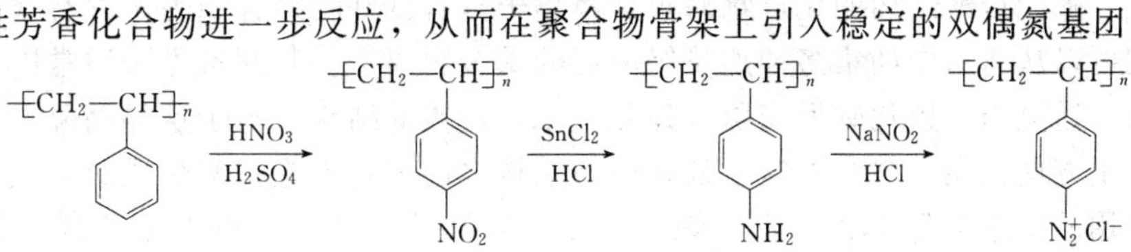

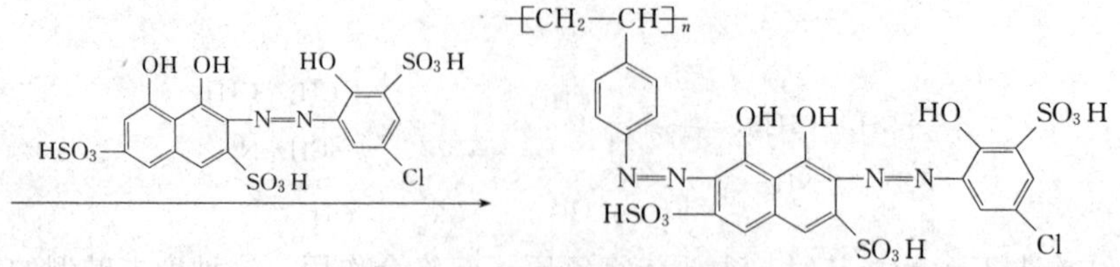

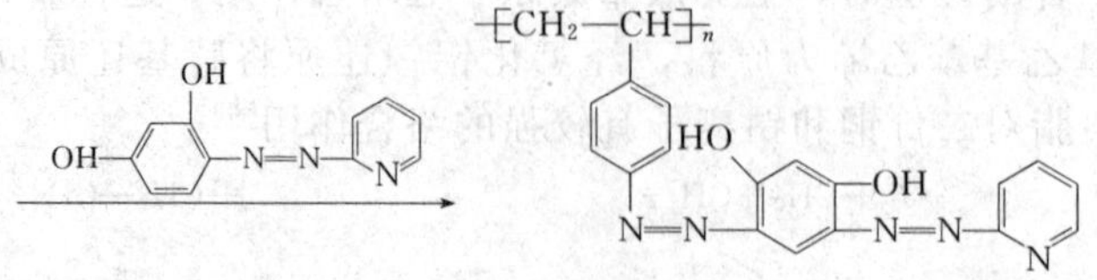

通过上述合成路线得到的树脂中，不仅含有偶氮基团，还有酚羟基等配位基团共同参与络合反应。前一种螯合树脂在盐酸溶液中可以吸附 Cu^{2+}、La^{3+}、ZrO^{2+} 等离子，一般多用于稀土元素的浓缩和富集[7]。后一种螯合树脂由于含有吡啶结构，比前一种螯合物多了一个配位原子，因此螯合特性有所不同，对各种金属离子的吸附容量按下列顺序递减：$Fe^{3+} > VO_2^+ > Cu^{2+} > Zn^{2+} > Co^{2+} > Al^{3+} > Ni^{2+} > UO_2^{2+} > ZrO^{2+}$。除此之外，以聚对氯甲基苯乙烯为原料与含有氨基的偶氮化合物反应也可以得到含有偶氮基团的螯合树脂。

5. 含有氮杂环结构的螯合树脂

当氮原子处在杂环上有时也表现出较强的配位能力。含氮杂环的种类较多，根据氮原子所在杂环的大小，大体上可以分为五元杂环、六元杂环和大环型杂环。五元含氮杂环包括含有一个氮原子的吡咯、吡咯酮等，含有两个以上氮原子的咪唑、吡唑、三唑、苯并咪唑和嘌呤等。六元含氮杂环主要为含有吡啶、喹啉、咯嗪等结构的杂环化合物。常见的大环型含氮杂环有咔啉环和卟啉环，都是著名的螯合试剂。含有这些结构的螯合树脂，其合成方法主要通过在杂环中引入端基双键、吡咯或者环氧基等可聚合基团，然后再通过均聚、共聚反应高分子化。

含氮杂环型螯合树脂是比较特殊的一类高分子吸附剂，其络合性质与生物体内发生的三磷酸腺苷、二磷酸腺苷、核糖核酸、脱氧核糖核酸等与金属离子的络合过程相类似，多具有较强的生理活性。此外，这类高分子螯合物与不同阳离子络合时有较鲜明的颜色变化，经常作为比色分析用显色剂，在不同场合下用于分析金属离子。对于含有卟啉和肽青等大环型螯合结构的络合物可以作为电子接受体参与电子转移过程。钌的高分子联吡啶络合物是光能转化成化学能（分解水，放出氢和氧）和光能转换成电能（有机光电池）等过程研究的重要催化剂。以这些高分子材料制成表面修饰电极，在分析化学、电催化反应、有机电子器件制备研究方面已经成为世界性热点。

三、硫为配位原子的螯合树脂

硫原子具有与氧原子相同的外层电子结构，因此也具有配位功能。最常见的含硫原子化学结构为硫醚和硫醇。聚乙烯硫醇和对硫甲基聚苯乙烯为最常见的含硫高分子螯合剂，具有定量吸附二价汞离子的能力。吸附是可逆的，可以用 1,2-二巯基丙烷的氨水溶液将吸附的汞离子洗脱，高分子螯合剂被再生[8]。这类树脂的过渡金属螯合物多数呈现一定的催化活性。具有氨二硫代羧酸结构的化合物对重金属离子具有良好的络合能力，含有这种结构的高分子螯合剂可以从海水中捕集多种痕量级浓度的重金属离子。其制备方法通常以聚亚乙基二亚胺为原料，通过与二硫化碳反应引入这种氨二硫代羧酸结构。由于这类高分子螯合剂是水溶性的，为了方便使用，在引入氨二硫代羧酸结构之前需要先进行交联反应，生成不溶性网状结构。可用的交联剂有 1,2-二溴乙烷、甲苯二异氰酸酯等[9]。以聚苯乙烯为骨架的氨二硫代羧酸型高分子螯合剂也见报道[10]。当分子中含有硫脲结构时，其中所含的硫原子也具有配位能力。上述螯合树脂的络合功能往往需要与相邻的其他配位原子共同发挥络合作用。除此之外，当聚合物中含有亚硫酸结构时，往往也具有一定螯合能力，也可以构成螯合树脂。

四、其他原子为配位原子的螯合树脂

除了上面提到的氧、氮、硫等原子外，在有机聚合物中常见的具有配位功能的原子还有磷和砷，主要是高分子膦酸和胂酸。这种络合剂虽然在使用的广泛程度上不如上述几种螯合树脂，但是在生物活动研究中具有较重要的意义。带有聚丙烯酸骨架的高分子膦酸可以由丙烯酸与乙烯膦酸二乙酯共聚得到线型聚合膦酸。为了得到理想的空间构型，交联前先与 Cu^{2+} 离子络合，使高分子链的构象处在最佳状态，然后用亚甲基双丙烯酰胺交联使构象固化。将铜离子脱除后即可得到具有较高吸附容量的膦酸型螯合树脂。采用这种预先络合方法制备高分子螯合物的过程被称为铸型交联法。乙二胺、三乙烯四胺或者多乙烯多胺与氯甲基膦酸反应，再经三羟基苯酚或环氧氯丙烷交联也可以得到具有聚多胺型骨架的高分子膦酸[11]。这种高分子螯合剂对二价金属离子有较好的选择性。而以聚苯乙烯为骨架的高分子膦酸对 U、Mo、W、Zr、V、稀土金属离子以及某些二价和三价金属离子具有较高的吸附性。利用其吸附作用，可以用中子活化法测定金属铀中残存的杂质 La、Yb、Ho、Sm、Dy、Eu、Gd 等元素；金属钼中的杂质 Mn、Zn、Cu、Fe、Ga、Co 等；金属锆中所含的 Mo、W 等。含有砷元素的高分子胂酸多采用聚苯乙烯为其骨架，胂酸结构直接引入聚合物骨架中的苯环上。其对金属离子的吸附作用与溶液的酸度有密切关系，但是选择性较差。在强酸性条件下对金属离子的吸附选择性按照 $Zr^{4+} > Hf^{4+} > La^{3+} > UO_2^{2+} > Bi^{3+} > Cu^{2+}$ 顺序递减。

第四节　离子型高分子吸附材料

离子型吸附树脂是一种在聚合物骨架上含有离子性基团的功能高分子材料。在作为吸附剂使用时，骨架上所带离子基团可以与不同反离子通过静电引力发生作用，从而吸附环境中的各种带有相反电荷的离子型物质。当环境中存在其他与离子基团作用更强的离子时，由于竞争性吸附，原来与之配对的反离子将被新离子取而代之。我们将反离子与聚合物中离子基团结合的过程称为吸附过程，原被吸附的离子被其他离子所取代的过程称为脱附过程，有时也将整个过程称为离子交换过程。离子型吸附树脂中吸附与脱附反应的实质主要是环境中存在的反离子通过离子键与固化在高分子骨架上离子相互作用，特别是与原配对离子之间相互竞争作用的结果。因此这一类吸附树脂通常称为离子交换树脂。

一、离子型吸附树脂的结构和特点

离子型吸附树脂的结构主要包括两部分。一部分为高分子骨架，其结构与非离子型吸附树脂类似，制备方法也基本相同；通常也需要进行适度交联使其产生理想的吸附结构，并获得不溶不熔的性质以适应实际使用要求。高分子骨架的作用是担载离子基团和为离子交换过程提供必要的空间和动力学条件。如同非离子型吸附树脂一样，制备离子型吸附树脂骨架的原料非常广泛，常用的聚合物骨架包括聚苯乙烯、聚丙烯酸衍生物、酚醛树脂、环氧树脂、聚乙烯基吡啶、脲缩醛和聚氯乙烯等。为了被吸附离子型物质的扩散传输提供空间条件，需要保证树脂在使用时能够被适度溶胀而不被溶解，这些骨架多数情况下需要经过一定程度的交联；交联一般也采用加入双可聚合基团单体进行共聚来实现。按照离子型吸附树脂在工作时的形态，可以将其分成凝胶型和大孔型两种树脂。前者是在溶胀状态下使用，需要使用一定的溶胀剂或者吸附介质本身对树脂有溶胀作用。后者因为树脂本身具有多孔型结构，可以

在非溶胀状态下使用，但是吸附容量小，使用效果往往较差。结构的另外一部分为以不同方式连接在聚合物骨架上的离子基团，通常为在介质中具有一定解离常数的酸性或碱性基团，以保证能在介质中发生解离释放出质子或氢氧根，聚合物自身带阴离子或阳离子。离子基团的结构和性质决定了吸附树脂的离子交换能力和吸附选择性。根据聚合物骨架上所带离子交换基团的性质不同，可以将其分成强酸型、弱酸型、强碱型、弱碱型、酸碱两性和氧化还原型六种。另外一种分类方法是根据树脂所交换离子的荷电特征分成阳离子型交换树脂和阴离子交换树脂。上述两种分类方法在实践中使用的都很广泛。

离子型吸附树脂的主要功能之一是利用离子键力作用对相应的离子型化合物进行选择性吸附或者通过离子交换作用，对不同介质中的不同离子进行富集和分离。交换次序依据所含离子基团对被交换离子的亲和能力差异。这些差异往往取决于多种因素，其中最重要的因素包括离子半径、价态、软硬度、化学组成和立体结构等。与高分子螯合剂比较，虽然两者的吸附对象都是离子型物质，但是主要差别在于以下两点：首先是作用机理不同，螯合树脂以配位键仅与金属阳离子发生作用，而离子交换树脂以离子键与各种阳离子（包括非金属阳离子）和阴离子作用，静电引力是主要作用力。其次是作用对象不同，离子型吸附树脂不仅可以吸附所有类型的阳离子；带有阴离子交换基团的吸附剂也可以吸附各种阴离子。离子交换树脂多用于水和其他溶剂的去离子净化、各种盐的离子交换反应、离子交换色谱中多离子混合体分离测定等。除此之外，离子交换树脂还具有一定非离子选择吸附能力和酸碱催化能力。对于纯粹离子交换过程，前一现象被称为树脂污染，但是用于环境保护的三废处理也有积极作用。后一现象常作为高分子催化剂用于有机化学反应和化工过程，在工农业生产中有广泛应用。

一般来说，根据使用目的和使用条件不同对离子型吸附树脂有不同的具体要求。在多数情况下作为具有实际应用价值的离子型吸附树脂应该满足以下基本要求。

（1）良好的耐溶剂性质　离子交换树脂在使用时需要接触各种各样的溶剂体系，因此需要保证在使用条件下不溶解、不流失。为此，在制备阶段通过适当交联反应形成网状结构后可以满足上述要求。

（2）良好的稳定性　离子交换树脂的应用环境复杂多样，吸附介质往往都有一定酸碱性；为了保持较长的使用寿命，提高使用价值，离子型吸附树脂应具有较好的物理和化学稳定性。作为分离分析材料，为了不干扰分析结果，树脂不与使用体系发生化学反应是必要的。目前使用的聚苯乙烯等多数高分子惰性骨架可以满足上述条件。

（3）良好的力学性能　由于离子交换过程经常在高压下和动态条件下使用（如离子交换色谱），为了保证树脂具有一定使用性能，要求树脂在使用压力下，不碎、不裂、不变形。而选择具有饱和碳链的高分子骨架其韧性好，抗冲击性高。

（4）具有一定的离子交换容量　使用尽可能少的吸附树脂，尽可能多的吸附目标离子是人们评价一种吸附树脂的标准之一。为此在吸附树脂内应含有尽可能多的有效离子交换点，增加树脂内离子性结构的数目、提供有利的解离条件（提供有效离子）和适度的交联结构（提供离子扩散通道）是离子交换树脂的基本要求。

（5）对特定离子应具有选择性吸附能力　将混合物中各种离子分开是离子交换树脂的主要任务之一。为了保证较好的分离结果，使用的离子交换树脂对各被分离离子应该具有明显区分作用。这种区分作用主要取决于离子基团的种类、结构和空间环境。

（6）具有较大的比表面积、适宜的孔径和孔隙率　为了提高交换容量和交换速度，具有尽可能大的比表面积和合适的孔径（或者是溶胀后的网络孔径）是非常重要的。满足这些条件能够使树脂具有较好的动力学性质。

下面按照被分离离子的带电性质进行分类，对阳离子型树脂和阴离子型树脂分别介绍其合成方法、物理化学性质以及在各方面的应用等内容。

二、阳离子型吸附树脂

1. 阳离子型树脂的结构特征和性质

阳离子型吸附树脂主要是指在聚合物骨架上连接有磺酸基或者羧酸基等酸性取代基的聚合物。这些酸性基团在适当的吸附介质中脱去氢质子后可以解离成酸根负离子。固定在聚合物骨架上的这些酸根负离子通过静电引力与环境中的各种阳离子相互作用，生成离子键产生吸附作用。由于质子也是对离子交换树脂敏感的离子基团，与其他阳离子有竞争吸附作用；因此所有的阳离子交换基团都是 pH 值敏感的。其表现为在碱性条件下吸附作用强，酸性条件下吸附作用弱。其原因是碱性条件下不仅有利于酸性基团的解离，提供更多的有效离子交换基团；而且较低的质子浓度也降低与其他阳离子的竞争性吸附。其中带有磺酸基的树脂表现的酸性较强，在较宽的 pH 值范围内都具有足够数量的解离酸根作为阳离子交换的活性点，称为强酸性离子交换树脂，离子交换能力强；含有羧酸基的吸附树脂显弱酸性，仅能部分发生解离，提供的有效离子交换点数目较少，适用的 pH 值范围较小，只能在中性或碱性条件下使用，为弱酸性离子交换树脂。

在强酸性阳离子交换树脂中最有代表性的聚合物骨架是聚苯乙烯和二乙烯苯交联型树脂，处在聚合物骨架侧链位置的苯环上很容易通过高分子化学反应引入各种酸性基团。一般是通过磺化反应在苯环上引入磺酸基。为了增强树脂的机械强度和抗溶剂能力，在聚合反应中加入适量二乙烯苯单体，通过与苯乙烯的共聚反应获得适度交联的网状结构。强酸性阳离子树脂根据交联程度不同可以有不同型号，其典型化学结构如下：

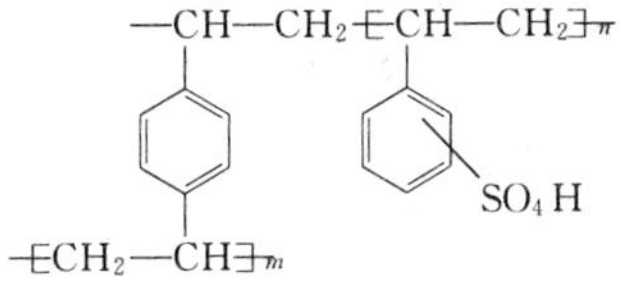

$$-CH-CH_2 \fbox{\,CH-CH_2\,}_n$$

苯环上的磺酸基是产生离子交换作用的主要基团。出厂时的商品树脂反离子通常为氢质子，表现为酸性；有时氢质子可以被其他阳离子替换，这些阳离子包括钠和钾等碱金属离子，表现为中性；而以其他不同价态的金属离子为反离子的商品树脂比较少见。

聚苯乙烯型强酸性离子交换树脂有凝胶型和大孔型两类树脂。凝胶型离子交换树脂外观呈棕黄色至棕褐色透明珠状物，必须在溶胀条件下使用。其交联度通常以共聚物中二乙烯苯的百分含量来衡量。交联度是离子交换树脂重要的指标之一，与树脂的溶胀度、机械强度、离子选择性等指标密切相关。常见强酸性离子交换树脂的交联度多在 $1\%\sim11\%$ 之间，以交联度为 7% 的树脂使用最普遍。大孔强酸性离子交换树脂在其内部存在较多微孔结构，是非均相结构。孔隙率多在 50% 左右。根据型号不同，比表面积从每克几平方米到几百平方米，孔径从几纳米到一千纳米以上。由于这类树脂存在微孔，可以在非溶胀体系中使用，一般适合于非水体系。不同牌号的树脂孔径大小有别，适合直径不同的离子分离。一般大孔阳离子交换树脂具有良好的机械强度和化学稳定性。聚苯乙烯型强酸性离子交换树脂的最高使用温度在 $100℃$ 左右，超过此温度，树脂的性能将下降。适用酸度范围在 pH 值 $1\sim14$ 之间。

典型的弱酸性离子交换树脂为聚丙烯酸衍生物。最常见的为聚丙烯酸和聚甲基丙烯酸。也通过共聚反应实现交联化，交联剂一般也使用二乙烯基苯或者具有相同结构，但是具有两个以上双键的单体。采用聚丙烯酸衍生物作为聚合单体，最大的优点是聚合反应本身就可以带入酸性基团或潜在酸性基团（如酯基），这样可以大大简化工艺流程，降低生产成本。聚丙烯酸树脂其聚合物骨架上的羧基为离子交换基团。由于羧基的解离常数较小，表现出的酸性较弱，适用的 pH 值范围较窄，只能在中性和碱性条件下使用。基于强酸性离子交换树脂同样道理，商品弱酸性离子交换树脂除了质子型外，羧基中的质子也可以被其他一价碱金属阳离子所取代。这种离子交换树脂的典型结构如下：

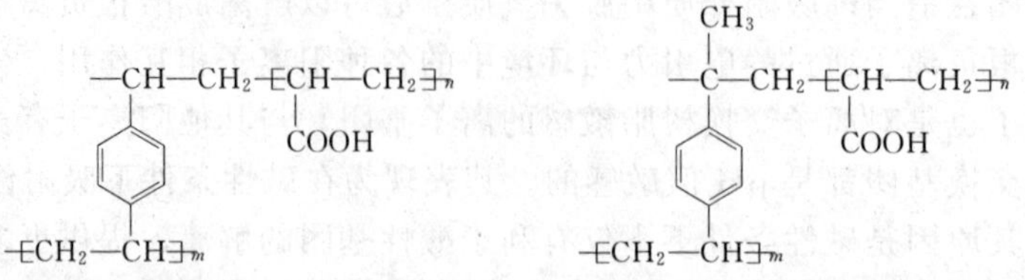

聚丙烯酸-二乙烯基苯离子交换树脂　　聚甲基丙烯酸-二乙烯基苯离子交换树脂

聚丙烯酸型离子交换树脂为白色或者乳白色球状颗粒，最高使用温度与强酸性离子交换树脂相近，为 100℃ 左右。但是适用的酸度范围比较窄，为 pH 值 4～12。聚丙烯酸型离子交换树脂也可以分成凝胶型和大孔型两种。

除了上面介绍的以外，比较常用的弱酸型阳离子交换树脂还有酚醛型树脂，其特点是聚合物主链中含有苯环，羧基直接连在苯环上。但是其化学稳定性较差，最高使用温度较低。

2. 阳离子型离子交换树脂的制备方法

凝胶型聚苯乙烯强酸性离子交换树脂的制备一般以苯乙烯为主要原料，加入适量的二乙烯基苯作为交联剂，在引发剂作用下，于 65～95℃ 下在水中进行悬浮聚合得到适度交联的珠状聚合物；将此聚合物再与浓硫酸或者氯磺酸进行高分子磺化反应，在苯环上引入磺酸基，即可得到质子型的产品。要获得钠盐型离子交换树脂需要用氢氧化钠水溶液溶胀后进行离子交换完成。

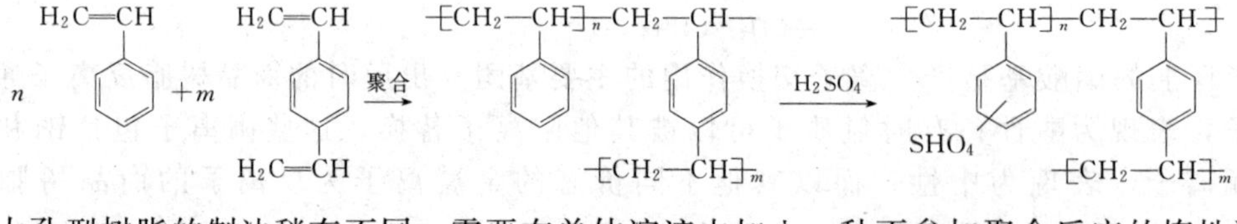

大孔型树脂的制法稍有不同，需要在单体溶液中加入一种不参加聚合反应的惰性溶剂作为成孔剂，在聚合反应完成后除去这些物质，在颗粒状产物中便留下众多微孔。

聚丙烯酸型弱酸性离子交换树脂的制备以丙烯酸衍生物（多为羧酸酯）为主要原料，加入适量的交联剂——二乙烯基苯，在溶液中进行悬浮聚合；然后将得到的珠状聚合物进行水解，释放出羧基作为离子交换基团。大孔型离子交换树脂的制法与前面叙述的过程相同。

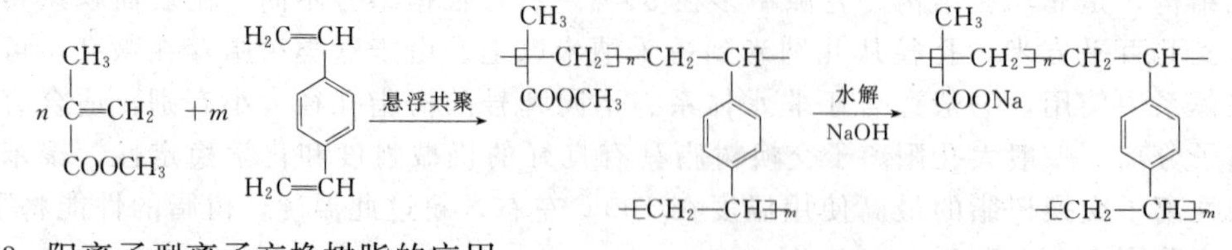

3. 阳离子型离子交换树脂的应用

阳离子交换树脂的应用主要利用其所带阴离子基团对某些阳离子特殊的亲和作用和反离子的性质。其应用领域主要有以下几个方面。

（1）脱除阳离子　阳离子交换树脂的用途之一是除去水溶液中的各种阳离子。此时需要使用质子型吸附树脂。在高分子骨架上带有的酸根负离子对阳离子有吸引作用，生成离子键的强弱与阳离子的种类、离子半径等因素有关。利用上述性质，质子型阳离子交换树脂可以用来吸附除掉水中的各种阳离子，替换掉的质子与原阴离子结合。如果要得到完全去离子水，需要质子型阳离子交换树脂与氢氧根型阴离子交换树脂结合使用，这样阳离子树脂交换出来的质子和阴离子树脂交换出来的氢氧根负离子结合成水。完整的去离子装置可以将两种树脂分别装柱串联使用；也可以将两种树脂混合装柱。阳离子树脂吸附阳离子后可以用强酸脱除吸附的阳离子，使离子交换树脂再生，供重复使用。此外，阳离子交换树脂还经常用来吸收、富集、回收水溶液中低浓度的各种有毒或者贵重的金属阳离子。以阳离子交换树脂为材料制备的各种具有离子交换作用的离子交换膜、中空纤维等材料在溶液脱盐、电镀废水处理和氯碱工业的工艺改造方面获得广泛应用。

（2）进行离子交换　由于离子交换是一个可逆过程，吸附离子后的树脂，如果在体系中加入另外一种亲和作用更强的阳离子，已经交换到离子交换树脂上的阳离子还可以被其他阳离子所置换，因此可以用于离子交换反应。离子交换性质的应用最成功的是离子交换色谱。将阳离子树脂装成色谱柱后，可以用来分离由多种离子组成的混合物，其原理是利用各种阳离子与树脂的作用不同，在洗脱液的连续推动作用下，在柱中的移动速度也不同，造成先后依次流出色谱柱而得到分离，分离后的离子可以利用电导检测器进行定量检测。离子交换色谱是对离子型混合物进行定性和定量分析的重要分析工具。

（3）在酸催化反应方面的应用　质子型的阳离子交换树脂可以提供质子作为电子接受体，因此可以作为非常有效的高分子酸催化剂使用。其高分子特性使均相催化反应变为多相反应，这样可以简化反应过程、易于产物分离。有关阳离子离子交换树脂作为高分子酸催化剂的内容已经在第二章中作了介绍。

此外，多数阳离子交换树脂除了具有离子交换功能之外，聚合物骨架一般还具有非专一性吸附功能，特别是对多数有机物质具有良好的吸附性。对于食糖脱色，水质净化等方面可以发挥积极作用。

三、阴离子型吸附树脂

1. 阴离子型吸附树脂的结构特征和性质

阴离子型吸附树脂的主要结构特征是分子内含有可解离的碱性基团。阴离子型吸附树脂主要作为离子交换剂使用时被称为阴离子交换树脂，作为催化剂时称为高分子碱催化剂。阴离子型吸附树脂的离子交换能力来源于结构中的碱性基团，其水解后带有正电荷，与各种阴离子能生成离子键产生吸附作用。根据所带离子交换基团的碱性强弱，常常将阴离子交换树脂分成强碱性和弱碱性阴离子树脂。强碱性吸附树脂带有季胺化的强碱性基团，弱碱性吸附树脂带有弱碱性的各种有机胺结构。前者适用的 pH 值范围宽，可交换的阴离子种类多；后者适用的 pH 值范围窄，只能在酸性或中性条件下使用。根据碱性基团在聚合物中所处位置不同，阴离子树脂还可以分成脂肪胺型、芳香胺型以及含氮杂环型阴离子树脂，分别表示氨基连接在饱和碳链上、在芳香环上和含氮杂环作为碱基三种情况。根据高分子骨架的差异，可以有聚苯乙烯型、聚丙烯酸衍生物型、环氧树脂型、聚氯乙烯型和聚乙烯基吡啶型等几类树脂。根据其外观和使用状态，也可以分成凝胶型和大孔型两种。同阳离子交换树脂一样，凝胶型树脂需要在溶胀状态下使用，而大孔型树脂除了在溶胀状态下使用外，还可以在非溶胀状态下使用。

（1）强碱型离子交换树脂　聚苯乙烯强碱型离子交换树脂是使用最普遍的阴离子树脂，

其离子交换基团多为脂肪型季铵盐，通过碳链连接到聚合物骨架的苯环上，聚苯乙烯型阴离子树脂的典型结构如下：

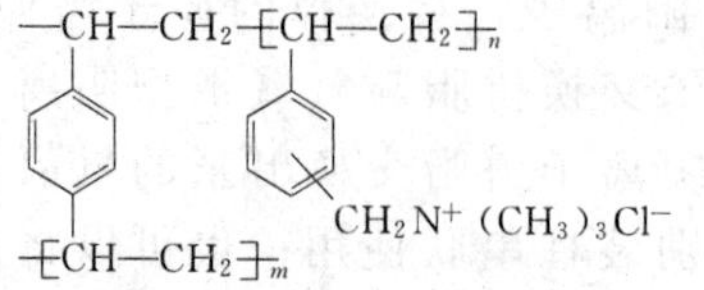

强碱Ⅰ型阴离子树脂 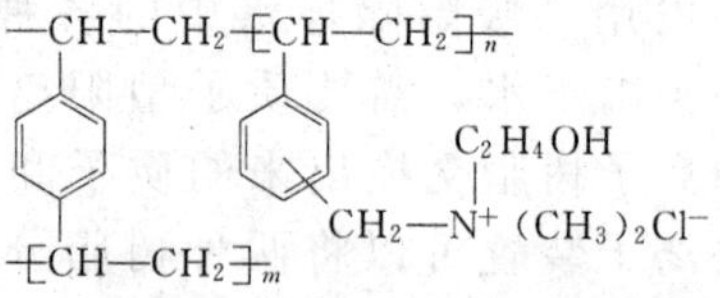　　　　　强碱Ⅱ型阴离子树脂

Ⅰ型和Ⅱ型离子交换树脂的差别在于Ⅱ型树脂在分子结构中引入了羟基。其碱性较Ⅰ型稍弱，但是抗污染性和再生效率较高。聚苯乙烯强碱型阴离子交换树脂外观为淡黄至金黄色球状颗粒，适用的酸度范围较宽，可以在 pH 值 $1 \sim 14$ 的范围内使用。因此不仅可以交换、吸附一般无机酸根阴离子，也可以交换吸附硅酸、醋酸等有机弱酸根阴离子。

以聚丙烯酸衍生物为骨架的强碱性离子交换树脂是 20 世纪 70 年代初开发的，也采用二乙烯苯作为交联剂。这类树脂与聚苯乙烯强碱型离子交换树脂相比，抗污染性更强，适用于处理含有机物较多的溶液。树脂的适用酸度范围也是 pH 值 $1 \sim 14$。聚丙烯酸型强阴离子树脂的典型结构如下：

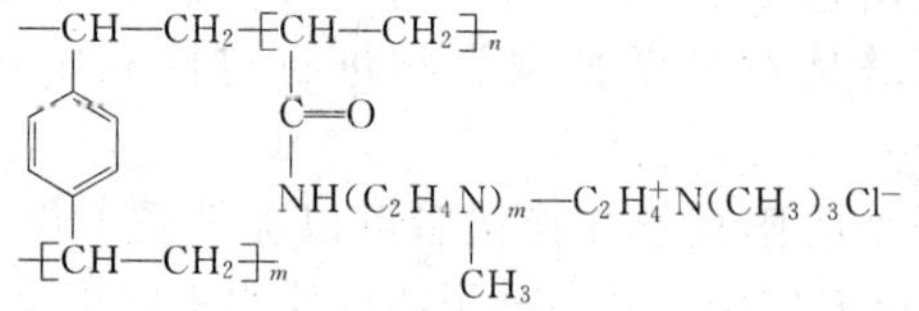

聚丙烯酸强碱型阴离子树脂 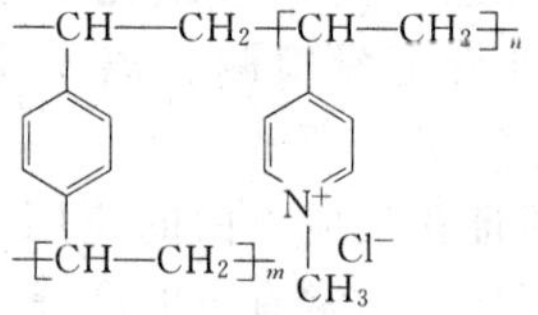　　　　　强碱型聚乙烯吡啶阴离子树脂

以杂环上的碱性氮原子作为离子交换基团的阴离子树脂也比较常见。使用较多的杂环是吡啶类，如聚乙烯基吡啶阴离子树脂。杂环上的氮原子经季铵化之后，表现出强碱性。这种离子交换树脂的特点是化学性质稳定，并具有良好的热稳定性和抗辐射性能。主要用于放射性铀离子的提炼。

（2）弱碱性离子交换树脂　弱碱性阴离子交换树脂是指在高分子骨架中含有各种脂肪和芳香型伯胺、仲胺和叔胺基团的聚合物。氨基在水溶液中发生质子化带有正电荷，对各种阴离子产生静电作用力。因为这些基团在高分子骨架上，在水中的解离常数比较小，显示弱碱性，离子交换能力较弱，只能在中性和酸性条件下使用，适用的酸度范围在 pH 值 $1 \sim 9$ 之间。一般只能交换强酸的阴离子。对硅酸等弱酸根没有吸附交换能力。较高的交换容量和良好的再生率是这种类型阴离子交换树脂的重要特点。

同季胺型强碱性离子交换树脂一样，常见的弱酸型离子交换树脂骨架多为聚苯乙烯或者聚丙烯酸衍生物。其离子交换基团通过碳链连接到苯环上或者以酰胺键连接。其中聚丙烯酸型弱碱性树脂具有交换速度快，抗污染性能强的显著特点。除了上述两种常用聚合物骨架之外，聚环氧衍生物和聚氯乙烯也常作为弱酸型阴离子树脂骨架。聚环氧衍生物型树脂多为凝胶型，聚氯乙烯型树脂常制成大孔型树脂。

2. 阴离子型离子交换树脂的合成方法

聚苯乙烯强碱型阴离子交换树脂是以苯乙烯为主要原料，与适量的二乙烯苯交联剂进行悬浮共聚，直接得到颗粒状凝胶型树脂；在聚合体系中加入成孔剂，则得到大孔型树脂；这种树脂在傅氏催化剂催化下，与氯甲基甲醚进行氯甲基化反应，在苯环上引入活性苄氯；再加入三甲基胺进行亲核反应，实现季胺化。反应过程如下：

聚苯乙烯弱碱性离子交换树脂的制法与此类似，区别是在后一步合成中使用二甲胺、乙二胺和乙烯多胺等带有氢原子的有机胺，分别得到叔氨基、伯氨基和仲氨基型弱碱离子交换树脂。

聚丙烯酸衍生物作为骨架的阴离子交换树脂的合成一般以丙烯酸衍生物的甲酯为原料，与适量的二乙烯基苯共聚，得到适度交联的珠状树脂；聚合物中的酯基用多胺进行胺解反应，形成多胺聚合物；使用烷基化试剂进行季胺化反应得到强碱性离子交换树脂。如果进行不完全烷基化，则得到含有各种不同类型胺基的弱碱性离子交换树脂。

强碱性聚丙烯型阴离子交换树脂　　　　弱碱性聚丙烯型阴离子交换树脂

环氧衍生物型弱碱离子交换树脂的合成一般是由多亚乙基多胺与环氧氯丙烷经预聚成低分子聚合物后，再经过悬浮聚合制备成含有胺基的大分子缩合物。而大孔型弱碱性聚氯乙烯型阴离子交换树脂一般是将聚氯乙烯粉末溶于甲苯和环己酮混合溶液中，加入聚乙烯醇的氯化钠溶液作为成孔剂，进行悬浮聚合得到大孔乳白色珠状树脂，再经液氨或者乙二胺等进行胺化反应引入氨基构成阴离子树脂。

3. 阴离子交换树脂的应用

阴离子树脂的应用与阳离子型树脂基本类似，主要用于水的去离子化、阴离子交换和作为碱性催化剂使用；所不同的是作用对象不同。其主要应用领域如下。

(1) 用于清除阴离子　阴离子交换树脂的主要作用之一是选择性吸附各种阴离子，比如有机和无机酸根。与阳离子交换树脂配合使用，可消除水中的阴、阳离子，用于制备去离子水、处理苦咸水和制备纯净水等场合，有时还用于抗生素的提纯等方面。

(2) 用于阴离子交换　利用阴离子树脂对不同阴离子的吸附能力不同，可以用于某些有机和无机盐的阴离子置换反应。同样，阴离子交换树脂装成色谱柱后可以作为阴离子交换色谱进行混合阴离子的分离和分析，配合电导检测器，可以进行离子型混合样品的定性与定量分析。

(3) 用于碱催化反应　氢氧根型阴离子树脂由于可以接受一个质子或者作为电子给予体，是一种性能良好的高分子碱性催化剂，在有机合成和化学工业中得到广泛利用。比如，弱碱性离子交换树脂 AmberliteIR-4B、Dowex3 等是醛与氰乙酸缩合的优良催化剂，反应物只要通过由阴离子交换树脂填充的反应床与树脂简单接触就可以完成缩合反应。采用阴离子树脂作为多相反应的催化剂，反应的收率高、方法简便、成本低廉。

此外，利用其对多数有机污染物的吸附作用和絮凝作用，阴离子交换树脂还常常作为水质净化剂和阴离子絮凝剂。

第五节　高吸水性高分子材料

一、高吸水性树脂概述

高吸水性高分子材料主要指高吸水性树脂（super absorbent resin），又称为超级吸水剂，除此之外还包括其他形态的高分子吸水材料，包括超吸水纤维、超吸水织物、超吸水敷料等。在日常生活中能吸收水分的物质很多，包括合成产品和天然产物，如聚氨酯海绵、棉花、手纸等高分子材料。它们能够吸收水分最高可达自身重量的 20 倍，是非常好的日常吸水性材料。这里所要介绍的高吸水性高分子材料是指其吸水能力至少超过自身重量数百倍的特殊吸附性树脂，能够表现出超强的吸水能力，是一种重要的功能高分子材料。最早的高吸水性高分子材料是在 1974 年由美国农业部的研究人员首先研制的，并首先用于农业上的保水材料制造，以及纸尿裤和妇女卫生巾的生产。目前高吸水性树脂根据原材料来源划分，已经开发出淀粉衍生物系列、纤维素衍生物系列、甲壳质衍生物系列、聚丙烯酸系列和聚乙烯醇系列等。由于其重要的应用价值，近年来各国都在研究和开发方面投入大量人力和物力，在科研和生产方面都取得了快速发展。到 2000 年为止，全世界的年产量已经超过百万吨[12]。当前高吸水性树脂已经成为重要的工业产品，已经有各种商品出售。高吸水树脂的研究开发以美国和日本处于领先地位，我国在这方面的研制工作起步较晚，但是目前已有一些科研单位和高等院校在这一领域取得一批研究成果。

1. 高吸水性树脂的分类

高吸水性树脂从其原料角度出发主要分为两类，即天然高分子改性高吸水性树脂和全合成高吸水性树脂。前者是指对淀粉、纤维素、甲壳质等天然高分子进行结构改造得到的高吸水性材料。其特点是生产成本低、材料来源广泛、吸水能力强，而且产品具有生物降解性，不造成二次环境污染，适合作为一次性使用产品。但是产品的机械强度低，热稳定性差，特别是吸水后的性能较差，不能应用到诸如吸水性纤维、织物、薄膜等场合。淀粉和纤维素是具有多糖结构的高聚物，最显著的特点是分子中具有大量羟基作为亲水基团，经过结构改造后还可以引入大量离子化基团，增加吸水性能。后者主要指对聚丙烯酸、聚乙烯醇和聚丙烯腈等人工合成水溶性聚合物进行交联改造，使其具有高吸水树脂的性质。特点是结构清晰、质量稳定、可以进行大工业化生产，特别是吸水后的机械强度较高，热稳定性好。但是生产成本较高，而吸水率偏低。目前常见的合成高吸水树脂类主要有聚丙烯酸体系、聚丙烯腈体系、聚丙烯酰胺体系和改性聚乙烯醇等。在结构上多以羧酸盐基团作为亲水官能团，聚合物具有离子性质，吸水能力受水中盐浓度和酸度的影响较大。以羟基、醚基、胺基等作为亲水官能团的树脂属于非离子型，吸水能力基本不受盐浓度的影响，但其吸水性能较离子型低很多。

从材料的外形结构上来说，目前已经有粉末型、颗粒型、薄膜型、纤维型等高吸水产品，其中纤维型和薄膜型材料具有使用方便，便于在特殊场合使用的特点。高吸水树脂由于采用原料不同，制备方法各异，产品牌号繁多，单从产品名称上不易判断其结构归属。

2. 高吸水性树脂的结构特点

高吸水性高分子材料之所以能够吸收高于自身重量数百倍，甚至上千倍的水分，其特殊的结构特征起到了决定性的作用。从化学结构上来说主要具有以下特点。

（1）树脂分子中具有强亲水性基团，如羟基、羧基、磺酸基等。这类聚合物分子都能够与水分子形成氢键，因此对水有很高的亲和性，与水接触后可以迅速吸收并被水溶液所溶胀，洗水后材料仍能保持固体状态。

（2）树脂具有交联型结构，这样才能在与水相互作用时不被溶解成溶液以保持其非流动状态。事实上用于制备高吸水性树脂的原料多是水溶性的线型聚合物，如果不经过交联处理，吸水后将部分成为流动性的水溶液或者形成流动性糊状物，达不到保水的目的。而经过适度交联后，吸水后树脂仅能够迅速溶胀，不能溶解。由于水被包裹在呈凝胶状的分子网络内部，在液体表面张力的作用下不易流失与挥发。

（3）聚合物内部多具有浓度较高的离子性基团，大量离子性基团的存在可以保证体系内部具有较高的离子浓度，从而在体系内外形成较高的指向体系内部的渗透压，在此渗透压作用下，环境中的水具有向体系内部扩散的趋势，因此较高的离子性基团浓度将保证吸水能力的提高。

（4）聚合物应该具有较高的分子量，分子量增加，吸水后的机械强度增加，同时吸水能力也可以提高。

3. 高吸水性树脂的作用机制

高吸水性树脂之所以能够吸收大量水分而不流失主要是基于材料亲水性、溶胀性和保水性等性质的综合体现。目前具有较高吸水能力的高吸水性树脂均含有强亲水性基团并具有比较高的内离子浓度，而且经过一定程度的交联。其吸水过程主要经过以下几个步骤。

（1）首先由于树脂内亲水性基团的作用，水分子与亲水性基团之间形成氢键，产生强相互作用进入树脂内部将树脂溶胀，并且在树脂溶胀体系与水之间形成一个界面，这一过程与其他交联高分子的溶胀过程相似。

（2）进入体系内部的水将树脂的可解离基团水解离子化，产生的离子（主要是可移动的反离子）使体系内部水溶液的离子浓度提高，这样在体系内外由于离子浓度差别产生渗透压。此时，渗透压的作用促使更多的水分子通过界面进入体系内部。由于聚合物链上离子基团对可移动反离子的静电吸引作用，这些反离子并不易于通过扩散转移到体系外部，因此渗透压得以保持。

（3）一方面随着大量水分子进入体系内部，聚合物溶胀程度不断扩大，呈现被溶解趋势；另一方面，聚合物交联网络的内聚力促使体系收缩，这种内聚力与渗透压达到平衡时水将不再进入体系内部，吸水能力达到最大化。水的表面张力和聚合物网络结构共同作用，吸水后体系形成类似凝胶状结构，吸收的水分呈固化状态，即使在轻微受压时吸收的水分也不易流失。在这一点上与常规吸水材料的外部吸水模式明显不同。

高吸水树脂达到平衡时的吸水量被称为最大吸水量。为了便于测量，有时也用 24 小时吸水量来代替最大吸水量，用来衡量树脂的吸水能力。单位时间进入体系内部的水量被称为吸水速度，是衡量吸水树脂工作效率的指标之一。

4. 影响高吸水性树脂性能的因素

从上述吸水机理分析可以看出，影响树脂吸水性能的因素主要有树脂的化学组成、链段结构和外部环境条件三个方面。下面对主要影响因素进行分析讨论。

（1）树脂化学结构的影响 作为高吸水性树脂，结构中含有亲水性基团是首要条件，只有含大量强亲水性基团才能使水与聚合物分子间的相互作用力大于聚合物分子间的相互作用力，使聚合物容易吸收水分而被水溶胀。高吸水性树脂在结构内部都含有大量的羟基和羧基等亲水性基团就是基于上述理由。不过要使树脂能够吸收超过自身重量几百倍甚至上千倍的水，仅靠亲水性基团是不够的。第二个结构因素是分子内要含有大量可离子化的基团，这些基团在水分子的溶剂化作用下发生解离生成带有电荷的离子，在材料内部产生高浓度离子。其中阴离子多与聚合物骨架相连，而反离子在静电作用下也停留在材料内部以保持电中性。从而在溶胀后在材料内外形成较大渗透压，其渗透压力的大小与体系内外的离子浓度差成正比，压力方向指向聚合物内部，造成大量外部水分进入体系内部。以纤维素类高吸水性树脂为例，经过碱性处理后可以使大量羟基和衍生化后引入的羧基离子化就是出于上述目的。因此可以说，高吸水性树脂具有强亲水性和可离子化基团等化学结构是高吸水能力的重要前提条件。通常情况下高吸水性树脂中含有上述基团的数目与其吸水性能成正比。

（2）聚合物链段结构的影响　仅仅有上述两个结构条件只完成了吸水要求，水大量进入必然引起聚合物的溶解，趋向于形成聚合物的水溶液，因此还不能构成高吸水性高分子材料；还必须解决如何保水的问题，才能够使大量吸收的水分不易流失。事实上多数含有上述结构的水溶性聚合物和水溶性小分子并没有大量吸水能力就是证据。适度交联结构使亲水性树脂在水溶液中仅能溶胀不能溶解是高吸水性树脂的第二个必要条件。所有的高吸水性树脂都是由线型水溶性聚合物经过适度交联制备的。交联主要起两方面的作用，首先是保证聚合物不被水所溶解；其次是为保持吸收的水分提供封闭条件，并为溶胀后的水凝胶提供一定机械强度。一般来说，交联度越高，机械强度越好。但是在一定范围内过高交联度将限制溶胀程度，因此交联度与最大吸水量成反比。如何平衡上述两个因素是制备高吸水性树脂考虑交联度时的主要目标。

（3）外部影响因素　对于高吸水性树脂吸水性能的外部影响因素主要是水溶液的组成和环境温度及压力等。水的组成中最重要的是盐的浓度和酸度，因为从上面分析中我们已经知道，最大吸水量是聚合物网络内聚力与体系内外渗透压之间平衡的结果。水中如果存在盐成分，水中盐浓度的提高将直接降低内外浓度差，使渗透压下降，导致最大吸水量下降。水中的盐浓度越高，最大吸水量下降越大。水溶液的 pH 值高低直接影响聚合物内部酸性基团的水解程度，在高酸度下降大大降低其离子化程度，导致吸水能力下降。此外，由于某些高吸水性树脂易于水解，考虑到树脂的稳定性，水溶液的酸碱度也是重要的影响因素。温度和压力对吸水指标的影响是可以预见的，因为外界压力将直接叠加到聚合物网络内聚力上，压力增加显然对最大吸水量不利。环境温度会影响水的表面张力，将对树脂的保水能力产生影响。

二、高吸水性树脂的制备方法

1. 淀粉与纤维素型高吸水树脂的制备

淀粉型高吸水性树脂是较早开发的产品，是以淀粉为主要原料，经过糊化和适当接枝衍生化，在分子内引入羧基作为离子化基团，并适度交联形成网状结构构成。所谓糊化工艺（gelatinization）是指将淀粉乳浆加热到一定温度，水分子逐步进入淀粉粒的非结晶部分和结晶区，将其原有氢键破坏，结晶度下降，淀粉不可逆变成黏性淀粉糊的过程。糊化的目的是为下一步衍生化创造条件。淀粉是由葡萄糖链接构成的大分子，分子中含有大量羟基作为亲水性官能团；但是离子化程度不够，需要做衍生化处理引入羧基作为离子化官能团。当前主要衍生化手段是与丙烯腈或丙烯酸衍生物进行接枝共聚，将其所带羧基引入。采用丙烯腈作为接枝改性剂的制备工艺是首先将淀粉加水配制成一定浓度的淀粉糊，然后在 90～95℃进行糊化处理提高水溶性；在 30℃下加入丙烯腈单体、引发剂等进行接枝共聚反应，得到的聚合物用 KOH 或 NaOH 溶液水解反应成羧酸盐，最后用甲醇沉淀即得色泽淡黄色的淀粉型高吸水树脂[13]。其反应过程如下：

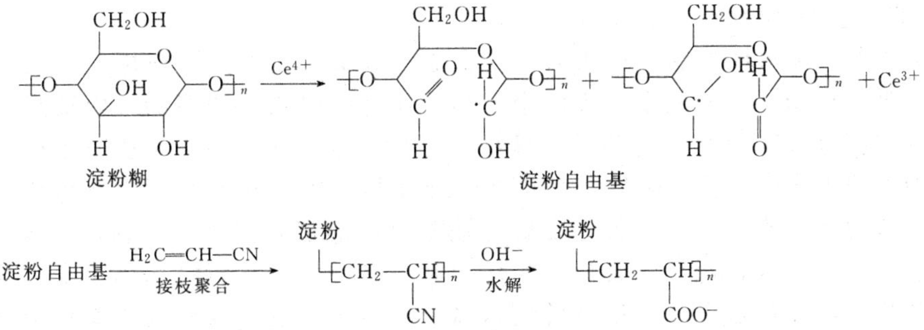

最常用的引发体系是铈离子引发体系，为氧化还原反应过程。其反应机理首先是 Ce^{4+} 与淀粉配位，使淀粉链上的葡萄糖环 2，3 位置两个碳上的一个羟基被氧化，碳键断裂；而另一未被氧化的羟基碳则成为自由基，引发丙烯腈单体进行聚合，生成淀粉—丙烯腈的接枝物，再加碱使 CN 水解成—$CONH_2$、—COOH 和—COOM（M 表示碱金属离子）等亲水基团。铈离子引发接枝效率高，是目前在淀粉衍生化中使用最多的引发体系。除了铈离子外，常用的还有锰离子引发体系、硫酸亚铁-双氧水引发体系等，这些引发剂与铈离子引发剂一样同属氧化还原引发体系。丙烯腈改性得到的吸水性树脂最大吸水量在 $600\sim1000g/g$ 之间，但是长期保水能力较差。如果用丙烯酸或丙烯酸钠代替丙烯腈在催化剂作用下进行接枝反应，可以直接得到含有大量羧基的聚合物，免去水解步骤。在交联反应环节，环氧氯丙烷或者氯化钙是常用的交联剂。在淀粉分子中通过与顺丁烯二酸酐的接枝反应[14]，在淀粉中引入磷酸酯[15]等都可以引入离子性基团构成淀粉衍生物型高吸水性树脂。

纤维素具有与淀粉相类似的分子结构，其基本制备原则是先将丙烯腈分散在纤维素的浆液中，在铈盐的作用下进行接枝共聚，然后在强碱的作用下水解皂化得到高吸水树脂。由于丙烯腈分散在层状纤维素浆液中进行接枝共聚反应，因此可以制备片状的产品。除丙烯腈外，还可以使用丙烯酰胺、丙烯酸等单体替代。将纤维素羧甲基化制备的羧甲基纤维素，经过适当交联也可以得到吸水性高分子材料。其具体制法是将纤维素与氢氧化钠水溶液反应制备纤维素钠，然后与氯乙酸钠反应引入羧甲基。再经过中和、洗涤、脱盐和干燥，即可得到羧甲基纤维素[16]。羧甲基纤维素型吸水树脂一般为白色粉末，易溶于水形成高黏度透明胶状溶体。使用时需要有支撑材料，多用于制造尿不湿。一般来讲，纤维素接枝共聚物其吸水能力较淀粉共聚物要低得多，但是纤维素形态的吸水材料有其独特的用途，可制成高吸水纤维和织物，与合成纤维混纺能改善最终产品的吸水性能，这是淀粉型吸水树脂所不能取代的。在纤维素分子中引入羟基异丙基，可以得到另一种高分子吸水剂-羟丙基甲基纤维素。除此之外，交联甲基纤维素和羟乙基纤维素等也具有较强的吸水功能。

2. 壳聚糖型高吸水性树脂

壳聚糖是甲壳质的水溶性改性产物，甲壳质和壳聚糖都具有和纤维素、淀粉极相似的结构，仅仅是糖环上的第二位碳原子所带的取代基为酰氨基或氨基。在数量和分布上甲壳质是自然界中仅次于纤维素的天然高分子化合物，但是作为高吸水性吸附剂的制备原料还比较少见。壳聚糖在 5%醋酸水溶液中通过与丙烯腈接枝共聚改造，用 20%的氢氧化钠溶液水解和皂化后得到淡黄色吸水性树脂[17]。以壳聚糖、丙烯酸、丙烯酰胺为原料，过硫酸钾为引发剂，$N，N'$-亚甲基双丙烯酰胺为交联剂,通过溶液共聚合后再用乙醇-氢氧化钠溶液浸泡可以获得壳聚糖型高吸水树脂，其最大吸水倍率为 $1315g/g$[18]。此外，甲壳质型高吸水性树脂还表现出抑菌性能[19]。

3. 聚丙烯酸型高吸水性树脂

聚丙烯酸型高吸水性树脂是最重要的全合成型高吸水树脂，目前用于个人卫生用品的大部分高吸水树脂是丙烯酸类高吸水聚合物。作为高吸水性树脂的聚丙烯酸主要为丙烯酸、丙烯酸钠或钾和交联剂的三元共聚物。通常聚合反应由热分解引发剂引发、氧化还原体系引发或混合引发体系引发。交联剂的选择是制备方法研究的重要组成部分。目前采用的交联剂主要有两类：一类是能够与羧基反应的多官能团化合物，如多元醇、不饱和聚醚、烯丙酯类等，通过缩合反应实现交联；另一类是高价金属阳离子，多用其氢氧化物、氧化物、无机盐等，通过高价金属离子与多个羧基成盐或配位实现交联。甘油是最典型的多元醇型交联剂。此外，季戊四醇、三乙醇胺等小分子多元醇以及低分子量的聚乙二醇、聚乙烯醇等都可以作为多醇型交联剂。其中采用低分子量的聚乙二醇和聚乙烯醇作为交联剂还可以改善树脂对盐水的吸收能力。高价金属离子交联剂最常用的是 Ca^{2+}、Zn^{2+}、Fe^{2+}、Cu^{2+} 等，交联机理是与羧基中的氧原子形成配位键，一个中心离子可与四个羧基反应，生成四配位的螯合物，达到交联聚丙烯酸线性聚合物的目的。目前采用的聚合反应主要有溶液聚合和反相悬浮聚合两种方式。其中反相悬浮聚合具有一定优势，可以简化工艺，获得颗粒状质量更好的吸水性树脂；而溶液聚合只能获得块状产品。以丙烯酸钾-丙烯酰胺-N-羟甲基丙烯酰胺体系，采用反相悬浮聚合法制备高吸水性共聚物，其吸收去离子水能力可达 800g/g 以上，吸收生理食盐水在 100g/g 以上[20]。溶液聚合是以丙烯酸为原料，过硫酸钾为引发剂，在碱性水溶液中进行溶液聚合，反应温度控制在 100℃ 以下反应约半小时，得到的吸水性树脂产品为白色粉末。其吸水量与交联度和交联方式关系密切，是影响产品质量的关键因素。交联剂常用 N，N-亚甲基双丙烯酰胺，经过皂化提高离子化度即可得到高吸水树脂[21]

这类高吸水性树脂的吸水能力不仅与淀粉等天然高分子接枝共聚物相当，而且由于分子结构中不存在多糖类单元，所以产品不受细菌影响，不易腐败，同时还能改善制成薄膜状吸水材料时的结构强度。因为不能被生物降解，这种材料在农业上作为保水剂使用时应该慎重。聚甲基丙烯酸是重要的工业原料，经过适度交联和皂化后，也可以得到高吸水性树脂。

4. 聚乙烯醇型高吸水树脂

聚乙烯醇是亲水性较强的聚合物，是水溶性聚合物。经过适度交联后消除其溶解性能后可以作为高吸水性树脂使用。不过由于内部没有酸性基团，离子化程度低，吸水能力不高是主要弱点。聚乙烯醇型高吸水性树脂最鲜明的特点是吸水能力基本不受水溶液中盐浓度的影响。单独使用吸水能力有限的缺点可以通过与其他单体共聚方式解决；如与丙烯酸的共聚物、与马来酸酐的共聚物，即具有较好的吸水功能。这类聚合物的另一个主要特点是不仅可以大量吸收水分，而且对乙醇等强极性溶剂也有较强的吸收能力。

5. 复合型高吸水材料

目前高吸水材料的研究不仅限于开发新型高吸水树脂方面，从扩大应用领域的目标出发，人们的注意力正在转向复合化、功能化方向。开发高吸水纤维、吸水性无纺布、吸水性塑料与遇水膨胀橡胶等已经成为新的研究方向。

(1) 高吸水性纤维　由聚丙烯酸钠盐可以直接纺丝成吸水性纤维，也可利用纤维与树脂复合，通过纤维表面与吸水树脂进行化学反应或黏附制造吸水纤维。其中黏胶纤维、纤维素纤维、聚氨酯纤维、聚酯纤维等可以作为原丝使用。不过从提高纤维性能考虑，目前最多的仍为共聚型高吸水性纤维。例如，丙烯酸-丙烯酰胺-聚乙烯醇体系共聚物，加入一定量的聚乙烯醇即具备溶液纺丝的性能，当聚乙烯醇含量为 15% 时纤维的吸水倍率达 298 倍，吸盐水倍率也达 57 倍[22]。

（2）吸水性非织造布　高吸水性非织造布主要作为一次性用品，多用于医疗卫生领域。可采用两种途径进行加工。①直接将无纺布等纤维基材浸渍在制备高吸水性树脂的单体水溶液中进行聚合。单体溶液组成按照吸水性树脂聚合要求配制，然后用微波辐照引发聚合反应，生成表面吸水层的纤维复合体，所得复合体吸水率高，能稳固地附着在基材上不脱落。②将吸水树脂半成品浆液涂布到纤维基材上后再交联，这种方法制得的吸水性材料吸水速率要比颗粒状吸水树脂快得多。

（3）吸水性塑料或橡胶　将高吸水性树脂与塑料或橡胶进行复合可以得到吸水性工程材料。例如将吸水树脂与橡胶复合可以得到水胀橡胶，作为水密封材料应用于工程变形缝、施工缝、各种管道接头、水坝等场合用于密封止水。水胀橡胶是一种弹性密封和遇水膨胀双重作用的功能弹性体。高吸水性树脂与塑料复合可以制成性能优良的擦拭材料。

三、高吸水树脂的应用

1. 在农业方面的应用

由于高吸水性树脂可以吸收自身重量几百倍至上千倍的水分，因此是一种优秀的农用保水剂。其吸水具有可逆性，施用在土壤中时吸收的水分可以被植物吸收利用，并在作物根系周围形成一个局部湿润环境，对作物来说具有微型水源的作用。高吸水性树脂吸收水分后，可以将水分逐渐地提供给植物，可以有效防止水分的渗漏和挥发，提高水的利用效率，达到保墒抗旱的目的。实验结果表明，当在土壤中添加 0.5% 的高吸水树脂，土壤水分的保持时间可以延长 40 天。$1m^2$ 的农田中只要加入 500g 的高吸水树脂，以种植蔬菜为例，可以节约用水 50% 以上。在园艺方面，采用高吸水性树脂作为保水剂可以提高干旱地区树木的成活率。高吸水性树脂在沙漠和荒漠中进行绿化中将能够发挥非常重要的作用。高吸水性树脂的施用方法主要有浸种、种子包衣、苗土填加、移栽植物的浸根、制成水凝胶与种子一同播种等方法，都能取得很好的效果。

2. 在建筑和环保方面的应用

将高吸水性树脂与其他高分子材料混合后，可以加工成止水带，在土建工程中是理想的止水材料。添加到其他建筑材料中，利用其吸水膨胀性能可以作为水密封材料，用于止水堵漏。还可以作为土建用的固化剂、速凝剂和结露防止剂等。在环境保护方面，加入高吸水性树脂可以使污水固化，便于运输和处理，适用于工业重度污水的处理。

3. 在卫生用品制造方面的应用

高吸水性树脂可以制造妇女卫生巾、儿童的一次性尿布、医用外伤护理材料等。这是高吸水性树脂最早开发的应用领域，也是目前高吸水性树脂使用量最大的领域，约占高吸水性树脂使用量的一半以上。采用高吸水性树脂以后，可以将卫生巾做得更薄，保水效果更好，提高运动自由度和着装感。由于水失去流动性，做成的纸尿裤也更为舒适。将高吸水性树脂作为载体与药物和水配成消炎、止痛用敷贴制剂，药物可以缓慢释放，并且对皮肤有润湿作用，提高治疗效果。

4. 在其他方面的应用

高吸水性树脂还可以作为油类、有机溶剂的脱水剂，脱水后的吸水凝胶可以用简单的方法分离。也可以作为化工、纺织、印染行业使用的增稠剂，用于水溶性涂料和助剂的增稠。在轻工和食品行业作为保鲜材料，例如用活性炭和高吸水性聚合物渗入无纺布或纸中，做成保鲜袋，既能吸收食物中放出的有害物质，又能调节环境湿度，从而起到对蔬菜、水果的保鲜作用。在吸水性材料中加入抗菌成分可制得吸水性医用抗菌纤维。加入芳香性物质的吸水性凝胶可以制备持久释放出香味的空气清新材料。

第六节　天然有机吸附剂简介

除了上面已经谈到的吸附剂之外，本节将简单介绍一些重要的天然有机吸附材料，包括纤维素型吸附剂、甲壳质型吸附剂、葡聚糖型吸附剂等。活性炭、硅藻土等天然吸附剂不属于有机高分子材料，没有列入本节内容。近年来，天然高分子材料，包括以天然高分子为原料制备的各种吸附剂使用越来越广泛，主要原因是原料来源广泛、价格低廉、环境友好、工业污染小。下面是其中最主要的天然高分子吸附剂。

一、纤维素类吸附剂

纤维素是自然界中分布最广，产生量最大的天然高分子材料，其来源主要是植物的秸秆、枝叶等，是重要的农副产品。产量大，价格低廉，目前主要作为造纸原料或者直接作为燃料烧掉。近年来由于农村实行燃料改造越来越多的此类原料作为农业垃圾在地头焚烧，不仅严重污染空气，阻碍交通，也是极大浪费。如何将纤维素这种宝贵资源加以有效利用已经成为重大课题。能够作为吸附剂使用的纤维素是经过提纯加工的白色粉状纤维素。纤维素是 D-吡喃型葡萄糖由 β-1,4-糖苷键构成的直链多糖。商品纤维素吸附剂主要有两种：一种为普通纤维素吸附剂，不经化学改性直接利用；另外一种是改性纤维素，根据使用目的的不同，对其结构进行衍生化处理。其中上节提到的纤维素型高吸水性树脂就是典型的改性纤维素。普通型纤维素是将棉花等纤维中的无定型部分除去后剩下的富含微晶结构的部分，经过化学交联处理，形成细粒度、高密度的所谓微粒型吸附剂。纤维素吸附剂广泛用于凝胶渗透色谱和亲合色谱作为固定相使用，具有独特的分离机理，适合生物样品的分离分析。此外，纤维素吸附剂还用于血液中有毒物质的吸附、血液分析、酶的纯化、蛋白质纯化等场合。同时，纤维素还是一种天然高分子螯合剂，用于过渡金属和贵金属离子的回收和分离。

二、甲壳质类吸附剂

甲壳质是从动物贝壳中提取到的一种多糖类化合物，其化学结构为 (1,4)-二乙酰氨基-2-脱氧-β-D-葡聚糖，是仅次于纤维素的来源极为广泛的天然高分子。甲壳质类吸附剂也有天然普通甲壳质和化学改性甲壳质两类。其中壳聚糖（chitosan）是由甲壳质水解得到的衍生物，其结构为 (1,4)-二氨基-2-脱氧-β-D-葡聚糖。经过交联和其他改性处理，甲壳质可以作为多种类型的吸附剂使用。

（1）作为高分子金属螯合剂使用　未经修饰的甲壳质可以与 Cd^{2+}、Pd^{2+}、Fe^{2+}、Mn^{2+} 等金属离子形成配合物，从而吸附上述离子。壳聚糖经过环氧氯丙烷、戊二醛、氰脲酰氯、甲苯二异氰酸等交联剂交联后，物理化学性能改善，是性能良好的高分子螯合剂。在交联的基础上进行适当的化学修饰，如引入 2-甲酰吡啶或者引入膦酸基后，可以改善其螯合性能。经环硫氯丙烷交联后引入硫原子，可以使对贵金属的配合能力提高。壳聚糖类衍生物作为高分子螯合剂具有成本低、螯合容量大、吸附率高的特点，但是离子选择性和机械强度方面较差。

（2）作为生物吸附剂和酶固化载体　壳聚糖凝胶经过磺胺噻吩处理后，具有选择性吸附导致免疫性疾病的一种蛋白 IgG，经过六亚甲基二异腈酸酯交联后，可以作为祛除内毒素的高效吸附剂，因此在医疗方面获得应用。甲壳质经过 BrCN 活化，可以用来作为酶的固化剂。多孔性壳聚糖吸附剂经过琥珀酸酐、二胺和缩合剂交联处理，再与 N-羟基琥珀酰胺反应，可以得到纯化胰蛋白酶的吸附剂。交联壳聚糖还可以纯化牛的血清蛋白，在生物化学方面获得应用。珠状交联壳聚糖还是亲和色谱的固定相，可以用来分离多环芳烃、低聚糖等，对于光学异构 D、L 型混合氨基酸具有区分性吸附能力；也可以分离其他立体异构混合物。将壳聚糖仔细包敷在球型硅胶表面，可以用作高效液相色谱的固定相，用于分离醇、烷和羰基化合物等。

三、淀粉型吸附剂

淀粉的化学结构与纤维素类似，仅仅是葡萄糖的连接方式不同。淀粉经过交联和改性，或者与其他有机单体进行接枝共聚，可以得到各种性能的吸附剂。除了前节介绍的高吸水性树脂外，经过环氧氯丙烷交联，CS_2 黄原酸化等处理后可以得到高分子螯合剂。这种螯合剂对重金属的络合能力很强，可以用来除去水中的微量汞、镉、锌、铝、铜、铁、铬、镍等金属离子。淀粉型吸附剂还可用于从乙醇-水蒸气中选择性吸附水，可以从含水量很高的乙醇溶液中精制纯化乙醇。此外，淀粉型吸附剂还用于纯化酶、固化蛋白质、废水处理、作免疫吸附剂等。淀粉也是一种来源广泛、价格低廉的原料，生物相容性好，并且可以被自然降解，不造成环境污染，因此是一种非常有前途的天然吸附剂原料。

四、琼脂糖和葡聚糖型吸附剂

葡聚糖（polysacharide）是葡萄糖通过生成糖苷键聚合而成的线型聚合物，有天然和合成的两种类型。琼脂糖是天然的多糖类高分子化合物，来源于植物，可溶于水，经过环氧氯丙烷等交联剂交联后生成不溶于水的凝胶。这种琼脂糖凝胶（sepharose）和交联葡聚糖（sephadex）是两种著名商品化高分子吸附剂，广泛用于凝胶色谱分析，在生化分离分析上有着广泛应用。琼脂糖凝胶由于具有很好的生物相容性，可以用来纯化血液，如从血液中除去低密度脂蛋白、免疫球蛋白、免疫络合物、肝素和抗体等。琼脂糖和葡聚糖吸附剂还是亲和色谱的重要固定相之一，具有较好的分离效能，可以用来分离和纯化多种生物化工产品。葡聚糖凝胶还用来对植物提取组分的最后纯化。上述两种吸附树脂都是高附加值产品，生产的技术含量高，价格昂贵，在精细化工领域具有很好的发展前途。

本 章 小 结

1. 吸附性高分子材料是指那些与某些物质具有特定亲和作用使两者能够暂时或永久结合的固体高分子材料。这些相互作用被称为吸附作用，包括化学吸附和物理吸附。前者主要包括生成离子键和配位键，后者主要是分子间的范德华力。吸附性高分子材料在混合物的分离、水的纯化、环境保护、卫生医疗以及工农业生产方面具有重要应用价值。

2. 吸附性高分子材料根据材料来源划分为天然高分子吸附剂和合成高分子吸附剂。根据吸附剂的化学结构和作用原理划分为非离子型高分子吸附剂、离子型高分子吸附剂、配位型高分子吸附剂和高吸水性高分子吸附剂。合成高分子吸附剂根据其外观形态还可以分成凝胶型（微孔）吸附树脂、大孔型吸附树脂、米花型吸附树脂和大网状吸附树脂。

3. 高分子吸附材料的吸附性能主要取决于吸附剂的化学组成和结构，当高分子骨架连接不同极性官能团时，聚合物的极性特征发生改变，对不同极性的物质产生选择性吸附作用。当聚合物骨架上带有配位原子，并且空间结构合适时对金属阳离子产生配位反应，对不同种类的金属阳离子产生选择性吸附作用。当聚合物骨架连接酸性或碱性基团时，这些基团发生解离后带有负或正电荷，对反离子产生选择性吸附作用。

4. 作为吸附剂使用的高分子材料需要有合适的链结构和宏观结构。适度交联的链结构能保证其作为吸附剂的不溶性和良好的力学性能；多孔性结构保证吸附剂有足够的表面积来提升吸附量；规整的颗粒结构为使用时进行均匀填充和吸附剂的处理提供理想条件。

5. 影响吸附剂吸附性能的外部因素包括环境温度、介质种类和酸碱度等。一般吸附剂的吸附容量与温度成反比，与吸附树脂与介质的相互作用力成反比；离子交换树脂和高吸水性树脂吸附容量受到介质中酸碱度和盐度影响。利用调整上述外部影响因素可以提高吸附效率并为吸附剂的脱附和再生提供可能。

6. 非离子型吸附树脂主要指那些分子中不包含离子型基团和配位结构，吸附剂和被吸附物质之间主要依靠范德华力结合的高分子树脂。根据吸附剂的结构和性能划分，有非极性、弱极性、中等极性和强极性等种类。非极性和弱极性吸附树脂对非极性物质有优先吸附作用，强极性吸附树脂对极性物质有优先吸附作用。非离子型吸附树脂主要用于色谱分离中的担体和固定相、环境保护和工业生产中微量成分的富集、动植物中活性成分的分离提取和纯化等。

7. 配位型高分子吸附材料也称为高分子螯合树脂，通常与被吸附的金属阳离子形成螯合物，属于化学吸附。在这类吸附树脂中都含有配位原子，主要是含有孤对电子的氧、氮、硫、磷、砷等原子，聚合物还应该具有有利于形成配位的空间结构。配位型高分子吸附材料主要用于各种金属阳离子的吸附，特别是过渡金属和重金属阳离子。这类吸附树脂主要依靠其对各种金属离子的富集浓缩作用而在分析检测、污染治理、环境保护和工业生产中获得应用。此外吸附特定金属离子以后的吸附树脂还可以作为高分子催化剂使用。

8. 离子型吸附树脂在其聚合物骨架上都含有离子型结构，处在解离状态离子对相应的反离子有选择性吸附作用，两者间形成离子键，属于化学吸附。根据吸附树脂所带离子结构不同划分成强酸性离子交换树脂、弱酸性离子交换树脂、强碱性离子交换树脂和弱碱性离子交换树脂。其中前两者能够选择性吸附阳离子，因此也称为阳离子交换树脂，后两者能够选择性吸附阴离子，称为阴离子交换树脂。离子交换树脂对离子的吸附能力受到外界环境的影响，其中强酸性和强碱性离子交换树脂可以在 pH 值 1～14 范围内使用，而弱酸性和弱碱性离子交换树脂只能分别在碱性和酸性条件下使用。阳离子交换树脂主要用于清除体系中各种阳离子杂质、对阳离子混合物进行分离和交换以及作为酸催化剂使用。阴离子交换树脂主要用于脱除体系中的各种阴离子杂质、对阴离子混合物进行交换和分离以及作为高分子碱催化剂使用。两种离子交换树脂共同作用还用来生产去离子水。

9. 高吸水性高分子材料也称为超吸水树脂，主要是因为其具有非常强的吸收并固化水的能力。高吸水性树脂都含有亲水性基团、离子型基团并适度交联。亲水性基团可以使水分子与高分子之间的作用力大于高分子之间的作用力，易于被水所溶胀；离子型基团在水解离子化之后可以产生一个指向聚合物内部的渗透压，促使外部的水分子进入树脂内部。而适度交联则可以保证在上述过程中树脂只能发生溶胀，不能溶解并将被吸附的水分子固化。常见的高吸水性树脂主要有淀粉衍生物型、纤维素衍生物型、甲壳质衍生物型、聚丙烯酸型和聚乙烯醇型等。

10. 高吸水性高分子材料主要作为保水剂在农业和园艺领域应用，利用水溶胀作用在建筑和环保领域作为防水剂、堵漏剂、固化剂等，利用其高吸水性能在医疗和卫生领域获得广泛应用，此外在纺织服装的功能化、药物化肥的控制释放、环境湿度控制等方面发挥作用。

■ 思考练习题

1. 作为吸附剂使用的高分子材料其结构特征是高分子骨架上带有特殊性质的官能团，并且都经过适度交联，请问这些官能团和交联结构在吸附过程中分别起哪些作用？如果改变这些结构，哪些吸附性能会发生改变?

2. 温度是影响吸附性能的重要影响因素,在实际应用过程中如何利用这种影响以提高吸附效率?在高温下可以将吸附剂吸附的物质脱附,并使吸附剂再生,采用这种工艺路线时温度控制应该注意哪些问题?当采用溶剂脱附时依据哪些原理选择脱附溶剂?

3. 非离子型高分子吸附树脂有非极性、弱极性、中等极性和强极性四种形式,如何通过分子设计分别获得上述四类吸附树脂?在实际吸附过程中如何根据被吸附物质的特性选择上述四种吸附树脂?

4. 高分子吸附树脂通常都是交联网状结构,讨论在制备过程中形成交联网状结构的主要方法,并给出不同工艺的特点和对产物结构的影响。在实际制备过程中如何控制交联度的大小?交联度的大小如何影响树脂的吸附性能?

5. 讨论凝胶型树脂和大孔型树脂在结构上有哪些差别?从合成工艺上分析,产生这些差别的主要原因是什么?这两种吸附树脂在使用过程中有哪些不同要求?

6. 以聚苯乙烯-二乙烯苯型离子交换树脂为例,如何根据要吸附离子的荷电特征在苯环上引入离子型基团(包括阳离子和阴离子)?讨论为什么弱酸性吸附树脂只能在偏碱性条件下使用?而弱碱性吸附树脂只能在偏酸性条件下使用?

7. 实验室使用的去离子水是经过离子交换树脂处理后获得的,尝试设计一个简易的去离子水生产装置,并给出作用机理。讨论如何解决这些离子型交换树脂使用后的回收再生问题?

8. 配位型高分子吸附树脂的结构特征是含有配位原子和具有合适的空间条件。结合与金属阳离子形成配位键的过程,分析配位原子和空间条件在金属离子吸附过程中如何发挥作用?如何考虑"空间条件"是否合适?

9. 配位型吸附树脂与金属阳离子的吸附选择性可以通过相应络合物的络合常数大小估计,还要考虑聚合物骨架的影响,分析聚合物骨架包括交联结构如何影响这类吸附树脂对不同大小和种类的金属离子吸附性质?

10. 在海水中存在着微量的铀元素(假定其都以离子状态存在),设计一个实验装置,其功能是使海水中的铀元素得到富集。结合设计原理讨论如果使用小分子螯合剂是否可以完成上述过程?

11. 据说最近广州镉超标大米主要是使用了当地被镉离子污染的水灌溉所致,请尝试给出一个比较经济可行的水处理装置解决上述问题,并设计出所用配位型吸附树脂的分子结构。

12. 高吸水性树脂能够吸收数百倍以上的水分而自身不被溶解,其主要原因有哪些?其中亲水性官能团、离子基团和交联结构在吸水过程中都扮演哪些角色?

13. 以常见的淀粉衍生物高吸水树脂的制备过程为例,解释其中的糊化过程、衍生化过程和加入高价金属离子盐过程各发挥哪些作用?高价金属离子盐可以用哪些化合物所替代?其替代原理是什么?

14. 高吸水性树脂的吸水能力与被吸收水溶液的组成关系密切,讨论为什么同样的吸附树脂吸收海水的能力大大低于淡水?当高吸水树脂由丙烯酸树脂为主构成时,讨论水溶液的酸度如何对其吸水能力产生影响?

15. 船体漏水是发生海难的重要原因之一,请根据高吸水橡胶的特性设计一个具有自动堵漏的小型船只,并分析工作原理。如果为在建筑的膨胀缝中设计一种防水材料,尝试给出你的设计思路和作用原理,并讨论与常规的沥青等防水材料相比具有的特点。

16. 在电镀工艺过程中能够产生大量含有重金属离子的有毒废水,如果需要采用高分子吸附剂解决电镀厂工业废水处理问题,请给出你的设计方案。

参考文献

[1] Hojo K, Shirai H and Hayashi S. *J Polym Sci*, *Symp*, 1974, **47**: 299.

[2] 大河原信. 高分子, 1980, **29**: 434.

[3] 小田良平, 工化, 1964, **67**: 1564; 1965, **68**: 1273.

[4] King J N and Fritz J S, *J. Chromatography*, 1978, **153**: 507.

[5] Kim S J and Takizawa T, *Makromol Chem*, 1974, **175**: 125.

[6] Bied-Charreton C et al. *Nouv J Chim*, **1978**, 2: 302.

[7] Сввин С В et al. *ДАН СССР*, 1968, **180**: 374.

[8] Gregor H P et al. *J Am Chem Soc*, **1955**, **77**: 3675.

［9］　Barnes R M and Genna J S. *Anal Chem*，1979，**51**：1065.

［10］　陈义镛等. *高分子通讯*，1982，(6)：443.

［11］　Manecke G and Heller H. *Makromol. Chem*，1963，**59**：106.

［12］　信息与动态. 塑料老化与应用，2001，(4)：48.

［13］　刘毅，杨丹，刘德海. 湛江海洋大学学报，2001，21 (3)：80.

［14］　李铭慧，郭明，高兴军，周建钟，李文珠. 化工新型材料，2012，(12)：147.

［15］　马斐，余响林，田建军，夏峥嵘，余训民. 化工新型材料，2013，(2)：30.

［16］　张向东，陈志来，赵小军. 天津化工，2001，(5)：　5.

［17］　(a) 郑良华，杨建平. 石油化工，1991，20 (10)：687.

　　　　(b) 杨建平. 宁波大学学报，1997，10 (2)：58.

［18］　李晟，谢建军，何新建，黄凯，韩心强，张绘营. 精细化工中间体，2010，(2)：54.

［19］　王开明，黄惠莉，王忠敏. 工程塑料应用，2011，(11)：　52.

［20］　(a) 李绍英，姚学俊，许永权. 河北科技大学学报，2001，22 (2)：8.

　　　　(b) 陈军武，赵耀明. 高分子材料科学与工程，2000，16 (1)：67.

［21］　宋彦凤，崔占臣，陈欣芳. 应用化学，1995，12 (1)：117.

［22］　孙玉山，徐纪刚等. 天津工业大学学报，2001，20 (1)：15.

第九章 医用高分子材料

第一节 医用高分子概述

医用材料的发展并不是一个新的课题，人们在很久以前就已经开始使用各种材料用于医疗实践。例如，在 2500 年以前的中国和埃及墓葬中已经发现有假手、假鼻、假耳等假体。在近现代，随着合成材料的异军突起，大量合成材料用于临床实践，例如在 20 世纪 30 年代有机玻璃已经开始用于临床，40 年代开始人们用人造膜材料进行血液透析。进入 70 年代以后，随着功能高分子材料理论和实践的进步，产生了大量新型医用材料用于制作人造器官、人造心脏膜瓣、人工肾等。目前除了大脑以外，几乎所有的人体器官都可以用人造器官替代。医用材料的研究生产是一个高技术领域，也是一个高附加值的产业，往往以克作为计价单位，生物医用材料的价格甚至超过宇航用材料的平均价格，发达国家都把生物医用材料领域当成重点发展对象。

现代医用材料主要是医用金属材料、医用无机陶瓷材料、医用高分子材料和医用复合材料四大类。医用金属材料主要用于人体中承重器官的修复和替换，如作为骨骼、关节、牙齿等硬组织结构材料，具有机械强度高，抗疲劳性能好的特点，但是表面的生物相容性有待改进。采用离子注入、表面涂层等工艺进行金属表面改性是当前医用金属材料开发的一个方向。与医用金属材料类似，医用无机陶瓷材料主要用于骨骼、牙齿、关节等硬组织的替换和修复。与金属材料相比，陶瓷材料具有耐腐蚀性能好、使用寿命长的特点。同样提高材料表面的生物相容性是医用陶瓷材料研究的重点。在上述医用材料中，以高分子材料的使用最为广泛。最主要原因是高分子材料在物理化学性质及功能上与人体各类器官更为相似，事实上人体的各类器官本来就是由蛋白质等天然高分子材料构成。

医用高分子材料按照材料的性质划分包括生物惰性高分子材料和可生物降解高分子材料两类。前者是为了提高材料在使用过程中的生物相容性，不与相接触的生物组织发生不利反应并延长其使用寿命。后者是医疗过程中需要临时使用的材料，希望其功能发挥过后可以用无害的方式吸收分解。生物惰性材料要求不受体液中酶、酸、碱等环境的破坏，主要有聚硅氧烷、聚乙烯等。多用于韧带、肌腱、皮肤、血管、骨骼、牙齿、乳房等人体软、硬组织器官的修复和替换。生物可降解材料需要有能在生物环境下发生分解的化学结构，主要有聚氨基酸、聚乳酸、多糖和蛋白质等；在医疗上主要用于手术缝合线、生物黏合剂、骨固定材料等。复合医用材料是用两种以上材料相互复合或者同类复合构成的，采用多种材料复合的方法能够克服单一材料的某些缺点，获得更好的使用性能。例如，将高分子材料与金属材料进行表面涂层复合，既可以保持金属材料的高力学性能，也能够发挥高分子材料防腐蚀，生物相容性好的特点。利用高分子纤维自增强复合材料可以获得高强度的韧带和骨骼修复材料。

在医用材料中，高分子材料由于原料来源广泛、可以通过分子设计改变结构、生物活性高、材料的性能多样等优点，是目前发展最为迅速的领域，已经成为现代医用材料中的主要部分。同时，医疗实践也给高分子医用材料提出了各种各样的要求，大大推动了高分子材料自身的发展。鉴于医疗过程的特殊性，对应用其中的材料有更高的要求。由于高分子材料的广泛普及，在医疗过程中使用的高分子材料种类已经非常多，在本章中仅涉及那些直接用于临床治疗，并且有着特殊治疗目的和功能的几种主要高分子材料。

一、医用高分子的分类和定义

医用高分子材料有两种定义。一种是广义医用高分子材料，涵盖所有在医疗活动中使用的高分子材料，甚至包括药剂包装用高分子材料，医疗器械用高分子材料，医用一次性高分子材料等。另外一种定义是指符合特殊医用要求，在医学领域应用到人体上，以医疗为目的，具有特殊要求的功能型高分子材料。在本章中所讨论的医用高分子材料是指后者。按照后一种定义，医用高分子材料应该属于生物医用材料（biomedical materials）。

医用高分子材料的分类比较复杂，划分的依据繁多。如果按照用途来划分，包括治疗用高分子材料、药用高分子材料、人造器官用高分子材料等。治疗用高分子材料包括手术用材料、治疗用敷料、直接与人体器官接触的治疗用具、眼科和牙科修补型用料等。药用高分子材料包括直接用于治疗目的的高分子药物、控制药物释放的高分子制剂材料和药物导向高分子材料等。人造器官用高分子材料的范围更加广泛，包括人工骨骼、人工皮肤、人工脏器、人造血液等，所用的各种功能高分子材料也更加多样化。按照这一分类方法划分，常见的医用高分子材料归纳在表 9-1。这种划分方法的优点是有利于从事医疗研究和实践的人员进行医用高分子材料的选择，并且能够和实际应用紧密结合。但是，本分类方法并不能反应材料本身的性质和特点，也不能用上述分类方法确定材料的构成情况。

表 9-1　常见治疗用高分子材料

分类		材料医用用途
治疗用高分子材料	手术用材料	缝合线、黏合剂、止血剂、整形校治材料、骨骼牙齿修补材料、血管和输精管栓堵剂、脏器修补材料等
	治疗用敷料	创伤被覆材料、吸液材料、人工皮肤、消毒纱布等
	治疗用具	各种插管、导管、引流管、探测管、一次性输血和输液材料等
高分子药用材料	治疗药物	降胆敏、降胆宁、克矽平、干扰素诱导剂等
	控制释放药物	高分子微胶囊、质脂体、水凝胶、生物降解型缓释药物。
	导向药物	高分子磁性导向、聚半乳糖肝导向、聚磷酸酯肿瘤导向、淀粉微球导向、透明脂酸热导向等导向药物制剂
人造器官用材料	人造组织器官	人工血管、人工骨、人工关节、人工玻璃体、义齿、人工肠道等
	人造脏器	人造心脏、人造肺、人造肾脏、人造肝脏、人造血液、假肢和其他人造器官

按照原材料来进行划分是又一种常见的划分方法，采用这种划分方法有利于生产开发人员进行原材料的组织，有利于对各种医用原材料性质的了解。从事材料学研究的人员比较喜欢采用这种分类。医用高分子材料根据原材料的来源划分，可以分成天然高分子医用材料、合成高分子医用材料和含高分子的复合医用材料等。天然高分子医用材料是指原料本身是天然产生的，如纤维素、淀粉、甲壳质等均来源于植物或动物，但是在作为医用材料使用时经过了一些化学或结构方面的修饰与改造，使之适合医用材料标准。合成高分子医用材料是根据医用材料要求进行合成制造，或者对常规合成高分子材料根据医用要求进行改造的高分子材料。例如，为了提高材料的生物相容性，减小和消除凝血现象，制备人造器官用的高分子材料采用肝素进行表面修饰就是这个原因。医用复合高分子材料是指多来源材料，为了满足医用目的进行不同方式复合构成的，也包括常规复合材料经过适当改造处理后直接作为医用材料使用。在表 9-2 中是按照材料来源划分列出的医用高分子材料[1]。

表 9-2　常见医用高分子的原材料

材料分类		品　　种
天然高分子医用材料	多糖类	纤维素衍生物、淀粉衍生物、甲壳质衍生物、海藻酸钠、琼脂多糖等
	蛋白质类	胶原蛋白、动物胶、白蛋白、丝、绢等
	生物组织类	硬膜、肠线、动物皮、异种脏器类
合成高分子医用材料	惰性高分子类	硅油、聚丙烯腈、聚氨酯、聚甲基丙烯酸酯、聚四氟乙烯、聚烯烃类、聚碳酸酯、聚苯乙烯、聚酰胺、聚乙烯醇等
	可降解高分子类	聚乙醇酸、聚乳酸、聚环内酯、聚缩醛、聚氨基酸等
医用复合高分子材料		有机/无机复合材料、合成/天然复合材料、高分子/金属复合材料等

如果按照材料自身的功能和特点又可以分为生物相容性高分子材料、生物降解性高分子材料、生物功能性高分子材料等。生物相容性材料包括血液相容材料和组织相容材料两种。生物降解材料指在人体内能被无害降解吸收的高分子材料。生物功能性材料可以称为是仿生材料，是指那些可以模仿人体器官功能的高分子材料，如透析材料、吸附材料、输送性材料等。显然，本书的读者主要是工作于材料学专业的科研和生产者，作为介绍功能高分子材料的书籍，采用这种分类方法更容易对其构效关系进行分析讨论。本章内容即按照这一分类方法进行组织。

二、医用高分子材料的特殊要求

由于医用高分子材料直接用于医疗目的，有些需要长期接触或者植入活体内部，因此对材料的要求比较高。医用高分子材料的要求基本上可以分成三个方面。一是材料学方面的要求，要求材料能满足医疗过程中对其机械、物理和化学方面的标准，如机械强度、稳定性、外观效果等。二是医学方面的要求，如药物的控制释放、人造血液的黏度、渗透压、人造皮肤的促进愈合作用等均属于医疗方面的要求。只有能满足医学方面要求的材料才具有临床应用意义。除此之外，作为医用高分子材料还必须满足生物学方面的要求，要能够和生物活体长期和平共处，就必须不影响活体正常的生物活动和适应活体的生理反应，并且耐受生理环境。生物活体对医用高分子材料的一般要求包括以下几项。

1. 血液相容性

血液相容性是指材料在体内与血液接触后不发生凝血、溶血现象，不形成血栓。发生凝血现象会造成严重的生理破坏作用，是医用高分子材料，特别是植入式材料必须防止的现象。生物体的凝血是一个非常复杂的生物过程，属于生物体内的一种自我保护机制。一般认为凝血机理是因为材料与血液接触后，首先发生蛋白质、脂质吸附在材料表面上，其中部分化学结构由于吸附产生构象变化，释放出凝血因子，导致血液内部各成分的相互作用，特别是血小板作用导致凝血。这些相互作用包括血细胞凝血因子的活化导致纤维蛋白凝胶的形成，进而吸附血小板并发生形变放出第三因子，第三因子凝血体系的活化产生凝血反应。被吸附后的凝血酶、纤维蛋白在材料表面交织成网状，与血小板、红细胞等形成血栓。显然，血液相容性只与材料的表面性质有关，而与材料内部的结构无关。研究表明，具有如下表面性质的材料表现出血液相容性：①具有较低界面能的材料，它们吸附蛋白质的能力较低，因此具有抗血凝作用；②表面具有亲水或疏水性质，具有强亲水性和强亲脂性界面的材料都有较高血液相容性；具有亲水和亲脂交替嵌段共聚的材料具有更好的血液相容性；③具有负电荷界面的材料具有血液相容性，例如，在材料中引入阴离子基团，或者用电荷注入方式使界面带有负电荷，都可以提高抗血凝作用；④通过表面改性在材料表面附着一层抗凝血物质，例如，用抗凝血的肝素吸附在材料表面，可以有效提高材料抗血凝效果。

2. 组织相容性

组织相容性是指材料在与肌体组织接触过程中不发生不利的刺激性，不发生炎症，不发生排斥反应，没有致癌作用，不发生钙沉积。产生组织相容性问题的关键原因在于肌体自身的排异反应和材料自身的化学稳定性。提高材料的组织相容性，消除排异作用是关键。提高高分子材料的组织相容性要解决以下几个方面的问题：①提高材料的纯净程度，因为材料中的有害杂质会加速材料的老化并加剧组织与材料之间的生物化学反应；②材料本身具有良好的化学稳定性，在体内环境下不易老化和分解而释放出刺激性物质；③有良好的机械强度和光滑表面，在使用过程中不对组织产生破坏和刺激；④采用与组织相容性好的材料进行表面复合，改进组织相容性。

3. 生物惰性

对于那些需要在人体中长期保持使用功能的材料必须具备生物惰性，这样才能保证使用寿命。所谓的生物惰性是指材料在生物内部环境下自身不发生有害的化学反应和物理破坏，也不对生物体产生不利影响，即具有生物相容性。在生物体内对高分子材料有害的因素包括酶、酸、碱等能够造成化学结构改变的因素，渗透、溶解、吸附等能够造成物理性能损害。保持生物惰性主要取决于材料的化学结构，生物惰性还与材料的纯净程度、材料的聚集状态等因素有关。生物惰性比较好的高分子材料包括聚乙烯、聚四氟乙烯、硅橡胶、脂肪族聚氨酯等。这些材料广泛用于人造脏器、喉头、气管、角膜、人工关节等需要长期植入的场合。

4. 可生物降解性

与生物惰性的要求相反，在某些场合需要医用高分子材料具有可生物降解性，即材料仅有有限的使用寿命，使用期过后材料可以被生物体分解和吸收。如手术用的缝合线，在伤口愈合之后，其使命已经完结，如果手术缝合线是可降解吸收的，将不需要进行拆线操作，可以减少患者的痛苦。再如，在骨外伤手术过程中需要对骨骼进行固定，固定骨骼的骨水泥、骨丁等在骨愈合后上述固定物需要再次手术取出，采用可降解材料制备这些器具可以防止出现这种不利局面。可生物降解的高分子材料主要有天然高分子的改性产品和具有类似天然高分子结构的合成产品，前者如纤维素衍生物、甲壳质衍生物、胶原蛋白等；后者如聚乳酸、聚羟基乙酸、聚酸酐等。这些材料的生物降解主要是因为生物体内相应分解酶在起作用，部分含有酯键的材料也可以在一定酸、碱性条件下发生水解反应降解。

第二节　生物惰性高分子材料

生物惰性高分子材料（inert biocompatible polymers）是指在生物环境下呈现化学和物理惰性的材料。材料的生物惰性包含两方面的意义，首先是材料对生物基体呈现惰性，即不对生物肌体产生不良刺激和反应，保证肌体的安全。因此要求材料有良好的生物相容性。其次，材料自身在生物环境下表现出惰性，即具有足够的稳定性，不发生化学和物理变化，不老化、不降解、不干裂、不溶解，使材料能够长期保持使用功能，至少要有预期的使用寿命。显然生物相容性和非生物降解性是生物惰性材料的两个基本特点。

生物惰性高分子材料在医学领域主要作为体内植入材料（implants），如人工骨和骨关节材料、器官修复材料等。其次是用于制造人造组织和人造器官。此外也用于与生物组织和体液有密切接触的外用医疗器械的制造。医用生物惰性高分子材料是直接或者间接长期与人体组织相接触的材料，与肌体组织接触紧密，接触时间长，因此对其质量有相当高的要求。一般来说，作为医用高分子材料，不论是内置材料还是外用材料，起码要满足以下要求：①材料本身对肌体无毒性，无刺激作用，无过敏反应，不致癌、致畸；②材料必须具有良好的组织相容性，不会对接触的肌体组织引起炎症或排异反应；③良好的血液相容性，当材料与血液接触时，不会引起血液的凝固而引起血栓，也不引起溶血现象；④具有相当的化学稳定性，保证在使用的生物环境下不发生老化、分解而失去使用功能。能够满足上述要求的医用材料，即可以称为生物惰性材料。

一、材料的生物相容性和界面性质

从前面的分析我们知道，生物相容性是医用材料非常重要的性质之一。那么生物相容性究竟与哪些因素有关系？如何提高医用材料的生物相容性？均是研究开发医用高分子材料面临的重要课题。很显然，材料的生物相容性主要和材料的界面性质相关，研究界面性质与生物相容性之间的关系，是制备开发医用高分子材料的理论基础。经过长期研究，人们已经对于材料界面性质与生物相容性之间的关系有了初步了解。

当与异物接触后，生物体发生排异和凝血是生物进化过程中产生的自我保护反应，从总体上说对于生命过程是有利的。例如当出现外伤时血小板发生凝血作用可以防止血液的大量流失。但是在治疗过程中这种凝血和排异作用却带来诸多不变，给在医疗过程中使用人造材料造成困难。通过表面改性提高材料的生物相容性是一个有效途径。这里讲的界面是指生物医用材料与体液之间的界面，与材料的表面所指的是同一个区域。

1. 影响材料生物相容性的结构因素

以医用材料的血液相容性为例，从界面化学的角度分析，血液能够在材料表面凝固并形成血栓与血液和材料表面的相互作用强弱有关。这些相互作用包括材料与血液之间的界面张力、材料对血液中蛋白质的吸附力、蛋白质在材料表面吸附后的形态和排列方式等。对生物相容性影响比较大的因素是材料的表面张力。研究表明，材料的临界表面张力 γ_c 处在 20～30mN/m 时材料的血液相容性比较好。部分常见高分子材料的临界表面张力数据列在表 9-3 中[2]。

表 9-3 部分高分子材料的临界表面张力 γ_c 数据

材料名称	γ_c/(mN/m)	材料名称	γ_c/(mN/m)
聚六氟丙烯	17	聚乙烯	31
聚四氟乙烯	18	聚甲基丙烯酸甲酯	39
聚三氟乙烯	22	聚氯乙烯	39
聚氟乙烯	28	聚苯乙烯	33
聚三氟氯乙烯	31		

研究表明，高分子材料的临界表面张力与其元素组成有关，在碳链中接入其他原子可以改变材料的临界表面张力，临界表面张力按照从小到大的顺序为：F＜H＜Cl＜Br＜I＜O＜N。同时还与其表面原子团的性质和排列状况有关。由界面理论可知，界面张力来源于组成物质的分子间的作用力，对于非离子性材料来说，主要取决于两者之间的范德华力。范德华力由分子极性产生的诱导力和取向力与各种分子都具备的色散力共同构成。研究表明，当材料的极性力分量很大，而色散力分量较小时血液相容性较差。这时被吸附的蛋白质层不稳定，容易形成血栓。因此，有人认为提高高分子材料界面张力中色散力分量有助于增强吸附蛋白质层的稳定性，从而改善材料的血液相容性[3]。

由于血液成分以水为主，还可以从界面能量的角度探讨高分子材料的血液相容性。研究表明，血液与高分子材料之间的界面能越小，材料的血液相容性越好，这一结论称为材料生物相容性的最小界面能假说。根据这一假说，当高分子材料与血液接触时，形成血浆与高分子材料的固液界面，血液中的蛋白质将在固液界面上被吸附。而被吸附蛋白质的形状由界面能大小决定。如果界面能较高，则界面具有自动吸附血液中溶质的倾向。同时，由于界面能较大，致使被吸附蛋白质构象的变化也比较大；相反，界面能小吸附作用减弱，蛋白质构象的变化也较小。如果界面能很低时蛋白质将不被吸附。从凝血机理可知，当被吸附蛋白质构象改变而变形时将放出凝血因子，因此对蛋白质吸附作用力小意味着放出凝血因子的可能下降，血液相容性提高。

2. 改善材料生物相容性的途径

从上面的分析可知，改善高分子材料的血液相容性需要从调节材料组成和改变材料的界面性质两方面入手，进而调整材料表面的界面张力和界面能。目前已经获得应用的方法主要有以下几种。

（1）改变材料表面的亲水性质　实验证明，具有强疏水性和强亲水性表面的材料一般都具有较好的血液相容性。这是因为，当高分子材料表面的疏水性增强时，对血液成分的吸附能力减小而增加血液相容性。聚四氟乙烯是典型的高疏水性材料，血液相容性较好。与此相反，当高分子材料具有亲水性表面时，特别是那些高含水的高分子材料，由于其吸水后表面性能与血液相近，具有较低的界面能量，对蛋白质的吸附力也很小，因此也具有较好的血液相容性。例如水溶性的聚甲基丙烯酸羟乙酯、聚丙烯酰胺、聚乙烯吡咯烷酮等非离子型聚合物都有较好的血液相容性，也因此经常用于对其他材料的生物相容性改造。当这些材料与血液接触时首先被水溶胀形成水凝胶，造成血小板在凝胶表面的吸附能力大大下降，降低了凝血的可能性。改变材料表面亲水性质的方法很多，其中用高分子化学接枝是比较有效的方法之一。例如，将短链聚乙二醇、聚丙烯酰胺、聚甲基丙烯酰胺等亲水性聚合物接枝到医用高分子材料聚氨酯表面，形成一层亲水性表面层，可以显著提高聚氨酯树脂的抗凝血功能。同样，在聚氨酯树脂表面接枝疏水性短链聚合物，如全氟代烷等同样获得了高血液相容性的表面。将聚乙二醇接枝到硅橡胶、聚氯乙烯、聚乙烯醇等聚合物表面，都不同程度地改善了材料的血液相容性。对聚乙二醇接枝链的抗凝血机理有人给出以下解释[4]：由于聚乙二醇是高度亲水和柔性的分子链，接入的该链一方面与水结合形成水合物，通过空间位阻阻碍血液成分在材料表面的吸附，这种阻碍作用会随着聚乙二醇链的增长而增加；另一方面，水合聚乙二醇链的快速运动可影响血液-材料界面微区的流体力学性质，即与聚乙二醇柔性链段结合水的微流阻止了蛋白质在材料表面的停留、吸附和变形过程。

（2）采用亲水-疏水微相分离的嵌段共聚方法　这种方法是通过嵌段共聚的方法将亲水性低聚物和疏水性低聚物连接成交替结构的高分子材料，材料表面将形成亲水的和疏水的微小区域，称为亲水-疏水微相分离材料。这种材料被证明是生物相容的，其相容性的好坏与微区的大小和两区的平衡程度有关[5]。其相容性原理给出的解释是覆盖控制（capping control）模型理论[6]，该理论认为当微相分离高分子材料与血液接触时，在血液蛋白质被材料表面所吸附过程中，亲水性和疏水性蛋白将被吸附在不同的相区，认为这种特定的蛋白质吸附层结构不会激活血小板表面的糖蛋白，血小板的异体识别能力就表现不出来，从而阻碍凝血的发生。人们同时发现，嵌段聚合物的微区分离程度、微区大小、亲水区与疏水区的平衡等都对材料的生物相容性产生影响。研究最多，也是最成功的生物相容性高分子材料是嵌段聚醚型聚氨酯聚合物（segmented polyether-urethane，SPEU），聚醚段被称为软段，构成亲水区；聚氨酯段或聚脲段被称为硬段，是疏水区。原料中聚醚链的长短直接影响血液相容性的好坏。

（3）在材料表面引入生物相容性物质　由于生物相容性仅与材料的表面性质有关，那么只要在材料表面引入一种生物相容性好的物质覆盖，就可以在保持材料治疗性能和力学性能的同时解决相容性问题。目前可以作为抗凝血表面修饰材料的主要有肝素、尿激酶、前列腺素、白蛋白等。其中尿激酶是通过促进纤维蛋白溶解来防止血栓的形成，肝素能够阻止凝血因子激活、白蛋白和前列腺素能够防止血小板在材料表面的吸附。在材料表面引入生物相容性物质的办法主要通过接枝反应或者表面涂覆来实现，两者间通过共价键、离子键或者物理吸附等三种方式连接。肝素是一种磺酸多糖类物质，肝素与材料表面的结合可以通过静电引力实现。含有阴离子的肝素很容易结合到含有季铵阳离子的聚氨酯材料表面。肝素与纤维素衍生物材料可以通过共价键结合，方法是先用高碘酸处理纤维素，断链后的纤维素与肝素反应生成共价键结合于材料表面。虽然共价键结合的肝素寿命较长，不过，有时会发现生物相容性会受到一定影响。

（4）在材料表面引入负离子　大量的研究结果表明，血液中的多种组分，包括血红蛋白、血小板、部分血浆蛋白质等在血液环境下都呈现电负性，因此在静电排斥作用下带负电荷的材料表面将不吸附上述呈电负性的蛋白质，对抗血凝是有利的。事实上血管的内壁也呈现电负性。使材料表面呈现电负性的方法有很多，其中高介电性高分子材料经过极化法制备的高分子驻极体，通过控制极化方向可以获得带负电荷的表面。此外通过化学反应引入阴离子基团。例如，将羧酸基、磺酸基修饰到聚氨酯表面都获得了良好效果。

（5）在材料表面生成伪内膜　所谓的伪内膜是一种采用仿生学原理，在材料表面生成的一层与血管内壁相似的修饰层。血管内壁被认为是最完美的血液相容性表面。生成伪内膜的方法是先在材料表面沉积白蛋白，形成一层很薄的蛋白层，这样可以促进内皮细胞在其表面吸附和生长，形成一层类似于血管内壁的伪内膜。经过这种蛋白质处理的材料具有很好的血液相容性。

二、生物惰性高分子材料的种类和结构

生物惰性材料主要有无机生物惰性材料，包括玻璃、陶瓷、磷灰石、碳纤维等；生物惰性金属材料，如钛合金、金、银、不锈钢、钽合金等。作为生物惰性材料主体的高分子材料包括有机硅、聚氨酯、聚烯烃、聚氟烯烃、聚砜、聚乙烯醇、聚环氧乙烷等。下面介绍几种主要的生物惰性高分子材料。

1. 有机硅材料

属于有机硅类的生物惰性材料主要是有机硅橡胶和有机硅凝胶。有机硅橡胶具有无毒、无污染、不引起凝血、不致癌、不致敏、不致畸等性质，具有良好的生物相容性，化学稳定性好，可以耐受苛刻的消毒条件。有机硅橡胶制品长期植入体内不会丧失弹性和拉伸强度，可以根据需要加工成管道、片材、薄膜以及其他形状复杂的构件。广泛用于制作人造瓣膜、人造心脏、人造血管、人工喉、人造肾脏等场合。有机硅凝胶是整形外科的重要填充材料。

硅橡胶的主链只含有硅和氧原子，是长链硅氧烷结构，侧链可以接入各种不同的有机取代基，根据取代基不同构成性能各异的不同品种。常见的取代基有甲基、乙烯基、苯基、氰基等，或者引入氟等其他元素，构成具有不同性质的甲基硅橡胶、甲基乙烯基硅橡胶、甲基苯基硅橡胶和氟硅橡胶等，其化学结构可以表示如下：

$$\left. \begin{array}{c} \begin{array}{c} CH_3 \\ | \\ | \\ CH_3 \end{array}\!\!-\!\!O\!\!\right]_m\!\!\left[\begin{array}{c} R_1 \\ | \\ Si \\ | \\ R_2 \end{array}\!\!-\!\!O\!\!\right]_n\!\!\left[\begin{array}{c} CH_3 \\ | \\ Si \\ | \\ R_3 \end{array}\!\!-\!\!O\!\!\right]_p$$

$R_1, R_2 = CH_3—, C_6H_6—, CF_3CH_2CH_2—, CNCH_2CH_3—$
$R_3 = CH_3, CH_2 = CH—$

不同侧基的引入可以改善硅橡胶的硫化、耐高温或低温性能。硅橡胶的制备通常是以八甲基环四硅氧烷与少量含乙烯基或其他有机官能团的环硅氧烷为原料，在氢氧化钾或四甲基氢氧化铵催化下进行开环聚合得到硅生胶，再经过硫化交联得到弹性聚合物。医用硅橡胶是将生胶与白炭黑均匀混炼，加热成型后再用钴60辐射交联得到，由于这种制备工艺产品中引发剂等残留杂质少，其对肌体的刺激性小。

硅橡胶在医学上有广泛应用，主要作为各种人体器官的制备材料，也用于各种医疗用插管。其最大的弱点是机械强度较差，采用嵌段共聚的方法可以有效提高其力学性能。例如在聚二甲基硅氧烷中嵌入二苯基硅氧烷链节，得到的聚亚苯基硅氧结构硅橡胶可以提高其高温稳定性和机械强度。

在硅橡胶结构中引入季铵结构，可使其具有抗菌防腐性能。实验表明，季铵化硅橡胶表面可以杀死 95％以上的微生物。这种高分子化的抗菌材料稳定性好，寿命长，非常适合作为医用高分子材料在临床使用。

2. 聚丙烯酸树脂类材料

丙烯酸酯树脂（acrylate resin）是采用包括各种丙烯酸酯、甲基丙烯酸酯或取代丙烯酸酯经均聚或共聚反应而合成的高分子树脂。在工业上主要作为透明板材、有机玻璃制品、塑料改性剂、油漆涂料和黏合剂等使用。在医疗上常见的有聚甲基丙烯酸甲酯（PMMA），俗称有机玻璃；聚甲基丙烯酸羟乙酯（PHEMA），为亲水性有机玻璃；聚氰基丙烯酸酯等。该类树脂具有生物惰性，生物相容性好，无毒、无致癌、致畸、致突变作用，易灭菌消毒，机械强度好，粘接力强和可室温固化，广泛用于生物医学领域。有机玻璃和亲水性有机玻璃可以作为人造器官和植入性材料使用，聚氰基丙烯酸酯可以作为医用组织黏合剂。此外，带有长侧链的聚甲基丙烯酸烷基磺酸酯具有类似肝素的作用，表现出良好的抗凝血性能。带有叔氨基的聚丙烯酸酯，可以经过烷基化成高分子季铵盐；非常易于与肝素的磺酸基结合，用于抗凝血表面改性。带有长侧链的聚甲基丙烯酸活性酯还可以在温和的反应条件下固化酶或者连接活性肽，作为药用生物制剂。聚丙烯酸树脂作为生物惰性材料主要有以下几方面的应用。

（1）作为骨固化剂　骨固化剂常称为骨水泥（bone cement），是一种以聚甲基丙烯酸甲酯为主要成分，常温下自固化高分子材料，主要用于骨外伤治疗。如 Palacos，Simplex P 等都是该类商品化骨水泥。骨水泥是由 PMMA 粉剂和甲基丙烯酸单体（MMA）液体构成，使用时通过聚合反应固化。按临床使用方法，骨水泥可分为面团型和注射型两种。面团型是将骨水泥包装中的粉剂和液剂混合，发生自聚反应呈面团状时，手工放入经处理的人体骨髓腔端口，再将经灭菌处理的假关节插入，靠骨水泥固化而固定。注射型骨水泥也是改性 PMMA 粉和 MMA 液双剂型产品，只是混合后黏度低，可用注射方式充填，因此手术简便。由于流动性好可充满骨骼和植入物的孔隙，提高了接入骨或假关节的牢固性。

（2）作为牙科材料　芳香族双甲基丙烯酸酯具有较高的强度，可以作为牙齿修复材料，无论因龋齿或外伤造成的牙缺损，均可用此材料进行修补。其压缩强度为 200～220MPa，静弯曲强度 70～90MPa。氟化聚丙烯酸酯可以作为牙釉质黏合剂，牙釉质黏合剂用于正畸托槽的粘接、松动牙固定、冠桥装戴、变色牙、畸形牙贴面及用作防龋涂料等。含有功能单体的丙烯酸酯类混合物可以作为牙本质黏合剂，主体成分为二甲基丙烯酸三甘油酯（TEG-DMA）或其他低黏度双官能团或单官能团丙烯酸酯。功能单体为含有亲水基团的丙烯酸酯，固化后可获得 10～18MPa 的粘接力，其固化手段可采用三丁基硼引发体系或氧化还原引发体系，也可采用光固化体系。由于聚甲基丙烯酸甲酯强度好、颜色可调、无毒、易加工制作和粘接固定，还可以作为制作假牙的主要材料。

（3）作为眼科角膜接触镜片（隐形眼镜）材料　老式的硬接触式眼镜是用聚甲基丙烯酸甲酯制作，目前常用的软接触性隐形眼镜用聚甲基丙烯酸羟乙基酯水凝胶制作，也可以用乙烯基吡咯烷酮-甲基丙烯酸甲酯共聚物（PNVP-MMA）来制作，其吸水率更高。含有机硅单体的三元共聚透氧性水凝胶软接触镜，含水率 52％，透氧性提高 4 倍，可连续戴用一周以上无刺激症状。

（4）作为人体组织黏合剂（tissue adhesives in surgery）　由 α-氰基丙烯酸甲酯、甲苯二异氰酸酯、丁腈橡胶 3 种组分组成的材料可以作为组织黏合剂。可以用于手术过程中组织补强、固定、堵漏等操作。这种组织黏合剂对人体组织的粘接速度快，粘接力强，成膜坚韧富有弹性，可耐 20～40kPa 爆破压力。经毒理检验、动物试验后证明可以满足临床要求。

临床应用病例包括脑动脉瘤手术补强，脑脊液堵漏，肿瘤术后封闭额窦，颅内外血管吻合及气管吻合等医疗手术，均取得了良好疗效。

（5）作为烧伤敷料　由吸水性聚甲基丙烯酸羟乙基酯粉和聚醚（PEG）液配合可以组成烧伤敷料，可以在创面上直接形成敷料膜。这种敷料薄膜透明，有渗透性，可塑性好，质地柔软，使患者活动自由；并可与抗生素协同使用，有抑制微生物生长的作用；适用于中、小面积Ⅱ°或Ⅲ°烧伤，为烧伤创面处理提供了一种新的治疗方法。

（6）作为介入疗法栓塞剂材料　介入疗法是 20 世纪 70 年代发展起来的一种新型治疗方法，血管栓塞术是介入疗法的重要组成部分，在心脑血管疾病，肝、肺、肾肿瘤治疗等许多领域已经发挥了重要作用。聚甲基丙烯酸羟乙基酯栓塞剂是一种球状微粒，又称微球栓子。用特制注射器将其注入癌变组织的血管中，吸收血液中水分而溶胀，堵塞血管，切断癌细胞的营养供应而枯死，达到治疗目的。

近年来各种医用聚丙烯酸酯衍生物的研究开发和临床使用取得了很大进展，随着生物医学的发展，医用聚丙烯酸酯树脂的医疗用途将会更加广泛。

3. 聚氨酯

聚氨酯，也称为聚氨基甲酸酯，是指在分子主链上含有氨基甲酸酯基团的一类聚合物。聚氨酯树脂品种多样，性能各异，既有疏水型树脂，也有水溶性聚合物。可以制成包括软、硬泡沫、弹性体、塑性体、黏合剂、涂料等多种形式材料。聚氨酯的力学性能优异，这是获得广泛应用的根本原因。

聚氨酯一般由二异腈酸酯和多元醇进行缩合反应制备，根据多元醇含羟基数目不同，可以得到线型聚合物（由双羟基醇制备）或交联聚合物（由三元以上羟基醇制备），前者是热塑性聚合物，后者是热固性聚合物。根据所用羟基化合物不同，还有聚酯型和聚醚型两种；其中聚醚型是弹性体，作为医用生物惰性材料主要是指后者。医用聚氨酯大多是嵌段聚醚型聚氨酯（sigmented polyether urethane，SPEU），由分子两端带有羟基的聚醚与二异腈酸酯缩聚，制备成低分子量的带有异腈酸酯末端的预聚体，再与低分子量的二元醇或者二元胺通过扩链反应得到嵌段聚合物。这种嵌段聚合物的主链由硬段和软段交替组成，软段一般由聚醚、聚硅氧烷或者聚二烯烃等构成；硬段由聚氨基甲酸酯（与二元醇反应）或聚脲（与二元胺反应）构成。嵌段共聚的聚氨酯具有良好的抗凝血性质，同时具有耐磨、高弹、耐挠曲、耐水解、耐磨损等优良性能。

嵌段共聚的聚氨酯具有良好的生物惰性和生物相容性，特别是血液相容性良好，长期植入体内性能不易发生变化，适合制造心血管系统的修复材料，用于制造人造心脏血泵、人造血管、血液净化器的密封体、体外循环装置的导管等。还用于制作人造皮肤、人造软骨、手术缝合线、组织黏合剂等。为了提高嵌段聚氨酯的生物相容性，需要对聚氨酯树脂进行结构改造和修饰。

4. 聚四氟乙烯

聚四氟乙烯（polytetrafluoroethylene，PTFE）是一种全氟代的聚烯烃，为四氟乙烯单体的均聚物。化学性质稳定，俗称塑料王。聚四氟乙烯是一种无臭、无味、无毒的白色结晶性线型聚合物，平均分子量在 100 万以上。在结构上，聚四氟乙烯中的碳-氟键在空间上呈螺旋形排列，解离能高，耐强酸、强碱、强氧化剂，不溶于烷烃、油脂、酮、醚、醇等大多数有机溶剂和水等无机溶剂，不吸水、不粘、不燃，耐老化性能极佳，自润滑性好，耐磨耗；静摩擦系数是塑料中最低的；电绝缘性能优异，体积电阻率大于 10^{18} Ω·cm；热稳定性好，在 $-250 \sim 260$ ℃之间可以长期使用。由于其优良的性能，聚四氟乙烯树脂已经在众多领域获得了广泛应用。

作为医用高分子材料，聚四氟乙烯最重要的性质是它的化学和生物惰性，可以耐受各种严酷的消毒条件，使用寿命长。由于表面能低，生物相容性好，不刺激肌体组织，不易发生凝血现象，易于成型加工。因此被广泛用作血管的修复材料以及人工心脏瓣膜的底环、阻塞球、缝合环包布、人造肺气体交换膜、人造肾脏和人造肝脏的解毒罐、心血管导管导引钢丝外涂层、体外血液循环导管和静脉接头等部件的制作。此外，作为组织修复材料，聚四氟乙烯还可以用于疝修复，食道、气管重建，牙槽脊增高，下颌骨重建，人工骨制造和耳内鼓室成型等方面。

三、生物惰性高分子材料的应用

生物惰性材料主要作为人造器官制造和修补用材料以及其他外科植入性材料、与肌体紧密接触的医疗器械材料等。根据使用的目的不同，还可以分为软组织用材料、硬组织材料、医疗辅助材料。

1. 软组织用高分子材料

软组织是指人体内除了骨骼、关节、牙齿以外的其他组织和器官，由于高分子材料在物理性能方面与人体的软组织类似，因此人们很早就试图使用高分子材料对人体损坏的软组织进行修补或替换。目前使用高分子材料最普遍的软组织包括人造血管、人造皮肤、人工肌腱、人工食管、人工气管和其他软组织的填充物等。现在实用的人工血管用材料只有聚酯、聚氨酯和聚四氟乙烯等几种，为了提高人工血管的柔软性，需要对管材进行蛇型加工，形成凹凸结构。根据目前的技术水平，虽然许多材料的抗血凝性能已经大大提高，但是目前还只能制作大口径的人工血管，并且还无法保证长期使用效果。可以期待的是具有伪内膜的血管有望成为长期使用的人工血管材料。

眼科用的软组织材料包括人工角膜、接触型隐形眼镜、药物释放眼罩膜等都可以用高分子材料为主制作。因为眼睛周边的特殊条件，对于制造人工角膜、接触性隐形眼镜的材料要求非常严格。人的角膜上没有血管组织，需要通过泪液从空气中吸入氧气进行新陈代谢，因而需要人工角膜和接触眼镜具有良好的透气性和吸水性。目前，聚甲基丙烯酸甲酯、聚甲基丙烯酸硅烷酯和醋酸丁酸纤维素是制作硬式接触镜片的主要材料。聚甲基丙烯酸-羟乙酯、聚丙甲基硅氧烷和聚乙烯吡啶是制备软式接触镜片的主要材料。软组织材料还大量作为整容和美容用材料，如隆胸用的填充材料主要是装在硅橡胶袋内经过适度交联的有机硅、聚丙烯酸酯等做成的凝胶状物质。由于存在泄漏的风险，对这种材料的基本要求也是生物稳定性和相容性好，无毒、无副作用。其次才是力学性能和使用性能。

2. 硬组织用高分子材料

硬组织材料主要包括骨的替代品，如长骨、骨关节等；骨固定和修复材料，如骨体内夹板、骨铆钉和骨固定螺钉以及骨水泥等硬组织黏合剂；牙科修复材料和义齿材料。硬组织材料同样需要具有良好的组织相容性，也就是与生物组织接触后不引起细胞突变、畸变、癌变和排异反应，对人体无毒和其他副作用。其次还要具有良好的硬度、弯曲强度、拉伸强度等力学性能。在人工骨、人工关节制作时，除了采用惰性金属或者陶瓷之外，目前还使用增强的高密度聚乙烯，自增强的胶原蛋白等材料。将超高分子量的聚乙烯与生物相容性好的羟基磷灰石复合，尼龙66与羟基磷灰石复合，碳纤维、芳香聚酰胺等增强材料等都已经用于骨骼代用材料。骨骼修复用材料主要是生物固化剂和骨水泥，这些材料主要是利用将高分子预聚体与交联剂或单体混合进行现场交联反应固化，对损伤的骨骼进行修复。聚甲醛和可交联聚甲基丙烯酸酯类在这方面有应用研究报告。牙齿修复材料主要是用甲基丙烯酸甲酯类单体与无机填充物混合制成，在牙齿修补过程中固化成型。义齿目前也采用聚甲基丙烯酸树脂类材料制作。用聚砜也可以提供质量良好的义齿。

一般牙齿的黏合和修补需要使用多种高分子材料，其中黏合剂的作用相当重要，聚 α-氰基丙烯酸丁酯是常用的医用黏合剂，不仅用于牙科，还可以用于骨折的黏合和人工关节的固定。下面给出的单体化合物（a）和单体化合物（b）中同时含有亲水基和疏水基，对牙齿的黏合作用和生物相容性均比较好，使用时让单体充分渗入牙组织，然后聚合。用于牙的校正和黏结。双酚-S-双（3-甲基丙烯酰氧基-2-羟丙基）醚也同时具有亲水基团和疏水基团，由于其聚合时放热少，体积收缩小，生成的聚合物耐磨，膨胀系数小，可以作为补牙复合填充材料。

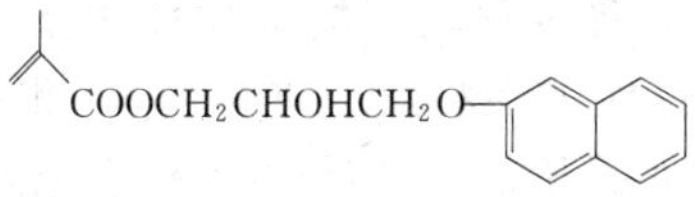

(a) 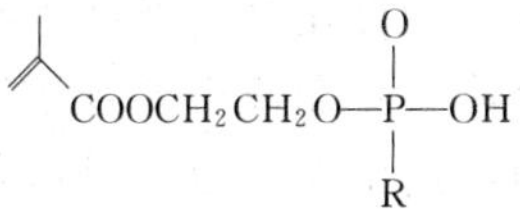   (b)

第三节　生物降解性高分子材料

与生物惰性材料相反，在完成医疗功能后可生物降解材料在生物环境下可以在一定期限内被水解或酶解成小分子，通过代谢循环被肌体吸收或排泄。可生物降解材料在生物医学方面具有非常重要的意义，这是因为在医疗过程中，需要许多具有有限使用期限的辅助性医疗材料。其中部分要作为植入性材料，如外科手术缝合时需要的手术线、骨外伤手术需要的各种内固定材料、器官损伤后的修补材料、体内植入药剂的赋型缓释材料等。如果这些材料不能被生物降解，当伤口愈合后、骨痂生成后、器官修复后，或者药物释放完毕后，上述材料就必须用再次手术的方式取出，给患者增加痛苦。可生物降解高分子材料作为生物体内非永久性植入材料，在完成预定医疗功能之后被肌体分解吸收，分解产物参加肌体的正常代谢而被排出体外，这样就可以大大减少患者的痛苦，简化医疗程序。因此，可生物降解材料的研究与开发在医学领域具有重要意义，近几十年来在国内外获得了快速发展。

与高分子生物惰性材料相比较，可生物降解材料除了同样需要有血液和组织相容性之外，还要求在生物环境下具有生物降解性，而且降解产物不能有毒性和刺激性，能够被人体组织所代谢或排泄。目前人们已经开发出了多种可生物降解材料，基本上都是有机化合物。根据材料来源不同，可生物降解材料有天然高分子衍生物和人工合成高分子两大类。在天然高分子中主要是具有多糖结构、蛋白质结构的植物或动物来源高分子，为了满足具体使用要求，往往需要经过一定衍生化和结构改造。最常见的天然可降解高分子材料包括纤维素衍生物、甲壳质衍生物、胶原蛋白、海藻酸衍生物等。这些天然来源的高分子材料在生物环境下容易被体内的酶所催化降解，降解产物多数也都是人体内正常的代谢物质，具有良好的生物相容性。人工合成可生物降解高分子材料近年来发展很快，特点是可以大工业化生产，产品的性能比较稳定。由于生物体内环境的特点，在人工合成可降解高分子材料的化学结构中一般都具有可水解的化学键，最常见的是高分子羧酸酯或者高分子酸酐，这些水解反应也能够被酶或者酸、碱所催化，水解产物最终通过人体代谢系统排出体外。

一、高分子材料的生物降解机理

高分子的降解是一个常见的高分子反应，根据反应机理可以分成光化学降解、热化学降解和生物化学降解三种类型。高分子材料的生物降解与化学降解过程类似，是在生物环境作用下，高分子发生断链反应，造成力学性能下降，溶解度提高；降解的低聚物再进一步分解成单体小分子进入体液循环；差别仅在于反应环境不同，而且生物降解通常是酶促反应，具有生物化学特征。事实上，几乎所有高分子材料都能够或多或少发生生物降解反应，材料的生物降解能力与材料的化学活性相关。作为生物体内可降解的高分子材料，大都含有可水解的化学结构，这些结构包括醛、酯、酰胺、酸酐等。生物降解就是通过上述化学结构的水解反应实现的。上述化学结构经过水解反应后，聚合物断链后成为低聚物并继续水解，其反应的最终产物是羧酸、醇、胺等小分子化合物。这类高分子材料通常在中性条件下水解反应的速度很慢，但是可以被酸或者碱催化而加速。水解反应也可以在酶催化下进行，其中水解酶是一个重要的水解反应生物催化剂。而在生物体内多数水解过程是在酶催化作用下进行的。由于高分子是由很多单体聚合而成，要经过很多步水解反应才能将反应进行完全，因此高分子的降解需要一定时间，这个时间也就是可降解材料的使用寿命。聚合物的降解速度与许多结构因素有关，如聚合物的化学组成、化学结构、聚集态结构、结晶程度、表面形态和外观形状等。高分子材料的生物降解过程主要受到以下几个因素的影响。

1. 高分子材料的化学结构与生物降解能力的关系

影响水解速度的最重要的因素是高分子材料的化学结构，是水解反应的内在因素。水解反应能否发生，是否容易发生都主要取决于材料的化学结构。一般来说，可生物降解的高分子材料多是一些水溶性小分子的缩聚物，而缩聚反应的逆过程即为降解过程。最常见的这类缩聚物是由羧酸、醇类和胺类化合物作为缩聚单体得到，一般通过水解反应降解。可水解结构的种类与水解难易的关系有如下顺序：酸酐最容易水解，依次是碳酸酯、酯，酰胺的水解速度最慢。可水解结构周围的化学环境对材料的水解性能影响也较大，一般来说，羰基邻位含有吸电基团时水解反应容易发生，反应速度加快。当相邻位置含有较大体积的取代基时，特别是疏水性取代基时，水解反应不易进行。

2. 高分子材料性质和结构对水解过程的影响

从水解过程考虑，高分子材料在体内有两种水解过程。一种是逐步水解过程，属于非均相水解。非均相水解发生在材料不溶解于水，并且不能被水所充分溶胀条件下。在这种情况下水解反应先从材料的表面进行，逐步向内推进，直至水解完毕。完成水解的时间除了取决于水解反应速度本身之外，还与材料的体积、厚度等因素有关。另外一种是同时水解过程，属于均相水解过程。当材料可溶解在水中或者能够被水充分溶胀时，发生均相水解。均相水解反应在材料内、外同时进行，完成水解的时间基本上只与材料的水解速度有关。很显然，后一过程的水解速度要大大高于前者。对于非溶胀性高分子材料，其水解速度与材料和水接触的表面积成正比，材料的外表面积越大，水解反应越快。聚合物的降解速度还与其结晶态有关；一般来说，在其他条件相同时，橡胶态降解速度最快，玻璃态次之，结晶态最慢。

3. 影响高分子材料水解的外界条件

外界条件中对水解影响比较大的包括温度、水分、酸碱度等。在生物体内，温度基本是恒定的，因此温度对于生物降解过程的影响可以忽略。由于水是水解反应的参与者，并且水分子在反应式的左侧，因此水含量的增加自然反应平衡要向右移动，有利于水解的进行。由于作为医用高分子材料，其使用环境是确定的，因此环境含水量变化不会太大，主要的可变因素是材料本身所含有的水分多少。因此在同等条件下，高水含量的水凝胶与固态材料相比水解速度要大得多。环境 pH 值对高分子材料水解的影响是不言而喻的，由于水解反应是酸、碱催化活性的，因此除了中性条件外，提高或者降低环境的 pH 值都会提高水解反应的速度。人们利用胃肠道酸、碱性不同制备胃或肠道吸收药物即是利用这一原理。目前通行的办法是在材料内部加入 pH 调节化合物来控制降解速度。从目前的研究结果来看，控制调节可生物降解材料的降解速度和预期使用寿命，主要还是从改变和修饰材料的化学结构入手，通过调整化学键、化学组成和分子空间状态等手段来实现。

根据可生物降解高分子在活体内发生降解的反应机制，可以将可生物降解高分子材料分成酶降解和化学降解两种类型，能够被生物体中酶降解的主要是一些天然高分子材料，如淀粉、纤维素、多糖、胶原蛋白、多肽和核酸类。发生化学降解的主要是一些合成的聚酯、聚酸酐、聚膦酸酯和聚磷嗪等。事实上，上述划分并不严格，有些天然高分子也同时发生化学降解；而有些合成高分子也会发生酶降解，只是天然高分子更容易被酶所降解，合成高分子主要以化学降解为主要降解机制罢了。

可生物降解高分子在使用过程中处在人体的不同位置，发生的降解机理也可能不同。比如，淀粉类高分子材料作为口服时，由于口腔中含有淀粉酶，能够促使淀粉链降解，而进入胃后，由于胃酸作用，淀粉酶被破坏，酶降解将停止，主要发生酸催化降解。在十二指肠中胰淀粉酶、蔗糖酶和麦芽糖酶等又可以发挥作用。然而在同样条件下，虽然同属于多糖类，纤维素却不能进行酶降解，因为人体内没有纤维素酶，只能通过化学途径降解。此外，通过静脉给药时高分子降解过程也和口服时有很大差别。这一点在选择可降解高分子材料时应该给予特别注意。

二、人工合成可生物降解高分子材料

人工合成可生物降解高分子材料根据在生物体内的降解反应机制，可以分成酶降解高分子材料和化学降解高分子材料。人工合成可生物降解材料主要是化学降解类型，是指结构内含有可水解结构的缩合型高分子材料。目前使用最多的是一些聚酯类、聚酸酐类、聚磷嗪等。这些高分子材料要求能够在体温条件下在生物体内顺利降解，而产生的降解产物是水溶性的，并且对人体无害。降解后的小分子要能够通过肾脏丝球体细胞膜所代谢，或者能够作为生物体内的营养物质，如水或者葡萄糖等参与吸收代谢过程。下面介绍几种目前最常用的人工合成可生物降解高分子材料。

1. 聚乳酸类衍生物

这类聚合物的共同特点是单体为不同结构的羟基羧酸型化合物，这类乳酸衍生物具有与氨基酸类似的化学结构，用羟基代替氨基，在缩合反应过程中，分子间发生羟基与羧基的脱水缩合反应，生成聚酯型聚合物。这一类材料包括聚乳酸（poly lactic acid，PLA）、聚 2-羟基乙酸（poly glycolic acid，PGA）、聚乙丙交酯（poly lactic-co-glycolic acid，PLGA）和聚 ε-己内酯等。其中以聚乳酸使用最为普遍。聚乳酸的化学名称为聚 α-羟基丙酸，有时也称为聚丙交酯（因为单体采用乳酸环状二聚体，这种单体称为丙交酯），是由乳酸（α-羟基丙酸）通过脱水缩聚而成的线性聚合物。早在 20 世纪 30 年代，聚乳酸就在实验室合成成功，但是由于其聚合物分子量较低，机械性能较差，作为强度材料使用用途不大。在随后的 40 年中多数情况下被作为化工中间体或增塑剂使用。70 年代后，由于人们发现聚乳酸在人体内的可生物降解性和生物相容性，并且发明了丙交酯开环聚合工艺之后，作为重要的医用高分子材料引起人们的关注。聚乳酸与人体组织的生物相容性良好，不会引起周围炎症，无排异反应。更重要的是其水解产物乳酸可以参与到人体内糖类代谢过程，不会引起任何残留和生物副作用。因此现在聚乳酸被广泛应用于缓释药物载体、医用手术缝合线和生物组织修复用植片等医用材料的生产过程。

（1）聚乳酸的化学结构与性质　聚乳酸合成的主要原料是乳酸，乳酸具有羟基和羧基两个官能团，因此在一定条件下可以发生自缩合反应生成聚乳酸。从结构中可以发现，乳酸的 α 碳是手性碳，分别连接氢原子、羟基、羧基和甲基；因此，乳酸也是一个光学活性体，具有 D 和 L 两种光学异构体。因此对于聚乳酸来说，根据原料乳酸光学结构不同，可以有不同的结构，如聚-D-乳酸、聚-L-乳酸和聚-D、L-乳酸酸等。聚乳酸能够溶于多数有机溶剂，如乙腈、氯仿、二氯甲烷、二氧六环等，但不溶于脂肪烃等非极性溶剂和甲醇、乙醇、水等质子型溶剂。聚乳酸的热分解温度在200℃，纯粹的D-型和L-型聚合物可以形成晶体，晶体的熔点为180℃，接近分解温度。聚乳酸的断裂伸长率比较低，在20％～30％之间；断裂强度在4.0～6.0g/den(1tex＝9den) 之间，L-型的强度稍高。人们关注的聚乳酸生物降解寿命，在生理食盐水中是4～6个月，但是D，L混合型聚合物水解要快得多，因此可以用调整两种乳酸不同比例的办法来调整材料的强度和降解时间以适应不同需要。

与其他高分子材料一样，聚乳酸的机械强度和水解速度还与聚合物的平均分子量和分子量分布关系密切。随着分子量的提高，机械强度相应提高，水解时间加长。例如，当平均分子量低于2500时，力学强度很差，在生理盐水中浸泡几周就会水解完全；当分子量达到10万时，力学强度大大增加，水解速度则大大下降。如果分子量达到100万以上时，放置在空气中1年以上也没有发现明显降解；同时拉伸强度达到普通聚乙烯的四倍，既可以制膜，也可以用于拉丝。由此可见，控制分子量也是一条控制其降解速度和调整性能的重要途径之一。

（2）聚乳酸的合成方法　聚乳酸合成使用的原料为乳酸，乳酸的制备方法主要有发酵法和合成法，目前以合成法较为多见。合成乳酸的原料可以用乙醛或者丙酸，目前已经可以大规模生产。聚乳酸的合成方法主要有两种，一种是经典的直接缩聚法。以乳酸为原料，通过直接加热脱水缩聚生成聚乳酸，在空气中的加热温度应在其分解温度以下。由于缩聚反应的特点，一般只能获得分子量低于2500的低聚物，产品的力学性能较差。如果反应在惰性气氛中进行，适当减压并缓慢提高反应温度到220～260℃，获得聚乳酸产物的分子量可以达到4000以上。其反应路线如下：

$$n \; \text{HO-CH-C-OH} \xrightarrow[\text{加热}]{\text{脱水缩合}} \text{H-[O-CH-C-]}_n\text{OH} + n\text{H}_2\text{O}$$

另外一种合成方法被称为丙交酯开环聚合法。所谓的丙交酯其实就是乳酸脱两分子水后形成的环状二聚体，利用丙交酯作为单体进行开环聚合，由于反应中不产生缩聚反应中的小分子水，有利于平衡向产物一段移动，因此可以得到分子量较高的聚乳酸。制备丙交酯以及开环聚合生产聚乳酸的合成反应式如下。

$$\text{HO-CH-C-OH} \xrightarrow[\text{加热}]{\text{脱水缩合}} \text{H-[O-CH-C-]}_n\text{OH} \xrightarrow[\text{减压加热}]{\text{裂解环合}} \text{丙交酯} \xrightarrow[\text{减压加热}]{\text{开环聚合}} \text{H-[O-CH-C-]}_n\text{OH}$$

乳酸　　　乳酸低聚物　　　丙交酯　　　高分子量聚乳酸

环合反应的催化剂可以用锡的氧化物、氯化物、羧酸盐、三氧化二锑、氧化锌、四异丙醇钛等，其中以2-乙基辛酸亚锡的效果较好[7]，其原因可能是与反应体系的相容性较好的缘故。开环聚合反应的催化剂可以用辛酸亚锡、氯化亚锡、四苯基锡、三异丁基铝、三异丙醇铝等。近年来为了便于工业化生产，又开发了阳离子开环聚合、配位开环聚合、阴离子开环聚合等聚合工艺。目前聚乳酸的开环聚合工艺已经成为生产高分子量聚乳酸的主要方法。

（3）聚乳酸在医疗上的应用　聚乳酸无毒，在体内有一定寿命，并且可以在生物体内降解吸收，因此在临床医疗上有广泛应用。其主要应用可以归纳成以下几个方面。

① 作为手术缝合线。高分子量的聚乳酸其拉伸强度已经接近合成纤维，作为手术缝合线完全可以满足手术要求，其体内降解时间大约在 120～180 天，降解产物对人体无害，因此可以免除拆线过程，减少患者痛苦。

② 作为组织缺损补强材料。用聚乳酸纤维制造的无纺布和网眼布可以用于修补手术切除的胸壁和腹壁，以及作为外用的人工皮肤，经过拉伸取向增强后可以作为肌腱再造。作为生物补强材料，聚乳酸不引起排异反应，在肌体功能恢复后，在体内最终被分解吸收。

③ 作为接合固定材料。聚乳酸可以制成具有一定机械强度，不同形状的外科手术用接合固定材料，如接骨板、固定接骨螺钉等。经过拉伸的高分子量的聚乳酸骨头护具，其弯曲强度和弯曲模量可以达到相当原骨的程度，植入体内后对断骨可以起到很好的保护，骨折部位治愈后又可以被肌体吸收，免除再次手术的痛苦。

④ 药物控制释放和靶向制剂材料。聚乳酸作为药物的载体，利用其降解速度可以控制药物的释放速度，实现控制释药目的。例如用聚乳酸制成的药物微球可以将药物活性成分有选择地输送到生物体的指定部位，并在该处逐步分解使药物缓慢释放，达到定向控制释放药物目的。此外还可以做成各种药用胶囊、微粒、包衣、植入片等制剂材料。

（4）其他脂肪族聚酯类可生物降解高分子材料　除了聚乳酸之外，具有相似结构的脂肪族聚酯还有以下几种，也都具有相似的生物活性和物理化学性质，并且已经作为医用可生物降解材料使用。

① 聚 2-羟基乙酸。羟基乙酸比乳酸少一个甲基，其缩聚物是结构最简单的脂肪族聚酯，结晶性好，也可以在体内被生物降解吸收，已经作为制作可吸收手术缝合线使用，商品名称为 Dexon。特点是体内降解的速度更快，一般适合在 2～4 周内即可愈合伤口的手术。乳酸与 2-羟基乙酸的共聚物被称为聚乙丙交酯，也是重要的可生物降解材料。调整两种单体的比例可以获得寿命不同的生物降解材料。

② 聚 ε-己内酯。聚 ε-己内酯的单体原料是环状 ε-己内酯，采用阳离子、自由基或者混合型催化剂，通过开环聚合反应制备。聚 ε-己内酯为半结晶态聚合物，结晶度随着分子量的提高而降低；熔点为 59～64℃，玻璃化转变温度为 -60℃，易溶于多数有机溶剂。与聚乳酸相比较，聚 ε-己内酯分子内羟基与羧基之间多增加了四个亚甲基，因此聚合物的柔性要好一些，其他性质基本相同，也可以被生物降解，但是降解机理主要是化学降解过程，降解产物也可以通过人体代谢过程消除。体内的降解时间在 120～240 天左右。主要作为骨固定材料和神经系统的修复材料使用。这种材料在体内无毒性，无排异反应，已经在临床使用。

2. 聚原酸酯类

原酸是指在一个碳原子上面同时具有三个羟基的化合物。由于三个羟基的协同作用，容易发生质子化，酸性明显，所以归并于酸类。原酸酯实质上是原酸与醇缩合生成的特殊醚型化合物。聚原酸酯是一类合成的，具有非均相降解机制的高分子材料，特别适合作为药物缓释制剂材料，可以实现药物的恒定速率释放。由于其主链上具有酸敏感的原酸酯键，通过加入酸性或碱性赋形剂就可以控制其药物释放行为。目前应用于医学领域的聚原酸酯主要有三类：第一类聚原酸酯是利用 2,5-二乙氧基四氢呋喃和乙二醇进行原酯化反应制备，其商品名为 Alzamer，在体内降解后释放出 γ-羟基丁酸；这类聚原酸酯除了主要作为药物控制释放制剂载体材料之外，也可以作为烧伤部位的处理材料；第二类聚原酸酯是通过双烯酮与二元醇反应形成的缩醛型聚合物，反应在酸性条件下进行；第三类聚原酸酯是通过 1,2,6-己三醇与甲基原酸酯进行酯交换反应制备，反应需要在无水条件下进行。产物为疏水型，呈半固态，主要作为缓释药物的制剂材料。当加入三元醇时可以得到交联型聚合物。聚原酸酯在体内的降解过程中都有酸生成，具有自催化性质，降解速度会自动加快。

3. 聚碳酸酯类

碳酸酯是羰基两边都含有氧原子的化合物，与通常的羧酸酯比较，水解能力更强。聚碳酸酯也是一种非均相降解材料，近年来作为生物可降解材料引起人们的广泛关注。高分子量的聚碳酸酯一般只能用开环聚合方法得到。通过将环状三亚甲基碳酸酯开环反应得到的聚碳酸酯，可以在酶作用下降解。聚碳酸酯通过与药物混合制成微球，可以作为药物的缓释剂型使用。药物的释放速度取决于聚碳酸酯的水解速度和微球的大小。其释放速率基本与零级动力学模型一致，可以实现恒定药物释放。聚碳酸酯与聚乳酸和聚羟基乙酸等常见可生物降解高分子材料相容性好，可以共混使用，通过改变相互之间的比例以实现药物控制释放特性。

4. 聚酸酐类

酸酐是比较活泼的化学结构，小分子酸酐非常容易水解，经常作为酰基化试剂使用。高分子化之后酸酐水解速度大大下降，但是相对于其他类型的可生物降解高分子材料，其降解速度仍然是较快的。聚酸酐属于非均相降解材料[8]，降解机制为酸酐基团的随机、非酶性水解，特别适合于药物均衡释放控制材料。作为混合型药物释放体系，药物释放速度正比于高分子材料的表面积和降解速率，可以通过改变药物在高分子内部的浓度和高分子药物的外表面积进行调节。而高分子药物的外表面积很容易通过改变微球的直径来实现。目前聚酸酐的合成要采用高真空熔融缩聚法才能得到分子量比较高的聚合物。原料多采用二元羧酸与乙酸酐，先生成混合酸酐预聚物，该预聚物在高真空熔融条件下发生缩聚反应，脱去乙酸酐得到产物。高真空的目的是抽走反应生成的小分子产物，使反应向聚合方向移动。根据原料的结构不同，常见的有脂肪族聚酸酐、芳香族聚酸酐、聚酯酸酐和交联型聚酸酐等。虽然种类繁多，但是在药物缓释方面应用的主要是聚1,3-双（对羧基苯氧基）丙烷-癸二酸、聚芥酸二聚体-癸二酸、聚富马酸-癸二酸等，这些聚酸酐在氯仿、二氯甲烷等溶剂中溶解度较好，熔点也比较低，易于加工成型，并且具有良好的机械强度和韧性。其结构如下：

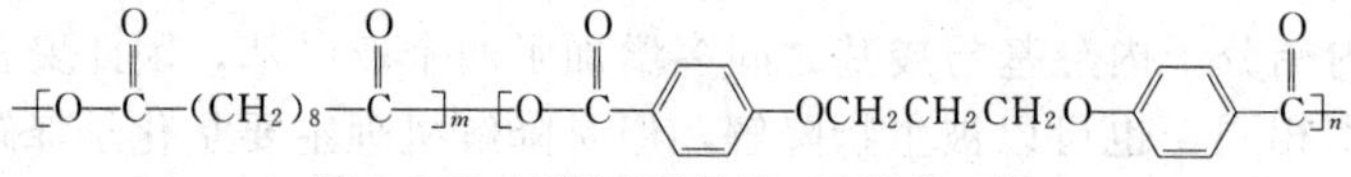

聚1,3-双（对羧基苯氧基）丙烷-癸二酸

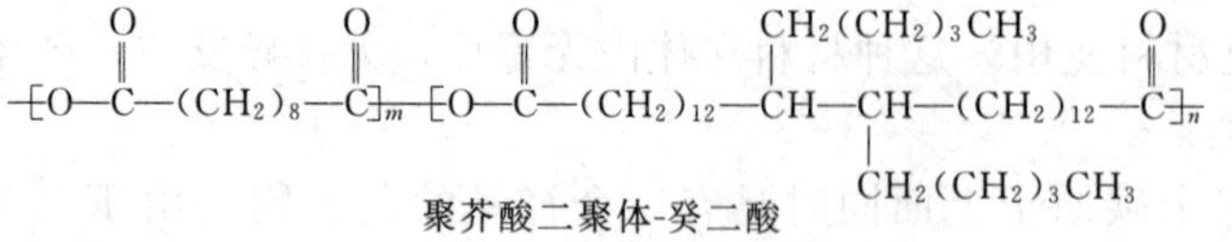

聚芥酸二聚体-癸二酸

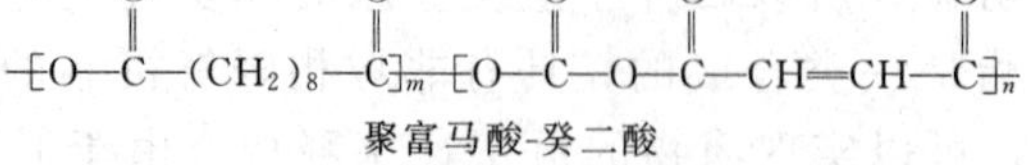

聚富马酸-癸二酸

1987年美国已经批准了聚酸酐的临床使用。当将其与抗肿瘤药物亚硝基脲混合打片并植入体内用于治疗脑瘤时，与静脉给药相比，药物半衰期从几十分钟延长到4个星期，大大提高了疗效。临床实践也证明聚酸酐以及体内代谢产物是安全的。

5. 聚磷嗪类

聚磷嗪作为导电高分子和光导高分子在前面的章节中已经做过介绍。聚磷嗪是一类主链由氮磷原子交替连接的，具有线型共轭结构的聚合物。能够在体内降解，生物相容性好。在磷原子上很容易引入其他官能团或者取代基，来改变其物理化学性质，得到不同性能的高分子材料，以适应于制备多种药物控制释放体系。聚磷嗪的合成以五氧化磷和氯化铵为原料，先生成环状三聚体，再加热进行开环聚合，获得大分子聚磷嗪。这是一个活性高分子中间体，主链磷原子上的氯原子很容易通过亲核取代反应引入烷氧基、伯氨基或仲氨基[9]，形成侧链含有不同取代基的聚磷嗪衍生物。取代聚磷嗪衍生物其性质可以从非晶态的弹性体到玻璃体，从脂溶性到水溶性进行变化，可以获得物理化学性质完全不同的聚合物。通过结构改造得到的疏水性聚磷嗪可以制备聚磷嗪膜包埋缓释药物，或者与药物混合打片制备植入型或微球静脉型缓释剂。亲水型聚磷嗪主要作为水凝胶型释药基质。

三、天然可生物降解高分子材料

其实天然可生物降解高分子材料并不是指真正的天然高分子，而是指采用天然高分子作为原料，经过加工改造后得到的半人工合成高分子材料。由于纯天然高分子材料成分复杂，性能和结构不能满足实际临床要求，一般都要经过分离、纯化、衍生化和功能化等工艺过程才能作为医用高分子材料使用。这类材料由于原料来源于天然，多数都可以被不同类型的酶所催化降解，并且生物相容性都比较好。这类医用高分子材料如果按照其化学结构来划分，只有多肽（polypeptides）类和多糖（polysacharides）类两种，这也是自然界中存在最多的两种高分子形式。按照材料来源划分，其中天然多肽类主要有来源于动物的胶原（collagen）和明胶（gelatin）。多糖类包括来源于动物的甲壳质（chitin）、壳聚糖（chitosan）、透明质酸（hyaluronic acid），来源于植物的纤维素、淀粉、海藻酸等。其中甲壳质由于其来源广泛、价格低廉、生物相容性好、降解速度适中等优点而被广泛研究与使用。下面介绍几类最常用的可生物降解天然高分子医用材料。

1. 甲壳质衍生物

甲壳质也称为甲壳素、几丁质、壳多糖、蟹壳素等，化学结构是聚乙酰氨基葡萄糖，化学名称是β-(1,4)-2-乙酰氨基-2-脱氧-D-葡聚糖。甲壳质是一种天然多糖类高分子，广泛分布于自然界甲壳纲动物的甲壳、真菌和植物的细胞壁中。其蕴藏量在天然有机高分子物质中占第二位，仅次于纤维素。甲壳质是呈白色或灰白色无定形固体，大约在270℃热分解，几乎不溶于水、乙醇、乙醚、稀酸和稀碱，可溶于浓无机酸。能溶解甲壳质的溶剂有三氯乙酸-二氯甲烷混合溶剂、二甲基乙酰胺-氯化锂混合溶液。

甲壳质经过化学加工处理可以得到多种衍生物，其中壳聚糖（chitosan）最常见。壳聚糖也称为脱乙酰甲壳质、甲壳胺、可溶性甲壳素、氨基葡聚糖等，其准确的化学名称为β-(1,4)-2-氨基-2-脱氧-D-葡聚糖，是甲壳质经过碱性水解，脱去C_2上的乙酰基得到的。壳聚糖呈白色或灰白色，常温下是略有珍珠光泽的无定形固体，不能熔融，约在185℃分解。不溶于水和稀碱溶液，可溶于稀有机酸和盐酸，但不溶于稀硫酸、稀硝酸、稀磷酸、草酸等。由于甲壳质含有羟基，壳聚糖同时含有羟基和氨基，二者可以通过酰化、羧基化、羟基化、氰基化、醚化、烷基化、酯化、醛亚胺化、叠氮化、螯合、水解、氧化、卤化等化学反应，生成各种不同结构和不同性能的衍生物，构成品种众多的甲壳质衍生物家族。多种甲壳质衍生物具有良好的化学、物理性质，能拉丝、能成膜、能制粒，无毒且具有生物相容性，体内的生物降解性能良好。其应用领域已经涉及医药、食品、农业、水处理、化妆品、造纸、纺织、印染等行业。

甲壳质和壳聚糖经过降解可以分别得到低分子量的甲壳质低聚糖和壳低聚糖。甲壳质低聚糖具有较高的溶解度，所以很容易被吸收利用。聚合度低于104的甲壳质低聚糖具有一定生理活性，在人体肠道内能够活化增殖双歧杆菌，提高巨噬细胞的吞噬能力，促进脾脏抗体的生长，具有抑制肿瘤细胞生长，降低血压、血糖、血脂、胆固醇的作用。同时还有较强抑菌、抗菌作用和显著的保湿、吸湿能力。

制备甲壳质和壳聚糖的主要原料是虾、蟹壳。虾壳和蟹壳的主要成分是碳酸钙、蛋白质、甲壳质以及少量色素，甲壳质的提取过程也就是甲壳质与无机盐和粗蛋白分离的过程。碳酸钙可以用盐酸和氢氧化钠溶液转换溶解性分离，蛋白质则用提高温度水洗的方法去除，这样即可得到商品甲壳质。得到的甲壳质用 $45\%\sim50\%$ 氢氧化钠水溶液水解处理，断开酰胺键，可以得到壳聚糖。此外，还可用酶法、微波法制备壳聚糖。目前，甲壳质低聚糖的主要制备方法是化学法、糖转移法和酶解法。化学法主要有氟化氢降解法、酸水解法、氧化法。酶降解法有专一性酶降解法和非专一性酶降解法。目前大多数采用化学法生产甲壳质低聚糖，但此法单糖含量高，低聚糖收率低，分离过程复杂，并且环境污染严重。而酶降解法工艺简单，环境污染小，并可以控制聚合度，是将来的发展方向。由于甲壳质、壳聚糖等具有与人体良好的生物相溶性和可生物降解性，其降解产物可被人体吸收，在体内不蓄积，不影响免疫性，因此在医药卫生方面有着广泛的应用。作为医用生物活性材料主要有以下几方面的应用。

（1）制作医用纤维和膜材料　甲壳质、壳聚糖经过溶液纺丝可以得到医用可降解纤维，用这种纤维制成的可生物降解手术缝合线已应用于临床。与传统的可降解缝合线羊肠线相比，用壳聚糖制成的外科手术缝合线柔软、易打结、机械强度高、易被机体吸收，同时不改变皮肤胶原蛋白中羟脯氨酸含量，无炎症反应，有利于创口的愈合。这些手术线还可以用常规方法消毒，使用非常方便。甲壳质型手术缝合线在体内的机械强度可以保持 $10\sim15$ 天，然后强度逐步下降，最后被人体降解吸收，属于快吸收型手术缝合线。

甲壳质和壳聚糖可以采用溶液流延法制成薄膜，也可以用甲壳质纤维制作非编织纸和无纺布。壳聚糖制成的医用薄膜均匀、透明、柔软、手感好，具有良好的透气性、吸水性和耐杀菌性等优点，可以做成多种医用临床敷料。用壳聚糖醋酸溶液制成的壳聚糖无纺布，透气、透水性能极佳，用于大面积的烧、烫伤护理，能吸收组织渗出液，防止感染。临床表明这种类人工皮肤与创面的结合牢度、透气性、渗出性均能满足医疗要求，能够止痛、止痒、促进创面愈合，还有抗真菌的作用。与常规疗法相比，采用类人工皮肤后，创面可提前 $3\sim5$ 天愈合。而当新皮肤长出后，人工皮肤会自动降解并失去力学性能而脱落。

（2）作为药物载体材料使用　作为可生物降解吸收且无毒害作用的高分子材料，壳聚糖广泛作为药物载体材料使用，可以制成颗粒、片剂、膜剂、微胶囊等剂型。由于其体内降解速度可控，壳聚糖高分子材料的加入，可以达到控制药物恒定释放和靶向给药的目的。药物释放后甲壳质基体材料能够被人体降解吸收，不会对人体组织造成损害。

（3）作为凝血材料使用　甲壳质和壳聚糖均有止血作用，如包扎用纱布经甲壳质粉末或壳聚糖溶液处理后包扎伤口，能立即止血，并有消炎作用，伤口愈合速度提高 $22\%\sim55\%$。伤口长好后纱布不粘连，甚至不留痕迹。用壳聚糖制成止血海绵，能够立即止血，临床效果非常好。此外，甲壳质的衍生物，如羧甲基甲壳质、甲基甲壳质、乙基甲壳质等都是创伤愈合的促进剂。

（4）作为高分子药物使用　甲壳质衍生物，特别是小分子量的衍生物有很好的生物活性。目前主要发现有以下生理活性：①抗肿瘤作用，甲壳质能选择性地凝聚白血病的 L_{1210} 细胞、Ehrlich 腹水癌细胞，对正常的红血球骨髓细胞无影响。可明显抑制肿瘤生长；②增强免疫力作用，壳聚糖能有效地增加巨噬细胞的吞噬功能和水解酶的活性，通过增强机体非特异性免疫系统的功能而抑制肿瘤生长。巨噬细胞激活后，除了本身的吞噬杀灭肿瘤细胞等功能增强外，又能分泌多种免疫因子调节其他细胞免疫与体液免疫；③降低脂肪和胆固醇作用，通过临床人体观察显示，摄食壳聚糖能有效降低血清胆固醇，同时可降低胃酸，抑制溃疡，具有健胃的作用。除此之外，甲壳质衍生物还可用于治疗过敏性皮炎，预防龋齿和牙周炎，减轻口臭，可降低肾病患者血清胆固醇、尿素及肌酸水平等作用。

（5）作为人造器官制作材料　用各种甲壳质为主要材料制备的透析过滤膜、中空纤维、医用吸附剂、集束纤维等可用于各种人工器官制作材料，如人工肝脏、人工肾、人造骨、人造血管等的制造过程。甲壳质硫酸酯制备的透析膜具有很好的抗凝血作用，可以用于人造肾脏制造或者血液透析设备。壳聚糖中空纤维和过滤膜对小分子化合物透过率很高，但是对 K^+、Na^+、Cl^- 等无机离子，以及血清、蛋白等生物大分子不易透过，因此非常适合人造肾脏的制备。甲壳质型人造肾脏的功能已经非常接近天然肾脏。将肝素固定在壳聚糖上制作的吸附剂，可以选择性吸附血液中的胆固醇。

2. 胶原蛋白

胶原是生物体内一种纤维蛋白，大量存在于骨、软骨、肌腱及皮肤中，占人体或其他动物体总蛋白含量的 25％～33％。据估计，自然界从低等的无脊椎动物到高等的哺乳动物，总共大约有 500 亿吨以上的胶原资源[10]。由于具有优越的生物相容性和安全性，胶原蛋白被认为是最重要的生物活性材料之一，在临床医疗方面获得广泛应用。胶原蛋白也是一大类多肽型结构高分子，据不完全统计，目前在生物体内发现的胶原蛋白有 19 种之多，其中 I 型胶原数量最大。胶原一般为白色、半透明，具有四级结构。一级结构是指其肽链特定的氨基酸顺序；二级结构是形成胶原特有的、紧密的肽链左手螺旋形空间结构；而三条左手螺旋链互相弯绕形成紧密的右手复合螺旋是胶原的三级结构；四级结构一般是指胶原蛋白的超分子聚集态结构，多个胶原蛋白分子束状聚集可以形成韧性很强的原纤维。

（1）胶原蛋白的性质和特点　与其他高分子材料相比，胶原蛋白作为医用高分子材料有其特殊的优势，主要体现在以下几个方面[11]。

① 低免疫原性，胶原虽然是大分子物质，但结构重复性大，与其他具有免疫性的蛋白质相比，胶原的免疫原性非常低。研究还发现，I 型胶原的免疫原性比其他类型的胶原都要低得多，这也是 I 型胶原应用最广的原因之一。主要是由于胶原的主要免疫原性位点是在分子的 C、N 末端区域，由短的非螺旋氨基酸序列所组成，又叫"端肽"。它可以在提取胶原时被选择性的水解去除而失活。这样，仅在胶原分子三股螺旋肽链内保留微弱的免疫原性，不足以引起明显的排异反应。

② 良好的组织相容性，胶原构成的生物医学材料，在使用过程中无论是在被吸收前作为形成新组织的骨架，还是被吸收同化成为宿主组织的一部分，或者作为药物载体进入血液循环，都表现出与周围组织的良好相容性。胶原可促进不同类型细胞生长，因此大量被用于培养各种不同类型的细胞，在组织工程研究方面具有重要意义。

③ 生物降解性，人体内的胶原酶（collagenase）是对胶原链有特殊分解作用的酶，胶原蛋白在胶原酶的作用下，可以在体内顺利降解。断裂的胶原蛋白片段在体温条件下很快能自发地变性，进一步被其他酶降解成寡肽或氨基酸，被机体重新利用或代谢排出。

④ 止血作用，胶原蛋白能够促进血小板凝聚和血浆结块，因此具有止血功能，被广泛用来制作止血海绵和止血剂。但是这种凝血作用对于作为植入性材料使用时要注意消除。

除此之外，胶原蛋白作为医用可生物降解材料还有许多优点，如高亲水性，无毒副作用，有一定机械强度、容易进行结构改造等优点。

（2）胶原蛋白的制备方法　胶原蛋白的主要原料是动物的皮、骨等，对于制备有特殊要求的胶原蛋白要使用特殊的原料。目前在医学领域使用的胶原蛋白可以分成可溶性胶原蛋白和非溶解性胶原两种。医用可溶性胶原蛋白的制备主要采用酶水解法，将牛皮或猪皮切片酶解，通常使用的是酸性蛋白酶-胃蛋白酶为降解酶。胃蛋白酶可切去胶原肽链"端肽"的交联区，消除免疫原。在酸性条件下，胶原组织被溶胀，进而溶解。再调节溶液至中性，使胃蛋白酶失活。在胶原纯化的过程中胃蛋白酶被除去，即可得到医用可溶性胶原蛋白。实验室中最常见的纯化方法是利用膜透析方法除去小分子物质，利用盐效应分级沉淀，得到的胶原蛋白产品为白色纤维状固体。可溶于低温等渗水溶液，但是在 37℃ 时可以凝结成白色弹性固体，这一性质被称为体温凝结现象，在作为医用材料时有应用价值。水溶性胶原蛋白也可以用酸水解或者碱水解方法制备，但是容易破坏胶原蛋白的内在结构，得到的产品纯度也不高，因此在医用胶原蛋白的制备中使用较少。

不溶性胶原是以动物胶原组织基形式或由碾碎的胶原组织制备的直接用于医疗目的的生物医用胶原材料。这种胶原材料的制备比较简单，但要把胶原的免疫原性降低到最低限度，还需要经过一些处理过程。在纯化过程中可用无花果蛋白酶对胶原进行温和处理，除去非胶原性蛋白质。在用胶原组织直接制备生物装置时，须尽可能缩短从屠宰到制备期的时间间隔，以减少胶原的自溶性与降解程度。

虽然天然的胶原组织都有很高的机械强度，但是可溶性胶原蛋白制成医用胶原材料后，往往机械强度不够。其中对胶原链直接进行交联是一种有效地增强措施。此外，作为一种可生物降解材料，由于交联可以降低降解速度，因此可以通过交联来控制胶原生物材料的预期寿命。经常使用的化学交联剂有甲醛、双醛淀粉、戊二醛、二异氰酸酯、脂肪族环氧化物、氰尿酰氯、酰基叠氮等。交联反应的引发主要采用光引发、高能粒子引发和热引发等，尽量避免引入杂质。

（3）胶原蛋白在组织医学领域的应用　胶原蛋白由于良好的生物相容性和可生物降解性，首先作为组织医学工程用材料获得应用。医学组织工程学主要研究利用生物工程原理，制备具有生物活性的活体组织与器官的理论与方法，是医疗仿生领域的重要领域。胶原蛋白在组织工程学领域主要用于以下几个方面。

① 制作人造皮肤，对于外伤、烧伤、烫伤的治疗过程中，如何代替原有皮肤功能保护好创面是治疗过程中的难题之一。采用人造皮肤覆盖创面是非常有效的手段。以胶原为基材的人造皮肤主要有三种形式，最早使用的是胶原海绵，是一种多孔吸湿的保护性材料，Ⅰ型胶原具有优越的机械强度和生物相容性，因此非常适合用于制作胶原海绵作为皮肤替换和烧伤治疗。第二种人造皮肤是活性皮肤，是以胶原材料为培养基，在胶原网络间培养具有生物活性上皮细胞的皮肤代用品。胶原网络具有支持培养上皮细胞生长和增殖的作用。第三类人造皮肤是将胶原与其他材料复合制备多层、多功能人造皮肤，具有表皮和真皮等多重功能。上述人造皮肤在临床上都获得了积极的治疗效果。

② 作为骨科修复材料，目前已有报道，利用组织工程方法，胶原可以作为移植载体用于骨介入蛋白-骨形态基因蛋白的载运。另外胶原本身由于具有骨介入活性而用作骨替代物。研究结果表明，脱盐骨胶原与羟基磷灰石复合是一种非常好的骨介入材料，可用作骨替代材料[12]。胶原与其他一些高分子材料或化合物复合，还可以应用于整形外科治疗。

③ 制作血管代用材料，经过改性和稳定化处理的胶原生物导管可用于心血管导管的置换。与合成的生物医用材料制备的装置相比，胶原基装置还具有感染性低、宿主组织能向装置中渗入生长而不需要高密度孔型结构，以及可与天然血管在物理性质上较好匹配等优点。利用胶原与聚氨酯复合，制备人造食管的研究也已经获得成功[13]。具体做法是在聚氨酯管内壁上涂敷海绵状胶原蛋白，植入体内后通过诱导自身食管组织爬行再生与生物材料降解相匹配，4 周后即可取出聚氨酯内管，最终新生食管完全替代人工食管。

④ 整形外科用注射胶原，可溶性胶原胶纯化后可制成注射胶原，利用其在体温时溶解度下降而凝固的特点，胶原产品在体内可形成与天然胶原纤维相似的纤维结构，并与宿主细胞和其他结缔组织成分保持正常的相互作用，修复组织缺陷。这种方法对软组织的扩增、恢

复，特别是对矫正各种皮肤断面缺陷非常有用，还可用于食管括约肌声带的修复、牙周方面的治疗等。

（4）胶原蛋白在其他医学领域的应用　除了在组织工程方面的应用之外，在医疗过程中，胶原蛋白还有以下几方面的用途。

① 作为止血材料，由于胶原与血小板作用后，可以引起后继的与凝血相关联的一系列过程，从而可迅速止血，因此可以作为止血剂使用。医疗上使用的止血胶原可以是粉状、片状及海绵状。胶原止血剂在治疗细胞组织器官如肝或脾的创伤上效果明显。由于这些组织一般缺乏结缔组织的支持，在出血、渗出、细胞表面的修复过程中，十分需要纤维蛋白构架维持稳定。在这种情况下，使用胶原基止血剂可减少这些组织中血液的流失。

② 作为眼科修复治疗材料，胶原膜可以制作眼科给药的胶原罩。这种膜状绷带式给药装置可逐渐在角膜中溶解，释放出药物。胶原给药系统的一个优点是制剂能够方便地用于眼部表面且便于自我用药，可以提高局部药物浓度，延长药物释放时间。

③ 作为药物控制释放载体，采用胶原蛋白作为主料，可以制备水凝胶、脂质体、包衣片、微胶囊、纳米微球等缓释药物制剂和靶向药物制剂，可以有效提高药物的利用率，降低毒副作用，延长药物作用时间。

明胶也是重要的天然可生物降解高分子材料，广泛应用于医疗和制药领域。明胶属于胶原衍生物，是胶原的水解产物，对人体无毒，可溶性好，适合制备医用和药用水溶胶，在医疗方面应用广泛，主要作为药物的黏合剂、赋形剂和药物缓释制剂，以及作为医疗辅助材料。明胶还大量用来制备药用胶囊材料，是用量巨大的药用辅料。

第四节　用于人造器官的功能高分子材料

由于疾病、衰老、事故和战争等原因，常导致人体的器官缺损；解决这一问题常用的方法是对缺损器官进行人工替代。其途径之一是采用自体或异体器官移植，这种方法常受器官来源和排斥反应的限制。另一种方法是采用人造器官替代。人造器官是指能够全部或部分代替人体器官功能的功能化机器，是解决部分患者自身器官坏死或部分功能丧失后，用于功能恢复性治疗或者在脏器手术时起临时功能的重要设备。

人造器官可以分成人造脏器和人造组织两种。前者是指可以代替脏器工作的功能设备，包括人造心脏、人造肾脏、人造肺、人造肝脏等内脏器官。后者则指可以部分行使生理功能的人体组织，或者修补损坏的人体器官的部件，包括人造骨骼、人造血管、人工喉、人造隔膜等体内器官和假肢、假鼻、假眼等外部人体组织。人体器官的功能非常复杂多样，例如，人的肝脏就有数百种酶参与作用。根据目前的研究和制造水平，提供的多数人造器官还只能提供人体器官的部分功能。

人造器官制造的关键是材料，没有适合于人体要求的功能材料，任何人造器官都无法实现。传统的人工器官常用金属、陶瓷或高分子材料制作。用于人造器官制造的高分子材料是具有特殊功能，能够满足上述人造器官和脏器功能要求的功能高分子材料，也称为生物功能高分子材料。科学技术的发展，人们目前已经能够制造除了大脑和神经之外的几乎所有人体器官和组织，而其中使用的相当大部分的关键材料是功能高分子材料。在人造器官的制造中，生物医用高分子材料扮演着关键性的角色。可以说，没有这些具有特殊生物生理功能的高分子材料，可能很多患者只有接受丧失生命或者生理功能的结局。

一、采用功能高分子材料的人造脏器

1. 人造心脏

心脏是输送血液的动力器官，人造心脏是能够完成上述任务的人工装置，分成植入式和体外式。人造心脏由血泵、驱动装置、监测系统和能源四部分组成。人造心脏的作用机理相对简单，涉及高分子材料的部分主要是血液导管、瓣膜、泵体、叶轮等直接与血液接触的部分。由于与大量血液长期接触，解决材料的生物相容性，特别是血液相容性是人造心脏用材料研究的重点。在人造心脏中，一般泵体、叶轮等多用生物惰性的钛合金制作，用嵌段共聚的聚氨酯材料制作外壳、血液导引管等。一般认为，在材料表面采用生成伪内膜的方式可以大大提高人造心脏的使用寿命。

2. 人造肾脏

肾脏是生物体进行新陈代谢的主要器官，主要功能是排除小分子代谢物，而保留血蛋白，并使液体不流失。人造肾脏的基本结构由血液净化器、液体输送系统和自动监测装置组成，其中血液净化装置是核心。人造肾脏主要用于肾脏衰竭和严重尿中毒病人，多采取体外使用方式。它通过将血液引出体外，利用膜透析、过滤、吸附等方式将体内的代谢产物与血浆分离，再将净化后的血液送回体内。其中起着关键性作用的透析膜、过滤和吸附材料多采用功能高分子材料制作。早期使用的透析膜主要是纤维素衍生物，目前也有其他合成材料，如聚四氟乙烯、聚丙烯腈、乙酸纤维素、聚酰胺、聚乙烯醇、聚甲基丙烯酸甲酯、聚碳酸酯、聚砜等膜材料获得广泛应用，以提高其综合性能。在实际应用过程中，这些透析膜可以作成平面膜、管状膜和中空纤维膜，特别是中空纤维膜可以大大缩小设备的体积，是目前发展的方向。

3. 人造肝脏

肝脏是最复杂的生物器官，同样人造肝脏也是最难制造的人工脏器，目前人造肝脏还只能是部分替代天然肝脏的功能，主要是血液净化功能。人造肝脏主要用于急性肝功能衰竭或慢性肝功能衰竭的暂时性治疗，仅作为肝脏移植的过渡手段。人造肝脏的作用主要有以下几个方面。

（1）血浆置换 将患者的血液通过膜过滤或离心的方法，分离血浆和细胞成分，再把细胞成分以及所补充的白蛋白、替代血浆及平衡液等回输体内，以达到清除致病介质的治疗目的。血液过滤多使用聚砜、醋酸纤维素、聚酰胺等制备的平面膜或者中空纤维膜作为超滤膜来使用。

（2）血液/血浆灌流 实质是血液吸附，即使用吸附剂选择性吸附血液中的有毒物质，纯化后的血浆回输体内，起净化血液的目的。主要用于肝昏迷、重型肝炎、败血症、胆汁瘀积等疾病的抢救性治疗。经常采用的吸附剂主要是活性炭和合成吸附树脂。吸附树脂对各种亲脂性及带有疏水基团的物质如胆汁酸、胆红素、游离脂肪酸、内毒素、细胞因子及酰胺类物质等吸附率较大，有较好的祛除效果。目前使用较多的吸附树脂有 XAD-4、XAD-2、NK-107、NK-110、DAC 等。为了防止活性炭脱落微粒的伤害，活性炭也多用多孔性高分子材料包裹后使用。

（3）连续性血液净化 这是上述方法的改型，即将血液透析和吸附系统接入人体循环，构成所谓的动静脉透析和滤过。所用的透析膜和吸附剂以及作用机理均与上述介绍相同。

（4）分子吸附再循环 这种系统包括三个循环体系：血液循环、白蛋白循环和透析循环。血液循环与白蛋白循环和透析循环通过透析膜相连，血液中所含毒素通过透析膜与外循环的白蛋白结合，被清除，结合毒素的白蛋白用活性炭活化再生，以此构成白蛋白循环。血液中的水溶性小分子物质，如尿素、尿酸、肌酐等通过透析膜进入透析循环被清除，透析循

环体系中加入吸附装置消除透析过来的小分子物质，构成透析循环。这种装置的主要优点在于血浆不与活性炭及吸附树脂直接接触，因此不会发生凝血和蛋白质的吸附和破坏，不会丢失肝细胞生长因子及其他营养成分。

4. 人造肺

肺的主要用途是进行气体交换：呼出二氧化碳，吸收氧气。人造肺的作用就是将静脉中的二氧化碳排出，将吸收的氧气送入动脉。人造肺主要在以下两种情况下使用：一是在心胸手术中作为心肺旁路，因为心脏直视手术中需要由人工肺代替自然肺工作；二是对于急性呼吸衰竭病人的急救。人造肺主要有直接接触式和间接接触式两种形式，直接接触式多为鼓泡式，即将氧气以微小气泡形式鼓入血液中直接进行气体交换。间接接触式是通过一个气体分离膜将氧气和血液分隔开，氧气进行透膜吸收。后者更接近自然肺的工作状况，是人工肺的发展方向。

膜型人工肺中关键材料是气体分离膜，几乎都采用功能高分子材料制造。人造肺需要使用氧气富集技术使人体保持氧气供应。氧气富集技术包括吸附-解吸法和膜富集法，在人造肺中主要使用膜富集法。膜型人造肺根据其外观形状可以进一步分成层积式、螺管式和中空式三类。人工肺用的分离膜要求氧气透过系数要大、血液相容性好、机械强度高。这类富氧分离膜，有早期使用的硅橡胶均质膜，现在多使用聚烷基砜、硅酮聚碳酸酯、聚四氟乙烯、聚丙烯微孔富氧膜等。其中硅橡胶的强度较低，可以用聚酯、尼龙绸布或无纺布复合来增强其力学性能。膜的形式也从平面膜和管状膜发展到今天的中空纤维膜，大大提高了气、血交换面积和交换能力。提高血液相容性是人造肺膜材料研究的重点，采用肝素涂层技术可以改善人工肺的血液相容性。肝素涂层处理的中空纤维气、血交换装置能减少体液和细胞激活，尤其是减轻灌注后炎症，消除负面影响。此外，许多中空纤维人工肺都采用微孔纤维，长期使用时存在血浆泄漏的问题，采用硅树脂涂层可以解决这类问题。

5. 人造胰脏

正常胰脏主要承担两方面的功能：一是作为外分泌器官分泌胰液通过十二指肠进入消化器官帮助消化；二是作为内分泌器官分泌胰岛素和胰高血糖素，用以控制血液中的糖浓度和肝糖的代谢过程。而糖尿病人由于胰腺功能异常，导致血糖过高，其主要治疗方法是定期注射胰岛素。人造胰腺的目的就是要代替天然胰腺的上述功能。为了提供天然胰腺功能，目前使用的是混合生物人工胰腺，混合的含义是既有人造功能材料，又有活体细胞参与，是医学组织工程与医用功能材料的结合体。混合人造胰腺由中空纤维组件和内分泌腺体组织细胞构成一个胰岛素产生与控制释放体系。初步实验证明，将含猪胰小岛的 AN69 水凝胶中空纤维人工胰腺植入糖尿病小鼠体内，可以使体内葡萄糖水平完全正常化。

由于医用材料学的快速发展，关于制作各种人工脏器的高分子材料层出不穷，日新月异，不可能一一枚举。在表 9-4 中仅给出目前人造脏器所用部分功能高分子材料。

表 9-4 用于人造脏器制备的高分子材料

人造脏器	可用高分子原材料
心脏	嵌段聚醚氨酯弹性体、硅橡胶、天然橡胶、尼龙、聚四氟乙烯、涤纶、聚甲基丙烯酸甲酯
肾脏	各种高分子膜材料，聚丙烯酸，聚碳酸酯
肝脏	赛璐酚，聚甲基丙烯酸-β羟乙酯，
胰脏	AmiconXM-50 丙烯酸酯共聚物(中空纤维)
肺脏	硅橡胶，聚丙烯空心纤维，聚烷砜

二、采用功能高分子材料的人造组织

人造组织是指除了上述的人造脏器之外的所有人造器官，能够采用高分子材料制造的人造器官数量众多，下面仅根据替代器官的类型分类，将其分成人造软组织和人造硬组织两类进行介绍。

1. 人造软组织材料

软组织主要是指人体的皮肤、血管、肠道、结缔组织、脂肪组织等。上述软组织发生病变后大多数都可以采用各种生物惰性高分子材料进行修补或替代，近年来，随着人们生活水平的提高，提高生活质量、追求完美成为部分人的要求。因此整容、修补人体缺陷也成为人造软组织的一个应用领域。创伤表面被敷材料有以硅酮处理的尼龙纱布、凡士林油涂布的纤维素布、涂胶原蛋白的无纺布等初级形式人工皮肤。同时采用聚乳酸、胶原蛋白和甲壳质等可降解材料制备的类人工皮肤也逐步增多。更高级的人工皮肤是用组织工程制备的"活"皮肤。人造血管、肠道、食管、气管等软组织主要采用经过生物相容性表面处理的聚酯、聚四氟乙烯、尼龙、硅橡胶、胶原蛋白等材料制造。人工肌腱则采用高强度聚合物，如碳纤维增强的高分子量的聚丙烯、聚四氟乙烯、芳香聚酯等复合材料生产。软组织的整形大量使用胶原蛋白，硅橡胶用于乳房、耳、鼻等组织的矫正。此外，在软组织修复治疗过程中还需要使用生物黏合剂，这类黏合剂包括氰基丙烯酸酯、聚氨酯、胶原蛋白胶等。

2. 人造硬组织材料

人体的硬组织主要是指关节、骨骼和牙齿等。硬组织是承重器官，而且也是在外伤事故中最容易受伤的部位。作为硬组织替代和修复材料需要具有非常好的机械性能和生物惰性。人工骨和人工关节除了使用惰性金属和陶瓷之外，也使用高密度、超高分子量的聚乙烯等高分子材料，以提高其韧性。此外，高分子材料在硬组织修复中更多的是采用复合方式，如将超高分子量的聚乙烯与羟基磷灰石、工程陶瓷、金属铝等复合；或者与碳纤维、芳香族聚酰胺等复合，构成性能优异的硬组织材料。在牙科治疗实践中常用的高分子材料包括取牙印的室温固化硅橡胶、补牙用的是甲基丙烯酸甲酯与无机材料复合进行原位聚合固化的高分子材料。人工义齿则多为聚甲基丙烯酸甲酯和聚砜等材料制成的，具有良好的硬度、耐磨性。硬组织用修复用的黏合剂也使用高分子材料作为主体材料。

用于人造组织制备的高分子材料多种多样，除了前面分析的要具有生物相容性、生物降解性等要求以外，力学性能和其他物理性能往往是取舍的关键。随着表面生物相容性处理技术的进步，相信将会有更多性能优异的高分子材料被应用到医学领域。表9-5中给出了部分用于人造组织制备和修补用的高分子材料。

表 9-5　用于人造组织制备和修补的常见高分子材料

人造组织	可用高分子材料	人造组织	可用高分子材料
血管	聚乙烯醇缩甲醛、聚酯纤维、聚四氟乙烯、嵌段聚醚氨酯、胶原、肝素复合体	关节、骨	超高分子量聚乙烯、高密度聚乙烯、聚甲基丙烯酸甲酯、尼龙、硅橡胶
人工红血球	全氟烃	皮肤	火棉胶、涂聚硅酮的尼龙织物、聚酯、聚氨酯、涤纶
人工血浆	羟乙基纤维素、聚乙烯吡咯酮	角膜	聚甲基丙烯酸甲酯、聚甲基丙烯酸-β羟乙酯、硅橡胶
胆管	硅橡胶	眼玻璃体	硅油
鼓膜	硅橡胶	乳房	聚硅酮
食道	聚硅酮	鼻	硅橡胶、聚乙烯
喉头	聚四氟乙烯、聚硅酮、聚乙烯	心脏瓣膜	硅橡胶、聚四氟乙烯、聚氨酯橡胶、聚酯、聚甲基丙烯酸甲酯
晶状体	硅橡胶、硅油、聚乙烯醇水凝胶	牙齿、牙托	尼龙、聚甲基丙烯酸甲酯、硅橡胶

续表

人造组织	可用高分子材料	人造组织	可用高分子材料
角膜	聚乙烯醇、胶原复合体、聚甲基丙烯酸羟乙酯	头盖骨	聚甲基丙烯酸甲酯、聚碳酸酯、碳纤维
气管	聚乙烯、聚乙烯醇、聚四氟乙烯、聚硅酮、聚酯纤维	尿道	硅橡胶、聚酯纤维
腹膜	聚硅酮、聚乙烯、聚酯纤维	肌腱	尼龙、硅橡胶、聚氯乙烯、聚四氟乙烯、涤纶
耳朵	硅橡胶、聚氨酯、聚乙烯、天然橡胶、胶原	鼻	硅橡胶、天然橡胶、聚氨酯、聚乙烯

三、与生物组织工程相关的功能高分子材料

生物组织工程（tissue engineering）是指采用人工诱导方式培植人体组织器官的过程，而人造器官的最高级型式，是采用生物组织工程材料诱导成型的生物型人体器官。与前述的人造器官不同，那些根据机械或化学原理制成的人造器官不可能具有全部生物功能，不能完全有效地替代原有组织器官。而在这种组织工程培育的人工器官中，经过培养增殖人体组织细胞，人为加入的原组织工程骨架结构最终可以全部或部分被人体内新生长的组织所取代，能够形成真正意义上的人体器官，从而使患者完全康复。这是生物和医疗领域具有重大突破意义的研究领域。

生物组织工程的基础是发现有些材料可以诱导宿主组织的再生现象，因此可能在体内或者体外构建培植特定的生物组织和器官，属于细胞层次上的医学工程。在前面讨论高分子材料的血液相容性时，在人工血管内表面生成伪内膜可以说是最简单的组织工程产品。在生物组织工程领域，高分子材料主要起两方面的作用：一是作为细胞培养增殖的诱导材料；二是作为组织培养的支撑骨架材料，使培养的组织和器官在形成过程中得到必要的支撑力，保证培养的组织器官具有特定结构和外形。这个诱导和组织培养骨架材料正是医用高分子发挥作用的领域。

1. 高分子生物组织工程用材料

（1）生物组织工程材料的性能要求　　根据生物组织工程的要求，作为骨架的高分子材料必须满足以下要求：①良好的生物相容性，不发生凝血和排异反应；②具有一定的力学性能和可加工性能，可以制成具有特定三维立体结构，具有多孔性和较高空隙率，较大内表面积，以利于组织细胞的贴附和长入，利于养分的渗入和代谢产物的排出；③可以生物降解和吸收，在新组织器官形成后能逐步分解吸收，以避免二次手术；④良好的生物活性，有利于细胞的贴附，并为其生长、增殖、分泌提供微环境。能够作为构建培养床的材料包括可生物降解的合成高分子和天然高分子。合成高分子中使用最多的是聚乳酸、聚羟基乙酸和两者的共聚物。天然高分子材料主要是胶原和壳聚糖衍生物。

（2）生物组织工程材料微孔结构形成工艺　　天然或者合成高分子材料作为组织工程培养骨架最重要的一项工作是形成有利于细胞生长的泡孔结构。泡孔结构不仅可以提高材料的表面积，还是细胞进行营养交换和废物排除的必要通道。对于制作这类多孔的聚合物骨架材料，目前已取得进展或较为成熟的方法大致有以下几种[14]。

① 非编织法。这是通过纤维表面黏性制作无纺布的方法。例如，将聚羟基乙酸纤维在聚乳酸溶液中浸泡，取出后蒸发掉溶剂，随后对所形成的复合物进行加热，使纤维在交叉点粘连在一起，从而形成纤维型多孔材料。这种材料的孔隙率可达到80%以上，泡孔的直径达到 $500\mu m$。用这些泡孔骨架材料培养肝细胞，肝细胞可维持一个星期的活性[15]。

② 盐成孔法。这种方法是利用水溶性盐与非水溶性高分子材料混合，然后用水溶解盐

形成孔洞的办法。所得材料的孔隙率可由加入盐的相对量来控制，泡孔孔径尺寸取决于盐晶体尺寸的大小。但是只有盐含量达到或高于 70% 时，泡孔之间才有较高的连通性，否则只能得到闭孔结构。同样道理，也可以用脂溶性材料作为成孔剂，用烃类溶剂溶解成孔。

③ 气体泡孔法。这是一种类似爆玉米花的成孔方法。先将注入高分子材料的模具放入压力加热炉，加热的同时通入高压（5.5MPa）二氧化碳气体，使气体渗入聚合物中，然后迅速降低压力，就可以在溢出气体作用下形成多孔结构。采用这种方法孔隙率可达到 93%，孔径可达到 $100\mu m$。

④ 相转变成孔法。这种方法类似于高分子分离膜的相转变成孔过程。使用该技术制成的泡孔材料的孔隙率可达到 90% 以上，泡孔大小约 $100\mu m$。

（3）生物组织工程器官的主要培养方法　作为组织工程培养材料，除了上述多孔型骨架材料之外，还可以用其他方式进行组织培养。换句话说，也就是根据组织培养的目的和使用环境不同，采用的培养方法不同，作为组织培养骨架的高分子材料可以有多种结构形式。采用组织工程方法培养活体组织器官目前主要有以下几种方法。

① 在多孔性可生物降解聚合物的骨架上培养。选择某些生物活性高分子材料制作人工器官组织工程骨架，引入活体组织细胞在骨架表面生长；经过一段时间培养后，当细胞在骨架所有表面都长满后，可以将整个骨架上培养的组织植入人体内。这种聚合物骨架在体内逐渐被生物体降解，这样就可以获得具有全部生物功能的生物组织器官。这种方法适用于所有人体组织的重建，如皮肤、神经、软骨、肝脏等。这种方法成功与否的关键是必须寻找一种合适的可生物降解的聚合物材料，并且形成的骨架结构必须与体内组织结构相似，使细胞群体具有朝着组织方向分化的功能。借助于计算机 CAD 技术，目前已经能够制作结构非常复杂的聚合物骨架材料。

② 细胞组织的微囊化培养。这种方法主要用于功能细胞的培养，并不注重外形结构功能。具体方法是将离体活细胞放在具有半透性膜材料构成的微囊中进行培养，单个悬浮细胞不断增殖，逐渐成团，在微囊内三维生长。将这些具有某些器官功能的微囊化细胞植入人体内，可以部分替代这些器官的功能。由于高分子膜的分隔作用，离体细胞的微囊化培养在排除免疫反应方面有独特的作用。目前胰岛细胞的微囊化培养研究很多。除此之外，微囊化培养的肝细胞、造血细胞也常用于人造肝和造血组织的研究。

③ 在中空纤维反应器中培养。在由数百根中空纤维组成的生物反应器中接种离体活细胞，中空纤维内灌注营养物质，通过中空纤维膜的孔隙向中空纤维外的细胞补充营养、氧气等物质，排除产生的废物，维持细胞的代谢和功能。在这种培养装置中多孔性中空纤维不仅作为组织细胞的骨架材料，而且承担营养提供和代谢物输送功能。该系统的主要优点是能支持细胞的高密度生长，大规模培植，同时免于培育过程中的剪切损伤。这种方法适合人工肾、人工肺、人工胰腺和人工肝细胞的培养，目前这种系统培养的人工肝已试用于Ⅱ期临床。采用的中空纤维是一种由醋酸纤维素或聚砜等组成的高分子膜材料，其直径为 0.2～1mm。采用多孔型中空纤维具有如下优点：中空纤维制成的微管可分成内、外两腔，两腔间可通过膜进行物质交换，模拟微血管的功能；中空纤维在单位体积内具有较大的有效膜面积，可培养高密度、功能分化细胞，形成生物混合人工器官；中空纤维可起到免疫屏障作用。

④ 采用单层式、平板式反应器培养。单层培养是指把离体细胞夹在两层胶原凝胶之间培养；这种培养系统已经用于肝细胞的离体培养。平板式反应器与单层式反应器十分接近，只是在平板式反应器中，细胞上不须再覆盖一层胶原；其中培养造血组织已经取得成功，并已进入Ⅱ期临床试验。

2. 功能高分子材料在生物组织工程中的应用

（1）人工皮肤培养　使用人工皮肤的目的是对大面积急性伤口实现快速覆盖，减少伤口结疤和收缩现象，作为传递外界生长因子的载体等。生物型人工皮肤是发展较快的一个领域；今天体外制造人工皮肤已不再是一个技术难题，已经能够进行工业化生产，已有数种产品应用于临床治疗。生物型人工皮肤基本上可分为三个大的类型：表皮替代物、真皮替代物和全皮替代物。表皮替代物由生长在可降解聚合物膜片上的表皮细胞组成。真皮替代物是含有活细胞或不含细胞成分的基质结构组成，主要用来诱导成纤细胞的迁移、增殖和分泌细胞外基质。而全皮替代物包含以上两种成分，既有表皮结构又有真皮结构。人工皮肤中对基质材料的要求包括可支持细胞生长、提供黏附基质、促进细胞增殖和分泌细胞外基质，以及可被受体的伤口位点吸收等几个方面。在该领域作为培养细胞基体使用最多的高分子材料包括胶原、纤黏蛋白、基膜蛋白、透明质酸、聚乳酸和聚羟基乙酸等天然和人工高分子材料。

（2）人工骨培养　生物型人工骨的组织培养主要是利用可生物降解高分子材料与其他无机材料配合制成多孔性的人工骨替代物，接种骨细胞后移植入体内可以形成和原植入聚合物骨架大小和形态相似的骨骼，而聚合物骨架材料在完成使命以后将被肌体逐步降解吸收。这种方法目前在具有生物活性的软骨和硬骨培养方面都有成功经验。在该领域常用的可生物降解高分子材料多用胶原蛋白与羟基磷灰石配合。

（3）人工管道的培养　由于生物相容性方面的问题，非生物型人工血管只能制造口径比较大的主血管，对于口径较细的血管尚无理想解决办法。采用组织工程培养的生物型人工血管有希望解决上述问题。人工血管的组织培养是将血管内皮细胞接种到可生物降解聚合物的多孔管材上，增殖培养生成具有生物活性的血管组织，而多孔性管材被逐步降解吸收。从原理上讲采用涂覆蛋白质层，生成伪内膜的方法也属于血管的组织工程，只是制造血管材料是生物惰性的，不会降解可以长期使用。用同样的方法还可以培养建造肠道、气管和尿道等。实验表明，用肠上皮细胞、血管内皮细胞、气管上皮细胞和膀胱尿道上皮细胞等与平滑肌细胞一起分别接种到可生物降解的多孔管状聚合物装置上，可以分别培养造出具有生物功能的人工肠道、人工血管、人工气管和人工尿道等复合组织。

（4）神经系统组织培养　神经系统组织工程主要集中在对神经活性物质缺乏症的细胞治疗和神经损伤的促再生方面。神经细胞培养主要采用中空纤维培养装置，即将欲修复的断裂神经细胞和培养基同时装入中空纤维内部，让神经细胞沿着中空纤维生长融合，达到神经细胞修复目的。培养装置中所需培养基的主要成分包括高分子免疫屏障、分泌所需神经活性分子的细胞和用于固定细胞的基质成分等。对于周围神经系统的神经再生，目前主要采用这种神经导管的方法来诱导和支持神经细胞的延长。通过对导管材料性质优化设计、导管内基质成分的选择和导管腔中间质细胞的操作，可以促进多种受损伤神经的重建。

（5）人工脏器的组织培养　生物型人工脏器培养是医学组织工程中最具挑战性的课题，其研究成果已经成为组织工程方面水平高低的衡量标志。由于生物体脏器的复杂性，目前所有研究开发的技术都还不能说完善，各国科学家仍处在探索阶段。目前所谓的组织工程法进行人工器官培养是用生物相容性材料和活细胞成分构建的具有一定结构和生物功能的人工器官。

① 生物人工肾的组织培养。肾脏的主要功能是通过过滤排除血液中的毒素来维持人体正常代谢。人工肾的主要功能是净化血液，去除有害成分，并补充一些必需物质。通过组织工程技术将分离扩增的肾上皮细胞培养在生物相容性膜结构上，所形成的装置接近天然肾小管的功能。虽然普通人工肾广泛应用于急性和慢性肾衰竭的治疗中，但目前应用人工肾仅作为肾衰的一个替代疗法，其从血液中去除毒素的功能远远不及肾小球。相反，如果利用组织

工程技术制备生物人工肾，将肾小管细胞种在中空纤维管内，形成融合单层细胞，逐步代替中空分离膜的作用，将可以接近肾小管的功能。同时人们还发现这种具有肾小管细胞的中空纤维生物混合肾具有新陈代谢功能，还证实了生物人工肾具有肾上皮细胞的内分泌功能。

② 生物人工肝脏的组织培养。对于急性肝衰竭，目前的支持系统尚无法完成除了移去毒性代谢物以外的其他复杂的肝代谢功能。采用组织工程技术，应用生长在高分子骨架上的活的肝细胞所制造的生物肝脏有望解决这一问题。这种生物人工肝脏是填有各种肝组织细胞的体外培养装置，这种系统是由中空纤维培养管等材料和填充的哺乳动物肝细胞组成。最近，随着预先分离肝细胞、细胞培养技术和中空纤维技术的提高，加上新人工材料的出现，产生了新一代肝辅助装置。由于活体肝细胞的存在，这种人造肝脏具有非生物活性人造肝所没有的生物功能。新一代混合生物人工肝能给病人提供充足的解毒和新陈代谢功能。在体外药物动力学实验中，这种人工肝系统在 10 天里，使体内 50％以上的有毒物质得到清除。该系统包括人造外壳组件（塑料壳和半透膜）和含有能实现基本肝功能的细胞中空纤维组件部分。新的设计采用微囊化培养的肝细胞植入中空纤维中。从临床效果上看，该混合生物型人工肝辅助系统用于暴发性肝衰竭型动物，效果明显优于传统人工肝系统，动物存活率大大提高，而且易操作、临床实施痛苦小。不过，目前中空纤维生物人工肝仍只能用于短期治疗。随着中空纤维肝细胞培养技术的提高，中空纤维生物人工肝将可望长期支持肝衰竭患者，执行肝的基本功能。

③ 生物人工胰腺的组织培养。正常胰腺可分泌胰岛素，控制血糖的含量。而糖尿病人由于胰腺功能异常，导致血糖过高，其主要治疗方法是定期注射胰岛素。采用组织工程法制备的混合生物人工胰腺，主是由中空纤维组件和内分泌腺体组织细胞构成。由于植入的胰腺组织细胞具有分泌胰岛素，控制血糖的作用，因此这个仿生学装置的主要受益者是胰岛素依赖型的糖尿病人。初步实验说明，移植这种混合生物胰腺后，实验动物胰岛素的释放调节都正常。用组织工程法重建胰岛主要有三种方法：其一是用管状膜以卷曲方式包裹胰岛细胞或组织，然后再连于血管。这种膜通过对相对分子量的通透限制，允许葡萄糖和胰岛素自由扩散，但阻止抗体和淋巴细胞进出；其二是用中空纤维培养胰岛细胞，构成生物复合胰腺装置，再把此装置植入生物腹腔内；其三是用微囊化方法培养胰岛细胞，然后将培养的胰岛细胞植入体内相关组织发挥作用。

第五节　药用高分子材料

广义的药用高分子材料包括高分子药物、高分子药物载体、靶向药物高分子导向材料、高分子药用制剂材料、高分子药物包装材料等。后两种一般认为不属于功能高分子材料，在本章中仅涉及前三种类型。在实际应用中这三种高分子材料在药物中主要起直接治疗作用、控制释放作用和药物导向作用。由于高分子材料自身所具有的一些特性，药用高分子在临床医疗中已经发挥着越来越大的作用。下面分别对这三类药用高分子材料进行讨论。

一、高分子药物

高分子药物是指在体内可以作为药物直接使用的高分子，特点是高分子本身具有药物疗效，在治疗过程中起主要作用。目前临床使用的高分子药物多种多样，根据其结构形态主要包括高分子结构本身起治疗作用的高分子药物、小分子药物接入高分子骨架后形成的高分子药物和高分子配合物药物等类型。通过小分子药物与高分子材料混合实现高分子化的高分子药物，由于作用特殊，将其列入高分子控制释放药物类别处理。第一种类型是高分子骨架本身具有药理活性，药理作用依靠高分子的特定结构。第二种类型是将有药理活性的小分子通过高分子化学反应引入高分子骨架而得到的高分子药物，由于高分子骨架的介入，其药理活性和给药方式都将发生很大变化。第三种类型是具有配位基团的高分子与特定金属离子反应生成的高分子配合物，而此高分子配合物具有强烈药理活性而构成的高分子药物。

1. 骨架型高分子药物

我们将高分子骨架本身具有治疗作用的高分子药物称为骨架型高分子药物，用以区分其他类型的高分子药物。这类高分子药物的药理活性是高分子特异性的，即药理活性直接与高分子结构相联系，一般来说这种高分子对应的单体或小分子不具备这种药理活性。这类高分子药物的药理作用机制主要有三种：①直接发生治疗作用，如具有直接抗肿瘤活性；②通过诱导活化免疫系统发挥药理作用；③与其他药物有协同作用，需要与其他药物配伍才能发挥更好的药理作用。

根据高分子的结构类型，骨架型高分子药物主要包括葡聚糖类，离子树脂类和其他骨架型药物。结构类型不同，往往作用机制也有差别。

（1）葡聚糖类药物　葡聚糖类高分子在医疗方面主要作为重要的血容量扩充剂，是人造血浆的主要成分。比较重要的是右旋糖酐（dextran），属于多糖类，其结构如下：

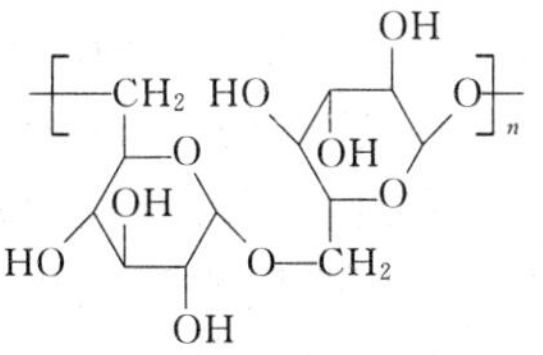

右旋糖酐以蔗糖为原料生产，采用肠膜状明串珠菌（leuconostoc mesenteroides）静置发酵制备。作为血容量扩充剂的右旋糖酐，要求分子量在 $(5 \times 10^4) \sim (9 \times 10^4)$ 之间。分子量太大，黏度增加，与水不易混合，对红细胞有凝结作用；分子量太小则容易在肾脏排泄，在体内保留时间太短。在临床上，右旋糖酐主要作为大量失血患者抢救时的血浆代用品，补充血液容量，提高血浆渗透压，也称为人造代血浆。一般用 5% 的葡萄糖或者生理食盐水配制成 6% 的注射液供静脉滴注。右旋糖酐在体内缓慢水解成为葡萄糖被人体吸收。此外，右旋糖酐的衍生物在临床还有其他药理作用，比如右旋糖酐经氯磺酸和吡啶处理可以得到具有抗血凝作用的磺酸右旋糖酐钠盐；低分子量的葡聚糖（分子量约 10000）具有增加血液循环，提高血压的作用，用于治疗失血性休克；右旋糖酐的硫酸酯用于抗动脉硬化和作为抗凝血剂。由于肿瘤细胞的代谢比正常细胞旺盛，多糖类高分子能够抑制转移酶的活性，进而能够有选择性地抑制肿瘤细胞的代谢，可以作为抗癌药物的增效剂使用。上述这些高分子都是多糖型高分子药物。它们的优点是毒副作用较小。

（2）聚离子型药物　以带有大量显性电荷的聚离子为主体制备的高分子药物已经获得临床应用。以抗肿瘤药物为例，因为许多类型的肿瘤细胞表面带有比正常细胞多的负电荷，聚阳离子树脂能导致肿瘤细胞表面电荷中和及细胞凝集，起到抑制及杀灭肿瘤细胞的作用。这类高分子通常还具有活化免疫系统作用。作用机理是激活巨噬细胞，因此具有抗肿瘤活性。经临床验证有效的聚阳离子药物有聚亚乙基胺、聚-L-赖氨酸、聚-L-精氨酸等。聚阴离子有聚马来酸（酐）、聚丙烯酸、聚乙烯基磺酸盐、聚联苯磷酸盐、二乙烯基醚-马来酸酐共聚物以及聚核酸等，它们能够激活巨噬细胞并诱导干扰素的产生。此外，属于聚阴离子树脂的还有降胆敏（cholestyramine），结构为聚苯乙烯三甲基苄铵（a）。降胆敏能吸附肠内胆酸，阻断胆酸的肠道循环，降低血胆固醇，临床上作为降血脂药。类似的高分子药物还有降胆宁（colestipol），为二乙烯三铵与 1-氯-2,3-环氧丙烷的共聚物，也是聚阳离子树脂。降胆葡胺（polidexide），属于葡聚糖二乙胺乙基醚，分子中也含有季铵基属于聚阳离子药物。主链上带有季铵阳离子结构的聚合物还有很强的镇痉挛作用（b）。具有改进网状内皮系统功能的阴离子聚合物有吡喃型共聚物（c），作为干扰素诱导剂，能抑制许多病毒的繁殖，有持续的抗肿瘤活性。用于治疗白血病、泡状口腔炎症和脑炎。

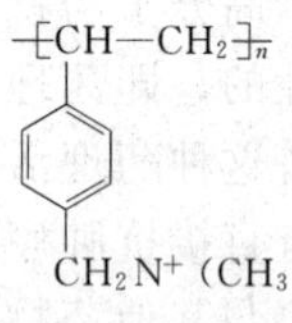

（a） 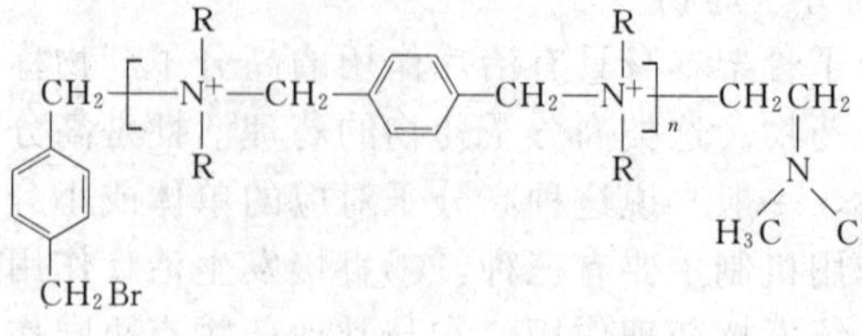　　　　　　　　　　　　　　（b）

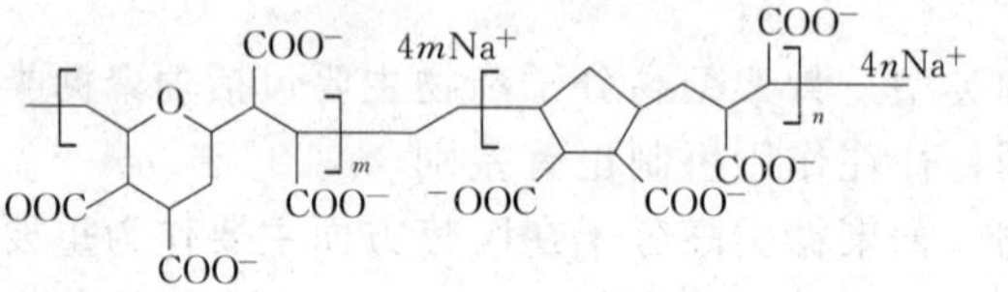

（c）

（3）其他骨架型高分子药物　不能归于上述两种类型的骨架型高分子药物还有很多，如聚 2—乙烯吡啶氧化物是一种用于治疗矽肺病的高分子药物，商品名为克矽平。其合成方法是以 2-甲基吡啶为原料，经甲醛羟甲基化得到 2-羟乙基吡啶；再进行碱性消除反应脱水，在分子内引入可聚合基团——乙烯基。在明胶水溶液中以偶氮二异丁腈引发聚合，得到聚 2—乙烯基吡啶，再经双氧水氧化即可制得克矽平。

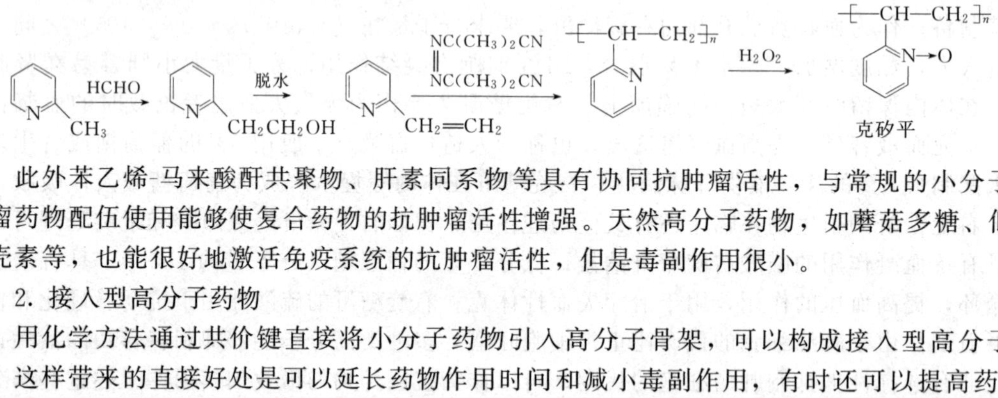

此外苯乙烯-马来酸酐共聚物、肝素同系物等具有协同抗肿瘤活性，与常规的小分子抗肿瘤药物配伍使用能够使复合药物的抗肿瘤活性增强。天然高分子药物，如蘑菇多糖、低聚甲壳素等，也能很好地激活免疫系统的抗肿瘤活性，但是毒副作用很小。

2. 接入型高分子药物

用化学方法通过共价键直接将小分子药物引入高分子骨架，可以构成接入型高分子药物，这样带来的直接好处是可以延长药物作用时间和减小毒副作用，有时还可以提高药效。这种高分子药物的药效、活性成分释放速率、稳定和安全性等性质与聚合物结构、活性基团与聚合物骨架连接的化学键的性质等有密切关系。由于大分子很难透过生物膜，因此高分子化药物的吸收和排出都比较慢，其药物作用时间受聚合物降解速度的控制。利用高分子化药物不易透过组织膜的性质，可以实现局部、定向给药；利用其吸收和排泄较慢的特点可以延长药物作用时间，做成长效制剂。从化学的角度考虑，可以引入小分子药物的聚合物骨架种类繁多，但是由于药物的特殊性，作为接入型高分子药物使用的高分子骨架首先应满足以下要求。

（1）高分子骨架的可代谢性和代谢产物的无毒性　口服给药或者外用时，聚合物骨架不能被肠道吸收，可以通过排泄渠道排出体外，可代谢问题不重要；而通过静脉或者肌注给药，高分子骨架的可代谢性和代谢物的毒性则相当关键。在血液中的非降解性大分子一般无法通过人体正常排泄器官排出体外，静脉给入的药物通过肾脏排出体外的能力与药物的分子量有很大关系。如果聚合物骨架在体内不能得到有效降解，将会在体内积累而对健康造成不利影响。另外一方面，虽然某些聚合物骨架在体内是可以降解的，但是其降解产物对人体有毒害作用，这种聚合物也不允许作为药物使用。

（2）药物活性基团与聚合物骨架连接的化学键能在体内条件下分解　高分子药物从药效发挥方面考虑，有两种情况较为常见。当药效的发挥与聚合物骨架存在与否没有直接关系时，连接键能否分解是不重要的，因为活性基团在高分子骨架上一样能发挥作用。从延长药效角度分析，连接键的稳定性越好越有利。但是，如果药效的发挥仅依靠解离下的小分子活性成分时，必须要求活性部分从聚合物骨架上分解下来，才能保持体内足够的有效药物浓度。这时，连接键的可分解性是非常重要的。分解活性太强，药效持续时间短，达不到长效目的；分解活性太弱，则给药量将不足，无法达到有效治疗浓度。

（3）聚合物骨架的亲水性和生物相容性　高分子药物能否发挥作用还与其亲水性和生物相容性有一定关系。因为与病变部位作用或者通过水解释放有效成分，都要求聚合物骨架有一定亲水性。解决这一问题除了选择亲水性聚合物作为骨架材料外，还可以通过在聚合物内引入非活性、无毒性亲水性基团解决。如果药物需要在脂肪组织中发挥作用，可以在骨架上引入亲脂性基团改善脂溶性。更为重要的是要求聚合物骨架具有良好的生物相容性，不对人体活组织产生刺激作用和过敏性反应，这一点对于静脉和肌肉给药方式特别重要。

与同类小分子药物相比，采用这种类型的高分子药物最显著的优点是药效延长。例如，通过高分子化将青霉素键合到乙烯醇和乙烯胺共聚物骨架上，得到的高分子抗生素的药效保持时间比同类小分子青霉素延长 30～40 倍。再比如，近来发现阿司匹林有抗血小板凝聚作用，对心血管疾病有一定的预防效果，对糖尿病的血糖也有一定控制作用。但阿司匹林对胃有很大的刺激性。将阿司匹林与聚乙烯醇进行熔融酯化形成高分子药物，则比游离的阿司匹林有更长的药效，因而可减少用量或减少用药次数来降低对胃的刺激。小分子药物经过高分子化后，有时药效也会发生变化，甚至可以大大提高药物活性。比如磺胺药经过与二羟甲基脲反应高分子化后，与其小分子同类药物相比，药效大大提高。

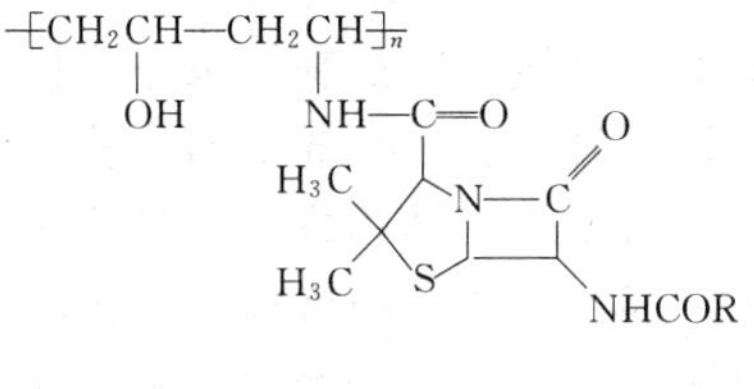

聚合型青霉素 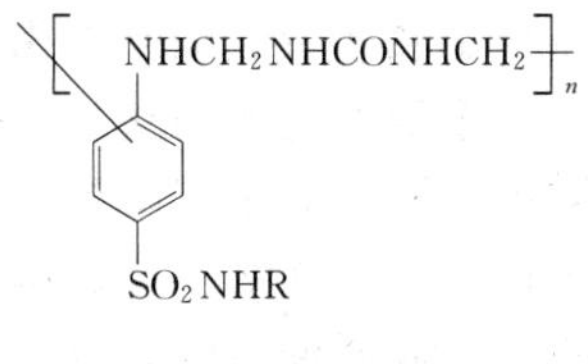　　　　　　　　　聚合型磺胺

3. 高分子配合物型药物

很多金属配合物都有很强的生理活性，已经作为临床药物使用，如抗癌药物顺铂。同样，很多高分子金属配合物通常也具有药物活性，由于其结构特殊，所以单独列出介绍。考虑到生物相容性和可生物降解性，目前使用最多的高分子配合物是天然高分子，主要是壳聚糖类、蛋白质类和磷脂类。其中甲壳素和壳聚糖金属配位化合物已经得到较深入的研究和开发利用[16]。壳聚糖金属配合物为含氧大环配合物，有些是优良的抗肿瘤药物。壳聚糖配合物抗肿瘤活性强于壳聚糖本身。多糖硒和低聚糖铬同样具有强药理活性。金属硫蛋白（metallothionein）[17]是一类分子量较低，富含半胱氨酸的金属蛋白高分子配合物，普遍存在于海洋生物和陆生生物中，以硫酯键方式与金属配位结合成正四面体结构。其生物活性涉及生物机体微量元素储存、运输和代谢、重金属解毒、拮抗电离辐射、清除自由基，以及机体生长、发育、生殖、衰老、肿瘤发生、免疫、应激反应等各个方面。据研究，羊栖菜抗肿瘤活性成分可能是砷配位化合物。由于高分子配位化合物的结构特点，既可保持药物的生理

活性，又可降低相应小分子配合物或金属离子的毒性和刺激性，还能因络合平衡而保持一定的药物浓度，达到低毒、高效和缓释的目的。

二、高分子缓释制剂

使用药物防治疾病时，除了药物的治疗作用以外，从人体的健康角度往往还要关注以下几方面问题：药物在体内的浓度和维持时间、在体内的吸收和排泄过程以及对肌体的毒副作用等。疾病的药物治疗需要药物在体内有比较理想的浓度和作用时间，能够发挥治疗作用的药物浓度称为该药物的有效浓度。药物浓度过高，会对身体健康产生不利影响；而药物浓度过则低不能发挥治疗作用。药物有效浓度往往需要在体内维持相当长的时间才能保证疗效。特别对于某些慢性疾病的治疗，减少服药次数，长时间维持药物有效浓度更为重要。近年来在医用高分子领域的研究中，长效药物和高分子药物缓释材料是最热门的研究课题之一，也是生物医学工程发展的一个新领域。药物缓释的目标是通过在服用药物之后对药物释放速度的有效控制，达到在一个较长时间内维持体内有效药物浓度，从而降低药物的毒副作用，减少抗药性产生，提高药物有效利用率。长效制剂还可以减少服药次数，减轻患者的痛苦，并能节省人力、物力和财力。药物缓释的方法有许多种，其中采用高分子缓释制剂的方法是最主要的途径。

1. 高分子药物缓释材料的分类与缓释机理

根据材料的来源不同，高分子药物缓释材料可分为天然高分子缓释材料和合成高分子缓释材料两大类。按其生物降解性能的不同，又可分为生物降解型和非生物降解型两类。根据高分子缓释材料的制剂形态划分，有微胶囊型、微球型、植入片型、包衣型、水凝胶型和薄膜型缓释剂。根据高分子材料与活性药物的结合形态划分，有包裹型、混合型和共价键连接型。这些分类方法在生产实践中都有应用。

根据药物控制释放的机理，高分子药物控制释放体系主要可以分为四种，即扩散控制体系、化学反应控制体系、溶剂活化体系和磁控制体系。扩散控制体系是药物通过扩散运动通过高分子膜或者高分子溶胀体系进入人体组织或系统，药物缓释过程通过高分子材料对药物分子的扩散路径控制和两者的相互作用力来实现。化学反应控制体系是药物小分子需要通过分解反应使与高分子骨架之间的化学键断开得到释放。这时小分子药物的释放速率由连接键的分解反应速率来控制。对于可降解高分子材料构成的缓释体系，材料的降解速率也是控制因素之一。对于均相降解和多相降解两种情况，其控制释放的机理也不相同。凝胶体系多发生均相降解，药物释放速度与降解反应速度和浓度成正比。植入式片剂多发生非均相降解，药物释放速度和释放时间除了与降解反应速度有关外，还受药物外表面积和制剂外形尺寸的控制。在溶剂活化体系中控制药物释放的是所用溶剂（多数为体液）对药物分子的溶解作用、对高分子载体的溶胀作用和药物分子的扩散作用等综合作用的结果，这时高分子材料的溶解和溶胀性能对于药物释放起关键作用。磁性药物控制释放体系是将药物与铁粉微粒混合，共同包埋在聚合物微型载体内构成磁性药物微粒。由于药物的磁性特征，其所载药物受到外磁场的作用控制释放。

高分子药物缓释制剂的制备方法需要根据其剂型的差别进行划分。对于微球和微胶囊药物缓释制剂的制备主要采用聚酯、聚氨基酸、聚原酸酯、聚碳酸酯、聚磷嗪等合成高分子或者壳聚糖等天然高分子为制备材料，在低沸点有机溶剂中将聚合物、药物小分子分散溶解；搅拌下加入到另一种适宜的悬浮介质中形成微乳状溶液；再经过溶剂提取或溶剂蒸发等方法使微乳固化转成微球或微胶囊。薄膜药的制备有两种方法：即溶剂蒸发成膜或者直接将药物与聚合物混合压制成膜。目前，使用较多的为第一种方法。片剂药制备是将药物与聚合物混合后压片或者在药物片剂上覆盖聚合物层进行包衣。亲水凝胶药物制剂的制备可以事先将药物与线性聚合物或单体混合，再通过交联剂交联形成含药凝胶；或者将制成的凝胶浸入药物溶液中，饱和后真空干燥。

2. 高分子药物缓释材料

（1）非生物降解型药物缓释高分子材料　这类材料不能在生物体内降解和代谢，因此较少作为静脉和肌肉给药，主要作为口服和外用药物使用。由于高分子骨架不被生物体消化吸收，可以通过肠道无害排出体外。这种类型的高分子药物缓释材料主要构成扩散控制释放体系。下面几类非生物降解型高分子材料已经获得应用。

① 乙烯-醋酸乙烯酯共聚物，其中醋酸乙烯酯作为连接药物小分子部分，加入的相对含量一般在 $30\% \sim 50\%$，可通过不同共聚合的方法来进行调节。主要作为外用药物制剂，用这种材料作载体释放毛果芸香碱可治疗青光眼，其缓释时间在 7 天以上。它还可以用于计划生育，以其为载体释放孕激素。

② 有机硅橡胶类，是目前用于医疗领域中重要的弹性高分子材料，其特点是生物惰性、无毒副作用、理化性质稳定。作为药物控制释放体系主要采用有机硅凝胶，其中交联的硅橡胶凝胶可作为疏水药物的载体进行控制释放，属于扩散控制体系。

③ 水溶性高分子，水溶性高分子的种类很多，如聚丙烯酰胺、聚丙烯酸等，这些材料经过适度交联都是制备水凝胶的高分子材料。水凝胶是一类亲水性高分子载体，具有较好的生物相容性。其凝胶形态对化学介质、pH 值、离子强度、温度、电场、光、机械应力等多种环境因素的改变敏感，因此药物释放速度可以通过多种手段控制，是一种新型药物制剂。

（2）生物降解性药物缓释高分子材料　能够生物降解的高分子材料既有天然高分子材料，也有合成高分子材料。天然高分子材料包括胶原、甲壳质衍生物、淀粉衍生物、明胶等。合成高分子材料包括聚酯、聚碳酸酯、聚原酸酯、聚亚胺、聚缩醛等，其中聚酯类应用得最多。在药物缓释制剂中采用可生物降解型高分子材料可以克服非降解型缓释材料不能静脉给药或者植入体内，药物释放完毕后载体必须从活体中取出的缺点。采用这种材料，当药物释放完毕后载体可以在体内进行降解，最后排出体外或参与活体的新陈代谢。例如聚乳酸和聚 α-羟基乙酸的降解产物为 CO_2 和 H_2O，都是正常的代谢产物，因此可以作为静脉给药制剂。生物降解高分子材料构成的多是化学反应控制释放体系，药物释放速率主要受分解或降解反应速度的控制。

3. 高分子药物释放材料的应用

（1）制备扩散控制药物释放体系　扩散控制释药体系是目前采用最广泛的药物缓释形式，一般分为储藏型（reservior devices）和基质型（matrix devices）两种。储藏型也称为包裹型，是用半透性高分子材料将药物包裹其中，在药物释放过程中，药物小分子通过扩散穿过高分子材料进入生物体内。主要剂型有包衣片、微孔胶囊、植入片等。高分子材料通常被制成球型、圆筒膜等形式，药物位于其中恒速释放。对于非生物降解型高分子材料，药物的释放一般主要通过外层高分子膜的微孔或者溶胀后形成的通道进行，这些微孔和通道允许小分子药物和体液通过。除了口服药之外，药物释放后剩余的基体高分子材料要通过一定方式取出。而这种剂型作为外用或口服时比较方便。例如，将一种治疗青光眼的药物夹在两层透明的乙烯与醋酸乙烯酯共聚物制成的微孔膜当中，将其放在眼内时，泪液通过微孔溶解药物，从而达到缓速释放的目的。这类高分子材料主要有硅橡胶、乙烯-乙酸乙烯共聚物、聚乙烯醇等。对于生物降解型高分子材料，药物恒速释放的条件是高分子膜的降解速度要大大慢于药物释放速度，这样才能实现扩散控制释放。这是因为在释放过程中，高分子膜的厚度变化要影响到药物释放速度。这种材料最大的优点是基体材料在药物释放完毕后不需要取出，经过生物降解后可以被生物体吸收或代谢。

基质型缓释体系也称为混合型，是将药物小分子与高分子材料均匀混合构成的剂型。在这种剂型中药物是以溶解或分散的形式与聚合物结合在一起，主要剂型有微球型、片剂型、薄膜型和水凝胶型等。当采用非生物降解高分子材料作为基体材料时，药物只能在聚合物溶胀状态下才能够通过扩散进入肌体，聚合物的交联程度和溶胀性能是控制释放速度的主要因素。一种典型的用乙烯-乙酸乙烯共聚物作载体的缓释药物（progestasert）已经成功用于生育控制，释放周期长达一年时间。对于生物降解型高分子材料，药物释放的状态既可受其在聚合物中溶解性的控制，也可受到基体材料降解速度控制。如果降解速度大大低于扩散速度，扩散成为释放的控制因素；反之，如果药物在聚合物中难以扩散移动，则降解速度成为药物释放的控制因素。生物降解型高分子材料已经成为药物控制释放材料的主要研究方向。

（2）制备化学反应控制药物释放体系　在这种控制体系中药物小分子通过共价键与高分子骨架连接，药物的释放需要通过在生物环境中的降解或分解反应，将小分子药物释放进入生物环境发挥药理作用。化学反应控制药物释放体系包括两种形式：即降解体系和侧链分解体系。前者是指药物载体是可生物降解聚合物，通过聚合物的降解反应释放处在聚合物主链或侧链的药物分子，后者则是聚合物主链不能在生物体内降解，或者其降解速度远远小于药物与聚合物骨架连接键的分解速度；这样聚合物与小分子药物之间化学键的分解速度就成为药物释放速度的主要控制因素。由于体内生物环境的特殊性，分解反应主要指水解反应。该药物释放体系制剂一般是基质型，主要直接制作片剂、微球、膜剂等使用。使用最多的高分子载体仍然是聚酯类，这是因为聚乳酸和聚 2-羟基乙酸的生物降解产物是乳酸和 α-羟基乙酸，对人体无害，并可以参与正常的生物代谢过程。该药物缓释系统的释药速度主要取决于生物降解速度或者化学键的水解速度。在非均相降解过程中，降解主要发生在药物制剂的表层，药物释放速度基本符合零级动力学过程，药物可以均衡释放。对于溶胀体系的均相降解过程，情况要复杂一些，药物释放速度受到多种因素的影响，而且往往是非恒速的。理想可生物降解药物载体要求具有以下几个特点：①具有疏水性、不溶胀特点；②具有较高的致密度，防止水分进入；③具有在生物环境下发生降解或水解的化学结构；④高分子本身和降解各阶段产物对机体无害；⑤具有合适的物理特性，如成膜性、润湿性、机械强度等，以满足制剂的需要。这类高分子材料的种类和结构非常多。制备这种类型的药物缓释制剂最重要的是要通过化学反应将小分子药物与聚合物骨架连接在一起，因此工艺比较复杂，成本也比较高。目前也没有统一的制备方法，需要根据具体药物进行选择。比如炔诺酮连接在聚羟烷基-L-谷氨酸酯上的药物已经进入临床实验，药物恒速释放可达到三个月以上。

对于那些小分子药物与高分子混合构成的药物缓释体系，当体系本身不允许小分子在体系内部扩散，本身又不能被体液溶解时，其药物释放速度也取决于高分子材料的降解速度，因此也应该列入化学反应药物缓释体系。在这种体系中，随着聚合物的降解，表层材料的溶解度增大，被逐步剥蚀，将混合其中的药物逐步释放。降解完成时，也药物释放完毕。这种体系最大的好处是制备方法简单，只要将高分子载体与药物混合制剂即可，因此使用范围较广。

随着生物技术的发展，高分子药物控制释放体系也赋予了许多新的医学内容，人们已经不能满足于药物的衡速释放，智能控制给药是人们的最终追求。例如，糖尿病人服用的降糖药只有在病人血糖过高时才需要释放，因此制备具有自动反馈功能的药物控制释放体系是将来发展的方向。

三、高分子导向制剂

在多数情况下，给药后药物在体内的分布是没有区分性或者区分性很小的。而药物能否发挥作用仅取决于能否被人体病变部位或者相关部位吸收。这种不分部位的药物吸收不仅浪费药物，也可能会对非病变组织造成不利影响。特别是那些对人体有毒副作用的药物更是如此。如何实现定向给药，使药物只在病变部位吸收，降低全身性毒副作用具有重要意义。导向药物，更普遍的说法称靶向药物，就是具有这种功能的药物制剂。在导向药物的研究方面功能高分子起着非常关键的作用。

高分子靶向药物是通过特定的高分子载体对受药部位具有选择性富集而实现定点给药的。根据给药目标的不同，将靶向药物分成器官靶向药物、组织靶向药物和细胞靶向药物，它们分属不同层次。器官靶向药物是指能够利用不同器官的代谢差异，造成在某些器官内相对富集的药物；组织靶向药物是指能够根据人体正常组织与病灶组织之间的某些差异；在病灶组织内富集的药物，一般比前者目标更准确；而细胞靶向药物则是根据高分子载体与细胞表面的特异性受体相互作用，在特定细胞内富集的药物，区分性最强。对于不同的医疗目的，采用的靶向药物应该有所区别。此外，上述三种靶向药物的作用机理是不同的，在制备靶向药物时应该给予特别关注。

根据药物导向作用机理不同，导向药物还分成被动导向、主动导向和物理导向药物三类。被动导向药物是指因为高分子药物自身的一些特点被药物受体机械滞留的药物，例如具有特定粒径范围和表面性质的微粒型高分子药物载体，在体内输送过程中被毛细血管机械滞留，或被肝、脾及骨髓中的巨噬细胞吞噬而浓集于某组织或器官中，这种机制即称为被动导向作用，该药物称为被动导向药物。此类药物制剂有脂质体、聚合物微粒、毫微粒等。主动导向药物则指药物本身具有自动寻找目标的功能，例如载体能与病变部位表面相关抗原或特定的受体发生特异性结合，使药物在病变部位富集的作用即称为主动导向作用，该类药物称为主动导向药物。具有上述主动导向载体多为单克隆抗体和某些细胞因子。如果能利用肿瘤部位与正常组织在温度、酸度方面的差异，或利用磁场作用使制剂定向移动，制剂到达肿瘤部位后释放药物时则称为物理导向作用，该类药物被称为物理导向药物。主动导向药物主要依靠单克隆等生物大分子作用，属于生物工程范畴。高分子载体药物主要作为被动导向药物。其中微粒和毫微粒制剂作为导向药物制剂载体是近年来国内外一个极为重要的研究热点，也是整个靶向给药系统中发展较快的领域。这类载体从制备技术上可以分成两类：一类为包覆型载体，另一类为化学交联型载体。前者是通过导向高分子将药物包裹作用制成被动性导向药物，后者利用特异性或非特异性大分子物质，通过与药物结构化学交联达到主动或被动导向的目的。

1. 包覆型载体系统

这类靶向药物的靶向机理是荷药微粒通过被毛细血管机械滞留或被肝、脾及骨髓中的巨噬细胞吞噬而浓集于某组织或器官中起导向作用，因此属于被动导向药物。靶向功能通过药物制剂形式实现。其制剂形式主要有以下几种。

(1) 脂质体制剂 脂质体是以磷脂双分子层为载体的药物制剂。自 1960 年脂质体被第一次提出以后，由于它可包封水溶性和脂溶性药物，能改变药物在体内的分布，并能靶向性释药；因此引起了医药界的广泛注意和深入研究。特别是静脉注射脂质体，由于能选择性地分布于具有吞噬作用的网状内皮组织，从而导致某些器官组织对包封药物的相对富集，其中肝、脾等脏器尤为显著，是器官靶向药物类型。20 世纪 70 年代以来，出现了多种改性脂质体，如通过聚乙二醇修饰制备长效脂质体，利用高分子脂质体提高制剂在体内的稳定性，增加制剂在血液中的循环寿命。利用体内局部环境的酸性、温度及受体的差异，制备了 pH 敏感脂质体、温度敏感脂质体及免疫脂质体等。脂质体的靶向作用比较明显，例如多柔比星脂质体药物静脉注射于正常小鼠，在肝脾中脂质体的药物浓度比游离药物浓度增加 10 倍，并能长时间维持较高组织浓度而较少进入骨髓、心肌及神经组织。实现了对肝脾脏器的定向给药。

（2）微球制剂　微球是以白蛋白、明胶、淀粉、葡聚糖、聚乳酸等天然或合成高分子为材料制成的球形载体药物制剂，包括微粒和微囊；前者是混合型，后者是包裹型，直径一般为 $0.3\sim100\mu m$，有的可达 $300\mu m$ 以上。在临床上可用于动脉栓、口服或注射等给药方式。微球在体内运输过程中能选择性地被特定的器官和组织截留吸收，因此具有靶向给药性质。而微球在体内各器官和组织中的分布与微球粒径大小及服药方式有关。对肌肉或皮下注射而言，粒径小于 $10\mu m$ 的微球能被巨噬细胞吞噬而转移到注射部位的淋巴结及毛细血管中；而粒径大于 $10\mu m$ 的微球停留在注射部位，由于聚合物降解，微球粒径减小或分成几部分被巨噬细胞吞噬。对口服微球而言，粒径大于 $10\mu m$ 的微球不能被胃肠有效吸收，粒径小于 $10\mu m$ 的微球经胃肠道可被小肠集合淋巴结吸收；吸收后粒径大于 $5\mu m$ 的微球仍滞留在肠道集合淋巴结的巨噬细胞中，而粒径小于 $5\mu m$ 的微球停留一段时间后可通过淋巴转移到肠系膜淋巴结，进而进入血液循环。经注射或口服进入血液的微粒，粒径大于 $7\mu m$ 的可被肺机械摄取，富集于肺组织中；粒径在 $0.1\sim5\mu m$ 的微球很快被网状内皮系统的吞噬细胞从血液中吸收消除并到达网状内皮组织丰富的肝、脾组织中；而粒径小于 $0.1\mu m$ 的微球可到达骨髓等组织中。微球制剂适应性比脂质体强，药物可以成分子或微粉状态分散在微球材料中，无论是制备工艺还是材料选择，微球制剂比脂质体制剂要简便得多。目前国内外研究得较多的主要是一些临床上用于动脉血管栓塞化疗的微球制剂，根据它们能否生物降解又可分为生物降解微球和非生物降解微球两类。可生物降解微球包括变性淀粉微球、白蛋白微球、明胶微球、聚乳酸微球、葡聚糖微球等制剂。非生物降解微球包括聚乙烯醇微球、乙基纤维素微球、乙基纤维素微囊等。其中白蛋白微球可以用热变性工艺制备，聚乳酸微球可以用溶剂蒸发工艺制备，聚乙烯醇微球可以用乳化聚合法制备，乙基纤维素微囊可以用相凝聚法制备。部分已经上市的聚合物微球抗肿瘤药物制剂列于表 9-6 中[18]。

表 9-6　用于临床研究的抗肿瘤药物聚合物微球制剂

聚合物	包埋药物	制剂作用	适应症	病例数
淀粉	丝裂霉素 C	药物化疗	转移性肝癌	24
淀粉	丝裂霉素 C	药物化疗	不可切除性肝瘤	39
淀粉	5-氟尿嘧啶	药物化疗	胃癌	18
淀粉	5-氟尿嘧啶	药物化疗	转移性肝癌	14
白蛋白	—	肿瘤栓塞	转移性肝癌	7
白蛋白	阿霉素	药物化疗	乳腺癌	1
明胶	—	肿瘤栓塞	不可手术性肝癌	9
PLGA	戈舍瑞林醋酸盐	激素治疗	前列腺癌	38
PLGA	亮丙瑞林醋酸盐	激素治疗	前列腺癌	53

除上述几种微球制剂外，近年来还常见免疫微球和磁性微球的报道。免疫微球制剂是抗体、抗原被包裹或吸附于聚合物微球上而具有免疫活性的微球制剂，属于主动导向药物制剂。它的用途很广，除可用于抗癌药物的靶向给药之外，还可用来标记和分离细胞。磁性微球制剂是含有磁性材料的微球，给药后在体外施加磁场，在外磁场引导作用下，这种微球能选择性地集中在病灶部位，大大提高治疗效果，减轻对正常组织的伤害，属于物理导向药物。另外，近年来还发展了一种免疫磁性微球，它是先制得普通磁性微球，在其表面引入活性基团，再通过偶联反应将抗体、酶或免疫毒素结合到微球上，这样可显著提高药物导向的准确性。

（3）毫微粒（包括毫微丸、毫微囊）制剂　毫微粒是一类由天然高分子或合成高分子材料制成的粒径为纳米级的固体颗粒，因此也有人称其为纳米药物或纳米制剂。它能明显改变药物的体内分布方式、释放速度及生物利用度。实验研究证明，这类制剂的靶向部位主要在肝脏，故作为治疗肝、脾疾病的药物载体前景良好。近年来，这类制剂正加紧其实用化研究，特别是作为抗肿瘤靶向制剂的实用研究。目前已在临床试用的药物剂型有 5-氟尿嘧啶毫微粒制剂、狼毒乙素毫微粒制剂等。另外，由于可以被肠道直接吸收，胰岛素毫微粒为糖尿病人口服给药开辟了一条新途径，免除一天三餐注射的困扰。

2. 化学键合型载体系统

除了上述的高分子导向制剂之外，通过将药物分子以可以控制解离的化学键连接在高分子骨架上制成高分子载体药物，可以靠溶酶体吞噬、抗体结合以及受体-特异性糖残基结合等取得二级或三级靶向的高分子载体药物。例如，能够在特定位置大分子自身解聚或在酶的作用下共价键断裂而在靶区释药的多柔比星偶联在聚（N-2-羟基甲基丙烯酰胺）上形成的高分子药物制剂，丝裂霉素与葡聚糖共聚物构成的高分子制剂等。为了促进药物集中于病变部位，有利于病变组织对药物的吸收，还可以在聚合物骨架上直接引入定向引导结构，这种结构对病变组织有较强的亲和力，具有主动靶向性质。例如一种具有下面结构的抗癌新药即有这种性质。其中聚合物骨架为聚谷氨酸，亲水性增溶基团为羧基，抗肿瘤药部分为对苯二胺，免疫球蛋白为引导体[19]。

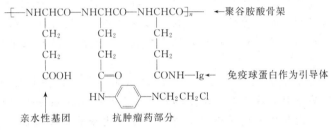

近年来，还有一种称为亚细胞靶向高分子载体药物制剂进入药物制剂的研究领域，主要指溶酶体指向性高分子载体药物。这类高分子载体药物体系能够被溶酶体选择性水解并释放出抗肿瘤药物，其作用机理是肿瘤细胞比正常细胞的溶酶体活性高很多，高分子载体药物经细胞膜的内噬作用而进入细胞，接着被溶酶体水解，放出小分子药物。研究表明，多种短肽具有溶酶体指向性，如以 Gly-Phe-Leu-Gly 作为间隔基合成含阿霉素（ADM）的聚（N-2-羟丙基）甲基丙烯酰胺（HPMA）及侧链含有半乳糖胺的 HPMA-ADM 复合物，对小鼠黑色素瘤等都有较好疗效，毒副作用较小[20]。

本 章 小 结

1. 医用高分子材料是指应用于临床的生物功能高分子材料，根据材料的性质划分，包括生物惰性高分子材料、可生物降解高分子材料、药用高分子材料。根据用途来划分，有治疗用高分子材料、人造器官用高分子材料和药用高分子材料。

2. 医用高分子材料通常需要解决血液相容性、组织相容性、生物惰性和可生物降解等问题，血液相容性主要是指不发生凝血或溶血现象，组织相容性主要是指不发生排异反应和产生刺激作用，生物惰性主要指在生物环境下不发生化学反应，可生物降解主要是指材料在生物环境下可以降解成小分子并被排泄或代谢。

3. 高分子材料的生物相容性（包括血液相容性和组织相容性）与材料的界面性质相关，改善高分子材料的生物相容性主要有以下几种方法：采用强亲水或强疏水性界面材料，采用亲水和疏水相分离的嵌段共聚材料，在材料表面引入生物相容性物质，使材料表面带负电荷以及采用组织工程在材料内壁生成伪内膜。

4. 在临床使用的生物惰性高分子材料有两方面的要求，一方面在生物环境下材料自身是安全稳定的，在酸、碱和酶存在下不发生降解、老化、干裂、溶解等过程而失去使用性能；另外一方面是材料本身不对生物环境产生不利影响，包括生物相容性、过敏、致癌和刺激等问题。常用的生物惰性高分子材料主要包括有机硅树脂、聚氨酯、聚烯烃、聚乙烯醇等以及它们的衍生物。生物惰性高分子材料主要作为软组织和硬组织替代材料，治疗辅助材料使用。

5. 生物可降解高分子材料在生物环境下可以发生水解或酶解，生成的小分子无毒并可以通过生物的代谢循环被肌体吸收或排泄。根据材料的来源不同，包括天然可生物降解材料和人工合成可生物降解材料。前者主要包括以纤维素、甲壳素、胶原蛋白、海藻酸等衍生物为原料制备的医用和药用材料；主要依靠生物体内的酶解反应降解，降解产物多数都是人体内的常见可代谢物质。人工合成的可降解高分子材料主要有聚酯类、聚酸酐类和聚磷嗪类，在体内主要发生水解反应，其降解小分子产物可以通过代谢排除体外或者被人体吸收利用。通过分子设计可以得到预期寿命的医用和药用可降解材料。

6. 用于人造器官和人造组织的高分子材料除了需要具备生物相容性、生物惰性等性质之外，还要求材料有替代组织器官的特殊功能，这些功能包括选择性透过功能、吸附功能、物理力学功能等。采用功能高分子材料研究制造人造心脏、人造肝脏、人造肾脏、人造肺等是主要发展方向。利用高分子材料的物理和化学功能，制造的人造软组织和人造硬组织材料已经获得广泛应用。

7. 采用功能高分子材料，利用生物组织工程技术制备具有完全生物功能的人造器官和组织是医学科技领域的重要发展方向。在生物组织工程中使用的高分子材料一般要求具有良好的生物相容性、理想的物理结构和力学性能、可以被生物降解和吸收（排泄）、具有特殊的生物活性等，目前以功能高分子材料为基础研究制造的人工皮肤、人工骨、人工血管和其他管状器官、人工脏器等已经获得一定进展。

8. 药用高分子材料属于治疗性医用材料，主要包括高分子药物、高分子缓释制剂材料、高分子导向制剂材料等。药用高分子材料通常具有小分子同类物所不具备的性质，可以提高药物的作用效果、作用部位和作用时间。

9. 高分子药物是指高分子本身具有药物功能的材料。主要有骨架型高分子药物、接入型高分子药物、配位型高分子药物。在高分子药物中不仅官能团参与药效作用，高分子的相关性质，包括高分子骨架结构、分子量及其分布状态等都起一定作用。

10. 缓释制剂是指那些用于控制药物释放时间和速率而采用的药物剂型，在其中起主要作用的高分子材料称为缓释制剂材料。根据控制释放机理。有扩散控制释放体系、化学反应控制释放体系、溶剂活化控制释放体系和磁控释放体系。其中扩散控制释放体系又可以分成储藏型和基质型两类，分别依靠药物在高分子膜和高分子凝胶中的溶解和扩散作用控制药物释放速度。在化学反应控制体系中可以分成降解体系和侧链分解体系，其中降解反应还有均相降解（发生在凝胶型制剂）和非均相降解（发生在制剂的表面）。不同降解机理，药物的释放模式不同。

11. 高分子导向制剂是指能够在人体特定部位、特定器官、特定组织或特定细胞定点给药的药物制剂，在其中起主要作用的高分子材料属于导向制剂材料。导向制剂根据导向方式可以分为主动导向制剂、被动导向制剂和物理导向制剂。根据导向目标不同，有器官靶向、组织靶向和细胞靶向。药物导向的实现主要依靠导向制剂材料的空间尺寸大小、物理化学性质、与靶向目标的相互作用、外界施加的条件等复杂过程实现。导向制剂可以最大限度发挥药物治疗作用，限制药物的毒副作用。

思考练习题

1. 医用高分子材料往往需要具有良好的生物相容性，包括血液相容性和组织相容性，指出这两种相容性的主要差别是什么？分别给出设计思路使高分子材料具有这两种相容性？讨论表面改性技术如何提高高分子材料的生物相容性？

2. 生物惰性高分子材料要求在生物环境下自身惰性，并且对接触的生物组织惰性，分析两种惰性之间有哪些不同点和相同点？目前有一种医用材料在作为介入治疗管线使用时表现出良好生物惰性，但是在作为胃镜套管使用时却很快损坏，根据使用环境不同解释上述现象？

3. 多数天然来源的可生物降解高分子材料属于多糖和蛋白质，在生物环境下这些材料的降解产物对人体无害并可以被人体吸收代谢，根据学过的化学知识讨论这些高分子材料的降解机理和降解过程，并指出主要代谢产物。

4. 合成可降解高分子材料中使用最多的是聚酯和聚酸酐，根据掌握的化学知识解释其降解机理是什么？考虑到医用高分子材料的使用环境，采用这类材料时应该注意哪些？聚乳酸材料在体内的应用最普遍，从其降解产物分析其中的原因。

5. 可降解高分子材料在体内使用时需要控制降解材料的降解速度，以保证其有一定使用寿命。讨论分析可降解材料的降解速度都与哪些内外因素相关？以聚乳酸材料为例，给出调节其使用寿命的主要方法有哪些？

6. 分析讨论引入高分子骨架之后，药物物理化学性质通常都会发生哪些明显变化，以右旋糖酐为例说明分子量（或者聚合度）对药效有哪些影响？尝试分析其作为代血浆的作用机制。

7. 讨论高分子缓释型药物是如何实现药物释放速度控制的？缓释型药物在治疗上具有哪些意义？分析如何利用体内外条件控制药物释放速度？讨论药物的控制释放与高分子材料和药物分子的相互作用关系，药物分子与高分子缓释材料结合的方式如何影响其缓释效果？

8. 将治疗用药物定点送到指定部位或指定器官的药剂成为导向制剂。讨论分析高分子导向制剂的导向机理有哪些？高分子材料的哪些属性可以在导向过程中发挥作用？

参考文献

[1] 陈明亮. 化工新型材料, 1997, (9): 11.
[2] 曹宗顺, 卢凤琦. 化学通报, 1994, (7): 15.
[3] 杨明京, 周成飞, 乐以伦, 生物医学工程学杂志, 1990, 7 (1): 59.
[4] A Nakajima. Kunming International Symposium on Polymeric Biomaterial, 1998, 4.
[5] 苑文英, 田呈祥. 化工新型材料, 2000, 28 (8): 29.
[6] 计剑、邱永兴、俞小洁等, 功能高分子学报, 1995, 18 (2): 225.
[7] 柳君, 杨会然. 河北化工, 1998, (4): 15.
[8] 周志彬, 黄开勋, 陈泽宪等. 中国药学杂志, 2001, 36 (2): 76.
[9] Allcock H R. *Angew Chem Int*, Ed Engl, 1977, 16: 147.
[10] Reich G, *Leder*, 1995, 46 (8): 192.
[11] 朱梅湘, 穆畅道, 林炜等. 化学世界, 2003, (3): 161.
[12] 田卫东, 李声伟, 邓楠等. 中国口腔种植学杂志, 1999, 4 (1): 7.
[13] 徐志飞, 秦雄, 赵学维等, 中华胸心血管外科杂志, 2002, 18 (5): 301.
[14] 郝葆青, 尹光福, 余利民等. 生物医学工程学杂志, 2002, 19 (1): 140.
[15] K Hayashi. Biorheology, 1982, (19): 425.
[16] 朱旭祥, 赵铮蓉. 中国海洋药物, 2000, 19 (3): 42.
[17] 茹炳根. 全国首届海洋生命物质与天然物学术讨论会论文集, 1996, 11: 69.
[18] 邓先模, 李孝红. 高分子通报, 1999, (5): 95.
[19] C F Rawland G J O' neil and D A L Davies, Nature, 1975, 255: 487.
[20] Y Ohya et al. React Polym, 1991, (15): 153.

第十章 高分子纳米复合材料

纳米材料及其纳米技术是 20 世纪末兴起的最重要的科技新领域之一，也是对当今社会产生重大影响的重要实用技术。很多人认为纳米科学与技术产业的发展将为世界各国在新世纪里争取经济发展的有利地位提供重要机遇，纳米材料与纳米技术已经成为当今世界大国争夺的战略制高点。美国自 1991 年开始将纳米技术列为"政府关键技术"及"2005 年战略技术"；日本的"材料纳米技术计划"，西欧的"尤里卡"计划，我国的"863 规划""十五计划"等都将纳米材料与纳米技术列入重点研究开发方向。随着人们对纳米材料与纳米技术领域的深入了解，纳米科学理论的日益成熟，纳米材料的研究领域正在不断扩大，已经从对纳米晶体、纳米非晶体、纳米相颗粒材料的研究扩展到了对各种纳米复合材料、纳米结构材料和其他纳米实用技术研究领域。其中聚合物纳米复合技术与复合材料是当今发展最为迅猛，距离实用化最为接近的纳米科学领域。为此本书将高分子纳米复合材料列为本书的第十章进行介绍。

第一节 高分子纳米复合材料概述

一、纳米材料与纳米技术

纳米材料和纳米技术应该说是两个完全不同的概念，在内涵和使用范畴上分属两个不同领域。但是纳米材料又是与纳米技术紧密相关的，离开了纳米技术，纳米材料就失去了支撑点。高分子纳米复合材料是建立在纳米技术基础上，归属于纳米材料的一个重要分支。因此在介绍高分子纳米复合材料之前，有必要对纳米材料、纳米技术、纳米效应、纳米复合材料等相关内容进行简单介绍。

1. 纳米和纳米结构

人类对物质的认识分为两个层次，即宏观层次与微观层次。前者以人的肉眼可见的物体为下限，其理论基础基本上是以经典力学为基础；后者则以分子、原子或原子核为研究对象，其理论基础是量子力学和相对论。然而随着人们认识世界的不断深入，发现在宏观和微观领域之间存在着一个不同于上述两个领域的所谓介观领域：从尺度上讲，这个领域包括了从亚微米到纳米尺寸范围；从研究内容上讲，在这个领域中物质的性质有时既不能用经典力学、电磁学等加以解释，也不能单纯用量子力学等理论来理解，需要一个全新的理论和视角。研究上述领域的客观规律就构成了所谓的纳米科学。

纳米（nanometer）是一个长度单位，$1nm=10^{-3}\mu m=10^{-9}m$，通常界定 $1\sim100nm$ 的体系为纳米体系。由于这个尺度空间略大于分子的尺寸上限，恰好能体现分子间强相互作用，具有这一尺度物质粒子的许多性质均与常规物质相异。也正是这种特异性质引起了人们对纳米的广泛关注。

纳米结构定义为以具有纳米尺度的物质单元为基础，按一定规律构筑或营造的一种新结构体系，称为纳米结构体系。纳米结构体系包括一维纳米层状结构、二维纳米线状结构、三维纳米点状结构，分别指研究对象至少有一维、二维和三维尺寸处在 $1\sim100nm$ 尺度区域内；相应的材料分别被称为纳米膜、纳米线和纳米颗粒。如果按照以宏观角度对材料划分的原则，上述材料又分别称为二维材料、一维材料和零维材料。

2. 纳米技术

纳米技术的基本涵义是指在纳米尺寸范围内对物质的加工、分析、表征、利用等相关技术。纳米技术的出现标志着人类控制自然领域的能力进一步扩大。从总体上来说，纳米技术是一门需要借助现代科学技术手段的实用科学技术，是量子物理、量子化学与现代微电子技术、计算机技术、显微技术和热分析技术结合的全新领域。这是因为在纳米尺度上对物质进行加工处理、分析表征、操纵控制都需要特殊的技术手段。在此基础上研究开发出了纳米加工制备技术、纳米分析表征技术、纳米操控技术等。目前在纳米技术领域最显著的现代技术主要有扫描隧道显微镜技术（scanning tunnel microscope，STM），利用 STM 不仅可以直接观察到原子和分子，而且能够直接操纵和安排原子和分子。原子力显微技术（atomic force microscope，AFM），AFM 可以对数十个，甚至数个分子进行操控，其微型化学反应被称为针尖上的化学。除上述 STM 和 AFM 技术与设备之外，还有摩擦力显微镜、激光力显微镜、磁力显微镜、静电力显微镜、扫描热显微镜、扫描离子电导显微镜和扫描近场光学显微镜等微表征和微加工设备与技术，它们分别对应于不同的应用范围和场合，共同构成了纳米技术的水平标志。

3. 纳米材料

广义上，纳米材料是指在三维空间中至少有一维处于纳米尺度范围的物质，或者由它们作为基本单元构成的复合材料。一维纳米材料是厚度处在纳米范围的膜型纳米材料；二维纳米材料是其中两维尺寸处在纳米范围的丝状纳米材料，而三维尺寸均在纳米范围的则称为纳米粉或者纳米颗粒。根据构成材料物质属性的不同，可以分成金属纳米材料、半导体纳米材料、纳米陶瓷材料、有机纳米材料等。当上述纳米结构单元与其他材料复合时则构成纳米复合材料。纳米复合材料中包括无机-有机复合、无机-无机复合、金属-陶瓷复合、聚合物-聚合物复合等多种形式。

二、纳米效应

处于纳米尺度下的物质其电子的波性以及原子之间的相互作用将受到尺度大小的影响，诸如热学性能、磁学性能、电学性能、光学性能、力学性能和化学活性等会出现与传统材料迥然不同的性质，称其为纳米效应。表现出的独特性能往往无法用传统的理论体系加以解释。一般认为，当材料的尺寸进入纳米范围后导致纳米材料独特性能主要基于以下 4 种基本纳米效应。

1. 表面效应

作为颗粒状材料，其表面积与直径的平方成正比，其体积与直径的立方成正比，故其比表面积（表面积/体积）与直径成反比。随着颗粒直径变小，比表面积将会显著增大，而当微粒的直径降低到纳米尺度时，比表面积会非常大，这样处在表面的原子或离子所占的百分数将会显著地增加。而处在表面的微粒由于缺少相邻的粒子则出现表面的空位效应，表现出表面粒子配位不足，表面能会大幅度增加。这种表面能随着粒径减小而增加的现象称为表面效应。当颗粒直径大于 100 nm 时，颗粒表面效应可忽略不计，但是尺寸小于 100 nm 时，其表面原子所占百分数急剧增长，甚至达到 20% 以上。1g 超微颗粒表面积的总和可超过 100 m²，这时的表面效应将十分明显。表面效应使表面原子或离子具有高活性，极不稳定，易于与外界原子结合。如金属的纳米颗粒在空气中会燃烧，无机的纳米颗粒暴露在空气中会吸附气体并与气体发生反应，皆由纳米表面效应所致。

2. 小尺寸效应

随着颗粒尺寸变小所引起的宏观物理性质的变化称为小尺寸效应。这些效应主要反应在小尺寸颗粒在熔点、磁学、电学和光学性能等方面均与大尺寸同类材料明显不同。

（1）**光学性质** 当材料的尺寸小于可见光波长时，其光的吸收、反射、散射能力会发生较大变化。例如，金属纳米颗粒对光的吸收率提高，反射率降低，大约几微米的厚度就能完全消光，各种纳米级金属粉末因此均呈黑色。利用这个特性可以作为高效率的光热、光电等转换材料，可以高效率地将太阳能转变为热能、电能。纳米级的无机盐颗粒对可见光有绕射作用，因此加入纳米级填加剂的复合材料可以做到无色透明。这种由于颗粒直径尺寸减小引起的光反射与光绕射性质的变化称为纳米材料的光学效应。

（2）**热学性质** 固态物质在具有较大外形尺寸时熔点是相对固定的，这就是为什么人们用测量熔点作为定性分析手段的道理。然而，当固体颗粒外部尺寸进入纳米范围之后，其熔点将显著降低，当颗粒小于10nm量级时尤为显著。例如，金的常规熔点为1064℃，当颗粒尺寸减小到10nm时，则降低27℃；2nm时的熔点仅为327℃左右。这种由于外形尺寸变化引起熔点的变化称为纳米材料的热效应。

（3）**磁学性质** 人们发现颗粒状磁性材料的矫顽力与颗粒的尺寸有关系，例如大块纯铁的矫顽力约为80A/m，而当颗粒尺寸减小到10nm时，其矫顽力可增加1000倍。但是若进一步减小其尺寸，如小于6nm时，其矫顽力反而降低到零，呈现出超顺磁性。利用磁性超微颗粒具有高矫顽力的特性，可以制作高密度信息存储材料。利用超顺磁性，可以将磁性纳米颗粒制成用途广泛的磁性液体。这种材料磁学性质由于外部尺寸变化而变化的现象称为纳米材料的磁效应。

（4）**力学性质** 陶瓷材料在通常情况下呈脆性，然而由纳米颗粒压制烧成的纳米陶瓷材料却具有良好的韧性。这是因为纳米材料具有大的界面，界面上的原子排列是相当混乱的，原子在外力下很容易迁移，因此表现出甚佳的韧性和一定的延展性。此外呈纳米晶粒的金属要比传统的粗晶粒金属硬3～5倍。这种力学性质的变化称为纳米材料的力学效应。

除此之外，纳米颗粒的小尺寸效应还表现在超导电性、介电性能、声学特性以及化学性能等诸多方面。

3. 量子尺寸效应

所谓量子尺寸效应是指当颗粒状材料的尺寸下降到某一值时，其费米能级附近的电子能级由准连续转变为分立的现象和纳米半导体微粒存在不连续的最高占有轨道和最低空轨道，能隙呈现变宽现象，即出现能级的量子化。这时纳米材料能级之间的间距随着颗粒尺寸的减小而增大。当能级间距大于热能、光子能、静电能以及磁能等的平均能级间距时，就会出现一系列与块体材料截然不同的反常特性，这种效应称之为量子尺寸效应。量子尺寸效应将导致纳米微粒在磁、光、电、声、热、化学以及超导电性等特性与块体材料的显著不同，例如，纳米颗粒具有高的光学非线性及特异的催化性能均属此列。

4. 宏观量子隧道效应

微观粒子具有穿越势垒的能力称之为隧道效应。近年来，人们发现一些宏观的物理量，如纳米颗粒的磁化强度、量子相干器件中的磁通量以及电荷等也具有隧道效应，它们可以穿越宏观系统的势垒而产生变化，称为宏观量子隧道效应。利用宏观量子隧道效应可以解释纳米镍粒子在低温下继续保持超顺磁性的现象。这种效应和量子尺寸效应一起，将会是未来微电子器件发展的基础，它们确定了微电子器件进一步微型化的极限。

三、纳米材料的制备方法

目前所说的纳米材料制备方法主要是指使材料外观尺寸纳米化的方法。目前有诸多纳米材料制备方法可供选择。若将其制备方法进行简单的分类，可分为物理纳米化法和化学纳米化法两大类。

1. 物理纳米化方法

（1）真空冷凝法 通过块体材料在高真空条件下挥发成蒸气，然后冷凝成纳米颗粒的方法。其过程是采用高真空下加热块体材料，使金属等块体材料原子化或形成等离子体蒸气，然后快速冷却，最终在冷凝管上获得纳米粒子。真空冷凝方法特别适合制备金属纳米粉，通过调节蒸发温度场和气体压力等参数，可以控制形成纳米微粒的尺寸。用这种方法制备的纳米微粒的最小直径可达 2nm。真空冷凝法的优点是纯度高、结晶组织好及粒度可控且分布均匀，适用于任何可蒸发的元素和化合物；缺点是对加工技术和设备的要求较高。

（2）机械球磨法 该方法以粉碎与研磨相结合，利用机械能来实现材料粉末的纳米化。机械球磨法适合制备脆性材料的纳米粉。适当控制机械球磨法的研磨条件，可以得到单纯金属、合金、化合物或复合材料的纳米超微颗粒。机械球磨法的优点是操作工艺简单，成本低廉，制备效率高，能够制备出常规方法难以获得的高熔点金属合金纳米超微颗粒。缺点是颗粒分布太宽，产品纯度较低。

（3）喷雾法 喷雾法是通过将含有制备材料的溶液雾化，然后溶剂挥发后凝结制备成微粒的方法。喷雾法适合可溶性金属盐纳米粉的制备。制备过程需要首先制备金属盐溶液，然后将溶液通过各种物理手段雾化，再经物理、化学途径转变为超细粒子。主要有喷雾干燥法、喷雾热解法。喷雾干燥法是将金属盐溶液送入雾化器，由喷嘴高速喷入干燥室，溶剂挥发后获得金属盐的微粒，收集后焙烧成超微粒子。铁氧体的超微粒子可采用此种方法制备。通过化学反应还原所得的金属盐微粒还可以得到该金属纳米粒子。

（4）冷冻干燥法 这种方法也是首先制备金属盐的水溶液，然后将溶液冻结，在高真空下使水分升华，原来溶解的溶质来不及凝聚，则可以得到干燥的纳米粉体。粉体的颗粒可以通过调节溶液的浓度来控制。采用冷冻干燥的方法可以避免某些物质溶液黏度大，无法用喷雾干燥法制备的问题。

2. 化学方法

（1）气相沉积法 该法是利用化合物蒸气的化学反应来合成纳米微粒的一种方法。气相沉积法可分成有基底沉积和无基底沉积，前者多用于制备薄膜型材料，后者可以制备纳米级微粒。其原理是利用气态的先驱反应物，使得气态前驱体中的某些成分分解，形成纳米微粒。这种方法获得的纳米颗粒具有表面清洁、粒子大小可控制、无黏结及粒度分布均匀等优点，易于制备出从几纳米到几十纳米的非晶态或晶态纳米微粒。该法适合用于单质、无机化合物和复合材料纳米微粒的制备过程。

（2）化学沉淀法 该法属于液相法的一种。常用的化学沉淀法可以分为共沉淀法、均相沉淀法、多元醇沉淀法、沉淀转化法以及直接转化法等。具体的方法是将沉淀剂加入到包含一种或多种离子的可溶性盐溶液中，使其发生化学反应，形成不溶性氢氧化物、水合氧化物或者盐类而从溶液中析出，然后经过过滤、清洗，并经过其他后处理步骤就可以得到纳米颗粒材料。其优点是工艺简单，适合于制备纳米氧化物粉体。缺点是纯度较低，且颗粒粒径较大。

（3）水热法 该法是在高温、高压反应环境中，采用水作为反应介质，使得通常难溶或不溶的物质溶解、反应。水热合成技术具有两个特点，一是其相对低的反应温度，二是在封闭容器中进行，避免了组分挥发。水热条件下粉体的制备有水热结晶法、水热合成法、水热分解法、水热脱水法、水热氧化法和水热还原法等。近年来还发展出电化学水热法以及微波水热合成法。前者将水热法与电场相结合，而后者用微波加热水热反应体系。与一般湿化学法相比较，水热法可直接得到分散且结晶良好的粉体，不需作高温灼烧处理，避免了可能形成的粉体硬团聚，而且可通过实验条件的调节来控制纳米颗粒的晶体结构、结晶形态与晶粒纯度。

（4）溶胶-凝胶法　该方法实质是将前驱物在一定的条件下水解成溶胶，再转化成凝胶，经干燥等低温处理后，制得所需纳米粒子。前驱物一般用金属醇盐或者非醇盐。溶胶-凝胶（Sol-Gel）法适合金属氧化物纳米粒子的制备。无机材料的制备大多要经过高温的退火处理，而溶胶-凝胶法的优点之一是可以大大降低合成温度，反应条件温和。除了制备纳米粉体以外，该法还是制备有机-无机纳米复合材料的有效方法之一。

（5）原位生成法　该法也称为模板合成法，是指采用具有纳米孔道的基质材料作为模板，在模板空隙中原位合成具有特定形状和尺寸的纳米颗粒。模板可以分为硬模板和软模板两类。常见用于合成的模板有多孔玻璃、分子筛、大孔离子交换树脂等。这些材料也称为介孔材料。根据所用模板中微孔的类型，可以合成出诸如粒状、管状、线状和层状指定结构的材料，这是其他纳米制备方法所做不到的。但是这种方法作为大规模生产技术还有相当难度。

综上所述，目前纳米颗粒的制备方法，以物料状态来分基本上可归纳为固相法，液相法和气相法三大类。固相法制备的产物易固结，需再次粉碎，成本较高。物理粉碎法工艺简单、产量高，但制备过程中易引入杂质。气相法可制备出纯度高，颗粒分散性好，粒径分布窄而细的纳米微粒。近年来采用液相的化学方法加工纳米颗粒显示出巨大的优越性和广阔的应用前景。这是因为依据化学手段，往往不需要复杂的设备仪器，并可以获得规模化生产，这是物理法无法比拟的。

四、纳米结构材料

纳米结构材料（nanostructured materials）是一类重要的纳米材料[1]，与广义的纳米材料相比，其既有相同特点，也有区别之处。纳米结构材料是指含有纳米单元的结构材料，即首先是具有宏观尺寸的结构材料，同时又具有纳米材料所具有的微尺寸性质。通俗讲，目前所指的纳米结构材料就是纳米微观材料的某种集合或聚集态。例如，由纳米陶瓷粉加工成的纳米结构陶瓷，由纳米粉体与高分子材料复合构成的纳米塑料等均可以称之为纳米结构材料。纳米结构材料具有以下三个特征[2]：①具有尺寸小于 100 nm 的原子区域（晶粒或相）；②具有显著的界面原子数；③组成区域间存在相互作用。按照纳米结构材料的空间维数可以分为以下四种：①零维的原子簇和原子簇的集合（纳米分散材料）；②一维的多层薄膜（纳米层状材料）；③二维的超细颗粒覆盖膜（纳米薄膜材料）；④三维的纳米块体材料（纳米三维材料）。按照颗粒结构状态[3]，纳米结构材料又可分为纳米晶材料（nanocrystalline materials）、纳米非晶态材料（nanoamophous materials）、纳米准晶态材料。按照组成相的数目可以分为纳米相材料（nanophase amterials）和纳米复合材料（nanocomposite materials）[4]。其中纳米晶态材料指纳米颗粒具有晶体结构，纳米非晶态材料指纳米颗粒以玻璃态存在。

纳米结构材料是一个有实用意义的概念，因为虽然纳米材料是微尺寸化的，但是一般实际使用的纳米材料又都是具有宏观外形尺寸的。据了解，目前具有应用价值的纳米材料，基本上是以纳米结构材料形式出现的。包括本章将要重点介绍的高分子纳米复合材料都属于纳米结构材料。

纳米结构材料一般包含两类组元，即结构组元和界面组元。其中最重要的是界面组元。界面组元具有以下两个特点：首先是原子密度相对较低；其次是邻近原子配位数有变化。一般界面部分的平均原子密度比同样成分的晶体部分密度小 10%～30%。同时，界面组元内原子间距差别也较大，导致了邻近原子配位数的变化。因为界面在纳米结构材料中所占的比例较高，以至于对材料性能产生较大影响。下面以三维纳米结构材料为例给出常见的一些特殊性能。

① 材料硬度与颗粒尺寸的关系。实验表明结构材料硬度随着纳米粉粒径的减小而提高。但是当颗粒尺寸降到某种程度时，硬度反而随着粒径的减小而降低。发生转变的临界粒径依材料种类而定。一般认为这是由于纳米结构材料三叉晶界分数的增加导致强度弱化。

② 纳米结构材料的超塑性。超塑性是指刚性材料在断裂前产生很大的伸长量的现象，对于结构材料的韧性提高非常重要。这种现象是由于晶界分数扩大，扩散性提高等原因造成的。超塑性与纳米颗粒的粒径大小成反比，即小粒子容易获得超塑性。一般认为纳米陶瓷具有超塑性应该具有两个条件：较小的粒径，快速的扩散途径（增强的晶格、晶界扩散能力）。

五、纳米复合材料

纳米复合材料（nanocomposites）的概念是 20 世纪 80 年代中期才提出来的，通常纳米复合材料是指材料结构组元中至少有一相的一维尺寸少于 100 nm。近年来，纳米复合材料的发展非常迅速，受到了材料界和产业界的普遍关注，成为纳米材料产业化的主要领域之一。由于复合材料有着单一材料所不具备的可变结构参数（复合度、联结型、对称性、标度、周期性等），改变这些参数可以在很宽的范围内大幅度地改变复合材料的物性，且复合材料的各组元间存在协同作用而产生多种复合效应，所以纳米复合材料的性能不仅与纳米粒子的结构性能有关，还与纳米粒子的聚集结构和其协同性能、基体的结构性能、粒子与基体的界面结构性能及加工复合工艺方式等有关。通过调控纳米复合材料的可变结构参数，利用其复合效应可以使材料在物理、化学和机械性能等方面获得最佳的整体性能。

1. 纳米复合材料的分类

纳米复合材料涉及范围较宽，种类繁多。描述纳米材料通常采用以组合成复合材料的结构组元的不同组合方式，通常表述为 X-Y-Z。其中 X、Y、Z 分别表示结构组元材料空间维数，以大尺寸界定。如点状粒子为零维，线状材料为一维，薄膜型材料为二维，块状材料为三维。根据上述方式，复合材料的复合方式可以分为四大类[3]。

（1）0-0 型复合材料　即复合材料的两相均为三维纳米尺度的零维颗粒材料，是指将不同成分，不同相或者不同种类的纳米粒子复合而成的纳米复合物，这种复合体的纳米粒子可以是金属与金属，金属与陶瓷，金属与高分子，陶瓷与陶瓷，陶瓷和高分子等构成的纳米复合体。

（2）0-2 型复合材料　即把零维纳米粒子分散到二维的薄膜材料中，这种 0-2 复合材料又可分为均匀分散和非均匀分散两大类，均匀分散是指纳米粒子在薄膜中均匀分布，非均匀分布是指纳米粒子随机地分散在薄膜基体中。

（3）0-3 型复合材料　即把零维纳米粒子分散到常规的三维固体材料中，例如，把金属纳米粒子分散到另一种金属、陶瓷、高分子材料中；或者把纳米陶瓷粒子分散到常规的金属、陶瓷、高分子材料中。

（4）纳米层状复合材料　即由不同材质交替形成的组分或结构交替变化的多层膜，各层膜的厚度均为纳米级，如 Ni/Cu 多层膜，Al/Al_2O_3 纳米多层膜等。也可以称为 2-2 型复合材料。

2. 纳米复合材料的特殊性质

0-0 型复合体系主要是两种粉体通过加压成型法、机械合金化、非晶晶化法、溶胶-凝胶等方法制备。一般情况下，不同种类粒子复合可以形成性能互补，如 Si_3N_4/SiC 纳米复合复相陶瓷的制备，这种材料具有高强、高韧和优良的热和化学稳定性。此外，两种材料均匀复合还会创造新的功能，例如，在 ZrO_2 中加入 Y_2O_3 稳定剂，观察到了超塑性。人们还发现：纯的 Al_2O_3 和纯的 Fe_2O_3 纳米材料在可见光范围是不发光的，而如果把纳米 Al_2O_3 和纳米 Fe_2O_3 掺和到一起，所获得的纳米粉体或块体在可见光范围的蓝绿光波段出现一个较宽的光致发光带，发光原因是 Fe^{3+} 离子处在纳米复合材料提供的大百分数低有序度界面内所致[5]。

在 0-3 型三维复合体系中，纳米颗粒主要作为增强填加剂分散在三维固体材料中起改善或增加新的性能作用。如 Al_2O_3 基体中分散纳米级 SiC 晶粒的陶瓷基复合材料，其强度可高达 1500 MPa，最高使用温度也从原基体的 800℃ 提高到 1200℃。把金属纳米粒子放入常规陶瓷中可以大大改善材料的力学性质。三维固体材料性能的改善主要是填加粉体材料与基体材料相互作用的结果。而新增加的功能多数应该归因于引入的纳米粒子本身具有的量子尺寸效应、小尺寸效应、表面界面效应和宏观量子隧道效应，进而呈现出磁、光、电、声、热、力学等特殊性质。而复合后材料具有的特殊相态结构、界面结构和巨大的表面能必然会大大影响复合材料的宏观性能。例如将纳米 Al_2O_3 分散复合到透明的玻璃中，由于纳米光学效应，可以既不影响其透明度又提高了高温耐冲击韧性。用纳米粒子填加也是聚合物改性的重要方法，是形成高性能高分子复合材料的重要手段。例如，在环氧树脂中填加纳米级的 α-Al_2O_3，提高了树脂的玻璃化转变温度，模量也得到提高。在聚醚醚酮（PEEK）中填加纳米陶瓷微粒可以显著改善材料的摩擦性能。

纳米颗粒增强复合材料的制备方法有机械合金化、非平衡合金固态分解、溶胶-凝胶法、气相沉积法、快速凝固法、非晶晶化法、深度塑性变形法等。用传统的复合材料加工方法，将纳米增强颗粒与普通粗粉或亚微米粉体混合，而后进行冷压-烧结或采用热压成型等方法，也可以获得纳米颗粒增强复合材料。各种制备技术有各自的优缺点，但在制备过程中由原位生成纳米增强相的工艺则更具有吸引力，不仅避免了污染问题，而且基体与增强相界面结合牢固。快速凝固技术通过实现大的热力学过冷度，控制成核和长大动力学，直接从液态获得纳米相弥散分布的复合结构。

纳米复合薄膜是指纳米粒子镶嵌在另一种基体材料中制备的复合膜材料，与前一种复合材料相比差别仅是基体材料为二维材料，而非三维。一般说来，可以通过两种途径来制备此类复合薄膜：一是通过沉积形成的各组分非晶混合体系，再经过热处理使其发生化学反应或热力学分散过程，得到纳米颗粒分散的复合膜；二是通过各组分的直接共沉积形成。直接共沉积法可以包括多种形式，如采用磁控共溅射法可以把金属纳米粒子镶嵌在高聚物的基体中，采用辉光放电等离子体溅射 Au、Co、Ni 等，可获得不同含量纳米金属粒子的复合膜。

镶嵌在膜型介质中的纳米半导体颗粒具有许多光学特性，在光学器件制作方面具有良好的应用前景。研究表明，均匀分布在有色玻璃中的纳米 CdS 颗粒具有准零维量子点特征，材料的三阶非线性光学性质得到增强。纳米复合薄膜材料用于金属表面上，可获得超强的耐磨性、自润滑性、热稳定性和耐腐蚀性。

纳米多层膜复合材料，即由不同材质交替形成的多层膜，当各层膜的厚度减少到纳米级时，会显示出比单一膜更为优异的特殊性能。如果两种软金属（如 Cu/Ni、Cu/Ag 等）层状交替复合成层厚为纳米级的多层结构时，材料表现出优异的力学性能，如高的屈服强度和高的弹性模量。一般认为纳米多层膜的力学性能取决于材料剪切模量的错配程度、层内晶粒尺寸、层间界面处结构不连续性以及界面本身的结构复杂性等多种因素。采用磁控管喷镀技术，在钢基体上交替地喷镀上 TiN 和 CN_x 纳米层，得到的膜层硬度为 45～55GPa，已接近金刚石的最低硬度。用离子束辅助沉积技术制成 CN_x/NbN 纳米多层膜，多层膜的显微硬度最大可达 41.81GPa。纳米级多层材料一般通过气相沉积、溅射法、电沉积法等结晶成长技术制备。

六、高分子纳米复合材料

高分子纳米复合材料是由各种纳米单元与有机高分子材料以各种方式复合成型的一种新

型复合材料，所采用的纳米单元按照化学成分划分有金属、陶瓷、有机高分子、其他无机非金属材料等；按其外部形状划分有零维的球状、片状、柱状纳米颗粒，一维的纳米丝、纳米管，二维的纳米膜等。对于广义上的高分子复合材料，只要其中某一组成相至少有一维的尺寸处在纳米尺度范围，就可称为高分子纳米复合材料。

1. 高分子纳米复合材料的结构类型

高分子纳米复合材料的结构类型非常丰富。如果以纳米粒子作为结构组元，可以构成0-0复合型、0-2复合型和0-3复合型三种结构类型。分别指纳米粉末与高分子粉末复合成型，与高分子膜型材料复合成型和与高分子体型材料复合成型。这是目前采用最多的三种高分子纳米复合结构。如果以纳米丝作为结构组元，可以构成1-2复合型和1-3复合型两种结构类型，分别表示为高分子纳米纤维增强薄膜材料和高分子纳米纤维增强体型材料，在工程材料中应用较多。如果以纳米膜二维材料作为结构组元，可以构成2-2和2-3复合型纳米复合材料。此外，还有多层复合纳米材料，介孔纳米复合材料等结构形式。

2. 高分子纳米复合材料的特点

高分子纳米复合材料多是由金属、陶瓷、黏土等作为纳米添加材料，高分子基体材料与添加材料之间性能差别大，因此形成的复合材料互补性好，容易获得两种材料都不具备的性能，有利于纳米效应的发挥。此外，由于高分子基体材料具有易加工、耐腐蚀等优异性能，工业化成本较低，有利于产业化过程。高分子基体材料自身的特点决定了它还能抑制纳米颗粒的氧化和团聚过程，使体系具有较高的长效稳定性，能充分发挥纳米单元的特异性能。

第二节　高分子纳米复合材料的制备技术

高分子纳米复合材料的涉及面较宽，包括的范围较广，近年发展建立起来的制备方法也多种多样。根据高分子纳米复合材料的形成过程大致可以将其制备方法归为四大类：①纳米单元与高分子材料直接共混，包括溶液共混和熔融共混；②在高分子基体中原位生成纳米单元，如溶胶-凝胶法；③在纳米单元存在下单体分子原位聚合生成高分子复合材料，例如在含有金属硫化物或氢氧化物的单体胶体溶液中进行聚合反应，直接生成含上述纳米粒子的高分子复合材料；④纳米单元和高分子同时生成，如单体插层聚合法制备黏土-聚合物纳米复合物。各种制备方法的核心思想都是要对复合体系中纳米结构单元自身几何参数、空间分布参数和体积分数等进行有效控制，特别是要通过对制备条件（空间限制条件、反应动力学因素、热力学因素等）的控制，来保证体系的某一组成相至少一维尺寸在纳米尺度范围内，即控制纳米单元的初级结构；其次是考虑控制纳米单元聚集体的次级结构。下面是几种典型的高分子纳米复合材料制备方法。

一、溶胶-凝胶复合法（sol-gel）

溶胶-凝胶法是制备高分子纳米复合材料的重要方法之一，也用于纳米粒子的制备，属于低温湿化学合成法。它具有制品纯度及均匀度高，烧成温度低，反应易于控制，材料成分可任意调整，成型性好等诸多优点。溶胶-凝胶法主要用于制备无机-有机（聚合物）型纳米复合材料，也是一种早期采用的，目前仍然非常有效的超细粉料制备方法。这种方法用于制备高分子纳米复合材料始于20世纪世纪80年代。所谓Sol-Gel过程指的是将烷氧金属或金属盐等前驱物在一定条件下水解缩合成溶胶（Sol），然后经溶剂挥发或加热等处理工艺使溶液或溶胶转化为网状结构的氧化物凝胶（Gel）的过程。根据所用的前驱物不同，可以得到线状结构的氧化物或硫化物。最常用的前驱物是正硅酸乙酯或甲酯；其他的金属烷氧化物也有报道。有些金属盐也可作为前驱物。Sol-Gel通常用酸、碱或中性盐作为催化剂，催化前驱体的水解和缩合反应。因其水解和缩合条件温和，因此在无机-高分子纳米复合材料的制备上获得了广泛应用。

1. 溶胶-凝胶法过程和原理[6]

溶胶-凝胶法是以金属醇盐的水解和缩合反应为基础，其反应过程通常可以用下列反应式表示：

$$-M-OR+H_2O \longrightarrow -M-OH+ROH \quad 水解$$
$$-M-OH+RO-M \longrightarrow -M-O-M-+ROH \quad 缩聚$$
$$-M-OH+OH-M \longrightarrow -M-O-M-+H_2O \quad 缩聚$$

或用通式表示：

$$M(OR)_n+mXOH \longrightarrow [M(OR)_n-m(OX)_m]+mROH$$

其中，当 X 为 H 时为水解反应，为 M 是缩聚反应，为 L 时为络合反应（L 为有机或无机配位体）。上述反应可以用 SN_2 亲核取代反应机理解释。以醇盐为例，硅的醇盐不易发生水解，其水解和聚合反应通常要用酸或碱催化。无机酸能使带部分负电荷的烷氧基质子化，使其容易脱离硅原子。碱催化为水解反应提供亲核羟基 OH^-，并使 $Si-OH$ 失去质子，从而加速聚合反应。在过量水存在的情况下，由于酸催化有利于水解反应，这时可生成 $Si(OH)_4$。碱催化条件下，聚合反应速度大于水解反应速度。酸或碱催化并不是唯一催化途径。某些亲核试剂，如 NaF 或二甲氨基吡啶也具有明显提高反应速度的能力。由于 F^- 的亲核作用，使 $Si-OR$ 中的 $Si-O$ 键减弱，有利于 OR 基团脱离 Si 原子。

用 Sol-Gel 法制备无机-有机（聚合物）纳米复合材料时发生以下过程：有机聚合物＋金属烷氧化合物→溶解形成溶液→催化水解形成混合溶胶→蒸发溶剂形成凝胶型复合物。由此可见，溶胶形成过程和溶胶-凝胶转换过程是用该法制备纳米复合材料的关键。

在制备溶液的过程中需要选择前驱物和有机聚合物的共溶剂，完成溶解后在共溶剂体系中借助于催化剂使前驱物水解并缩聚形成溶胶。上述过程是在有机聚合物存在下进行的，如果条件控制得当，在凝胶形成与干燥过程中体系不会发生相分离，可以获得在光学上基本透明的凝胶复合材料。用溶胶-凝胶法制备高分子纳米复合材料，可用的聚合物范围很广；聚合物可以与无机组分靠范德华力结合，也可以与无机氧化物产生共价键结合。

2. 溶胶-凝胶法制备无机-有机纳米复合物的种类

视聚合物与无机组分的相互作用类型，可以将溶胶-凝胶法制备的无机-有机纳米复合材料分成如下几类。

（1）直接将可溶性聚合物嵌入到无机网络中　这是 Sol-Gel 法制备无机-有机纳米复合材料最直接的方法。在得到的复合材料中，线型聚合物贯穿在无机物网络中。通常要求聚合物在共溶剂中有较好的溶解性，与无机组分有较好的相容性。可形成该类型复合材料的可溶性聚合物有聚烷基噁唑啉、聚乙烯醇、聚乙烯乙酸酯、聚甲基丙烯酸甲酯、聚乙烯吡咯烷酮、聚二甲基丙烯酰胺、聚碳酸酯、聚脲、聚乙烯基吡啶、聚丙烯腈、纤维素衍生物、聚膦腈、聚二甲基二烯丙基氯化铵、聚丙烯酸、醇溶性尼龙、芳香尼龙以及具有非线性光学效应的聚苯乙炔及其衍生物。

（2）嵌入的聚合物与无机网络有共价键作用　如果聚合物侧基或主链末端引入三甲氧基硅基等能与无机组分形成共价键的基团，就可以得到有机-无机两相共价交联的复合材料，这种结构形式能明显增加复合材料的力学性能。引入 $(RO)_3Si$ 基团的方法包括：①用甲基丙烯酸 3-（三甲氧基硅基）丙酯与乙烯基单体共聚，在主链上引入无机网络；②用三乙氧基氢硅烷与端烯基或侧链烯基聚合物进行氢硅化加成，可以在端基或侧链引入无机结构；③用 3-氨基丙基三乙氧基硅烷终止某些单体的阳离子聚合反应，在端基引入硅结构；④用

(3-异氰酸酯基)丙基三甲氧基硅烷与侧基或末端含氨基或羟基的聚合物进行反应，生成Si—N键或Si—O键，在侧链或端基引入上述结构。

（3）有机-无机互穿网络结构

在溶胶-凝胶反应体系中加入交联剂，使交联反应和水解与缩聚反应同步进行，则可以形成有机-无机互穿网络型纳米复合材料。这种材料具有三维交联结构，可以有效减小凝胶收缩，均匀性好，微区尺寸小。

3. 溶胶-凝胶法制备的无机-有机复合材料的结构特点和性能

溶胶-凝胶法合成高分子纳米复合材料的特点在于该法可在温和的反应条件下进行，两相分散均匀。控制反应条件和有机、无机组分的比率，几乎可以合成有机-无机材料占任意比例的复合材料，得到的产物从加入少量无机材料改性的聚合物，到含有少量有机成分的改性无机材料，如有机陶瓷、改性玻璃等。选择适宜的聚合物作为有机相，可以得到弹性复合物或者高模量工程塑料。得到的复合材料形态可以是半互穿网络、全互穿网络、网络间交联等多种形式。采用溶胶-凝胶纳米复合方法很容易使微相大小进入纳米尺寸范围，甚至可以实现无机-有机材料的分子复合。由于聚合物链贯穿于无机凝胶网络中，分子链和链段的自由运动受到限制，小比例添加物就会使聚合物的玻璃化转变温度 T_g 显著提高，当达到分子复合水平时，T_g 甚至会消失，具有晶体材料的性质。同时复合材料的软化温度、热分解温度等也比纯聚合物材料有较大提高。

该法目前存在的最大问题在于凝胶干燥过程中，由于溶剂、小分子和水的挥发可能导致材料收缩脆裂。尽管如此，Sol-Gel法仍是目前应用最多，也是较完善的方法之一。可以制备出具有不同性能和满足广泛需要的有机-无机纳米复合材料。溶胶-凝胶法以及制备的纳米复合材料已被越来越广泛地应用到电子、陶瓷、光学、热学、化学、生物学等领域。

聚合物-无机纳米复合材料顺序合成法，顺序合成法又可分为有机相在无机凝胶中原位形成和无机相在有机相原位生成两种情况。有机相在无机凝胶中原位形成包括有机单体在无机干凝胶中原位聚合、有机单体在层状凝胶间嵌插聚合。有机单体在无机干凝胶中原位聚合是把具有互通纳米孔径的纯无机多孔基质（如沸石）浸渍在含有单体和引发剂溶液中，然后用光辐射或加热引发使之聚合，可得到大尺寸可调折射率的透明块状材料，应用于光学器件。

二、插层复合法

插层法（Intercalation）是一种新型制备有机-无机纳米复合材料的重要方法。许多无机化合物，如硅酸盐类黏土、磷酸盐类、石墨、金属氧化物、二硫化物、三硫化磷络合物等都具有典型的层状结构。只要层与层间可以嵌入有机物，都可以用插层法制备有机-无机型纳米复合材料。根据插层的形式不同又可分为三种形式。①聚合插层法。即先将单体插层进入层状硅酸盐片层中，然后引发原位聚合，利用聚合时放出的大量热量，克服硅酸盐片层间的作用力，使其剥离，从而使硅酸盐片层与聚合物基体以纳米尺度相复合，获得高分子纳米复合材料。②溶液插层法。将层状填加物浸入聚合物溶液中，直接把聚合物嵌入到无机物层间，利用力学或热力学作用使层状硅酸盐剥离成纳米尺度的片层并均匀分散在聚合物基体中形成高分子纳米复合材料。③熔体插层。先将聚合物熔融，然后再借助机械作用力直接将聚合物嵌入层状无机材料间隙中，制得高分子纳米复合材料。采用插层法一般可以获得 2-3 型结构高分子纳米复合材料，即片状纳米无机材料分散在体型高分子复合材料中。

1. 插层复合法的原理

目前插层复合法中使用最多的是硅酸盐型蒙脱土。现以蒙脱土的聚合物插层过程为例，分析插层复合法的作用机理。蒙脱土属 2∶1 层状硅酸盐，每个单位晶胞由两个硅氧四面体中间夹带一层铝氧八面体构成，两者之间靠共用氧原子连接。这种四面体和八面体的紧密堆积结构使其具有高度有序的晶格排列，每层的厚度约为1nm，是一种天然的纳米材料。现在的普遍看法认为，填料片层的长径比越大，刚度越高，经过复合之后其对聚合物产品的增韧效果就越好。但是蒙脱土是吸水性的，极性强，层间距窄，故插层前应进行有机化改性。改性剂可用烷基铵盐，且烷基链达到一定长度（$n>8$）后，才可使层间距进行有效的扩张。蒙脱土的改性是基于离子交换机理，因为蒙脱土中发生的同晶置换现象令其层内表面具有负电荷，过剩的负电荷可以通过层间吸附 K^+、Ca^{2+}、Mg^{2+} 等阳离子实现电平衡。而烷基铵盐有机阳离子也可通过离子交换作用进入硅酸盐片层之间，从而降低无机物的表面能，形成局部亲油微环境，使相应的片层间距在 $0.96\sim2.1nm$ 之间变化。如果使用带有活性官能团的有机阳离子，则可以与聚合物基体发生化学键合，在有机物与无机物间产生强相互作用，对复合材料性能的提高及功能化大有裨益。经过改性的蒙脱土比较容易被高分子溶液、熔体或者小分子单体所插层。溶液插层黏度较小，需要较小的能量；熔体较高的黏度往往会给插层过程造成困难。聚合插层的关键问题是插层后的原位聚合过程是否能得到理想的聚合物。为增加两相间的相容性，还常常加入相容剂。关于蒙脱土与聚合物界面相互作用机理，一般认为存在着三种界面相互作用：①聚合物直接连接到硅酸盐片层惰性表面上的硅氧烷原子；②烷基链以"溶解"方式与聚合物基体作用；③硅酸盐片层侧端基团跟聚合物之间的束缚作用。插层复合法制备聚合物-层状硅酸盐纳米复合材料的流程示意图见图 10-1[7]。按照聚合反应类型的不同，插层聚合可以分为插层缩聚和插层加聚 2 种类型。聚合物溶液插层是聚合物大分子链在溶液中借助于溶剂而插层进入黏土片层间，这种方式需要合适的溶剂来同时溶解聚合物和分散黏土。聚合物熔融插层是聚合物在高于其软化温度下加热，在静止或剪切力作用下直接插层进入蒙脱土的硅酸盐片层间。研究结果表明，聚合物熔体插层、聚合物溶液插层和单体插层原位聚合所得复合材料的结构和性能基本相同或相似。

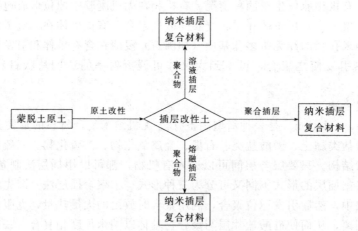

图 10-1　插层复合法制备高分子纳米复合材料过程

2. 层状黏土的改性

所谓黏土，从矿物学角度来说是指含水层状铝的硅酸盐的总称。包括高岭土、蒙脱土、蛇纹石、滑石、云母等。目前研究最多是 2∶1 型层状硅酸盐。以蒙脱土为例，由于黏土晶层之间存在较强的范德华力作用，通常情况下晶层凝聚于一体，不能体现出纳米特性。只有聚合物插入层间、增大晶层间距，使黏土晶层均匀地分散于聚合物中，才能获得高分子纳米复合材料。但是黏土晶层表面一般呈亲水性，不能直接被熔融聚合物所插层，必须对黏土进行有机改性。人们注意到构成晶层的四面体和八面体有广泛的类质同相替代，如四面体中

Si^{4+} 被 Al^{3+} 等替代，八面体中 Al^{3+} 被 Mg^{2+} 替代，导致层间表面负电荷过剩；为了平衡多余的负电荷，可通过层间吸附水合阳离子来补偿。研究证明，有机阳离子也可通过离子交换进入层间。从而使亲水的蒙脱土表面疏水化，降低矿物的表面能，使改性的蒙脱土与多数聚合物或单体有很好的相容性。这就是原土的改性过程。有机改性剂大多是有机阳离子，如季铵盐、胺盐等；但一些中性有机极性分子如醇、胺和吡啶等也能插入蒙脱土层间，使其亲和性发生改变。有机物插入蒙脱土层间的结果都是使蒙脱土的层间结构膨胀、晶面距增大。

3. 聚合物溶液插层复合

这种方法是将改性层状蒙脱土等硅酸盐微粒浸泡在聚合物溶液中加热搅拌，聚合物从溶液中直接插入到改性蒙脱土夹层中，蒸发掉溶剂之后即可形成高分子纳米复合材料。高分子溶液直接插层过程分为两个步骤：溶剂分子插层和高分子与插层溶剂分子的置换。从热力学角度分析，对于溶剂分子插层过程，溶剂从自由状态变为层间受约束状态，熵变 ΔS 小于 0，所以，若有机改性层状蒙脱土的溶剂化热 $\Delta H < T\Delta S < 0$ 成立，则溶剂分子插层可自发进行；而在高分子对插层溶剂分子的置换过程中，由于高分子链受限减小的构象熵小于溶剂分子解约束增加的熵，所以此时熵变 ΔS 大于 0，只有满足放热过程 $\Delta H < 0$ 或吸热过程 $0 < \Delta H < T\Delta S$，高分子插层才会自发进行。因此，高分子的溶剂选择应考虑对有机阳离子溶剂化作用适当，太弱不利于溶剂分子插层步骤，太强得不到高分子插层产物。温度升高有利于高分子插层而不利于溶剂分子插层。所以，在溶剂分子插层步骤要选择较低温度，在高分子插层步骤要选择较高温度，此时温度升高还有利于把溶剂蒸发出去。黏土的改性剂对于插层成功与否起着非常重要的作用。例如，在制备聚丙烯/蒙脱土纳米复合材料时，用丙烯酰胺改性的黏土在甲苯中被聚丙烯插层，晶层间距从原来的 1.42nm 增加到 3.91nm，而用季铵盐改性黏土在甲苯中被聚丙烯插层时，层间距基本不变。说明丙烯酰胺的双键在引发剂的作用下可以与聚丙烯主链发生接枝反应，这样更有利于硅酸盐晶片分散剥离。XRD 和 TEM 测试结果都证明了这一观点。

4. 聚合物熔体插层复合

熔体插层过程是首先将改性黏土和聚合物混合，再将混合物加热到软化点以上，借助混合、挤出等机械力量将聚合物插入黏土晶层间。插层过程中由于部分高分子链从自由状态的无规线团构象，成为受限于层间准二维空间的受限链构象，其熵将减少，即 ΔS 小于 0，聚合物链的柔顺性越大，ΔS 将越负。根据热力学分析，要使此过程自发进行，应是放热过程，$\Delta H < T\Delta S < 0$。因此，大分子熔体直接插层是焓变控制的。插层过程是否能够自发进行，取决于高分子链与黏土之间的相互作用程度。它必须强于两个组分自身的内聚作用，并能补偿插层过程中熵的损失。另外，温度升高不利于插层过程。聚苯乙烯-黏土纳米复合材料已经用这种方法制备成功，研究者将有机改性黏土和聚苯乙烯放入微型混合器中，在200℃下混合反应 5 min，即可得到插层纳米复合材料。XRD 和 TEM 测试表明：黏土晶层均匀地分散在聚苯乙烯基体中，形成剥落型纳米复合材料。聚丙烯-黏土纳米复合材料也用这一方法制备成功。聚合物熔融挤出插层是利用传统聚合物挤出加工工艺过程制备聚合物-黏土纳米复合材料的新方法。这种方法的明显特点是可以获得较大的机械功，因此有利于插层过程。采用这种方法得到的尼龙 6-黏土纳米复合材料，根据 XRD 测试分析表明蒙脱土层间距由插层前的 1.55nm 增加到 3.68nm，说明尼龙 6 高分子链在熔融挤出过程中已充分插入硅酸盐晶层之间，层间距发生了膨胀。TEM 测试也提供了证据。得到的高分子插层纳米复合材料性能有较大改善。

5. 单体原位聚合插层复合

单体原位聚合插层复合工艺根据有无溶剂参与，可以分成单体溶液插层原位溶液聚合和单体熔体插层原位本体聚合两种。单体溶液插层原位溶液聚合过程一般是先将聚合物单体和有机改性黏土分别溶解在某一溶剂中，充分溶解后混合在一起，搅拌一定时间，使单体进入硅酸盐晶层之间，然后再在光、热、引发剂等作用下进行溶液原位聚合反应，形成高分子纳米复合材料。单体熔体插层本体聚合过程是单体本身呈液态，与黏土混合后单体插入层中，再引发进行本体聚合反应。单体熔体插层原位本体聚合过程包括两个步骤：单体熔体插层和原位本体聚合。对于单体熔体插层步骤与聚合物熔体插层和溶剂插层过程基本类似。对于在黏土层间进行的原位本体聚合反应，在等温、等压条件下该原位聚合反应释放出的自由能将以有用功的形式对抗黏土片层间的吸引力而做功，使层间距大幅度增加而形成解离型高分子纳米复合材料，在插层过程中温度升高既不利于单体插层，又不利于聚合反应。

单体溶液插层原位溶液聚合也分为两个步骤：首先是溶剂分子和单体分子发生插层过程，进入黏土层间，然后进行原位溶液聚合。溶剂具有通过对黏土层间有机阳离子和单体二者的溶剂化作用，促进插层过程和为聚合反应提供反应介质的双重功能。要求溶剂自身能插层，并与单体的溶剂化作用要大于与有机阳离子的溶剂化作用。由于溶剂的存在使聚合反应放出的热量得到快速释放，起不到促进层间膨胀的作用，因此一般得不到解离型纳米复合材料。单体插层聚合方法已经成功用于黏土-尼龙纳米复合材料的制备。此外，将苯胺、吡咯、噻吩等单体，嵌入无机片层间，经化学氧化或电化学聚合，生成导电聚合物纳米复合材料，可作为锂离子电池的阳极材料。液晶共聚酯/黏土纳米复合材料也可以采用单体聚合法制备。

6. 插层法高分子纳米复合材料的性能特点

插层法制备的纳米复合材料主要使用具有层状结构的黏土作为增强材料，纳米黏土能够增强聚合物复合材料的力学性能和热学性能的观点已被广泛接受。插层法工艺简单、原料来源丰富、价格低廉、容易工业化。层状无机填加物只是一维方向上处于纳米级，不会像一般纳米粒子那样容易团聚，分散也较容易，比较容易获得均匀稳定的高分子纳米复合材料。该法的关键在于对层状无机物插层前的改性处理能否成功。目前在插层复合方法的应用方面，大多数工作集中在黏土与各种高分子材料复合方面，对黏土以外其他片层物的插层研究较少。高分子基体材料中使用极性聚合物成功的例子较多，工业化过程也比较顺利。非极性聚合物的复合还存在一些问题需要解决。

三、共混复合法

采用共混法制备高分子纳米复合材料是将纳米粉料与高分子基体材料进行熔融共混或溶液共混，得到纳米粉料在基体中均匀分布的高分子复合材料。采用这种方法既可以制备三维结构的复合材料，也可以制备两维的膜型复合材料，从结构上分别属于 0-3 或者 0-2 型复合材料。共混法是最简单、最常见的高分子复合材料制备方法，适合在聚合物中分散各种形态的粒子。就共混方式而言，目前常用的方法有：①溶液共混法，把基体树脂溶于溶剂中，加入纳米粒子后混合均匀，除去溶剂而得；②乳液共混法，将纳米粒子加入聚合物乳液中，并搅拌混合均匀实现共混；③熔融共混，首先将聚合物加热熔融，并将纳米粒子加入聚合物熔体内搅拌共混；④机械共混，将高分子物料和填加物料加入到研磨机中研磨共混。

1. 共混法的特点

除了机械共混允许加入非纳米填加物料，通过共研磨使粒度细化以外，其他共混法都是先制备纳米粉料，然后将纳米粒子与高分子基体材料进行共混复合。由于纳米粉料的制备与复合过程分开进行，有利于选择工艺条件，控制纳米粒子形态、尺寸等参数。可供选择的填加材料也不受共混方法的限制。共混法的技术难点是纳米粒子的分散问题，因为纳米粒子的表面能非常高，团聚问题比常规粒子更加严重。为防止粒子团聚，通常在共混前需要对纳米粒子表面进行处理。在共混过程中，除采用分散剂、偶联剂、表面功能改性剂等处理手段外，还可采用超声波进行辅助分散。

2. 纳米粉体的制备

可用于直接共混的纳米单元的制备方法种类繁多，在前面章节中已经做了部分介绍，各种方法的目标都是得到尺寸在纳米范围的微粒。通常获得纳米微粒有两种制备形式：一种是从小到大制备方式，由原子、分子等前体出发，通过分子凝聚成纳米颗粒；另外一种是从大到小的制备方式，即由常规块体材料出发，通过粉碎、研磨等手段使其体积破碎达到纳米范围。总体上又可分为物理方法、化学方法和物理化学方法三种。其中物理方法主要有物理粉碎法、蒸发冷凝法；化学方法包括化学气相沉积法、沉淀法、模板反应法、微乳液法、溶胶-凝胶法、水热合成法等。一般来说，化学方法在微粒粒度、粒度分布及微粒表面控制方面有一定的优越性。下面介绍几种常用于共混法纳米粉体的制备方法，它们基本都属于湿法。

（1）共沉淀法　属于从小到大的制备方式，具体过程是在含有多种阳离子的溶液中加入沉淀剂，使金属离子完全沉淀的方法称为共沉淀法。例如，以 CrO_2 为晶种，加入草酸作为沉淀剂，可以得到 La、Ca、Co、Cr 掺杂氧化物及掺杂 $BaTiO_3$ 等粉体。以 $Ni(NO_3)_2 \cdot 6H_2O$ 溶液为原料、乙二胺为络合剂，NaOH 为沉淀剂，可以得到 $Ni(OH)_2$ 超微粉。共沉淀法可避免引入对材料性能不利的有害杂质，生成的粉末均匀性较好、粒度较细、颗粒尺寸分布较窄。

（2）水热法　也是属于从小到大制备方式。水热法是在高压釜里的高温、高压反应环境中，采用水作为反应介质，通过物理过程或化学反应制备纳米粉料的方法。包括水热结晶法、水热合成法、水热分解法、水热脱水法、水热氧化法、水热还原法、电化学水热法和微波水热合成法等。水热法可直接得到分散且结晶良好的粉体。例如，用金属 Sn 粉溶于 HNO_3 形成 $\alpha\text{-}H_2SnO_3$ 溶胶，水热处理后得到分散均匀的 5nm 四方相 SnO_2。

（3）化学气相沉淀法　一种或数种反应气体通过热、激光、等离子体等作用而发生化学反应析出超微粉的方法，叫做化学气相沉积法。由于气相中的粒子成核及生长的空间大，制得的产物粒子细，形貌均一，具有良好的分散度，而制备常常在封闭容器中进行，保证了粒子具有更高的纯度。化学气相沉积法多用于陶瓷纳米粉的制备，如 AlN、SiN、SiC，所用原料多为气体或易于气化、沸点低的金属化合物。例如，AlN 纳米粉的合成中，在 700～1000℃下，以无水 $AlCl_3$ 和 NH_3 作为源物质，用化学气相沉积技术得到高纯 AlN 超细粉末。在 1300℃ 以上可以得到 SiC 纳米粉末。

（4）真空蒸发冷凝法　真空蒸发冷凝法是指在高真空的条件下，金属试样经加热蒸发后冷凝形成微粉的方法。试样蒸发方式包括电弧放电产生高能电脉冲或高频感应产生高温等离子体等使金属蒸发。在高真空室内，导入一定压力 Ar 气形成惰性气氛，保护形成的金属微粒；当金属蒸发后，金属粒子被周围气体分子碰撞，凝聚在冷凝管上形成 10 nm 左右的纳米颗粒，其尺寸可以通过调节蒸发温度场、气体压力进行控制，最小的可以制备出粒径为 2nm 的颗粒。采用真空蒸发冷凝法制备的超微颗粒具有纯度高、粒径分布窄、结晶良好、表面清洁等特点，原则上适用于任何可挥发的元素以及化合物。

3. 纳米颗粒的表面改性

目前溶液共混法存在的两个主要问题一个是粉料的团聚问题，一个是粉料在溶液中沉降分离问题。对于纳米级粉料来说，由于粒度小，沉降问题并不严重。但是随着粒度减小，表面活性提高，团聚问题最为严重，共混时保证粒子的均匀分散有一定困难。团聚问题已经成为制备高分子纳米复合材料的瓶颈。因此在共混前通常要对纳米粒子表面进行改性处理，或在共混过程中加入相容剂或分散剂。对纳米粒子表面进行改性处理主要有两种方法：一种是化学改性，通过加入偶联剂发生化学反应在粒子表面修饰一层低表面能层，降低团聚趋势，或者通过聚合物在纳米颗粒表面生成化学键的方式进行聚合物表面改性；另一种是利用物理吸附方法在粒子表面形成吸附层，被吸附的物质可以是小分子，也可以是聚合物，吸附物层在粒子与粒子之间起分隔作用。这种改性方法还能改变粒子表面的亲水性或疏水性能，提高粒子表面与聚合物基体分子之间的作用力，有利于粉料在基体材料中的均匀分散。在聚合过程中加入的相容剂其实是一种双亲分子，即分子一部分与纳米粒子亲和性好，另外一部分与聚合物分子亲和性好，通过相容剂的纽带作用，提高纳米粉体与聚合物分子之间的相容性。相容剂有小分子型，也有嵌段共聚高分子型。采用上述改性方法都可以在一定程度上改善纳米粉料以原生粒子的形态在聚合物基体材料中均匀分散的能力。

4. 溶液共混复合方法

溶液共混复合方法制备高分子纳米复合材料是采用溶剂将高分子基体材料溶解，使其从固态转变成液态，以利于与纳米粉料的混合。在实际制备过程中，所谓的溶液仅是指聚合物溶液，包括聚合物以分子分散状态存在的真溶液和以聚集态存在的准溶液。而纳米粉填加剂加入聚合物溶液后多形成混悬液，即纳米粉体并不在溶液中溶解。得到的上述混合体系经过充分搅拌而均匀混合形成分散型复合体系，最后经过消除溶剂的过程得到高分子纳米复合材料。与高分子熔体相比，高分子溶液的黏度较低，通过简单搅拌和超声波等机械作用力作用就可以比较容易地得到分散度很好的高分子纳米复合材料。

溶液共混方法对于聚合物的选择要求主要是在选定的溶剂中能够溶解，并且能够得到浓度尽可能高的溶液，以减小溶剂蒸发时造成的体积收缩现象，并减少蒸发过程的能源消耗和挥发溶剂对环境的污染。实际上，除了少数线性非极性聚合物之外，能够在常用挥发性溶剂中有较高溶解度的聚合物并不多。

采用溶液共混法对于纳米粉料几乎没有限制，用混悬的办法，在机械混合力作用下，从理论上讲，任何颗粒状材料都可以在聚合物溶液中获得均匀分散。这也是为什么这种方法往往作为高分子纳米复合材料首选制备方法的原因。

5. 熔融共混复合方法

熔融共混复合方法制备高分子纳米复合材料是通过提高温度将聚合物熔融成液态，然后加入纳米粉料，用机械方式分散混合均匀后，降低温度固化成型得到分散性高分子纳米复合材料。与溶液共混相比，熔融共混少了溶解和溶剂蒸发过程，工艺流程相对简化，特别是不采用有机溶剂，不仅降低了成本，而且可以保护环境。熔融共混的限制因素是聚合物必须是热稳定的，即在加热熔融过程中不发生降解等有害反应。同时，聚合物必须是热塑性的，容易在升温过程中熔融。由于是在高温下混合，因此需要特殊的机械和工艺，常用的方法有螺杆挤出混合、捏合机混合等。熔融共混与溶液共混一样，存在着纳米粉体团聚问题，相容性问题，也可以采用相同或类似的办法解决，在混合体系中加入相容剂，或者对纳米粒子进行表面改性。相比较来说，熔融共混适用的领域要比溶液共混方法要宽些。

四、其他复合方法

除了上面介绍的三类方法常用于高分子纳米复合材料制备以外，以下几种复合方法也在某些特殊场合获得应用。

1. LB 膜复合法

LB 膜是利用分子在界面间的相互作用，人为地建立起来的特殊分子有序体系，是分子水平上的有序组装体。采用 LB 膜技术主要被用来制备 0-2 型纳米复合材料，即高分子纳米复合膜。LB 膜有机-无机复合法常用的制备方式有三种[8]。

（1）先形成复合有可溶性金属离子的单层或多层 LB 膜，再与 H_2S 气体反应形成均匀分散在基体材料中的不溶性硫化物纳米微粒构成有机-无机复合型的 LB 膜。

（2）以纳米微粒的水溶胶作为亚相，通过静电吸附在气液界面上形成复合膜，再转移为单层或多层复合有纳米微粒的 LB 膜。

（3）在水面上分散表面活性剂稳定的纳米微粒，在制备 LB 膜的过程中直接进入膜内，从而得到纳米微粒单层膜。

采用上述三种方式都可以获得膜的尺寸、物理性质及粒子的分布均得到精确控制的纳米复合膜材料。例如，将复合有镉离子的脂肪酸盐 LB 膜暴露于 H_2S 气体中，生成 CdS 纳米粒子均匀分布在 LB 膜中，形成半导体薄膜和超晶格。

2. 模板合成法

利用基质材料结构中的空隙作为模板进行合成纳米复合材料的方法称为模板合成法。虽然使用的基质材料可以为多孔玻璃、分子筛、大孔离子交换树脂等多种材料，但是对于高分子纳米复合材料制备而言，使用较多的主要是聚合物网眼限域复合法。这种方法的基本思想是高分子亚浓溶液可以提供由纳米级至微米尺寸变化的网络空间。高分子链上的基团与无机纳米微粒的某一元素形成的离子键或配位键构成了有机-无机纳米复合材料两相之间的界面作用力，经转化反应后生成金属化合物纳米晶材料，致使在复合材料中聚合物和无机纳米微粒结合稳定。溶液的浓度越高，网眼的尺寸越小，制备的微粒尺寸也越小。纳米微粒在网眼中生成，由于受到网链的限制，必然具有一定的稳定性。以下的方法可以实现网络限域复合。

（1）离子交换法　通过共聚或离子化改性使高分子链上含有可电离基团（一般为磺酸基团或羧酸基团），通过离子交换过程，与无机纳米微粒的某一元素形成强烈的离子键，将无机离子交换到聚合物网络里，然后再通过化学反应，将金属阳离子还原，在吸附点原位生成金属纳米微粒。

（2）配位络合法　当高分子骨架上含有配位基团时，与过渡金属阳离子作用，两者之间形成配位键，金属离子被吸附在高分子基体材料中，再经过化学转化，形成金属或金属氧化物纳米粒子，构成高分子纳米复合材料。

3. 分子自组装制备法

自组装膜是与 LB 膜同样重要的功能材料。利用自组装技术也可以制备高分子纳米复合膜。利用自组装法制备高分子纳米复合膜主要是依据静电相互作用原理，用荷电的基板自动吸附离子型化合物，然后聚阴离子、聚阳离子电解质以交替吸附的方式构成聚阴离子-聚阳离子多层复合有机薄膜，这种复合结构为 2-2 结构类型。这种自组装膜中层与层之间有强烈的作用力，使膜的稳定性很好，制备过程的重现性较高。原则上任何带相反电荷的分子都能以该法自组装成复合膜。利用自组装法，现在已成功合成了包括聚电解质-聚电解质、聚电解质-黏土类片状无机物、聚电解质-无机纳米颗粒、聚电解质-生物大分子等高分子纳米复合膜。

建立在静电相互作用原理基础上的自组装法，其最大特点是对沉积过程或膜结构的分子级控制。自组装法可以有效地控制有机分子、无机分子的有序排列、形成单层或多层相同组分或不同组分的复合结构。特别是多层薄膜中，每层的厚度都能控制在分子级水平。众所周知，作为纳米结构材料的一种，有机高分子与其他组分组成的聚合物纳米复合膜具有独特的物理和化学性能，在气体分离、保护性涂层、非线性光学设备以及在增强无机材料的生物相容性等方面有广阔的应用前景。

第三节　高分子纳米复合材料的结构与性能

根据复合材料两相之间的相对位置和复合特点，高分子纳米复合材料主要有如下几种结构类型：①无机纳米颗粒分散在高分子基体材料之中；②高分子纳米颗粒分散在无机基体材料之中；③高分子插入到无机层状体缝隙中，形成纳米厚度的层状复合材料；④高分子纳米颗粒或纳米纤维分散到另一种高分子基体材料中。下面分别论述这些高分子纳米材料的特点和实际应用。

一、无机纳米颗粒分散在高分子基体材料中

这是最为常见的一种高分子纳米复合材料结构。这种复合材料是以无机材料作为纳米级分散相，高分子材料作为连续相。无机分散相可以是金属或者陶瓷粉体，也可以是它们的纤维，或者是其他形状的无机材料。无机纳米粉体或纤维分散在有机聚合物中，以其较大的表面积与高分子材料相互作用。这种作用对分散的纳米填加物和聚合物基体的性质都有相当大的影响，不仅对原有基体材料的性能有增强作用，而且还会产生某些新的功能。从高分子纳米复合材料的制备目的分析，可以分成以下两种情况。

1. 以改进高分子材料的性能为目的

目前以这种目的制备的高分子纳米材料较为多见，在这种情况下，高分子基体材料的使用功能并没有发生根本改变，只是试图用填加纳米填加剂的方式提高高分子材料的综合或单项性能。当高分子基体材料加入无机纳米粉料分散复合以后一般会产生以下几种性能上的改变。

（1）热性能提高　由于纳米粒子的比表面积大，表面能高，与高分子相间的界面作用强烈，对聚合物分子的热运动有较强的限制作用，因此高分子材料的热学参数会有较大变化。例如在尼龙 6 中用插层法加入质量分数仅为 4.2％的蒙脱土纳米填加剂，得到的尼龙 6/黏土纳米复合材料的热变形温度即由纯尼龙 6 的 62℃升高到 112℃，提高了近一倍。而加入质量分数为 10％的海泡石，热变形温度甚至可以提高到 160℃，均大大提升了高分子材料的高温性能。

（2）材料力学性能的提高　加入刚性粉状填加剂一般都能提高高分子材料的韧性，而不论加入刚性粉体的粒径大小。但是大尺寸颗粒的加入能破坏并降低其他力学指标，而加入纳米级的刚性材料粉体则不会产生上述现象。人们已经发现，加入粉料的粒径越小，材料的拉伸强度增加效果越明显。关于纳米粒子对聚合物的增强作用，通常认为纳米级填料粒径小，粒子的比表面积大，表面能高，粒子与高分子链发生物理或化学结合的机会多。由于是多点作用，还有类似交联的作用，能够有效对抗材料的形变。例如，上述加入 4.2％蒙脱土的尼龙 6 纳米复合材料，其屈服强度是尼龙 6 纯品的 1.35 倍、弯曲强度提高了 60％、弯曲模量提高了 70％，且耐冲击性能保持不变。

2. 以功能化纳米粒子的材料化为目的

各种纳米粉体均具有很多特殊的物理和化学性质，但是作为单独的纳米粉体在使用上有诸多不便。在这种情况下制备高分子纳米复合材料的目的则是为了最大限度发挥纳米填加剂的功能。此时，作为连续相的高分子材料主要起辅助作用，其作用类型分别为作为分散剂、担载体、稳定剂等，使复合的功能纳米粉体材料化。例如，稀土荧光材料能够将紫外光转变成可见光发出，一方面可以消除紫外线的有害作用，另一方面可以得到有益的可见光。但是稀土块体和粉体在使用上都有不便之处。如果将稀土荧光材料纳米化，然后再与高分子材料复合，可以得到透明度很高的高分子纳米复合薄膜，该薄膜具有良好的转光性质，即将有害的紫外光转换成植物可以利用的可见光，这种复合材料作为农膜应用到农业上可以大幅度提高蔬菜产量。

具有类似特殊性质的材料还有很多，比如，将导电炭黑纳米化，与高分子材料分散复合后制成导电型纳米复合材料，在获得同样导电能力的同时，可以大大减少炭黑的填加量。同样，纳米级的钛金属氧化物，具有较强的光致杀菌作用，当与高分子材料复合制作成纳米涂

料、纳米工程塑料或者纤维时，即可在相应产品中发挥其杀菌作用。将具有吸波性能的导电或电磁材料，制成纳米微粉与高分子材料复合制成吸波纳米涂料或者吸波结构材料，可以用于军事上的隐身技术研究。

二、高分子嵌入无机基体中

虽然这种将有机高分子嵌入无机基体材料中复合方式比较少见，但是仍然具有实用意义。从制备目的考虑，同样可以将其分为加入高分子纳米填加剂以改进无机材料的性能和利用无机材料作为基体，主要发挥有机填加材料的功能两种情况。由于无机基体材料多为刚性材料，熔点颇高，需要用特殊的复合方法。一种方法是利用模板复合方式，采用本身具有纳米尺度内部空间的无机材料作为模板，将单体小分子扩散进入内部空间后原位聚合形成复合物；或者设法让聚合物分子熔融或溶解，进入内部纳米级空间。另一种方法是用溶胶-凝胶法制备有机-无机互穿网络型复合材料，此时，有机材料所占比重较小，构成分散相。在前一种情况下，一般可通过将无机基体浸入到高分子溶液中制得。或者将无机基体浸入含有有机单体的溶液中，使单体分子进入孔道，而后由光或热引发聚合反应，得到有机聚合物穿插于无机孔道中的复合结构。根据无机基体性质、孔道的尺度形状、有机组分的性质及其比例不同，可以制备一系列具有可调性质的纳米复合材料。比较典型的应用例子是导电聚合物-金属氧化物复合导电材料的制备。层状氧化矾是锂离子电池的正极材料，但是导电性能不理想，将聚苯胺导电聚合物插入氧化矾层内可以有效提高其导电能力，弥补了金属氧化物在导电能力方面的不足。采用纳米二氧化钛薄膜吸附 4-甲基-4′-乙烯基-2，2′-联吡啶合钌，然后用电化学聚合的方法，得到的层状复合材料可以提高联吡啶合钌络合物光敏化二氧化钛太阳能电池的稳定性。为了得到均一的复合相材料，通常需要采用第二种方法——溶胶-凝胶方法，经过原位缩聚可以制得嵌入高分子的无机网络结构，从而对无机材料的性质进行调整。

对于第二种制备目的，无机基体材料发挥其刚性作用，为功能性有机分子提供发挥特殊性能提供外界条件。采用上述两种复合方法，各种功能性有机分子（非线性光学染料、光致变色染料、蛋白质、酶等）都可以用这种方法被嵌入到二氧化硅或过渡金属氧化物（ZrO_2、TiO_2、V_2O_5 等）为基础的无机网络结构中，用于发展新型的光、电及生物活性材料。

三、聚合物-聚合物纳米复合结构

聚合物-聚合物复合材料过去称为聚合物合金，其相应的制备技术手段也并不是新发明，分别称为嵌段聚合和熔融共混等。如果共混体两相微区结构中其中一项结构尺寸在纳米范围，即可称为聚合物-聚合物纳米复合材料。聚合物-聚合物纳米复合材料按合成方法的不同可分为三大类：分子基嵌段共聚复合材料、聚合物原位共混复合材料和聚合物微纤-聚合物复合材料。对于聚合物-聚合物纳米复合材料，为了获得更好的功能互补和性能增强，多选择性能差别比较大的两种聚合进行复合。

1. 分子基嵌段共聚复合材料

分子基复合是指不同性质的高分子之间以共价键连接，构成分子内具有不同性质的微区。采用的办法可以是嵌段共聚或者是接枝聚合，如尼龙 6-聚酰亚胺-尼龙 6 三嵌段共聚物和尼龙 6/聚酰亚胺接枝共聚物都属于此类。具有微区结构的嵌段聚合物，微区相的尺寸一般在数十纳米之内，应该说是一种理想的聚合物纳米复合材料。

2. 原位共混分散相复合材料

这是指一种高分子材料作为分散相，另外一种聚合物作为连续相构成的复合物。在高分子复合材料中两相互为分散相的情况也非常多见。采用这种方法制备的聚合物-聚合物复合材料，如果其中有一相结构尺寸在纳米范围内，就属于高分子纳米复合材料。制备的方法多为熔融共混或溶液共混。熔融共混适合于热塑性聚合物与热致高分子液晶进行复合。其原理是在热致高分子的液晶态温度范围内进行共混加工，可以使液晶分子沿外力取向形成微纤，这样固化后即可得到纳米微纤均匀分布的纳米复合材料。由于液晶分子形成微纤，具有大的长径比及高模量，对热塑性基体材料起到很好的机械增强作用。又由于液晶微纤间易于平行滑动，从而有利于挤出和注射成型，降低加工难度。例如，将机械性能优异的芳香族聚酯类液晶聚合物与热塑性树脂尼龙共混，仅加入 2%～4%的硬段聚酯液晶，复合材料的模量和强度就能提高 1～2 倍。溶液共混法多用于热塑性聚合物与溶致液晶的复合过程，加入溶剂溶解后，在高分子液晶的液晶态浓度范围内进行溶液共混。可以获得具有类似结构的聚合物纳米复合材料。

　　3. 原位聚合复合材料

　　这种方法是在一种聚合物溶液（或溶胀体系）中加入另外一种单体，在混合后进行原位聚合，生成纳米尺度复合材料。这样可以克服两种高分子材料不易混合，难以形成纳米级分散的问题。例如将吡咯单体，扩散到柔性链聚合物溶胀基体中，引发吡咯单体在基体中原位聚合，制成了既具有一定的导电性，又提高了基体材料力学性能的高分子复合材料[9]。此外，以微量交联的聚乙烯醇作基体，用电化学法使吡咯单体原位聚合，得到 PPY/PVA 纳米复合材料。采用共溶剂沉淀的方法，用聚苯并噻唑与聚苯并咪唑复合，得到了模量高达62GPa，并耐500℃高温的高性能复合材料。

第四节　高分子纳米复合材料的分析与表征方法

　　高分子纳米复合材料的分析与表征技术可分为两个方面：即材料的结构表征和材料的性能表征。材料结构表征主要指对复合体系纳米相结构形态的表征，包括粒子初级结构和次级结构（纳米粒子自身的结构特征、粒子的形状、粒子的尺寸及其分布、粒间距分布等），以及纳米粒子之间或粒子与高分子基体之间的界面结构。而材料的性能表征则是对复合体系性能的描述；由于应用领域不同，描述的内容和方式差别非常大，而且这种性能表征并不仅限于纳米复合体系。纳米复合材料的结构分析与表征的重要性是不言而喻的，只有在准确地分析表征纳米材料的各种精细结构的基础上，才能实现对复合体系结构的有效控制，从而可按性能要求，设计合成各种类型的纳米复合材料。

　　纳米复合材料需要分析表征的主要微观特征包括：①晶粒尺寸、分布和形貌；②晶界和相界面的本质和形貌；③晶体的完整性和晶间缺陷的性质；④跨晶粒和跨晶界的成分剖面（即成分分布）；⑤来自制作过程的杂质的识别等。如果是层状纳米结构，则表征的重要特征还有：①界面的厚度和凝聚力；②跨界面的成分剖面；③缺陷的性质。

　　高分子纳米复合材料的结构分析表征的方法和手段有很多种，下面是几种主要的分析表征方法。

　　1. 透射电子显微镜（TEM）

　　透射电子显微镜是观察粒子形态和内部结构的最常用的表征技术。透射电子显微镜的分辨率可以满足观测纳米尺度的要求，与图像处理技术结合可用于确定高分子纳米复合材料中纳米粒子的形状、尺寸及其分布和粒间距及其分布，以及分形维数的确定等方面的信息。通过透射电子显微分析还可以得到微晶粒子的晶型以及粒子的形貌尺寸，进一步可以得到粒子的晶格结构、表面及界面状态。其优点是具有较好的直观性，但是存在的唯一缺点在于测量结果缺乏统计性，重现性不理想。

2. X 射线衍射分析（XRD）

X 射线衍射分析是最强大和最准确的分析测试晶体尺寸和结构的分析表征手段，通过 X 射线衍射分析，可以获得纳米粒子的晶型结构、晶粒尺寸和晶格畸变。通过变温 X 射线衍射还可以得到晶格的相转变过程数据。晶粒尺寸可以通过 X 射线衍射峰宽根据 Scherrer 公式计算而得。

$$D = \frac{K\lambda}{\beta\cos\theta}$$

式中，D 为晶粒在垂直于（hkl）面上的尺寸；K 为 Scherrer 常数；λ 为入射 X 射线波长；β 是衍射峰的半高宽；θ 是 Bragg 衍射角。影响 X 射线衍射峰宽的因素主要有晶粒尺寸、仪器特性宽度和内应力。一般对纳米粒子而言内应力可以忽略。仪器特性宽度可以通过多晶硅粉校正后扣除。

3. 小角度 X 射线散射（SAZS）

小角度 X 射线散射主要用来测定纳米粒子粒径分布，通过测定入射 X 射线散射强度进行分析。聚集体的散射强度 $I（q）$ 与散射矢 q 有如下关系：

$$I(q)/I_0 = N^2 \exp(1 - q^2 R_g^2/3)$$

式中，I_0 是单个粒子的散射强度；N 是粒子数；q 是散射矢（$= 4\pi\lambda\sin\theta/2$），$\lambda$ 为 X 射线波长，θ 为散射角；R_g 为回转半径。通过散射强度与散射矢曲线的斜率值，即可求得 R_g 的值。小角度 X 射线散射得到的是粒子的形貌尺寸。若粒子为单晶粒结构，没有聚集时，R_g 就是晶粒的尺寸。若粒子间存在聚集时，R_g 则为聚集体的尺寸。

4. 扫描电镜（SEM）和原子力显微镜（AFM）

扫描显微镜与原子力显微镜都属于扫描探针显微镜技术，都是以测定材料表面形态为主要功能，检测分辨率可以达到纳米以下。两者不同点在于前者是测定探针与材料之间的隧道电流，适合测定导电材料；后者测定的是材料与探针之间的分子作用力，适合于测定绝缘型材料。采用 SEM 和 AFM 技术可以测定高分子纳米复合材料的外观和断面结构形貌。

5. 激光拉曼光谱（Raman）

激光拉曼光谱可以揭示材料中的空位、间隙原子、位错、晶界和相界等方面关系，帮助考查纳米粒子本身因尺寸减小而产生的对拉曼光谱的影响。根据纳米固体材料的拉曼光谱进行计算，可望能够得到纳米表面原子的具体位置。

6. X 射线光电子能谱（XPS）

XPS 也是表面分析工具，主要用于粒子表面元素组成、价态及含量的分析，所得到的仅是粒子的表面信息，如果要得到材料深度组成信息，需要与离子束溅射剥蚀粒子表面技术配合，这样就可以进行深度剖面分析。采用 XPS 技术可以了解高分子纳米复合材料中基体、分散离子和两者界面的结构信息。

7. 傅立叶变换远红外光谱（FT-far-IR）

一般认为远红外光谱对应于分子的弱作用，可用来检验金属离子与非金属离子成键、金属离子的配位等化学环境情况及变化。而红外、远红外分析对于纳米粒子精细结构分析也很有效。在高分子纳米复合材料研究中，远红外光谱技术能够帮助研究者了解纳米离子与基体材料相互作用方面的信息。

8. 穆斯堡尔（Mossbauer）谱

穆斯堡尔谱的分辨率高、灵敏度高、抗干扰能力强、对试样无破坏，测定的对象可以是导体、半导体或绝缘体，可以是晶体或非晶体的块或薄膜材料的表层，也可以是粉末、超细小颗粒，非常适合做纳米材料的表征工具。穆斯堡尔谱可以提供物质的原子核与其核外环境

（指核外电子、邻近原子以及晶体等）之间存在细微的相互作用信息，对铁磁材料的超精细相互作用的测定具有很高的分辨本领。

除上述常见表征方法外，俄歇电子能谱（AES）、离子能量损失谱（ILS）、红外光谱（IR）、紫外可见吸收光谱（UV-Vis）、差热扫描分析（DSC）、介电松弛谱、光声光谱等也用来作为纳米复合材料的组成、结构和相互关系分析手段。应当注意，鉴于高分子纳米复合材料的复杂性，其结构表征往往需要多种分析方法的相互印证才能得到比较可靠的结论。

第五节 高分子纳米复合材料的应用

由于高分子纳米复合材料既能发挥纳米粒子自身的小尺寸纳米效应，又能通过与高分子基体材料的相互协同作用，创造新的功能；既有高分子材料本身易加工、稳定性好的特点，又可以使纳米粒子所特有的催化、光、电、磁、生物等特殊性质得以充分发挥。因此，虽然高分子纳米复合材料发展的历史并不长，但是已经在不同领域获得了广泛应用（见表 10-1）[10]。下面仅就高分子纳米复合材料的力学性能、光学性能、催化性能、电学性能、磁学性能、生物学性能等几个方面进行分析并给出应用的例证。

表 10-1　高分子纳米复合材料的应用领域

纳米复合材料性能	纳米材料用途
催化性能	高性能高分子催化剂
力学性能	增强、增韧高分子材料
磁学性能	高密度磁记录、磁存储、吸波隐形材料
电学性能	导电浆料、绝缘浆料、非线性电阻、静电屏蔽、电磁屏蔽材料
光学性能	光吸收材料、隐身材料、光通讯材料、非线性光学材料、光记录材料、光显示材料、光电子材料
热学性能	低温烧结材料、耐高温材料
敏感性能	压敏材料、湿敏材料、温敏材料
其他性能	仿生材料、生物活性材料、环保材料、耐磨材料、减摩材料、高介电材料

一、高分子纳米复合材料的力学性能及应用

材料的力学性能主要包括冲击强度、拉伸强度、弯曲模量、断裂伸长等参数，是结构型材料的主要考察指标。在无机-高分子纳米复合材料中，由于纳米尺寸的无机分散相具有较大的比表面积和较高的表面能且具有刚性，因此添加无机纳米增强材料的聚合物纳米复合材料通常都具有比添加同组分的常规复合材料，或者单组分高分子材料的力学性能好。从目前的研究成果看，作为增强相的纳米填加材料可以是纳米粉体，也可以是二维层状硅酸盐，甚至是纳米级微纤维；采用纳米粉体与高分子材料复合构成 0-3 或者 0-2 型复合材料，采用无机纳米层状填加剂与高分子材料复合多构成 2-3 或者 2-2 型复合材料，采用纳米级微纤或纳米管则构成 1-3 或者 1-2 型纳米复合材料。

1. 添加无机纳米粉体的高分子复合材料

将事先通过物理或化学方法制备的无机或金属纳米粉体与高分子基体材料复合制备结构材料是最早获得应用的纳米技术应用领域。加入纳米粉体之后，高分子复合材料在耐冲击强度、拉伸强度、热变形温度等指标都会有较大幅度提高；其主要原因是加入纳米粉体后在材料内部形成了大量分散的微相结构，创造了大量相界面，为提高材料的力学性能提供了结构条件。采用无机纳米粉体与高分子基体材料复合，最常见的复合方法是熔融共混和溶液共混。例如将粒径在 10nm 左右的二氧化钛粉体与聚丙烯进行熔融共混复合，得到的纳米复合材料的弯曲模量和冲击强度可以分别提高 20% 和 40%，其热变形温度提高 70℃[11]。用 SiC/Si_3N_4 纳米粒子与低密度聚乙烯进行熔融共混，只需加入 5% 的纳米增强材料，复合材

料的冲击强度和拉伸强度均成倍提高，断裂伸长率也有增加[12]。

2. 添加层状纳米硅酸盐的高分子复合材料

采用插层工艺将层状的纳米硅酸盐类直接进行分散复合制备高分子纳米复合材料则更为普遍，且成本较低，效果也更好。由于采用插层分散的方法可以将纳米分散相形成和与高分子基体材料复合过程合并成一个操作过程，因此制备工艺可以大大简化。采用插层技术，用层状硅酸盐作为增强材料制备高分子纳米复合材料已经获得了大量成果，比较典型的例子如在尼龙6中用插层技术加入4％的层状剥离黏土，其拉伸模量和拉伸强度均提高了1倍左右，热变形温度提高了80℃，而冲击强度没有受到复合的影响，热膨胀系数则下降了1个数量级[13]。该产品已经成功应用到汽车部件生产。采用黏土插层工艺制备的高分子纳米复合材料的透气性大大降低，特别适合作为啤酒、汽水等饮料的包装材料，有望代替脆性玻璃，以减少爆瓶的危险。关于层状黏土复合材料的增强原理，有人认为是层状纳米材料极大的形状系数比（宽度/厚度）对复合材料产生的平面增强效应，赋予复合材料在平面内的各个方向具有相同的杨氏模量和拉伸强度的结果[14]。表10-2给出采用插层法加入不同层状纳米级硅酸盐后，尼龙6力学性能的变化情况[15]：

表 10-2　用各种黏土（5％）制成的 PA6 纳米复合材料的力学性质

性　　质	蒙脱土	合成云母	皂土	锂蒙脱土	海泡石	纯 PA6
拉伸强度/MPa（23℃）	97.2	93.1	84.7	89.5	90.6	68
（120℃）	32.3	36.2	29.0	26.4	—	26.6
延伸率/％(23℃)	7.3	7.2	>100	>100	10.2	>100
拉伸弹性模量/GPa（23℃）	1.87	2.02	1.59	1.65	1.26	1.11
（120℃）	0.61	0.52	0.29	0.29	—	0.19
热变形温度/℃	152	145	107	93	101	65

纳米层状硅酸盐插层复合技术不仅仅可以应用到极性高分子材料中，经过适当改性之后，目前在非极性高分子材料中也获得成功。

3. 添加无机纳米纤维的高分子纳米复合材料

利用碳纤维、玻璃纤维、金属纤维和氮化硼纤维等作为增强材料加入到高分子基体材料中通常可以获得比粉体高得多的增强作用，如果采用纳米级的微纤可以起到更好的作用。由于纳米级微纤的长径比较大，其增强作用要比普通纤维增强材料要好。例如，采用溶胶-凝胶法原位形成无机网络，制备的具有互穿网络的无机-聚合物纳米复合材料，具有更好的力学增强效果。例如只需用5％的氧化硅与尼龙6原位复合，得到的纳米复合材料冲击强度可以提高17倍[16]。这是因为有机-无机网络互穿结构能够大大限制分子间的移动和材料形变趋势所致。

碳纳米管是一种最典型的纳米级微纤，将碳纳米管作为增强填加剂制作复合材料具有较大优势，其原因是这些石墨化管有很高的长径比，一般大于1000。通过试验发现纳米管坚硬度比碳纤维高，但脆性低。碳纤维用于运动器材在低应力下易断裂，而用多壁碳纳米管与聚合物基体材料制作的纳米复合材料，在其断裂前的变形率可到15％，韧性大大增加。用纳米管制备复合材料的最大优点是易于加工成型，而且纳米管的密度较低，形成产品的比重小。此外碳纳米管具有良好的导电性能，构成的高分子纳米复合材料还具有抗静电功能。随着碳纳米管生产的工业化和规模化，相信，碳纳米管复合材料将有很好的发展前景。除了碳纳米管之外，硅纳米管的研究也有很多。

二、高分子纳米复合材料的光学性质与应用

纳米材料的光学效应包括光吸收效应、光绕射效应、非线性光学效应、荧光效应等。光本身是一种电磁波，材料的光学性质直接与材料的电子状态相联系。与同种宏观尺寸材料相比，纳米结构材料的光学性质直接与其颗粒的大小相关。

1. 高分子纳米复合材料的光吸收和荧光光谱效应

当半导体粉体粒径尺寸接近或小于电子和空穴的波尔半径时，将产生量子尺寸效应。此时半导体的有效带隙能增加，相应的吸收光谱和荧光光谱会发生蓝移，能带也逐渐转变为分立的能级。这种现象在单独的半导体粉体中比较常见。然而近期研究还表明，半导体纳米微粒经表面化学修饰后，不仅有利于与高分子材料复合，而且粒子周围的介质可以强烈地影响其光电化学性质，表现为吸收光谱和荧光光谱发生红移[17]。为什么会出现这样两种截然相反的情况？一般认为这是由于介电限域效应和偶极效应造成的。Takaghara 等采用有效质量近似法，把不同介质中超微粒系统的能量以有效里得堡能量为单位近似表示为[18]：

$$E_g = E'_g + \pi^2/\rho^2 - 3.572/\rho - 0.248\varepsilon_1/\varepsilon_2 + \Delta E$$

其中，$\rho = R/\alpha_B$，R 为粒子半径，α_B 为体相材料的波尔半径；E'_g 为体相材料的带隙能；ε_1，ε_2 分别为纳米颗粒和介质的介电常数；式中第二项系数为正，是导致荧光光谱蓝移的电子-空穴空间限域能，第三项是电子-空穴库仑作用能，第四项是考虑介电限域效应的表面极化能，最后一项是能量修正项。对于纳米颗粒，粒子半径 R 很小，导致电子-空穴空间限域能起主导作用，因而主要表现出量子尺寸效应，带隙能增加，光谱蓝移。但是当对纳米颗粒的表面进行化学修饰，或者构成半导体纳米粒子作为分散相的高分子复合材料后，如果纳米颗粒的介电常数 ε_1 远大于高分子介质的介电常数 ε_2，会产生明显的介电限域效应，从而使上式中第四项成为影响纳米颗粒能隙的主要因素。其系数为负，将导致带隙能下降，光谱红移。颗粒表面包覆层与半导体粉体的介电常数相差越大，即 $\varepsilon_1/\varepsilon_2$ 的比值越大，吸收光谱红移就越明显。如果将上述纳米颗粒通过复合手段与高分子材料结合，上述纳米光学性质可以用于制备转光材料。

2. 高分子纳米复合材料的非线性光学效应

纳米半导体颗粒具有较强的非线性光学性质，大量的研究结果表明半导体材料的非线性光学增强效应直接与其纳米晶的尺寸及粒径分布相关。这是因为如果粒子的尺寸小于半导体中电子和空穴的波尔半径，将出现强量子限域效应。几种典型半导体材料呈现强量子限域效应的临界尺寸分别为：CdS 为 0.9nm，PdS 为 20nm，CdSe 为 2.0nm，PdSe 为 46nm，GaAs 为 2.8nm。但是纳米半导体颗粒较差的稳定性和可加工性使其应用受到极大的限制。人们在研究半导体纳米胶体溶液时发现，作为胶体稳定剂的聚合物是这种半导体非线性材料极好的基体材料，通过复合技术制备得到的纳米半导体-聚合物复合膜是理想的非线性光学材料。例如，将阳离子交换树脂 Nafion 与经过表面修饰的半导体纳米颗粒 CdS 进行复合，构成膜型纳米复合材料的三阶非线性光学系数明显增大[19]。

非线性光学增强效应的关键是半导体粒子的尺寸及其粒径分布，而聚合物基体材料的结构与性质可以用来控制这些参数。共聚物和共混聚合物的微相分离有利于半导体团簇的分散与稳定。例如，采用溶胶-凝胶工艺，利用开环共聚的办法可以得到 PdS 粒度分布很窄的高分子复合材料。高分子基半导体纳米复合材料在制作非线性光学器件方面已经显现出明显优势，被公认为是一类最有前途的新型光信息处理器件制备材料。

3. 高分子纳米复合材料的光致发光性质

光致发光现象是指材料受到入射光（如激光）照射后，吸收的能量仍以光的形式放出的过程。放出的光波长可以不变，但是多数情况下要发生红移，如荧光现象。由于纳米效应的存在，作为纳米级光致发光材料有可能发生蓝移发光。比如，体相的二氧化钛晶体只有在 77K 的低温下才能观察到光致发光现象，其最大光强度在 500nm 波长处；而用自组装技术制备成二氧化钛/有机表面活性剂高度二维有序层状结构的纳米复合膜，其层厚在 3nm 时，在室温就可以观察到较强的光致发光性质，特别是其发光波长已经发生蓝移到 475nm。室温下具有的强光致发光现象被认为是由于二氧化钛与表面活性剂分子间相互作用的结果。而发射光谱的蓝移则是由于二氧化钛粒子的量子尺寸效应所致。

4. 高分子纳米复合材料的透光性质和应用

为了提高高分子结构材料的性能往往需要加入很多增强填加剂，如黏土、炭黑、硅胶等。但是加入这些填加剂之后，会影响其制品的透明性和色彩，降低其品质。如果将这些增强填加材料纳米化，由于颗粒的纳米尺寸低于可见光波长，对可见光有绕射行为，将不会影响光的透射。这样可以获得既提高了产品的力学性能，又保持其透明性能良好的高分子纳米复合材料。在这方面，采用插层技术获得的高分子与黏土复合材料已经获得应用。

5. 高分子纳米复合材料的光吸收增强性质及其应用

纳米尺寸粉体对一定波长的光有良好吸收性能，其吸光能力大大超过体相材料和大尺寸颗粒。利用这种性能制备的高分子纳米复合材料具有很多用途，例如在塑料制品表面涂上一层含有能吸收紫外线的纳米粒子，这层透明涂层可以防止塑料老化。纳米氧化铝、氧化铁、氧化硅等纳米微粒具有很强的吸收中红外频段光线的特性，加入纤维做成织物后可以对人体释放的红外线起到屏蔽作用，可以增加保暖性能。导电性和磁性纳米粒子对不同波段的电磁波有强烈的吸收作用，因此与高分子材料复合后可以做成具有电磁波吸收性能的涂料、覆膜或结构材料，用于军事隐身防护材料的制备。

三、高分子纳米复合材料的催化活性及其应用

多相催化剂的催化活性与催化剂的比表面积成正比，而纳米颗粒的高表面能又可以增强其催化活性，因此具有大比表面积和高表面能的纳米材料是非常理想的催化剂形式。纳米催化剂与高分子复合之后，既可以保持纳米催化剂的高催化活性，又可以通过聚合物的分散作用，抑制其团聚效应，提高纳米催化剂的稳定性。高分子纳米复合催化剂既可以用于湿化学反应催化和光化学反应催化，也可以利用其催化活性制备化学敏感器。

1. 高分子纳米复合催化剂

纳米粒子由于粒径小，比表面积大，故纳米催化剂粒子表面活性中心数量多。因此，在一般情况下，粒径越小的纳米微粒作为催化剂的反应速率越高。利用纳米粒子的上述催化特性，并用聚合物作为载体，构成纳米级高分子复合材料，既能发挥纳米粒子的高催化活性和高催化选择性，又能通过聚合物的阻止纳米微粒团聚的作用使之具有长效稳定性。常用的纳米粒子催化剂主要是纳米金属粒子，包括贵金属和过渡金属粒子，如铂、铑、银、钯、镍、铁、钴等。一些金属氧化物也具有催化活性。这些纳米粒子可以负载在多孔树脂上或沉积在聚合物膜上，从而得到纳米粒子/聚合物复合催化剂。例如，纳米镍金属粉与聚环氧乙烷复合后可以作为烯烃氢化的高分子催化剂。

2. 高分子纳米材料的光催化活性与应用

光催化是利用光能引发的化学反应，具有光催化活性的物质有很大一部分是半导体材料。半导体纳米级光催化剂与体相同类光催化剂相比性能普遍提升。以 ZnS 光催化二氧化碳还原生成甲醛为例，随着催化剂粒径的减小，催化活性提高，选择性增强。纳米级光催化剂之所以具有上述特点，原因除了前面分析的具有较大比表面积和表面能之外，还与下列因素有关。

① 纳米半导体微粒的量子尺寸效应导致其价带与导带间带隙能增大，使得纳米微粒具有更强的氧化还原能力，因此光催化活性随着纳米微粒粒径的减小有所提高。

② 光激发产生的电子和空穴转移与传递过程是光催化反应的关键步骤。其中内部光生

电荷扩散到表面进行催化反应和电子与空穴复合去活是一对竞争性矛盾；对于半导体纳米微粒而言，光生电荷扩散到表面的平均时间远快于体相催化剂，也快于电子与空穴的复合速率，所以可能获得比体相或常规粒径催化剂更高的光催化量子效率。

③ 半导体微粒与高分子复合后，两相的相互作用可以起到稳定纳米颗粒、防止其发生团聚或光腐蚀分解的作用，因此具有较长的使用寿命。

3. 高分子纳米复合催化体系在化学敏感器方面的应用

利用高分子纳米复合催化剂的催化活性制作各种化学敏感器，这是高分子催化剂最有前途的应用领域之一。不仅由于纳米粒子具有表面积大，表面活性高，对周围环境敏感，而且复合后纳米粒子在基体中的聚集结构也会发生变化，引起粒子协同性能的变化，因此可望利用纳米粒子制成敏感度高的小型化、低能耗、多功能传感器。例如，采用对某些气体具有催化活性的催化剂为基本材料，可以制备气体敏感器。此外，温度、气氛、光、湿度等的变化也会引起纳米粒子电学、光学等行为的变化，以此可以制作气体传感器、红外线传感器、湿度传感器、温度传感器和光传感器等。

四、高分子纳米复合材料的电、磁学性质以及在高密度记录方面的应用

磁性是物质的基本属性，磁性材料是古老而用途十分广泛的功能材料，纳米磁性材料是20世纪70年代开发的新型磁性材料。纳米化的磁性高分子复合材料具有多种用途。首先，作为纳米磁学性质的利用，当与各种柔性高分子材料复合后，可以制备柔性磁材料；其次，超细化的磁性粉体可以制备高密度磁记录材料；此外，纳米化的磁性材料还可以作为标记物和导引物用于生物医学方面。纳米磁性材料的特性不同于常规的磁性材料，其原因是与磁相关的特征物理长度恰好均处于纳米量级。例如，磁单畴尺寸、超顺磁性临界尺寸、交换作用长度以及电子平均自由程等都大致处于$1 \sim 100nm$量级。当磁性体的尺寸与这些特征物理长度相当时，就会呈现反常的磁学性质。这些反常的磁学性质相信会开创新的应用领域。

纳米磁性材料大致可分成三大类型：①纳米颗粒型磁性材料，如磁记录介质材料、磁性液体磁封材料、磁性靶向药物、吸波隐形材料等；②纳米微晶型磁性材料，如纳米微晶永磁材料、纳米微晶软磁材料等；③纳米结构型磁性材料。上述三类材料都可以通过与高分子基体材料复合制备。

1. 高分子纳米磁性记录材料

目前使用的磁记录材料主要是将纳米磁粉与高分子基体材料复合构成的磁盘、磁带等。磁性纳米粒子由于尺寸小，具有单磁畴结构，矫顽力很高，因此用它制作磁记录材料可以大幅度提高记录密度，提高信噪比。人们为了提高磁记录密度，磁记录介质中的磁性颗粒尺寸已由微米、亚微米向纳米尺度过渡，如合金磁粉的尺寸约80nm，钡铁氧体磁粉的尺寸约40nm。近年来，磁盘记录密度突飞猛进，现已超过$1.55Gb/cm^2$，其中一个主要原因是应用了巨磁电阻效应读出磁头，而巨磁电阻效应是基于电子在磁性纳米结构中与自旋相关的输运特性。磁性记录材料进一步发展的方向是所谓"量子磁盘"，利用磁纳米线的存储特性，理论记录密度预计可达$62Gb/cm^2$。由超顺磁性所决定的极限磁记录密度理论值约为$930Gb/cm^2$。可见磁性记录材料在提高信息记录密度方面还大有潜力可挖。为了提高这些磁性记录材料的使用性能，上述几乎所有的磁性信息记录材料都是超细磁性粉体与高分子基体材料复合构成的。

2. 高分子纳米微晶磁性材料

目前发展新型磁性材料主要从两个方向探索：一是开发新型磁性材料，二是改进磁性材料的结构。稀土永磁材料是永磁材料中质量最好的品种，其中又以NdFeB的磁性能为最佳。软磁材料的发展经历了晶态、非晶态、纳米微晶态的发展历程。纳米微晶软磁材料具有十分优异的性能，如高磁导率、低损耗、高饱和磁化强度等，已应用于各种开关电源、变压器、传感器等各类电子产品的生产，可实现器件小型化、轻型化、高频化以及多功能化，近年来发展十分迅速。稀土纳米磁性材料主要通过纳米磁性微晶的定向压制成型和与高分子复合成型两种工艺制备，后者属于高分子纳米复合材料范畴。例如，将制备的 NdFeB 纳米微晶磁粉与起黏结作用的聚合物复合，就可以得到黏结型永磁体。这种高分子复合型纳米稀土永磁材料的特点是制作工艺受到的限制较小，适用于制备各种形状复杂的微型、异型电机用高效磁体，是稀土永磁材料研究与应用中的重要方向。采用上述的复合方法，还可以得到软磁体与硬磁体交替组成的层状复合磁性材料。

3. 高分子纳米磁性复合材料的其他应用

① 磁性液体。磁性液体是十分典型的纳米磁性颗粒的应用例证，它是由超顺磁性的纳米微粒表面包覆高分子表面活性剂，然后分散在基液中而构成。磁性液体广泛应用于旋转密封装置，如磁盘驱动器的防尘密封、高真空旋转密封等场合，以及扬声器、阻尼器件、磁印刷等应用领域。

② 磁性靶向药物和标记物。磁性纳米颗粒加入到微球型药物制剂中可以作为靶向药物导引剂，在外磁场导向下可以实现定向、定点给药。加入纳米磁粉的被标记物还可用于生物过程示踪，用于生命过程的研究。

4. 高分子导电性纳米复合材料的性质与应用

很多导电性粉体材料与高分子材料复合可以制备高分子复合导电材料，可以作为导电涂料、导电胶等，在电子工业上有广泛应用。导电粉体常用纳米级的金、银、铜等金属材料，或者用微细化的炭黑、石墨、碳纳米管、碳纤维等碳系材料，某些金属氧化物也有应用。用纳米级导电粉体代替微米级常规导电粉体可以大大提高材料的综合性能。例如纳米银粉代替微米银粉制成导电胶，在保证相同导电能力的前提下，可以大大节省银的用量，降低材料比重。Fe_2O_3、TiO_2、Cr_2O_3、ZnO 等具有半导体特性的氧化物纳米微粒与高分子材料复合，可以制成具有良好静电屏蔽效应的涂料。在化纤制品中加入金属纳米粒子可以解决其抗静电问题。由于碳纳米管具有非常好的导电性，与高分子材料复合所制备的纳米复合材料不仅导电性能优异，还拥有良好的增强功能。例如，用 10% 碳纳米管分散于不同的工程树脂中，获得的高分子复合物其导电率均比用微米级填料为高。加入少量碳纳米管制成的聚合物复合材料可望在汽车车体喷漆工艺中获得应用。

五、高分子纳米材料的生物活性及其应用

很多高分子纳米复合材料具有生物活性，其中最重要的包括三个方面，即消毒杀菌作用、定向给药作用和组织工程支架材料。

1. 高分子纳米复合材料的消毒杀菌作用

很多重金属本身就有抗菌作用，纳米化之后，由于外表面积的扩大，其杀菌能力会成倍提高，如医用纱布中加入纳米银粒子就可以具有消毒杀菌作用。二氧化钛是一种光催化剂，当有光照射时表现出特殊催化作用，能够产生杀菌性自由基。而把二氧化钛做到粒径为几十纳米时，只要有可见光存在就有极强的催化作用，在它的表面产生自由基，破坏细菌细胞中的蛋白质，从而把细菌杀死。将纳米二氧化钛粉体与不同高分子材料复合，可以得到具有杀菌性能的涂料、塑料、纤维等材料。制成产品后在可见光照射时上面的细菌就会被纳米二氧化钛释放出的自由基杀死。

2. 高分子纳米靶向药物制剂

在医学领域中，纳米材料最引人注目的是作为靶向药物载体，用于定向给药，使药物按照一定速率释放于特定器官（器官靶向）、组织（组织靶向）和特定细胞（细胞靶向）。靶向

药物制剂中最重要的是毫微粒制剂，是药物与高分子材料的复合物，粒径大小介于 10～1000nm 之间。其导向机理是纳米微粒与特定细胞的相互作用，为器官靶向，主要富集在肝、脾等器官中。其特点是定点给药，副作用小。因为载药纳米粒作为异物而被巨噬细胞吞噬，到达网状内皮系统分布集中的肝、脾、肺、骨髓、淋巴等部位定点释放。载药纳米粒的粒径允许肠道吸收，可以做成口服制剂。纳米毫微粒可以增加对生物膜的透过性，有利于药物的透皮吸收和提高细胞内药物浓度。目前已在临床应用的毫微粒制剂还有免疫纳米粒、磁性纳米粒、磷脂纳米粒以及光敏纳米粒等。

3. 高分子纳米复合材料在生物组织工程中的应用

将纳米技术运用于生物活性支架材料制备，可以大大提升生物工程效率，为构建具有生理功能的新型生物材料提供研究思路和方向。如将纳米化的聚乳酸、纤维素等和羟基磷灰石、三磷酸钙等构成新型的骨组织工程支架材料，可以更好地从分子水平上发挥其生物学效应[20]。

本 章 小 结

1. 纳米复合材料是指复合材料结构组元中至少有一相的一维尺寸小于 100 nm。高分子纳米复合材料则为各种纳米相与高分子材料复合构成的功能材料。其中纳米相可以是金属、陶瓷、有机高分子或者其他无机非金属材料。以纳米粒子作为分散相可以构成 0-1 型、0-2 型、0-3 型三种复合结构类型，分别对应于纤维型、薄膜型和体型高分子纳米复合材料。用一维纳米纤维作为分散相可以构成 1-2 型和 1-3 型复合结构，分别对应纳米纤维增强的高分子薄膜和体型结构材料。片状纳米分散相可以构成 2-2 型和 2-3 型复合结构。

2. 高分子纳米复合材料的制备研究的主要目的是如何将纳米分散相均匀分散在连续相基体中。常见的高分子纳米复合材料制备方法有溶胶-凝胶复合法、插层复合法、共混复合法等，分别可以形成互穿网络型、插层型和分散型高分子纳米复合材料。

3. 溶胶-凝胶复合法是利用纳米相前体在聚合物溶液中水解缩聚形成溶胶，经过凝胶化过程形成纳米相构成高分子复合材料。采用这种方法可以形成聚合物嵌入无机网络，无机-有机相间形成化学键和无机-有机互穿网络三种结构形式。反应条件温和、两相相互作用充分和稳定性好是这种方法的主要优点。

4. 插层复合法是将高分子相插入到层状无机晶体材料层间，使其成为层厚在纳米范围的高分子纳米复合材料的方法。根据插层过程可以分为聚合插层、溶液插层和熔体插层三种形式。插层法获得的高分子复合物分散相为二维材料，工艺简单、性能稳定、容易工业化是主要特点。

5. 共混法是将纳米粉体或纤维与高分子基体材料直接混合分散构成高分子纳米复合材料的方法。根据混合过程不同有溶液共混、乳液共混、熔融共混和机械共混四种方式。共混法适应范围宽，工艺相对成熟；但是需要克服纳米相的团聚问题，通常需要对纳米分散相进行表面改性。

6. 高分子纳米复合材料通常能够表现出更好的力学性能、独特的光学性能、优异的磁学和电学性能、高效的催化性能和一定的生物性能，因此在各个相关领域都获得广泛应用。

思考练习题

1. 采用溶胶-凝胶法既可以制备高分子纳米复合材料也可以制备纳米粉体，那么从制备过程而言，两者的差别在哪里？

2. 采用纳米粉体、纳米纤维和层状纳米材料作为分散相与高分子材料复合可以构成哪些种类的高分子纳米复合材料？分析讨论可以采用哪些方法实现上述复合过程？

3. 插层法是制备高分子纳米复合材料的主要方法之一，哪些无机材料适合采用这种制备工艺？将层状硅酸盐剥离需要克服哪些阻力？改性后的蒙脱土称为有机蒙脱土，其那些性能得到改变？

4. 无机粉体-高分子纳米复合材料通常力学性能得到很大改善，讨论其作用原理有哪些？纳米分散相的纳米效应与高分子基体的作用相结合能够获得哪些上述单独材料所不具备的性质？

5. 采用粒径更细的纳米磁粉与高分子基体材料复合可以得到记录密度更高的磁记录材料，分析讨论磁性粉体材料的粒径与记录密度的关系。考虑高密度磁记录材料对读取和写入信息的磁头有哪些特殊要求？

6. 采用插层法制备高分子纳米复合材料的蒙脱土本身是不透光的，分析为什么构成的上述复合材料具有良好的透明性？

7. 多相催化剂的催化活性与其比表面积成正比，讨论其表面效应是如何在纳米催化剂中起增强催化活性的？除此之外还有哪些纳米效应可以在催化反应中发挥作用？

8. 有些高分子纳米复合材料具有特殊的光学效应，举例说明这些光学效应的种类和可共开发的应用领域。

参考文献

[1]　王宏志，高濂，郭景坤. 硅酸盐通报，1999，(1)：31.
[2]　Siegel R. Nanostructured Materials, 1994, 4 (1)：121.
[3]　张立德，牟季美. 纳米材料学，沈阳：辽宁科学技术出版社，1994.
[4]　Roy R. Mater Res Soc Symp Proc, 1993, (286)：241.
[5]　牟季美，张立德，赵铁男等. 物理学报，1994，43 (6)：1000.
[6]　王德宪. 玻璃，1998，25 (1)：35.
[7]　焦宁宁，王建明. 石化技术与应用，2001，19 (1)：57.
[8]　韩高荣，钟敏，赵高凌. 功能材料与器件学报，2002，8 (4)，421.
[9]　钱人元，陈雨萍，何嘉松. 中国专利，专利号：861013891，1986.
[10]　曾戎，章明秋，曾汉民. 宇航材料工艺，1999，(2)：6.
[11]　伊藤征司郎. 超微粒子を作る. 表面，1987，(2)：562.
[12]　黄悦，徐伟平. 塑料工业，1997，(3)：106.
[13]　Kojima Y, Usuki M, Kawasumi A et al. J Mater Res, 1993, 8 (1)：185.
[14]　吴友平，刘力，余鼎声等. 合成橡胶工业，2002，25 (2)：65.
[15]　徐炽焕. 上海化工，1999，23 (19)：37.
[16]　欧玉春. 高分子材料科学与工程，1998，(2)：12.
[17]　Steigerwald M L. J Am Chem Soc, 1988, 110：3046.
[18]　Takagahara T. Phys Rev B, 1993, 47：4569.
[19]　Y Wang, A Suna, J Mchugh et al. J Chem Phys, 1990, 92：6927.
[20]　(a) 李波，何华伟，廖晓玲，范红松，张兴栋. 生物医学工程学杂志，2011，(5)：1035.
　　　(b) 李佳，周家华，许茜. 中国组织工程研究，2012，47：8847.

第十一章 其他功能高分子材料

在前面的章节中介绍了主要功能高分子材料的物理化学性质、实际应用和制备方法。由于功能高分子材料的种类繁多，仍有许多功能高分子材料不能包括在上述内容中。为了尽可能全面了解这方面的内容，在本章中对那些相对来讲也比较重要的功能高分子材料的有关内容归纳到一起，给予简单介绍，其内容包括高分子表面活性剂、农用高分子材料、高分子染料、高分子阻燃剂等。

第一节 高分子表面活性剂

一、高分子表面活性剂的结构特征和作用机制

表面活性剂是一种两亲分子，即分子结构中既有亲水性质部分，也包括亲油性质部分。表面活性剂的这种结构决定了其具有特殊的物理化学性质：具有降低液体表面和液体与固体界面张力作用，同时还有渗透润湿、消泡、乳化、分散、增溶、去污等功能，因此表面活性剂在工农业生产和科学研究中有广泛的应用。表面活性剂根据其亲水性基团的结构特征，可以进一步划分为离子型表面活性剂和非离子型表面活性剂两种。其中具有在溶液中能够发生解离的亲水性基团称为离子型表面活性剂，不发生解离的称为非离子型表面活性剂。离子型表面活性剂根据其离子特征还可以分成以下三类：阳离子表面活性剂，包括羧酸盐型、硫酸酯型、磺酸盐型和磷酸酯型；阴离子表面活性剂包括胺盐型和季铵盐型；两性离子型表面活性剂包括氨基酸型和甜菜碱型。非离子表面活性剂包括聚乙二醇型、多元醇型、脂肪酰胺型和氧化胺型。

一般表面活性剂的分子量大于3000以上时被称为高分子表面活性剂。高分子表面活性剂包括合成高分子表面活性剂和天然高分子表面活性剂两大类。天然高分子表面活性剂主要包括藻酸、纤维素衍生物、明胶和小分子蛋白质等。合成高分子表面活性剂品种比较多，性质差异也比较大。从结构上分析，其共同特征是在分子内都具有亲水性部分和亲油性部分。也有人将高分子表面活性剂称为聚皂。随着分子量的增大，表面活性剂的性质和用途也发生较大变化。与同类小分子表面活性剂相比，高分子表面活性剂在起泡力、渗透力和降低界面张力方面相对较差，但是在分散和絮凝力方面作用较强，而且毒性比较小，多用在乳化和絮凝等方面。高分子表面活性剂在成膜性能方面比小分子表面活性剂好得多。高分子表面活性剂最重要的应用领域是制备具有选择性透过功能的乳化型液体膜、制备具有特殊功能的LB膜和多种非线性电子器件。由于这种由两亲高分子形成的膜材料分子排列有序，亲水区域和疏水区域界限分明，由这种膜制成的许多器件可以表现出极为特殊的有用性质。利用高分子表面活性剂形成膜和微胶囊的良好稳定性，也可以用于制备缓释药物和环境污染治理。有关这方面的内容在高分子功能膜一章中已有介绍。

高分子表面活性剂的分类一般也和小分子表面活性剂一样根据其所带亲水性官能团的性质分成阳离子型、阴离子型、两性离子型和非离子型四种。但是根据其疏水部分的化学组成还可以将高分子表面活性剂分成碳氢型（常规表面活性剂）、以氟代替氢原子的碳氟型、以硅氧烷为疏水基的硅氧烷型和含有特殊金属离子的高分子表面活性剂等四种。后一种分类方

法对高分子型表面活性剂具有特殊意义。

二、合成高分子表面活性剂

合成高分子表面活性剂是采用人工合成方法制备的具有两亲结构的高分子材料。一般为线型聚合物，在多种溶剂中溶解。其制备方法一般是首先制备含有两亲结构的单体，然后通过均聚、共聚，或者缩聚得到。单体中的可聚合基团既可以连接在单体分子的疏水部位，聚合反应后使亲水部分呈悬垂状态；可聚合基团也可以连接于单体分子的亲水部分，这时聚合物中疏水部分呈悬垂状态。上述两种表面活性剂的性质不同。就其结构来说，根据亲水性基团的种类和亲水性部分的化学成分，合成高分子表面活性剂主要有以下几类。

1. 阴离子型高分子表面活性剂

阴离子型高分子表面活性剂是指其亲水性基团由羧酸、磺酸等酸性基团构成，在水溶液中可以解离为阴离子作为亲水性基团。其中合成羧酸型高分子表面活性剂的单体中多含有羧基或者羧基前体，聚合后这种前体可以通过适当处理转变成羧基。这种高分子表面活性剂的制备多数是采用亲水性单体单独聚合，或者与疏水性单体共聚。常用的亲水性单体多含有丙烯酸、甲基丙烯酸和顺丁烯二酸等结构。聚丙烯酸型高分子表面活性剂的制法是将丙烯酸或者丙烯酸盐用过硫酸盐等自由基引发剂引发，在水相中聚合。得到的聚合物经碱处理后在结构中形成水溶性阴离子[见图 11-1(a)]。这类高分子表面活性剂也可以用顺丁烯二酸与二异丁烯进行自由基聚合，经碱性水解制备得到[图 11-1(b)]。顺丁烯二酸也常和苯乙烯进行共聚制备高分子表面活性剂，通常是将顺丁烯二酸酯和苯乙烯用油溶性自由基引发剂引发，在有机溶剂中进行共聚反应制备，然后用碱中和水解。除了苯乙烯和二异丁烯之外，乙烯也可以参与共聚反应。羧酸型高分子表面活性剂由于疏水性部分较小，降低表面张力的作用较弱，但是分散性、吸附性和增黏性较强；在染料和纺织助剂中使用较多，经常作为乳化漆的染料分散剂。

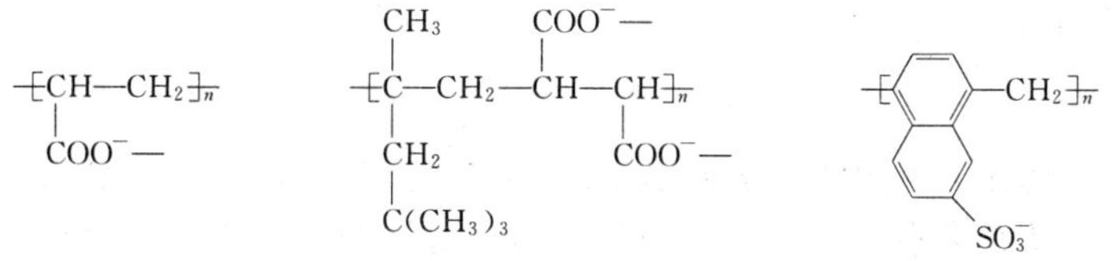

图 11-1　典型阴离子型高分子表面活性剂的结构

含有乙烯基磺酸盐、苯乙烯磺酸盐等结构的单体可以用来制备聚磺酸型表面活性剂。以苯乙烯磺酸为原料，使用水溶性引发剂在水相中聚合。聚苯乙烯磺酸型表面活性剂也可以通过其他方法制备。一般是首先由苯乙烯通过均聚反应制备聚苯乙烯，然后再通过高分子磺化反应引入磺酸基。聚苯乙烯磺酸盐具有良好的分散作用，同时还可以作为抗静电剂和特种记录纸的导电剂使用。将萘磺酸盐与甲醛通过缩聚反应可以得到萘磺酸盐型高分子表面活性剂[图 11-1(c)]。这种表面活性剂常作为染料分散剂或者水泥减水剂。

除了羧酸型和磺酸型阴离子表面活性剂之外，磷酸酯型高分子表面活性剂也是一种常见类型。磷酸是三元酸，所以有单酯和双酯型磷酸酯表面活性剂，而磷酸三酯属于非离子型表面活性剂。磷酸酯型高分子表面活性剂通常通过聚醇的磷酸化，或者含有乙烯基的磷酸酯聚合而成。常见的磷酸化试剂包括五氧化二磷、磷酰氯。成酯用的醇包括高碳醇、低碳醇和多元醇。磷酸酯型表面活性剂由于毒性小，稳定性好，广泛用于纺织助剂、化妆品和油漆染料等领域。阴离子型高分子表面活性剂在碱性条件下比较稳定。

2. 阳离子型高分子表面活性剂

阳离子型高分子表面活性剂通常含有季铵化的氨基，通过含有乙烯基的脂肪和芳香胺，或者季铵聚合得到。季铵化可以在聚合前进行，也可以先聚合再季铵化。这种表面活性剂在酸性条件下比较稳定。比如将 4-乙烯吡啶盐进行均聚，可以得到聚吡啶盐型高分子表面活性剂[图 11-2(a)]。将苯乙烯低聚物在溶液中进行氯甲基化，再用三甲基胺季铵化可以得到聚脂肪季铵盐型高分子表面活性剂[图 11-2(b)]。用自由基型引发剂引发，将甲基丙烯酸二甲氨基乙酯季铵盐在水相中聚合也可以得到这类阳离子表面活性剂。这种表面活性剂的特点是吸附絮凝作用强，是代表性的阳离子型絮凝剂，用于各种类型生活和工业废水的处理。

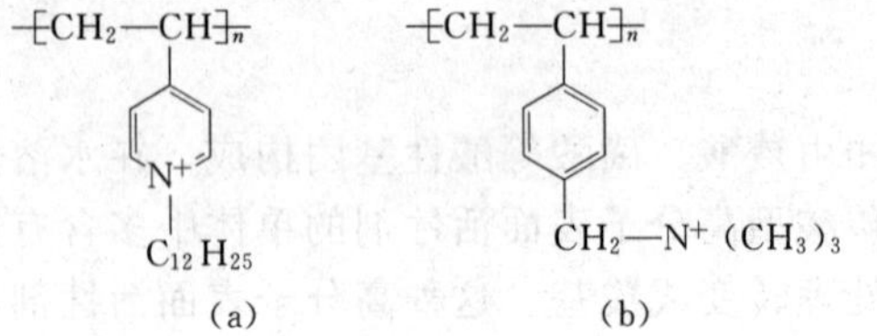

图 11-2 典型阳离子型高分子表面活性剂结构

3. 非离子型高分子表面活性剂

非离子型高分子表面活性剂其亲水性结构在水溶液中不发生解离，没有离子特征，受溶液的 pH 值影响较小。常见的非离子型高分子表面活性剂主要有聚乙烯醇、聚乙二醇和聚丙烯酰胺等。聚乙烯醇的制备方法是首先制备聚醋酸乙烯酯，再用酸或碱进行酯键水解，得到具有亲水性羟基的高分子表面活性剂，其中大量的羟基作为亲水性官能团。聚乙烯醇主要作为在醋酸乙烯酯的乳液聚合中的保护胶体，也可以作为植物油、矿物油和石蜡的乳化剂。聚乙二醇型高分子表面活性剂是在酸性或碱性催化剂存在下使环氧乙烷发生开环聚合，生成以醚键为亲水结构的高分子表面活性剂。由于它的疏水部分少，降低表面张力作用较小，主要在纺织助剂中用作上浆剂和增黏剂，在其他场合也用于分散剂和絮凝剂。环氧乙烷和环氧丙烷的嵌段共聚物可以作为乳液聚合用乳化剂。将环氧乙烷在酸或碱性催化剂作用下与聚丙二醇进行嵌段聚合反应也可以得到聚醚型高分子表面活性剂，可以作为低泡性洗涤剂和乳液聚合用乳化剂。其结构如下：

$$\mathrm{HO{-}\!\!\left(CH_2CH_2O\right)_{\!n}\!\!-\!\!\left(CH_2\underset{}{\overset{CH_3}{\overset{|}{C}}}HO\right)_{\!m}\!\!-\!\!\left(CH_2CH_2O\right)_{\!n}\!\!-OH}$$

聚丙烯酰胺型高分子表面活性剂可以用过硫酸盐作为引发剂，在水相中丙烯酰胺发生均聚反应。得到的产品其亲水性官能团为酰胺基团。这类高分子表面活性剂具有良好的吸附絮凝作用，在造纸工业中使用可以增强纸的拉力和提高纸浆得率。

目前已经研究开发出不同类型的各种单体化合物用于高分子表面活性剂的合成。按照单体的结构包括非离子型单体、阳离子型单体、阴离子型单体和两性离子单体。常见的可用于高分子表面活性剂的单体结构分类列于表 11-1 中，其聚合制备方法、产品的物理化学性质可以参阅相关参考文献。

表 11-1 可供合成高分子表面活性剂的单体

阳离子型单体	$CH_2{=}CH{-}Z{-}N^+(R)_2\ X^-$	$Z = -CH_2-$，$-C_6H_4-CH_2-$ $R = (CH_2)_2OCOC_{11}H_{23}$，$-C_{18}H_{37}-(CH_2)_2OCOC_{15}H_{31}$	$CH_2{=}CH{-}CH_2N^+(CH_3)_2{-}(CH_2)_2OCOC_{11}H_{23}$
	$CH_2{=}CH{-}CONH{-}(CH_2)_2{-}N^+(CH_3)_2{-}CH_2CHOH(CH_2OC_8H_{17})$	$CH_2{=}CH{-}CONH(CH_2)_3{-}N^+(CH_3)((CH_2)_{17}CH_3){-}(CH_2)_{17}CH_3$	

$Z-(CH_2)_6-N^+(R)(R)-(CH_2)_mCH_3$	$Z=$—⟨苯基⟩—$NHCO(CH_2)_4$—,$R=H$,$m=15$ $Z=-COO(CH_2)_5-$,$R=Me$ $Z=-COO(CH_2)_{11}COO-$,$R=Me$,$m=17$
$CH_2=CH-COO(CH_2)_2OCO-CHX-Z-(CH_2)_9CH_3$	$X=-\overset{+}{N}Me_3Br-$,$Z=-(CH_2)_4-$ $X=-\overset{+}{N}⟨吡啶⟩$,$Z=-(CH_2)_4-$
$CH_2=CH-⟨苯基⟩-Z-N^+(R)(R')-CH_3$	$Z=-CH_2-$,$R=CH_3$,$R'=C_{12}H_{25}$ $Z=-CH_2-$,$R=R'=(CH_2)_2OCO(CH_2)_{14}CH_3$ $Z=COO(CH_2)_2-$,$R=R'=C_{18}H_{37}$
$CH_2=C(R)-COO-N^+(CH_3)((CH_2)_{17}CH_3)-(CH_2)_{17}CH_3$	
$Z-COO(CH_2)_2-N^+(R)(R')-(CH_2)_2OCO-Z$	$Z=-(CH_2)_8-$,$R=Me$,$R'=-CH_2CH_2OH$ $Z=-CONH(CH_2)_{10}-$,$R=R'=Me$
$CH_2=CH-COO(CH_2)_m-N^+(CH_3)(CH_3)-R$	$R=-(CH_2)_{15}CH_3$,$m=11$ $R=-CH_3$,$m=11$
$CH_2=CH-COOCH_2CH_2OCO(CH_2)_{10}-N^+⟨吡啶⟩$	
$CH_2=CH-CO-Z-CH_2CH(CH_2-X-(CH_2)_{15}CH_3)-X-(CH_2)_{16}CH_3$	$Z=-O-$,$X=-OCO-$ $Z=-NH(CH_2)_5COO-$,$X=-OCH_2-$ $Z=-NH-$,$X=-COOCH_2-$
$CH_2=CH-CO-Z-(CH_2)_{17}CH_3$	$Z=-O-$,$-NH-$
$CH_2=CH-COO(CH_2CH_2O)_m-CO(CH_2)_{16}CH_3$	$m=1,2,8,9$
$CH_2=CH-CON((CH_2)_nCH_3)-(CH_2)_nCH_3$	$n=11,17$
$CH_2=CH-COOCH(CH_2O(CH_2)_nCH_3)-CH_2O(CH_2)_nCH_3$	
$CH_2=CH-COO(CH_2)_2-N^+(CH_3)(CH_3)-CH_2CH_2O-\overset{O}{\underset{O^-}{P}}-OCH_2CHRCH_2R$	$R=OCO(CH_2)_{14}CH_3$
$CH_2=CH-(CH_2)_9O-\overset{O}{\underset{OH}{P}}-O(CH_2)_9-CH=CH_2$	
$CH_2=CH-(CH_2)_8COO(CH_2)_2-N(R)-(CH_2)_2OCO(CH_2)_8-CH=CH_2$	$R=-P(OH)_2$ ($\overset{O}{}$)
$CH_2=C(R)-COOCHR'(CH_2)_{10}X$	$R=H,Me$,$R'=H,-(CH_2)_5CH_3$ $X=COOK,$

行标题（竖排）：

阳离子型单体

非离子单体

阴离子型单体

两性离子型单体	$\equiv$—COO(CH$_2$)$_{11}$—COOCH$_2$CHOHCH$_2$—O—P(O)(O$^-$)—OCH$_2$CH$_2$—N$^+$Me$_3$
	—COOCH$_2$CH$_2$O—P(O)(O$^-$)—OCH$_2$CH$_2$—N$^+$Me$_3$
	$\equiv$—COO(CH$_2$)$_{11}$COOCH$_2$CH—CH$_2$P(O)(O)—OCH$_2$CH$_2$—N$^+$Me$_3$ CH$_2$COO(CH$_2$)$_{14}$CH$_3$

4. 碳氟型高分子表面活性剂

在工农业生产中大量使用的高分子表面活性剂一般是利用烃链作为疏水基，称为常规表面活性剂。疏水部分由其他类型化学结构组成的表面活性剂被称为特种表面活性剂。特种表面活性剂主要包括碳氟型表面活性剂、硅氧烷型表面活性剂和含金属表面活性剂。碳氟型表面活性剂因为是用稳定的全氟烃基作为疏水基，与含氢烃基相比，降低表面张力的能力增大。一般表面活性剂水溶液的表面张力降低限度为 2.5×10^{-4} N/cm，而碳氟型表面活性剂的水溶液表面张力则可达 1.5×10^{-4} N/cm，是已知表面活性剂中降低表面张力能力最强的。由于碳原子与氟原子的结合力极强，所以化学稳定性非常好。碳氟型表面活性剂是扑灭石油类火灾有效的泡沫灭火剂，并可作为金属电镀液的添加剂、防水剂、防油剂等。

碳氟型高分子表面活性剂可以通过电解氟化法、调聚法和均聚法制备。电解氟化法是将要氟化的化合物溶解在无水氢氟酸中，在 $5\sim6$V 电压下电解，在阳极生成全氟代化合物（氢原子全部被氟原子替代）。具有全氟代结构的高分子磺酸或者羧酸可以直接作为阴离子表面活性剂，也可以通过结构改造得到阳离子和非离子表面活性剂。调聚法是将四氟乙烯在调聚体碘化全氟代烷存在下聚合，合成全氟直链聚合物。然后在碘取代部位引入亲水性基团构成全氟表面活性剂。均聚法是通过四氟乙烯，或者六氟丙烯在氟阴离子存在下，进行阴离子聚合，得到的短链低聚物中含有双键，作为引入亲水性基团的活性点。

5. 硅氧烷型高分子表面活性剂

硅氧烷型高分子表面活性剂是由硅氧链代替常规表面活性剂中的碳链作为疏水性基团。硅氧烷表面活性剂降低界面张力的作用仅次于碳氟型表面活性剂，而且具有良好的润滑作用。硅氧烷型表面活性剂也可以分成离子型和非离子型两种，有多种合成方法。硅氧烷型表面活性剂中聚乙二醇硅氧烷可用作制作泡沫塑料的泡沫稳定剂和化妆品中的添加剂和表面处理剂。非离子型硅氧烷表面活性剂——聚二甲基硅氧烷-环氧乙烷共聚物是用末端具有 Si—H 键的聚二甲基硅氧烷在铂催化剂催化下与聚环氧乙烯丙烯基醚反应制备的。此外用乙氧基聚二甲基硅氧烷与聚环氧乙烯烷基醚进行酯交换反应也可以制备类似的高分子表面活性剂。

H$_3$C—Si(CH$_3$)$_2$—O—[Si(CH$_3$)$_2$—O]$_n$—Si(CH$_3$)$_2$H $\xrightarrow{\text{CH}_2=\text{CHCH}_2\text{O(CH}_2\text{CH}_2\text{O)}_m—\text{CH}_3}$

H$_3$C—Si(CH$_3$)$_2$—O—[Si(CH$_3$)$_2$—O]$_n$—Si(CH$_3$)$_2$—(CH$_2$)$_3$O(CH$_2$CH$_2$O)$_m$—CH$_3$

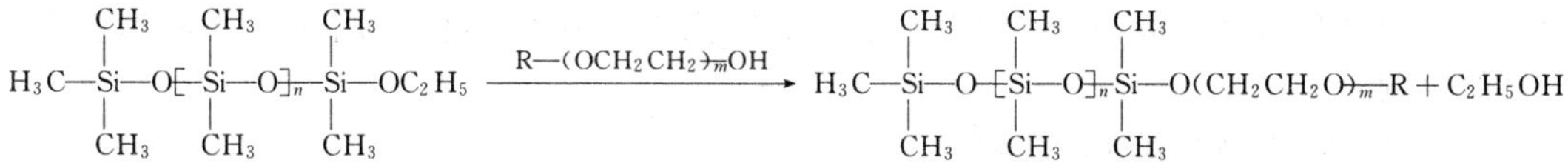

$$H_3C-\underset{\underset{CH_3}{|}}{\overset{\overset{CH_3}{|}}{Si}}-O\left[\underset{\underset{CH_3}{|}}{\overset{\overset{CH_3}{|}}{Si}}-O\right]_n\underset{\underset{CH_3}{|}}{\overset{\overset{CH_3}{|}}{Si}}-OC_2H_5 \xrightarrow{R-(OCH_2CH_2)_mOH} H_3C-\underset{\underset{CH_3}{|}}{\overset{\overset{CH_3}{|}}{Si}}-O\left[\underset{\underset{CH_3}{|}}{\overset{\overset{CH_3}{|}}{Si}}-O\right]_n\underset{\underset{CH_3}{|}}{\overset{\overset{CH_3}{|}}{Si}}-O(CH_2CH_2O)_m-R + C_2H_5OH$$

6. 含金属型高分子表面活性剂

在分子结构中含有钛、锡等金属的表面活性剂称为含金属表面活性剂。常见的含有钛金属的高分子表面活性剂多是环氧乙烷型加成物,其分子结构如图 11-3 (a),钛原子与羟基氧结合构成亲水性官能团,是有机溶剂中无机染料的良好分散剂。含硼表面活性剂是用硼砂和醇类化合物为原料合成的,其化学结构如图 11-3 (b),硼原子和氧原子之间形成半极性键,构成亲水性官能团。除此之外,还有锆、锗等金属的有机金属表面活性剂处在开发研制阶段。由于金属离子的加入,这类高分子表面活性剂往往表现出特殊性能。

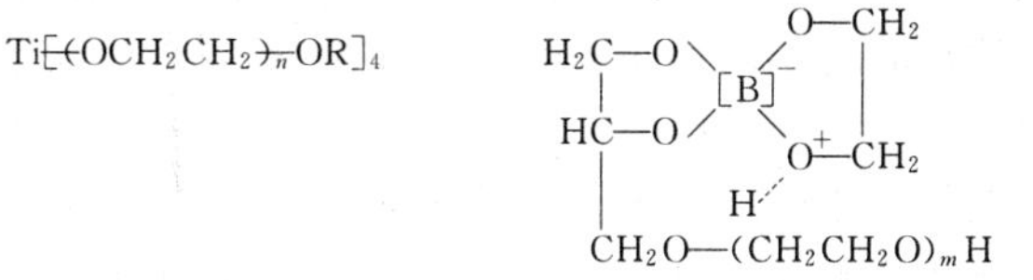

图 11-3 典型含金属型高分子表面活性剂的分子结构

三、天然高分子表面活性剂

天然高分子表面活性剂广泛存在于动植物体内,在生命过程中起着相当重要的作用。从广义上讲,天然高分子表面活性剂包括纯天然高分子物质和以天然物质为主要原料,经过加工处理得到的具有表面活性功能的化合物。在工业上有重要应用意义的天然高分子表面活性剂有以藻酸、纤维素衍生物为代表的多糖类,以明胶、卵白蛋白、牛奶酪蛋白为代表的蛋白质类。各种氨基酸、甜菜碱和卵磷脂等虽然也是重要的天然表面活性剂,但属于小分子范畴。天然高分子表面活性剂具有水溶性高分子所特有的增稠性和对生物组织的安全性等特点,但是其降低表面张力的作用不大,主要作为乳化稳定剂、分散剂、起泡稳定剂以及胶体保护剂等。

1. 藻酸类高分子表面活性剂

藻酸是海带、海草等褐藻类细胞膜的组成部分。将褐藻类植物的碳酸钠或者氢氧化钠提取液,用稀硫酸等无机酸处理,得到的黏稠状沉淀物即为藻酸。藻酸是 D-甘露糖醛酸[图 11-4(a)]和 L-葡萄糖醛酸[图 11-4(b)]的脱水缩合物,分子量在 5 万~30 万之间。

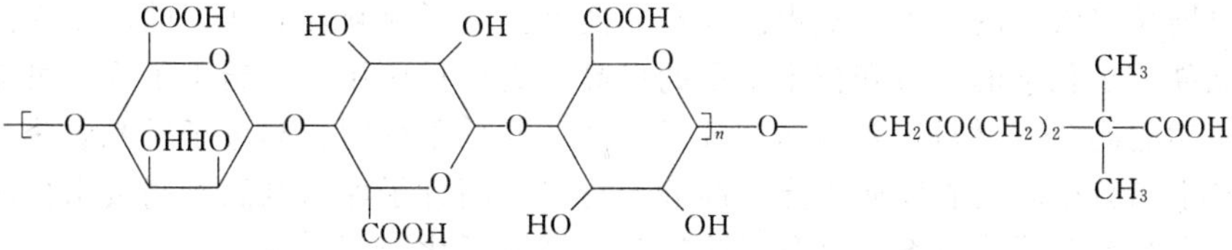

图 11-4 藻酸型表面活性剂结构

藻酸是高黏度的胶体物质,亲水性强,易溶于冷水或热水成为非常黏稠的溶液。由于其胶体保护作用强,对油脂具有良好的乳化稳定作用,广泛作为冰淇淋的乳化稳定剂以及用于食品加工、纤维加工、造纸和制药等领域。作为表面活性剂,藻酸主要以钠盐形式使用或者以三乙醇胺和铵盐形式使用。丙二醇藻酸酯也是常见的结构之一,由于其在酸性条件下也溶于水，因此可以作为乳酸类饮料和色拉调味汁等酸性食品的乳化稳定剂。

2. 纤维素衍生物型表面活性剂

纤维素广泛存在于植物体内，它是由 D-吡喃型葡萄糖以 β-1，4 连接的天然高聚物，是构成植物细胞膜的主要组成部分。由于纤维素的羟基自身形成分子内氢键，所以不溶于水。构成纤维素的葡萄糖结构中含有三个羟基，构成亲水部分，其余部分是疏水基，因此具有表面活性剂性质。在使用中通常将纤维素中的部分羟基衍生化，以调节亲水性和疏水性平衡。同时由于分子间生成的氢键得到控制，使水溶性提高。常见的纤维素衍生物有甲基纤维素和羧甲基纤维素。

甲基纤维素是将纤维素的羟基进行甲基醚化后得到的物质，其制法是在强碱性条件下，用卤代甲烷与纸浆或者棉纤维进行反应。甲基醚化的程度称为取代度，表示平均一个葡萄糖单体中羟基被衍生化的数目。通常使用的甲基纤维素的取代度约为 2。甲基纤维素溶于冷水，形成黏稠溶液，加热时易脱水而呈凝胶状。主要作为水泥混合剂、乳液稳定剂以及壁纸粘贴用胶黏剂等使用。

羧甲基纤维素是在纤维素的羟基上以羧甲基进行醚化得到的物质。其制法是在强碱性条件下，用氯代醋酸或氯代醋酸盐与纸浆进行反应。由于羧甲基纤维素是在纤维素中引入亲水性基团，所以在水中的溶解性提高。虽然羧甲基纤维素降低表面张力的作用较低，但是可以作为胶体保护剂和多阴离子型分散剂使用。羧甲基纤维素也有良好的黏着性，可以作为食品加工添加剂、造纸用施胶剂、纺织用浆料、药物制剂辅料和洗涤助剂等使用。

蛋白质是由氨基酸相互连接构成的天然大分子，在分子中也有亲水性基团和疏水性基团。如果其亲水性基团和疏水性基团达到一定平衡态，即可表现出表面活性剂性质。具有表面活性的代表性蛋白质，在工业上广泛使用的是明胶。明胶是通过将纤维性蛋白质中的骨胶原用酸、碱或热水水解处理得到的。明胶的起泡性和胶体保护性好，除了主要用于食品添加剂外，还用于感光乳剂和墨汁的稳定剂等领域。其他具有表面活性的蛋白质，如卵白蛋白、牛奶酪蛋白、大豆蛋白等可以用做蛋糕的起泡剂。

第二节　农用功能高分子材料

高分子材料在农业上的应用已经相当普及，并且对以增加粮食和蔬菜为目的的绿色革命起了相当大的作用。人们熟知的农用高分子材料主要是塑料薄膜，塑料管材等，属于常规高分子材料范畴，而对功能高分子在农业上的应用还不被人们广泛了解。随着环境问题的日趋严重和人口增长对农业的需求日益提高，对功能型高分子材料在农业上的应用提出了新的要求。而功能高分子化学的发展和技术水平的提高，为这种应用要求给出了现实可能性。目前常用的农用功能高分子材料主要包括高分子农药、高分子化肥、高分子转光农膜、高分子保水剂等。其中高分子转光农膜属于光敏高分子材料，高分子保水剂属于高吸水性高分子。在本节中主要介绍高分子除草剂、高分子除螺剂、高分子化肥等。

一、农用功能高分子研发的目的和意义

农药和化肥在农业上的广泛应用无疑对农业的发展作出了巨大贡献，然而大量农用化学品的无节制、无计划的使用也给人们赖以生存的生态环境造成了非常大的破坏。据统计，在目前的施用技术和气候条件下，大约 90% 以上施用的农用化学品根本就没有被施用对象吸收而流失或挥发掉。一方面造成极大浪费；另一方面又大大加重了农用化学品对环境污染的程度。因此，利用功能高分子的控制释放技术提高农用化学品

的施用效率是急需解决的重要课题。采用高分子化方式对农药和化肥实行控制释放是解决上述问题的根本途径。目前将具有生物活性的各类农用化学品与高分子材料相结合实现控制释放主要有以下两种策略。

1. 农用活性物质与高分子材料通过物理方法相结合

物理方法主要是使用有缓释作用的高分子材料对农用化学品进行加工处理，通过这种高分子材料的缓释和保护作用实现控制释放。具体结合方法主要包括两种类型。一种是将有生物活性物质包裹在由多孔型聚合物胶囊内，活性物质以扩散形式通过胶囊的微孔进行控制释放。这方面的内容已经在高分子功能膜一章中做了介绍。另一种方法是将活性物质分散或者溶解在聚合物中，活性物质的释放主要通过聚合物的降解过程控制。这种方法简单，对聚合物和活性物质没有特殊要求。只要两者相容性好，有一定化学和机械稳定性即可使用。释放速率取决于高分子材料的降解速度和有效成分的浓度。

2. 活性物质通过化学方法与高分子材料相结合

这种方法是将农用活性成分通过高分子化过程转化成高分子农用化学品。活性物质通过化学键与天然的或者合成的高分子骨架相连。这种化学结合方式也可以通过两种方式实现：一种是利用活性物质对高分子材料进行化学修饰，通过接枝反应将活性物质与聚合物骨架相连；另一种方法是在活性分子中引入可聚合基团，通过均聚或者共聚反应制成骨架内含有活性结构的聚合物。这种高分子农用化学品是利用功能化高分子的分解速率实现控制释放的，其活性物的释放速率与聚合物的结构和环境条件有关。下面是几种主要功能型农用高分子化学品的简单介绍。

二、高分子除草剂

由于杂草与粮食等栽培植物争夺阳光、水分和营养，因此除草一直是农业生产过程中的主要任务之一。除草剂是一种化学品，对杂草有触杀作用，以此达到除去杂草的目的。要在一个较长时间内防止杂草生长，需要较大剂量和较多次使用除草剂。由于上面提到的各种原因，除草剂的作用时间短，遇水后流失严重，造成大部分施用的除草剂没有被土地利用，而又严重污染周围环境。如何降低除草剂的使用量和使用次数，降低其毒副作用，延长有效期是发展新型除草剂要解决的主要问题。显然通过高分子化手段制备控制释放型高效除草剂是比较理想的办法之一。

1. 高分子除草剂的合成方法

除草剂的高分子化目前主要包括两种方法。一种是将高效除草剂通过化学键连接到聚合物主链上。可利用的化学键可以是共价键，也可以是离子键。下面给出的是利用离子键将阴离子型除草剂与阴离子交换树脂高分子骨架相结合的高分子化方法，得到的高分子除草剂其有效成分的释放通过在施用过程中的离子交换反应来控制。比如在聚苯乙烯骨架中引入三甲基铵甲基阳离子构成阴离子交换树脂可以通过离子键与苯氧羧酸类除草剂相结合实现高分子化[1]。这种方法的优点是制备过程简单，得到的高分子除草剂机械稳定性好。缺点是由于引入大量无生物活性的高分子骨架，除草剂的有效密度较低，增大了药剂的使用量。除此之外，有效成分释放之后留下的离子交换树脂对环境也构成一定威胁。

在除草剂中引入可聚合基团，通过聚合反应高分子化是另一种制备高分子除草剂的有效方法。引入的可聚合基团可以是乙烯基，用于均聚或共聚反应，也可以是反应性双功能基团，用于缩聚反应。例如，在农药五氯苯酚分子中引入苯乙烯基作为可聚合基团，可以通过自由基聚合反应实现高分子化农药的制备[2]，其中活性部分通过酯键与聚合物骨架上的苯环相连。加入含有其他不同种类官能团的单体进行共聚反应可以调节高分子化农药的溶解性和极性，适合不同施用场合的需要。

$$CH=CH-\!\!\!\!\!\!\underset{CH_2}{\bigcirc}\!\!-CO(OCH_2CH_2)_n O-\underset{Cl}{\overset{Cl}{\bigcirc}}\ \xrightarrow[CH_2=CH-X]{\text{共聚反应}}\ Ⓟ-\underset{X}{\bigcirc}-CO(OCH_2CH_2)_n O-\underset{Cl}{\overset{Cl}{\bigcirc}}$$

$$X=\underset{N}{\bigcirc}\ ,\ \bigcirc\ ,\ -CO(OCH_2CH_2)_2OH$$

用这种方法得到的高分子除草剂的释放速率由聚合物的降解速度控制，主要降解过程多为水解反应、光解反应等。为了调节降解速率，可以通过改变高分子除草剂的亲水性质实现，可以通过加入亲水性或者疏水性单体共聚引入这一类基团。一般引入亲水性基团之后，有利于化学或者酶水解，降解速度加快，引入疏水性基团的作用正好相反。采用这种方法制备的高分子除草剂，活性密度较高，活性成分释放后残余部分比较少，但是合成过程比较复杂。通过上述类似方法制备的其他种类的高分子除草剂还有许多种，比较重要的列于表 11-2 中。由于与高分子骨架连接的活性基团化学性质不同，其在使用过程中降解机理和活性成分的释放速率也不相同。

表 11-2　常见高分子除草剂结构

聚合物骨架	除草剂活性官能团 R
$\left[O\!-\!CH\!-\!OR'\right]_n$　R；　$R'=-(CH_2)_n-,n=5,6,10$；$\left[(CH_2)_2CO(CH_2)_2\right]_m\ m=1,2$	
$Ⓟ-OCO(CH_2)_n OR$；$CONH_2$	
$Ⓟ-COOCH_2CH\!-\!O\!-\!CH\!-\!R$；$CH_2$	
$\left[NH(CH_2)_n NHCO\!-\!CH\!-\!CO\right]_x$；$x=4,6$	
$\left[CH_2\!-\!CH\!-\!CH\!-\!CO\right]_n$	
$Ⓟ-S-CSNR_2$　$R=C_1\sim C_4$ 烷基	
$Ⓟ-COO(CH_2)_n OZR$；X；$X=H,-COOH,CONNMe_3,$；$-CO(CH_2)_2OH$；$Z=-CO-,-CONHCO-,n=2$	
$Ⓟ-OCO-R$　$Ⓟ-COOR$	
$Ⓟ-Z-COR$；$Z=-CH_2O-,-CH_2NH-,$；$-CO(CH_2)_2COO-$	
$Ⓟ\!\!\!\bigcirc\!\!\!\bigcirc\!\!-CO(OCH_2CH_2)_n OR$	
$\left[CH_2CH_2\!-\!N\right]_n$　$\left[CH_2CH_2\!-\!N\right]_n$；$COR$　$S-C-S-CH_2R$	

2. 高分子除草剂的特点和应用

在实际使用过程中高分子除草剂的活性物质释放速率受下列因素影响：高分子的亲水性、聚合物骨架与活性点之间连接链的长度和性质、聚合物的交联度、连接键的种类和化学性质、环境条件（温度、湿度、光照）等。因此高分子化过程要充分考虑使用条件的要求与化学结构的关系，在施用过程中既要保证释放出足够的有效药物浓度，又要保证足够长的有效期。为了减少残余聚合物的二次污染问题，应尽可能采用可以生物降解的聚合物。除此之外，也可以考虑使用含氮元素（硝基和氨基等）较多的聚合物结构，这样聚合物降解之后，释放出的含氮物质可以作为肥料供植物吸收，这种除草剂兼有除草和化肥双重功能。将除草剂与吸水性树脂相结合，活性成分释放后留下的树脂可以作为保水剂，可用于沙质土壤的改良。

三、高分子除螺剂

血吸虫病是一种以钉螺为宿主的，在许多热带国家广泛传播的疾病，严重威胁人民的健康。世界各国防治血吸虫病一般都是以消灭宿主钉螺为主要手段。然而，杀灭钉螺需要大量使用有毒的化学药品，其中绝大部分没有得到利用而流失进入自然的水循环系统，对环境的污染已经不容忽视，且对其他生物造成危害。为了解决这一问题人们主要从两个方面入手进行研究。其一是研究对人和动物无毒或者低毒的杀螺剂，比如采用生物制剂。虽然在这方面已经取得了显著进展，但是其药效持续时间短、施用量大、使用次数多、费用昂贵等制约因素阻碍了这类杀螺剂的迅速推广使用。其二是将杀螺剂高分子化，使药用活性成分实现控制释放，增加药物有效作用时间，减少使用量，提高药物使用效率，把对环境的污染程度降低到最低限度。如果将钉螺吸引剂同时加入聚合物中，利用吸引剂吸引钉螺，再利用杀螺剂的触杀作用消灭钉螺，则可以大大提高灭螺效率，消除对环境的有害影响。

在化学制剂中目前认为氯硝柳胺（Niclosamide）（2,5-二氯—4—硝基水杨酰苯胺）是效果比较好的灭螺制剂，化学名称为 N-（2′-氯-4′-硝基苯）-5-氯水杨酰胺，商品名为 Baylucide。Baylucide 的高分子化可以通过对聚合物的化学改性实现，有效成分与高分子骨架通过共价键或者离子键连接在一起[3]。灭螺剂的高分子化过程有两种方法：一种是通过对接枝反应将 Niclosamide 连接在聚合物骨架上（图 11-5）；另一种方法是首先在灭螺剂中引入可聚合基团，然后再进行聚合反应实现高分子化（图 11-6）。前者的优势是方法比较简单，缺点是得到的高分子灭螺剂有效成分密度较低。后者合成过程比较复杂，制备成本比较高。

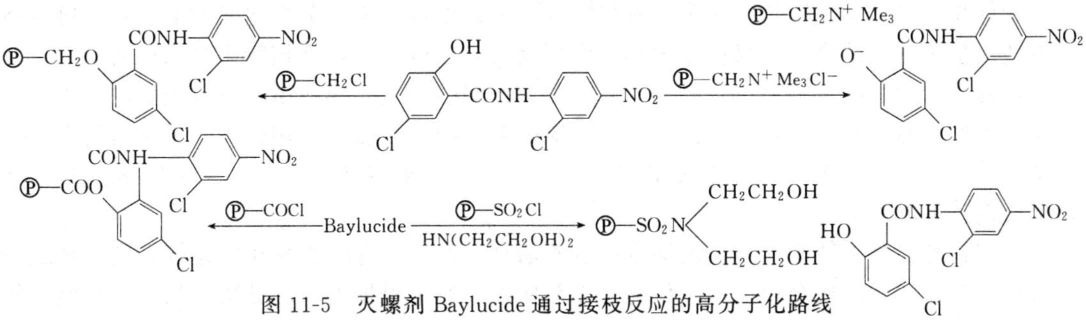

图 11-5 灭螺剂 Baylucide 通过接枝反应的高分子化路线

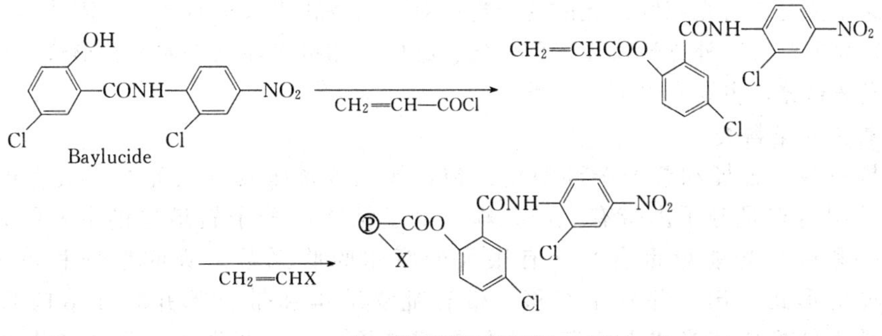

图 11-6 灭螺剂 Baylucide 通过聚合反应的高分子化路线

四、高分子化肥

化肥是最重要的农用化工产品，它为植物提供养分，促进其生长。由于多数化肥是水溶性的或者在常温下易于挥发，因此在施用过程中大部分没有达到植物根系被植物吸收而白白流失。因此根据植物的需要制备能够具有缓释功能的化肥具有重要的经济意义。在氮、磷、钾三种主要化肥中，氮肥的缓释最有意义，因为其他两种化肥的流失现象并不严重。而氮肥则不同，氮肥通常以硝酸盐和铵的形式存在，具有水溶性和挥发性，在土壤中都不稳定，在雨水冲刷下和日照下很容易流失。氮肥的控制释放研究已经在两个方向取得进展。

1. 制备低水溶性的或者高分子化的化肥

高分子化的化肥主要通过生物降解过程控制释放，低水溶性化肥通过溶解过程控制释放。甲醛与尿素缩合之后实现高分子化，肥效持续时间增长。

2. 采用物理方法制成控制释放化肥

将化肥颗粒用微多孔性高分子材料包裹。控制释放过程通过可溶性化肥透过外膜的微多孔或者通过外膜的降解而释放。以这种方法制成的缓释化肥肥效持续时间大大延长，减少了化肥的施用次数和施用量，提高化肥的有效利用率。缓释化肥还可以减少由于化肥局部浓度过高给作物造成的不必要损失。对环境的影响也降低到最低限度。

五、高分子农用转光膜

荧光材料能够将特定短波长的光照转变成长波光照，因此也称为转光材料。将上述转光材料制成膜，用于农业生产称为农用转光膜。农用薄膜是农业生产中最重要的三大生产资料之一，开发高效农膜已经成为提高农业技术水平的重要方向之一。高分子农用转光农膜是第三代功能型农膜，可以大幅度提高农作物产量。

众所周知，植物的生长是依靠吸收太阳辐射的光能进行光合作用。能够通过大气层到达地面的太阳光波长大部分在 300～1000nm 之间，但是绿色植物中起光合作用的叶绿素最敏感的光分别为蓝光（400～480nm）和红橙光（600～680nm）；对紫外光和绿光不敏感，其中紫外光还能够诱发作物的病害。例如紫外光可以促进灰霉病分生孢子的形成，还可以诱发霉核病子囊盘。植物对于绿色光大部分发生反射，这也是为什么植物多是绿色的原因。制备农用转光膜的目的就是要将有害的紫外光和无作用的绿光转换成植物可以吸收的蓝光和红橙光。根据目前的开发技术，与常规的聚乙烯膜覆盖的大棚相比，用转光农膜覆盖的大棚种植黄瓜可增产 10％～20％，西红柿增产 20％～40％，白菜增产约 35％，生菜可达 40％。作物生长期也可以提前。

农用转光膜是由转光剂与聚乙烯或聚氯乙烯复合而成，起转光作用的是转光剂。从理论上讲具有荧光性质的化合物都可以作为转光剂使用，但是根据上面的分析，只有那些能够将紫外光和绿光转变成蓝光和红橙光的荧光物质对于制备转光农膜有意义。因此制备农用转光膜用的转光剂主要有紫外光转蓝光、紫外光转红橙光和绿光转红橙光三种形式。根据转光剂的化学组成来划分，主要有以下两大类。

1. 芳香荧光染料类

主要是一些芳香烃和芳香杂环型化合物，如酞菁衍生物、荧光红、荧光黄等。这些化合物的共同特点是分子内带有大的共轭 π 电子结构，分子轨道中的 n-π 和 π-π 跃迁能量与近紫外和可见光能量重合，并有很大的摩尔吸收系数。吸收紫外和可见光之后，光能以荧光的形式发出，并发生红移。带有吡嗪结构和带有苯并蝶啶结构的荧光色素可以将紫外光转换成蓝光或者将黄绿光转换成红橙光，罗丹明 6G 可以将黄绿光转换成红橙光。

2. 稀土荧光化合物

包括稀土无机荧光化合物和稀土荧光有机配合物。前者比较典型的是 CaS：EuCl，荧光性能优异，但是与常见聚乙烯等高分子材料的相容性还存在一定问题没有完全解决，使用范围受到限制，与极性较强的聚氯乙烯复合比较多见。目前这类转光剂研究比较多的是有机配位稀土荧光材料，配位基团包括含有 β-二酮、吡啶、羧基或磺酸基结构的化合物，通常在光敏感区都具有较大的摩尔吸收系数和能量适合的分子轨道能级。最常见的中心离子是铕离子，它们本身都具有较强的荧光特性，在紫外光激发下能够在蓝光区或红橙光区产生荧光。这些有机铕配合物可以将紫外光直接转换成红橙光，其发射光谱在 621nm。而铈的冠醚配合物则将紫外光转换成蓝光，最大荧光强度在 440nm 左右。其转光机制是有机配体吸收紫外光以后，跃迁到单线激发态，然后转变到能量较低的三线态激发态，并通过非辐射方式将光能传递给稀土离子，最后由稀土离子以荧光方式将能量释放，产生红橙光。目前常用的转光剂及其转光性能列在表 11-3[4]。

表 11-3 常用转光剂组成及功能

化学组成	转光功能	类别	激发光波长/nm	发射光波长/nm
MS：RE	紫外和绿转红	无机稀土	300,350,550	650
$Y_{1-x}RE_x VO_4$	紫外转红	无机稀土	300	594,619
$M_{1-x}RE_x Ti_{1-y}Zr_y O_3$	紫外转红	无机稀土	323	613
$M_{1-x}RE_x(BO_3)_3$	紫外转红	无机稀土	396	618
$REA_3 Q$	紫外转红	有机稀土配合物		
$(RE_{1-x}Eu_x)B_3 L_2$	紫外转红	有机稀土配合物		
$(RE_{1-x}Eu_x)_{4x}C_x$	紫外转红	有机稀土配合物		
$C_{26}H_{18}$	紫外转蓝	有机物	385	434
$C_{20}H_{17}O_4 N$	绿转红	有机荧光染料	549	622

注：M＝Mg、Ca、Sr、Ba；A＝β-二酮阴离子；Q＝2,2-联吡啶、1，10-菲咯啉、1-乙烯基苄基咪唑；B＝二元脂肪酸；L＝氮杂环配体；C＝对位二元羧酸或四元芳香羧酸。

农用转光膜的制作方法主要采用共混工艺制备，先将转光剂与少量高分子材料共混挤出造粒，然后将造好的转光母粒与制备农膜的聚合物粒料混合挤出吹塑成膜，即可成为农用转光膜。目前农膜的开发趋势向着多功能化发展，开发具有消雾、转光、抗老化等多功能的多层农用薄膜。现在具有三层结构的薄膜已经工业化生产。虽然，采用上述农用转光膜成本要高一些，但是由于增产效果明显，推广应用后经济效益非常可观。

第三节 高分子防污涂料

很久以来船体水下部分的防污问题一直是困扰航运界的一个严重问题。水生物在船体和其他水下设备表面的生长繁殖破坏了设备表面的光洁度，使船体表面粗糙化，增大船行阻力。这些生物集结在船体表面还可以破坏其防锈层，使船体加速锈蚀过程。为了防止上述生物附着造成的危害，采取的一般措施是在船体涂料中要加入防污剂。但是多数防污涂料对水环境有污染，使用范围受到日益严格的限制。目前主要采用两种方式制备环保型防污涂料：一种是采用无毒的低表面能涂料，使水中生物附着不到涂料表面或者易于清除，这种涂料多为含氟材料；另外一种是控制涂料中毒性有效成分释放，以降低对环境的影响。目前使用的多数防污剂对水生物都是有毒的，有毒物质的连续释放可以阻止水生物在船体表面的生长。一般的做法是直接将小分子防污剂与涂料混合使用。由于防污剂分子是以分散状态存在于涂料中，而涂层一般都比较薄，所以涂料中的防污成分很快释放消失，失去防污作用。同时，大量扩散进入水体的有毒物质也对水生物资源造成破坏，污染环境，甚至进入人的食物链对人体健康造成危害。如果将防污剂用共价键与高分子骨架连接实现高分子化，将能够实现有毒成分的控制释放，可能是比较好的解决办法之一。

到目前为止，大多数报道的船用高分子防污剂是有机锡试剂，其中主要有效成分三烷基锡可以通过接枝反应连接到聚丙烯酸等聚合物主链上[图 11-7(a)]，也可以通过缩聚反应，成为聚合物主链的一部分[图 11-7(b)]。高分子化后的防污剂复合到船体涂料中，其中的有效成分有机锡通过逐步水解释放产生防止生物附着作用。另有少部分防污活性成分为有机砷、有机铅和非金属有机物。但是含砷和含铅防污涂料可能会对环境造成污染，需要慎用。

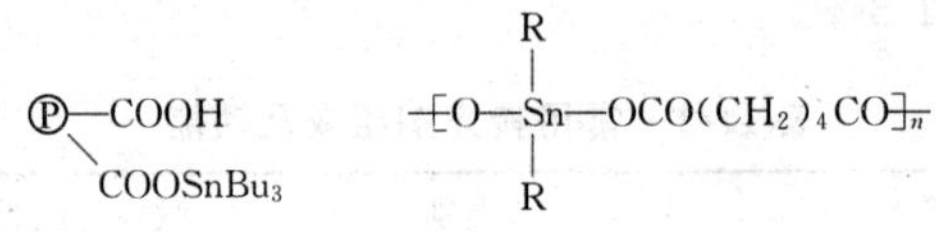

(a)　　(b)

图 11-7　含有机锡高分子防污剂的典型化学结构

这些高分子防污涂料的缓释过程通过有机金属羧基的缓慢水解完成。水解速度取决于羧基周围的化学环境和外界条件。其他常见的高分子防污涂料列于表 11-4 中。

表 11-4　常见高分子防污涂料化学结构

类　型	化学结构	类　型	化学结构
有机锡型高分子防污剂	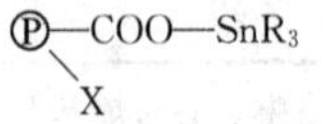 X＝H,Cl,Ph,COOMe $R=C_nH_{2n+1}(n=2\sim6)$,Ph	含砷铅高分子防污剂	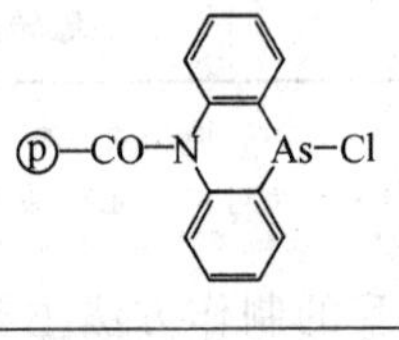
	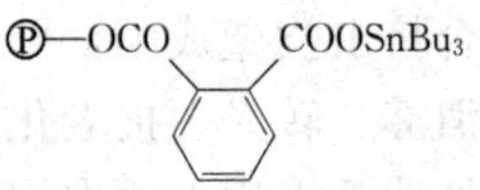		Ⓟ—$COOPbR_3$　R＝Bu,Ph
	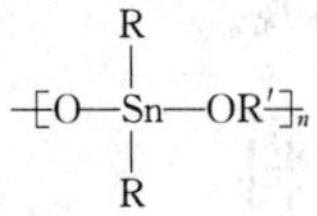 $R'=CO(CH_2)_4CO—,—(CH_2)_4—$	有机氯高分子防污剂	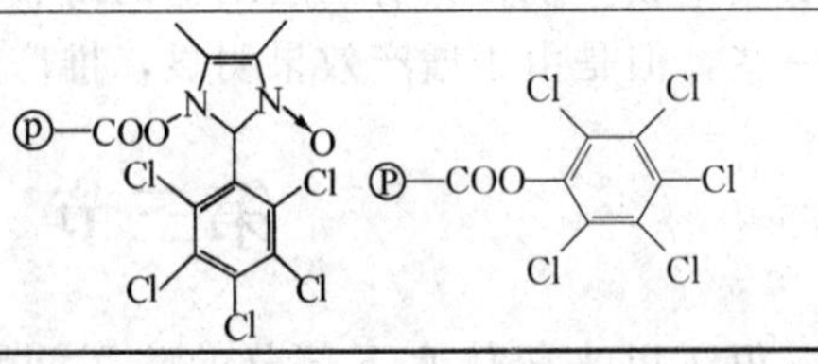

近年来一些环境友好型防污剂的开发获得了广泛重视，主要包括超疏水型防污涂料[5]、疏水/亲水嵌段共聚微相分离型防污涂料[6]、仿生型防污涂料[7]和利用天然产物的刺激性制备的防污涂料[8]。后者中采用辣椒碱作为有效成分比较常见。这些涂料在防止生物附着的同时对环境不产生有害影响[9]。

第四节　高分子食品添加剂

食品加工和保存过程中需要加入各种色素、抗氧剂、防腐剂、甜味剂等以增加色泽、味道和延长存储期限，是食品工业必不可少的重要物质。由于人们对食品安全性认识的提高，对食品添加剂的无害性提出了越来越高的要求。化学食品添加剂对人体的危害主要是由于食用后被人体吸收进入体内循环造成的，如果采用的食品添加剂不能被人体吸收而直接排出体外，其有害作用将大大下降。由于多数高分子化合物不能被人的消化道所吸收，只能随着其他废物排泄出体外，因此不会进入血液循环系统对内脏产生不利影响。因此与小分子同类物质相比，高分子食品添加剂的安全性将会大大提高。作为食品添加剂的两个重要研究发展方向之一（另一个发展方向为无毒天然食品添加剂），高分子食品添加剂正日益受到普遍重视。

高分子食品添加剂的使用性能和安全性受到聚合物结构、组成和分子量大小的影响。因此在制备高分子食品添加剂时必须要考虑以下影响因素。

（1）具有良好的化学稳定性　作为高分子食品添加剂在体内不发生分解产生有毒小分子是必备条件。因此，活性基团与高分子骨架之间的连接键和高分子骨架本身必须能够耐受化学和生物环境的影响，不发生键的断裂和降解反应，这些环境包括食品处理、运输、储存中的光、热的影响；在消化道内酶和微生物的影响等；以防止有不利生物活性的低分子量的降解产物出现在人体循环系统。烃类骨架聚合物在食品处理和食用条件下一般是稳定的，并且不影响添加剂的性能。

（2）具有一定的溶解性能　由于食品添加剂要考虑在食品加工和食用过程中的外观和使用性能，在使用条件下具有一定溶解性能对于高分子食品填加剂来讲是必要的。因此高分子骨架的溶解特征是必须考虑的因素之一，以保证添加剂在食品中的良好分散和作用发挥。比如一般要求高分子甜味素有良好的水溶性才能发挥甜味作用，需要在聚合物骨架中接入足够数量和强度的亲水性基团；对用于油和脂肪类食品的高分子抗氧剂则应考虑加入一定量的亲脂性基团以增加脂溶性。

（3）具有足够大的分子量　由于人体肠道的吸收性能与被吸收物质的分子量有直接关系，为了确保高分子添加剂在体内的非吸收特性，必须保证食品添加剂具有足够大的分子量和分子体积。一般认为，分子量至少要大于10000，并保证分布范围要窄，以最大限度地减少能被人体吸收的低分子量分子的相对含量。

（4）不破坏食品风味和外观　使用的高分子食品添加剂必须是没有能让人产生不愉快的气味和颜色，以保持食品的风味和外观。一般来说，高分子量的物质挥发性都普遍很小，产生不良气味的可能很小。

（5）与食品其他成分的相容性和混合性要好　食品添加剂必须要有与其他食品成分良好的相容性和混合性，这样才能不影响食品的加工处理过程。

下面对几种主要的高分子食品添加剂进行简单介绍。

一、高分子食品色素

有色材料经常作为着色剂应用在食品加工中，用以改善食品外观，这种食品添加剂被称为食品色素。但是许多小分子有色物质都是对身体有害的，特别是一些合成色素，国家已经明令禁止使用。除了选择使用无毒天然色素之外，使用高分子化的色素是消除这种危害的办法之一。最常见的高分子色素的制备方法是将小分子色素通过共价键连接到高分子骨架上。如果连接色素分子与高分子骨架的化学键足够稳定，高分子化的色素将不能被肠道吸收，因而对身体无害。高分子色素的制备可以通过在小分子色素结构中引入可聚合基团制成单体，再利用聚合反应制成高分子色素。或者利用接枝反应，对含有活性功能团的聚合物进行化学修饰，直接将色素结构引进聚合物骨架。为了改善高分子色素的水溶性，一般还需要在聚合物骨架中引入亲水基团。比如一种高分子蓝色素的合成是通过如下反应，将溴代蒽醌型色素与带有氨基的线性聚合物反应而实现色素的高分子化，然后再将高分子骨架中未反应的氨基磺酰化成水溶性基团成为可供使用的水溶性高分子色素[10]。

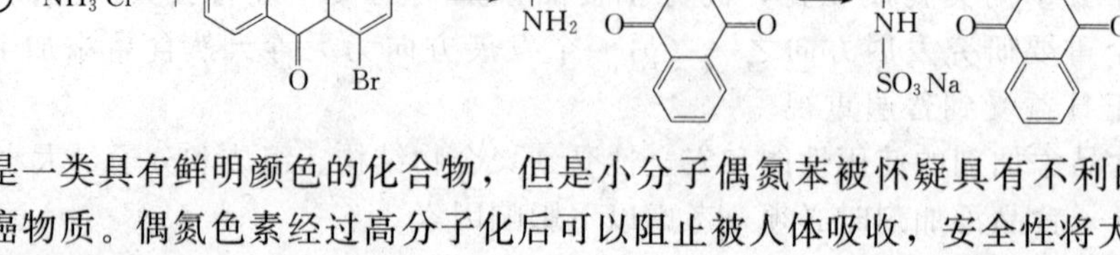

偶氮苯是一类具有鲜明颜色的化合物，但是小分子偶氮苯被怀疑具有不利的生物活性，是潜在的致癌物质。偶氮色素经过高分子化后可以阻止被人体吸收，安全性将大大提高。例如，一种偶氮苯型的色素，在引入甲基丙烯酰基作为可聚合基团后，经均聚反应可以得到橘红色的高分子色素[11]，其反应过程如下：

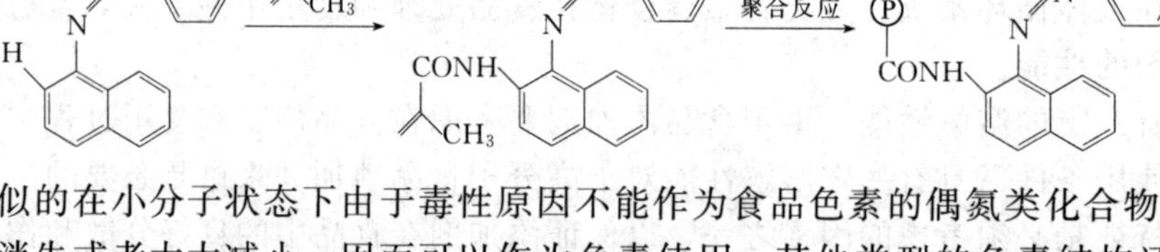

许多类似的在小分子状态下由于毒性原因不能作为食品色素的偶氮类化合物，通过高分子化后毒性消失或者大大减小，因而可以作为色素使用。其他类型的色素结构还包括蒽醌、蒽吡啶酮、蒽吡啶、苯并蒽酮、硝基苯胺和三苯甲基衍生物。当然，高分子色素能否作为食品色素使用还要根据国家的法律法规，不能仅凭自己进行判断。在表 11-5 中给出了部分高分子食品色素的结构、颜色。

表 11-5　高分子食品色素

高分子色素结构	颜色	高分子色素结构	颜色
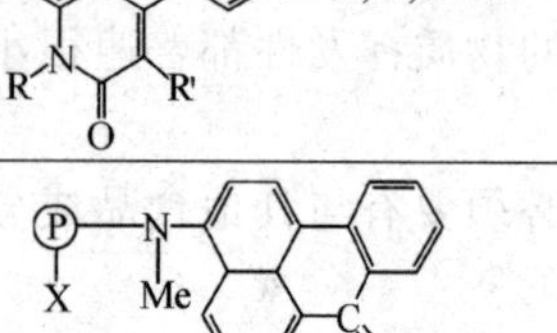 R¹=H, R²=H,Ph,COMe	红色	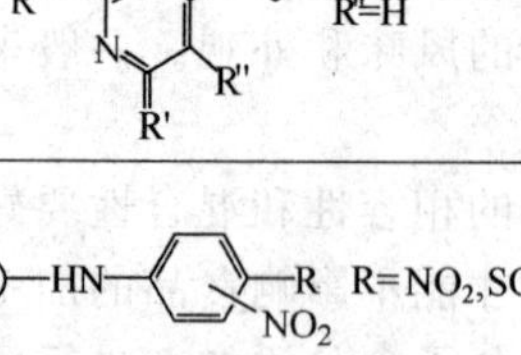 R=H R¹=Me,OCH₃ R¹=H	黄色
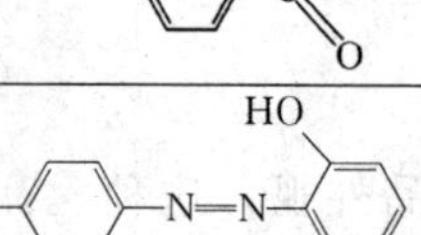	紫色	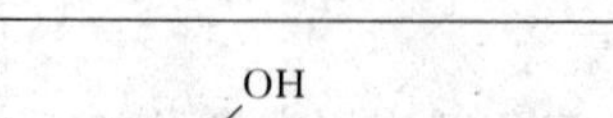 R=NO₂,SO₃H	黄色
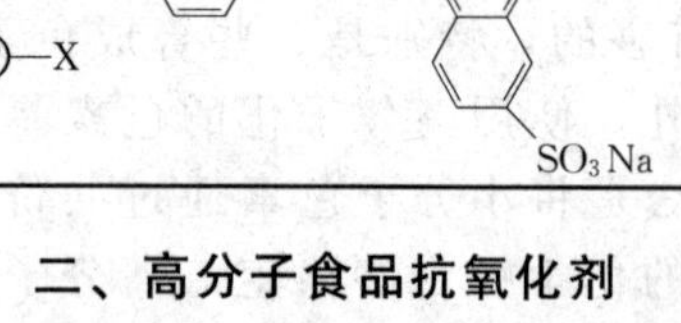	橘黄色	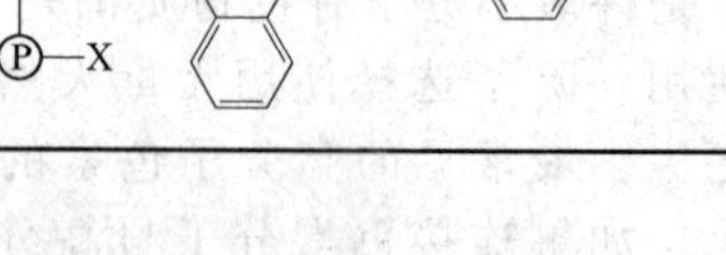	橘黄色

二、高分子食品抗氧化剂

食品抗氧化剂的使用主要是为了防止食品过早因为氧化反应品质变坏，特别是食用油和脂肪特别容易因为氧化而改变风味，引起质量下降。虽然许多酚类化合物被用来作为食品抗氧化剂，但是由于多数小分子酚类化合物能被人体吸收并对人体有害，且容易挥发而失去抗氧化作用。以 β-胡萝卜素等为代表的天然抗氧化剂对人体无害，有些还有保健作用，但是昂贵的价格是限制其广泛使用的不利因素。高分子化的食品抗氧化剂可以克服上述缺点。首先高分子氧化剂是非挥发性的，可以长期保持其抗氧化作用。高分子的非吸收性也大大减小了对人体的不利影响。此外，抗氧化剂主要用于含有油类和脂肪的食品，并经常需要经受高温处理过程，因此一般要求具有良好的脂溶性质和热稳定性。高分子抗氧化剂可以通过小分子的高分子化过程制备。比如，一种含有甲基苯酚结构的高分子抗氧化剂可以通过含有乙烯基的 α—（2—羟基—3,5—二烷基苯基）乙烯基苯的均聚反应制备[12]：

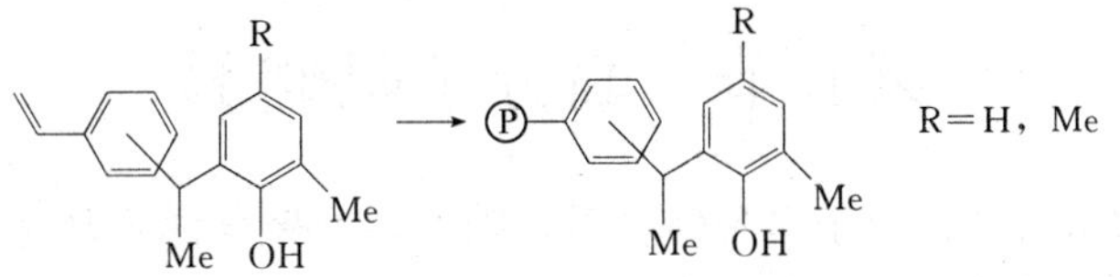

R＝H，Me

高分子抗氧化剂也可以通过含有双功能基的小分子抗氧化单体通过缩聚反应制备。比如，二乙烯苯在铝催化剂存在下与羟基苯甲醚、叔丁基苯酚、对甲基苯酚、双酚 A 和叔丁基氢醌反应可以得到如下结构的一种多酚类高分子抗氧化剂[13]。在聚合过程中应当注意保持抗氧化基团-酚羟基不受影响，以保证高分子化后能具有足够的抗氧化性能。

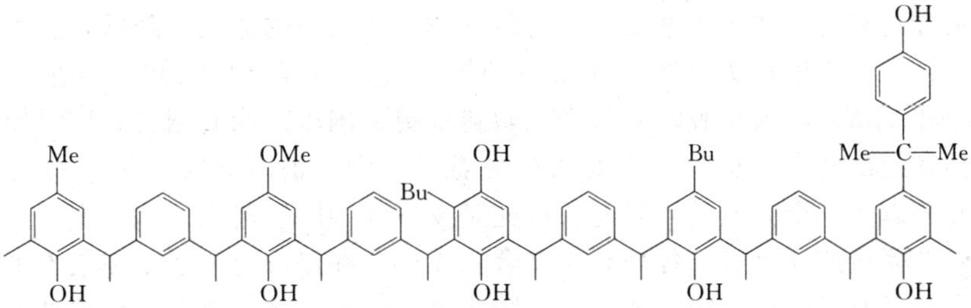

三、高分子非营养性甜味剂

虽然天然糖类甜味剂数量充足，种类繁多，成为食品用甜味添加剂的主要部分。但是这种甜味成分作为一种主要营养成分参与人体的代谢过程，被人体吸收后容易成为脂肪被积累起来，过多食用糖类是造成肥胖症的主要因素之一。同时，食品中的糖也是造成龋齿的重要因素。对于糖尿病人食用糖过量更会造成严重后果。除了糖之外还有许多具有甜味，但是不参与代谢，没有营养成分的天然或合成化合物，被称为非营养甜味剂。但是许多这类化合物能被人体吸收，需要经过脏器代谢，容易造成不利的生理影响。如果将这些甜味成分经高分子化过程连接到高分子骨架上可以消除上述天然和合成甜味剂的不利影响。比如，将一种苯磺酰胺型高效甜味剂通过共价键键合到琼脂糖衍生物上可以制成高分子化的甜味剂[14]。

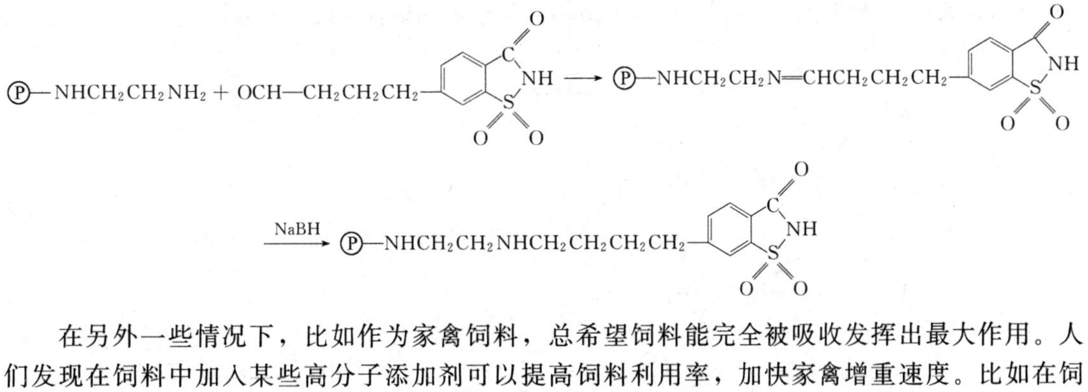

在另外一些情况下，比如作为家禽饲料，总希望饲料能完全被吸收发挥出最大作用。人们发现在饲料中加入某些高分子添加剂可以提高饲料利用率，加快家禽增重速度。比如在饲料中只要加入 0.01%～0.05% 的聚乙烯基吡咯烷酮，即可显著提高家禽对饲料的吸收，成为一种新型高分子饲料添加剂[15]。但是其作用机理还不十分明确。

除了上述高分子食品添加剂之外，还有许多其他类型高分子食品添加剂，比如保健用、防腐用和治疗用食品添加剂，限于篇幅在这里不再介绍。在这里应该强调的是，食品添加剂的安全性是任何国家都非常重视的大问题，国家制定食品添加剂标准是非常慎重的，并且有一定周期。上述介绍的各种高分子食品填加剂能否获得批准使用，并不完全依据我们在本节中所分析的各种因素，在没有获得国家正式批准时，任何情况下都不能随意作为食品添加剂使用。

第五节　高分子阻燃剂

众所周知，大多数合成高分子是易燃物质，随着各种聚合物的大量使用，特别是大量作为建筑和装饰材料，火灾的危险性和危害性大大增加了。每年因为火灾造成的人员伤亡和财产损失都在上升，聚合物的易燃性已经成为扩大其应用领域的主要障碍之一。因此开发阻燃性聚合物和高分子阻燃添加剂已经是高分子材料科学研究的当务之急。在燃烧过程中非阻燃性聚合物主要起三方面的破坏作用：①绝大多数聚合物都是由碳、氢元素组成的，具有易燃性质，在燃烧过程中会放出大量热量，造成直接危害的同时还能使火势迅速扩大；②在燃烧过程中许多聚合物都能释放出大量烟雾和有毒气体，使火场的能见度降低，有毒气体的吸入使伤亡增加，救火的难度增大；③在高温下和燃烧过程中聚合物结构件迅速失去其力学性能，发生坍塌和脱落，给人员脱险和财产抢救造成更大困难。因此制备和广泛使用阻燃性聚合物，不仅具有经济意义，更具有重要的社会意义。为了消除火灾中聚合物造成的上述危害，人们主要在以下三个方面进行研究。首先是发展新型阻燃树脂，从根本上解决聚合物的易燃问题，但是完全放弃已有的各种易燃聚合物无论是在经济上，还是在技术上都存在巨大困难。其次是在已有易燃聚合物中加入可以阻止燃烧的添加剂，虽然采用这种方法获得的阻燃效果受到一定限制，但是可以充分利用现有聚合物，成本低、见效快，是当前重要的发展方向。此外，对由易燃聚合物组成的物品进行表面阻燃处理也是一种实用的高分子产品防火阻燃方法，但是这种阻燃处理剂多数不属于功能高分子范畴。

在开发新型阻燃树脂方面目前已经取得较大进展。它们的共同特点是分子内存在苯环等芳香结构，分子间作用力较大和分子中碳氢元素比大，不含或很少含氢元素，燃点和熔点较高，在高温下不易分解。在受到高温或者遇到火焰时能发生碳化而阻止燃烧的继续。最常见的阻燃树脂主要是一些具有芳香酰胺结构、内酰胺等梯形结构和某些芳香聚酯结构的聚合物。目前已经有多种商品出售，可以制成阻燃纤维等结构材料。其中包括 Nomex、Kermel、PBI、Kapton、Enkatherm 以及 Kynol 纤维，其中 Kynol 纤维据说可以短时耐受 2500℃的高温，在 150℃氧气存在下可以长期保持稳定[16]。在图 11-8 中给出这部分阻燃聚合物的合成方法。

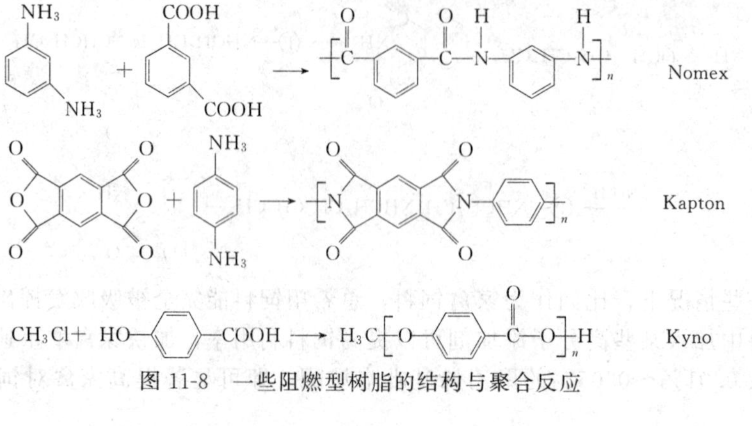

图 11-8　一些阻燃型树脂的结构与聚合反应

此外，在常规聚合物中卤代聚乙烯烃的阻燃性能较好，因为卤族元素具有阻止燃烧性质。所含卤素比例越高，其阻燃性能越好。因此在分子结构中引入卤素成为制备高分子阻燃剂的重要方法之一。

一、高分子阻燃剂的结构与阻燃机理

物质的燃烧过程主要分成以下几个步骤：首先是点燃过程，聚合物受热后发生分解反应，发出大量可燃性小分子气体；这一过程是自由基反应过程。产生的可燃性气体遇明火发生剧烈氧化反应，燃烧开始，并发出大量热量。在燃烧过程中产生的大量热量反馈给聚合物，使温度进一步升高致使分解反应大大加快，继续产生更多的可燃性气体使燃烧过程加剧。整个燃烧过程如图 11-9 所示。

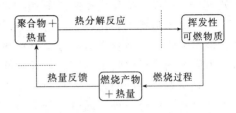

图 11-9　聚合物燃烧过程

分析示意图 11-19 可以看出，在点燃阶段必须满足两个条件：合适的可燃物和足够高的温度；首先只有热分解反应产生足够的可燃物质才可能为燃烧准备好燃料；而环境温度只有达到可燃物的燃点，燃烧才可能发生。而在燃烧阶段燃烧产生的热量也只有反馈给聚合物足够充分的热量时才能使燃烧维持下去。由此可见在上述任何一个阶段发生变化，都有可能阻止火灾的发生或者防止火灾的扩大。实际上人们在研究开发阻燃材料时主要是切断热分解反应和热量传输（热量反馈）两个过程（见图中虚线位置）。在引发点燃阶段，聚合物受热分解产生可燃性物质是聚合物燃烧的首要步骤。防止热分解反应的发生或者分解生成不易燃烧的物质是材料阻燃的前期步骤。由于热分解主要是自由基反应，因此任何可以阻止自由基反应的措施都能切断这一过程。而任何可以阻止热量传导的手段都可以防止燃烧的继续。聚合物加入不同阻燃剂后主要根据以下阻燃机理产生阻燃作用。

（1）自由基捕获机理　在聚合物中加入含有卤族元素、磷元素或者氮元素的化合物，这类化合物在高温下释放出的上述元素具有捕获分解反应过程产生的自由基的能力，使自由基失去反应活性，热分解反应被切断。由于不能继续产生可燃性小分子，燃烧过程将不会发生和持续。

（2）碳化隔热机理　在聚合物中加入氯化铵、硫酸铵、有机磷等化合物可以促进聚合物在高温下的碳化过程，使聚合物在分解成小分子可燃物之前碳化。碳化层传热性不好，切断燃烧产生的热量向未燃聚合物转送，使继续分解反应不能继续。

（3）热交联反应阻燃机理　在聚合物中加入在高温下能够引发交联反应的热交联剂，使聚合物在分解前发生交联反应，阻止分解反应或者减小分解速度，使聚合物的热分解速度不能产生足够的可燃小分子以满足燃烧的需要，此时将发生火焰自熄现象。

（4）吸热降温机理　在聚合物中加入某些含有结晶水的无机盐，如带结晶水的氢氧化铝 $[Al(OH)_3 \cdot 3H_2O]$、硼酸锌 $(2ZnO \cdot 3B_2O_3 \cdot 3.5H_2O)$ 等；当聚合物受热，温度升高时这些添加物可以释放出结晶水，吸收热量，降低聚合物温度，从而阻止热分解反应发生和燃烧过程的继续。

（5）生成惰性气体或者液体覆盖机理　如果加入的物质在燃烧产生的高温下发生熔化、气化或者分解成不燃性气体，生成物会暂时将聚合物覆盖与燃烧过程所必需的空气隔绝，同样也可以使燃烧终止。这类阻燃添加剂有硼砂、三氧化二锑、碳酸钙、氧化铝和铵盐等无机化合物。

从上面的分析讨论可以看出，具有阻燃性能的添加剂包括无机材料和有机材料，能够产生上述效应的材料都有可能成为聚合物阻燃剂。下面我们着重讨论高分子型阻

燃剂。

二、高分子阻燃剂的分类和合成方法

从前面的介绍可以看出，能够阻止聚合物燃烧的方法很多，阻燃添加剂的种类也多种多样。除了根据阻燃机理可以有上述划分方法之外，根据阻燃剂的属性划分，还可以分成无机阻燃剂和有机阻燃剂；根据阻燃剂分子大小划分有高分子阻燃剂和小分子阻燃剂；根据使用方式划分，可以分成反应型阻燃剂和添加型阻燃剂。

与小分子阻燃剂相比较，经过高分子化的阻燃剂稳定性和相容性好，对高分子材料的其他性能影响较小，适合于对高分子材料各方面要求较高的场合。而小分子阻燃剂，特别是无机盐型阻燃剂具有材料来源广泛，成本低的优势。

阻燃型聚合物的制备主要有两种方式：一种是将小分子阻燃剂与聚合物共混，直接制备阻燃聚合物；另外一种是通过小分子阻燃剂高分子化，首先制备高分子阻燃剂，然后再与其他常规聚合物混合生产阻燃型聚合物。下面分别对这两种方法进行介绍。

1. 小分子阻燃剂与树脂直接混合

采用这种方法比较有代表性的例子是阻燃型聚丙烯树脂的生产。这种方法的生产工艺比较简便，将聚丙烯树脂粉料在造粒前按照一定比例加入阻燃剂等添加剂，经高速混合后，再挤出阻燃树脂切片或者母粒。可用于这种阻燃树脂的阻燃剂包括有机氯（氯化石蜡、氯环戊癸烷）、三氧化二锑，以及四溴双酚 A、四溴丁烷、六溴代苯、六溴环十二烷、三溴苯基二溴异丁基酯等溴化物。采用同样的方法也可以制备阻燃型尼龙，常用的阻燃剂有十溴联苯醚等溴化物、三聚氰胺和氰脲酸等含氮化合物，这些阻燃剂与主料尼龙的相容性较好。总体来讲，受到添加小分子阻燃剂的不利影响，采用这种方法制备的阻燃树脂其机械性能有所降低，不适合对力学性能要求非常高的阻燃纤维的制造。

2. 聚合型阻燃剂与主料共混

这种方法是采用将阻燃成分高分子化，结合进聚合物链，然后再与主料共混成型。这种高分子阻燃剂与小分子同类产品相比具有一系列优点：首先，多数高分子阻燃剂与聚合物本体的相容性较好，不易发生相分离，因此可以用于对机械强度要求较高的阻燃纤维生产；其次是高分子阻燃剂的挥发性和迁移性小，可以长时间维持阻燃性能。

聚合型阻燃剂研究开发，主要是研究如何尽可能多地将阻燃元素结合进聚合物中，提高阻燃效果，减少阻燃剂的使用量。同时又要保持与本体聚合物的良好相容性，不对其内在和外观性能产生较大影响。目前已经有多种这种类型的高分子阻燃剂，比如阻燃型聚醚就是在其分子结构中引入适量的溴和氯等作为阻燃元素制备的。此外，含有磷和氯阻燃元素的聚醚是以三氯氧磷为原料，与多羟基化合物反应生成磷酸酯，然后再与环氧丙烷，或者环氧氯丙烷聚合生成高分子化阻燃剂，其反应过程如下：

$$POCl_3 + 2 \begin{matrix} CH_2-OH \\ | \\ CH-OH \\ | \\ CH_2-OH \end{matrix} + nCH_3-\overset{O}{\underset{\diagdown\diagup}{CH-CH_2}} \longrightarrow CH_2CHClCH_2O-\underset{\underset{O}{\|}}{P}-OCH_2CHOHCH_2O-(CH_2CHO)_x\!\!-\!\!\underset{CH_3}{\overset{|}{}}H$$

这种聚醚型阻燃剂与多数聚合物有良好的相容性，可以作为多种阻燃聚合物的添加剂。其中卤族元素的阻燃机理主要是自由基捕获原理，虽然阻燃效果良好，但是在火焰中会放出大量有毒烟雾，容易造成次生灾害。上述阻燃剂中的磷元素也有阻燃作用，据信是碳化阻燃机理。同时有机磷的存在有一定抑烟作用。

聚酯型阻燃树脂通常也用上述方法制备。其制法是将二元醇、四溴邻苯二甲酸酐和丁烯二内酸酐按照一定比例配料，进行缩聚反应即可生成含溴高分子化阻燃剂。

采用这种方法生产的阻燃树脂，高分子阻燃剂与树脂的相容性好，对其机械强度影响较小，物理和化学稳定性好，特别适合阻燃纤维和织物的生产。

三、高分子阻燃剂的应用

阻燃剂，特别是高分子阻燃剂的重要性是不言而喻的，每年由于火灾而造成的人员伤亡和财产损失不计其数，而其中的很大部分是直接或间接由于非阻燃性高分子材料起火造成的。因此在高分子材料使用越来越普及的今天，提高高分子材料的阻燃性能是非常迫切的。

高分子材料根据其主要用途和使用形态，可以分成两大类。一类是以工程塑料为代表的结构性材料。这类材料由于体积相对较大，尺寸稳定性较好，因此对阻燃剂的力学性能要求不高，各种阻燃剂都可以使用。加入阻燃剂造成材料机械强度的降低，可以通过加入增强材料，如玻璃纤维来解决。另外一类是以化学纤维为代表的高分子纤维与织物。这一类材料除了对阻燃性能有较高要求以外，对材料的机械强度、安全性、染色性，甚至手感都有很高的要求。因此多数无机阻燃剂由于相容性问题难以解决而不能应用，其他有机小分子虽然有应用报道，但是由于对纤维机械强度影响较大或者阻燃持久性不足而没有得到广泛应用。高分子化的阻燃剂由于其良好的相容性，在生产阻燃型纤维方面具有较大优势。目前用于合成纤维的高分子阻燃剂已经有商品化产品。

第六节　高分子染料

将色素分子结合在聚合物的主链或者侧链上，用于各种染色过程的材料称为高分子染料。由于高分子染料与主体聚合物结合牢固，色素分子不易扩散，因此获得的染色品色泽稳定，不产生色污染，耐候性强，已经在许多方面获得应用。

一、高分子染料的制备方法

根据实际需要，可以采用各种小分子染料作为高分子化用小分子色素。采用的聚合物骨架也可以各种各样，以适应不同应用场合。高分子染料的制备方法多种，概括起来主要有以下几种类型。

（1）均聚反应制备　带有可聚合基团的小分子染料可以通过均聚反应来实现高分子化。通常是在小分子染料中引入乙烯基或者甲基丙烯酸基等。为了提高相容性和力学性能，也可以与其他单体共聚。偶氮类染料多数可以通过这种方法进行高分子化。

（2）偶氮化反应制备　采用具有偶联成分的聚合物可以与引入重氮结构的小分子反应，制备高分子染料。比如具有苯酚、萘酚、活性亚甲基等结构的聚合物与重氮盐反应可以制备高分子偶氮染料。

（3）利用其他接枝反应　当聚合物中有反应活性官能团时，如酰氯、环氧等，可以与带有氨基或者羟基的染料反应，通过接枝反应在高分子骨架上引入染色结构，实现染料的高分子化。

（4）缩聚反应制备　以带有双官能团的染料为缩合单体之一，进行缩合反应，利用这种方法在聚酯和聚酰胺等聚合物主链中引入染料结构。这种高分子染料对合成纤维染色非常有效。

（5）在聚合物链端引入染料结构　将含有氨基的小分子染料重氮化，作为聚合反应的引发剂，与乙烯类单体混合加热，引发聚合反应可以得到在链端具有重氮染料结构的聚合物。以酞菁铜染料、稠芳环染料、偶氮染料等为原料，可以制备这类高分子染料。

除了上述方法以外，其他各种小分子的高分子化方法也都可以用于高分子染料的制备，在理论上没有限制。但是采用的高分子化反应不能破坏染料结构，以免引起色泽变化。

二、高分子染料的特点

由于其大分子特点，高分子染料具有以下明显特征。

（1）良好的耐迁移性　由于高分子色素在被染物中没有分子迁移现象，因此完全没有色素分子迁移造成的色污染现象。这是其他任何染料所不具备的。耐迁移性较差的常用偶氮和蒽醌染料通过高分子化处理，色污染问题可以彻底解决。

（2）耐溶剂性强　由于高分子染料在多数常见溶剂中不溶解或者溶解性很低，因此用高分子染料染成的物料耐溶剂性能好，遇溶剂不易褪色。

（3）耐热性好　由于大分子的非挥发性、高熔点和在较高温度下的低溶解度，使被染物料耐高温性质得到提高。以蒽醌染料为例，经高分子化后，一般使用温度上限可以提高几十度。

（4）与被染物的相容性好　由于大多数被染物是高分子材料，对这一类被染材料而言，高分子染料的相容性要好一些。染料与基体具有良好的相容性是制备透明有色材料所必需的。高分子化时使用与基体相同的高分子骨架，其相容性可以大大提高。

（5）卫生性好　由于高分子色素对细胞膜几乎没有渗透性，也不易被细菌和酶所分解，因此误食后不会被体内吸收，仍原封不动排出体外，不对肌体产生毒害作用。因此这类颜料特别适合制造幼儿玩具。

三、高分子染料的应用

虽然从理论上讲高分子染料可以应用到各种印染场合，但是由于这种染料的成本仍然较高，因此应用范围仍很有限。目前主要在以下几个方面得到应用。

（1）塑料着色　由于高分子染料耐迁移性能优异，卫生安全性高，因此可以用于食品包装材料、玩具、医疗用品的染色。

（2）化妆品着色　利用高分子染料难以透过细胞膜的特点，用于粉、霜、发蜡、指甲油等化妆品的染色，可以提高化妆品的安全性。

（3）作为食用色素　高分子染料具有非吸收性，根据体内实验表明，高分子染料在体内不吸收、不累积，因此非常适合作为食用色素使用。

（4）纤维着色　由于高分子染料的耐高温性、耐溶剂性和耐迁移性，特别适合于纤维及其织物的染色。得到的被染物耐摩擦性和耐洗涤性得到提高。

除了上述应用领域之外，高分子染料还应用于皮革着色、涂料着色、彩色胶片着色等。如果在降低成本方面取得较大进展，相信会在更广阔的领域内获得应用。

本 章 小 结

1. 高分子表面活性剂是指分子量大于 3000 的两亲性物质，根据所带活性官能团的不同，有阳离子型、阴离子型、两性离子型和非离子型四种类型。根据高分子疏水部分的组成划分可以分成碳氢型、碳氟型、硅氧烷型和含金属离子型四种。根据材料来源划分，有天然高分子型表面活性剂和合成高分子型表面活性剂。

2. 与相应的小分子表面活性剂相比，高分子表面活性剂在降低表面张力、提高渗透力方面表现较差，但是在分散、增稠、絮凝、成膜等方面表现优异。高分子表面活性剂在控制释放、环境保护、石油化工、食品农业、医药卫生等领域都有广泛应用。高分子表面活性剂还是制备 LB 膜和 SA 膜的重要原料。

3. 农用功能高分子材料是指在农业领域应用的具有特殊物理化学和生物活性的高分子材料。根据材料的应用领域划分有高分子农药、高分子化肥、高分子转光膜、高分子吸水剂等。高分子化肥和高分子农药主要利用高分子材料的水解、溶解和降解等性质实现控制释放功能，可以最大限度利用化肥和农药的生物活性。可以达成降低成本、减少环境污染的目的，是绿色农业的发展方向之一。高分子转光膜利用高分子荧光材料的转光功能，将对植物有害的紫外光和无效的绿光转换成植物可以充分利用的蓝光和红橙光，改善植物的光合作用提高产量。农用吸水保墒高分子材料属于高吸水性树脂，可以提高植物的抗旱能力。

4. 高分子防污涂料是指船用或水工设备防止生物附着的高分子材料。主要分为降低表面能的含氟高分子和含高分子化防污成分的控制释放性涂料。此外，利用嵌段共聚和仿生表面结构原理也可以获得生物不易附着的表面涂层。高分子防污涂料可以提高被保护设备的防污寿命，降低对环境的不利影响。

5. 高分子食品添加剂是一种应用于食品工业的功能高分子材料。主要有高分子食品色素、高分子食品抗氧化剂和高分子非营养性甜味剂等。其制备原理是将小分子色素、抗氧化剂和甜味素通过化学键与高分子骨架结合，形成在体内不能降解和吸收的高分子。与相应的小分子食品添加剂相比，利用高分子材料的非吸收特性，高分子化后一般毒副作用下降，稳定性提高，加工性能稳定。但是食品添加剂的使用国家有严格的相关规定。

6. 高分子阻燃材料是与常规高分子材料相比耐燃烧性能优异的高分子材料。包括自身不易燃烧的高分子材料、加入阻燃剂的高分子材料和经过阻燃处理的高分子材料。在高分子材料中引入的阻燃成分通常称为阻燃剂，包括低分子量阻燃剂和高分子阻燃剂。根据阻燃机理，常见的高分子阻燃剂有自由基捕获型、炭化隔热型、交联反应型、吸热降温型、表面覆盖型等五种。阻燃型高分子材料在工农业生产、国防和日常生活中应用具有重大社会意义。国家目前对建筑和装饰装修用高分子材料的阻燃性能有严格规定。

思考练习题

1. 阴离子型表面活性剂和阳离子交换树脂都是含有羧酸和磺酸基团的高分子材料，为什么前者称为阴离子型表面活性剂，而后者称为阳离子交换树脂？两者在结构和功能方面有哪些差别？

2. 离子型表面活性剂和非离子表面活性剂不仅在结构上存在差异，外界不同影响因素对其表面活性的影响也不同，讨论分析溶液 pH 值对阳离子表面活性剂、阴离子表面活性剂和非离子表面活性剂分别有哪些影响规律？那么对两性离子表面活性剂的影响规律又如何？为什么？

3. 农用高分子材料中的高分子化肥和高分子农药都采用了高分子功能材料的控制释放功能，根据其控制释放机理也可以分成扩散控制释放、化学反应控制释放和溶剂活化控制释放三种类型，举例说明分别属于上述控制释放机理的农用功能高分子材料都有哪些类型？其结构分别有哪些特点？

4. 高分子农用转光膜有芳香荧光染料型和稀土荧光染料型，它们都属于光致发光高分子材料，两者在发光机理方面有哪些不同？讨论如何通过选择光活性材料提升转光效率？根据荧光特征说明为什么不能将对植物生长无效的绿光转换成蓝光？

5. 高分子防污剂包括很多种类，分别说明高分子有机锡防污剂、高分子有机氟防污剂和仿生型高分子防污剂的防止生物附着的机理各是什么？在高分子材料中引入强刺激性的辣椒碱等分子结构形成的高分子防污剂为什么可以降低生物附着？

6. 阻燃性高分子材料的阻燃机理有很多种，如果我们采用吸热降温机理，在高分子材料中加入带有结晶水的无机盐作为阻燃剂，考虑到高分子材料的热加工工艺要求，无机盐结晶水的释放温度与高分子材料的加工温度必须满足何种关系？换句话说也就是如何根据高分子材料的加工温度选择带有结晶水的无机盐作为阻燃剂？

7. 根据热交联阻燃机理，讨论为什么加入热交联剂可以减小可燃性小分子的释放速度？而根据炭化隔热阻燃机理，加入部分无机和有机化合物可以加速炭化过程，从而阻止燃烧过程；但是碳本身是可燃物，为什么不发生助燃作用？

8. 高分子染料与同类小分子染料相比，对人类的安全性较高。讨论这种结论在哪些条件下才能成立？

参考文献

[1] Akelah A and Rehab A. *J Polym Mater*, 1985，**2**：149.

[2] Akelah A et al, *J Chem Technol. Biotechnol*，1987，**37-A**：169.

[3] Akelah A，Selim A and Rehab A. *J Polym Meter*，1987，**4**：117.

[4] 廉世勋，李承志，吴振国，中国塑料，2000，14（9）：1.

[5] 桂泰江．有机硅氟低表面能防污涂料的制备和表征．中国海洋大学，2008.

[6] 张玉．PDMS/PMMA 嵌段共聚物防污涂层的制备及性能表征．哈尔滨工程大学，2012.

[7] 魏欢．类似海豚表皮微结构的构建及其仿生涂层防污性能研究．哈尔滨工程大学，2011.

[8] 彭必先等．中国科学：化学，2011，（10）：1646.

[9] 陶宇，李亚冰．化学与黏合，2012，（5）：63.

[10] D J Dawson et al. *Macromol*，1978，**11**：320.

[11] Ida T，Takahashi S and Utsumi S. *Yakugaku Zasshi*，1969，**89**：517.

[12] Zaffaroni A. *US Patent* 4104196，1978.

[13] Weinshenker N M. *Polym Prepr Am Chem Soc. Div Polym Chem*，1979，**20**：344.

[14] Zaffaroni A. *US Patent* 3876816，1975.

[15] Bailey D，Tirrell D and Fogl O. *J Polym Sci. Polym Chem Ed*，1976，**14**：2724.

[16] *Lenzinger Berichte*. H.（1970）**33**：108.